教育部职业教育与成人教育司推荐教材
中等职业教育技能型紧缺人才教学用书

主体结构施工

（建筑施工专业）

本教材编审委员会组织编写

主编　孙大群

主审　诸葛棠　王红莲

中国建筑工业出版社

图书在版编目（CIP）数据

主体结构施工/本教材编审委员会组织编写；孙大群主编．—北京：中国建筑工业出版社，2006

教育部职业教育与成人教育司推荐教材．中等职业教育技能型紧缺人才教学用书．建筑施工专业

ISBN 978-7-112-08618-4

Ⅰ．主…　Ⅱ．①本…②孙…　Ⅲ．结构工程-工程施工-专业学校-教材　Ⅳ．TU74

中国版本图书馆CIP数据核字（2006）第126823号

教育部职业教育与成人教育司推荐教材
中等职业教育技能型紧缺人才教学用书

主体结构施工

（建筑施工专业）

本教材编审委员会组织编写
主编　孙大群
主审　诸葛棠　王红莲

*

中国建筑工业出版社出版、发行（北京西郊百万庄）
各地新华书店、建筑书店经销
霸州市顺浩图文科技发展有限公司制版
北京建筑工业印刷厂印刷

*

开本：787×1092毫米　1/16　印张：$22\frac{3}{4}$　插页6　字数：551千字
2007年1月第一版　2015年11月第七次印刷
定价：**32.00**元

ISBN 978-7-112-08618-4
(15282)

版权所有　翻印必究
如有印装质量问题，可寄本社退换
（邮政编码　100037）

本书根据中等职业学校建设行业技能型紧缺人才培养、培训指导方案，结合建设行业的新技术、新规范和新标准编写。本书共分8个单元，主要内容包括：钢筋混凝土受弯构件、钢筋混凝土受压构件、钢筋混凝土多层与高层建筑主体施工、预应力混凝土结构、脚手架、龙门架及井字架垂直升降机、砌体结构主体施工、主体结构季节性施工、钢结构施工等。

本书可供中等职业学校技能型紧缺人才教学使用，也可供现场施工人员参考。

* * *

责任编辑：朱首明　吉万旺

责任设计：赵明霞

责任校对：张景秋　王金珠

本教材编审委员会名单
（建筑施工专业）

主 任 委 员： 白家琪

副主任委员： 胡兴福　诸葛棠

委　　　员：（按姓氏笔画为序）

丁永明　于淑清　王立霞　王红莲　王武齐
王宜群　王春宁　王洪健　王　琰　王　磊
方世康　史　敏　冯美宇　孙大群　任　军
刘晓燕　李永富　李志新　李顺秋　李多玲
李宝英　李　辉　张永辉　张若美　张晓艳
张道平　张　雄　张福成　邵殿昶　林文剑
周建郑　金同华　金忠盛　项建国　赵　研
郝　俊　南振江　秦永高　郭秋生　诸葛棠
鲁　毅　廖品槐　缪海全　魏鸿汉

出版说明

为深入贯彻落实《中共中央、国务院关于进一步加强人才工作的决定》精神，2004年10月，教育部、建设部联合印发了《关于实施职业院校建设行业技能型紧缺人才培养培训工程的通知》，确定在建筑（市政）施工、建筑装饰、建筑设备和建筑智能化四个专业领域实施中等职业学校技能型紧缺人才培养培训工程，全国有94所中等职业学校、702个主要合作企业被列为示范性培养培训基地，通过构建校企合作培养培训人才的机制，优化教学与实训过程，探索新的办学模式。这项培养培训工程的实施，充分体现了教育部、建设部大力推进职业教育改革和发展的办学理念，有利于职业学校从建设行业人才市场的实际需要出发，以素质为基础，以能力为本位，以就业为导向，加快培养建设行业一线迫切需要的技能型人才。

为配合技能型紧缺人才培养培训工程的实施，满足教学急需，中国建筑工业出版社在跟踪"中等职业教育建设行业技能型紧缺人才培养培训指导方案"（以下简称"方案"）的编审过程中，广泛征求有关专家对配套教材建设的意见，并与方案起草人以及建设部中等职业学校专业指导委员会共同组织编写了中等职业教育建筑（市政）施工、建筑装饰、建筑设备、建筑智能化四个专业的技能型紧缺人才培养培训系列教材。

在组织编写过程中我们始终坚持优质、适用的原则。首先强调编审人员的工程背景，在组织编审力量时不仅要求学校的编写人员要有工程经历，而且为每本教材选定的两位审稿专家中有一位来自企业，从而使得教材内容更为符合职业教育的要求。编写内容是按照"方案"要求，弱化理论阐述，重点介绍工程一线所需要的知识和技能，内容精炼，符合建筑行业标准及职业技能的要求。同时采用项目教学法的编写形式，强化实训内容，以提高学生的技能水平。

我们希望这四个专业的系列教材对有关院校实施技能型紧缺人才的培养培训具有一定的指导作用。同时，也希望各校在使用本套教材的过程中，有何意见及建议及时反馈给我们，联系方式：中国建筑工业出版社教材中心（Email：jiaocai@cabp.com.cn）。

中国建筑工业出版社
2006年6月

前言

本书是在中等职业学校建设行业技能型紧缺人才培养指导方案的指导下，结合建设行业新技术、新规范和新标准的要求进行编写。在编写过程中，编者对现场施工技术情况进行了大量的调查，并结合全国各地的施工情况不同，分别对有针对性和普遍性的技术要求进行编写，结合中职学生毕业后就业的岗位需要进行编写。本书有一定的实用性，除了适用于建设行业中等职业教育使用外，还可以用于在职人员的培训使用。

本书由天津市建筑工程学校高级讲师孙大群任主编，1～7单元由孙大群编写，第8单元由常州建设高等职业技术学校杨建林编写。本书由诸葛棠和王红莲两位主审。

本书在编写过程中得到了专业委员会、中国建筑工业出版社、天津市建筑工程学校等各位领导的关怀和支持，在此表示衷心感谢。

由于编者水平有限，书中的错误之处难免，望读者加以指正。

目　录

绪论

本教材是在中等职业学校建设行业技能型紧缺人才培养培训指导方案的指导下进行编写的，其指导思想、教学目标和教学内容如下：

1.1 指导思想

根据社会发展和经济建设需要，以提高学习者的职业实践能力和职业素养为宗旨，将理论教学与实践更加紧密的联系，执行以工程案例为基础的教学活动，努力提高学生的操作技能。在教学中，应有以下几点认识。

(1) 中职教育培养出的人才，在建筑施工行业是必不可少的人才阶层。因为建筑施工行业由过去的管理生产型，已经逐步改制成管理层与劳务层的分离，无论是管理层，还是劳务层都需要中职教育培养出的人才，在建筑施工企业、工程监理企业、房地产开发企业需要的施工员、资料员、质量员、安全员、材料员、监理员等都需要中职教育培养出的技术人员，充实这些工作岗位。技术性比较强的操作岗位，如测量放线工、钢筋工、材料试验工、模板工等也需要这个层次的人才，因此，中职教育以满足企业的工作需求作为教学的出发点，全力提高教育与培训的针对性和适应性，探索和建立根据企业用人需求进行教育与培养学生机制。

(2) 适应行业技术发展，体现教学内容的先进性。要根据我国建设行业的最新技术发展，通过校企合作等形式，在设置教学内容方面，突出各专业领域的新技术、新材料、新工艺和新方法，克服专业教学存在的内容陈旧，更新缓慢的现象，使教学内容能与企业使用的施工方法同步或略有超前，在这些教学内容下培养的学生，到施工现场所学的技术用得上，不落后。

1.2 教学目标

通过本教材的学习，应能够陈述建筑工程主体结构的常见构造要求及构造做法，能够识读施工图、概括说明施工的一般过程和常见施工工艺及方法，能够正确地选用常见施工机械；会查找各分项工程施工质量标准，掌握一般常见的施工质量检验方法；能针对施工环境气温变化，正确选择季节性施工的措施；在操作技能方面，在某一专门化方面达到初级工的岗位要求；在协助管理岗位上，达到施工员、质量员的要求。

1.3 教学内容

本教材主要讲解的内容有：混凝土结构、砌体结构、钢结构等常见构造要求及构造做法，结构施工图识读，常用施工机械工作原理和选用，混凝土结构、砌体结构、钢结构主体施工方法和施工工艺、质量标准及检验方法、安全技术、季节性施工等。

1.4 学 习 方 法

由于建筑施工专业实践性比较强，在学习中要坚持理论与实际相结合的学习方法。怎样才能做到理论与实际相结合呢？在学习中应注意以下几点：

（1）首先要建立房屋建筑各个部位的形状的概念。例如，讲到建筑的基础部分，首先应知道条形基础是什么形状、独立基础是什么形状等，由哪些材料构成，在施工图上用什么方法表示。

（2）在学习房屋建筑施工过程时，只有将基本的理论与实物形状的概念相结合，才能使理论与实际相结合，才能明白建筑各个部位怎样进行施工。

（3）在学习理论时，要在对房屋建筑形状的感知基础上，按施工要求和过程动手操作，才能形成技能、技巧，所谓学一遍不如看一遍，看一遍不如做一遍，在理论学习中形成概念，在操作中形成技能。

单元1　钢筋混凝土受弯构件

知 识 点：钢筋混凝土受弯构件构造要求，施工图识读和施工方法，质量要求。

教学目标：通过学习使学生能够陈述钢筋混凝土受弯构件的种类和构造要求，能够独立识读钢筋混凝土受弯构件施工图，陈述其施工工艺流程，制作方法和达到的施工质量标准，并能进行施工操作。

在工业与民用建筑中，梁和板是典型的受弯构件。如图1-1（*a*）所示楼板是钢筋混凝土现浇梁板，梁和板承受楼板荷载和结构的自重作用。图1-1（*b*）所示是装配式梁、板结构，其受力情况如图中的弯矩图和剪力图。图1-1（*c*）所示雨篷是悬挑板结构。

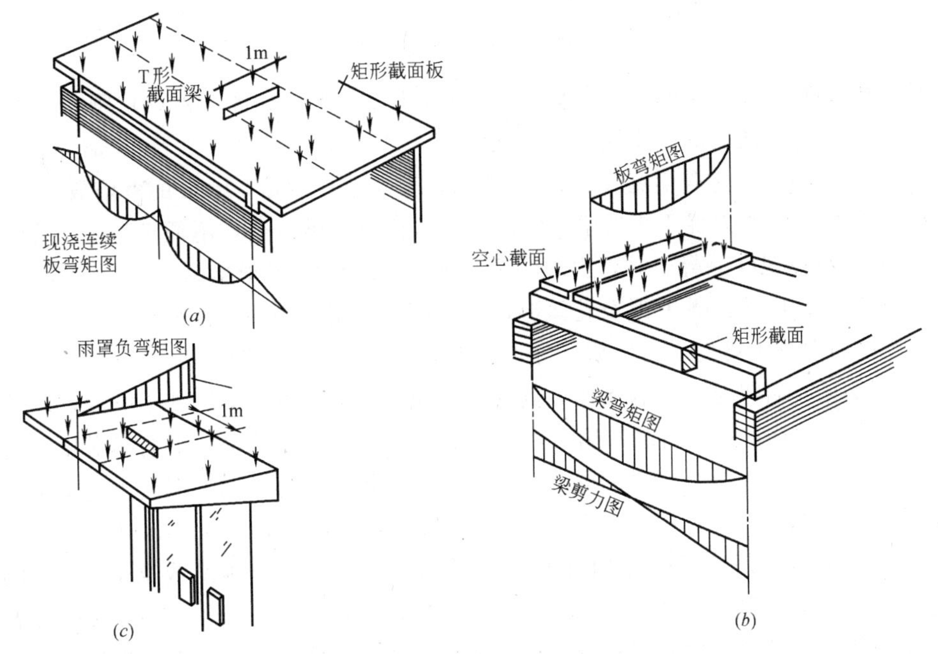

图1-1　受弯构件

（*a*）现浇梁板；（*b*）装配式梁板；（*c*）悬挑板

梁受弯，同时又受剪（板只考虑其受弯的作用），梁和板能够承受荷载的作用，就必须具有抵抗在荷载作用下产生的弯矩和剪力的能力。在施工图中设计出的梁和板就具有这种能力，其构造要求和施工方法以下加以论述。

课题1　受弯构件的一般构造

钢筋混凝土梁和板是主要的受弯构件，在建筑设计中，虽然构件尺寸、形状各不相同，但是它们构造和受力原理基本相同，只有掌握了其构造和受力原理，才可以理解建筑施工图中钢筋混凝土梁、板的设计意图，才能按图施工。

1.1 钢筋混凝土梁的构造要求

1.1.1 钢筋混凝土梁的分类

1）按钢筋混凝土梁的截面形状进行分类，梁的截面形状有矩形、T形、工字形、L形、倒T形及花篮形，如图1-2（*a*）所示。

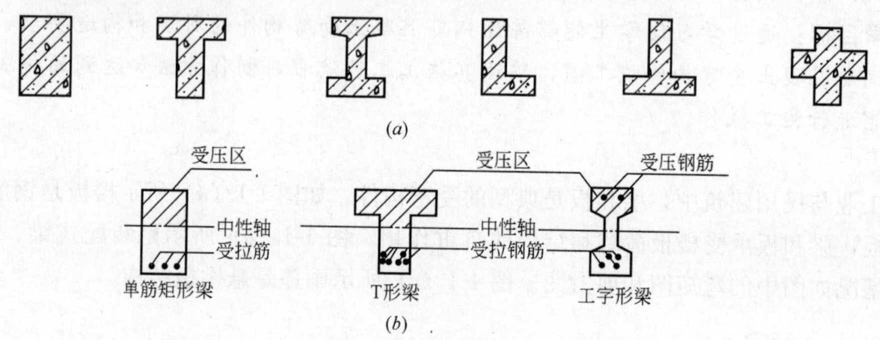

图1-2 梁的截面形式

2）各种截面形状的简支梁在受弯时，其截面上受力形式如图1-2（*b*）所示。

(1) 矩形截面梁使用的较广泛，便于施工。

(2) 矩形梁的高度 h 取梁宽 b 的2～3.5倍，其尺寸一般是50mm的整倍数。

(3) T形截面梁受力优于矩形梁，但是其形状比矩形梁复杂，不便于施工。当楼盖的梁和板是采用整体现浇混凝土时，由现浇梁和现浇板就构成T形梁。

(4) 工字形、L形、倒T形及花篮形，一般用于预制钢筋混凝土梁。

3）按钢筋混凝土梁的受力性质，分为简支梁、悬臂梁、连续梁等。

(1) 简支梁：若梁是以墙为支座，其受力性质即为简支梁。如图1-3所示，其计算简图如图1-4所示。这种梁在荷载作用下，产生的弯矩使梁下部受拉，梁上部受压。由于混凝土的抗拉强度很低，所以在梁的受拉区，由钢筋抵抗其拉力，钢筋混凝土简支梁的主筋放在梁的下端，同时，梁在荷载作用下产生剪力（图1-5），梁两端受到剪力值最大，这种剪力值和弯矩值将是这种受弯构件的破坏形式（图1-6），弯矩造成梁的正截面破坏，剪力造成梁的斜截面破坏。因此，简支梁下部的纵向钢筋（图1-7），用于抵抗拉力，梁的混凝土一部分、箍筋、弯起钢筋用于抵抗剪力，架立钢筋用于形成钢筋骨架。

(2) 悬臂梁：如图1-8所示，梁在荷载作用下，产生的负弯矩，使梁的上部受拉，所以梁的主筋设在梁的上部。

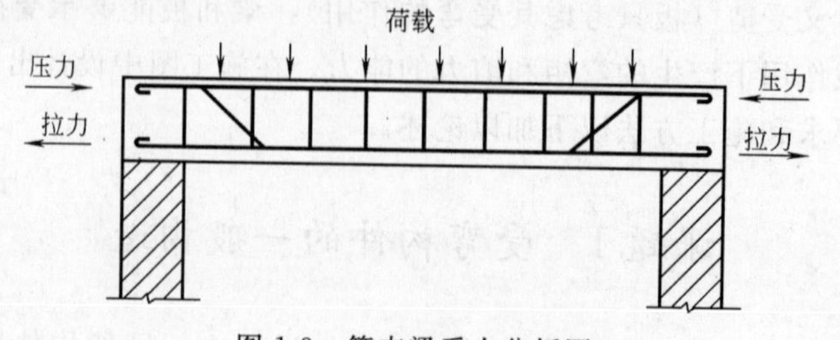

图1-3 简支梁受力分析图

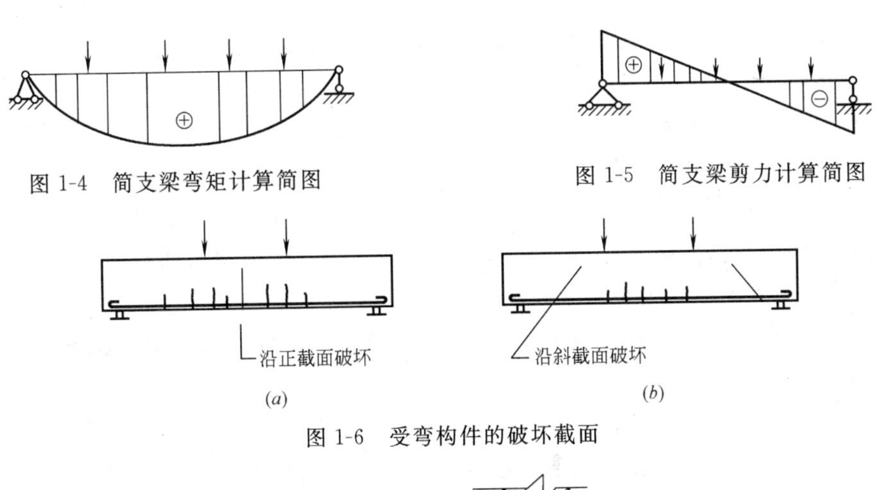

图 1-4　简支梁弯矩计算简图

图 1-5　简支梁剪力计算简图

图 1-6　受弯构件的破坏截面

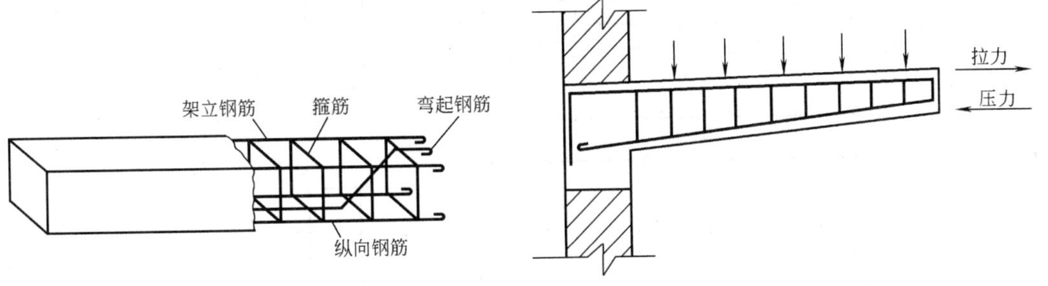

图 1-7　钢筋骨架

图 1-8　悬臂梁受力分析图

（3）连续梁：如图 1-9 所示，这种梁是由多个支点支承，这些支点可以是墙也可以是柱，在支点的一定范围内梁的上部受拉，在两个支点中间的一定范围内，梁的下部受拉。

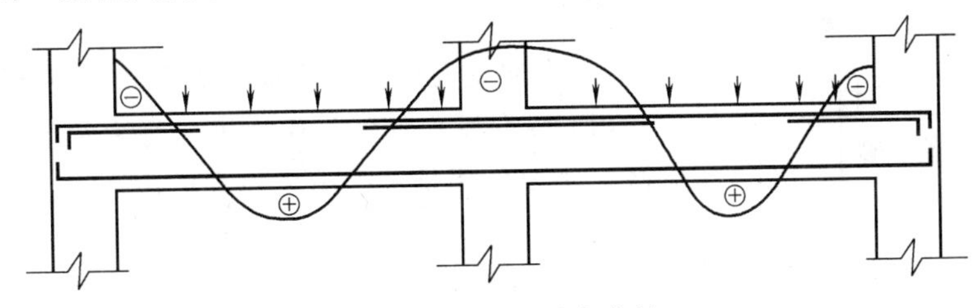
图 1-9　连续梁受力分析

4）按钢筋混凝土梁的制作工艺，可分为现浇梁和预制梁。

（1）现浇梁是在梁处于结构主体位置支模板，绑扎钢筋再浇混凝土，使梁与主体结构成为整体。这样的施工方法，使主体结构的整体性好，抗震性好，但是施工较复杂。

（2）预制梁是在构件生产场地制作，当梁的混凝土强度达到吊装要求后，运至施工现场，将其吊装到结构主体上。预制梁施工方便，但是整体性差，抗震性能差。

1.1.2　钢筋混凝土梁受力破坏分析

钢筋混凝土梁在荷载作用下截面将受到弯矩和剪力的作用，实验和理论分析表明，他们的破坏有两种可能：一种是由弯矩作用而引起的破坏，破坏截面与梁的纵轴垂直，称为沿铅垂截面或正截面破坏。如图 1-6（*a*）所示。

1）钢筋混凝土适筋梁的破坏过程，其过程如下所述。

（1）随着荷载增加，受拉区混凝土先行开裂，受拉区的钢筋应力达到屈服强度；

（2）当荷载继续增大，纵向受拉钢筋开始屈服，梁的挠度突然增大，受压区混凝土被压碎，梁就破坏了。

2）钢筋混凝土梁斜截面如图 1-6（*b*）所示，斜截面破坏是由于剪力而引起的破坏，斜载面破坏应该是剪压破坏，随着荷载增加，首先剪弯段受拉区出现斜裂缝，与斜裂缝相交的箍筋应力达到屈服强度，直至受压混凝土破坏，而梁才发生剪切破坏。

由剪力作用而引起的破坏，破坏截面是倾斜的形状，称为斜截面破坏。

1.1.3 钢筋混凝土梁配筋构造要求和钢筋作用

为了抵抗这些破坏作用，钢筋混凝土梁配有钢筋，各种钢筋形状、名称、位置如图 1-10 所示。

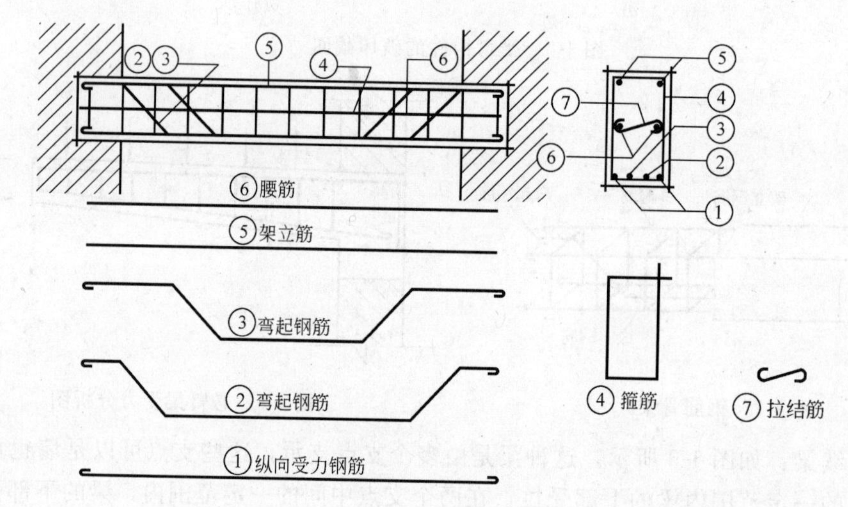

图 1-10 梁的配筋

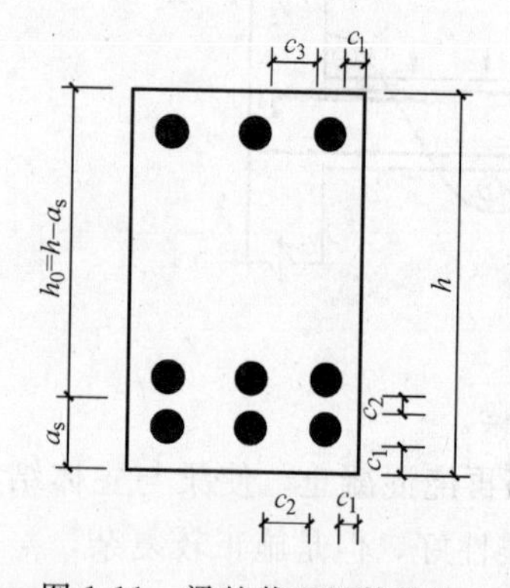

图 1-11 梁的截面配筋构造

1）纵向受力筋又叫主筋，如图 1-10 所示的①钢筋。

（1）纵向受力筋的作用：纵向受力钢筋布置在梁的受拉区，主要作用是承受由弯矩在梁内产生的拉力。

（2）纵向受力筋的构造要求：

a. 纵向受力钢筋直径要求：当梁高为 300mm 及其以上时，不宜小于 10mm，当梁高小于 300mm 时，不宜小于 8mm。

b. 纵向受力钢筋间距要求：如图 1-11 所示，图中 h 是梁的高度，h_0 是梁的有效高度，$h_0=h-a_s$，a_s 是梁的纵向受力钢筋作用的中心位置，c_1 是钢筋的混凝土保护层的厚度。

梁的下部纵向受力钢筋净距 $c_2 \geqslant 25\text{mm} \geqslant d$（钢筋直径），梁的上部纵向受力钢筋净距 $c_3 \geqslant 30\text{mm} \geqslant 1.5d$，梁的纵向钢筋的最小净距要求，是保证浇筑混凝土时，能达到密实状态。

c. 伸入梁支座范围内的纵向受力钢筋的数量：当梁宽≥100mm 及其以上时，不应少于两根；当梁宽 b<100mm 时，可为一根。

2）箍筋：如图 1-10 所示的④号钢筋。

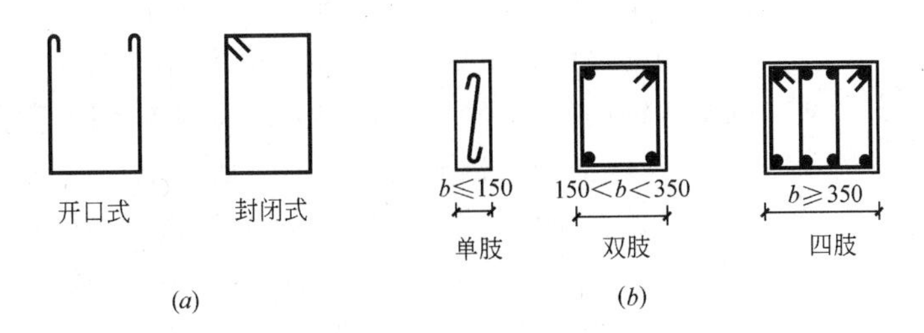

图 1-12　箍筋的形式和肢数

(a) 箍筋的形式；(b) 箍筋的肢数

(1) 箍筋的作用：箍筋的主要作用是抵抗由荷载产生的剪力在梁内引起的应力，同时，箍筋通过与纵向钢筋绑扎或焊接联系在一起，形成一个空间的钢筋骨架。

(2) 箍筋构造要求：

a. 箍筋间距要按设计图纸的要求排列。

b. 箍筋形状受梁的宽度控制，其形状如图 1-12 所示。当梁宽 $b\leqslant150$mm，采用单肢箍；当宽度 150mm$<b<$350mm，采用双肢箍；当梁宽 $b\geqslant350$mm，采用四肢箍。开口箍筋只用于无振动荷载或开口处无受力钢筋的现浇 T 形梁的居中部分。

c. 箍筋的最小直径与梁高有关。当梁高 $h>800$mm，其直径不小于 8mm；当梁高 $h\leqslant$ 800mm，其直径不宜小于 6mm。

3) 弯起钢筋：如图 1-10 所示的②、③号钢筋。

(1) 弯起钢筋的作用：弯起钢筋的弯起斜段用于抵抗由荷载产生的梁内剪力引起的应力。弯起后的水平段可承受支座处的负弯矩，跨中水平段用来承受弯矩产生的拉力。

(2) 弯起钢筋构造要求：

a. 弯起钢筋的直径、数量、位置由计算或构造要求确定，一般由纵向受力钢筋弯起而成，当纵向受力钢筋较少而剪力值较大时，可设置单独的弯起钢筋，如图 1-13 所示。

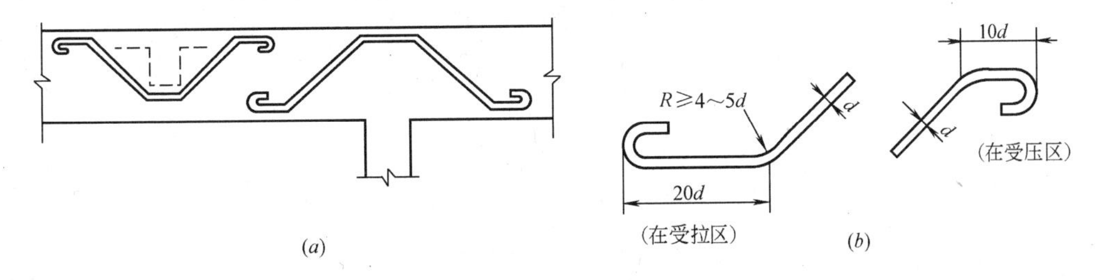

图 1-13　弯起钢筋（d 是钢筋直径）

(a) 单独设置；(b) 钢筋终弯点处的水平延伸长度

b. 弯起钢筋的弯起角度：当梁高 $h\leqslant800$mm 时，采用 45°。当梁高 $h>800$mm 时，采用 60°。

4) 架立钢筋：如图 1-10 所示的⑤号钢筋。

(1) 架立钢筋的作用：架立钢筋设置在梁的受压区，起固定箍筋和形成钢筋骨架的作用。如受压区配有纵向受压钢筋时，则不再配置架立钢筋。

(2) 架立钢筋的构造要求：架立钢筋的直径与梁的跨度有关，当跨度小于 4m 时，其直径不宜小于 8mm；当跨度等于 4～6m 时，其直径不宜小于 10mm；当跨度大于 6m 时，

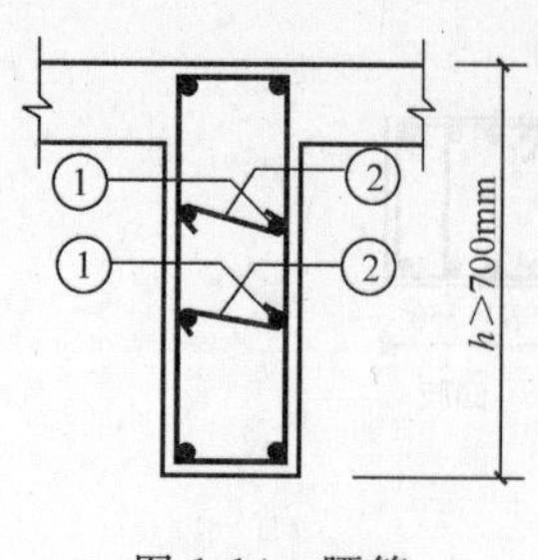

图 1-14　腰筋
① 腰筋；② 拉筋

其直径不小于 12mm，一般根数为 2 根。

当梁嵌固在承重砖墙内时，可利用架立钢筋做构造负筋，此时架立钢筋的直径宜采用 12mm，端部锚固长度应符合要求。

5）纵向构造钢筋又叫腰筋，如图 1-10 所示⑥钢筋。

(1) 纵向构造钢筋作用：纵向构造钢筋作用是防止钢筋混凝土梁过高，混凝土由于温度变化和收缩等原因在梁侧中部产生裂缝，以及防止梁过高发生侧向扭曲等作用。

(2) 纵向构造钢筋构造要求：当梁的高度超过 700mm 时，梁中应设纵向构造钢筋和拉筋，如图 1-14 所示。纵向构造钢筋在梁的两侧面沿高度每隔 300～400mm 设置 1 根直径不小于 10mm 的钢筋，并用拉筋连接，拉筋直径与箍筋相同。

1.1.4　钢筋混凝土悬臂梁的构造要求

钢筋混凝土悬臂梁的构造除了满足以上所讲的钢筋混凝土梁的构造要求外，还有其特殊的要求，因为悬臂梁在荷载作用下产生负弯矩，使梁的上部受拉，纵向受力钢筋配置在梁的上部，纵向受力钢筋由计算确定，并不少于两根，其伸入支座的长度应满足锚固长度 l_a，其构造要求如图 1-15 所示。

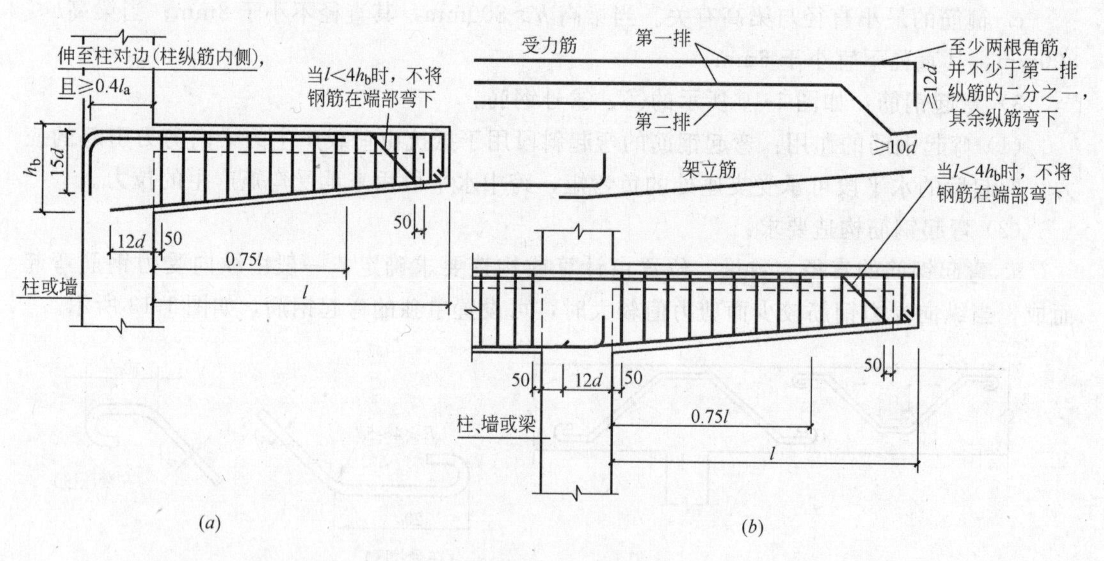

图 1-15　悬臂梁
(a) 纯悬挑梁；(b) 梁的悬挑端

钢筋锚固长度 l_a 是指钢筋伸入混凝土支座内，当受拉时钢筋不发生滑动的最小长度值。因为钢筋混凝土梁在荷载作用下，钢筋与混凝土的接触面将产生剪应力，当剪应力超过钢筋与混凝土之间的粘结强度时，钢筋与混凝土发生相对滑移，而使构件早期破坏。为了防止这种破坏，受拉钢筋锚固长度 l_a 按下式计算：

$$l_a=\alpha \cdot \frac{f_y}{f_t} \cdot d$$

式中　f_y——受拉钢筋强度设计值；

f_t——锚固区内混凝土轴心抗拉强度设计值，当混凝土强度等级大于 C40 时，按

C40 考虑；

d——锚固钢筋的直径；

α——锚固钢筋的外形系数，按表 1-1 取值。

锚固钢筋的外形系数 α **表 1-1**

钢筋类型	光面钢筋	带肋钢筋	三面刻痕钢丝	螺旋肋钢丝	三股钢绞线	七股钢绞线
钢筋外形系数 α	0.16	0.14	0.19	0.13	0.16	0.17

注：光面钢筋系指 HPB235 级热轧钢筋，末端应做 180°弯钩，但作受压钢筋时可不做弯钩；带肋钢筋系指 HRB335、HRB400 和 RRB400 级热轧钢筋与热处理钢筋。

1.2 钢筋混凝土板的构造要求

1.2.1 钢筋混凝土板的分类

1）按钢筋混凝土板的截面形状进行分。

有矩形板和空心板二类。

(1) 矩形截面板多为现浇板，使用比较广泛，如图 1-16（a）所示。

(2) 空心板多为预制板，一般空心板预应力板比较多，如图 1-16（b）所示。

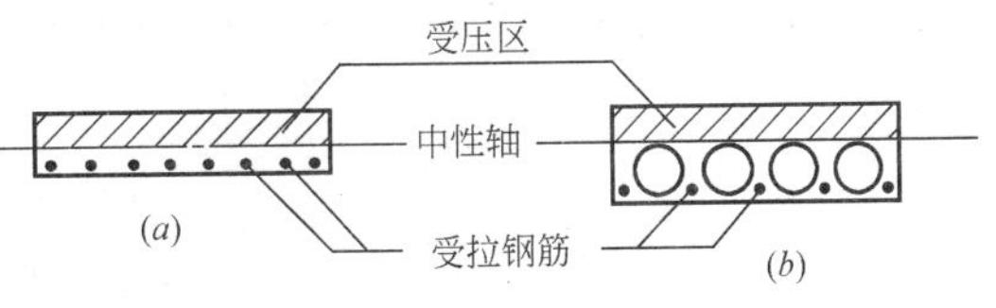

图 1-16 梁和板的截面形式

（a）矩形板；（b）空心板

2）按钢筋混凝土板的受力性质分有简支板、悬臂板、连续板等三类，其受力的性质与简支梁、悬臂梁、连续梁相同，在此不再论述。

3）按钢筋混凝土板支撑条件和长度与宽度之比不同分为单向板和双向板二类。

(1) 单向板：如图 1-17（a）所示。这种板一般是两边支撑，但是也有四边支撑，当板是四边支撑，板上的荷载通过双向受弯传到支座上，但当板的长边比其短边长得多，即长边 l_2 与短边 l_1 之比，$l_2/l_1 \geqslant 3$ 时，可按单向板计算，板上荷载主要是沿短边方向传递到支撑构件上，而沿长边方向传递的荷载则很少，可以略去不计。对于这样的板，受力钢筋沿短边布置，在垂直于短边方向只布置按构造要求设置的分布筋。

(2) 双向板：如图 1-17（b）所示。当板的长边 l_2 与短边 l_1 之比 $l_2/l_1 \leqslant 2$ 时，应按双向板计算，$l_2/l_1 > 2$ 且 < 3 时，宜按双向板计算，板在两个方向的弯曲均不可忽略，板双向弯曲，板上的荷载沿两个方向传到支撑处，这种板叫双向板。

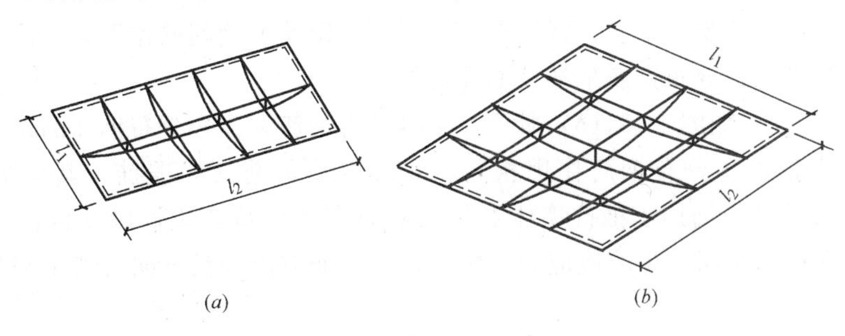

图 1-17 单向板与双向板

（a）单向板；（b）双向板

1.2.2 单向板钢筋布置的构造要求

1）单向简支板受力变形的分析：单向简支板受力变形情况如图 1-18（a）所示。

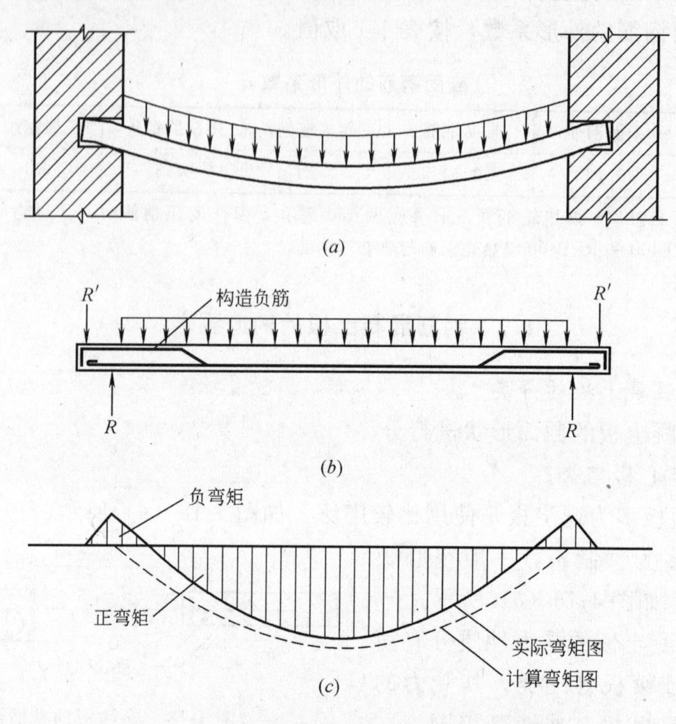

图 1-18 简支板板端的负弯矩和构造负筋

单向简支板两端支撑在墙上，板端支座上方还有砖墙压住。当板在荷载作用下发生弯曲时，以板的下部受拉为主，受力钢筋布置在板的下面。但是在板的端部由于砖墙的压力作用，板的上部产生负弯矩。为了抵抗这些负弯矩，需要配置构造负筋，如图 1-18（b）、（c）所示，这种构造负筋也叫盖筋。根据单向简支板的配筋方式不同，又分为弯起式或分离式。

2）弯起式配筋；如图 1-19（a）所示，①号钢筋为弯起筋，弯起角度一般为 30°，当板厚 $h>120$mm，可采用 45°，弯起的上部作为板的构造负筋，弯起的下部作为板抵抗弯矩产生的拉力，钢筋末端弯成直钩，以便施工时撑在模板上；②号钢筋是受力钢筋，布置在板的下部，主要抵抗弯矩产生的抗力；③号分布筋布置在受力筋的上面，与受力钢筋相互垂直并绑扎或焊接，在弯起筋的上部弯折处，也需布置分布筋，分布筋的作用是将板面上的荷载更均匀的传给受力钢筋，同时在施工时可固定受力钢筋的位置，且能抵抗混凝土温度应力和收缩应力，分布钢筋末端可不设弯钩。

3）分离式配筋：如图 1-19（b）所示，①号受力钢筋和②号分布钢筋的作用和构造要求与弯起的受力钢筋和分布钢筋作用相同。③号构造负筋又叫盖筋，其构造要求如图 1-20 所示，板面构造负筋用于抵抗墙体对板的约束产生的负弯矩，以及抵抗由于混凝土温度收缩影响在板角上面产生的抗应力，所以构造负筋应沿墙长方向及墙角部分的板面增设构造钢筋

（1）压在砖墙内的板构造负筋的构造要求：构造负筋间距不应大于 200mm，直径不应小于 8mm，其伸出墙边的长度不小于短边跨度的 1/7，对两边均嵌在墙内的板角部分，

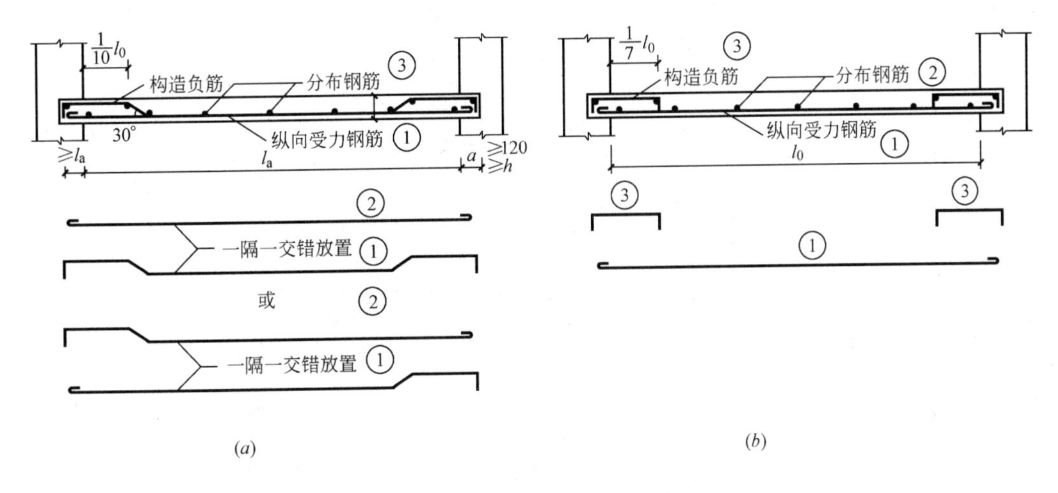

图 1-19　简支板的布筋方案

(a) 弯起式；(b) 分离式

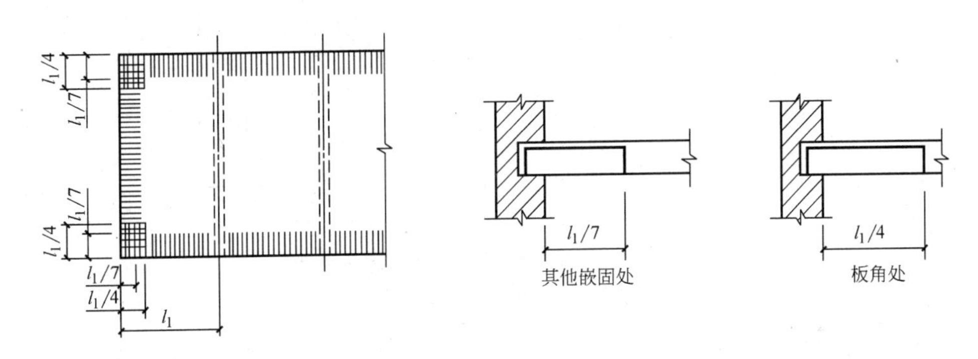

图 1-20　嵌固在砖墙内的板上部构造钢筋的配置

应双向配置上部构造负筋，其伸出墙边的长度不小于板跨度的 1/4。如图 1-20 所示。

(2) 当板的周边与钢筋混凝土梁整体浇筑时，其构造如图 1-20 所示，构造负筋从梁边伸入板内不小于板跨的 1/5，深入梁内不小于钢筋锚固长度 l_a。

(3) 当现浇板的受力钢筋与梁的肋部平行时，应沿梁的方向配置间距不大于 200mm，直径不小于 8mm 的构造负筋，伸入板内不小于板计算跨度的 1/4，如图 1-21 所示。当板

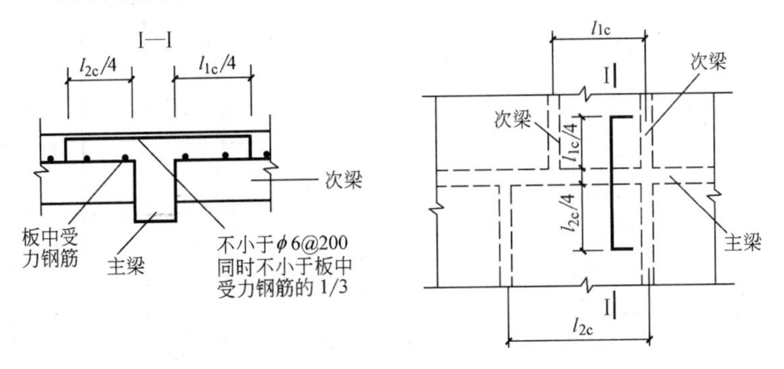

图 1-21　板的受力钢筋与梁肋部平行时构造钢筋的配置

l_{1c}—板 1 的轴线跨度；l_{2c}—板 2 的计算跨度

的受力钢筋与边梁平行时构造负筋的布置，如图 1-22 所示。

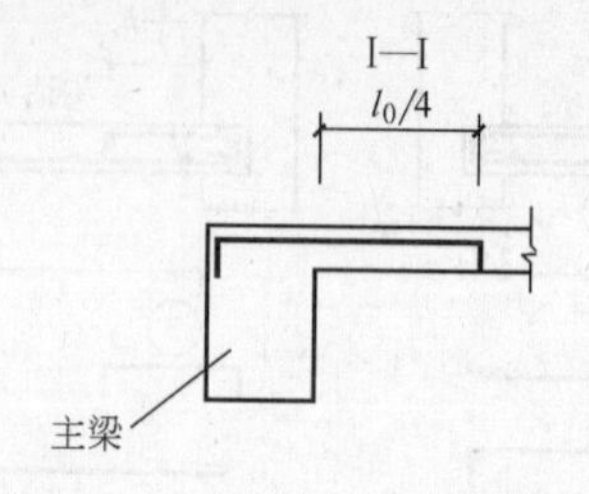

图 1-22　板的受力钢筋与边梁平行时构造钢筋的配置

（4）屋面板挑檐转角处应配置承受负弯矩的放射状构造钢筋，如图 1-23 所示。

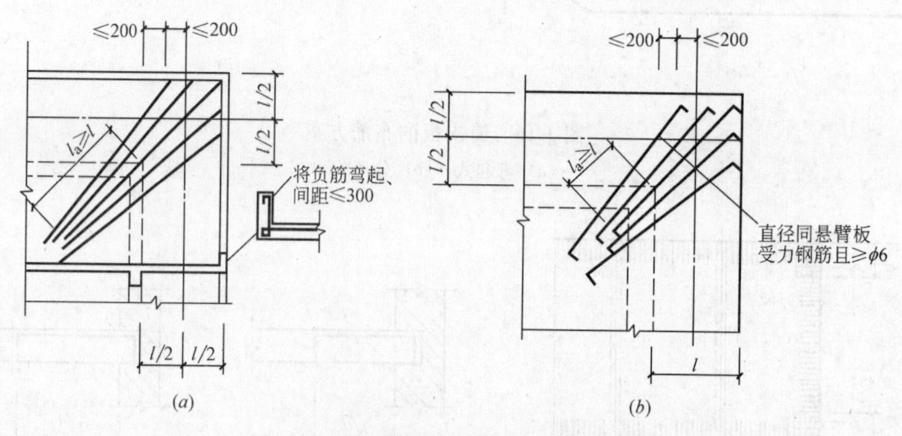

图 1-23　屋面板挑檐转角处的构造配筋
（a）有肋挑檐；（b）平板挑檐

放射筋的直径与挑檐板受力钢筋直径相同且不小于 6mm，其间距沿 1/2 处应不大于 200mm（l 为挑檐挑出的长度），钢筋锚固长度 $l_a > l$。

1.2.3　双向板钢筋布置的构造要求

如图 1-24 所示，为单跨双向板的钢筋（分离式）布置要求。图 1-25 所示为连续双向板的分离式配筋，如图 1-26 所示为单跨双向板的弯起式配筋。由于双向板在荷载作用下双向弯曲，所以，两个方向配置的钢筋都是受力钢筋，没有分布筋，起作用与单向板受力

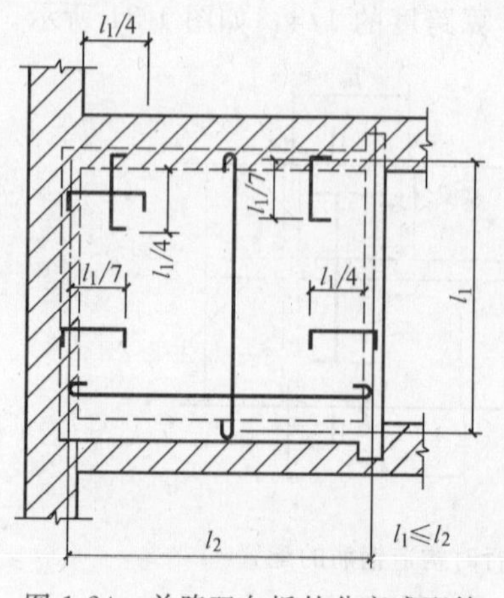

图 1-24　单跨双向板的分离式配筋

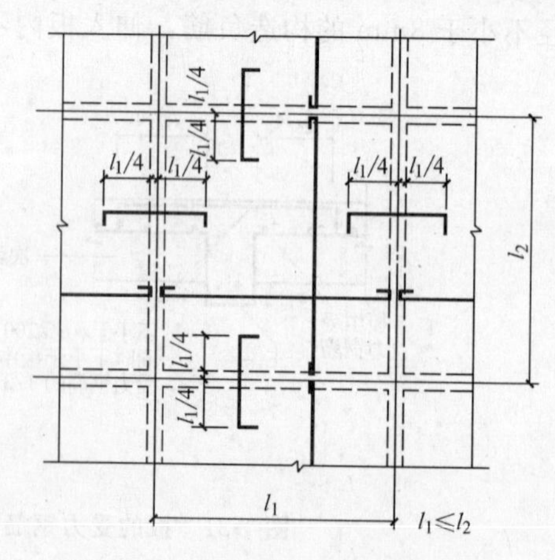

图 1-25　连续双向板的分离式配筋

钢筋作用相同。

1.2.4 悬臂板钢筋布置的构造要求

在建筑物中的阳台、雨篷、挑檐等其结构为悬臂板，悬臂板在荷载作用下产生负弯矩，板的上面受拉，故受力筋应布置在板的上面，分布筋在受力筋下面，如图 1-27 所示。

1.2.5 钢筋混凝土楼梯

楼梯是多层房屋的竖向通道。楼梯是由梯段和平台两部分组成。梯段又分为板式楼梯和梁式楼梯：它们分别是斜向放置的受弯的板和梁。由此，楼梯也属于受弯构件。板式楼梯配筋图，如图 1-28 所示。

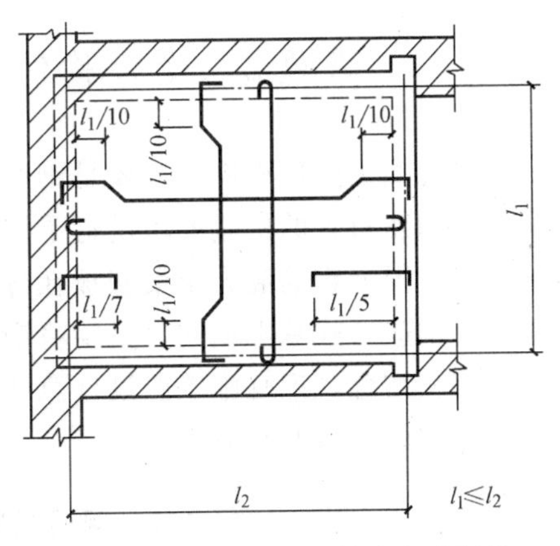

图 1-26 单跨双向板的弯起式配筋

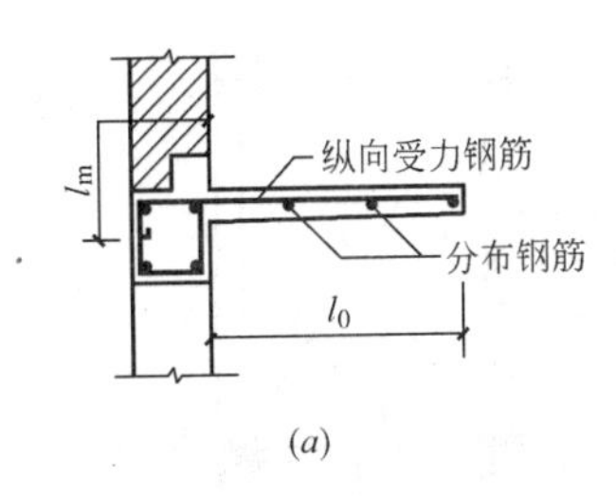

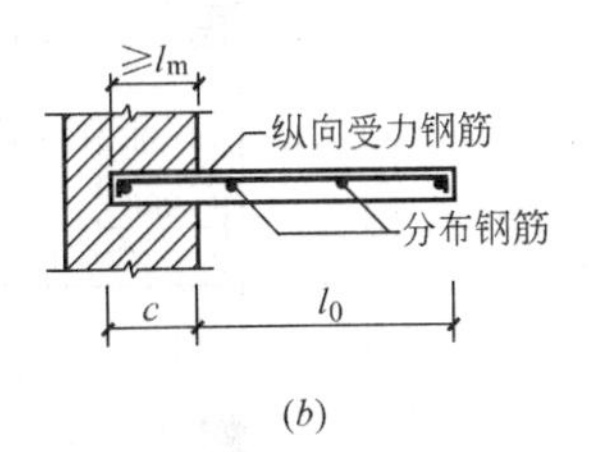

图 1-27 悬臂板的布筋方案

(*a*) 与梁整体连接的悬臂板；(*b*) 嵌固在砖墙内的悬臂板

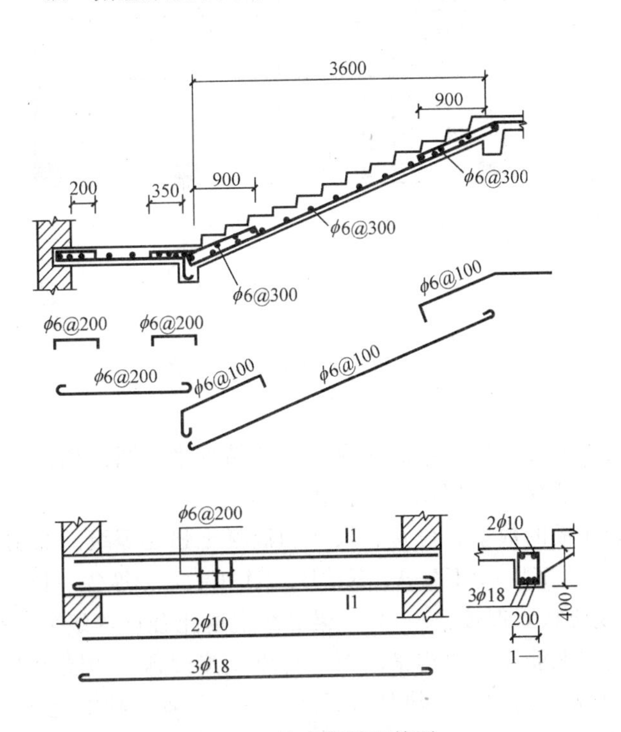

图 1-28 板式楼梯配筋图

课题2 受弯构件施工图识读和钢筋配料计算

钢筋混凝土受弯构件，主要是钢筋混凝土梁和板，在上一个课题中已经将钢筋混凝土梁和板的钢筋布置的构造要求进行了讲解。只要掌握了上课题讲解的内容，就很容易读懂其施工图，因为钢筋混凝土梁和板在各个施工图中，其尺寸、形状、位置不同，但是它们的功能、构造形式基本相同，只要将钢筋混凝土梁和板的构造原理与施工图中具体形状、尺寸要求相结合，理解施工图设计意图，就能按施工图设计要求将这些构件生产出来，按设计意图完成建筑产品的生产。

2.1 钢筋混凝土梁和板施工图的识读

钢筋混凝土梁和板是在结构施工平面图上进行表示，如图 1-29 所示。

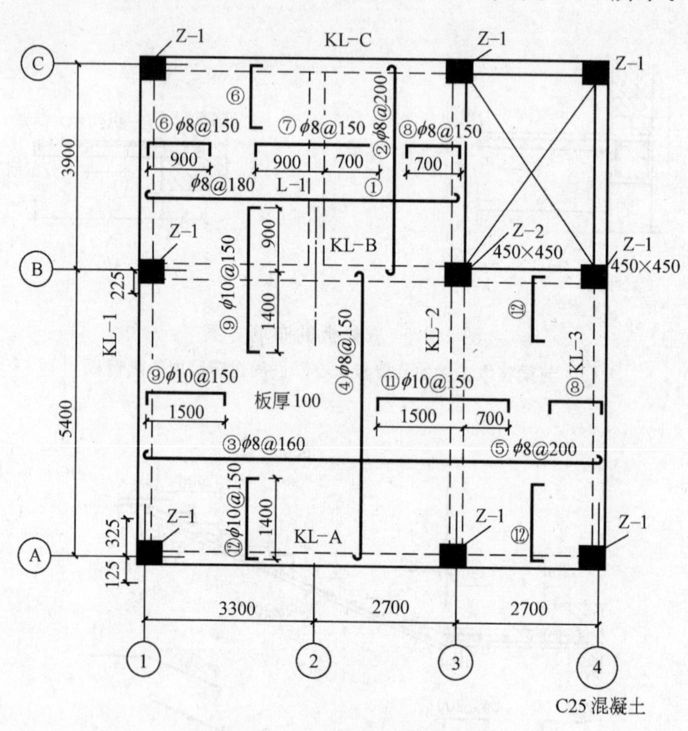

图 1-29 3.00m 结构平面图

其识读顺序如下：

1）首先掌握结构平面的标高，属于哪一层的结构平面图。如图 1-29 所示，其结构平面图的标高是 3m，显然属于二层结构平面图。

2）找出各类梁和板的数量、位置、尺寸和混凝土强度等级。如图 1-29 所示，梁共有 7 种，即 KL-1、KL-2、KL-3、KL-A、KL-B、KL-C、L-1 等各一根。

板为一块整体现浇板，厚度 100mm，梁和板混凝土强度等级为 C25。

3）读懂梁和板的配筋。在结构平面图上可以直接读到，如图 1-29 所示，在读此图的板配筋时，可以将板分为两块，一块是板长从①轴～④轴，板宽是从Ⓐ轴～Ⓑ轴，另一块是板长从①轴～③轴，板宽是从Ⓑ轴～Ⓒ轴，第二块板都属于双向板分离式配筋，第一块板 4 号筋属于短向主筋，其配筋要求是Ⅰ级钢筋，直径为 8mm。第一根筋应距墙边 50mm 起（按中心间距 150mm 按列）。5 号筋属于长向主筋，与 4 号筋相比只是中心间距为 200mm，其他要求相同。构造负筋有 8 号、9 号、11 号、12 号等，构造负筋下面还应有分布筋，此图没有标注，其分布筋可按构造要求设置为 $\phi6@250$，梁的配筋和尺寸还应根据梁的编号查找其施工图或配筋表。

2.2 钢筋混凝土梁和板钢筋配料计算

钢筋配料计算是钢筋混凝土主体结构施工的一个重要环节，通过钢筋配料计算编制出钢筋配料单，在施工中，根据钢筋配料单提供的构件钢筋形状、尺寸、根数、下料长度等数据进行钢筋加工，制成设计施工图所需要的形状、尺寸，再根据钢筋配料单和施工图进行绑扎、安装，所以钢筋配料单是指导钢筋加工制作、绑扎安装的重要依据，钢筋配料单所确定的钢筋形状、尺寸，既要方便施工操作，又要符合设计要求。

2.2.1 钢筋下料长度计算

构件中的钢筋，因弯曲或弯钩会使长度发生变化，所以配料时不能根据配筋图的尺寸直接下料。必须了解各种构件的混凝土保护层、钢筋弯曲、搭接、弯钩等规定，结合所掌握的一些计算方法，再根据图中尺寸计算出下料长度。

1）常用钢筋下料长度计算

（1）直钢筋下料长度＝构件长度(搭接长度)－保护层厚度＋弯钩增加长度；

（2）弯起钢筋下料长度＝直段长度(搭接长度)＋斜段长度＋弯钩增加长度－弯曲调正值；

（3）箍筋下料长度＝箍筋周长＋弯钩增加长度±弯曲调整值。当箍筋计算内皮尺寸时，应加上弯曲调整值。

2）弯钩增加长度计算

（1）钢筋的弯钩通常有三种形式，即：半圆弯钩、直弯钩和斜弯钩。半圆弯钩是常用的一种弯钩。直弯钩仅用在柱钢筋的下部、箍筋和附加钢筋中。斜弯钩仅用在 $\phi12$ 以下的受拉主筋和箍筋中。其形式如图 1-30 所示。

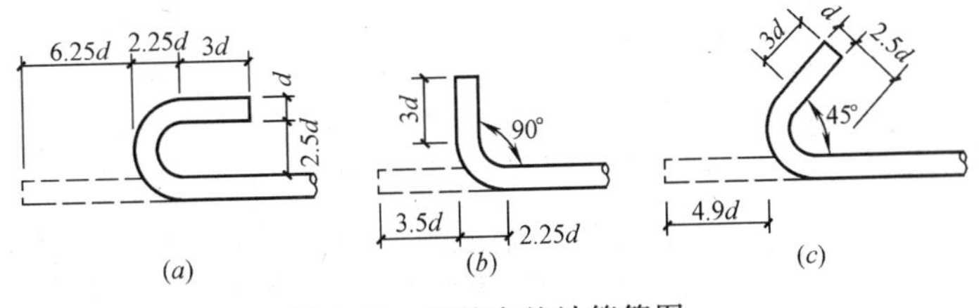

图 1-30 钢筋弯钩计算简图

(a) 半圆弯钩；(b) 直弯钩；(c) 斜弯钩

（2）计算公式：

① 半圆弯钩增加长度$=3d_0+\dfrac{3.5d_0\pi}{2}-2.25d_0=6.25d_0$

② 直弯钩增加长度$=3d_0+\dfrac{3.5d_0\pi}{4}-2.25d_0=3.5d_0$

③ 斜弯钩增加长度$=3d_0+\dfrac{1.5\times3.5d_0\pi}{4}-2.25d_0=4.9d_0$

3）各种钢筋弯钩增加长度

各种钢筋弯钩增加长度见表 1-2。

钢筋弯钩增加长度（mm）参考表 **表 1-2**

钢筋直径 d_0（mm）	半圆弯钩		半圆弯钩（不带平直部分）		直弯钩		斜弯钩	
	一个钩长	两个钩长	一个钩长	两个钩长	一个钩长	两个钩长	一个钩长	两个钩长
3、4	25	50	—	—	10	20	20	40
5、6	40	80	20	40	15	30	30	60
8	50	100	25	50	20	40	40	80
9	55	110	30	60	25	50	45	90
10	60	120	35	70	25	50	50	100
12	75	150	40	80	30	60	60	120
14	85	170	45	90				
16	100	200	50	100				
18	110	220	60	120				
20	125	250	65	130				

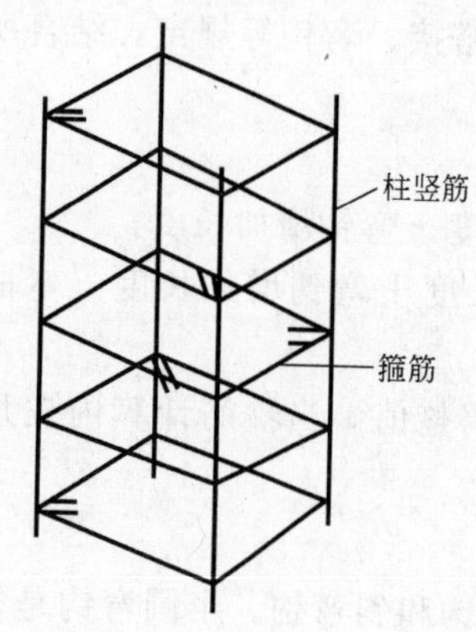

4）箍筋弯钩长度

如图 1-31 所示，有抗震要求的箍筋平直部分：柱≥$10d$，梁≥$6d$；无抗震要求的箍筋平直部分：柱≥$5d$。因此，有抗震要求的箍筋弯钩增加长度，柱箍筋为 $12.5d$，梁箍筋为 $8.5d$，d 为箍筋的直径。

5）混凝土保护层厚度

混凝土保护层是指受力钢筋外缘至混凝土构件表面的距离，其作用是保护钢筋在混凝土结构中不受锈蚀。无设计要求时，应符合表 1-3 规定。

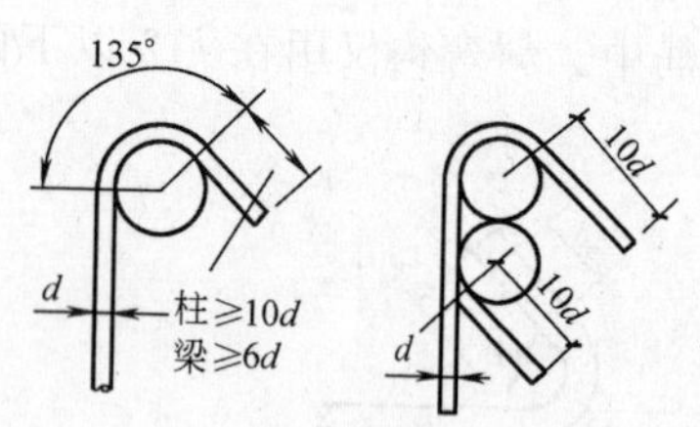

图 1-31　柱、梁箍筋弯钩长度

纵向受力钢筋的混凝土保护层最小厚度（mm） **表 1-3**

环境类别		板、墙、壳			梁			柱		
		≤C20	C25～C45	≥C50	≤C20	C25～C45	≥C50	≤C20	C25～C45	≥C50
一		20	15	15	30	25	25	30	30	30
二	a	—	20	20	—	30	30	—	30	30
	b	—	25	20	—	35	30	—	35	30
三		—	3	25	—	40	35	—	40	35

注：基础中纵向受力钢筋的混凝土保护层厚度不应小于 40mm；当无垫层时，不应小于 70mm。

6）弯曲调整值

钢筋弯曲时，外侧伸长，内侧缩短，轴线长度不变，因弯曲处形成圆弧，而量度尺寸又是沿直线量外包尺寸，如图 1-32 所示。因此，弯曲钢筋的量度尺寸大于下料尺寸，两者之间的差值，叫弯曲调整值。各种弯曲调整值参见表 1-4。

【例 1-1】 图 1-33 所示为简支梁 L-1 的配筋图。混凝土强度等级为 C20，处于一类环境，有抗震要求。此梁在某建筑物中共有 5 根，进行钢筋配料计算，并编写钢筋配料单。

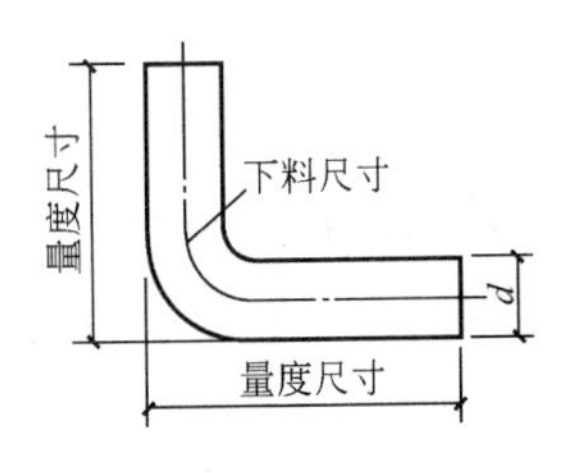

图 1-32 钢筋弯曲时的量度方法

钢筋弯曲调整值（mm） 表 1-4

直径（mm） \ 角度 / 调整值	30°	45°	60°	90°	135°
	0.35d	0.50d	0.85d	2.00d	2.50d
6	—	—	—	12	15
8	—	—	—	16	20
10	3.5	5	8.5	20	25
12	4	6	10	24	30
14	5	7	12	28	35
16	5.5	8	13.5	32	40
18	6.5	9	15.5	36	45
20	7	10	17	40	50
22	8	11	19	44	55
25	9	12.5	21.5	50	62.5

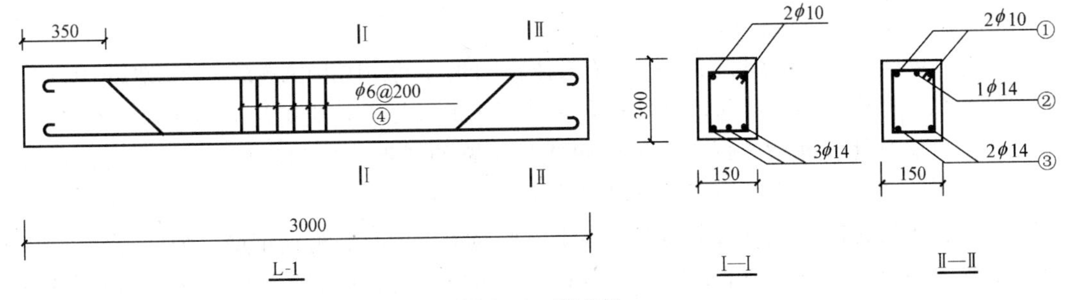

图 1-33 简支梁

【解】（1）①号钢筋外包尺寸为：3000－30×2＝2940mm

①号钢筋下料长度＝构件长－两端保护层＋两端弯钩长度

＝3000－30×2＋6.25×10×2＝3065mm

（2）②号钢筋外包尺寸：②号钢筋是弯起钢筋，各段尺寸计算过程如下

弯起钢筋上部平段长度＝350－30＝320mm

弯起钢筋斜段长度＝(300－30×2)×1.414＝339mm

弯起钢筋下部平段长度＝3000－350×2－(300－30×2)×2＝1820mm

②号弯起钢筋下料长度＝直段长＋斜段长＋弯钩增加长度－弯曲调整值

＝320×2＋1820＋339×2－0.5×14×4＋62.5×14×2＝3285mm

（3）③号钢筋外包尺寸为：3000－30×2＝2940mm

③号钢筋下料长度＝构件长－两端保护层＋两端弯钩长度

＝3000－30×2＋6.25×14×2＝3115mm

（4）④号箍筋内皮尺寸 高度＝300－30×2＝240mm

宽度＝150－30×2＝90mm

④号箍筋下料长度＝箍筋内皮周长＋弯钩长度＋弯曲调整值

＝(240＋90)×2＋8.5×6×2＋2×6×3＝798mm

箍筋个数＝构件长÷箍筋间距＋1＝3000÷200＋1＝16 个

2.2.2 钢筋配料单编制

1）钢筋配料单

钢筋配料单是根据施工图纸中钢筋的品种、规格及外形尺寸、数量进行编号，计算下

料长度，用表格形式表达的过程叫钢筋配料单。

2）钢筋配料单作用

（1）钢筋配料单是钢筋加工的依据；

（2）钢筋配料单是提出材料计划，签发任务单和限额领料单的依据；

（3）钢筋配料单是钢筋施工中一道很重要的工序。合理的配料，不但能节约钢材，还能使施工操作简化。

3）配料单方式

按钢筋的编号、形状和规格，计算下料长度并根据根数算出每一编号钢筋的总长度，然后再汇总各种规格的总长度，算出其重量。当需要成型钢筋很长，尚需配有接头时，应根据原材料供应情况和接头形式要求，来考虑钢筋接头的布置，其下料计算时要增加接头要求的长度。

4）编制原则

（1）凡设计图中对钢筋配置的细节没有具体表明的，一般可按国家规范中的构造规定处理。

（2）在考虑钢筋的形状和尺寸能符合设计要求的前提下，应满足加工和安装的条件。

（3）对形状比较复杂的钢筋，如鱼腹式吊车梁的弧形钢筋和箍筋等，其各部分的尺寸，当采用数学方法计算有一定困难时，采用放大样的方法配筋。

（4）在按设计图配筋时，必须考虑施工需要而增设的有关附加钢筋，如后张预应力构件中的固定预留孔道管子用的钢筋井字架；梁下多排受力钢筋间的ϕ25短垫条钢筋；板和墙结构构件中双层钢筋间的定位撑脚及拉条钢筋；防止现浇柱钢筋骨架在绑扎后扭转的四面斜撑拉筋等。

5）编制步骤与方法

（1）熟悉图纸（构件配筋表）；

（2）绘制钢筋简图；

（3）计算每种规格钢筋的下料长度（接头）；

（4）填写和编制钢筋配料单；

（5）填写钢筋料牌。

6）钢筋料牌

在钢筋施工过程中，光有钢筋配料单还不能作为钢筋加工与绑扎的依据。还要将每一编号的钢筋制作一块料牌。料牌可用100mm×70mm的薄木板（竹片）或纤维板等制成。料牌是随着加工工艺传送，最后系在加工好的钢筋上作为标志，因此料牌必须严格校核，准确无误，以免返工浪费。

7）编制钢筋配料单（表1-5）

钢筋重量＝下料长度(m)×合计根数×钢筋每米重量（表1-6）

①号钢筋重量＝3.065×10×0.617＝18.91kg

②号钢筋重量＝3.285×5×1.21＝19.87kg

③号钢筋重量＝3.115×10×1.21＝37.69kg

④号钢筋重量＝0.798×80×0.222＝14.17kg

2.2.3 钢筋下料特殊长度计算

1）缩尺配筋

钢筋配料单 **表 1-5**

构件名称	钢筋编号	简图	钢号	直径(mm)	下料长度(mm)	单位根数	合计根数	重量(kg)
L-1 共 5 根	①	2940	ϕ	10	3065	2	10	18.91
	②	320 339 1820 339 320	ϕ	14	3285	1	5	19.87
	③	2940	ϕ	14	3115	2	10	37.69
	④	240 90	ϕ	6	798	16	80	14.17

热轧光面钢筋与带肋钢筋的直径、横截面面积和质量 **表 1-6**

公称直径(mm)	公称横截面面积(mm^2)	公称质量(kg/m)	公称直径(mm)	公称横截面面积(mm^2)	公称质量(kg/m)
6	28.3	0.222	20	314.2	2.47
6.5	33.2	0.260	22	380.1	2.98
8	50.27	0.395	25	490.9	3.85
10	78.54	0.617	28	615.8	4.83
12	113.1	0.888	32	804.2	5.37
14	153.9	1.21	36	1018	7.99
16	201.1	1.58	40	1257	9.87
18	254.5	2.00			

注：1. 圆盘条直径 6～14mm，光面钢筋直径 8～20mm，带肋钢筋直径 8～40mm；
2. 重量允许偏差：直径 6～12mm 为±7%，14～20mm 为±5%，22～40mm 为±4%；
3. 推荐的钢筋公称直径 8、10、12、16、20、25、32、40mm。

一组钢筋中存在多种不同长度的情况，这样的配筋形式称为缩尺配筋。

(1) 表达格式。

在施工图的材料表中将钢筋长度用起讫号表达出来，而在配筋图上可以看到怎样进行“缩尺”的规律性，然后用计算方法确定每根钢筋的长度。

表 1-7 所示为图 1-34 的各号钢筋材料表达格式，其中①号和②号钢筋是缩尺配筋的。

缩尺配筋表达格式 **表 1-7**

编号	式样
1	1400～3000
2	500～5950
3	5950

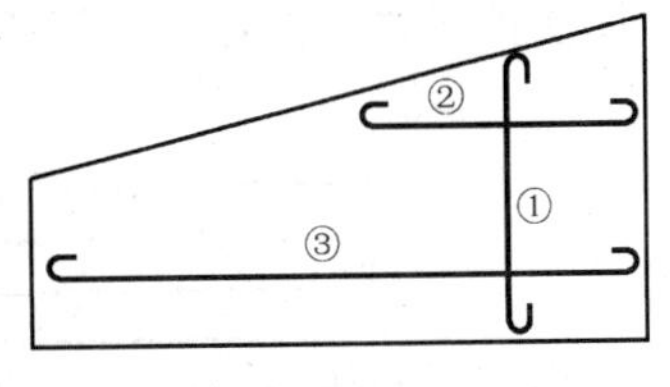

图 1-34 板配筋

(2) 直线缩尺。

设每根钢筋的长短差数为 Δ，则有

$$\Delta=\frac{l_l-l_s}{n-1} \tag{1-1}$$

式中 l_l——最长那根钢筋的长度；

l_s——最短那根钢筋的长度；

n——钢筋根数。

每根钢筋的长度按从 l_s 起递增 Δ 计算。

根数是由最长钢筋与最短钢筋之间总距离除以钢筋间距确定的，即：

$$n=\frac{s}{a}+1 \tag{1-2}$$

式中 s——最长钢筋与最短钢筋之间总距离；

a——钢筋间距。

必须注意：钢筋间距是按设计近似取整为 5mm 或 10mm（如 $a=175$、220mm），故 $\frac{s}{a}$不一定是整数；但 n 应为整数，因此，$\frac{s}{a}$要从带小数的数进为整数，实际上 n 略大于 $\frac{s}{a}+1$。所以不得将式（1-2）代入式（1-1）变成 $\Delta=\frac{a}{s}(l_l-l_s)$。

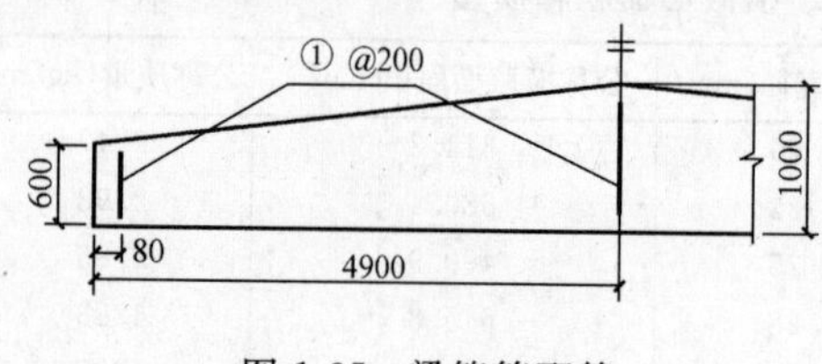

图 1-35 梁箍筋配筋

【例 1-2】 计算图 1-35 缩尺配筋的每个箍筋长度。

【解】 斜面坡度为$\frac{1000-600}{4900}=\frac{4}{49}$，故最短箍筋所在位置的模板高度为 $600+80\times\frac{4}{49}=607$mm，扣除上、下保护层共 50mm，故 $l_s=557$mm；又有 $l_l=1000-50=950$mm

据式（1-2）：

$$n=\frac{4900-80}{200}+1=25.1$$

用 26 个箍筋。代入式（1-1）：

$$\Delta=\frac{950-557}{26-1}=15.7\text{mm}$$

故各个箍筋长度应为 557、557＋15.7＝573、588、604、620、……950mm。

2）圆形缩尺

（1）按弦长布置：先算出钢筋所在位置的弦长，再减去两端保护层厚度，便得到钢筋长度。

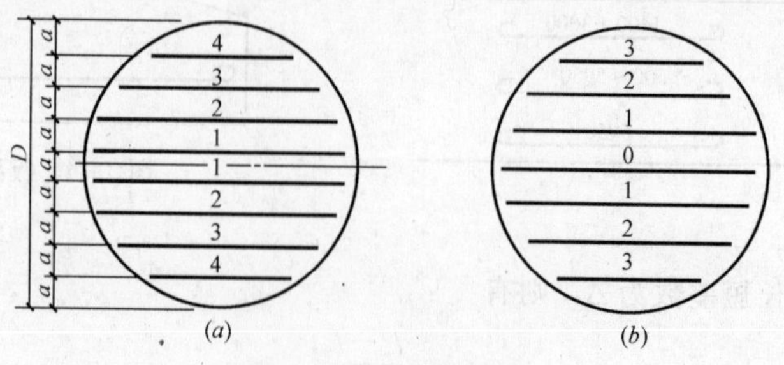

图 1-36 圆形板配筋

当钢筋间距的个数为奇数时（图 1-36（a）），配筋有相同的两组，弦长计算公式为：

$$K_1=\sqrt{D^2-[(2i-1)a]^2} \tag{1-3a}$$

或

$$K_1=a\sqrt{(n+1)^2-(2i-1)^2} \tag{1-3b}$$

或

$$K_1=\frac{D}{n+1}\sqrt{(n+1)^2-(2i-1)^2} \tag{1-3c}$$

当钢筋间距的个数为偶数时（图 1-36b），有一根钢筋所在位置的弦就是直径，另外还有相同的两组配筋，弦长计算公式为：

$$K_1=\sqrt{D^2-(2ia)^2} \tag{1-4a}$$

或

$$K_1=a\sqrt{(n+1)^2-(2i)^2} \tag{1-4b}$$

或

$$K_1=\frac{D}{n+1}\sqrt{(n+1)^2-(2i)^2} \tag{1-4c}$$

式中 K_1——从圆心向两边计数的第 i 根钢筋所在位置的弦长；

D——圆的直径；

a——钢筋间距；

n——钢筋根数；

i——从圆心向两边计算的序号数。

【例 1-3】 按钢筋两端保护层共为 50mm，钢筋沿圆直径等间距布置，试求图 1-37 缩尺配筋的每根钢筋长度。在材料表中如何拟定表达格式？

【解】 0 号钢筋长 $l_0=1800-50=1750$mm

据式（1-4（c））：

1 号钢筋长 $l_1=\frac{1800}{9+1}\sqrt{(9+1)^2-(2\times1)^2}-50=1714$mm

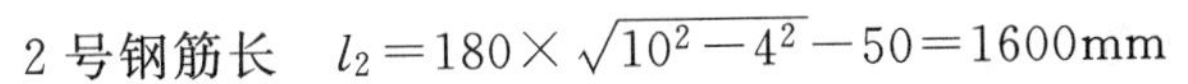

2 号钢筋长 $l_2=180\times\sqrt{10^2-4^2}-50=1600$mm

3 号钢筋长 $l_3=180\times\sqrt{10^2-6^2}-50=1390$mm

4 号钢筋长 $l_4=180\times\sqrt{10^2-8^2}-50=1030$mm

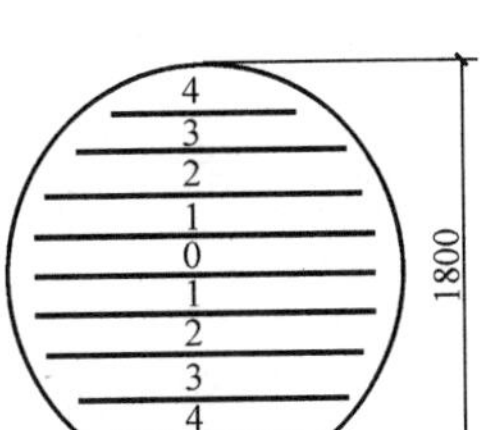

图 1-37 圆形板配筋

（2）圆形切块缩尺。

确定钢筋所在位置在弦与圆心间的距离（弦心距），即可据下式求出弦长：

$$K=\sqrt{D^2-4c^2} \tag{1-5}$$

式中 c——弦心距。

如果圆的大小用半径值 R 表示，亦可应用公式计算。

【例 1-4】 图 1-38 所示的钢筋两端保护层共 50mm，试确定每根钢筋的长度，并写出每根配筋的表达格式。

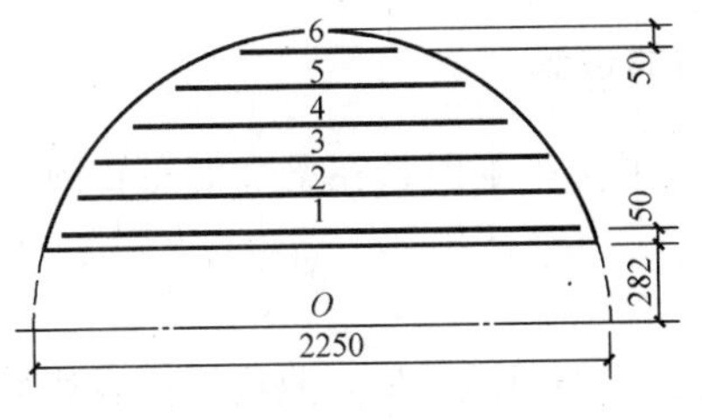

图 1-38 半圆板配筋

【解】 每根钢筋之间的间距可据式（1-2）变形为 $a=\frac{s}{n-1}$计算：

$$a=\left(\frac{2250}{2}-50-50-282\right)\div(6-1)=148.6$$

故得弦心距 c_1、c_2、c_3、c_4、c_5、c_6 分别为 332、481、629、778、926、1075mm，代入式（2-5），得各根

钢筋长为：

$$l_1=\sqrt{2250^2-4\times 332^2}-50=2100\text{mm}$$
$$l_2=\sqrt{2250^2-4\times 481^2}-50=1984\text{mm}$$
$$l_3=\sqrt{2250^2-4\times 629^2}-50=1815\text{mm}$$
$$l_4=\sqrt{2250^2-4\times 778^2}-50=1575\text{mm}$$
$$l_5=\sqrt{2250^2-4\times 926^2}-50=1228\text{mm}$$
$$l_6=\sqrt{2250^2-4\times 1075^2}-50=613\text{mm}$$

材料表中的表达格式：画一个直筋式样，写上长度 613～2100mm，根数为 6 根即可。

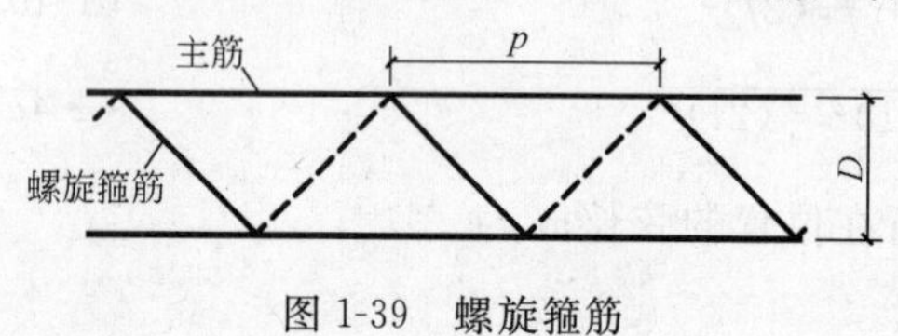

图 1-39 螺旋箍筋

3）螺旋箍筋长度

在圆形截面的构件中，螺旋箍筋沿圆表面缠绕，用螺距 p 和直径 D 表示（图 1-39），则每米钢筋骨架长的螺旋箍筋长度计算公式如下：

$$l=\frac{2000\pi a}{p}\left[1-\frac{e^2}{4}-\frac{3}{64}(e^2)^2\right] \quad (1\text{-}6)$$

式中 π——圆周率，取为 3.1416；

p——螺距（mm）；

a——按下式取用（mm）：

$$a=\sqrt{\frac{p^2+4D^2}{4}} \quad (1\text{-}7)$$

e^2——按下式取用：

$$e^2=\frac{4a^2-D^2}{4a^2} \quad (1\text{-}8)$$

l——每米钢筋骨架长的螺旋箍筋长度（mm）。

在计算螺旋箍筋下料长度时，D 可采用箍筋的中心距，即主筋外皮距离加上箍筋直径。

【例 1-5】 某钢筋骨架沿直径方向的主筋外皮距离为 190mm，螺旋箍筋的直径为 10mm；已知螺距为 80mm，试求每米钢筋骨架长的螺旋箍筋长度。

【解】 $D=190+10=200\text{mm}$

$$a=\sqrt{\frac{80^2+4\times 200^2}{4}}=204\text{mm}$$

$$e^2=\frac{4\times 204^2-200^2}{4\times 204^2}=0.7597$$

$$l=\frac{2000\pi\times 204}{80}\left(1-\frac{0.0388}{4}-\frac{3}{64}\times 0.0388^2\right)=12546\text{mm}$$

2.3 钢筋混凝土梁平法施工图的识读

现在钢筋混凝土结构施工图，一般采用平法绘制，梁平法施工图系在梁平面布置图上采用平面注写方式或截面注写方式表达。

2.3.1 平面注写方式

平面注写方式包括集中标注与原位标注。集中标注表达梁的通用数值，原位标注表达梁的特殊数值。当集中标注中的某项数值不适用于梁的某部位时，则将该项数值原位标注。施工时，原位标注取值优先，如图 1-40 所示。使用引线引出的为集中标注所表示的内容。在梁上下两侧标注的原位标注，四个梁截面是采用传统表示方法绘制，用于对比按平面注写方式表达的同样内容。实际采用平面注写表达时，不需绘制梁截面配筋及相应截面号。

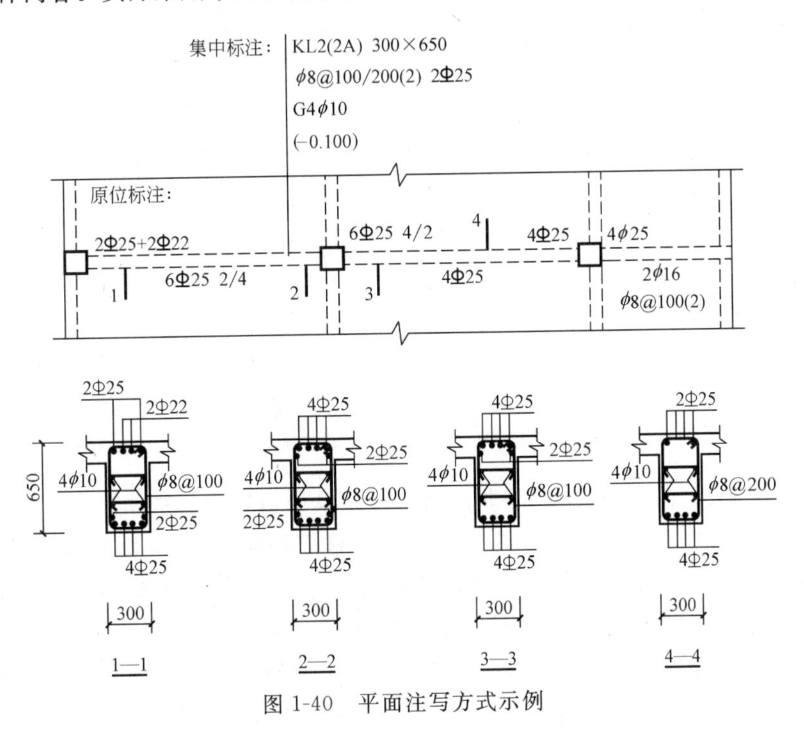

图 1-40　平面注写方式示例

1）梁集中标注所表示的内容

（1）梁集中标注的第一项内容是梁的编号。

梁的编号见表 1-8。图 1-40 所示的梁的编号为框架梁，序号为 2 的用 KL2 表示。（2A）表示此框架梁是 2 跨一端带有悬挑梁。如果括号内是 B，则表示二端带有悬挑梁。

梁　编　号　　**表 1-8**

梁　类　型	代　　号	序　　号	跨数及是否带有悬挑
楼层框架梁	KL	XX	(XX)，(XXA)或(XXB)
屋面框架梁	WKL	XX	(XX)，(XXA)或(XXB)
框支梁	KZL	XX	(XX)，(XXA)或(XXB)
非框架梁	L	XX	(XX)，(XXA)或(XXB)
悬挑梁	XL	XX	

注：（XXA）为一端有悬挑，（XXB）为两端有悬挑。悬挑不计入跨数。例如，KL7（5A）表示 7 号框架梁，5 跨，一端有悬挑。

（2）梁集中标注的第二项内容是梁的截面尺寸。

当为等截面梁时，用梁宽（b）×梁高（h）表示。如图 1-40 所示。梁宽为 300mm，梁高为 650mm。当为加腋梁时，用 $b \times h$-Y $c_1 \times c_2$ 表示。其中 c_1 为腋长，c_2 为腋高，如图 1-41（a）所示，腋长为 500mm，腋高为 250mm。当有悬挑梁且根部和端部高度不同时，用斜线分割根部与端部的高度，即 $b \times h_1/h_2$，h_1 为梁根部的高度，h_2 为梁端部的高度，如图 1-41（b）所示，梁根部（h_1）高为 700mm，梁端部（h_2）高为 500mm。

（3）梁集中标注的第三项内容是梁的箍筋。

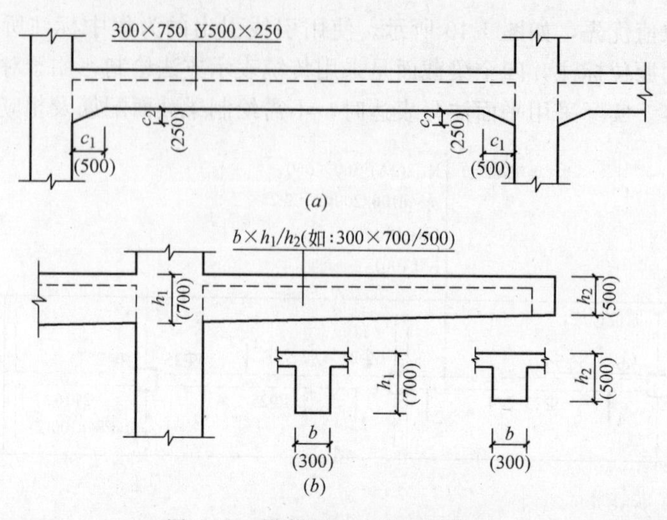

图 1-41 梁截面尺寸注写示意图

(a) 加腋梁截面尺寸注写示意图；(b) 悬挑梁不等高截面尺寸注写示意图

包括钢筋级别、直径、加密区与非加密区间距及肢数，箍筋加密区与非加密区的不同间距及肢数需用斜线“/”分隔。如图 1-40 所示。箍筋使用HPB235 级钢筋，直径为 8mm。加密区箍筋间距为 100mm，非加密区箍筋面距为 200mm，加密区和非密区的箍筋均为双肢箍。梁的箍筋加密区的长度是从柱边缘 50mm 算起，对于一级抗震等级框架梁 KL、WKL 其长度为梁高的 2 倍或 500mm，两者取较大值。对于二～四级抗震等级框架梁 KL、WKL，其长度为梁高的 1.5 倍或 500mm，两者取较大值。

(4) 梁集中标注的第四项内容是梁上部通长钢筋或架立钢筋配置。

通长筋可为相同或不同直径采用搭接连接、机械连接或对焊连接的钢筋。当同排纵筋既有通长筋又有架立筋时，应用加号将通长筋与架立筋相联。加号前为通长筋，加号后为架立筋，并将架立筋写入括号内，例如 2Φ22＋(4ϕ12) 其中 2Φ22 为通长筋，4ϕ12 为架立筋。如图 1-40 中所示，2Φ25 筋，即没有架立筋，只有 2Φ25 的通长筋。当下部纵筋为全跨相同，且多数跨配筋相同时，集中标注也可注下部纵筋的配筋值，用分号“;”将上部纵筋与下部纵筋分开。

(5) 梁集中标注的第五项内容是梁侧面纵向构造钢筋或受扭钢筋的配置。

当梁腹板高度大于或等于 450mm 时，根据设计要求，有的梁侧配有构造筋或受扭钢筋。当配有构造筋时，此项注写值以大写字母 G 打头，其后注写设置在梁两个侧面的总配筋值，且对称配置。例如图 1-40 中 G4ϕ10，表示梁的两个侧面共配置 4ϕ10 的纵向构造钢筋，每侧各配置 2ϕ10。当配有受扭钢筋时，注写以大写字母 N 打头，其后注写配置在梁两侧面总配筋值，且对称配置。例如，N6Φ22，表示梁的两个侧面共配置 6Φ22 的受扭纵向钢筋，每侧各配置 3Φ22。

(6) 梁集中标注的第六项内容是梁顶面标高高差。

梁顶面标高高差是指梁的顶面相对于本结构层楼面标高的高差值。当某梁的顶面高于所在结构层的楼面标高时，其标高高差为正值，反之为负值。有高差时，将其写入括号内，无高差时不注。如图 1-40 所示，最后一项括号内为（－0.100），表示此梁顶面低于本结构层楼面标高 0.1m。

2）梁原位标注所表示的内容

梁原位标注是将配筋数量直接标在梁的上侧和下侧。如图 1-40 所示。

（1）梁上侧标注的钢筋数量含有通长钢筋在内的配筋。

如图 1-40 所示的 4Φ25 筋，其中 2Φ25 是通常筋，2Φ25 是短筋。当上部纵筋多于一排时，用斜线“/”将各排纵筋自上而下分开，图中 6Φ25 4/2，则表示上排纵筋为 4Φ25，下排纵筋为 2Φ25。当同排纵筋有两种直径时，用加号“＋”将两种直径的纵筋相连，注写时将角纵筋写在前面。例如，图 1-40 中 2Φ25＋2Φ22，表示 2Φ25 放在梁的角部，2Φ22 放在梁的中部。当梁的中间支座两边的上部纵筋不同时，须在支座两边分别标注。当梁中间支座两边的上部纵筋相同时，可仅在支座的一边标注配筋值，另一边省去不注，如图 1-40 所示。

（2）当梁的下部纵筋不包含有通长筋，每跨配筋标在梁的下侧。

当梁的集中标注中注写了梁下部均为通长筋时，则不要在梁下部重复做原位标注。当梁的下部纵筋多于一排时，用斜线“/”将各排纵筋自上而下分开。如梁下部纵筋注写为 6Φ25 2/4，则表示上排纵筋为 2Φ25，下排纵筋为 4Φ25。当同排纵筋有两种直径时，用加号“＋”将两种直径的纵筋相连，放在梁的角部的钢筋写在加号的前面。当梁下部纵筋不全部伸入支座时，将梁支座下部纵筋减少的数量写在括号内，例如，梁下部纵筋注写为 6Φ25（－2）/4，则表示上排纵筋为 2Φ25 且不伸入支座，下排纵筋 4Φ25 全部伸入支座。

（3）在主次梁交接处，主梁需要附加箍筋或吊筋，将其直接画在平面图中的主梁上，用引线注明配筋值。

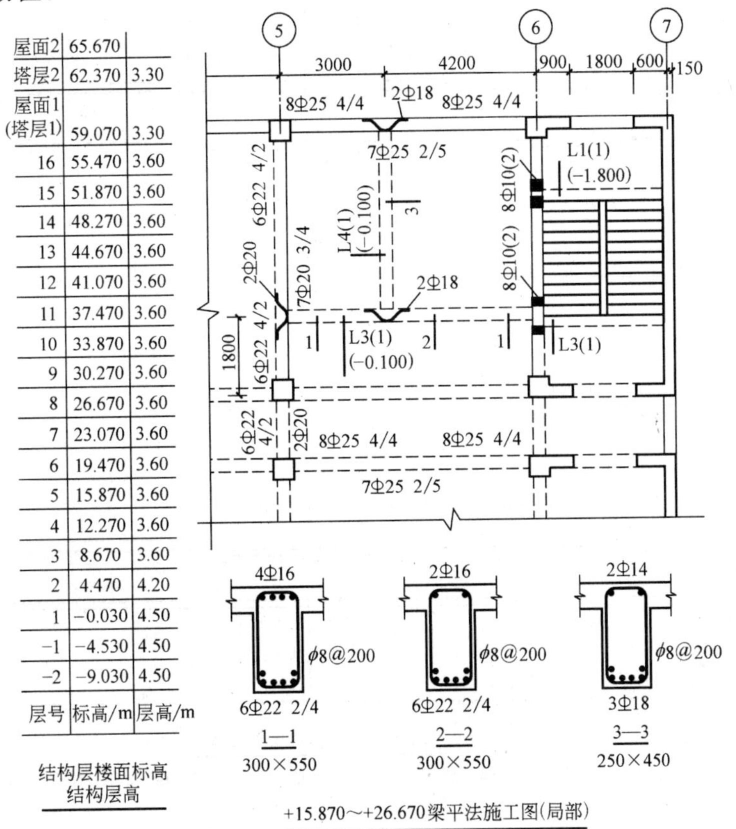

图 1-42 梁平法施工图截面注写方式示例

2.3.2　截面注写方式

梁平法施工图截面注写方式，是在各标准层绘制的梁平面布置图上，分别在不同编号的梁中各选择一根梁用剖面号引出配筋图，并在其上注写截面尺寸和配筋具体数值的方式来表达梁平法施工图。如图 1-42 所示。

(1) 对所有梁进行编号，从相同编号的梁中选择一根梁，将单边截面号画在梁应该剖切的位置，再将截面配筋详图画在本图或其他图上。如图 1-42 所示，选择的是 L3 和 L4，在 L3 上作了 1—1 截面和 2—2 截面。在 L4 上作了 3—3 截面。在截面配筋图上注写截面尺寸、上部纵向筋、下部纵向筋、侧面纵向筋和箍筋的具体数值时，其表达形式与平面注写方式相同。

(2) 当梁的顶面标高与结构层的面标高不同时，在梁的编号后注写梁顶面标高差并将标高差写入括号内，如图 1-42 所示 L4 (1) (−0.1)，表示 L4 为一跨，梁的顶面标高比结构面低 0.1m。

(3) 截面注写方式既可以单独使用，也可以与平面注写方式结合使用。

2.3.3　梁支座截面负弯矩受拉钢筋的截断

为了方便施工，凡框架梁的所有支座和非框架梁的所有支座上部非通长筋的延伸长度值采用同一取值的方法。第一排非通长筋从柱边起延伸至 $l_n/3$ 的位置。第二排非通长筋从柱边起延伸至 $l_n/4$ 的位置。l_n 的取值规定：对于端支座，l_n 为本跨的净跨值；对于中间支座，l_n 为支座两边较大一跨的净跨值。如图 1-43 所示。当梁两侧的 l_n 不相同时，取较大值，梁端部的钢筋弯钩长度也要服从图 1-43 的要求，图 1-43 中 l_{aE} 为钢筋抗震锚固长

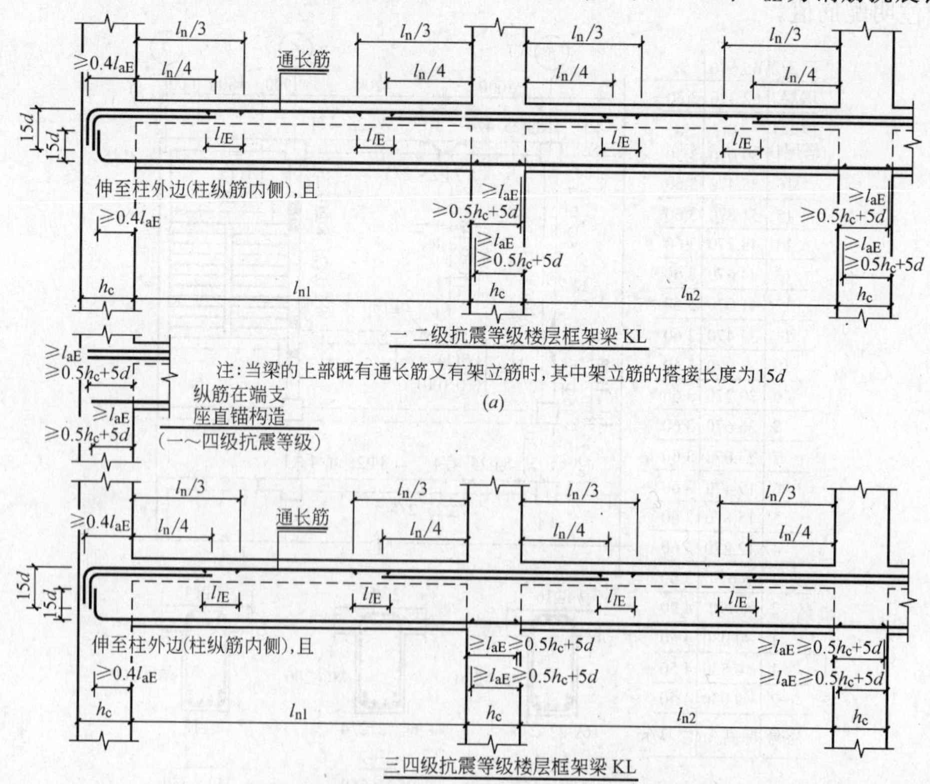

图 1-43　抗震楼层框架梁纵向钢筋构造

度。l_{lE}为钢筋抗震搭接长度，其长度应符合表 1-9 规定。

抗震结构纵向钢筋的最小搭接长度 l_{lE}（mm） 表 1-9

钢筋等级		一二级抗震			三四级抗震		
		C20	C25	≥C30	C20	C25	≥C30
Ⅰ级钢筋		40d	35d	30d	35d	30d	25d
月牙纹（d≤25）	Ⅱ级钢筋	55d	45d	40d	50d	40d	35d
	Ⅲ级钢筋	60d	55d	45d	55d	50d	40d
月牙纹（d>25）	Ⅱ级钢筋	60d	55d	45d	55d	50d	40d
	Ⅲ级钢筋	—	60d	55d	60d	55d	50d
螺纹（d≤25）	Ⅱ级钢筋	45d	40d	35d	40d	35d	30d
	Ⅲ级钢筋	55d	45d	40d	50d	40d	35d

注：l_{lE}按 2 舍 3 入的原则取 5d 的倍数。

2.3.4 梁下部纵向钢筋的构造要求

（1）不伸入支座的梁下部纵向钢筋，其截断点距支座边的距离为 $0.1l_{ni}$，（l_{ni}为本跨梁的净距值），截断点如图 1-44 所示。

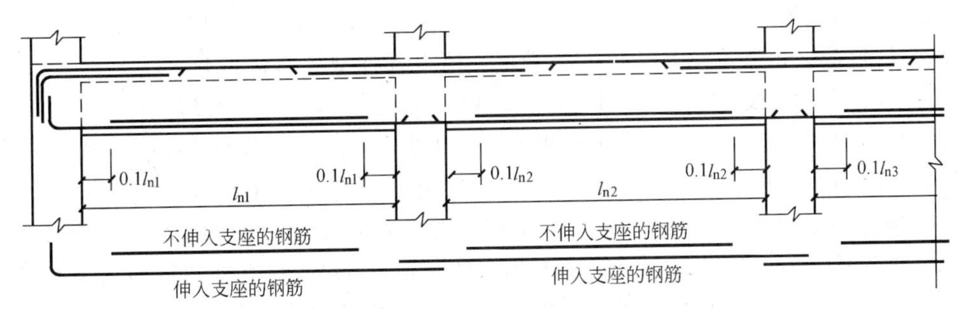

图 1-44 不伸入支座的梁下部纵向钢筋断点位置

（2）伸入端部支座的下部纵向筋不小于 $0.4l_{aE}$（l_{aE}为受拉钢筋抗震锚固长度），并且加一个 90°弯钩，90°弯钩的平直部分长度不小于 15d（d 为钢筋直径）

（3）伸入中间支座的下部纵向钢筋，其伸入支座内长度≥l_{aE}，并且≥$0.5h_c$（h_c 为中间支座柱截面的长度）＋5d（d 钢筋直径两者取较大值），如图 1-43 所示。

2.3.5 梁平法识图，编制配料单练习

在掌握了以上的各项规定后，就可以进行钢筋配料单的编制，现在以一个钢筋混凝土框架为例讲述钢筋配料单的编制过程。

（1）首先将结构的钢筋配料计算进行部位划分。可将结构划分为两大部分，一部分是基础钢筋，另一部分是主体钢筋。主体钢筋可以划分为标准层和非标准层，对于标准层框架的梁、板、柱配筋相同，只要计算出一层就可以。对于非标准层，由于各层的配筋不同，只能分层计算。

（2）将各个部分的各种构件按其编号进行排列，计算出各种构件的数量，按其编号逐个进行钢筋配料计算。例如，在某一层柱子的编号有几种，每种柱子有多少根，总共有多少根柱子。

（3）构件钢筋编号对某个构件进行钢筋配料计算时，先进行钢筋编号，对于构件中直径、长度、品种完全相同的钢筋编为同一个编号，计算出各种编号钢筋的根数。

（4）确定每种钢筋加工长度。由于现在的钢筋施工图采用平法，连续梁也没有弯起筋，减少了加工的难度，但是在确定钢筋加工长度时，还要考虑垂直运输，绑扎安装的难度，钢筋加工长度除满足设计要求外，还要兼顾施工现场垂直运输机械的吊装能力和人工安装的能力。

（5）确定钢筋的连接方法。柱、梁、板的钢筋采用哪种连接方法，将影响到钢筋下料长度的计算。当采用套筒挤压连接和直螺纹连接时，钢筋不增加长度；当采用电渣压力焊连接，应增加一个钢筋直径的长度；当采用绑扎搭接连接，按规定计算搭接长度。

（6）钢筋长度计算。对于某个构件中的某种编号的钢筋进行长度计算，包括钢筋简图和下料长度的尺寸计算，将计算结果填入钢筋配料单内。

（7）钢筋配料计算。

【例 1-6】 现以图 1-45 所示结构施工图进行配料计算。

【解】（1）确定部位。如图 1-45 所示是 5～8 层的配筋图，属于主体部分，总共 4 层梁的配筋图的标准层。

（2）计算梁的数量：

① 一层内 KL1 的Ⓐ轴、Ⓒ轴、Ⓓ轴上共 3 根，KL2 在Ⓑ轴上 1 根，KL3 在②轴、⑥轴上共 2 根，KL4 在③轴、④轴上共 2 根，KL5 在⑤轴上只有 1 根，KL6 在Ⓐ轴⑤～⑥轴延长线上只有 1 根，L1 共 5 根，L2 有 1 根，L3 有 1 根，L4 有 1 根。

② 合计根数。由于本图是 4 层的标准层，所以各种型号的梁如下：

KL1＝3×4＝12 根　　KL4＝2×4＝8 根　　L2＝1×4＝4 根

KL2＝1×4＝4 根　　KL5＝1×4＝4 根　　L3＝1×4＝4 根

KL3＝2×4＝8 根　　L1＝5×4＝20 根　　L4＝1×4＝4 根

（3）构件钢筋编号。现以图 1-45 中的 KL5 为例，将几种标注的上部通长筋 2Φ22 编为 1 号，将Ⓐ轴、Ⓓ轴原位标注（梁的上侧）的两边共 4Φ22 的上排的短筋编为 2 号，将下排4Φ22的短筋编为 3 号，将Ⓑ轴、Ⓒ轴支座处原位标注梁的上侧 2Φ22 上排短筋编为 4 号，下排短筋编为 5 号，将梁的下侧Ⓐ～Ⓑ轴跨的 6Φ22 编为 6 号，Ⓑ～Ⓒ轴跨 2Φ20 编为 7 号，Ⓒ～Ⓓ轴跨 7Φ20 编为 8 号，梁中 2Φ20 的吊筋编为 9 号，梁中的箍筋编为 10 号。

（4）确定钢筋加工长度，KL5 最长的钢筋为两根上侧的通长钢筋，约 15m 多，这种长度如果采用塔吊进行垂直运输，人工安装基本能够达到，不需要再切断连接。

（5）钢筋长度计算，现以 KL5 中 1 号钢筋为例，计算器简图中的长度和下料长度。

① 简图长度计算：

简图：

如图所示，钢筋弯钩长度为 $15d=15\times22=330$mm，钢筋的直线长度＝$6900\times2+1800+150\times2-25\times2=15850$mm

② 下料长度计算：

$$15850+330\times2-2\times22=16466\text{mm}$$

对各个构件，各个编号钢筋分别计算，将计算结果填入配料单内。

2.4 钢筋混凝土梁受力钢筋接头的设置

2.4.1 钢筋搭接位置

应设置在受力较小处，且同一根钢筋上宜少设置连接。同一构件中相邻纵向受力钢筋

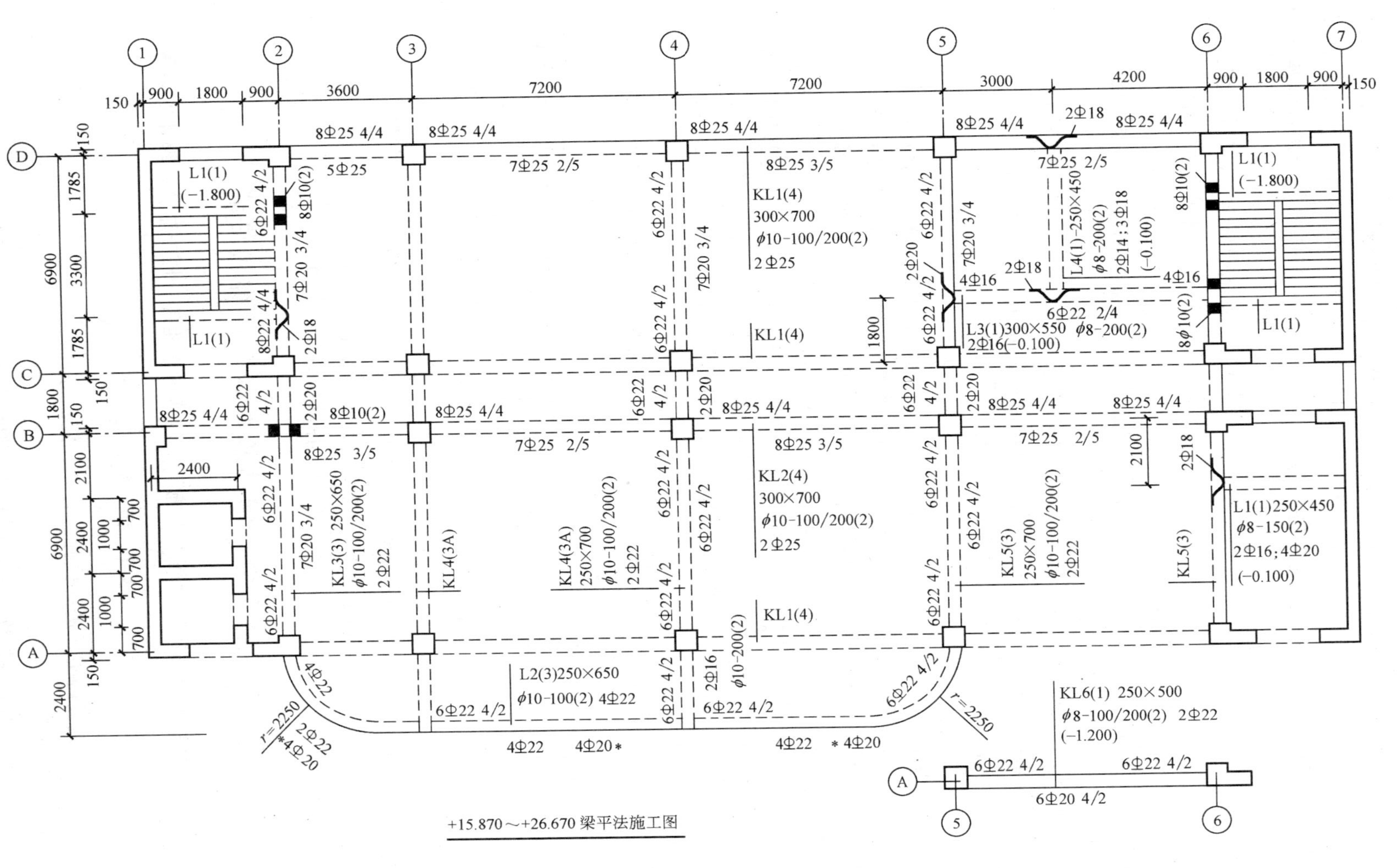

图 1-45　梁平法施工图平面注写方式示例

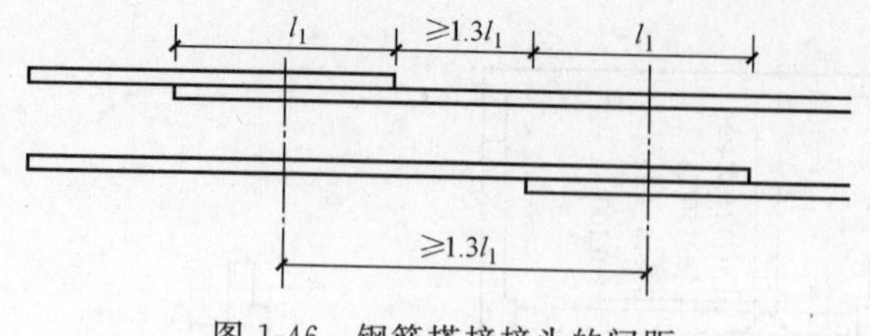

图 1-46 钢筋搭接接头的间距

搭接位置宜相互错开。规范规定，两搭接接头的中心距应大于 1.3l_1（图 1-46）。否则，则认为两搭接接头属于同一搭接范围。

对于纵向受压钢筋，其搭接长度不应少于 0.7l_1，且不小于 200mm。

2.4.2 不得采用搭接接头情况

由于搭接接头仅靠粘结力传递钢筋内力，可靠性较差，规范规定以下情况不得采用绑扎搭接接头：

(1) 轴心受拉及小偏心受拉杆件（如桁架和拱的拉杆）。

(2) 受拉钢筋直径大于 28mm 及受压钢筋直径大于 32mm。

(3) 需要进行疲劳验算的构件中的受拉钢筋。

2.4.3 钢筋机械连接

近年来采用机械方式进行钢筋连接的技术已很成熟，如锥螺纹连接、挤压连接等。当采用机械连接时，应符合专门的技术规定。接头位置宜相互错开，凡接头中点位于连接区段的长度为 35d（d 为连接钢筋的直径）内，均属于同一连接区段。在受力较小处，位于同一连接区段内的纵向受拉钢筋接头面积百分率不宜大于 50%。直接承受动力荷载的结构构件中的机械连接接头，除应满足设计要求的抗疲劳性能外，位于同一连接区段内的受力钢筋接头面积百分率不应大于 50%。此外，机械连接接头的混凝土保护层厚度应满足受力钢筋最小保护层的要求。连接件之间的横向净间距不宜小于 25mm。

2.4.4 钢筋焊接连接

采用焊接连接时，其有关规定基本同机械连接，但焊接接头不宜用于承受动力荷载疲劳作用的构件。

2.4.5 箍筋设置

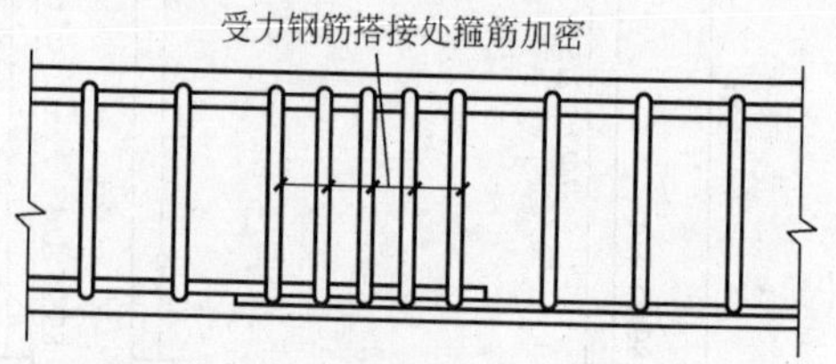

图 1-47 受力钢筋搭接处箍筋加密

在纵向受力钢筋搭接长度范围内应加密配置箍筋，如图 1-47 所示。其直径不应小于搭接钢筋较大直径的 0.25 倍。当钢筋受拉时，箍筋间距不应大于搭接钢筋较小直径的 5 倍，且不应大于 100mm；当钢筋受压时，箍筋间距不应大于最小搭接钢筋较小直径的 10 倍，且不应大于 200mm。当受压钢筋直径 $d>25$mm 时，尚应在搭接接头两个端面外 100mm 范围内各设置两个箍筋。

课题 3 受弯构件钢筋基本加工与绑扎安装

钢筋混凝土梁和板受弯构件钢筋工程施工，包括钢筋准备、加工制作、绑扎安装等。

3.1 钢 筋 准 备

钢筋准备包括钢筋购买、进厂检验、管理、使用等过程。

3.1.1 钢筋购买

(1) 在购买钢筋时，应按施工图设计的要求购买钢筋。

(2) 做好采购计划，钢筋应随用随进，过早将全部钢筋进入现场既占地，又容易生锈。

(3) 应购买正规厂家的合格产品。

(4) 购买钢筋的长度应考虑加工制作的要求，减少接头和下脚料，节约钢筋。

3.1.2 钢筋进厂检验

钢筋的质量是否合格关系到建筑结构的安危，因此，使用的钢筋质量必须符合国家的质量标准，否则，不能使用。为了保证钢筋的质量，在购买钢筋进入现场后应做以下的检查。

1) 进场钢筋外观检查

(1) 工程所用钢筋应逐批进行检验，钢筋的种类、型号、形状、尺寸及数量必须与设计图纸及钢筋配料单相同，应认真核对，保证与所使用部位相符合。

(2) 钢筋表面应洁净，不得有油污、铁锈、裂缝、折叠、结疤等。

(3) 同类钢筋直径要一致，钢筋成捆要有标牌，注明钢筋生产厂家、出厂日期、规格、数量等。

2) 进场钢筋质量证明文件的检查

钢筋的质量证明文件应随钢筋进场，钢筋与质量证明文件所列性能指标应相同。钢筋质量证明文件内容包括钢筋的型号、规格、数量、力学性能和工艺性能检测的数据。

3) 钢筋进场的复验。

钢筋进场后，按国家有关标准的规定抽样复试。

(1) 钢筋复验的试验项目、组批原则及取样规定见表 1-10。

钢筋复验的试验项目与取样规定 **表 1-10**

材料名称及 相关标准、规范代号	试 验 项 目	组批原则及取样规定
(1)钢筋混凝土用热轧带肋钢筋 (GB 1499)、(GB/T 2975)、(GB/T 2101) (2)钢筋混凝土用热轧光圆钢筋 (GB 13013)、(GB/T 2975)、(GB/T 2101) (3)钢筋混凝土用余热处理钢筋 (GB 13014)、(GB/T 2975)、(GB/T 2101)	必试:拉伸试验(屈服点、抗拉强度、伸长率)弯曲试验 其他:反向弯曲化学成分	(1)同一厂别、同一炉钢号、同一规格、同一交货状态、每 60t 为一验收批,不足 60t 按一批计 (2)每一验收批取一组试件(拉伸 2 个,弯曲 2 个) (3)在任选的两根钢筋切取
(4)低碳钢热轧圆盘条 (GB/T 701) (GB/T 2975) (GB/T 2101)	必试:拉伸试验(屈服点、抗拉强度、伸长率)弯曲试验 其他:化学成分	(1)同一厂别、同一炉钢号、同一规格、同一交货状态,每 60t 为一验收批,不足 60t 也按一批计 (2)每一验收批取一组试件,其中拉伸 1 个、弯曲 2 个(取自不同盘)

(2) 合格与否的判定：如有某一项目试验结果不符合标准要求，则从同一批再任取双倍数量的试件进行该不合格项目的复验，复验结果包括该项试验所要求的任一指标，即使有一个指标不合格，则整批不合格。

4) 钢筋的运输、堆放与管理

(1) 钢筋运输：要根据钢筋长短配备运输车辆，运输时不得将长钢筋一端拖地运输。

(2) 钢筋的堆放：钢筋应按批，分品种、直径、长度等分别堆放，宜选择地势较高场地，同时要用木方将钢筋垫起，离地面不小于 20cm，并在四周设置排水沟，遇雨雪天时应及时用苫布盖好。

(3) 钢筋的管理：钢筋要按钢筋配料单的数量和规格进行发放，坚持先进的料先发放，减少钢筋存放时间。

3.2 钢筋加工制作

钢筋加工制作包括：除锈、调直、下料切断、弯制成型。

3.2.1 钢筋除锈

钢筋在施工现场存放一定时间就容易生锈，钢筋的锈蚀分为浮锈、中度锈蚀和重度锈蚀。

对于浮锈，一般可以不予处理，浮锈不影响混凝土与钢筋的握裹力，而且在混凝土碱性作用下，钢筋锈蚀不再发展。

当钢筋表面已形成一层氧化皮，用锤击就能剥落的铁锈一定要清除干净，否则，会影响钢筋与混凝土的握裹力，在荷载作用下，使钢筋在混凝土内产生滑移，至使构件破坏。

在工程施工中，要坚持钢筋随用随进，不允许长时间露天存放，防止钢筋大量除锈工作发生。

3.2.2 钢筋调直

钢筋大量调直操作一般用于直径 6～8mm 等钢筋，因为这种钢筋成品通常是盘条供应，只有经过调直后才能使用，其调直方法如下：

1）拉伸调直

(1) 拉伸方法：在施工现场可以利用卷扬机对盘条进行拉伸调直，调直时，截取一段钢筋，一端固定，另一端用夹具与卷扬机卷筒上的钢丝绳连接，进行拉伸。

(2) 伸长率的控制：在钢筋进行拉伸调直时，要控制其伸长率，伸长率过小，钢筋不能调直；伸长率过大，对钢筋形成冷拉的效果，使得钢筋变硬，加工困难。所以，钢筋拉伸调直时，$\phi 6 \sim \phi 8$mm 等盘条，其伸长率控制在 4%。伸长率从钢筋处于拉直状态后算起。例如，钢筋拉直后为 20m，再拉长数值＝钢筋长度×调直控制伸长率＝20m×4%＝0.8m，拉长值不得超过 0.8m。

2）钢筋机械调直

钢筋机械调直使用钢筋调直切断机，图 1-48 所示为 TQ4-8 型钢筋调直切断机外形，主要有 TQ4-14 和 TQ4-8 两种型号，分别调直的最大直径是 14mm 和 8mm。

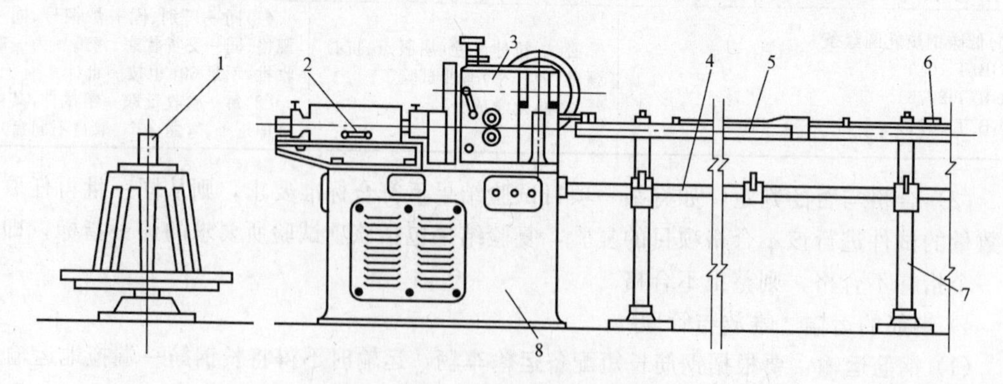

图 1-48 GT4-8 型钢筋调直切断机外形

1—盘料架；2—调直筒；3—传动箱；4—受料架；5—托板导料槽；6—定长装置；7—撑脚；8—机座

钢筋调直切断机具有钢筋除锈、调直、切断三项功能，这三项工序能在操作中一次完成，是钢筋调直中首选的一种方法。

（1）钢筋调直切断机的工作原理。

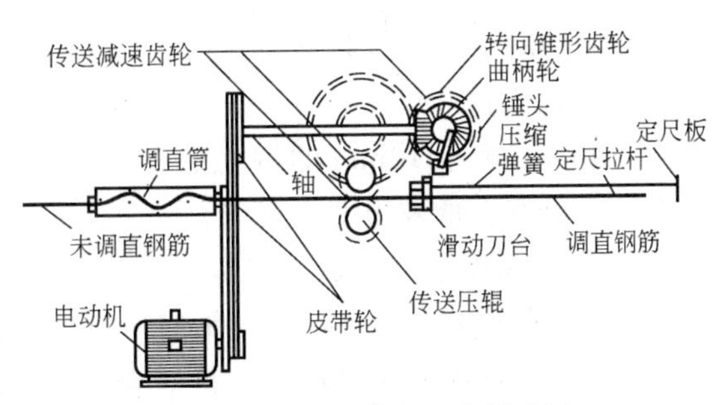

图 1-49　钢筋调直机工作原理图

如图 1-49 所示，钢筋调直切断机主要由调直筒、传递压辊、切断机构、受料架、定尺板、电动机等机构组成，其工作原理是：电动机端部有两个皮带轮，大皮带轮直接带动调直筒内的调直块高速旋转，使穿过调直块的钢筋调直，钢筋表面锈迹也被清除了，电动机端另一个小皮带轮带动减速转向轮，从而带动两个上、下传送压辊转动，牵引调直好的钢筋引向受料架。

同时，通过锥形齿轮的轴端，带动一个曲柄轮，轮上的连杆端一个锤头不停的上下运动，一个安装有切断钢筋装置的滑动刀台在锤头一侧，可以左右移动，如图 1-49 所示，当调直钢筋达到预定长度，钢筋端头就触到和滑动刀台相连接的定尺板，定尺拉杆就将滑动刀台拉倒，锤头下放，锤头锤击上刀架，将钢筋切断。切断的钢筋从受料架内排出，同时，由定尺拉杆上压缩弹簧的作用，将滑动刀台和上刀架顶回到原来的位置。

（2）使用钢筋调直切断机调直、切断钢筋的操作要求：

① 使用程序：机械检查调直准备→钢筋上盘开捆→确定钢筋切断长度定好定尺板位置→将钢筋穿过调直筒→将钢筋压入压辊内→调整调直筒内调直块的位置→开机试调→正式成批调直、切断钢筋→机械保养。

② 操作要求：

料架、料槽应安装平直，并应对准导向筒、调直筒和下切刀孔的中心线，应用手转动皮带轮，检查传动机构和工作装置，调整间隙，坚固螺栓，确认正常后，启动空运转，并应检查轴承无异响，齿轮咬合良好，运转正常后，方可作业。

应按调直钢筋的直径，选用适当的调直块及传动速度，调直块的孔径应比钢筋直径大 2～5mm，传动速度应根据钢筋直径确定，直径大的钢筋宜选用慢速，经调试合格方可送料。

调直筒内有 5 块调直块，其布置如图 1-50 所示。两端的调直块在中心线上，其他 3 块偏离中心线，初始调整偏离中心线为 3mm，试机后钢筋仍有弯曲，再加大偏心距，但是调直块偏心距太大将造成钢筋表面划痕。

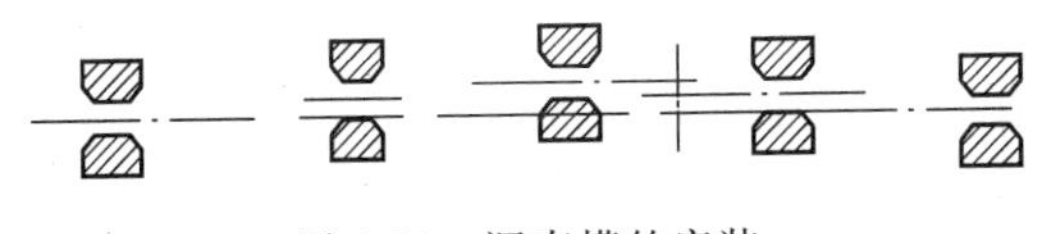

图 1-50　调直模的安装

在调直块未固定，防护罩未盖好前不得送料，作业中严禁打开各部防护罩并调整间隙。

当钢筋送入后，手与曳轮应保持一定的距离，不得接近。

送料前，应将不直的钢筋端头切除，导向筒前应安装一根 1m 长的钢管，钢筋应先穿过钢管再送入调直筒前端的导孔内。

经过调直后的钢筋如仍有慢弯，可逐渐加大调直块的偏心距，直到调直为止。

切断 3～4 根钢筋后，应停机检查其长度，切断长度的允许偏差值是±1mm，当超过允许偏差值时，应调整限位开关或定尺板。

当料盘上还剩下钢筋长度小于 0.8m 时，应停机，将钢筋用钢管套住，再引入调直机内，防止尾部钢筋甩出伤人。

已调直、切断好的钢筋必须按规格、根数分成小捆堆放整齐，不要乱丢。地面上散乱钢筋也要随时清理，以防伤人。

3.2.3　钢筋切断

一般直径大于10mm的钢筋是直条进入施工现场，对于较粗的钢筋一般采用机械切断下料，只有少量采用手工切断。

1）钢筋切断前的准备工作

(1) 根据钢筋配料单，复核钢筋切断下料长度尺寸、种类、直径、根数是否正确。

(2) 根据钢筋原材料长度，将同规格钢筋根据不同长度，进行长短搭配，统筹排料，先断长料，后断短料，尽量减少短头，减少损耗。

(3) 钢筋采用对焊后通长切断。下料时，要注意一根钢筋不得有2个以上的对焊接头。

(4) 在钢筋划线切断时，应采用通尺划线，避免采用短尺量长料，产生累计误差。

2）钢筋切断机

钢筋切断机有机械传动钢筋切断机和液压传动钢筋切断机两种。

(1) 机械传动切断机：GQ-40型钢筋切断机是机械传动钢筋切断机，如图1-51 (*a*) 所示，其工作原理如图1-51 (*b*) 所示。由电动机通过皮带轮和齿轮减速后，带动偏心轴推动连杆做往复运动，连杆端装有冲切刀片，它在固定刀片相错的往复水平运动中切断钢筋。

(2) 液压传动钢筋切断机：DYJ-32型电动切断机在构造上与机械式切断机不同点是利用液压系统活塞的推力作为移动切刀的切进动力，因而这种切断机工作平稳性好，无噪声，结构简单，移动方便。

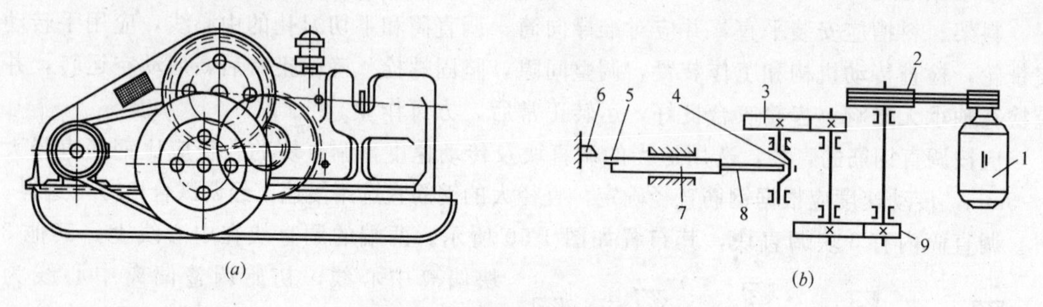

图1-51　曲柄连杆式钢筋切断机

(*a*) 外形；(*b*) 传动系统

1—电动机；2—带轮；3、9—减速齿轮；4—曲柄轴；5—动刀片；6—定刀片；7—滑块；8—连杆

3）钢筋机械切断下料操作

(1) 接送料的工作台面应与切刀下部保持水平，工作台的长度可根据加工材料长度确定。

(2) 使用前，应检查刀片安装是否正确、牢固，两刀片之间的间距应控制在0.5～1mm的范围内，否则，切出的钢筋端面不平。

(3) 检查电气设备有无异常，拧紧拉动连接零件，加足润滑油，应车试运转正常后，方能投入使用。

(4) 确定钢筋切断长度，把挡板移至刻度尺上相应位置，拧紧螺钉，固定挡板，然后取一根钢筋使其一端碰到挡板，放入刀口进行切断，先试断一根，检查长度合格后，再成批生产。

(5) 机械未达到正常转速时，不得切料。切料时，应使用切刀的中、下部位，紧握钢筋对准刃口迅速投入，操作者应站在固定刀口一侧用力压住钢筋，应防止钢筋末端弹出伤人。严禁用两手分在刀片两边握住钢筋俯身送料。

(6) 不得剪切直径及强度超过机械铭牌规定的钢筋和烧红的钢筋。一次切断多根钢筋时，其总截面应在规定范围内。

(7) 剪切低合钢钢筋时，应更换高硬度切刀，剪切直径应符合机械铭牌规定。

(8) 切断短料时，手和切刀之间的距离应保持在150mm以上，如手握端小于400mm时，应采用套管或夹具将钢筋短头压住或夹牢。

(9) 运转中，严禁用手直接清除切刀附近的断头和杂物。钢筋摆动周围和切刀周围不得停留非操作人员。

(10) 当发现机械运转不正常，有异常响声或切刀歪斜时，应立即停机检修。

(11) 作业完成后，应切断电源，用钢丝刷清除切刀间的杂物，进行整机清洁并加油润滑。

(12) 液压传动切断机作业前，应检查并确认液压油位及电动机旋转方向符合要求。启动后，应空载运转，松开放油阀，排净液压缸体内的空气，方可进行切筋。

3.2.4 钢筋弯制成型

钢筋弯制成型是钢筋加工制作的最后一道工序，加工成型的钢筋尺寸、形状应符合钢筋配料单中钢筋简图要求的形状和尺寸，如果不符合要求就成为废品，因为弯制成型的钢筋尺寸、形状改变起来很困难，而且反复弯曲容易断裂。

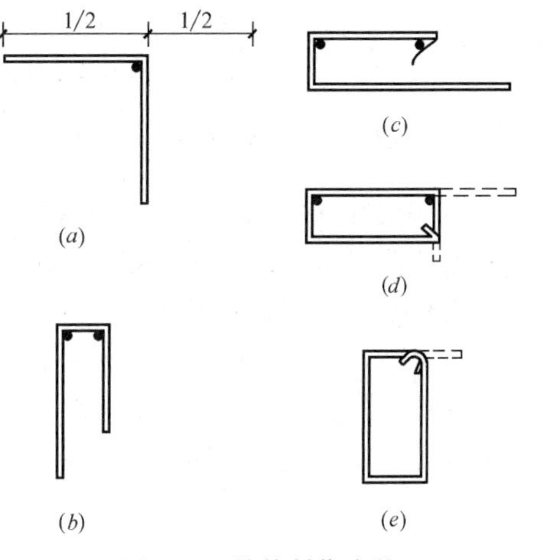

图1-52 箍筋制作步骤

1) 钢筋弯制成型的准备工作

(1) 熟悉钢筋配料单中钢筋弯制的形状和各部位的尺寸。

(2) 查对切断的钢筋长度和根数与钢筋配料单上所要求的下料长度是否相符。

2) 确定钢筋弯制的顺序

(1) 箍筋的弯制顺序。

① 先定出从心轴边到箍筋长边、短边的内径边长标志及箍筋下料长度的1/2长度的标志。

② 先在箍筋下料长度的1/2处弯90°。如图1-52 (*a*) 所示。

③ 在1/2边长以短边内径为标准弯90°。如图1-52 (*b*) 所示。

④ 以长边内径为标准冷弯箍筋弯钩。如图1-52 (*c*) 所示。

⑤ 以长边内径为标准弯90°。如图1-52 (*d*) 所示。

⑥ 以短边内径为标准弯箍筋弯钩。如图1-52 (*e*) 所示。

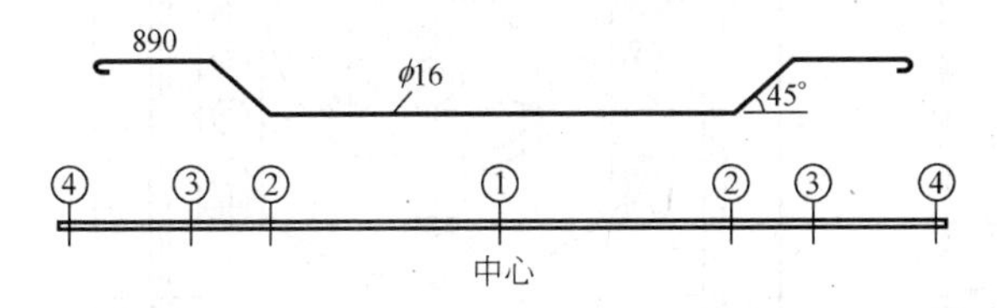

图1-53 弯曲钢筋画线方法

第一步：在钢筋的中心线画第一道线；第二步：取中段的1/2减弯曲值系数0.30d，画第二道线；第三步：取斜段长，减0.3d，画第三道线；第四步：取直段长，减1d，画第四道线

(2) 弯起钢筋的弯制顺序：

① 弯起钢筋在弯制前，在弯曲点的位置画线，画线过程见图1-53所示。

② 先弯制弯起钢筋的弯钩。如图 1-54（a）所示。

③ 弯制弯起钢筋端部的平直部分。如图 1-54（b）所示。

④ 再弯制弯起钢筋斜段部分。如图 1-54（c）所示。

⑤ 将弯起筋调头，重复以上的弯制顺序。

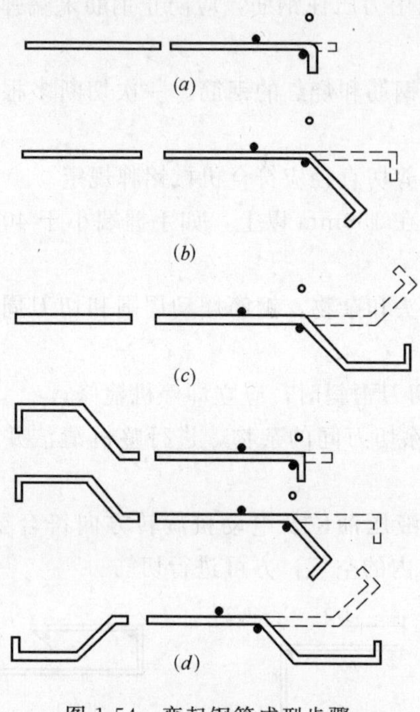

图 1-54　弯起钢筋成型步骤

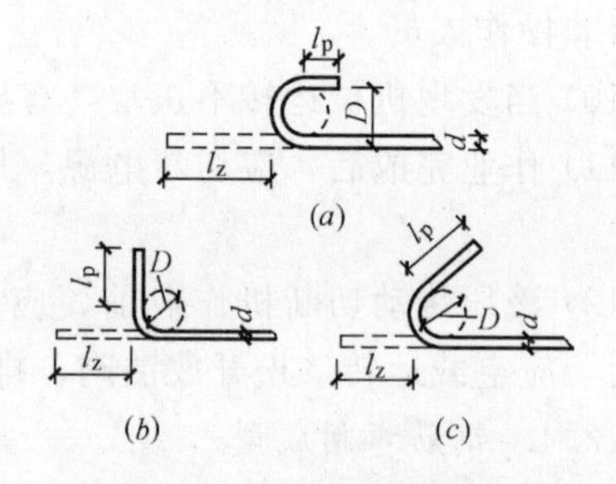

图 1-55　钢筋弯钩形式

（a）半圆（180°）弯钩；（b）直（90°）弯钩；（c）斜（135°）弯钩

3）确定钢筋弯制时的弯曲直径。

钢筋在弯制时，钢筋弯曲直径不同，钢筋弯制出的弯钩形状就不同。弯曲直径过大或过小都会使钢筋弯制的形状、尺寸不符合施工验收规范的要求。钢筋弯曲直径选择受钢筋种类、直径、角度的影响。其弯曲角度和弯曲直径，如图 1-55 所示。

图中的 D 为钢筋弯曲直径，弯制图中三种角度的弯曲直径取值如下：对于 HPB235，$D=2.5d$；HRB235，$D=4d$；HRB400 或 RRB400，$D=5d$（d 为弯制钢筋直径）。

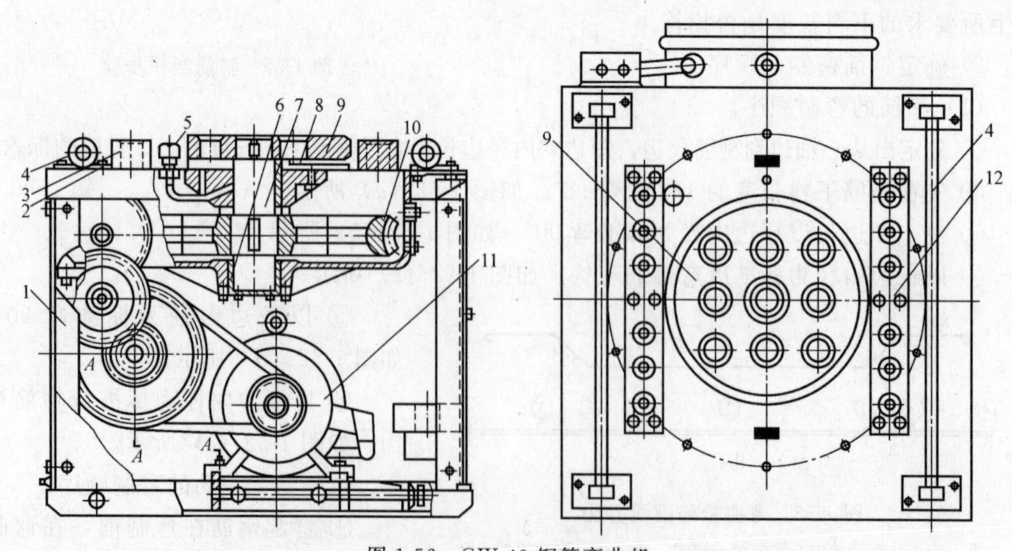

图 1-56　GW-40 钢筋弯曲机

1—机架；2—工作台；3—插座；4—滚轴；5—油杯；6—蜗轮箱；7—工作主轴；8—立轴承；9—工作圆盘；10—蜗轮；11—电动机；12—孔眼条板

4）熟悉钢筋弯制机械

图 1-56 所示为 GW-40 型钢筋弯曲机外形。弯曲机是由电动机通过三角皮带轮、齿轮组、蜗杆、蜗轮等减速装置带动弯曲盘进行转动。图 1-57 所示为成型过工艺示意，成型轴随工作盘转动，压制钢筋绕心轴转动，弯制成预定的各种角度，挡铁轴在工作盘以外，挡住弯曲钢筋的后部不发生转动。

（1）弯曲机工作角度选择：弯曲机一般设置定位开关，根据需要的弯曲角度，控制工作盘转动角度。

（2）弯曲机工作速度选择：齿轮组有快、中、慢三组调速，按弯曲钢筋直径不同，选择工作盘的转动速度，其速度越慢，弯曲钢筋直径越大。

（3）弯曲机心轴和成型轴选择：工作盘上的心轴和成型轴可以进行更换，心轴根据钢筋弯曲直径进行选择，成型轴根据心轴与成型轴之间夹持的钢筋直径选择，心轴与成型轴之间夹持钢筋后的最大间隙不得超过 2mm。

5）钢筋弯曲机的操作

（1）工作台和弯曲机台面应保持水平，作业应准备好各种心轴和成型轴。

（2）应按加工钢筋的弯曲半径和弯曲角度，装好相应规格的心轴、成型轴、挡铁轴，定好转动速度和角度。

（3）挡铁轴应有轴套，挡铁轴的直径和强度不得小于被弯钢筋的直径和强度，不直的钢筋不得在弯曲机上弯曲。

（4）应检查并确认心轴、挡铁轴、转盘等无裂纹和损伤，防护罩坚固可靠，空载运转正常后方可工作。

（5）作业时，应将钢筋需弯一端插入在转盘固定销的间隙内，同时注意钢筋弯曲处画的点线与心轴的距离。如图 1-58 所示，只有弯制成型后所画的弯曲点线在其正确位置上，才能保证弯曲成型钢筋的尺寸符合要求。

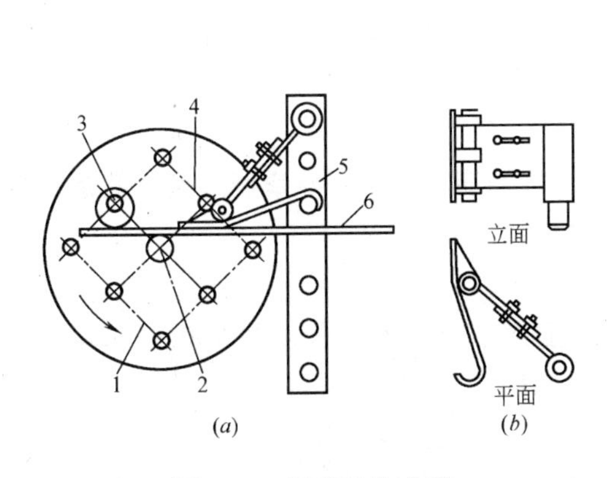

图 1-57　钢筋弯曲成型

（*a*）工作简图；（*b*）可变挡架构造

1—工作盘；2—心轴；3—成型轴；

4—可变挡架；5—插座；6—钢筋

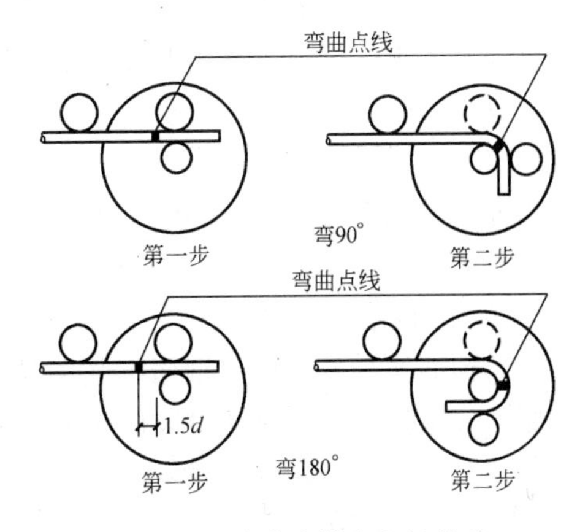

图 1-58　弯曲点线和心轴关系

（6）钢筋另一端紧靠机身固定销，并用手压紧，应检查机身固定销并确认安放在挡住钢筋的一侧，方可开动弯曲机。

(7) 作业中，严禁更换心轴、销子和变换角度以及调速，也不得进行清扫和加油，如果需要，应在停机后进行。

(8) 对超过机械铭牌规定直径的钢筋严禁进行弯曲，在弯曲冷拉或带有锈皮的钢筋时，应带防护镜。

(9) 弯曲高强度或低合金钢筋时，应按机械铭牌规定换算最大允许直径并应调换相应的心轴。

(10) 在弯曲钢筋的作业半径内和机身不设固定销的一侧，严禁站人。弯曲好的半成品应堆放整齐，弯钩不得朝上。

(11) 当弯曲机工作盘转动采用手动开关控制时，变换工作盘旋转方向，应按正转→停→倒转的步骤进行操作。决不允许直接从正→倒的变换，否则，容易烧坏电动机。

(12) 作业后，应切断电源，及时清除转盘及插入座孔内的铁锈、杂物等。

6) 钢筋弯制成型质量要求

(1) 检查数量：按每个工作班同一类型钢筋，同一加工设备抽查不少于3件。

(2) 检查方法：目测，用钢尺测量检查。

(3) 质量要求。外观：钢筋两端的弯钩应在同一个平面内。钢筋加工允许偏差见表1-11。

钢筋加工允许偏差 (mm) 表1-11

项　次	项　目	允许偏差
1	受力钢筋顺长度方向全长的净尺寸	±10
2	弯起钢筋的弯折位置	±20

3.3 钢筋混凝土梁和板的钢筋绑扎安装

3.3.1 钢筋绑扎与安装前的准备工作

1) 熟悉施工图纸，核对钢筋配料单

对于要绑扎安装的梁和板，首先要熟悉施工图中的位置、形状、尺寸，钢筋种类、规格、直径等要求，然后再看钢筋配料单是否按施工图要求进行的配料，各种配料的形状、尺寸、弯钩等是否符合施工质量验收规范的要求。

2) 查对弯制成型钢筋

当配料单完全符合设计和施工规范要求后，再按钢筋配料单查对弯制成型钢筋是否符合配料单的要求。

3) 常用绑扎工具的准备

(1) 钢筋钩。是主要的钢筋绑扎工具，是用直径6～14mm，长度为160～200mm圆钢筋制作，根据工程需要还可以做成加长钢筋钩，如图1-59所示。

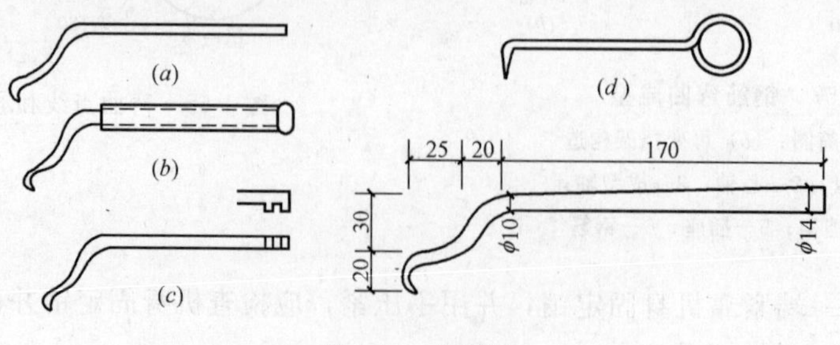

图1-59 钢筋钩

(2) 小撬棒。是用来调整钢筋间距，矫正钢筋的弯曲，将钢筋撬起，垫保护层水泥垫块等工具。如图 1-60 所示。

(3) 起拱板子。是在绑扎现浇多根数钢筋时，当弯起钢筋的角度有误差时，用起拱板子加以调整其起拱角度。如图 1-61 所示。

(4) 绑扎架。用于钢筋骨架预制绑扎的支撑架，如图 1-62 所示。根据绑扎钢筋骨架的轻重、形状，可制成不同规格的绑扎架。

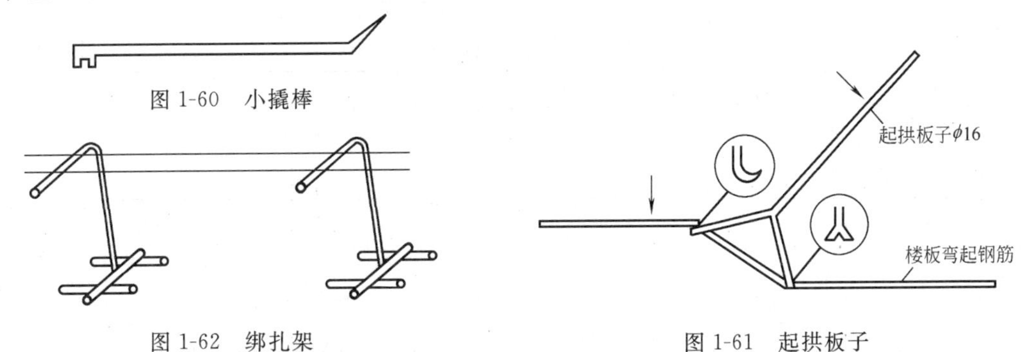

图 1-60　小撬棒

图 1-62　绑扎架

图 1-61　起拱板子

4) 混凝土保护层垫块和定位钢筋架的准备

在浇灌和捣固混凝土过程中，钢筋必须牢固的保持在预定的位置上，为此，下部钢筋的保护层位置用混凝土或水泥砂浆垫块，或塑料环来固定。上部钢筋的位置，例如悬挑板的钢筋，则用混凝土吊锤或钢筋定位架来保证。如图 1-63 所示。无论如何不允许把钢筋放在模板上或浇筑混凝土时再提起来。

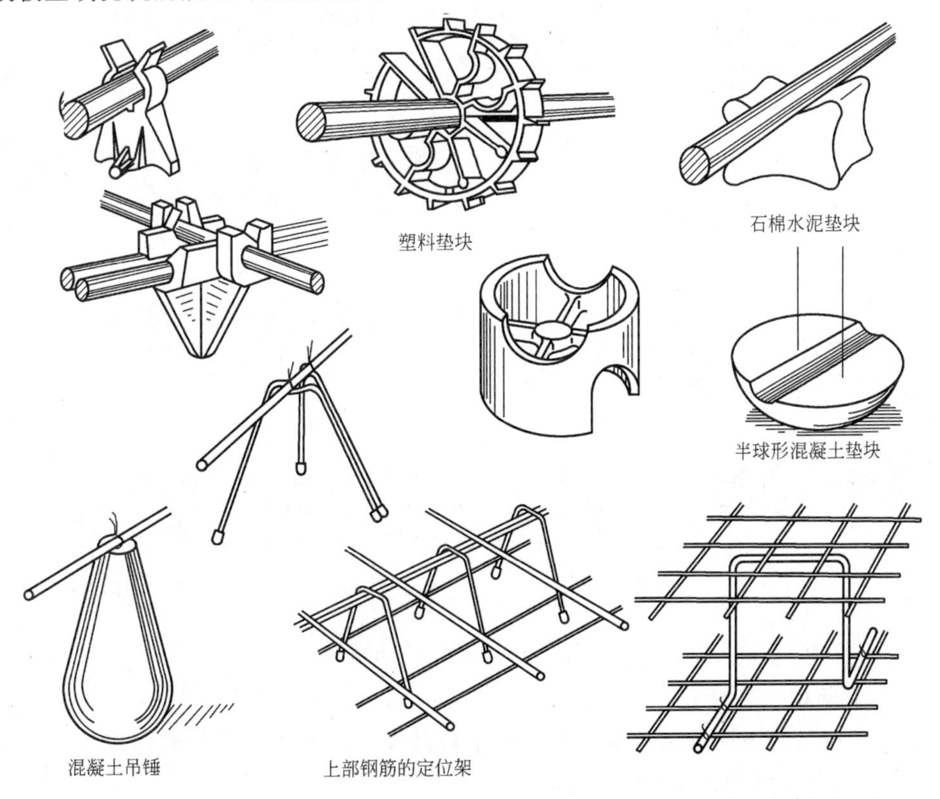

图 1-63　保护层定位用的各部部件

5）绑扎钢丝准备

绑扎钢筋所用的钢丝主要使用20～22号镀锌钢丝或绑扎钢筋专用的火烧丝，当绑扎直径12mm以下钢筋时，宜用22号钢丝，绑扎直径12mm以上钢筋宜用20号钢丝。

钢丝供应是成盘状，习惯按每盘钢丝的周长进行均分，钢丝长度要适宜，一般是用钢丝钩拧2～3周后，钢丝出头长度留20mm左右为好，太长即浪费。有时还因外露在混凝土表面而影响构件质量。绑扎钢丝长度参考表1-12的规定。

绑扎钢丝长度参考表 **表1-12**

钢筋直径(mm) / 钢丝长度(cm) / 钢筋直径(mm)	6	8	10	12	16	18	22	25	28	32	38
6	14	15	16	18	21	23	25	28	30	32	34
8		18	19	20	22	24	26	29	32	34	36
10			19	21	23	25	28	30	33	35	38
12				22	24	27	29	31	34	36	
16					27	29	31	33	35		
18						30	32	34			
22							34				

注：此表中数据指两根钢筋相绑所需钢丝长度，如8mm与12mm各一根相绑，钢丝长度为20cm。

3.3.2　钢筋绑扎的绑扣

用钢丝钩和钢丝将钢筋相交点绑扎固定时，可以采用多种绑扣，各种绑扣如图1-64所示。

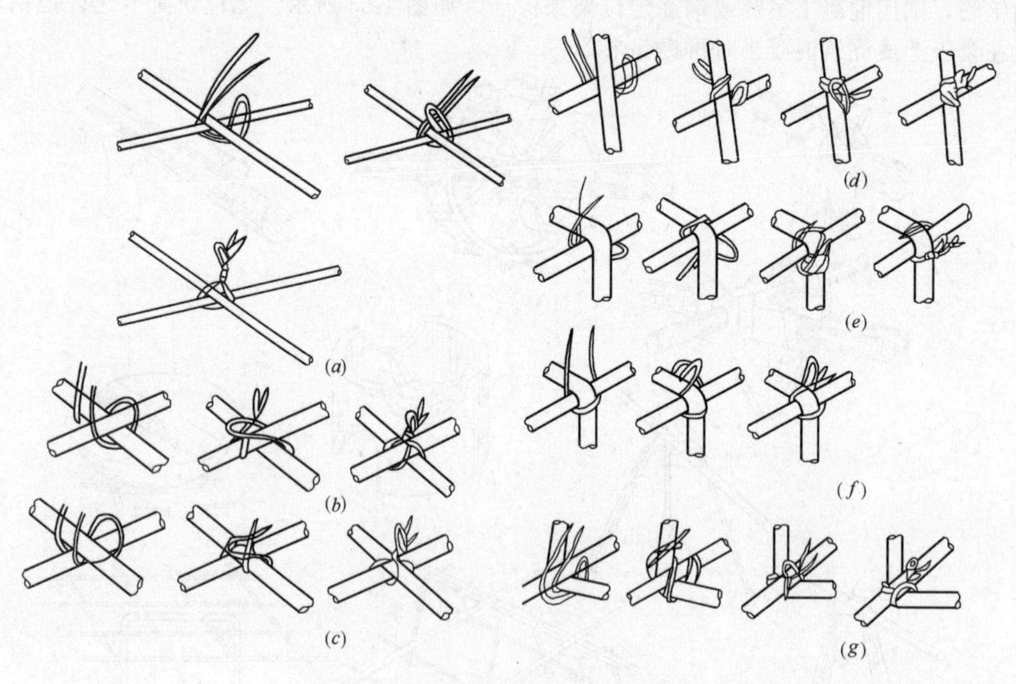

图1-64　钢筋绑扎方法

1）一面顺扣

图1-64所示为一面顺扣，一面顺扣使用量最大，因为此种绑扣操作简单，绑扎效率高，适合钢筋各个部位的绑扎。

(1) 操作方法：将绑扎用的钢丝在中间折合成180°弯，并理顺整齐，挂在左手的小拇指上，右手拿钢丝钩，绑扎时，用右手将钢丝从左手小拇指上取下，再交于左手，左手将钢丝斜插于钢筋相交点，右手用钢丝钩钩住钢丝端部的半圆套，左手拉紧钢丝的尾部，右手用钢丝钩顶紧钢筋后拧转 1.5～2 周，抽出钢丝钩，即绑扎完毕。

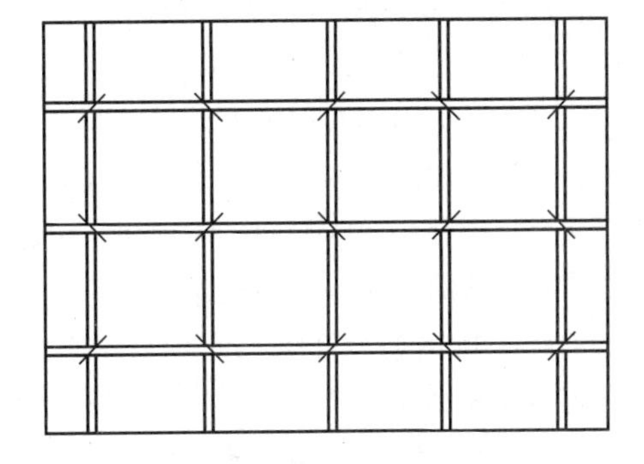

图 1-65 钢筋网一面顺扣绑扎法

(2) 注意事项：在使用一面顺扣绑扣钢筋时，每个相邻点斜插钢丝的方向要求变换 90°，互呈人字形，如图 1-65 所示。这样绑出的钢筋网、架整体性好，不易发生歪斜变形。

2) 其他绑扣

如图 1-64 所示，依次为十字花扣、反十字花扣、缠扣、兜扣、套扣、兜加缠扣等，这几种绑扣操作比一面顺扣都复杂，绑扣速度慢，但是这些绑扣有其特殊的作用，十字花扣、反十字花扣绑扎钢筋牢固，不变形，适用于纵、横钢筋相交点绑扎。缠扣绑扎钢筋不容易下滑，兜扣、套扣、兜加缠扣适用于纵向钢筋与箍筋转角出的绑扎，绑扎钢筋牢固、不变形。

3.3.3 梁的钢筋绑扎

(1) 在梁侧模板上画出箍筋间距，摆放箍筋。

(2) 用纵向钢筋穿入箍筋内，先穿梁的下部纵向受力钢筋及弯起钢筋，再穿梁的架力钢筋

(3) 隔一定间距将架立筋与箍筋绑扎牢固，调整箍筋间距，使其间距符合设计和规范要求，先绑架立筋，再绑主筋与箍筋，绑扎牢固。

(4) 绑梁上部架立筋与箍筋交点相交处宜采用套扣绑扎。如图 1-66 所示。

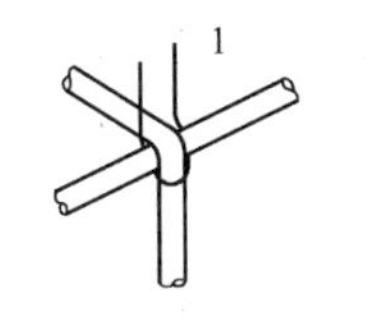

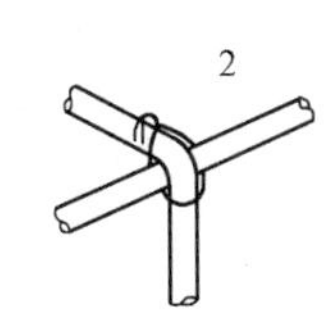

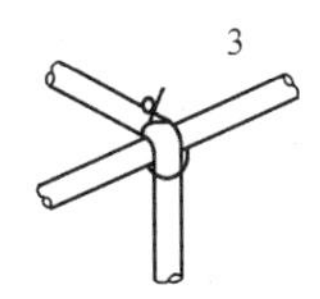

图 1-66 套扣绑扎

(5) 箍筋在叠合处的弯钩，在梁的上部，左右交错与架立筋相绑扎。

(6) 梁端第一个箍筋应设置在距离柱或墙边 50mm 处。

(7) 梁的纵向钢筋与箍筋转角处的相交点每点都必须绑扎。箍筋平直部分与纵向钢筋相交点可间隔一个相交点绑扎。

(8) 当梁的受力筋为双排时，可用直径不小于 25mm 的短钢筋垫在上下排钢筋之间。

(9) 钢筋绑扎完毕后，应在梁的下部受力筋和梁的左、右侧钢筋垫上保护层垫块，其间距 1m 左右。

3.3.4 板钢筋绑扎

(1) 根据图纸设计的间距和钢筋配料单配置的钢筋根数，在模板上弹出钢筋位置线，定好主筋、分布筋间距，一般靠近模板边的那根钢筋距离板边 50mm。

(2) 按弹出的钢筋位置线摆放钢筋，对于单向简支板，受力钢筋布置在受力方向，放

在下层，分布钢筋布置在非受力方向，放在上层。

双向板在板中双向都是受力钢筋，应将短向钢筋放在下层，长向钢筋放在上层，如双向长度相等时，哪一个方向钢筋在下或在上都可以。

悬挑板，例如雨篷、阳台等则受力钢筋在上，分布筋在下。

(3) 如果板为双层钢筋，下层钢筋绑扎完成后，放置好下层钢筋保护垫块后，再放置马凳定位钢筋，如图 1-63 所示，将上层下部钢筋绑在马凳上，再铺上层上部钢筋，进行绑扎。

(4) 绑扎板筋一般用一面顺扣，相邻点穿绑扎钢丝的方向应互成八字，如果是单向板，除外围两根筋的相交点全绑扎外，中间其余各点可交错绑扎，双向板相交点全部绑扎。

(5) 板钢筋全部绑扎完毕后，在板的受力钢筋垫上保护层垫块，尤其是悬挑板必须设置定位钢筋或定位垫块，如图 1-63 所示，以保证钢筋的正确位置。

3.3.5 钢筋绑扎、安装的质量要求

1) 钢筋绑扣检查

(1) 检查数量：抽查构件数量的 10%，且不少于 3 件。

(2) 质量要求：松扣、缺扣不得超过总绑扎扣的 10%，并且不得集中。

2) 钢筋安装位置检查

(1) 检查数量：同上。

(2) 钢筋安装位置的允许偏差和检验方法见表 1-13、表 1-14。

钢筋安装质量控制表 **表 1-13**

序号	项目内容	质量验收要求	验收方法	控制要点
1	钢筋安装要求	钢筋安装时，受力钢筋的品种、级别、规格和数量必须符合设计要求	检查数量：全数检查 检验方法：观察，钢尺检查	受力钢筋的品种、级别、规格和数量对结构构件的受力性能有重要影响，必须符合设计要求。本条为强制性条文，应严格执行
2	钢筋安装允许偏差	钢筋安装位置的允许偏差和检验方法见表 1-14	检查数量：在同一检验批内，对梁、柱和独立基础，应抽查构件数量的 10%，且不少于 3 件；对墙和板，应按有代表性的自然间抽查 10%，且不少于 3 间；对大空间结构、墙可按相邻轴线间高度 5m 左右划分检查面，板可按纵、横轴线划分检查面，抽查 10%，且均不少于 3 面	本条规定了钢筋安装位置的允许偏差。梁、板类构件上部纵向受力钢筋的位置对结构构件的承载能力、抗裂性能等有重要影响。由于上部纵向受力钢筋移位而引发的事故通常较为严重，应加以避免。本条通过对保护层厚度偏差的要求，对上部纵向受力钢筋的位置加以控制，并单独将梁、板类构件上部纵向受力钢筋保护层厚度偏差的合格点率要求规定为 90% 及以上。对其他部位，表中所列保护层厚度的允许偏差的合格点率要求仍为 80% 及以上

钢筋安装位置的允许偏差和检验方法 **表 1-14**

项次	项目		允许偏差(mm)	检验方法
1	绑扎钢筋网	长、宽	±10	钢尺检查
		网眼尺寸	±20	钢尺量连续三档，取最大值
2	绑扎钢筋骨架	宽、高	±5	钢尺检查
		长	±10	钢尺检查

课题 4 钢筋冷加工

随着钢筋混凝土结构和预应力钢筋混凝土结构的广泛应用，要求钢筋具有高强度和硬度，为了更好的发挥钢筋强度的潜力，有效地节约钢材，满足设计和施工的需要，要对钢筋进行冷加工。钢筋冷加工是在常温条件下，对热轧钢筋进行冷拉、冷轧扭等加工。

4.1 钢筋冷拉加工

钢筋的冷拉是将Ⅰ～Ⅱ级热轧钢筋在常温下强力拉长，使之产生一定的塑性变形。冷拉后的钢筋不仅使屈服强度提高，同时还增强了钢筋的长度，节约钢材，还可使钢筋各部分强度基本一致，表面锈皮自动脱落。冷拉Ⅰ级钢筋适用于钢筋混凝土结构中的受拉钢筋，冷拉Ⅱ、Ⅲ、Ⅳ级钢筋可用作预应力混凝土结构的预应力筋。

4.1.1 钢筋冷拉的设备

1）卷扬机式冷拉机

卷扬机式冷拉机设备工艺布置方案如图 1-67 所示。

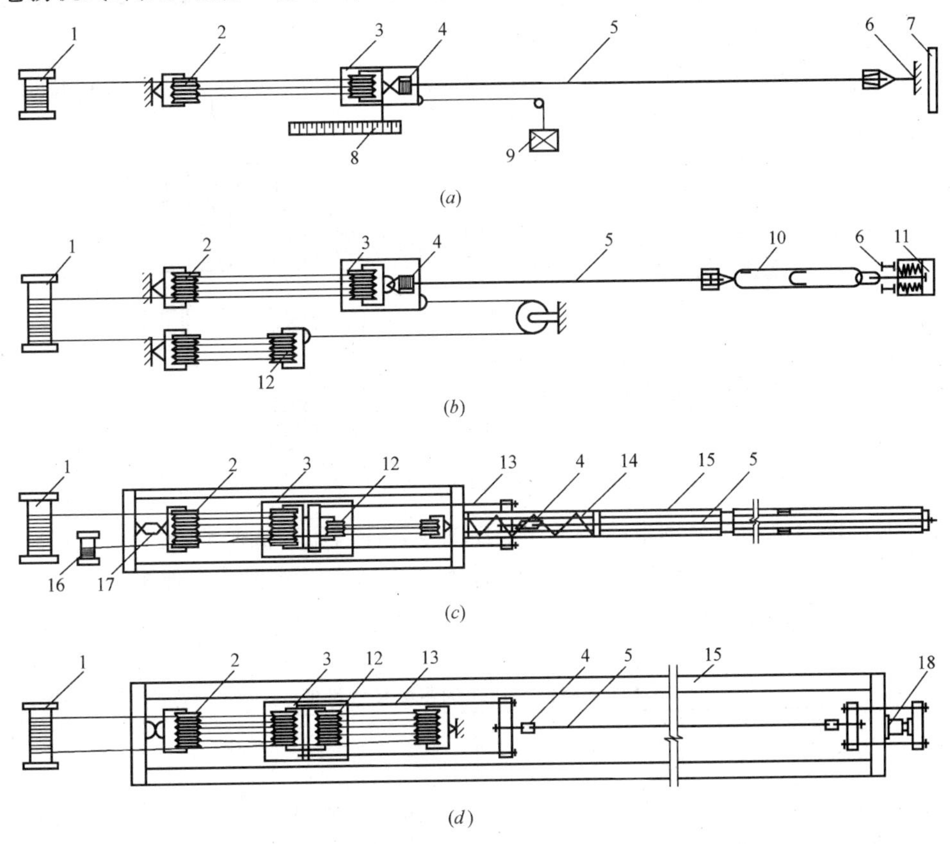

图 1-67 卷扬机冷拉钢筋设备工艺布置方案

1—卷扬机；2—滑轮组；3—冷拉小车；4—钢筋夹具；5—钢筋；6—地锚；7—防护壁；8—标尺；9—回程荷重架；10—连接杆；11—弹簧测力器；12—回程滑轮组；13—传力架；14—钢压柱；15—槽式台座；16—回程卷扬机；17—电子秤；18—液压千斤顶

卷扬机式冷拉机工作原理是：卷扬机卷筒上的钢丝绳正、反向绕在两副动滑轮组上，当卷扬机旋转时，夹持钢筋的一副动滑轮组被拉向卷扬机，钢筋被拉长；另一副回程滑轮组被拉向钢筋固定端的方向。当钢筋拉伸完毕，卷扬机反转拉回程滑轮组，使冷拉小车 3 复位，或利用回程荷重 9 使冷拉小车复位，进行下一次的拉伸。标尺 8 显示出钢筋拉伸的增加长度值，弹簧测力器1和电子秤17显示出钢筋的拉力值。钢筋拉伸度通过机身的标尺直接测量或用行程开关控制。

卷扬机式冷拉机的特点是：结构简单，适应性强，冷拉行程不受设备限制，可冷拉不同长度的钢筋，便于实现单控和双控。

卷扬机式钢筋冷拉机的主要技术性能见表1-15。

卷扬机式钢筋冷拉机的主要技术性能 表1-15

粗钢筋冷拉		细钢筋冷拉	
卷扬机型号规格	JM-5(5t慢速)	卷扬机型号规格	JM-3(3t慢速)
滑轮直径和门数	计算确定	滑轮直径和门数	计算确定
钢丝绳直径(mm)	24	钢丝绳直径(mm)	15.5
卷扬机速度(m/min)	<10	卷扬机速度(m/min)	<10
测力器形式	千斤顶式测力计	测力器形式	千斤顶式测力计
冷拉钢筋直径(mm)	12~36	冷拉钢筋直径(mm)	6~12

2）液压式冷拉机

液压式冷拉机的构造与预应力张拉用的液压拉伸机相同，只是活塞行程比拉伸机大。液压式冷拉工艺如图1-68所示。

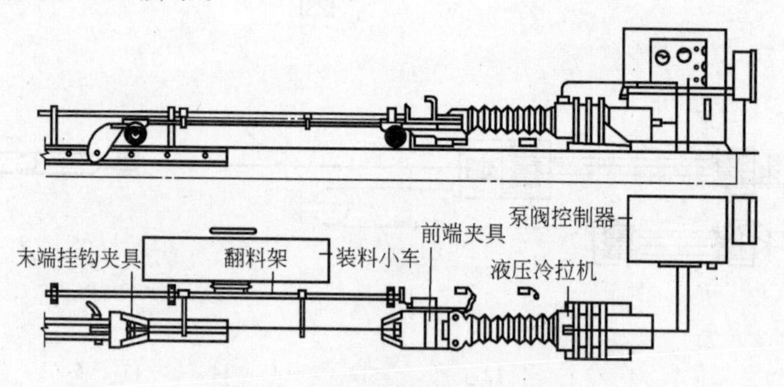

图1-68 液压粗钢筋冷拉工艺

工作时，两台电动机分别带动高压和低压油泵，使高压和低压油经过输油管路和液压控制阀进入液压张拉缸，完成钢筋拉伸和拉伸机回程动作。液压式拉伸机具有设备紧凑、工效高、劳动强度小等优点。工作平稳、易于自动控制。液压式冷拉机的主要技术性能见表1-16所示。

32t液压钢筋冷拉机的主要技术性能 表1-16

主要项目	技术性能	主要项目		技术性能
冷拉钢筋直径(mm)	ϕ12~ϕ18	高压油泵	型号	ZBD40
冷拉钢筋长度(mm)	9000		压力(MPa)	21
最大拉力(kN)	320		流量(L/min)	40
液压缸直径(mm)	220		电动机型号	JO_2-52-6
液压缸行程(mm)	600		电动机功率(kW)	7.5
液压缸截面积(mm)	330		电动机转速(r/min)	960
冷拉速度(m/s)	0.04~0.05	低压油泵	型号	CB-B50
回程速度(m/s)	0.05		压力(MPa)	2.5
工作压力(MPa)	32		流量(L/min)	50
台班产量(根/台班)	700~720		电动机型号	JO_2-31-4
油箱容量(L)	400		电动机功率(kW)	2.2
总质量(kg)	1250		电动机转速(r/min)	1430

4.1.2 钢筋冷拉工艺参数计算

钢筋进行冷拉之前，首先将冷拉时使用的各种工艺参数计算出来。在钢筋拉伸时，用这些数据控制钢筋的拉伸。

1）卷扬机式冷拉机设备拉力的计算

由于卷扬机式冷拉机的卷扬机的拉力是固定值，拉伸不同强度的钢筋应计算出配备不同的滑轮组。

（1）卷扬机式冷拉机设备拉力 Q，可按下式计算：

$$Q=T\cdot m\cdot \eta-F$$

式中 T——卷扬机牵引力；

m——滑轮组工作线数；

η——滑轮组总效率，查表 1-17；

F——设备阻力，由冷拉力小车与地面摩擦力及回程装置阻力组成，一般可取 5～10kN。

设备拉力 $Q\geqslant$(1.2～1.5) 钢筋冷拉力 N 才算满足要求。

滑轮组总效率 η 和系数 α 值 **表 1-17**

滑轮组门数	3	4	5	6	7	8
工作线数 m	7	9	11	13	15	17
总效率 η	0.83	0.85	0.83	0.80	0.77	0.74
$1/m\eta$	0.16	0.13	0.11	0.10	0.09	0.08
$\alpha=1-\frac{1}{m\eta}$	0.84	0.87	0.89	0.90	0.91	0.92

注：本表根据单个滑轮效率 0.96 及图 1-67 的滑轮组绕法计算。

（2）冷拉速度。钢筋的冷拉速度 V 可按下式计算：

$$V=\frac{\pi Dn}{m}$$

式中 D——卷扬机卷筒直径（m）；

n——卷扬机卷筒转速（r/min）；

m——滑轮组工作线数。

钢筋的冷拉速度 V，根据实践经验认为不可大于 1m/min 为宜。

（3）测力器负荷。测力器负荷 P 为测力器的读数，可按下列两式计算：

① 当测力器装在冷拉线尾端时，测力器的读数为：

$$P=N-F$$

式中 N——钢筋冷拉力，等于 $\sigma_{con}\cdot A_s$；

F——设备阻力同上。

② 当测力器装在冷拉线前端时，测力器的读数是：

$$P=N+F-T=(N+F)-\frac{1}{m\eta}(N+F)=\alpha\cdot(N+F)$$

令

$$1-\frac{1}{m\eta}=\alpha$$

式中 N、F——同上式；$T=\frac{1}{m\eta}\cdot(N+F)$，$m\cdot\eta$ 同上式；

α——查表 1-1。

2）钢筋冷拉伸长值的计算

（1）无论采用卷扬机式冷拉机，还是采用液压式冷拉机，钢筋的冷拉力按下式计算：

$$N=\sigma_{con}\cdot A_s$$

式中 σ_{con}——钢筋冷拉控制应力（N/mm）值，见表1-18；

A_s——钢筋截面积（mm）。

冷拉控制应力及最大冷拉率　　表1-18

钢筋级别	钢筋直径(mm)	冷拉控制应力(N/mm²)	最大冷拉率(%)
Ⅰ级	≤12	280	10.0
Ⅱ级	≤25	450	5.5
	28～40	430	
Ⅲ级	8～40	500	5.0
Ⅳ级	10～28	700	4.0

（2）钢筋冷拉的伸长值按下式计算：

$$\Delta L=L\cdot\varepsilon$$

式中 L——钢筋直线长度；

ε——钢筋冷拉率按表1-18控制。

或者用

$$\Delta L=\frac{\sigma_{con}}{E_s}\cdot L$$

式中 σ_{con}——钢筋冷拉控制应力；

E_s——钢筋的弹性模量。

3）液压式冷拉机设备拉力

冷拉机设备拉力 Q 按下式计算：

$$Q=\sigma_m\cdot A_m$$

式中 σ_m——液压冷拉机压力表的读数（MPa）；

A_m——液压缸截面积（mm²）。

4）钢筋冷拉控制方法的确定

钢筋冷拉控制方法可采用控制应力法，也可采用单控冷拉。控制应力法也叫双控冷拉。

（1）单控冷拉：钢筋的单控冷拉，只控制冷拉率，冷拉时钢筋的伸长值 $\Delta L=L\cdot\varepsilon$。冷拉后钢筋实际伸长还应扣除钢筋的弹性回缩值。钢筋单控冷拉，关键是正确确定钢筋的冷拉率 ε。钢筋冷拉率应由试验确定。一般以来料批为单位，同批炉情况取3根试样，混批炉情况取6根试样，以表1-18中规定的冷拉控制应力为标准，测定其冷拉率。如所测得的冷拉率有一根试件超过表1-19的最大冷拉率值或试件冷拉率相差较大（如两根钢筋相差值大于2%），则该批钢筋不得采用单控方法冷拉。当钢筋试件的冷拉率符合要求时，可根据冷拉率波动情况，控制冷拉率取值时应略高于平均冷拉率，一般可高于平均冷拉率0.5%～1%。单控冷拉时，只要达到钢筋的伸长值 $\Delta L=L\cdot\varepsilon$，钢筋就完成了冷拉过程。

测定冷拉率时钢筋的冷拉应力（N/mm²）　　表1-19

钢筋级别	钢筋直径(mm)	冷拉应力
Ⅰ级	≤12	310
Ⅱ级	≤25	480
	28～40	460
Ⅲ级	8～40	530
Ⅳ级	10～28	730

注：钢筋平均冷拉率低于1%时，仍按1%进行冷拉。

(2) 双控冷拉。钢筋双控冷拉，以应力控制为主，同时控制钢筋在控制应力作用下的最大伸长值。这种工艺易于保证冷拉钢筋质量，并节约钢材，在测力条件许可下应优先采用。钢筋双控冷拉时，冷拉力 $N=\sigma_{con} \cdot A_s$，冷拉率也需预先做抽样试验，以便初步确定钢筋下料长度。

钢筋冷拉到控制应力后，如个别钢筋的冷拉率超过最大值，该钢筋的实际抗拉强度一般低于规定标准，应予以剔除。

【例 1-7】 使用卷扬机式冷拉机。冷拉设备采用 5t 电动卷扬机，卷扬机卷筒直径为 400mm，转速为 8.7r/min，配备 6 门滑轮组，电子秤装在台座前端定滑轮处，采用双控冷拉Φ25 钢筋，试计算设备拉力、冷拉速度是否符合要求？拉到规定值，电子程的读数值是多少？

【解】 查表 1-17 滑轮组工作线数 $m=13$，$\eta=0.8$　$a=0.904$，设备阻力 f 取 10kN。卷扬机拉力 5t＝50kN，Φ25 钢筋冷拉力 $N=\sigma_{con} \cdot A_s=450\times490.9=220905(\text{N})=220.905(\text{kN})$

设备拉力 $=Fm\eta-F=50\times13\times0.8-10=510(\text{kN})>1.2\times220.905(\text{kN})=265.086(\text{kN})$

满足要求

冷拉速度 $V=\dfrac{\pi \cdot D \cdot n}{m}=\dfrac{3.14\times0.4\times8.7}{13}=0.84(\text{m/min})<1(\text{m/min})$

满足要求

电子秤的读数　$P=a \cdot (\sigma_{con} \cdot A_s+F)=0.904(220.905+10)=208.738(\text{kN})$

4.1.3　钢筋冷拉操作

1）单控冷拉操作

(1) 按该炉批钢筋的控制冷拉率算出钢筋的总拉长值，在冷拉线上做出显著的准确标志或安装自动控制装置，以控制钢筋冷拉率。

(2) 将钢筋放在冷拉线上，一端夹紧在小车夹具中，另一端夹紧在固定端夹具上，钢筋夹入夹具的长度不少于 80～100mm，使钢筋就位固定。

(3) 启动卷扬机或液压机拉伸钢筋，当总拉长值拉到标记处时，立即停车，稍停并回车放松钢筋，打开夹具取下钢筋，并将各项数值及时记在钢筋冷拉记录表中。

(4) 冷拉后的钢筋，应按切断机一次切断的根数，在端头用钢丝捆扎成把，整齐码放。

2）双控冷拉操作

(1) 冷拉前，应对钢筋的冷拉力、相应的测力器读数、钢筋冷拉伸长值等工艺参数进行复核，并写在牌上，挂在明显处，供操作人员观察掌握。

(2) 将钢筋就位固定后，启动卷扬机或液压机，当钢筋拉直，即拉力达到控制拉力的 10％时，停车，并在钢筋端部与标尺处做好标记，以此标记作为测量钢筋拉长值的起点，然后再继续冷拉。

(3) 当冷拉到规定控制拉力值，即达到测力器规定的读数时，停车将钢筋放检到 10％的控制拉力值，在标尺上读出钢筋试件拉长值，然后回车放松钢筋，在标尺上读出钢筋回缩值，并将各项数值及时记在钢筋冷拉记录表中。

(4) 如果在冷拉中，测力器尚未达到该钢筋的控制冷拉力时，而钢筋实际拉伸的长度已经达到最大拉长值，应立即停止冷拉，将该钢筋挑出另行处理，若连续三根钢筋出现上述现象，则应对该批钢筋进行鉴定后方可继续冷拉。

3）冷拉操作安全技术要求

(1) 根据冷拉钢筋的致敬，合理选用卷扬机，卷扬机钢丝绳应经封闭式导向滑轮并和被拉钢筋方向成直角。卷扬机的位置必须使操作人员能见到全部冷拉场地，距离冷拉中线不少于5m。

(2) 冷拉场地在两端地锚外侧设置警戒区，装设防护栏杆及警告标志。严禁无关人员在此停留。操作人员在作业时必须离开钢筋至少2m以外。

(3) 冷拉机回程配重控制的设备必须与滑轮匹配，并有指示起落的记号，没有指示记号时应由专人指挥，配重框提起时高度应限制在离地面300mm以内，配重架四周应有栏杆及警告标志。

(4) 作业前，应检查冷拉夹具，夹齿必须完好，滑轮、拖拉小车应润滑灵活，拉钩、地锚及防护装置均应齐全牢固，确认良好后，方可作业。

(5) 卷扬机操作人员必须看到指挥人员发出信号，并待所有人员离开危险区后方可作业，冷拉应缓慢，均匀地进行，随时注意停车信号或见到有人进入危险区时，应立即停拉，并稍稍放松卷扬机钢丝绳。

(6) 用伸长率控制的装置，必须装设明显的限位标志，并要有专人负责指挥。

(7) 夜间工作照明设施，应设在张拉危险区外，如必须装设在场地上空时，其高度应超过5m，灯泡应加防护罩。

(8) 作业后，应放松卷扬机钢丝绳，落下配重，切断电源，锁好电闸箱。

4.1.4 钢筋冷拉时效操作

冷拉后的钢筋，经过一定时间，强度和硬度增加，塑性和韧性降低，这样的现象称为时效。冷拉钢筋的时效是在一定时间和温度条件下，是钢筋内部被冷加工扭曲变形了的晶体迅速被钢筋内渗碳体分布在晶体滑动面上，进一步起到阻碍晶体滑动的强化作用，所以，当钢筋经过冷拉而未经时效，其冷拉钢筋屈服点仅稍超过冷拉控制力，而抗拉强度和冷拉前基本无变化。但当冷拉钢筋经过时效后，屈服点则有明显提高，一般可比冷拉前提高10％～14％，抗拉强度也有增长。

冷拉钢筋时效的方法有两种，一是自然时效；二是人工时效。

(1) 自然时效。就是将冷拉钢筋在常温下，存放15～20d，就可达到时效目的，但Ⅲ、Ⅳ级冷拉钢筋在自然时效条件下，进展缓慢，短期内一般达不到时效效果。

(2) 人工时效。就是采用电加热和蒸气加热等方式，将冷拉钢筋在短时间内加热到一定温度，达到时效的目的，Ⅰ、Ⅱ级钢筋要求加热到100℃，保持2h，Ⅲ、Ⅳ级钢筋则要求解热到200℃，保持20min，即可完成时效过程。

4.1.5 冷拉钢筋的质量标准

钢筋经过冷拉和时效作用后，冷拉钢筋的质量应达到以下要求。

(1) 冷拉钢筋的外表面不得有裂纹、起层和局部缩颈，当用作预应力筋时，应逐根检查。

(2) 冷拉钢筋应分批检查力学性能，每批重量不大于10t（$d \leqslant 12$mm）～20t（$d \geqslant$ 14mm)，按规定作拉力冷弯试验，其试验数值应符合表1-20的要求。

冷拉钢筋的力学性能 表 1-20

钢筋级别	钢筋直径(mm)	屈服强度(N/mm^2)	抗拉强度(N/mm^2)	伸长率 δ_{10}(%)	冷弯	
		不小于			弯曲角度	弯曲直径
Ⅰ级	≤12	280	370	11	180°	3d
	≤25	450	510	10	90°	3d
Ⅱ级	28～40	430	490	10	90°	4d
Ⅲ级	8～40	500	570	8	90°	5d
Ⅳ级	10～28	700	835	6	90°	5d

注：1. 表中 d 为钢筋直径（mm）；

2. 钢筋直径大于 25mm 的冷拉Ⅲ、Ⅳ级钢筋，冷弯弯曲直径应增加 1d。

4.1.6 冷拉钢筋成品保护

(1) 冷拉好的钢筋应轻抬轻放，避免抛掷，经过检查后应编号拴上料牌，分类整齐堆放备用，防止混淆和错用。

(2) 钢筋冷拉后应防止受雨淋、水浸，因钢筋冷拉后性质尚未稳定，遇水易变脆、锈蚀。

4.2 钢筋冷轧扭加工

钢筋冷轧扭使用 HPB235、直径 6.5、8、10mm 的普通低碳钢（热轧盘圆条），通过钢筋冷轧扭机加工，在常温下一次轧成横截面为矩形，外表为连续螺旋曲面的麻花状钢筋，如图 1-69 所示。冷轧扭钢筋按其截面形状不同分为两种类型。矩形截面为Ⅰ型，菱形截面为Ⅱ型。冷轧扭钢筋的型号标记由产品名称的代号 LZN、特性代号 ϕ^t、原材钢筋直径长度和类型代号组成。

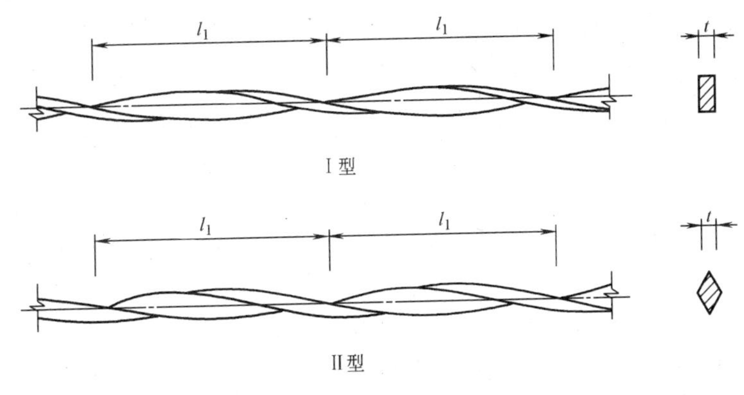

图 1-69 冷轧扭钢筋的形状及截面

t—轧扁厚度；l_1—节距

例如，LZNϕ^t10（Ⅰ）所标志的内容为：

LZN—冷轧扭钢筋；

ϕ^t10—使用直径为 10mm 的热轧钢筋加工而成；

Ⅰ —表示为Ⅰ型冷轧扭钢筋。

冷轧扭钢筋加工工艺简单，设备可靠，集冷拉、冷轧、冷扭于一体，能大幅度提高钢筋的强度和握裹力，节省钢材 20%～35%，使用时，末端不需弯钩，用作构件生产不需预加应力，冷轧扭钢筋适用于中小型构件，如圆孔板，双向叠合楼板以及预制薄板、梁受弯构件、楼梯及圆梁、构造柱等。

4.2.1　钢筋冷轧扭加工对材料要求

冷轧扭加工适用的钢筋为 HPB235、直径 6.5、8、10mm 的普通低碳钢筋，一般为热轧盘圆条，钢筋的延伸率不小于 3%，含碳量宜在 0.14%～0.22%。

4.2.2　钢筋冷轧扭机械

(1) 钢筋冷轧扭机是用于钢筋强化处理的一种设备，它主要是用于冷轧扭直径 6.5～10mm 的盘圆条钢筋，它能一次完成钢筋的调直、压扁、扭转、定长、切断、落料等全过程。

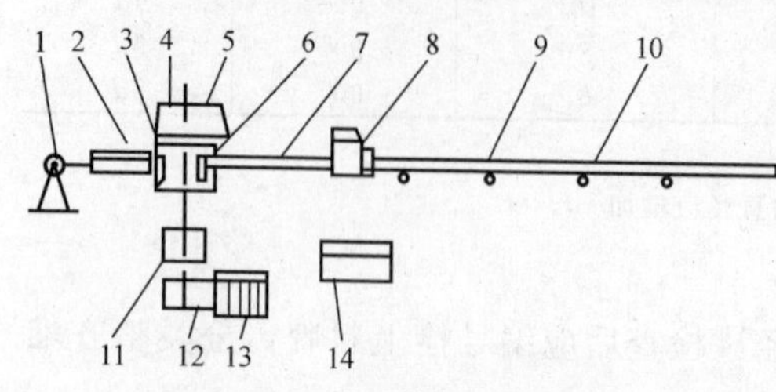

图 1-70　钢筋冷轧扭机构造

1—放盘架；2—调直箱；3—导引架；4—轧机；5—冷却水泵；6—扭转；7—冷轧扭成型钢筋；8—切断机；9—料槽；10—定位开关；11—分动箱；12—减速器；13—电动机；14—控制台

(2) 钢筋冷轧扭机的构造：钢筋冷轧扭机常用的型号为 GQZ110A 型，其构造如图 1-70 所示。主要由放盘架 1、调直箱 2、引导架 3、轧机 4、冷却水泵 5、扭转 6、切断机 8、分动箱 11、减速器 12、电动机 13、控制台 14 等组成。

(3) 冷轧扭机的工作原理：当钢筋由放盘架上引出，经调直箱调直，并清除氧化皮，再经导引架进入轧机，冷轧直需要的厚度，其断面近似于矩形，在轧机推动下，钢筋通过旋转一定角度的扭转，从而形成连续的螺旋状钢筋，再经过渡架送入切断机，当冷轧扭钢筋在料槽中前进，碰到定位开关而启动切断机切断钢筋并落到料架上而出线。

4.2.3　钢筋冷轧扭机操作

(1) 开机前，对冷轧扭机进行一次检查，各部无异常现象再空载试运转一次。

(2) 将圆盘钢筋从放盘架上引入到机械的调直箱内，穿入导引架再开机。

(3) 开机后，操作人员必须注意力集中，发现钢筋乱盘或打结时，要立即停机，待处理完毕后，方可开机。

(4) 钢筋在扭转过程中，如有失稳、堆钢现象发生，要立即停机，以免损坏轧机。

(5) 机械在运转过程中，任何人不得靠近运转部件，机器周围不准乱堆异物，以防意外。

4.2.4　钢筋冷轧扭加工质量要求

(1) 冷轧扭钢筋表面不应有影响钢筋力学性能的裂纹、折叠、结疤、压痕、机械损伤或其他影响使用的缺陷。

(2) 钢筋轧扁厚度用游表卡尺（精度 0.02mm），在试样两端量取，应符合表 1-21 的规定。

冷轧扭钢筋的尺寸规格及允许偏差　　表 1-21

类型	标志直径 d(mm)	轧扁厚度 t(mm) 不小于	节距 l_1(mm) 不大于	公称横截面面积 A_s(mm^2)	理论重量 G(kg/m)
Ⅰ型	6.5	3.7	75	29.5	0.232
	8	4.2	95	45.3	0.356
	10	5.3	110	68.3	0.536
	12	6.2	150	93.3	0.733
	14	8.0	170	132.7	1.042
Ⅱ型	12	8.0	145	97.8	0.768

（3）钢筋节距检验，取不少于5个整节距的长度量测，取其平均值（用直尺量，精度为1mm），平均值应符合表1-21的规定。

（4）钢筋重量检验，不小于500mm的试件，实测重量和公称重量与表1-21的规定的负偏差每批应不大于5%。

（5）冷轧扭钢筋的力学性能应符合表1-22的规定。

冷轧扭钢筋的力学性能　　表1-22

抗拉强度 σ_b(MPa)	伸长率 δ_{10}(%)	冷弯180°(弯心直径＝3d)
≥580	≥4.5	受弯曲部位表面不得产生裂纹

注：1d为冷轧扭钢筋的标志直径。

（6）单根定尺度允许偏差：当定尺长度＜8m时，允许偏差±10mm；当定尺长度≥8m时，允许偏差±15mm。

课题5　受弯构件模板工程

5.1　模板的基本功能与要求

5.1.1　模板的基本功能

现浇钢筋混凝土梁和板的模板，是使钢筋混凝土梁和板按设计的位置、几何尺寸要求成形的模具。梁和板的位置、几何尺寸完全取决于模板，因此，要求模板位置必须准确，几何形状、尺寸必须符合设计要求，同时，模板又要承受梁和板在施工中的各种荷载的作用，要求模板必须有足够的强度、刚度和稳定性用以抵抗施工中各种荷载的作用。

模板工程费用，约占现浇钢筋混凝土结构工程费用的1/3左右，支模、拆模用工占1/2左右，因此，正确的选择模板类型和施工方法，对于提高钢筋混凝土主体施工质量，加速施工速度，提高工作效率，降低工程成本和实现文明施工，都具有重要的意义。

5.1.2　模板的基本要求

由于模板工程在钢筋混凝土主体施工中是一个重要的施工环节，为此，对模板及其支架有如下要求：

（1）保证工程结构和构件各部分形状、尺寸和相互位置的正确。

（2）具有足够的承载力、刚度和稳定性，能可靠的承受新浇混凝土的重量和侧压力，以及在施工过程中所产生的荷载。

（3）构造简单，装拆方便，并便于钢筋绑扎与安装，符合混凝土的浇筑及养护等工艺要求。

（4）模板接缝应严密，不得漏浆。

（5）必须确保新浇混凝土的表面质量。

（6）坚持因地制宜，就地取材的原则，做到支拆简便，周转次数多。

5.2　钢筋混凝土梁和板模板的构造要求

钢筋混凝土梁和板模板如图1-71所示。

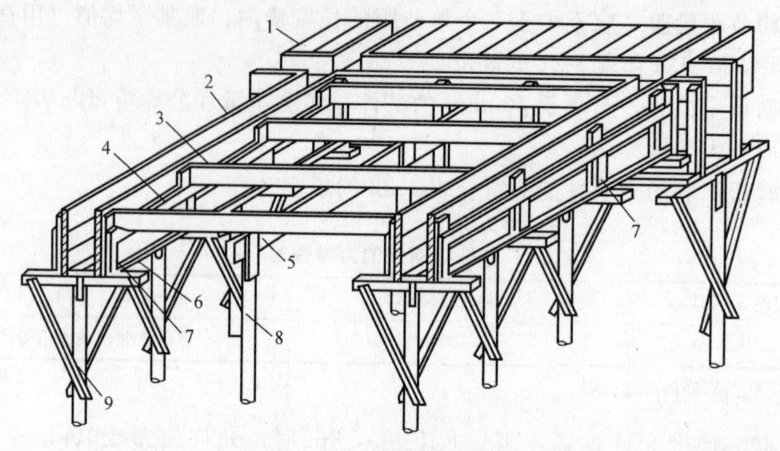

图 1-71　梁及楼板模板

1—楼板模板；2—梁侧模板；3—格栅；4—横挡；5—牵杠；
6—夹条；7—短撑木；8—牵杠撑；9—支撑

在现浇结构施工中，梁和板的模板组合在一起，梁的模板是由底模、侧模、拉杆、短撑木、支撑组成。板的模板是以底模为主，在板的边缘有少量的侧模、格栅、支撑等组成。组成这些模板可以使用木材、钢材、木胶合板、竹胶合板等，虽然组成梁和板模板形状较简单，但是由于使用材料不同，所以构造组成不同，施工方法也不同，因此，模板的造价费用也不同。

木模板的常用材料为松木和杉木，由于木模板木材耗用量大，重复使用率低，为节约木材，在现浇钢筋混凝土结构中应该尽量少用或不用木模板。在梁和板模板施工中使用组合钢模板、竹或木胶合板模板较多。

5.2.1　组合钢模板

组合钢模板是现浇钢筋混凝土结构中常用的模板类型之一，具有通用性强，装拆方便，周转次数多，模板费用低等特点，用它进行现浇混凝土结构施工，可以事先按设计要求组装成梁、柱、墙、楼板的整体大型模板，吊装就位，也可以采用散装拆放方法。

但是，组合钢模板整体刚度差，拼缝多，浇出的混凝土构件表面平整度差，采用散装散拆时，工作效率较差。

1）钢模板模板块

模板块采用 Q235 钢材制成，钢板厚度 2.5～3mm，模板块包括平面模板、阴角模板、连接角模板，其用途、尺寸、形状见表 1-23。

2）连接件

连接件包括 U 形卡，L 形插钩、钩头螺栓、扣件、对拉螺栓等，主要用于钢模板连接，其各自的形状、尺寸作用见表 1-24。

3）梁模板的配件设计

（1）梁配板长度选择：梁模板的配板，应沿梁的长度方向排模，排模长度以施工图中梁的净跨长度为控制长度，但是其长度根据与柱、墙和模板的交接情况而定。当梁的模板与柱、墙交接时，可用角模和不同规格的钢模板做嵌补模板做出梁的接口，或在梁口用木

组合钢模板 **表 1-23**

<table>
<tr><th colspan="2">名称</th><th>图示</th><th>用途</th><th>宽
(mm)</th><th>长
(mm)</th><th>厚
(mm)</th><th>代号</th></tr>
<tr><td colspan="2">平面模板</td><td> 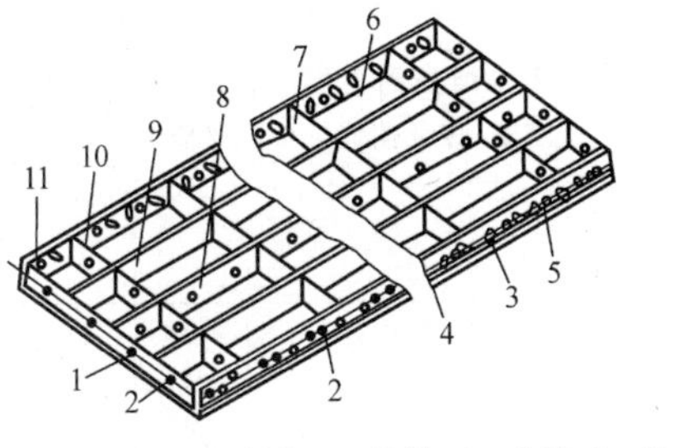1—插销孔；2—U形卡孔；3—凸鼓；4—凸棱；5—边肋；6—主板；7—无孔横肋；8—有孔纵肋；9—无孔纵肋；10—有孔横肋；11—端肋</td><td>用于基础、墙体、梁、柱和板等多种结构的平面部位</td><td>600、550、500、450、100、350、300、250、200、150、100</td><td rowspan="4">1800、1500、1200、900、750、600、450</td><td rowspan="4">55</td><td>P</td></tr>
<tr><td rowspan="3">转角模板</td><td>阴角模板</td><td> 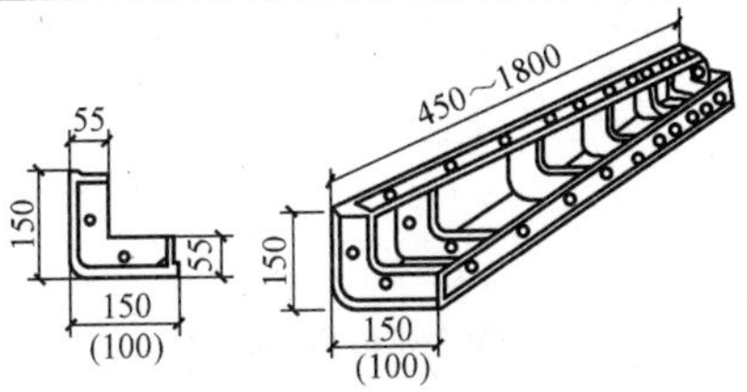</td><td>用于墙体和各种构件的内角及凹角的转角部位</td><td>150×150、100×150</td><td>E</td></tr>
<tr><td>阳角模板</td><td> 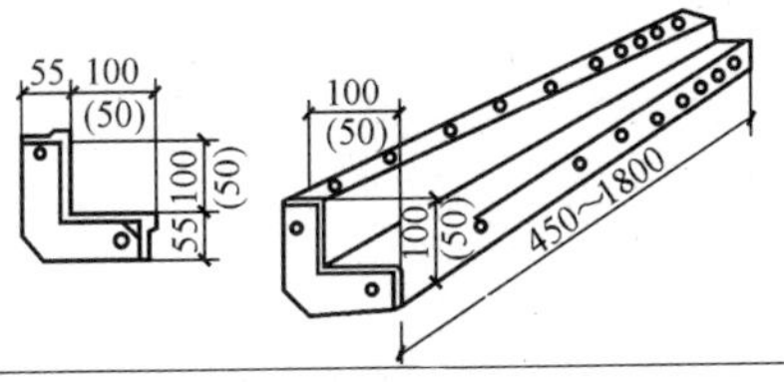</td><td>用于柱、梁及墙体等外角及凸角的转角部位</td><td>100×100、50×50</td><td>Y</td></tr>
<tr><td>连接角模</td><td> 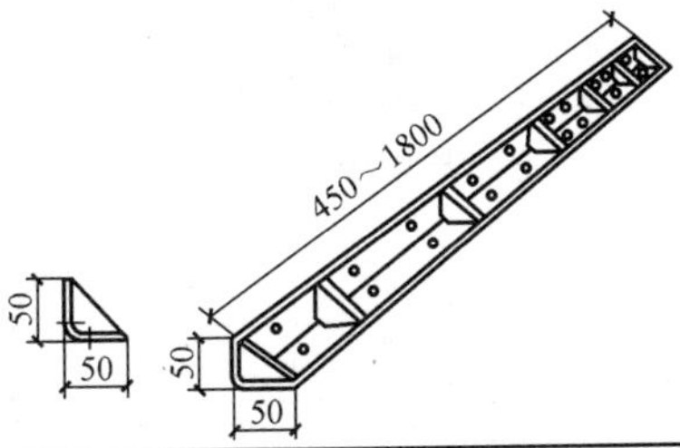</td><td>用于柱、梁及墙体等外角及凸角的转角部位</td><td>50×50</td><td>J</td></tr>
</table>

连接件组成及用途 **表 1-24**

名称	图示	用途	规格	备注
U形卡	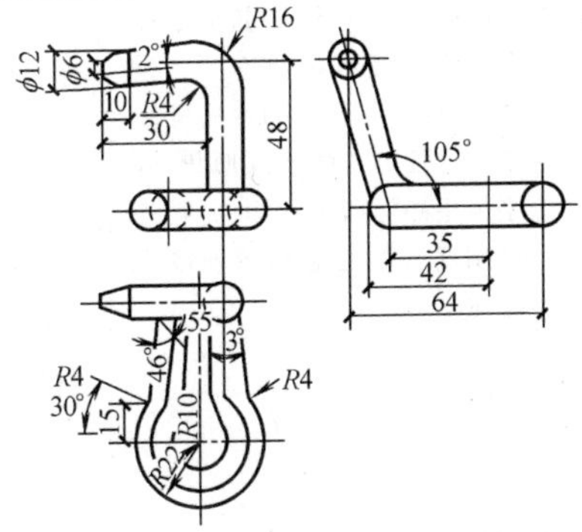	主要用于钢模板纵横向的自由拼接，将相邻钢模板夹紧固定	ϕ12	Q235 圆钢

续表

名称		图示	用途	规格	备注
L形插销		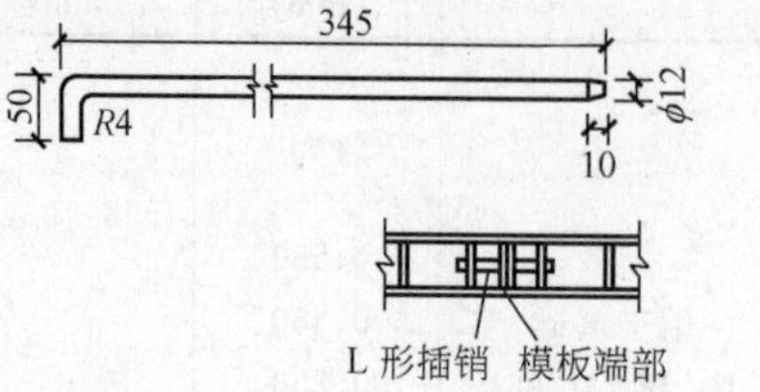 345；50；R4；φ12；10；L形插销；模板端部	用来增强钢模板的纵向拼接刚度,保证接缝处板面平整	φ12,l=345	
钩头螺栓		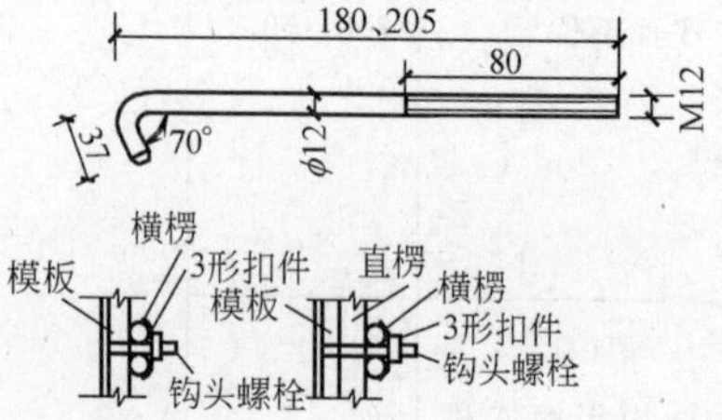 180、205；80；37；70°；φ12；M12；模板；横楞；3形扣件；模板；直楞；横楞；3形扣件；钩头螺栓；钩头螺栓	用于钢模板与内、外钢楞之间的连接固定	φ12, l=205、108	
紧固螺栓		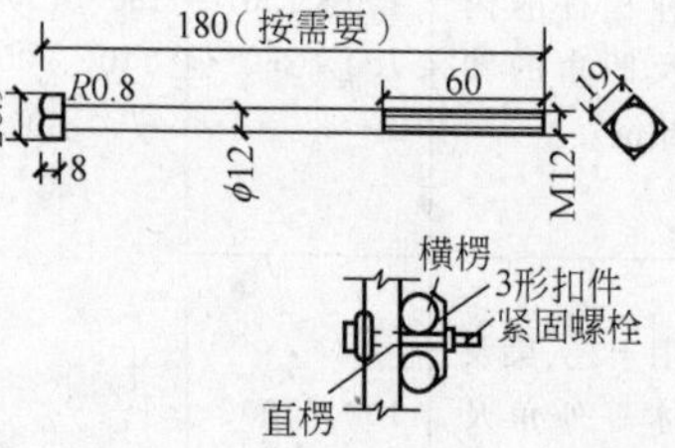 180(按需要)；R0.8；26.9；8；60；φ12；M12；19；横楞；3形扣件；紧固螺栓；直楞	用于紧固内、外钢楞,增强拼接模板的整体性	φ12, l=180	Q235 圆钢
对拉螺栓		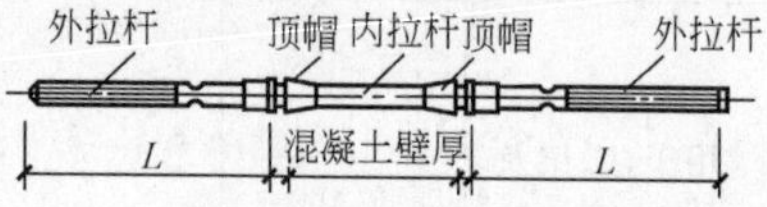 外拉杆；顶帽；内拉杆；顶帽；外拉杆；L；混凝土壁厚；L	用于拉结两竖向侧模板,保持两侧模板的间距,承受混凝土侧压力和其他荷载,确保模板有足够的承载力和刚度	M12 M14 M16 T12 T14 T16 T18 T20	
扣件	3形扣件	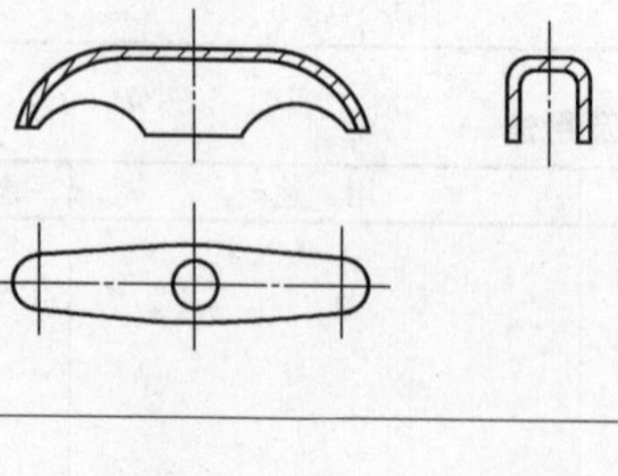	用于钢楞与钢模板或钢楞之间的紧固连接,与其他配件一起将钢模板拼装连接成整体,扣件应与相应的钢楞配套使用。按钢楞的不同形状,分别采用碟形和3形扣件,扣件的刚度与配套螺栓的强度相适应	26型 12型	Q235 钢板
	蝶形扣件			26型 18型	

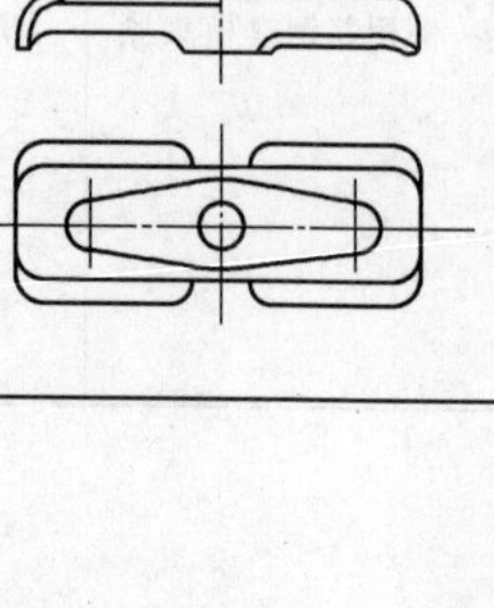

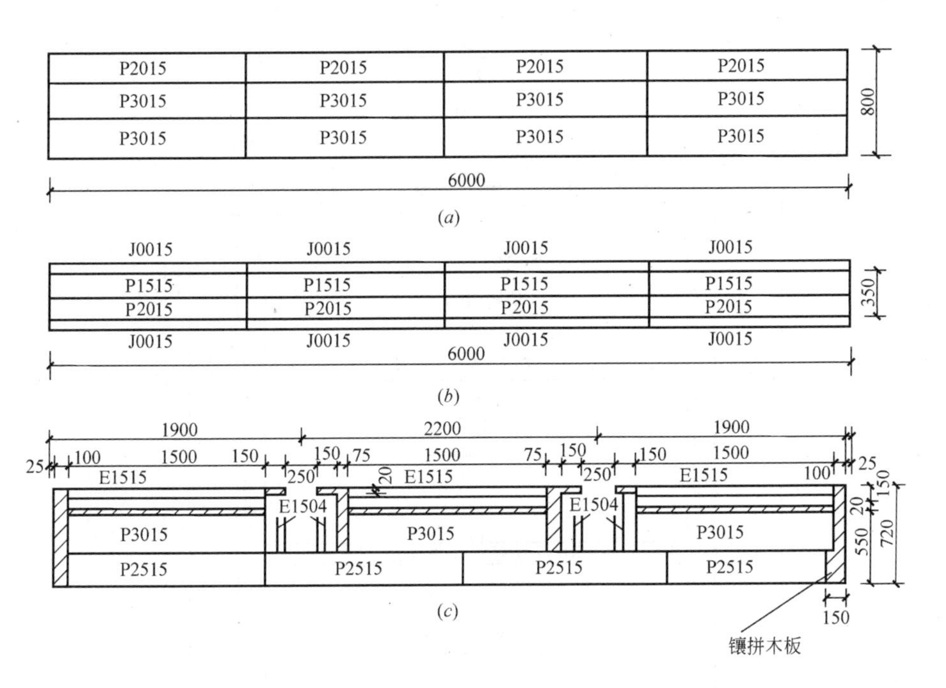

图 1-72　ZL_1 梁配板图

(*a*) 外侧模板；(*b*) 底模板；(*c*) 内侧模板

方镶拼，如图 1-72 (*c*) 所示。不要使梁口处的梁的模板块边肋与柱混凝土接触，防止拆模困难，因此，在柱身梁底位置设柱箍或槽钢，用以搁置梁模。

(2) 梁配板高度和宽度的选择。组合钢模板的模数与钢筋混凝土梁的尺寸模数相同，所以梁配板的高和宽可以采用组合钢模板高和宽直接拼装方式。在梁模板高度方向与楼板模板交接时，可采用阴角模板或木材拼镶。

(3) 梁的配板示例。如图 1-73 所示，配制 KL_1、KL_2、L_1、L_2 梁的配板设计，并画出梁的模板图。如图 1-72 所示，画出了 KL_1 的模板图。

4) 楼板模板的配板设计

根据接板模板的净长和净宽的尺寸进行配数设计。在计算组合钢模板的型号和块数时，可沿长边尺寸配板和沿短边尺寸配板。在组合钢模板所填补的面积有余数时，可用木模板进行填补。

【例 1-8】 某建筑的现浇混凝土楼板，其支模尺寸为 3300mm×4950mm，做配板设计。

【解】 沿板的长边 4950mm 方向选择模板的长度，取 3×1500＋1×450＝4950mm，即 3 块 1500mm 长和 1 块 450mm 宽、长 1650mm 的模板组成，楼板模板长度 4950mm。在板的短边 3300mm 方向取 11 块 300mm 宽的模板组成，如图 1-74 所示。

5.2.2　胶合板模板

混凝土模板用的胶合板有木胶合板和竹胶合板两种。

1) 胶合板模板的优点

(1) 板幅大、自重轻，安装方便，工作效率高。

(2) 板面平整，接缝少，使用胶合板支模，浇筑的混凝土梁、板、墙可以不用抹灰，直接刮腻子装饰，节约大量的人工费和材料费。

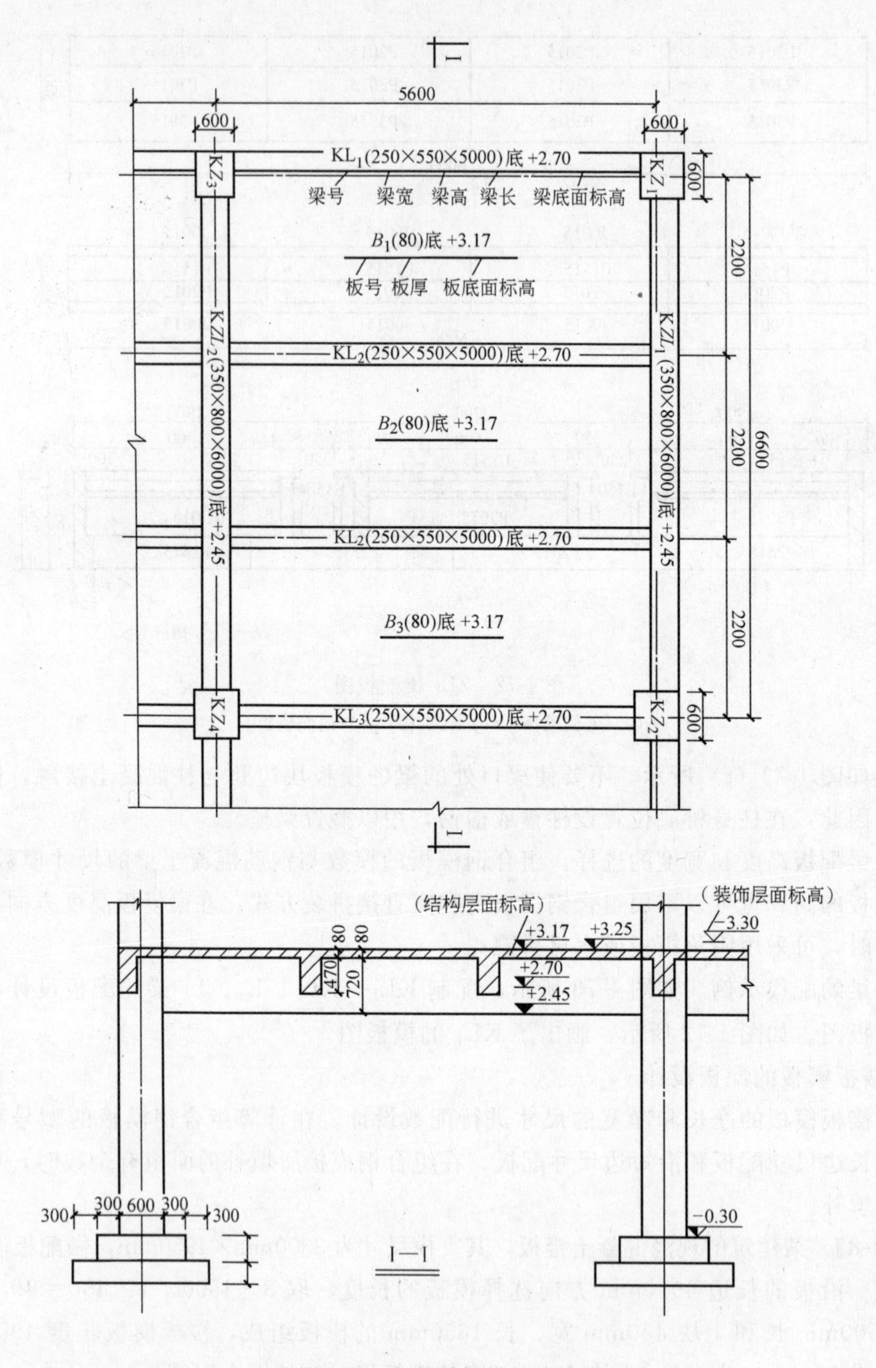

图 1-73　框架结构模板放线图

(3) 锯截方便，易加工成各种形状的模板，便于按工程的需要弯曲成型，用作曲面模板。

(4) 模板设计能满足清水混凝土和装饰混凝土要求的工程。

2) 木胶合板模板

(1) 分类：木胶合板以材种分类，可分为软木胶合板与硬木胶合板；以耐水性能划分，为Ⅰ～Ⅲ类，Ⅰ类耐水性能最好。

(2) 构造：模板用的木胶合板通常由 5、7、9、11 层等奇数单板经热压固化而胶合成

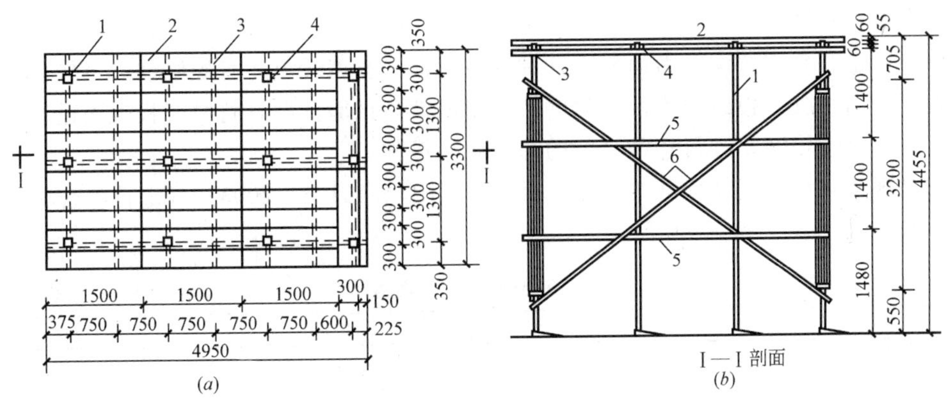

图 1-74　楼板模板的配板及支撑

(a) 配模板；(b) 剖面图

1—ϕ48×3.5 钢管支柱；2—钢模板；3—2□60×40×2.5 内钢楞；4—2□60×40×2.5 外钢楞；

5—ϕ48×3.5 水平撑；6—ϕ48×3.5 剪刀撑

型，相邻层的纹理方向相互垂直，通常最外层表面的纹理方向和胶合板板面的长向平行，因此，整张胶合板的长向为强方向，短向为弱方向，使用时必须加以注意。

(3) 规格：我国模板用木胶合板的规格尺寸见表 1-25、表 1-26。

木胶合板规格尺寸 (mm)　　　**表 1-25**

模数制		非模数制		厚度
宽度	长度	宽度	长度	
600	4800	915	1830	12.0
900	1800	1220	1830	15.0
1000	2000	915	2135	18.0
1200	2400	1220	2440	21.0

木胶合板厚度公差 (mm)　　　**表 1-26**

公称厚度	平均厚度与公称厚度间允许偏差	每张板内厚度最大允差
12.0	±0.5	1.0
15.0	±0.6	1.2
18.0	±0.8	1.6
21.0	±1.0	2.0

3) 竹胶合板模板

我国竹材资源丰富，而且竹材顺纹抗拉强度为 18MPa，为松木的 2.5 倍，因此，在我国木材资源短缺的情况下，以竹材为原料，制成混凝土模板用竹胶合板，具有强度高，收缩率小，膨胀率和吸水率底，以及承载能力大的特点，是一种具有发展前途的新型建筑模板。

(1) 构造：混凝土模板用竹胶合板的构造如图 1-75 所示。其面板与芯板所用材料可不同，又可相同。不同的材料是芯板将竹子劈成竹条，又称竹帘单板，宽 14～17mm，厚 3～5mm，在软化池中进行高温软化处理后，进行烤青、烧黄、去竹皮及干燥等进一步处理，竹帘的编织可用人工或编织机编织。面板通常为编席单板，做法是将竹子劈成篾片，由编工编成竹席，表面板采用薄木胶合板，这样既可利用竹材资源，又可兼有木胶

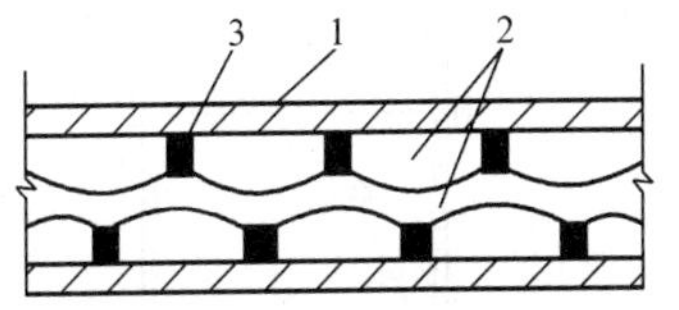

图 1-75　竹胶合板断面示意

1—竹席或薄木片面板；2—竹帘芯板；3—胶粘剂

合板的表面平整度。

另外，也有采用竹编席做面板，这种板材表面平整度较差，且胶结剂用量较多。

为了提高竹胶合板的耐水性、耐磨性和耐碱性，试验证明，竹胶合板表面进行环氧树脂涂面的耐碱性较好，进行瓷釉涂面的综合效果最佳。

（2）规格：我国国家标准《竹编胶合板》（GB/T 13123—2003）规定竹胶合板的规格见表1-27、表1-28、表1-29。

竹胶合板长、宽规格　　表1-27

长度(mm)	宽度(mm)	长度(mm)	宽度(mm)
1830	915	2440	1220
2000	1000	3000	1500
2135	915	—	—

竹胶合板厚度与层数对应关系　　表1-28

层数	厚度(mm)	层数	厚度(mm)	层数	厚度(mm)	层数	厚度(mm)
2	1.4～2.5	8	6.0～6.5	14	11.0～11.8	20	15.5～16.2
3	2.4～3.5	9	6.5～7.5	15	11.8～12.5	21	16.5～17.2
4	3.4～4.5	10	7.5～8.2	16	12.5～13.0	22	17.5～18.0
5	4.5～5.0	11	8.2～9.0	17	13.0～14.0	23	18.0～19.5
6	5.0～5.5	12	9.0～9.8	18	14.0～14.5	24	19.5～20.0
7	5.5～6.0	13	9.0～10.8	19	14.5～15.3		

竹胶合板厚度允许偏差（mm）　　表1-29

厚度＼等级	优等品	一等品	合格品
9～12	±0.5	±0.8	±1.2
13～15	±0.6	±1.0	±1.4
16～18	±0.7	±1.2	±1.6

4）竹、木胶合板梁的模板配板设计

竹、木胶合板梁的模板配板设计时，模板长度选择和梁的高、宽尺寸确定与组合钢模板的要求相同，只是构造形状不同。

（1）如图1-76、图1-77所示，竹、木胶合板梁的模板是由表模、侧模、铛口木方、背楞、对拉螺栓组成。当梁高 $H>400$mm 时，在梁的侧模设置背楞。

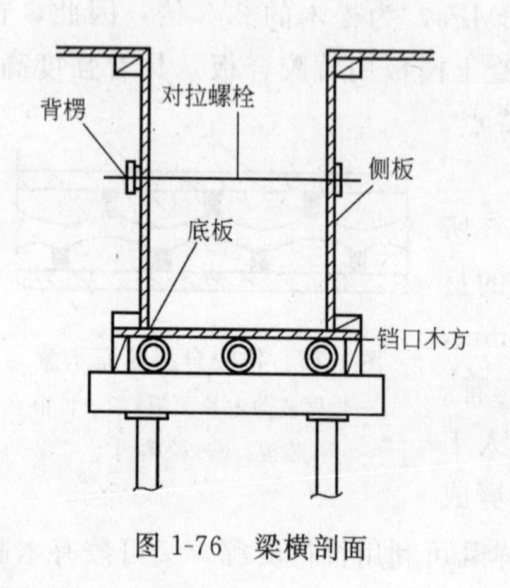

图1-76　梁横剖面

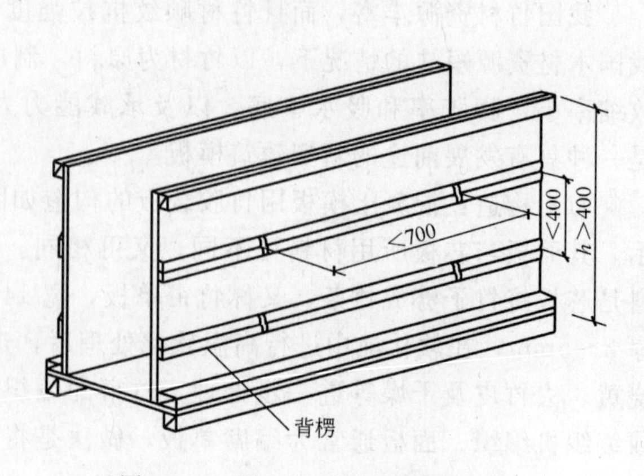

图1-77　背楞、对拉螺栓间距范围

(2) 梁的模板与柱模板相交处如图 1-78 所示。

5) 竹、木胶合板的模板配板设计

竹木胶合板的模板配板设计时，应根据板的支模板面积和板的规格尺寸进行配板设计，基本要求如下：

(1) 现用标准尺寸的整块竹、木胶合板对称排列，不足部分留在中间或两端，用竹、木胶合板锯成所需尺寸嵌补。

(2) 在竹、木胶合板长向交接处应布置内楞，以便固定竹、木胶合板，内楞用木方为宜，其布置要求如图 1-79 所示。

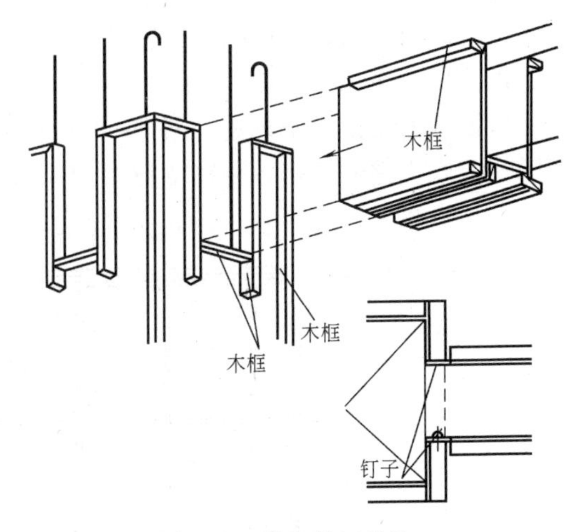

图 1-78 柱头梁口做法

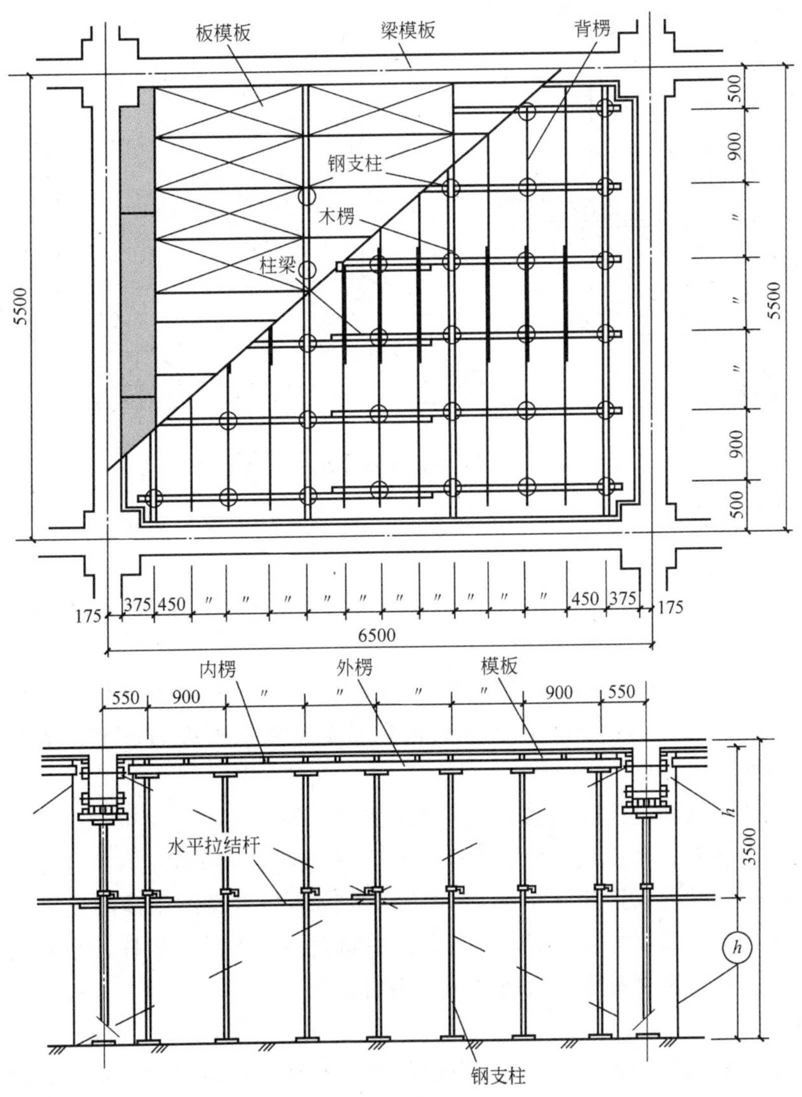

图 1-79 梁板竹木模板布置

5.2.3 梁和板模板支架的构造要求

1）梁、板模板的支架构造

板模板的支架是由内楞、外楞、支柱和拉杆组成，支柱下端铺设脚手板。如图 1-80 所示，上端支撑着外楞，外楞支撑着内楞，内楞支撑着模板。

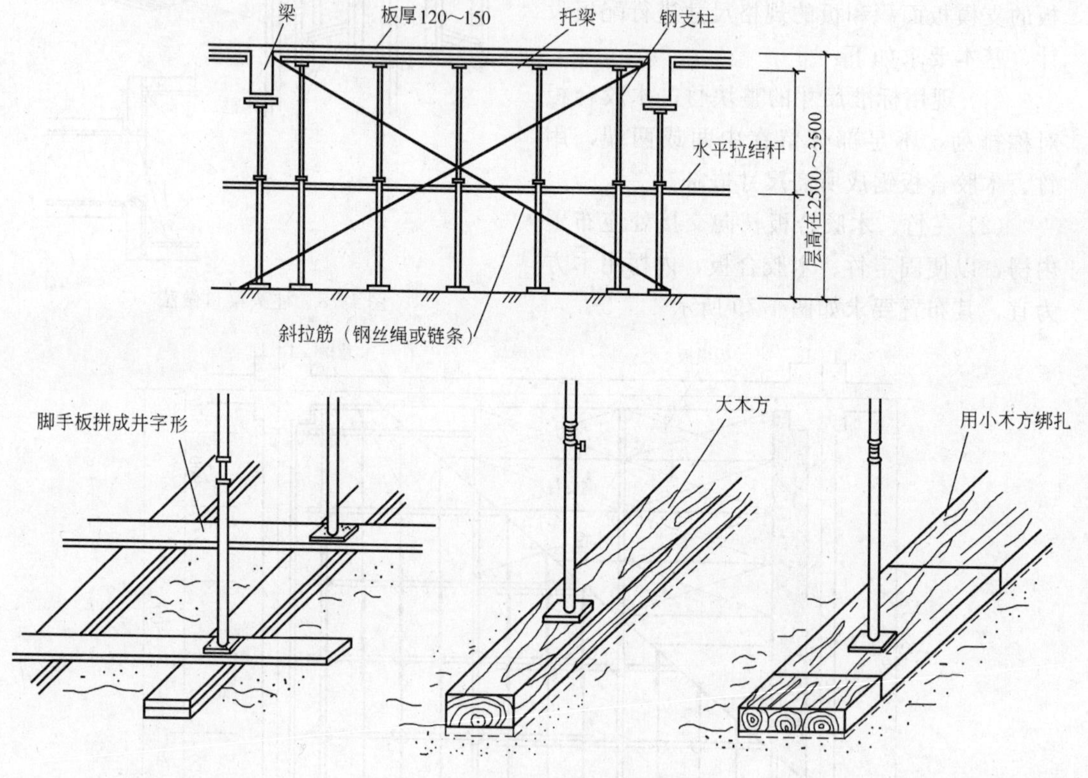

图 1-80 可调钢支柱支撑楼板模板

(1) 内楞一般采用 50mm×50mm 的木方，其位置处于模板短边的搭接处，内楞的间距根据混凝土的浇筑厚度进行选择，一般为 400～800mm。

(2) 外楞可采用 50mm×100mm、100mm×100mm 的木方，也可用 ϕ48×3.5mm 的钢管。外楞间距一般为 800～1200mm。

(3) 支柱可采用工具式钢管支撑和木方或圆木支撑。支柱间距是根据外楞的布置所决定，其间距一般为 800～1200mm，支柱的根数是根据楼板模板的自重、施工荷载和混凝土浇筑的厚度所决定。

工具式支撑或钢管支撑的规格，允许荷载见表 1-30。

木支柱、木搁栅、牵杠允许荷载见表 1-31、表 1-32、表 1-33。

(4) 水平拉结杆的位置如图 1-80 所示，水平拉结杆主要作用是防止立柱失稳，使模板倒塌，当主柱支撑高度大于 3m 时，在立柱中间设一道水平拉结杆，当立柱是木柱是可用木拉杆，当立柱用钢管脚手架管时，可用钢管连接。

2）梁模板支架

梁模板支架是由顶撑和立柱组成。当使用竹、木胶合板模板时，其支架构造如图 1-81 所示。

表 1-30

钢 管 支 柱

简 图		CH形			YJ形		
项 目		CH-65	CH-75	CH-90	YJ-18	YJ-22	YJ-27
最小使用长度(mm)		1812	2212	2712	1820	2220	2720
最大使用长度(mm)		3062	3462	3962	3090	3490	3990
调节范围(mm)		1250	1250	1250	1270	1270	1270
螺旋调节范围(mm)		170	170	170	70	70	70
容许荷载	最小长度时(kN)	20	20	20	20	20	20
	最大长度时(kN)	15	15	12	15	15	12
重量(kg)		12.4	13.2	14.8	13.87	14.99	16.39

注：1. 图中：1—顶板；2—套管；3—插销；4—插管；5—底板；6—螺管；7—转盘；8—手柄；9—螺旋套；

2. CH 形相当于《组合钢模板技术规范》的 C-18 形、C-22 形和 C-27 形，其最大使用长度分别为 3112、3512、4012mm。

表 1-31

木搁栅容许荷载参考表（N/m）

断面(宽×高)(mm)	跨距(mm)						
	700	800	900	1000	1200	1500	2000
50×50	4000	3000	2500	2000	1300	900	500
50×70	8000	6000	4700	4000	2700	1700	1000
50×100	13000	12000	9500	8000	5500	3500	2000
80×100	22000	19000	15500	12500	8500	5500	3100

表 1-32

牵杠木容许荷载参考表（N/m）

断面(宽×高)(mm)	跨距(mm)					
	700	1000	1200	1500	2000	2500
50×100	8000	4000	2700	1700	1000	
50×120	11500	5500	4000	2500	1500	
70×150	25000	12000	8500	5500	3000	2000
70×200	38000	22000	15000	9500	8500	3500
100×100	16000	8000	5500	3500	2000	
ϕ120	15000	7000	5000	3000	1800	

表 1-33

木支柱容许荷载参考表（N/根）

断面(mm)	高度(mm)				
	2000	3000	4000	5000	6000
80×100	35000	15000	10000		
100×100	55000	30000	20000	10000	
150×150	200000	150000	90000	55000	40000
ϕ80	15000	7000	4000		
ϕ100	38000	17000	10000	6500	
ϕ120	70000	35000	20000	15000	10000

注：1. 表 1-31～表 1-33 木料系以红松的容许应力计算，考虑施工荷载的提高系数和湿材的折减系数，以 $[\sigma_a]=[\sigma_w]=11.7N/mm^2$ 计算。若用东北落叶松时，容许荷载可提高 20%；

2. 圆木以杉木计算，同样考虑上条情况，按 $[\sigma_a]=[\sigma_w]=10.5N/mm^2$ 计算；

3. 牵杠系以一个集中荷载计算。

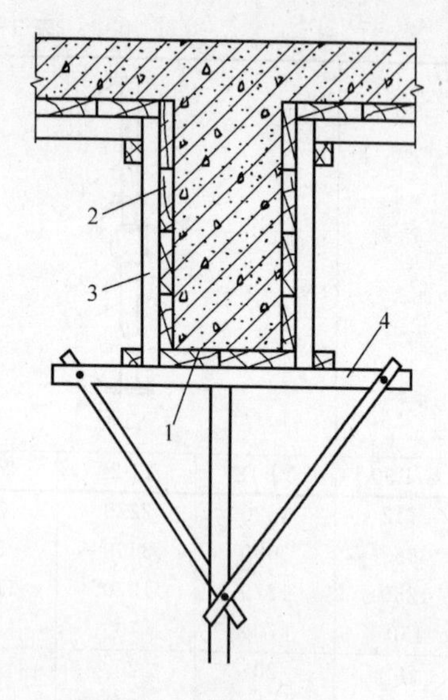

图 1-81　梁木模底模

1—梁底模；2—梁侧模；3—立档；4—顶撑

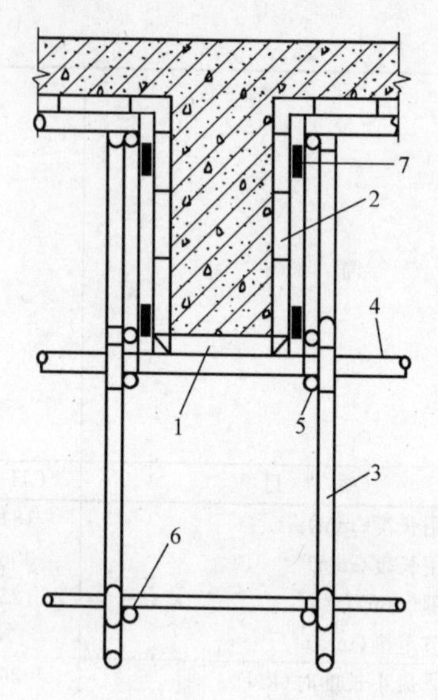

图 1-82　梁组合钢模板底模板

1—梁底模；2—梁侧模板；3—钢管立柱；4—小楞；5—大楞；6—纵横向支撑；7—木楔

当使用组合钢模板时，其支架构造如图 1-82 所示，立柱间距和使用材料与模板支柱相同。

5.3　支模前的准备工作

5.3.1　支模前的准备工作

(1) 熟悉施工图纸，掌握混凝土梁和板的形状、尺寸、位置和标高。

(2) 熟悉模板设计图，掌握模板的材料要求，主柱、内、外楞的间距，各类模板的块数和组合的方法。

(3) 根据施工图和模板设计图确定支模的顺序。

(4) 按模板设计图材料单核对模板、支架等材料的数量和质量。

(5) 对模板表面清理干净，刷隔离剂。

(6) 在柱、墙上弹出梁和板的构件标高墨线。

5.3.2　梁模板的支模操作方法

(1) 在梁的两端中心线和模板下皮标高的位置拉通小线。

(2) 在梁的中心线位置下铺设脚手板。如果是地面，基土应夯实后再铺设，支撑柱压在脚手板上。

(3) 在梁的中心线处按模板设计图的要求间距设立支撑柱，支撑柱的高度按中心小线的高度控制。

(4) 拉中心小线时，梁的跨度在 4m 以下时拉平，梁的跨度不小于 4m 时，中间起拱，起拱高度为梁的跨度的 1/1000～3/1000。

(5) 上、下楼层梁的支撑柱应在同一个垂直位置上，不得错位，用拉杆将支撑柱连接，并临时固定。

(6) 在梁的两侧按梁的边线拉设通长边线，按边线铺设模板。

(7) 绑扎安装钢筋后，梁的侧模按梁的边线支设、加固、调直。

(8) 用胶带封住模板的缝隙，将模板内的杂物清除，准备浇筑混凝土。

5.3.3 板模板的支撑操作方法

(1) 在板设置支撑柱的位置拉线，按拉线铺设脚手板。立支撑柱的要求与梁模板要求相同。

(2) 在支撑柱上按模板设计图的要求先铺设外楞，再铺内楞，将其固定后再铺模板，并用胶条封住模板缝隙

5.3.4 梁和板的模板支设的质量要求

(1) 梁和板的模板应符合模板设计图的要求，当无设计图时，应符合构造要求。

(2) 各连接件、支撑件、加固配件必须安装牢固，无松动现象，模板拼缝严密，预埋件、预留孔洞位置准确，固定牢固。

(3) 支撑柱、内楞、外楞等间距允许偏差为±50mm。

(4) 梁和板模板安装尺寸、标高允许偏差见表 1-34。

现浇结构模板安装的允许偏差 **表 1-34**

项目		允许偏差(mm)	检验方法
轴线位置		5	钢尺检查
底模上表面标高		±5	水准仪或拉线、钢尺检查
截面内部尺寸	基础	±10	钢尺检查
	柱、墙、梁	+4，−5	钢尺检查
层高垂直度	不大于 5m	6	经纬仪或吊线、钢尺检查
	大于 5m	8	经纬仪或吊线、钢尺检查
相邻两板表面高低差		2	钢尺检查
表面平整度		5	2m 靠尺和塞尺检查

注：检查轴线位置时，应沿纵、横两个方向量测，并取其中的较大值。

(5) 预埋件预留孔洞尺寸允许偏差见表 1-35。

预埋件和预留孔洞的允许偏差 **表 1-35**

项目		允许偏差(mm)
预埋钢板中心线位置		3
预埋管、预留孔中心线位置		3
插筋	中心线位置	5
	外露长度	+10，0
预埋螺栓	中心线位置	2
	外露长度	+10，0
预留洞	中心线位置	10
	尺寸	+10，0

注：检查中心线位置时，应按纵、横两个方向量测，并取其中的较大值。

5.3.5 梁和板的模板拆除

1) 梁和板的模板拆除

应在混凝土强度达到规定值后方可拆除。

(1) 非承重的梁和板的侧模在混凝土强度达到 1.2MPa，保证混凝土表面及棱角不受损坏时，就可拆除。

(2) 梁和板的承重底模在混凝土达到表 1-36 要求的强度后，方可拆除。

现浇结构拆模时所需混凝土强度　表 1-36

结构类型	结构跨度(m)	按设计的混凝土强度标准值的百分率计(%)
板	≤2 >2,≤8 >8	50 75 100
梁、拱、壳	≤8 >8	75 100
悬臂构件	≤2 >2	75 100

注：本规范中“设计的混凝土强度标准值”系指与设计混凝土强度等级相应的混凝土立方体抗压强度标准值。

2）模板拆除的顺序和方法

(1) 遵循先支后拆，后支先拆，先拆非承重部位，后拆承重部位以及自上而下的原则。

(2) 梁和板的模板应先拆梁侧模，再拆板的底模，最后拆梁的底模。

(3) 拆模时，操作人员应站在安全处，以免发生安全事故，待该片段模板全部拆除后，方准将模板、配件、支架等运出堆放。

(4) 拆下的模板等配件，严禁抛扔，要有人接应传递，按指定地点堆放，并要及时清理、维修和涂刷好隔离剂，以备待用。

课题6　受弯构件混凝土施工

混凝土梁和板等受弯构件的混凝土施工，包括混凝土配制、搅拌、运输、浇筑、振捣、养护等过程。在现代混凝土施工中，混凝土已很少在施工现场进行配制、搅拌，大多数采用商品混凝土。我国颁布的《散装水泥发展“十五”规划》发展目标要求，直辖市、省会城市、沿海开放城市要积极发展预拌混凝土，其他城市2005年底起禁止在城区现场搅拌混凝土，预拌混凝土在搅拌厂集中生产，既可以更好的控制其质量而且减少了施工对周围环境的污染，因此，我们在混凝土施工中，应大量采用预拌商品混凝土。

6.1　商品混凝土的质量要求

商品混凝土即预拌混凝土，是指水泥、水、集料以及根据需要掺入的外加剂和掺合料等组合，按一定比例在集中搅拌站经计量、搅拌后出售，并采用运输车在规定时间运至使用地点的混凝土拌合物。商品混凝土分通用品，标记为A；特制品，标记为B两类。混凝土强度等级≤C40，坍落度≤150mm，粗骨料最大粒径＜40mm的混凝土拌合物为通用品。C45≤强度等级≤C60、180mm≤坍落度≤200mm或有其他特殊要求的混凝土拌合物为特制品。

6.1.1　商品混凝土的验收

1）商品混凝土的检验

商品混凝土的验收分出厂检验和交货检验。

(1) 出厂检验：出厂检验的取样试验工作由供货方承担，其检验结果作为商品混凝土的出厂质量证明书，由供货方统计评定后交使用方收入资料管理。

(2) 交货检验：交货检验的取样试验工作由供需双方协商承担，当判断混凝土质量是否符合要求时，其强度、坍落度应以交货检验结果为依据，其他检验项目按合同约定执行。

2）商品混凝土检验项目

检验项目有强度、坍落度；特制品除按通用品检验外，还应按合同约定检验其他项目，包括含气量的检验。

（1）商品混凝土检验的结果作为施工试验结果的报告。

（2）对坍落度、含气量及氯化物总含量不符合合同约定及《预拌混凝土》要求的混凝土，应拒收和退货。

3）商品混凝土的出厂质量证明书

包括两部分资料：一是产品的出厂质量证明书；二是作为出厂质量证明书附件的文件，有单位资质证书、验收单、配合比、原材料证明，出厂时留取的混凝土试块试验报告及混凝土强度评定等级，以上资料由供方按工程名称与混凝土品种、等级向需方及时提供。

6.1.2　商品混凝土的运输

（1）商品混凝土的远距离运输应使用滚筒式混凝土运输车（图 1-83）。混凝土运输车的大罐，盛夏施工应淋水降温，冬期施工应加保温罩。

图 1-83　混凝土搅拌运输车

1—搅拌筒；2—进料斗；3—卸料斗；4—卸料溜槽

（2）运送混凝土的车辆应满足均匀、连续供应混凝土的需要，因此，必须有完善的调度系统和通信设施，根据施工情况指挥混凝土的搅拌与运送，减少停滞时间。

（3）混凝土运到施工现场，不得产生离析现象，符合浇筑时规定的坍落度，混凝土从搅拌出料、运至施工现场、浇筑完毕必须在混凝土初凝之前完成，因此，混凝土从搅拌机中卸出后到浇筑完毕的时间，不得超过表 1-37 的规定时间。当达不到要求时，应在混凝土内加缓凝剂。

混凝土从搅拌机卸出后到浇筑完毕的延续时间（min）　　**表 1-37**

混凝土强度等级	气温	
	≤25℃	＞25℃
≤C30	120	90
＞C30	90	60

（4）混凝土搅拌运输车第一次装料时，应多加二袋水泥，运送过程中筒体应保持慢速转动，卸料前，筒体应加快运转 20～30s 后方可卸料。

（5）送到现场混凝土的坍落度应随时检验，泵送混凝土的坍落度根据泵送高度确定，30m 以下为 100～140mm，30～60m 时为 140～160mm，60～100m 时为 160～180mm，

100mm 以上时为 180～200mm。

（6）当运至现场的混凝土达不到要求时，需要调整加入减水剂时，应由搅拌站现场检验的专业技术人员执行，混凝土运输车司机不得向混凝土罐中随意加水。

（7）混凝土运至浇筑地点后，应在交货地点每车都要测定混凝土坍落度，其检测结果超过表 1-38 的允许偏差值时，混凝土不得在工程中使用。

混凝土坍落允许偏差 **表 1-38**

坍落度（mm）	允许偏差（mm）
≤40	±10
50～60	±20
≥100	±30

（8）商品混凝土生产单位与使用单位之间应建立对混凝土质量和数量的交接验收手续，交接验收工作应在交货地点进行。

6.2 泵送混凝土施工

现代混凝土施工技术除了采用商品混凝土外，在施工方法上，还采用泵送混凝土施工。

泵送混凝土是通过专用混凝土输送泵和管道，借助于泵的压力将混凝土直接输送到灌注的部位，一次完成水平和垂直运输，此种施工方法具有现场临时设施少，操作方便，浇筑范围大的优点，泵送混凝土可以连续进行，大大提高了运送效率，由于全采用机械化，大大减轻了工人的劳动强度，提高了工作效率。

6.2.1 混凝土泵送设备

混凝土泵送设备有两大类：一类为混凝土泵车，另一类为混凝土泵。

1）混凝土泵车

混凝土泵车如图 1-84 所示。

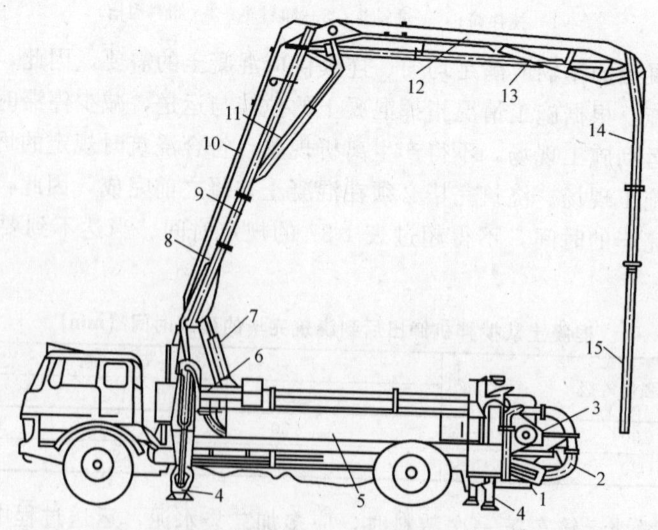

图 1-84 泵车的布料装置

1—混凝土泵；2—出料管；3—料斗；4—支腿；5—水箱；
6—回转台；7、11、13—布料杆用油缸；
8、12、14、15—布料杆；9—输送管；10—油管

（1）混凝土泵车的组成：混凝土泵车主要由载重汽车底盘、臂架回转装置、臂架布料杆、混凝土泵、支腿等部分组成。混凝土泵车在底盘上安装有运动和动力传动装置，通过动力分动箱将泵车发动机的动力传输给液压泵，液压泵推动活塞带动混凝土泵工作，然后利用泵车上的布料杆和输送管，将混凝土输送到一定的高度和距离。

（2）混凝土泵车的特性：混凝土泵车的优点是可以把输送与浇筑工序结合在一起，节约劳动时间，没有中间转运过程，节约材料，施工速度快，浇筑质量好，又能做到保护环境，文明施工。但是混凝土泵车的设备投资大，技术条件要求高，机械设备容易出现故障，输送高度受到泵体和布料杆的限制。

（3）混凝土泵车的选用：由于混凝土泵车机动性好，而且不需要在施工现场布置输送管道，所以，对于大体积混凝土基础施工效率最高。在选用混凝土泵车时，应根据施工部位的体积、高度、水平距离选用混凝土泵车。

选用混凝土泵车的技术参数应能满足施工的需要，其技术参数包括输送水平距离、垂直高度、排量、泵送压力等，表 1-39 所列为 BRF 系列混凝土泵车的相关参数，供选用混凝土泵车时参考。

BRF 系列混凝土泵车的技术参数 **表 1-39**

参数 型号	臂架高度(m)	理论输送量(m^3/h)	泵送混凝土压力(MPa)	臂架水平长度(m)	臂架可达深度(m)	臂架节数	回转范围	回转速度(r/min)	末端软管长度(m)	泵缸体内径(mm)	泵缸体行程(mm)	料斗容积(L)	上料高度(mm)	行程次数(min^{-1})
BRF 2809	27.4	90	7.5	23.7	16.2	3	365°	0.50	3	230	1400	600	1380	26
BRF 2812	27.6	116	11.2	23.8	18.1	4	365°	0.60	4	230	2100	600	1350	22
BRF 31.16H	30.5	160	13.0	26.5	20.6	5	365°	0.44	4	230	2100	600	1300	31
BRF 32.09EM	31.8	90	7.5	28.1	21.9	4	365°	0.4	4	230	1400	600	1370	26
BRF 32.12EM	32.0	116	11.2	28.1	21.0	4	365°	0.50	3	230	2100	600	1380	22
BRF 32.15EM	32.0	150	11.2	28.1	21.0	4	365°	0.50	3	230	2100	600	1380	29
BRF 32.16H	32.0	160	13.0	28.1	22.0	4	365°	0.50	4	230	2100	600	1320	31
BRF 36.09	35.7	90	7.5	32.1	24.3	4	365°	0.40	3	230	1400	600	1400	26
BRF 36.12EM	35.9	116	11.2	32.0	23.7	4	365°	0.40	3	230	2100	600	1320	22
BRF 36.15EM	35.9	150	11.2	32.0	23.7	4	365°	0.40	3	230	2100	600	1320	29
BRF 42.12EM	41.9	116	11.2	38.0	28.1	4	365°	0.36	3	230	2100	600	1380	22
BRF 42.15EM	41.9	150	11.2	38.0	28.1	4	365°	0.36	3	230	2100	600	1380	29
BRF 44.16H	43.7	160	13.0	31.7	31.7	5	365°	0.36	4	230	2100	600	1400	31
BRF 46.15EM	45.5	150	11.2	41.9	33.2	4	365°	0.34	3	230	2100	600	1370	29
BRF 52.16H	51.7	160	13.0	48.0	38.2	5	365°	0.30	4	230	2100	600	1260	31
BRF 55.15EM	54.8	150	11.2	50.8	40.6	4	365°	0.28	3	230	2100	600	1380	29
BRF 55.20H	54.8	200	8.5	50.8	40.6	4	365°	0.28	3	280	2100	600	1380	26
BRF 62.15H	61.7	150	11.2	58.1	47.0	5	365°	0.20	3	280	2100	600	1400	29

2）混凝土泵

（1）混凝土泵是由泵体、分配阀、料斗、推送机构、液压系统、电气系统、机架及行走装置、润滑系统、罩壳和输送管道组成，如图 1-85 所示。

混凝土泵有许多种类型，最常用的为活塞式混凝土泵。

（2）活塞式混凝土泵的工作原理：如图 1-86 所示，混凝土缸活塞（7、8）分别与主油缸（1、2）活塞杆相连，在主油缸压力油的作用下，作往复运动。当活塞 8 后退时，将

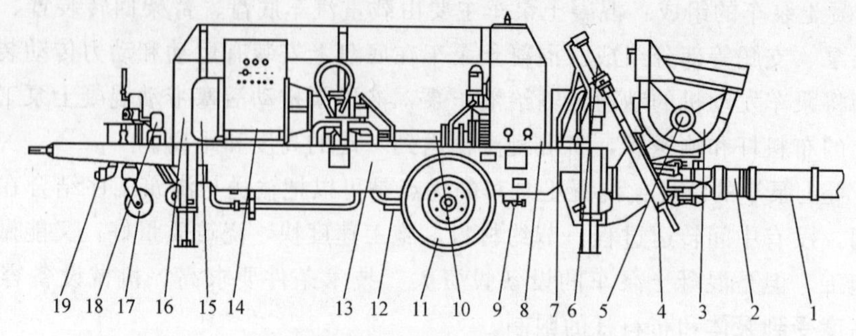

图 1-85　混凝土泵的基本构造简图

1—输送管道；2—Y 形管组件；3—料斗总成；4—滑阀总成；5—搅拌装置；
6—滑阀油缸；7—润滑装置；8—油箱；9—冷却装置；10—油配管总成；
11—行走装置；12—推送机构；13—机架总成；14—电气系统；
15—主动力系统；16—罩壳；17—导向轮；18—水泵；19—水配管

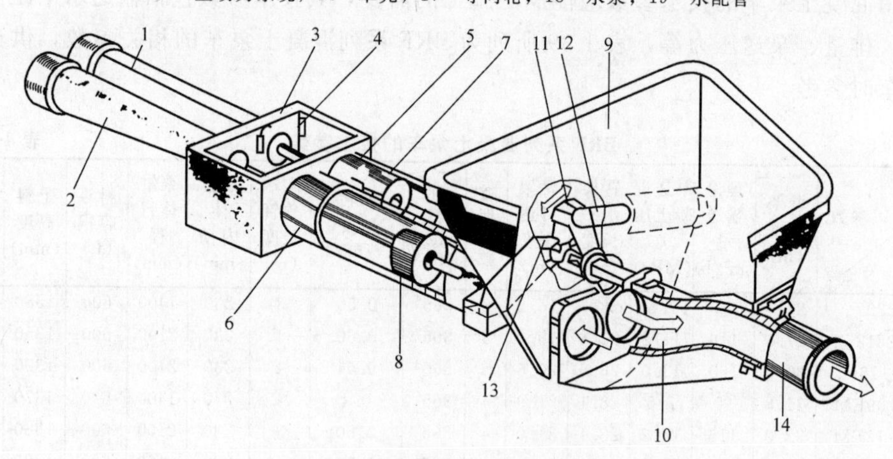

图 1-86　S 形管阀工作原理图

1、2—主油缸；3—水箱；4—换向机构；5、6—混凝土缸；7、8—混凝土缸活塞；9—料斗；
10—分配阀；11—摆臂；12、13—摆动油缸；14—出料口

料斗 9 内的混凝土吸入混凝土缸内，同时活塞 7 前进，将缸内的混凝土送入分配阀 10 后，经出料口 14 排出。

当活塞 8 退至行程终端时，会触发水箱 3 中的换向装置 4，使主油缸 1、2 同时摆动，油缸 12、13 也换向，使分配阀 10 与混凝土缸 5、6 连通，而后活塞 7 后退吸入混凝土，活塞 8 排出混凝土，如此循环，从而实现连续泵送。

（3）混凝土泵的性能参数：国家标准《混凝土泵》（GB/T 13333—91）中规定了混凝土泵的技术参数，包括理论输送量、最大出口压力等，见表 1-40。

HN90D-20 混凝土泵主要技术参数　　表 1-40

型　　号	HN90D-20	型　　号	HN90D-20
最大理论排量(m³/h)	90/54	混凝土料斗容积(L)	700
最大出口压力(MPa)	7.6/13.7	液压油油箱容积(L)	420
混凝土缸规格(mm)	Φ200×1800	柴油油箱容积(L)	300
液压系统额定压力(MPa)	32	液压油冷却方式	风冷
主油泵型号及产地 A11VL0190	A11VL0190 德国力士乐	整机质量(kg)	5180
主机额定功率(kW)	143 2100	外形尺寸(m)	5850×1500×2020

混凝土泵输送距离，包括水平距离和垂直距离，除主要取决于混凝土出口压力之外，还与多种因素相关，如混凝土的坍落度、集料级配、输送管的管径大小和管道布置方式等。因此，应尽量改善混凝土的可泵性和布管的合理性，以实现顺利泵送和增大泵送距离的目的。混凝土出口压力与混凝土泵送距离之间关系不宜用一个数学公式来表达，根据经验，一般认为 1MPa 出口压力条件下，泵送高度为 15～20m 左右。

（4）混凝土泵的选用：如何选择适合施工需要的混凝土泵，关键在于准确确定混凝土的泵送阻力，因此，应综合考虑混凝土泵送阻力的各种影响因素，才能选择出即能满足工程施工需要，又能保证其性能充分发挥的混凝土泵，泵送阻力主要影响因素有泵送距离、混凝土坍落度、管道管径和布置等，根据工程的实际情况确定这些影响因素后，再选择混凝土泵的出口压力值。

确定混凝土泵输送量，混凝土泵送量应根据施工现场进度计划及混凝土泵的实际有效工作时间来决定。

3）泵送混凝土输送管道的要求

混凝土输送管道在工作状态下要承受较高的压力，且与混凝土直接接触，宜磨损，故应具有足够的强度和耐磨性来抵制外加荷载，同时输送管道应具有适当的口径，满足不同距离、方向的泵送要求，还要拆装方便，保证密封严实、可靠，因此要配备一系列相应的管件。

（1）输送管的材料要求：输送管道通常采用内壁光滑、耐压性强的无缝钢管制成，如耐磨锰钢。

（2）输送管的尺寸：输送管的内径大小取决于混凝土粗集料的粒度，通常粗集料的最大粒径应小于管内径的 1/4～1/3，粗集料粒径与管内径的关系见表 1-41。

粗集料的最大粒径限制值（ZLJ5290 泵车） **表 1-41**

输送管最小直径(mm)	粗集料的最大直径(mm)	
	卵石	碎石
100	30	25
125	40	30
150	50	40

不同内径的管道的壁厚，可参见表 1-42。

输 送 管 的 壁 厚 **表 1-42**

公称直径(mm)	内径(mm)	外径(mm)	壁厚(mm)	输送介质压力(Pa)
100	100.8	108.0	3.6	$<85\times9.8\times10^4$
120	119	127.0	4.0	
125	125	133.0	4.0	
150	150	159.0	4.5	
200	200	211.0	6.0	

公称直径(mm)	内径(mm)	外径(mm)	壁厚(mm)	输送介质压力(Pa)
50	50.0	60.3	5.0	$<130\times9.8\times10^4$
65	65.0	76.1	5.6	
100	101.7	114.3	6.3	
125	125.5	139.7	7.1	
140	139.8	152.4	6.3	
200	200.0	216.0	8.0	

（3）输送管道的组成：输送管路包括直管、弯管、锥管、软管等，图 1-87 所示为泵车输送管的示意图。

弯管：弯管通常用于需要改变混凝土输送方向的管道口，弯管的结构如图 1-88 所示。弯管的角度常见的有 90°、60°、45°、30°、15°等几种，弯管弯曲的曲率半径越小，输送阻力越大，越容易堵管，所以弯管半径一般为 1～2m。

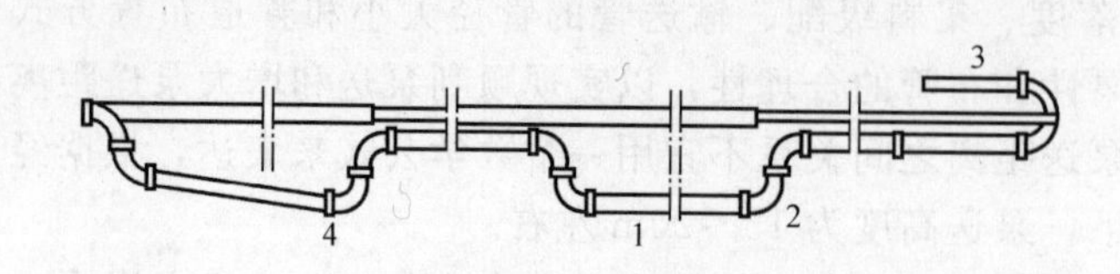

图 1-87 输送管

1—直管；2—弯管；3—末端软管；4—管接头

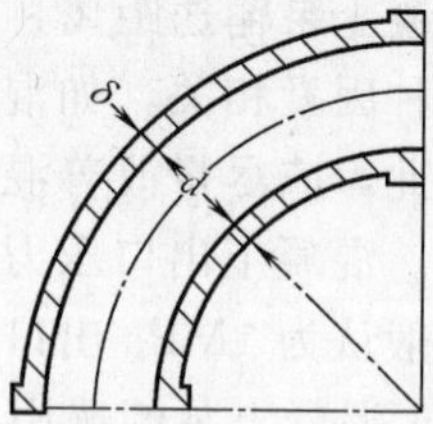

图 1-88 弯管

锥管主要用于不同口径的输送管的连接，其长度应尽量大一些，以减小内径变化时混凝土的流动阻力，以达到平缓过渡。

软管：软管因压力损失较大，故一般只用于管端排料口，以便在不改变主管道位置的情况下，扩大布料范围，软管分高压管和低压管两种，高压管用钢丝和橡胶制成，可承受较高的压力，低压管采用普通的橡胶管。

(4) 输送管道的布置：输送管道的合理布置是实现混凝土正常泵送的前提条件，在施工中，输送管的布置、安装不当，可能会造成输送管堵塞等后果。

水平输送管安装必须平直，管道用 V 形木支撑，水平管道的长度应不少于垂直管道长度的 15%。

垂直输送管道要用夹子固定于建筑物或脚手架上，在靠近混凝土泵机水平管道口上加装逆止阀。

当向下泵送混凝土时，如果管道的下倾角较大，混凝土可能因自重而产生自流，使管内出现空洞或因混凝土离析而发生管道堵塞，因此，在斜管下方接上总长度相当斜管落差 5 倍以上的水平管，或弯管以增加斜管的下部阻力。

6.2.2 *混凝土的泵送施工方法*

1) 泵送前的准备工作

为保证把运至施工现场的混凝土拌合物顺利地用混凝土泵经输送管泵运至浇筑地点，事先要做好泵送前的准备工作。

(1) 模板和支撑的检查。混凝土泵送施工浇筑速度快，混凝土拌合物对模板的侧压力大，为此，模板和支撑应有足够的强度、刚度和稳定性。

(2) 钢筋检查。检查钢筋规格、根数、位置是否正确，保护层垫块是否按要求设置，并做好隐蔽工程验收

(3) 检查混凝土泵或泵车的放置处是否坚实稳定，泵送时，振动会使混凝土泵或泵车滑动，所以应将泵或泵车垫平并固定。

(4) 检查混凝土泵和输送管道。在输送混凝土前，应对混凝土泵和输送管道进行全面检查，符合要求方能开机进行空运转。

(5) 组织方面准备。混凝土泵送施工现场，应规定统一指挥和调度的方法，保证混凝土泵送管与运输量的统一，既不间断运输，又不会使运输车积压等待时间过长。

(6) 浇筑混凝土数量的计算。对于浇筑的施工部位，提前计算出其所需的混凝土拌合物的数量。

2) 混凝土的泵送

(1) 混凝土泵或泵车启动后，应先泵送适量的水以润湿混凝土泵的料斗、混凝土缸及输送管内壁。

(2) 对混凝土泵和输送管道加入水泥浆或1∶2水泥砂浆进行润滑。水、水泥浆、水泥砂浆用量见表1-43。

水、水泥浆和水泥砂浆的用量 **表1-43**

输送管长度(m)(Φ125)	水(L)	水泥浆		水泥砂浆	
		水泥量(kg)	稠度	用量(m^3)	配合比(水泥∶砂)
<100	30			0.5	1∶2
100～200	30			1.0	1∶1
>200	30	100	粥状	1.0	1∶1

(3) 开始泵送时，混凝土泵应处于慢速、匀速并随时可泵的状态，待各方面情况正常后再转入正常泵送。

(4) 正常泵送时，泵送要连续进行，当混凝土供应不及时时，可降低泵送速度，但不能超过从搅拌到浇筑的允许连续时间，因故停泵时，料斗中应留足够的混凝土作为间隔推动管道内的混凝土用。

(5) 短时间停泵，再运转时要注意观察压力表，逐渐地过渡到正常泵送。

(6) 长时间停泵，应每隔4～5min开泵一次，使泵进行正转和反转各两个冲程，同时开动料斗中的搅拌器，使之搅拌3～4转，以防止混凝土离析。对于混凝土泵车，可将浇筑软管对准料斗，使混凝土循环。

(7) 如停泵时间超过30～45min，要视气温、坍落度而定，宜将混凝土从泵和输送管道中清除。

(8) 向下泵送时，为防止管道中产生真空，混凝土泵启动时，宜将设置在管道中的气门打开，待下游管道的混凝土有足够阻力对抗泵送压力时，方可关闭气门。

(9) 在泵送过程中，应注意料斗内混凝土量，应保持混凝土面不低于上口20cm，否则，不但吸入率低，而且易吸入空气而造成堵塞。

(10) 在混凝土拌合物泵送过程中，若需接长3m及其以上的输送管时，应预先用水、水泥浆或水泥砂浆进行湿润和润滑管道内壁。

(11) 当混凝土泵出现压力升高且不稳定，油温升高，输送管明显振动等现象而泵送困难时，不得强制泵送，应立即查明堵管原因，排除故障后方可泵送。

6.2.3 泵送混凝土梁和板的浇筑与振捣

(1) 根据工程结构特点，平面形状和几何尺寸，混凝土供应和泵送设备能力等，预先划分好混凝土浇筑区域。

(2) 采用输送管输送混凝土时，浇筑应由远而近。由梁和板组成的肋型楼盖混凝土浇筑方向，如图1-92所示。

(3) 混凝土浇筑时，采用分层浇筑，分层振捣，每层厚度为300～400mm，且不大于振捣棒长的1.25倍，分层间隔时间不得大于2h（20℃时）。

(4) 整体现浇和梁、板应同时浇筑，浇筑方法应由一边开始用“赶浆法”，即先浇筑梁，根据梁高分层浇筑成阶梯形，当达到板底位置时再与板的混凝土一起浇筑，随着阶梯形不断延伸，梁、板混凝土浇筑连续向前进行。

（5）与板连成整体高度大于1m的梁，允许单独浇筑，其施工缝应留在板底以下20～30mm处。

（6）混凝土的振捣：新拌混凝土浇入模板后，由于骨料和砂浆之间摩擦阻力与粘结力作用，混凝土流动性很低，不能自动充满模板内各个角落，其内部是疏松状态，会有一定体积的空洞和气泡，不能达到要求的密实度，必须进行适当的振捣，促使混凝土拌合物克服阻力并逸出气泡，消除空隙，使混凝土满足设计强度等级要求和足够的密实度。

（7）梁的混凝土振捣：

① 梁的混凝土振捣一般采用插入式振动器，又叫振捣棒，如图1-89所示。

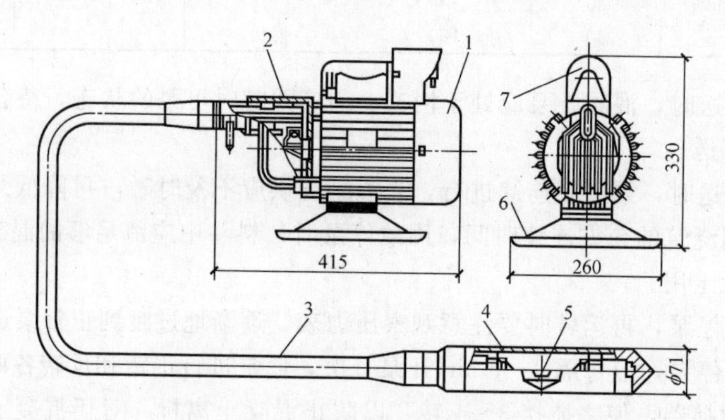

图1-89　偏心软轴插入式振动器

1—电动机；2—加速齿轮箱；3—传动软轴；4—振动棒外套；
5—偏心块；6—底板；7—手柄及开关

其工作部分是一圆棒状空心体，内部装有偏心振子，在电动机带动下高速转动而产生高频微幅振动。

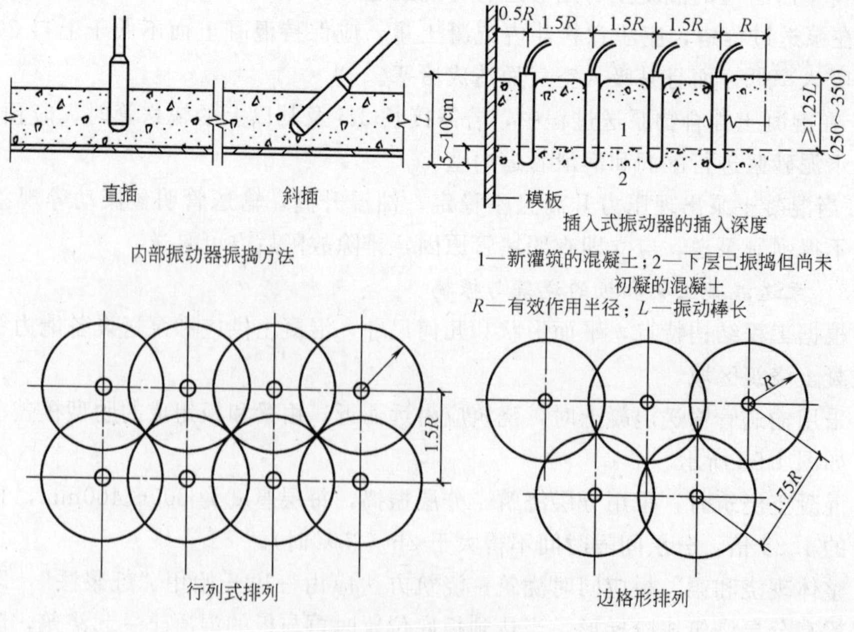

图1-90　插点排列

R—振动棒作用半径

② 振捣棒在插入混凝土时，一般使振捣棒与混凝土表面垂直，插入时要做到快插慢拔，同时振捣棒上下振动以保证振捣均匀。

③ 每一个振点的振捣延续时间以使混凝土密实为准，即振至混凝土不再沉落，气泡不再排出，表面开始泛浆并基本平坦为止，一般每点振捣时间为 20～30s。

④ 振捣棒插点要均匀排列，可采用行列式或交错式的次序移动，如图 1-90 所示。

⑤ 振捣棒振捣混凝土时不得碰撞模板和钢筋。

(8) 板的混凝土振捣：

① 板的混凝土振捣使用平板振动器，如图 1-91 所示。平板振动器又叫表面振动器，是将一个带偏心块的电动机固定在振动底板上，当电动机转动引起振动。通过底板将振动力传给混凝土。

② 使用平板振动器时，应将其放在混凝土表面，浇筑板混凝土的虚铺厚度应略大于板厚，用平板振动器垂直浇筑方向进行振捣。

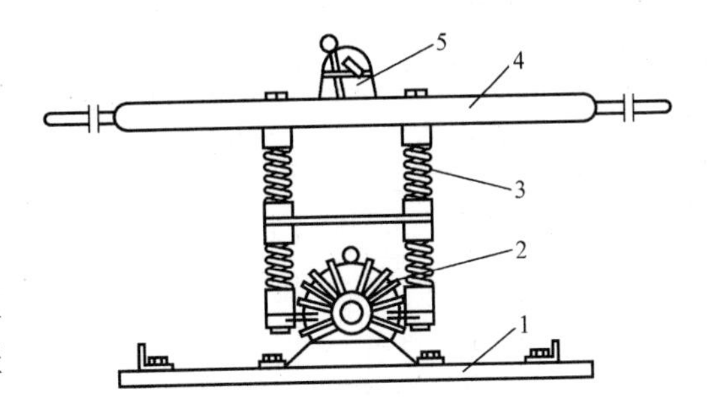

图 1-91 平板振动器

1—振动底板；2—电动振子；3—缓冲弹簧；4—手柄；5—开关

③ 平板振动器由一人或两人拉着慢慢的向前移动，移动的方向随着电动机的转动方向。

④ 平板振动器在每一位置上应连续振动一定时间，以混凝土停止下沉，表面平整均匀出现水泥浆为准，一般约为 25～40s。

⑤ 平板振动器的移动距离，应能保证振动器的底板压过已振实的混凝土边缘 30～50mm，平板振动器的作用深度约为 200mm 左右。

⑥ 振捣完毕拉标高线，用 2m 大杠刮平，待混凝土收水时，用木抹子压实，一般压三遍，将表面裂缝压合，且用 2m 靠尺检查平整。

(9) 梁和板浇筑混凝土施工缝应留置在次梁跨度的中间 1/3 范围内，如图 1-92 所示。

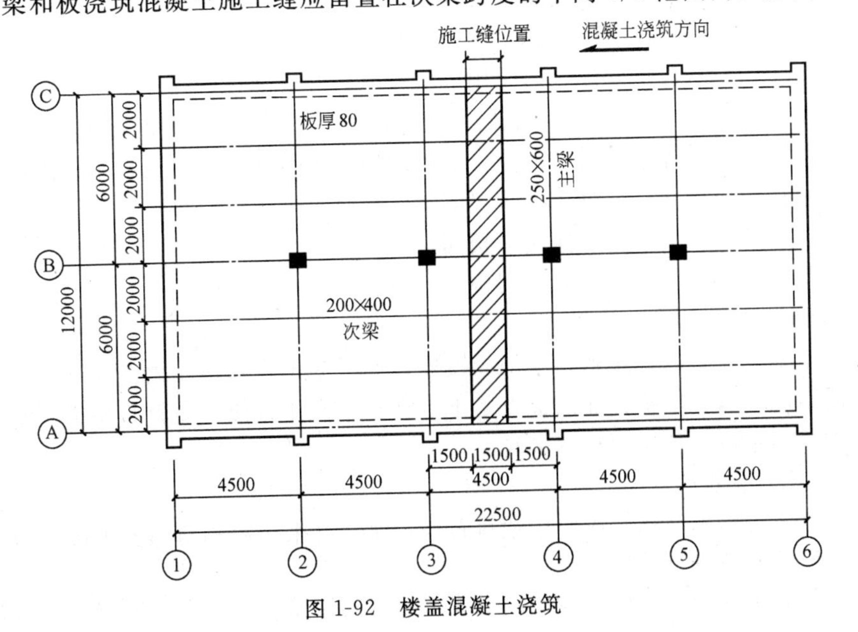

图 1-92 楼盖混凝土浇筑

施工缝的表面应与梁轴线或板面垂直，不得留斜槎。

（10）施工缝处已浇筑混凝土的抗压强度不小于 1.2MPa 时，才允许继续接槎浇筑，混凝土达到 1.2N/mm² 所需时间见表 1-44。接槎处应清除浮浆和石子，浇水湿润，刷水泥浆或混凝土界面处理剂后，再浇筑混凝土。

普通混凝土达到 1.2N/mm² 强度所需龄期参考表 **表 1-44**

外界温度	水泥品种及强度等级	混凝土强度等级	期限(h)	外界温度	水泥品种及强度等级	混凝土强度等级	期限(h)
1～5℃	普通 32.5	C15	48	10～15℃	普通 32.5	C15	24
		C20	44			C20	20
	矿渣 32.5	C15	60		矿渣 32.5	C15	32
		C20	50			C20	24
5～10℃	普通 32.5	C15	32	15℃以上	普通 32.5	C15	20 以下
		C20	28			C20	20 以下
	矿渣 32.5	C15	40		矿渣 32.5	C15	20
		C20	32			C20	20

注：1. 水泥采用峨眉水泥厂生产普通水泥 32.5 级，琉璃河水泥厂生产矿渣水泥 32.5 级；

2. 砂石采用北京八宝山河砂、中砂和 0.5～2.0cm 卵碎石；

3. 水灰比，采用普通水泥为 0.65～0.8，采用矿渣水泥为 0.56～0.68。

6.2.4 梁和板混凝土的养护

混凝土浇筑后，所以能够逐渐凝结硬化，主要是因为水泥水化作用的结果，而水泥水化作用需要适当的湿度和温度。另外，在混凝土尚未具备足够的强度时，其中水分过早地蒸发还会产生较大的收缩变形，出现干缩裂缝。为保证已浇筑好的混凝土在规定的龄期内达到设计要求的强度，并防止收缩裂缝，必须认真做好养护。

1）覆盖浇水养护

当日平均气温高于 5℃时，用吸水保湿能力较强的材料，例如草帘、麻袋等，将混凝土覆盖，经常洒水，保持湿润，使混凝土在一定时间内保护水泥水化作用所需要的适当湿度和温度条件，覆盖浇水养护应符合下列规定：

（1）应在浇筑完毕后的 12h 以内对混凝土加以覆盖和浇水。

（2）混凝土的浇水养护时间，对采用硅酸盐水泥、普通硅酸盐水泥或矿渣硅酸盐水泥拌制的混凝土，不得少于 7d，对掺用缓凝型外加剂或有抗渗要求的混凝土不得小于 14d。

（3）当采用其他品种水泥时，混凝土的养护应根据所采用的水泥技术性能确定。

（4）浇水次数以能保持混凝土处于湿润状态为宜。

（5）混凝土的养护用水应与拌制水相同。

（6）当日平均气温低于 5°时，不得浇水。

2）薄膜布养护

在混凝土浇筑完毕后，用塑料布加以覆盖，使混凝土全部表面覆盖严密，并应保持塑料布内有凝结水，这种养护方法的优点是不必浇水，操作方便，塑料布能重复使用，能提高混凝土的早期强度，加速模板的周转。

3）薄膜养生液养护

对于混凝土表面不便浇水或使用塑料布养护时，可采用涂刷薄膜养生液，防止混凝土内部水分蒸发的方法进行养护。

喷洒薄膜养生液养护适用于不易洒水养护的高耸构筑物和大面积混凝土结构及缺水地

区。它是将养生液用喷枪喷洒在混凝土表面上，溶液挥发后在混凝土表面形成一层塑料薄膜，使混凝土与空气隔绝，阻止水分的蒸发，以保证混凝土水化作用的正常进行。

混凝土必须养护强度达到 $1.2N/mm^2$ 以上，才准在上面行人和架设支架，安装模板，但不得冲击混凝土。

6.2.5 混凝土在浇筑振捣养护施工中的质量缺陷

混凝土在施工中由于操作方法不当容易引起以下的外观质量缺陷，这些质量缺陷直接影响建筑物的使用年限。其质量问题、问题分析、防治措施见表1-45。

混凝土施工应注意的问题　　表1-45

序号	质量问题	问题分析	防治措施
1	墙、柱体烂根、蜂窝	原因是混凝土一次下料过厚，振捣不实或漏振，模板有缝隙使水泥浆流失，钢筋较密而混凝土坍落度过小或石子过大，柱、墙根部模板有缝隙，以致混凝土中的砂浆从下部漏出而造成	墙体烂根：混凝土楼板浇筑后要严格找平，在距墙皮线外3～5mm处贴20mm厚海绵条，保证模板下口严密。墙体混凝土浇筑前，先均匀浇筑50～100mm厚与墙体混凝土成分相同的水泥砂浆。混凝土坍落度要严格控制，防止混凝土离析，底部振捣应认真操作
2	麻面	拆模过早或模板表面漏刷隔离剂或模板未经清理就刷脱模剂或模板润湿不够，造成麻面脱皮	蜂窝、麻面：模板支设前应先将表面清理干净，均匀涂刷脱模剂，模板要密封不漏浆，控制好混凝土振捣时间，既不能过振，也不得欠振，并按规定拆模
3	孔洞	原因是钢筋较密的部位混凝土被卡，未经振捣就继续浇筑上层混凝土	在钢筋较密部位要加强振捣
4	缝隙与夹渣层	施工缝处杂物清理不净或未浇底浆等原因，易造成缝隙、夹渣层	混凝土浇筑前用气泵或水枪清理模板干净，浇筑，浇底浆后再进行混凝土施工
5	现浇楼梯面和楼梯踏步上表面平整度偏差太大	主要原因是混凝土浇筑后，表面不用抹子认真抹平。冬期施工在覆盖保温层时，上人过早或未垫板进行操作	混凝土浇筑后表面应用抹子抹平，制定合理的成品保护措施
6	墙上裂缝	由于混凝土不作初凝规定，不作混凝土初凝试验，浇筑又不分层均匀施工，造成混凝土过初凝时还未接槎，过初凝而不按施工缝处理，又继续浇混凝土，使已初凝（或终凝）形成结构，但强度太低的混凝土重新振散，再次凝固。此部分混凝土后期强度再也上不来。（但标养、同条件试块均合格）而墙上若取芯做试验，肯定不合格	已浇筑的混凝土，其抗压强度不小于 $1.2N/mm^2$(MPa)方可安装模板及支架或浇筑混凝土，在已硬化的混凝土表面，应将水泥浮浆和松动的石子等软弱混凝土清除干净，并加水湿润和冲洗干净，且不得积水，在浇筑混凝土前，宜先在施工缝处铺一层水泥浆或与混凝土内成分相同的水泥砂浆，灌筑后将混凝土细致捣实，使新旧混凝土紧密粘结
7	后浇带混凝土接槎处裂缝、渗水	一般的设计于底板、墙板、楼板或大体积混凝土、超长混凝土结构等，考虑到混凝土的收缩或结构沉降等因素，需留置混凝土后浇带，并要求在某一特定条件下浇筑混凝土后浇带。如过早地浇筑后浇带，其混凝土变形或结构沉降没有达到设计要求，容易造成后浇带混凝土接槎处裂缝、渗水	严格执行设计单位规定的关于后浇带浇筑的有关要求
8	混凝土表面收缩裂缝	(1)混凝土表面失水，形成表面收缩裂缝，混凝土表面散热较快，内部散热慢，形成较大的内外温差，易产生温差裂缝，严重的会产生贯穿裂缝，尤其会发生在薄板结构上 (2)混凝土经振捣后，表面将有浮浆和泌水，若不作处理，将形成表面收缩裂缝，混凝土表面浮浆导致混凝土表面强度降低	混凝土浇筑在终凝后应对混凝土表面作保温、保湿养护，可采用浇水和(或)覆盖薄膜、草包的方法，浇水次数应能保持混凝土处于润湿状态，养护时间不少于7d。对大体积混凝土的养护，应根据气候条件采取控温措施，并按需要测定浇筑后的混凝土表面和内部温度，将温差控制在设计要求的范围内，当设计无具体要求时，温差不超过25℃ 混凝土振捣后表面做好“三压三平”。首先按面标高用拍板压实，用长刮尺刮平；其次初凝前用铁滚筒数遍碾压、滚平；最后终凝前，用木抹打磨压实、整平，防止混凝土出现收水裂缝 混凝土配制时应改善混凝土的性能，使混凝土具有良好的黏聚性及保水性，减少混凝土的浮浆和泌水

续表

序号	质量问题	问 题 分 析	防 治 措 施
9	楼板开裂	由于混凝土楼板已超100%强度，拆模后楼板上随意堆料，大大超过楼板允许使用荷载，造成楼板严重开裂	楼板的模板及支架应在楼板混凝土强度符合设计要求后拆除，因混凝土早期强度较低，模板上严禁堆载
10	混凝土试块破坏	由于试块脱模剂涂刷不匀或试块脱模时间过迟，造成脱模困难，这时如敲打混凝土试块模具后会导致试块边楞角损坏或产生混凝土裂缝，这样的试块失去了试验的代表性	试模的隔离剂应涂刷均匀，试块成型后24h拆模，严禁敲打

实训课题　实训练习和应知内容

一、实训练习

（1）以本教材配制的施工图为例，读懂钢筋混凝土框架结构的梁、板、楼梯、阳台、雨篷等配筋施工图。

（2）在读懂配筋图的前提下，进行梁、板、楼梯、阳台、雨篷的配料计算，编写配料单。

（3）以施工图的梁、板等配筋图为依据，按比例缩小，制作梁、板配筋模型。

（4）按配料单对钢筋进行调直、切断、弯制、绑扎安装练习。

（5）对梁、板进行模板设计，画出梁、板的模板图。

（6）缩小比例，制作梁、板模板的模型。

（7）编制梁、板、楼梯等混凝土施工方案。

二、应知内容

（1）什么叫简支梁、悬臂梁、连续梁？它们各自受力有什么特点？

（2）梁的破坏形式有哪几种？

（3）纵向受力钢筋、弯起筋、箍筋、架立筋、腰筋各自在梁中起什么作用？

（4）什么叫钢筋锚固长度？这种概念在施工中有什么作用？

（5）什么叫单向板、双向板？它们各自受力有什么特点？

（6）板的配筋有哪几种形式？它们各自是由哪几种钢筋组成？

（7）怎样进行钢筋验收？

（8）施工现场怎样堆放和管理钢筋？

（9）钢筋锈蚀分为哪几类？怎样处理？

（10）钢筋调直有哪些方法？简述钢筋调直的操作要求？

（11）怎样操作钢筋切断机？

（12）怎样确定箍筋、弯起筋的弯制顺序？

（13）各种钢筋弯曲直径是多少？

（14）怎样操作钢筋弯曲机？

（15）钢筋绑扎安装前要做哪些准备工作？

（16）一面顺扣操作要求和注意事项是什么？

（17）怎样进行梁、板等钢筋绑扎？

(18) 模板的基本要求是什么?
(19) 组合钢模板由哪几种模板组成? 主要有哪几种配件?
(20) 竹、木胶合板模板有什么优点?
(21) 怎样支梁、板模板?
(22) 梁、板的模板拆除顺序和方法是什么?
(23) 怎样验收商品混凝土?
(24) 对商品混凝土运输有什么要求?
(25) 怎样布置混凝土输送管道?
(26) 混凝土泵送前应做哪些准备工作?
(27) 怎样泵送混凝土?
(28) 梁、板的混凝土怎样进行振捣?
(29) 梁、板的混凝土怎样进行养护?

单元2　钢筋混凝土受压构件

知 识 点：钢筋混凝土受压构件构造要求、施工图识读、施工方法、质量要求。

教学目标：通过学习使学生能够陈述钢筋混凝土受压构件的受力原理和构造要求，能够独立识读其施工图，陈述其施工工艺流程，操作方法和应达到的施工质量的标准，并能进行施工操作。

课题1　钢筋混凝土受压构件构造要求

钢筋混凝土受压构件主要包括钢筋混凝土柱和墙，这些受压构件，在主体结构中，不但受到荷载及结构自身重力等竖向力的作用，而且在风载和地震作用下受到水平力的作用。因此，在主体结构施工中，只有理解结构的设计意图，才能按设计要求完成主体结构的施工。

1.1　钢筋混凝土柱

1.1.1　钢筋混凝土柱的分类和破坏状态

1）钢筋混凝土柱的分类

钢筋混凝土柱按轴向力与柱截面形心相互位置不同，可分为轴心受压柱和偏心受压柱。如图2-1所示。

2）钢筋混凝土柱破坏状态

（1）轴心受压柱破坏。轴心受压柱是荷载作用力作用在柱截面的形心位置，轴心受压柱在外力作用下，达到破坏值时，其钢筋首先达到抗压屈服强度，而后混凝土达到极限抗压强度，此时混凝土产生纵向裂缝，保护层剥落，箍筋间纵向钢筋发生压弯，向外凸出，混凝土被压碎而破坏。如图2-2所示。

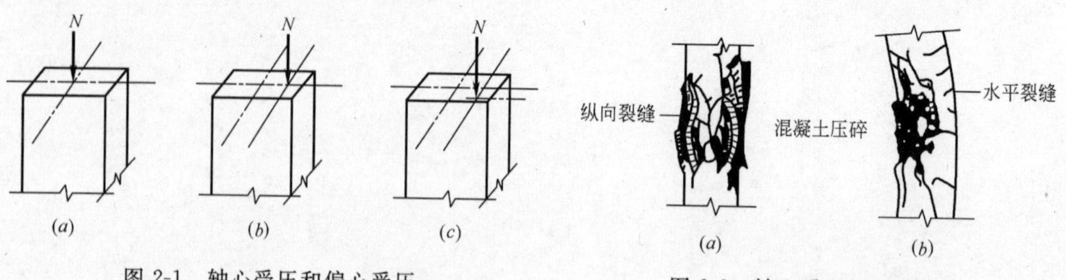

图2-1　轴心受压和偏心受压

（a）轴心；（b）偏心；（c）双向偏心

图2-2　轴心受压柱破坏形态

（a）短柱；（b）长柱

破坏时，钢筋和混凝土的抗压强度都得到了充分利用，当配有高强度钢筋时，在混凝土强度达到极限应力而破坏时，钢筋达不到屈服强度，其值约400N/mm²，所以采用高强度钢筋，其强度不能充分利用。

对于长而细的柱子，由于各种偶然因素造成的初始偏心距的影响，在轴力作用下，易发生纵向弯曲。破坏时，在柱子的一侧产生竖向裂缝、混凝土被压碎，在另一侧产生水平裂缝，如图 2-2（*b*）所示，对于长细比很大的柱子，还有可能发生失稳破坏。

（2）偏心受压柱破坏。偏心受压柱就是作用力偏离柱截面的形心位置。偏心受压柱根据其偏心距的大小和钢筋的配筋率不同，有两种破坏形态。

① 大偏心受压破坏：也叫受拉破坏。当偏心距较大时，在外力作用下，使柱的一侧受拉，另一侧受压，其受拉侧钢筋配置合适时，截面受拉侧混凝土较早出现水平缝，受拉侧钢筋的应力随荷载增加发展较快，首先达到屈服强度，受压区混凝土压碎而达到破坏，这种破坏称为受拉破坏。如图 2-3（*a*）所示。

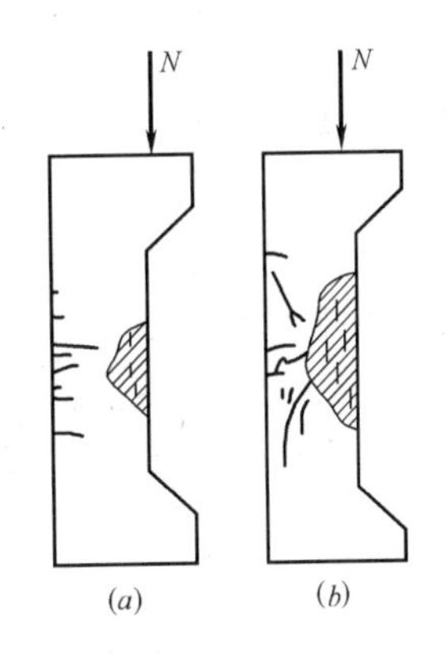

图 2-3 偏心受压
（*a*）受拉破坏；（*b*）受压破坏

② 小偏心受压破坏：又叫受压破坏。当截面相对偏心距较小，或虽然相对偏心距较大，但受拉侧纵向钢筋配量较多时，截面受压侧混凝土和钢筋的受力较大，而受拉侧钢筋应力较小，最后是由于受压侧混凝土首先压碎而破坏。这种破坏称为受压破坏，破坏时有脆性性质。如图 2-3（*b*）所示。

1.1.2 钢筋混凝土柱的构造要求

为了使钢筋混凝土柱在正常荷载作用下避免破坏，除了要进行有效计算外，还要按其构造要求进行制作，违反了构造要求，就是精确的计算也会引起柱子的破坏。

1）混凝土强度等级

混凝土强度等级对于钢筋混凝土柱的承载力影响较大，从以上钢筋混凝土受力破坏的过程可以看到，钢筋混凝土柱在受力时，只要混凝土不被压碎，柱子就不会破坏，因此，为了充分利用混凝土承压，同时柱子的截面尺寸又不能太大，所以钢筋混凝土柱应采用较高强度等级的混凝土，一般设计中常用的混凝土强度等级为 C30～C40。各种柱的编号见表 2-1。

柱 编 号 **表 2-1**

柱类型	代号	序号	柱类型	代号	序号
框架柱	KZ	XX	梁上柱	LZ	XX
框支柱	KZZ	XX	剪力墙上柱	QZ	XX

2）钢筋混凝土柱截面形式及尺寸

（1）钢筋混凝土柱截面一般采用正方形或矩形截面，有特殊要求时也采用圆形或多边形截面，装配式厂房柱则常用工字形截面。如图 2-4 所示。

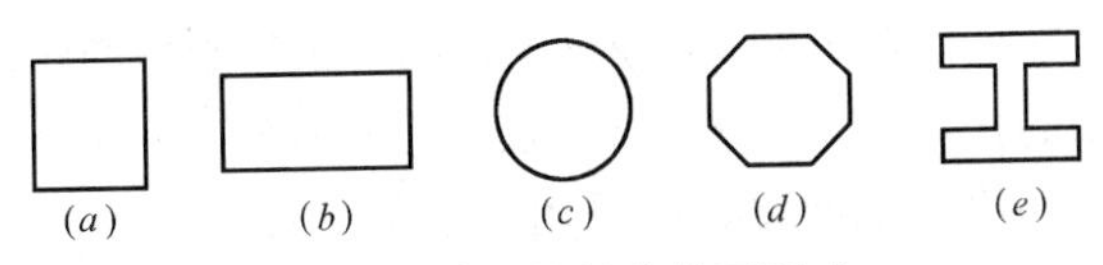

图 2-4 受压构件的截面形式

（2）柱截面尺寸一般不宜小于 250mm×250mm，长细比应控制在 $L_o/b\leqslant30$，$L_o/h\leqslant25$，$L_o/d\leqslant25$。此处，L_o 为柱的计算长度，b 为柱的短边，h 为柱的长边，d 为圆形柱的直径。

3）纵向钢筋

钢筋混凝土柱的纵向钢筋应根据计算确定，同时应符合下列规定：

（1）纵向受力钢筋通常采用 HRB335 级、HRB400 级或 RRB400 级钢筋，不宜采用高强度钢筋受压，因为构件在破坏时，钢筋应力最多只能达到 400N/mm^2。

（2）纵向受力钢筋直径 d 不宜小于 12mm，一般在 12～32mm 范围内选用。矩形截面钢筋根数不得少于 4 根，以便与箍筋形成刚性骨架，轴心受压柱中纵向受力钢筋应沿截面四周均匀配置。如图 2-5（a）所示。偏心受压柱中纵向受力钢筋应布置在离偏心压力作用平面垂直的两侧。如图 2-5（b）所示。圆形截面钢筋根数不宜少于 8 根，应沿截面周边均匀配置。如图 2-5（e）所示。

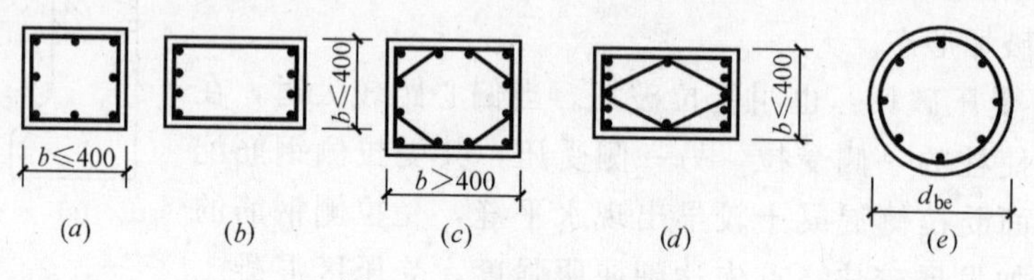

图 2-5　柱箍筋纵向钢筋

（3）钢筋混凝土柱的配筋率：$钢筋混凝土柱的配筋率=\dfrac{全部纵向钢筋截面积}{柱子截面面积}\times100\%$

钢筋混凝土柱的配筋率不宜大于 5%，轴心受压构件全部受压钢筋的配筋率也不小于 0.6%。

（4）柱内纵向钢筋的净距不应小于 50mm，轴心受压柱中各边的纵向受力筋以及偏心受压柱中垂直于弯矩作用平面的纵向受力筋中距不应大于 350mm。

4）箍筋

柱中的箍筋应符合下列规定：

（1）柱中箍筋应为封闭式，其直径不小于 $d/4$（d 为纵向钢筋的最大直径），且不应小于 6mm。

（2）柱中箍筋间距不应大于 400mm 及柱子短边尺寸，在绑扎骨架中，且不应大于 $15d$（d 为纵向钢筋的最小直径）。

（3）当柱中全部纵向受力钢筋配筋率超过 3%时，则钢筋直径不小于 8mm，其间距不应大于 $10d$（d 为纵向钢筋的最小直径），且不应大于 200mm，箍筋末端应做成 135°弯钩，且弯钩末端平直段长度不应小于箍筋直径的 10 倍，箍筋也可焊成封闭环式。

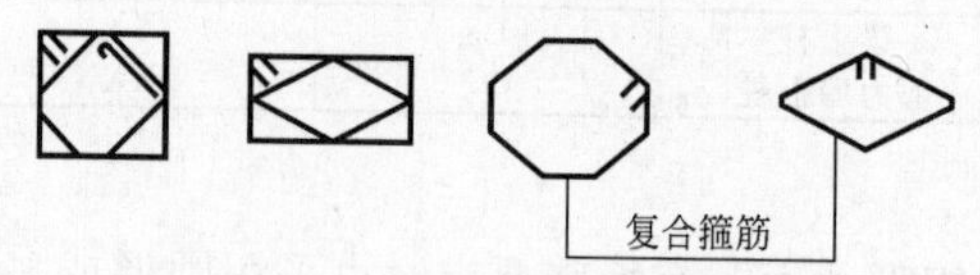

图 2-6　柱中箍筋的构造要求

（4）当柱截面短边尺寸大于 400mm，且各边纵向钢筋多于 3 根时，或当柱截面短边不大于 400mm，但各边纵向钢筋多于 4 根时，应设置复合箍筋，其布置要求是使纵向钢筋至少每隔一根位于箍筋转角处。如图 2-6 所示。

（5）截面形状复杂的柱，不允许采用有内折角的箍筋，因为折角箍筋受力后有拉直趋势，其合力将使内折角处混凝土崩裂，应采用叠复箍筋形式。如图 2-7 所示。

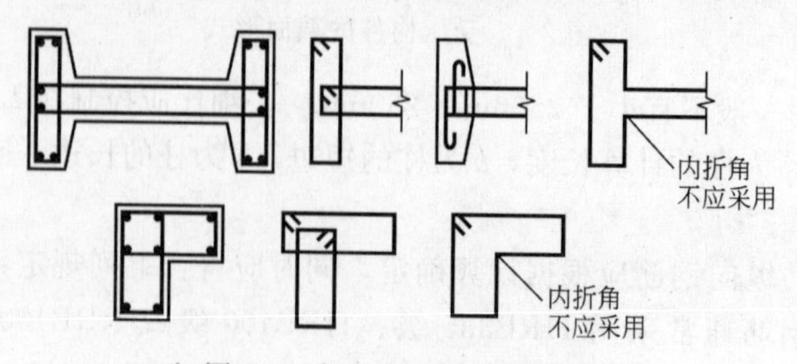

图 2-7　复杂截面的箍筋形式

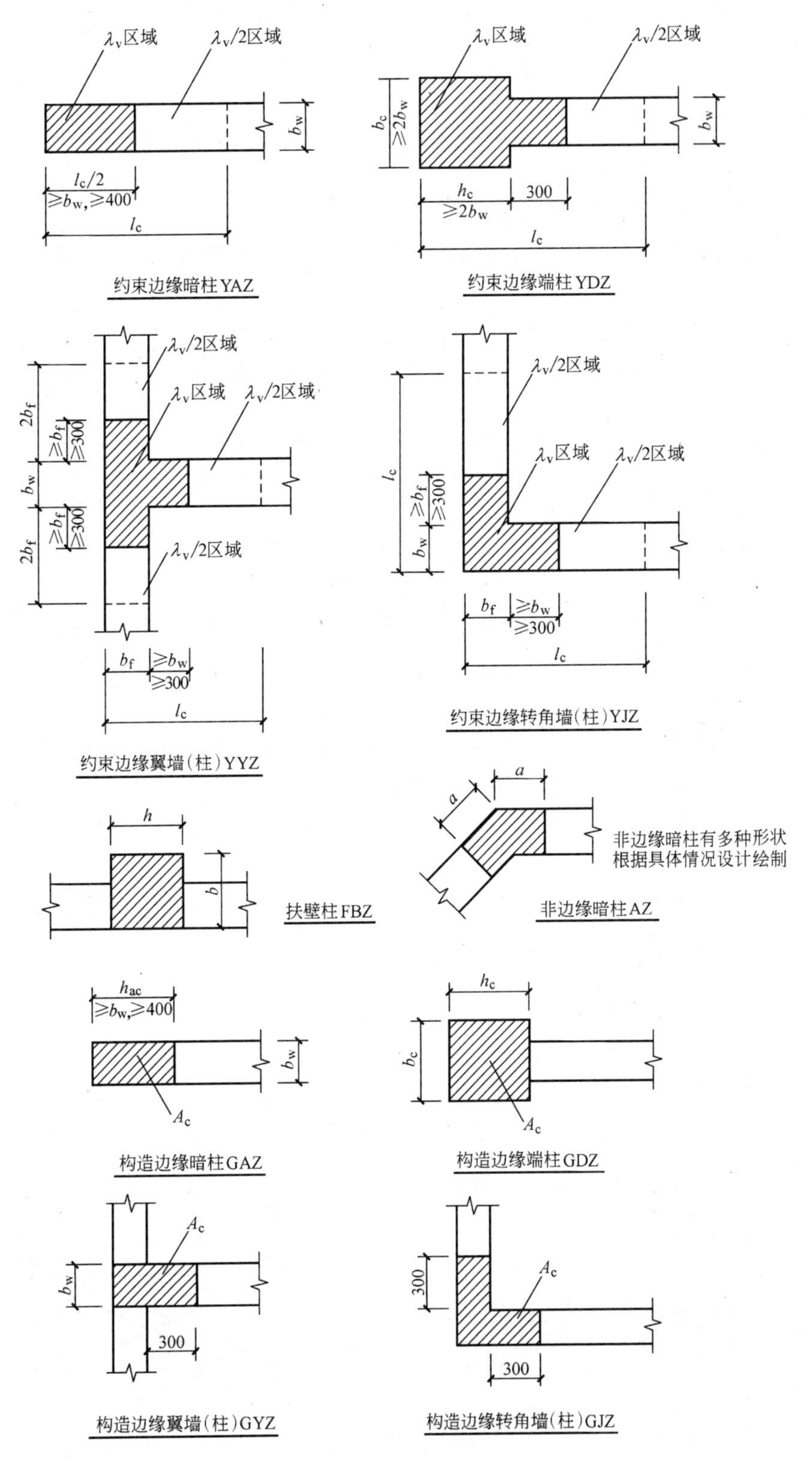

图 2-8　墙柱构造要求

注：图中 λ_v 为墙柱配制箍筋的特征值。

(6) 柱内纵向钢筋搭接长度范围的箍筋应加密，加密间距一般为100mm。

1.2 钢筋混凝土墙

钢筋混凝土墙在主体结构中不单纯承受压力，同时又承受由于水平荷载产生的剪力，因此，钢筋混凝土墙又叫剪力墙。

1.2.1 钢筋混凝土剪力墙的分类

钢筋混凝土剪力墙根据其作用不同，分为剪力墙柱、剪力墙、剪力墙梁。

1) 剪力墙柱

剪力墙柱由钢筋混凝土墙与钢筋混凝土柱的结合在一起形成。

(1) 墙柱编号，由墙柱类型代号和序号组成，表达形式应符合表2-2的规定。

墙柱编号 表2-2

墙柱类型	代号	序号	墙柱类型	代号	序号
约束边缘暗柱	YAZ	XX	构造边缘暗柱	GAZ	XX
约束边缘端柱	YDZ	XX	构造边缘翼墙(柱)	GYZ	XX
约束边缘翼墙(柱)	YYZ	XX	构造边缘转角墙(柱)	GJZ	XX
约束边缘转角墙(柱)	YJZ	XX	非边缘暗柱	AZ	XX
构造边缘端柱	GDZ	XX	扶壁柱	FBZ	XX

(2) 各类墙柱的截面形状与几何尺寸如图2-8所示。

2) 剪力墙

剪力墙编号由墙身代号、序号以及墙身所配置的水平与竖向分布钢筋的排数组成。其中，排数注写在括号内。表达形式为Qxx（x排）

例如：Q1（2排）此代号表示1号钢筋混凝土墙，2排钢筋

3) 墙梁

墙梁是钢筋混凝土墙与钢筋混凝土梁组合在一起。墙梁编号由墙梁类型代号和序号组成，表达形式应符合表2-3的规定。

墙梁编号 表2-3

墙梁类型	代号	序号	墙梁类型	代号	序号
连梁	LL	XX	暗梁	AL	XX
连梁(有交叉搭接)	LL(JC)	XX	边距梁	BKL	XX
连梁(有交叉钢筋)	LL(JG)	XX			

墙梁钢筋布置如图2-9、图2-10所示。

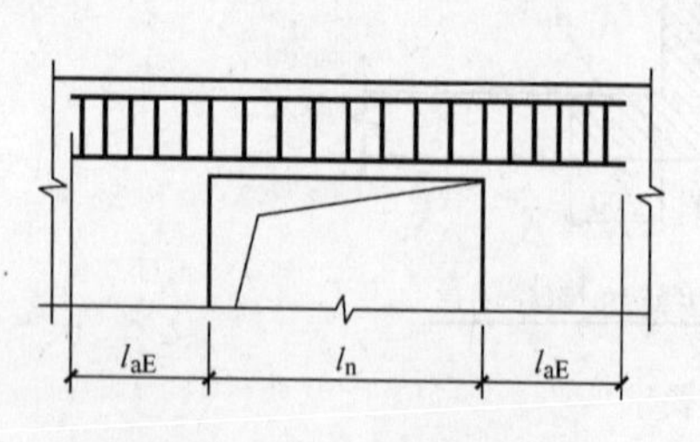

图2-9 顶层连系梁箍筋位置

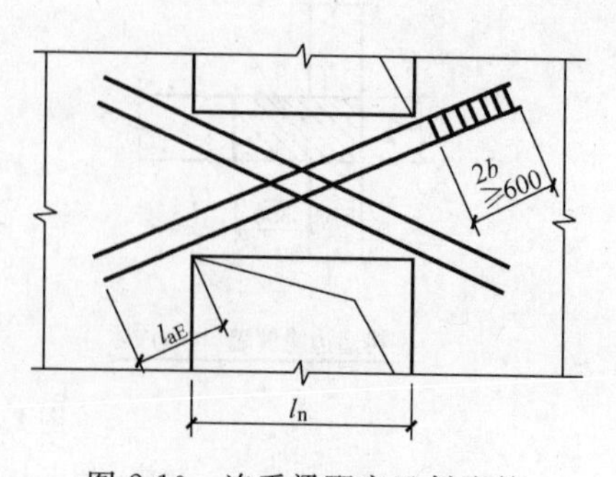

图2-10 连系梁配交叉斜腹筋

1.2.2 钢筋混凝土剪力墙构造要求

1）混凝土强度等级

剪力墙的混凝土强度等级不宜低于C20。

2）剪力墙厚度

剪力墙的最小厚度要求见表2-4。

剪力墙最小厚度要求 表2-4

序号	抗震等级	剪力墙的最小厚度(取大值)	
		一般部位	底部加强部位
1	一、二级	$\geqslant 160mm, \geqslant \frac{H}{20}$	$\geqslant 200mm, \geqslant \frac{H}{16}$
2	三、四级	$\geqslant 140mm, \geqslant \frac{H}{25}$	

注：1. H 为楼层高度；

2. 当底部加强部位为端柱或翼墙时，墙厚不小于净高的1/10。

3）剪力墙的配筋要求

(1) 一般配置原则：为了施工方便，一般是把竖向钢筋配置在墙的内侧，水平钢筋配置在墙的外侧。如图2-11所示。

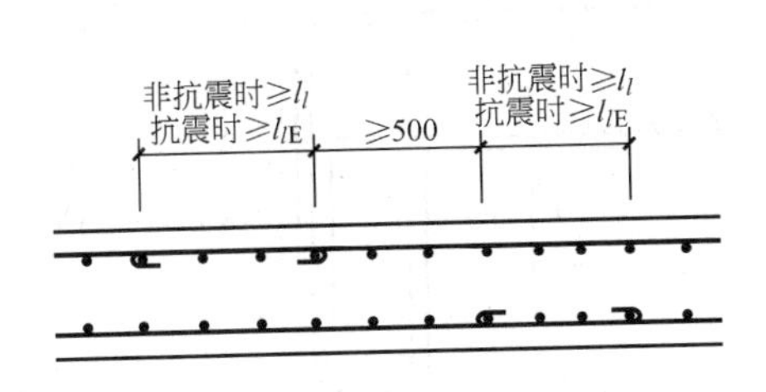

图2-11 水平分布筋的搭接

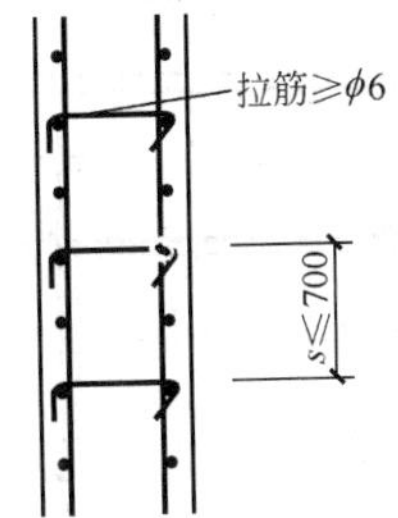

图2-12 剪力墙拉筋的设置

(2) 双排钢筋应沿墙的两个侧面布置，水平及竖向分布钢筋的直径不应小于8mm，也不宜大于墙厚的1/10，间距不应大于300mm，且应于双排钢筋之间采用拉筋连系，拉筋直径不小于6mm，间距不应大于600mm，并每平方米内不小于2根，拉筋应与外皮水平钢筋勾牢。如图2-12所示。

(3) 配筋率：一、二、三级抗震等级的剪力墙的水平和竖向分布配筋率均不应小于0.25%，四级抗震等级剪力墙不应小于0.20%。

(4) 一级剪力墙各部位，二级抗震等级剪力墙加强部位，每排竖向分布钢筋的接头位置应错开，错开距离不小于500mm，每次接头总数不超过竖筋总数的一半。如图2-13所示。接头搭接长度应符合 l_{lE} 的要求。

内外水平分布筋的接头位置应错开不少于500mm的距离。如图2-14所示。

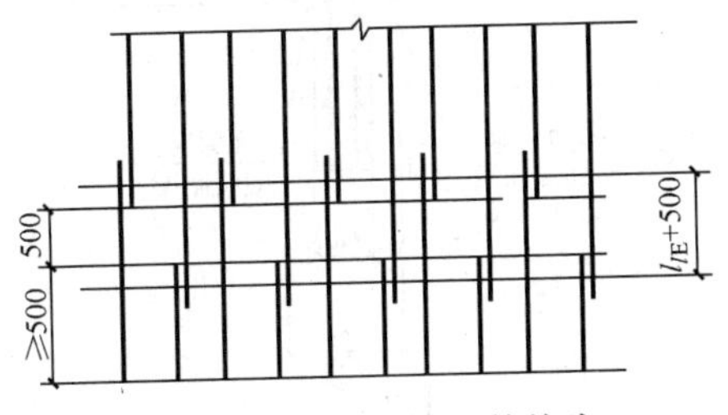

图2-13 竖向分布钢筋接头

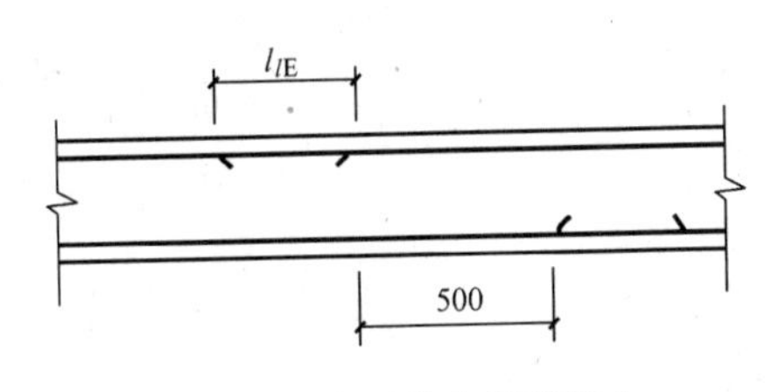

图2-14 水平分布钢筋接头

（5）钢筋混凝土剪力墙端部的锚固：

当剪力墙端部无暗柱时，墙内的水平分布筋应伸到墙端并向内弯折 15d（d 为钢筋直径）后截断。如图 2-15（a）所示。

当墙厚度较小时，亦可采用在墙端附近搭接的方法。如图 2-15（b）所示。

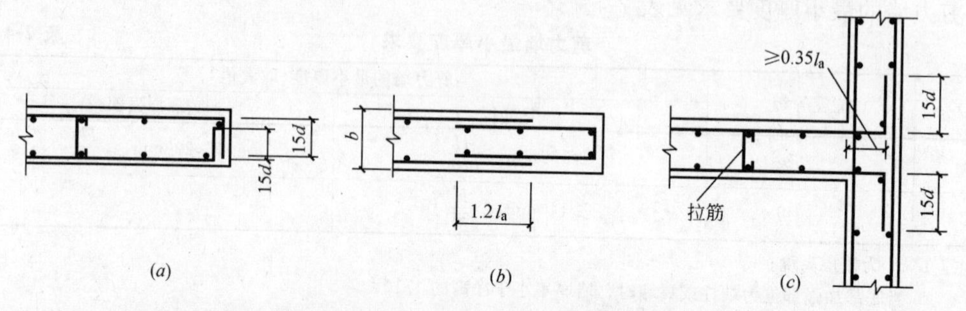

图 2-15　剪力墙端部水平分布钢筋的锚固

（a）无暗柱时的锚固；（b）无暗柱时的搭接；（c）有暗柱时的锚固（≥0.35l_a 仅用于底部加强区）

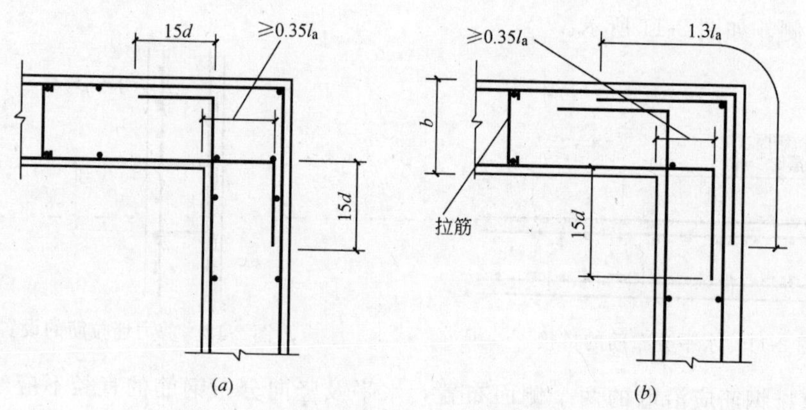

图 2-16　剪力墙转角处水平分布钢筋的配筋构造

（a）外侧水平钢筋连续通过转角；（b）外侧水平钢筋设搭接接头

注：图中≥0.35l_a 仅用于重要部位。

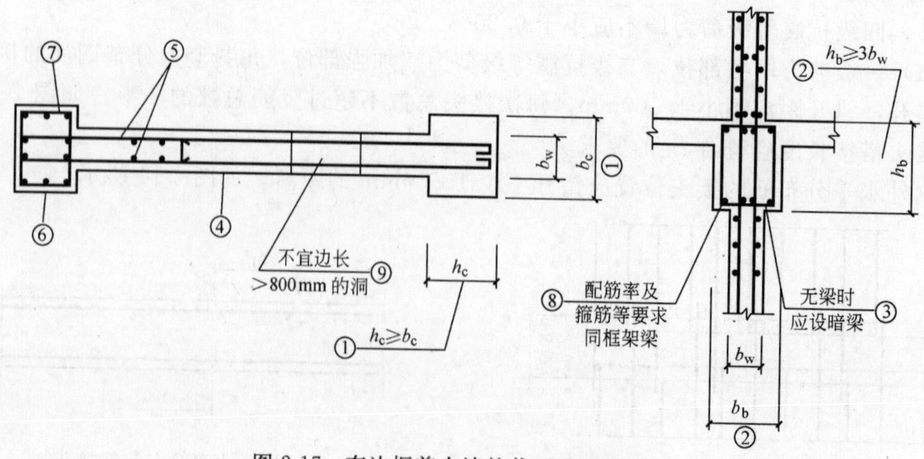

图 2-17　有边框剪力墙的截面及配筋要求

当端部设有翼墙时，水平分布钢筋应伸至翼墙外边并向两侧水平弯折，弯折后的长度为 15d（d 为钢筋直径）。如图 2-15（c）所示。

在房屋角部，沿剪力墙外侧的水平分布筋宜沿外墙边连续弯入翼墙内。如图 2-16 所示。

当需要在纵墙转角处设置搭接接头时，沿外墙边的水平分布钢筋的搭接长度不应小于 $1.3l_a$（l_a 为钢筋锚固长度）。如图 2-16（a）所示。沿墙内的水平分布筋的锚固要求与图 2-16（b）所示的墙体 T 形水平接头相同。

带边框的现浇剪力墙，水平及竖向分布筋应分别贯穿柱、梁，可靠地锚固在柱、梁内。如图 2-17 所示。

课题 2　混凝土受压构件施工图识读

混凝土受压构件柱和墙的施工图识读是在掌握了柱和墙的基本构造要求和施工图上的符号、代号所表示的内容等基础上进行。

2.1　混凝土柱施工图的识读

混凝土柱施工图是按柱平法施工图绘制规则进行绘制。柱平法施工图分为列表注写法和截面注写法，图 2-18、图 2-20 所示。

2.1.1　柱平法施工图列表注写方式

柱的列表注写方式，是在柱平面布置图上列出各种柱规范的截面形式，平面布置图上的各种柱根据列出的表的要求选择截面形式和尺寸。同时在柱表中注写柱号，各层柱段的起止标高，配筋的具体数值。

1）柱的编号表示

柱编号是根据柱的类型由字的汉语拼音字母的字头表示。如框架柱的代号 KZ。同类柱不同的截面和配筋时，加序号进行区别，如 KZ1、KZ2 等。

2）柱的标高表示方法

如图 2-18 所示，柱的标高在图的左侧表中表示了各楼层的标高和层高，在图的下侧表中表示了各标高的柱子配筋和截面尺寸的选择。当查看各层柱子的配筋时，要将左侧的表与下侧的表对照进行查找。当同一位置的柱子截面或配筋变化时，图的下侧就会出现与其标高对应的一种柱子截面和配筋表。如图 2-18 是表示 KZ1 隔层标注的截面尺寸和纵向钢筋分布的情况。

3）柱的截面尺寸表示方法

柱的上下两条边的长度用 b 表示，柱的左右两边的长度用 h 表示。为了区分各边与轴线的关系，柱的上下两条边的长度 $b=b_1+b_2$，b_1 是柱的左边缘到轴心的距离，b_2 是柱的右边缘到轴线的距离。柱的左右两条边的长度 $h=h_1+h_2$，h_1 是柱的上边缘到轴线的距离，h_2 是柱的下边缘到轴线的距离。如图 2-18 所示。KZ1 在－0.030～19.470 的标高位置中柱的截面尺寸是 750mm×700mm，柱的左右边缘距轴线都是 375mm。轴线处于 b 边的中间，柱的上边缘距轴线 150mm，柱的下边缘距轴线 550mm，轴线处于 h 边是偏心轴，柱子的截面和配筋分别在第 6 层（19.470m）和第 11 层（37.470m）发生改变。

4）柱子的纵向筋表示方法

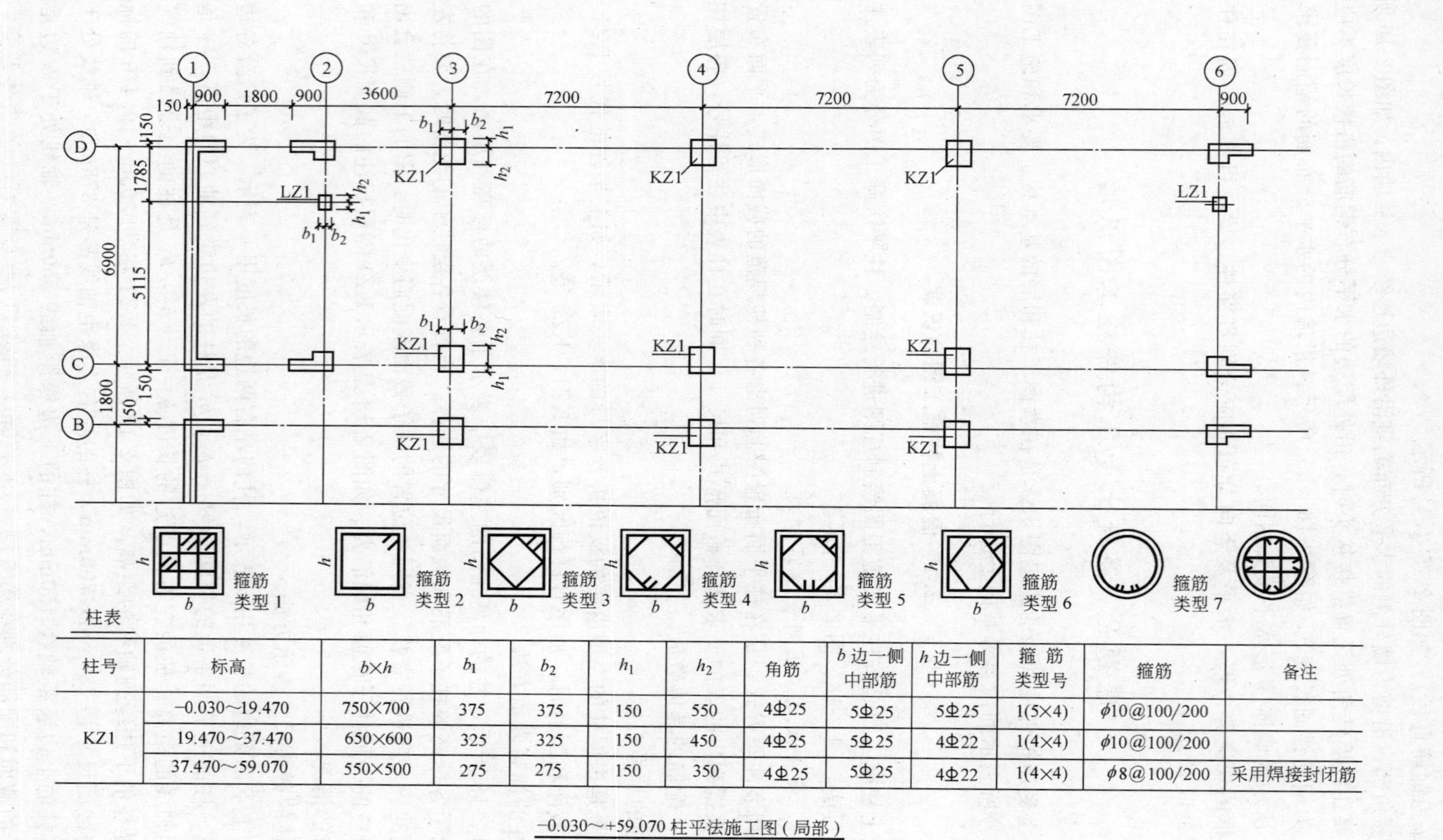

柱号	标高	$b\times h$	b_1	b_2	h_1	h_2	角筋	b 边一侧中部筋	h 边一侧中部筋	箍筋类型号	箍筋	备注
KZ1	−0.030～19.470	750×700	375	375	150	550	4Φ25	5Φ25	5Φ25	1(5×4)	φ10@100/200	
	19.470～37.470	650×600	325	325	150	450	4Φ25	5Φ25	4Φ22	1(4×4)	φ10@100/200	
	37.470～59.070	550×500	275	275	150	350	4Φ25	5Φ25	4Φ22	1(4×4)	φ8@100/200	采用焊接封闭筋

−0.030～+59.070 柱平法施工图（局部）

图 2-18 柱平法施工图列表注写方式示例

柱子的纵向筋分别用角筋即柱子四个角的钢筋、上边的截面 b 边中部配筋和左边 h 边的中部配筋进行表示。对称配筋的矩形截面柱，两个 b 边和两个 h 边相等时，只注写一侧的中部配筋。如图 2-18 所示。

KZ1b 边一侧中部配筋各自是 5Φ25，两边采用 10Φ25。当采用圆柱时，表中角第一栏注写圆柱全部纵筋。

5）柱子箍筋的表示方法

箍筋有各种的组成方式，根据结构施工图的设计要求，进行配料，各种矩形箍筋组成方式如图 2-19 所示。

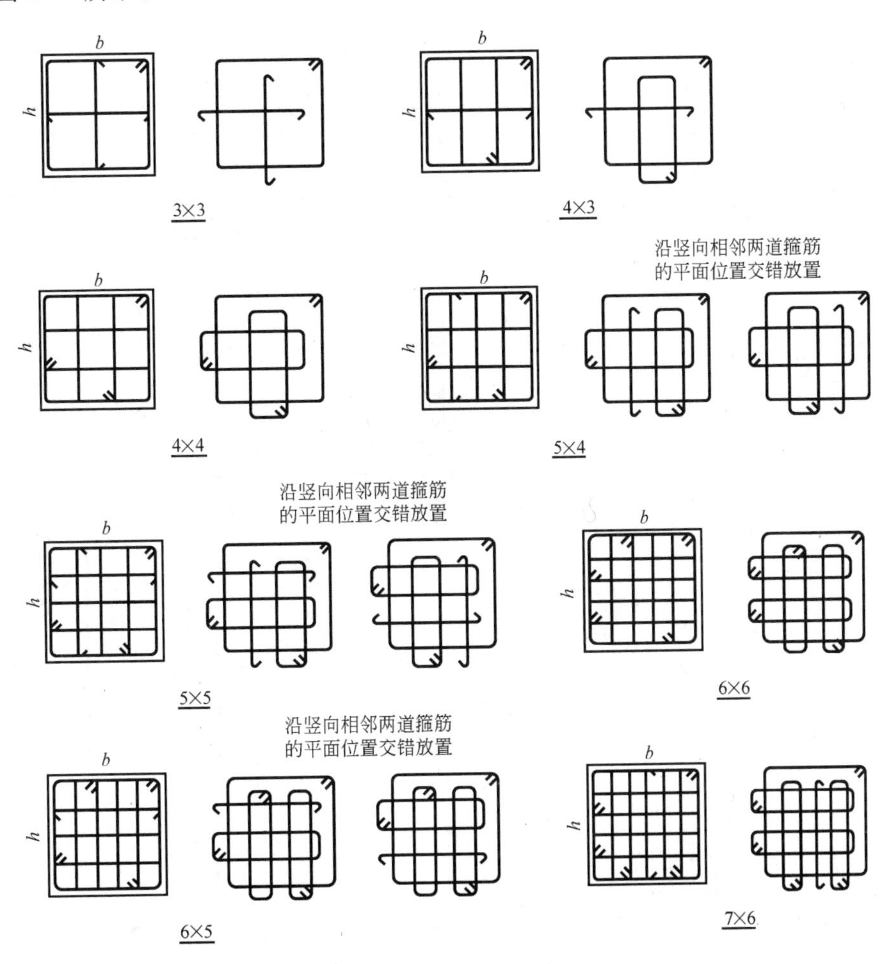

图 2-19 矩形箍筋复合方式

2.1.2 柱的截面注写方式

（1）截面注写方式，系在分标准层绘制的柱平面布置图的柱截面上，分别在同一编号的柱中选择一个截面，以直接注写截面尺寸和配筋具体数值的方式来表达柱平法施工图。如图 2-20 所示。

（2）在各配筋图上注写截面尺寸 $b\times h$，角筋或全部纵筋，箍筋的具体数值，以及在柱截面配筋图上标注柱截面与轴线关系，即 b、b_2、h_1、h_2 的具体数值。

（3）当纵筋采用两种直径时，须再注写截面各边中部筋的具体数值。

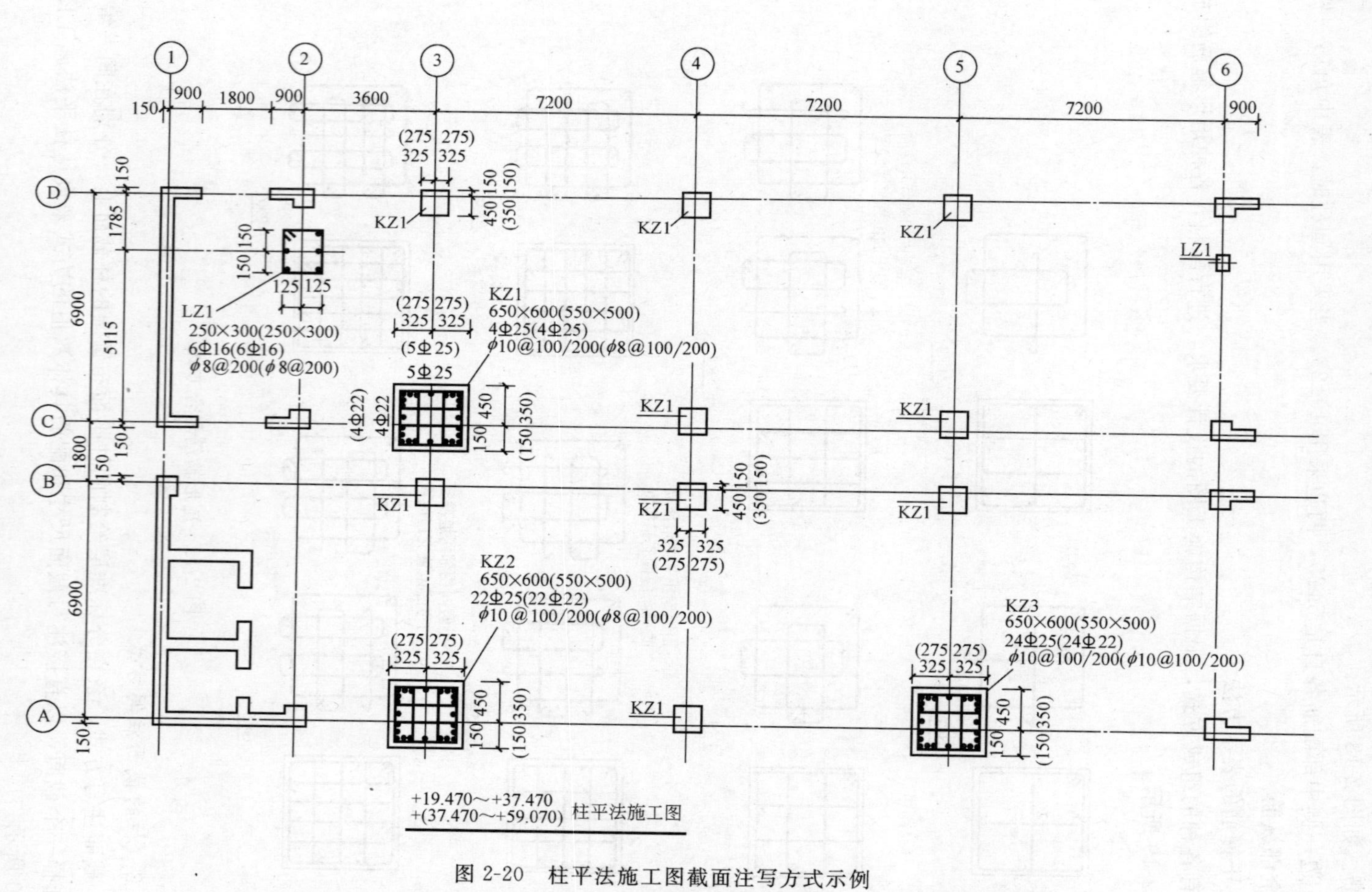

图 2-20　柱平法施工图截面注写方式示例

注：KZ3 标高+19.470 至+59.070 以及 KZ1 和 KZ2 标高+37.470 至+59.070 均采用焊接封闭箍。

2.1.3 注写柱箍筋

包括钢筋级别、直径与间距，当为抗震设计时，用斜线“/”区分柱端箍筋加密区与柱身非加密区长度范围箍筋的不同问题，如图 2-18 所示。ϕ10@100/200 即为钢筋是Ⅰ级，直径为 10mm。加密区箍筋间距为 100mm，非加密区箍筋间距为 200mm。抗震地区柱箍筋加密区如图 2-21 所示。非抗震地区箍筋加密区如图 2-22 所示。图 2-21 中 H_n 为所在楼层的柱净高。

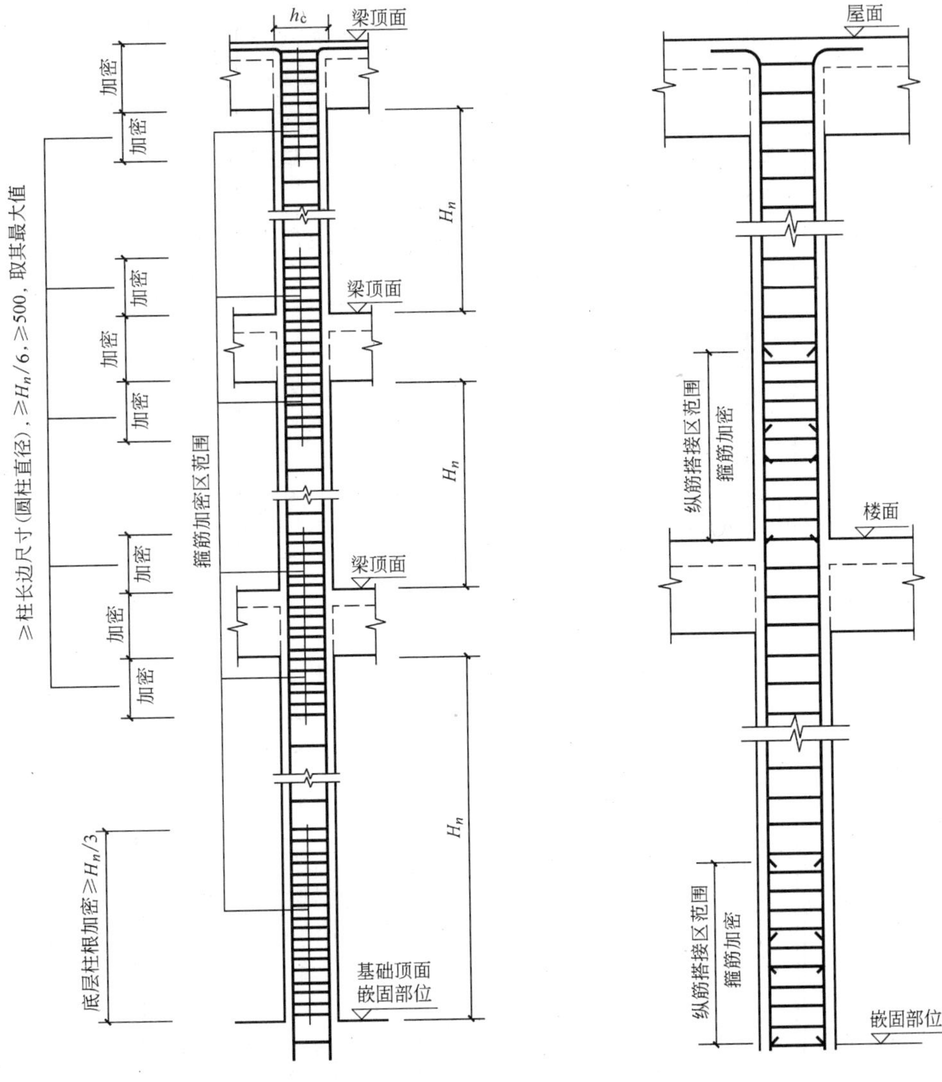

图 2-21 抗震区 KZ、QZ、LZ 箍筋加密区范围

图 2-22 非抗震 KZ 箍筋构造

2.1.4 抗震框架柱纵向钢筋接头要求

(1) 框架柱纵向钢筋在配料计算时，是以每层为单位计算其下料长度，柱子接头无论采用哪种方式连接，柱相邻纵向钢筋连接接头相互错开，在同一截面内钢筋接头面积百分率不应大于 50%，接头的位置和搭接长度，如图 2-23 所示。图中 H_n 为柱的净高，h_c 为柱截面长边尺寸，圆柱为截面直径。l_{lE}为钢筋抗震搭接长度。

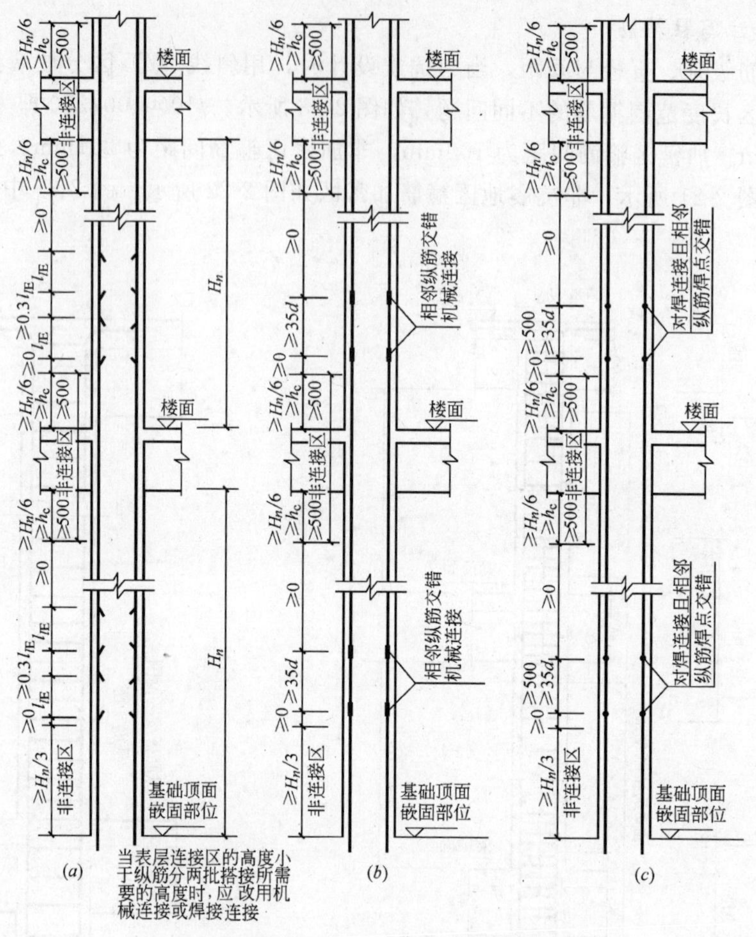

图 2-23　抗震（KZ）柱纵向钢筋连接构造

（*a*）绑扎搭接；（*b*）机械连接；（*c*）焊接连接

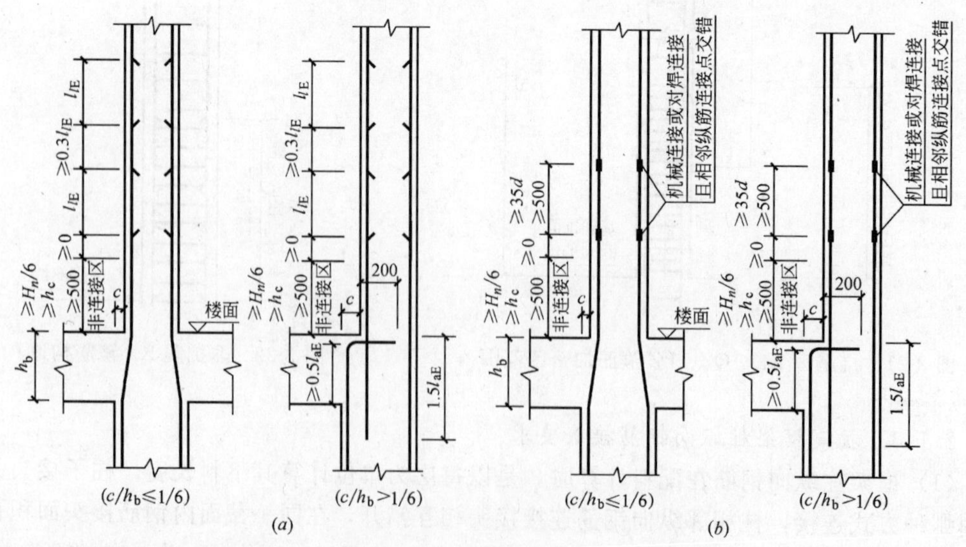

图 2-24　抗震（KZ）柱变截面位置纵向钢筋构造

（*a*）绑扎搭接连接；（*b*）机械或焊接连接

（2）当框架柱的纵向钢筋直径大于 22mm 时，不宜采用绑扎搭接。应采用机械连接或焊接连接。

（3）当抗震柱截面发生变化时，其接头搭接的位置和接头的搭接长度如图 2-24 所示。

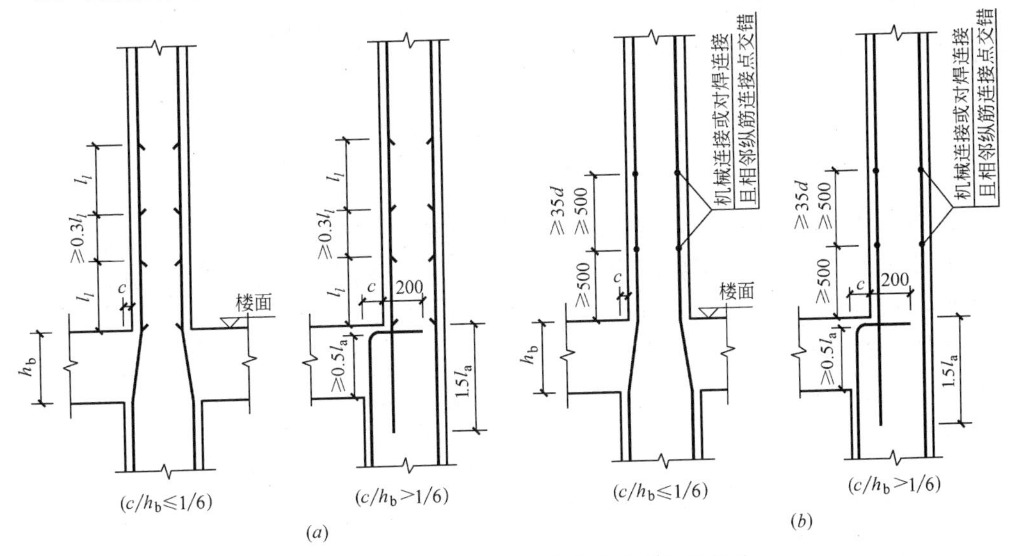

图 2-25 非抗震（KZ）柱中柱顶纵向钢筋构造

（a）绑扎搭接连接；（b）机械或焊接连接

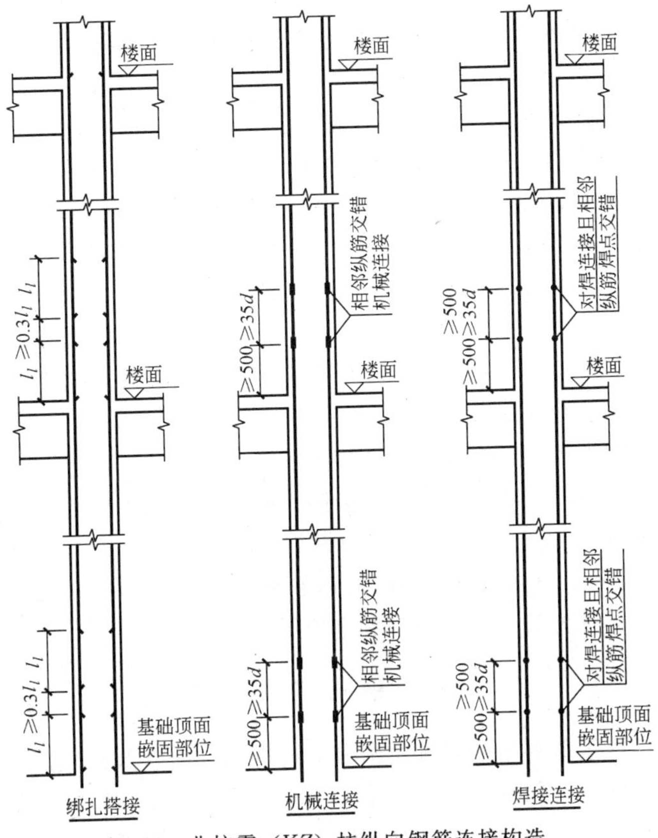

图 2-26 非抗震（KZ）柱纵向钢筋连接构造

图中 h_b 为梁的高度，c 为上柱与下柱每边所减小的尺寸。

(4) 当非抗震框架柱截面变化时，其纵向钢筋接头的位置和搭接的长度应符合图 2-25 所示的要求。符号所表示的内容与以上图示相同。

(5) 非抗震框架柱纵向钢筋接头要求。非抗震框架柱纵向钢筋接头的位置和搭接长度应符合图 2-26 所示的要求。图中 l_l 表示钢筋绑扎搭接长度（d 为钢筋直径）。

课题 3　钢　筋　焊　接

在钢筋混凝土结构施工中，钢筋的连接是一项非常重要的工作。因为钢筋混凝土结构在设计时是作为一个整体考虑的，为了便于施工，往往将其整体的某部分断开，再进行连接，因此，钢筋切断的部位是否合理、钢筋连接是否符合质量要求，这是关系到结构是否安全的重要问题。现在施工中钢筋焊接广泛应用于钢筋工程施工中，钢筋焊接一般用于两个方面，一方面用于钢筋下料时对焊连接，可以减少钢筋头，达到节约钢筋的目的，另一方用于钢筋安装连接。

3.1　钢筋焊接接头的一般规定

3.1.1　一般规定

(1) 钢筋焊接接头的类型和质量应符合国家现行有关标准的规定，受力钢筋接头宜设置在受力较小处，在同一根钢筋上宜少设接头。

(2) 较小受拉及小偏心受拉杆件的纵向受力钢筋，以及当受拉钢筋的直径 $d>28$mm，受压钢筋的直径 $d>32$mm 时，应采用焊接接头或机械连接接头。

(3) 纵向受力钢筋的焊接接头应相互错开。钢筋焊接接头连接区段的长度为 $35d$（d 为纵向受力钢筋的较大直径）且不少于 500mm，凡接头中点位于该连接区段长度内的焊接接头均属于同一连接区段。位于同一连接区段内纵向受力钢筋的焊接接头面积百分率，对于纵向受拉和有抗震要求的纵向受压钢筋接头，不应大于 50%；对装配式构件连接处的纵向压力钢筋和非抗震要求的纵向受压钢筋的接头面积百分率可不受限制。

3.1.2　其他规定

1) 当直接承受吊车荷载的钢筋混凝土吊车梁、屋面梁及屋架下弦的纵向受拉钢筋必须采用焊接接时，应符合下列规定：

(1) 必须采用闪光接触对焊，并去掉接头的毛刺及卷边。

(2) 同一连接区段内纵向受拉钢筋焊接接头面积百分率不应大于 25%，此时焊接接头连接区段的长度应取为 $45d$（d 为纵向受力钢筋的较大直径）。

2) 在钢筋工程施工中，采用焊接时的钢筋加工和安装连接的质量更加可靠，目前在施工中经常使用的焊接方法有闪光对焊和电渣压力焊。

3.2　钢筋闪光对焊

钢筋闪光对焊焊接是利用对焊机使两端钢筋接触，通以低压的强电流，把电能转化为热能，当钢筋加热到一定程度后，立即施工加轴向压力挤压，使其形成对焊接头。钢筋闪光对焊改善了结构受力性能，同时具有减轻劳动强度，提高工效和质量，施工加快，节约钢材，降低成本等优点。钢筋闪光对焊适用于Ⅰ～Ⅲ级钢筋接长及预应力钢筋与螺丝端杆锚具的对焊焊接。

3.2.1　对焊机的构造

UN_1-25 型对焊机是当前在施工中使用较普遍的一种机型，其构造如图 2-27 所示。

它是由机架、进料压紧机构、夹具装置、控制开关、冷却系统和电气设备等部分组成，这种对焊机的额定功率为 25kW，可焊接钢筋最大直径为 32mm，每小时能焊接 30～50 个接头。

3.2.2　对焊机的工作原理

如图 2-28 所示，对焊机的固定电极 4 装在固定平板 2 上，活动电极 5 装在移动平板 3 上，移动平板可以沿着机身的导轨移动，并与压力机构 9 相连。电流从外接电源接给变压器，并从变压器的二次线圈 10 引到接触板，从接触板再引向电极，将预焊的钢筋分别夹在两电极夹内，当移动活动平板，使两钢筋端部接触到一定的时候，由于电阻很大，电流强度很高，于是钢筋端部产生火花和较高的温度，钢筋端部很快被加热到接近熔化状态，此时利用压力机械压紧钢筋，使两钢筋牢固连接在一起。

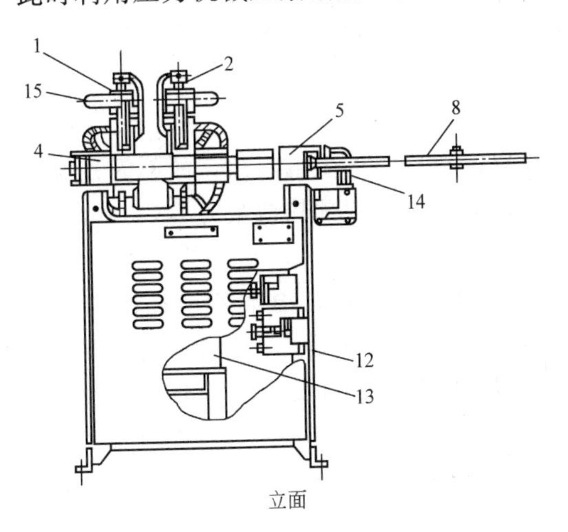

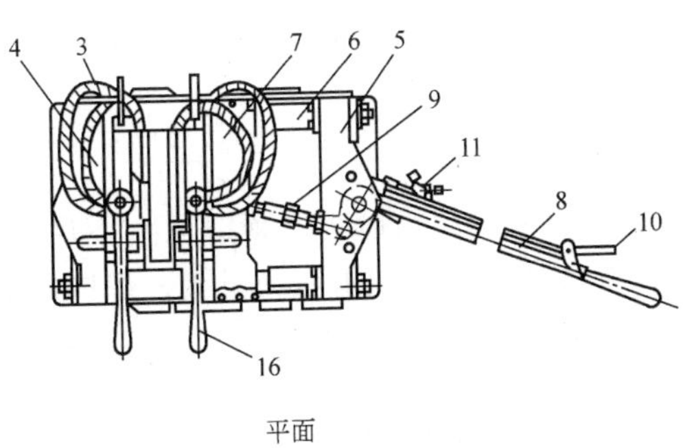

图 2-27　UN_1-25 钢筋对焊机

1—固定夹头；2—移动夹头；3—冷却水胶管；4、5—固定梁；6—横梁滑座；7—活动横梁；8—操纵杆；9—调节螺顶杆；10—接触器操纵手柄；11—压紧机构；12—接触器；13—变压器；14—扇形板；15—套钩；16—压紧手柄

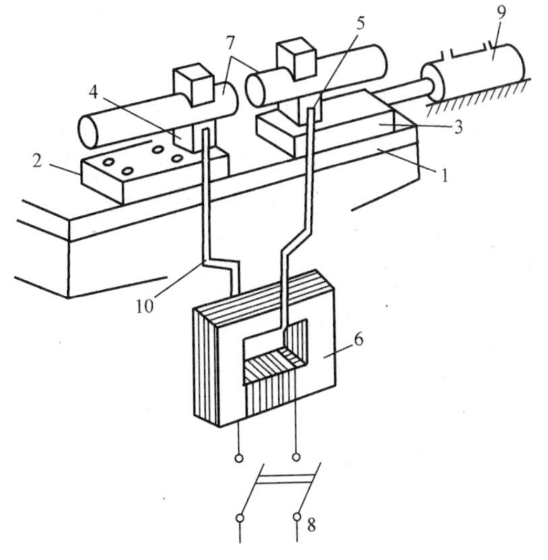

图 2-28　钢筋对焊机工作原理

1—机身；2—固定平板；3—移动平板；4—固定电极；5—活动电极；6—变压器；7—钢筋；8—开关；9—压力机构；10—二次线圈

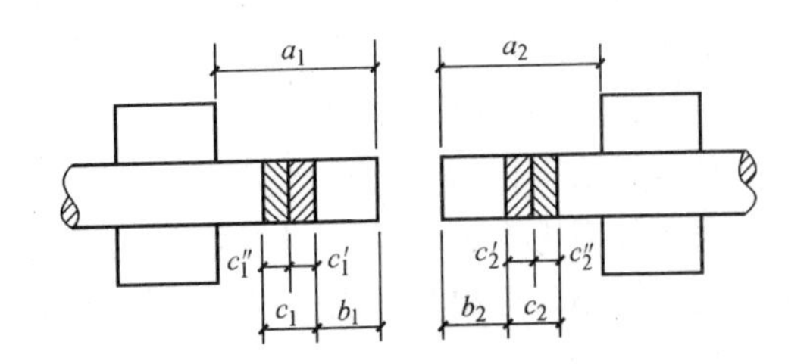

图 2-29　调伸长度、闪光留量及顶锻留量

a_1、a_2—左、右钢筋调伸长度；b_1-b_2—闪光留量；c_1+c_2—顶锻留量；$c_1' \div c_2'$—有电顶锻留量；$c_1''-c_2''$—无电顶锻留量

3.2.3 对焊参数的选择

为了获得良好的对焊接头，必须选择恰当的焊接参数，焊接参数如图 2-29 所示。

1）调伸长度的选择

调伸长度指焊接钢筋端部伸出夹具的长度，其长度应使接头区域获得均匀加热，又不致在顶锻时发生弯曲。调伸长度随着钢筋等级提高而增大。

2）闪光留量的选择

闪光留量指焊接钢筋端部刚一接触，并存在一定间隙时，在强大电流的作用下喷射出火花及熔化的金属微粒，即为闪光，并且将钢筋端部冲平、加热、烧短，所以在钢筋闪光过程留出一定的长度，使钢筋闪光过程结束时，钢筋端不能产生均匀加热，并达到足够的温度，钢筋越粗，所需要的闪光留量越大。

3）闪光速度的选择

闪光速度是为维持钢筋对焊闪光钢筋向前移动的速度。闪光速度随钢筋直径增大而降低，在整个闪光过程中，速度由慢到快，闪光过程结束时，闪光强烈，可保护焊缝金属不受氧化。闪光速度主要靠经验控制，一般开始时为每秒 0～1mm 的速度，结束时为每秒 15～20mm 的速度。

4）预热留量选择

预热留量是钢筋两端面紧密接触没有间隙，在电流作用下产生电阻热，而不闪光加热所消耗的钢筋长度，钢筋预热留量随钢筋直径增大而增加，一般预热留量为 2～7mm。

5）顶锻留量

指闪光过程结束后，增大压力将钢筋顶锻压紧，在接头处挤出金属所消耗的钢筋长度。由于电流是在顶锻过程中切断，所以顶锻是在有电状态下开始，在无电状态下结束，故这一过程又把顶锻留量分为有电顶锻留量和无电顶锻留量两个部分。

6）顶锻速度

指结束闪光过程，挤压钢筋接头时的速度。要求快而稳，尤其是顶锻开始的一瞬间，要突然用力，迅速使焊口闭合，以保护焊缝，大约需要在 0.1s 的时间内，将塑性状态的钢筋压缩 2～3mm，然后在每秒钟的压缩量不小于 6mm 的速度下完成顶段，在整个顶锻过程，动作要连续，不应间断。

7）顶锻压力

即挤压钢筋接头时的压力。钢筋直径越大，所需的顶锻压力越大。顶锻压力不足时，会使熔渣和氧化的金属粒子可能留在焊口内，形成夹渣或缩孔，顶锻压力过大，焊口周围会产生裂纹，顶锻与顶锻速度相互影响，主要靠经验控制。

8）焊接变压器级次调整

对焊钢筋直径越大，选择变压器的级次越高，如果操作技术熟练，为缩短焊接时间，也可采用较高级次的方法。对焊操作时，火花过大，爆裂声过响，应适当降低变压器级次；火花过小，可提高级次。对焊参数见表 2-5～表 2-7。

3.2.4 对焊工艺的选择

在钢筋对焊的操作中除了掌握好对焊参数外，对于不同直径钢筋品种和钢筋端头的平整状态，要采用不同的对焊工艺。

1）连续闪光焊

Ⅰ级钢筋连续闪光焊参数 表 2-5

钢筋直径（mm）	调伸长度（mm）	闪光留量（mm）	顶锻留量（mm）		总留量（mm）	变压器级次（UN_1-75）
			有 电	无 电		
10	1.25d	8	1.5	3	12.5	Ⅲ
12	1.0d	8	1.5	3	12.5	Ⅲ
14	1.0d	10	1.5	3	14.5	Ⅲ
16	1.0d	10	2	3	15	Ⅳ
18	0.75d	10	2	3	15	Ⅳ

注：1. 采用其他型号对焊机时，变压器级次通过试验后确定；

2. d——钢筋直径；

3. Ⅱ～Ⅲ级钢筋连续闪光焊参数也可参考此表，但调伸长度宜为（1.25～1.5）d。

Ⅱ～Ⅲ级钢筋预热闪光焊参数 表 2-6

钢筋直径（mm）	调伸长度（mm）	闪光及预热留量（mm）			顶锻留量（mm）		总留量（mm）	变压器级次（UN_1-75 型）
		一次闪光留量	预热留量	二次闪光留量	有电顶锻留量	无电顶锻留量		
20	1.5d	2+e	2	6	1.5	3.5	15+e	Ⅴ
22	1.5d	3+e	2	6	1.5	3.5	16+e	Ⅴ
25	1.25d	3+e	4	6	2.0	4.0	19+e	Ⅴ
28	1.25d	3+e	5	7	2.0	4.0	21+e	Ⅳ
30	1.0d	3+e	6	7	2.5	4.0	22.5+e	Ⅵ
32	1.0d	3+e	6	8	2.5	4.5	24+e	Ⅵ
36	1.0d	3+e	7	8	3.0	5.0	26+e	Ⅶ

注：1. Ⅰ级钢筋预热闪光焊参数也可参考此表，但调伸长度宜为 0.75d；

2. e——钢筋端部不平时，两钢筋凸出部分的长度。

采用 LM-150 型自动对焊机时闪光焊参数 表 2-7

钢筋直径（mm）	调伸长度（mm）	预热及闪光留量（mm）		顶锻留量（mm）		总留量（mm）	变压器级次
		预热留量	闪光留量	有电顶锻留量	无电顶锻留量		
25	25	—	20	2	3	25	12
28	28	8	16	2	3	29	12
32	32	10	16	2	4	32	12
36	36	10	16	2	4	32	14
40	40	10	16	2.5	4.5	33	14

注：1. 本表参数只适用于Ⅰ～Ⅲ级钢筋；

2. 钢筋端面不平时，要先闪去凸出部分，再进行预热；

3. 钢筋直径为 32～40mm 时，预热留量系两次预热的总和。

连续闪光焊适用于直径为 18mm 及以下钢筋的对焊，对焊时，选择好各项对焊参数，开启对焊机，使两根钢筋的端面平稳、缓慢地逐渐靠近，火花会不断产生并连续喷射，当把钢筋端面不齐的部分烧掉时，端面已接近熔化的程度，此时快速施加压力，顶锻挤压。

2）预热闪光焊

预热闪光焊适用于对焊直径大于 18mm 而且钢筋端头较平整的钢筋，由于钢筋直径较大，为了使焊件的温度均匀提高，必须增加钢筋的预热过程，先使两根钢筋紧密接触产生电阻热，再分离、再接触，预热到一定程度，再用连续闪光焊的方法对焊。

3）闪光—预热—闪光焊

这种方法适用直径 18mm 以上，而钢筋端头不平的钢筋，即在预热闪光焊前再增加一次连续闪光的过程，目的是把不平整的端面，先熔成比较整齐的端面，再按预热闪光焊的方法焊接。操作要领是：一次闪光，熔平为准，预热充分，接触十余次；二次闪光，接触时间短，操作动作稳，闪光强烈，顶锻过程快速有力。

3.2.5 钢筋对焊操作

（1）对焊前应清除钢筋端头约150mm范围内的铁锈、污泥等，以免在夹具和钢筋间因接触不良而引起打火，烧伤钢筋。钢筋端头的弯曲，应调直或切除。

（2）焊机操作人员须经专门培训，持证上岗。根据对焊钢筋的直径、品种、端头状态，正确选择对焊参数和对焊工艺。

（3）焊接前，应检查焊机各部件和接地情况，按选择的对焊参数调整好对焊机，开放冷却水，合上电闸。

（4）将钳口清理干净，放入钢筋夹紧后开始对焊，作业时，操作人员必须带有色保护眼镜及帽子等，以免弧光刺伤眼睛或被熔化的金属灼伤皮肤。

（5）按选定的对焊工艺进行操作。对Ⅰ～Ⅲ级钢筋对焊应做到一次闪光，闪平为准，预热充分，频率要高（每秒接触分离约6～8次）。二次闪光，短、稳、强烈。顶锻过程快而有力，对Ⅲ级钢筋为避免过热和淬硬脆裂，焊接时，要做到一次闪光，闪去截面不平部分，预热适中，频率中低（每秒钟接触分离2～4次）。二次闪光稳而灵活，顶锻过程快而用力得当，并且进行通电热处理。

（6）对焊接头通电热处理。对于Ⅲ级钢筋对焊接头，焊后通电热处理方法：焊毕松开夹具，放大钳口距，再夹紧钢筋，接头降温至暗黑色后，即采取低频脉冲式通电加热，当加热至钢筋表面成暗红色或桔红色时，通电结束，松开夹具，待钢筋稍冷后取下钢筋。

（7）不同直径的钢筋对焊时，其直径相差不宜大于2～3mm，焊接时，按大直径钢筋选择焊接参数。

（8）负温（不低于－20℃）下闪光对焊时，焊接场地应有防风措施，并且调伸长度适当增长，变压器级次不宜过大，闪光速度应稍慢，预热次数要增加，使焊接接头的见红区比常温要宽些（约为4.5～6cm）以减少温度梯度并延缓冷却速度，从而获得良好的综合性能。

（9）对焊完毕，待接头处由红色变为黑色，才能松开夹具，平稳取出钢筋，以免产生弯曲，同时趁热将焊缝的毛刺打掉。

3.2.6 钢筋对焊接头的质量要求

（1）闪光对焊接头外观检查：接头处不得有横向裂纹；与电极接触处的钢筋表面，Ⅰ～Ⅲ级钢筋焊接时不得有明显烧伤；Ⅲ级钢筋焊接不得有烧伤。接头处的弯折角不得大于4°，接头处的轴线偏移，不得大于钢筋直径的0.1倍，且不得大于2mm。

（2）闪光对焊接头拉伸试验：3个热轧钢筋接头试件的抗拉强度均不得少于该级别钢筋规定的抗拉强度标准值，并且至少有2个试件断于焊缝之外，呈延性断裂；闪光对焊接头弯曲试验时，应将弯压面的金属毛刺和锻粗变形部分清除，且与母材的外表齐平，弯曲时，焊缝直径Ⅰ、Ⅱ、Ⅲ、Ⅳ级钢筋分别为$2d$、$4d$、$5d$和$7d$，钢筋直径d大于25mm时，弯心直径应增加$1d$，弯曲角均为90°，当弯至90°，至少有2个试件不得发生破断为合格。

3.2.7 对焊缺陷消除方法

见表2-8。

3.2.8 钢筋对焊机的常见故障及排除方法

见表2-9。

钢筋对焊质量通病及防治措施 **表 2-8**

序	质量通病	防 治 措 施
1	烧化过分剧烈并产生强烈的爆炸声	(1)降低变压器级数； (2)减慢烧化速度
2	闪光不稳定	(1)清除电极底部和表面的氧化物； (2)提高变压器级数； (3)加快烧化速度
3	接头中有氧化膜、未焊透或夹渣	(1)增加预热程度； (2)加快临近顶锻时的烧化速度； (3)确保带电顶锻过程； (4)加快顶锻速度； (5)增大顶锻压力
4	接头中有缩孔	(1)降低变压器级数； (2)避免烧化过程过分强烈； (3)适当增大顶锻留量及顶锻压力
5	焊缝金属过烧或热影响区过热	(1)减小预热程度； (2)加快烧化速度、缩短焊接时间； (3)避免过多带电顶锻
6	接头区域裂缝	(1)检验钢筋的碳、硫、磷含量；如不符合规定，应更换钢筋； (2)采取低频预热方法，增加预热程度
7	钢筋表面微熔及烧伤	(1)清除钢筋被夹紧部位的铁锈和油污； (2)清除电极内表面的氧化物； (3)改进电极槽口形状，增大接触面积； (4)夹紧钢筋
8	接头弯折或轴线偏移	(1)正确调整电极位置； (2)修整电极钳口或更换已变形的电极； (3)切除或矫直钢筋的弯头

钢筋对焊机常见故障和排除方法 **表 2-9**

故 障	原 因	排 除 方 法
焊接时次级没有电流，焊件不能熔化	(1)继电器接触点不能随按钮动作； (2)按钮开关不灵	(1)修理继电器接触点，清除积尘； (2)修理开关的接触部分或更换
焊件熔接后不能自动断路	行程开关失效不能动作	修理开关的接触部分或更换
变压器通路，但焊接时不能良好焊牢	(1)电极和焊件接触不良； (2)焊件间接触不良	(1)修理电极钳口，把氧化物用砂纸打光； (2)清除焊件端部的氧化皮和污物
焊接时焊件熔化过快，不能很好接触	电流过大	调整电流
焊接时焊件熔化不好，焊不牢有粘点现象	电流过小	调整电流

3.2.9 钢筋对焊操作安全要求

(1) 焊接机械必须经过调整试运转正常后方可正式使用；焊机必须由专人使用和管理。

(2) 焊接机械必须装有接地线，地线电阻不应大于 4Ω，在操作前应经常检查接地电阻是否正常。

(3) 调整焊接变压器级数时，应切断电源。

(4) 焊接机械和电源部分要分开，防止钢筋与电源接触，不允许两个焊机使用一个电源闸刀。电源开关箱内应装设电压表。

（5）焊工必须穿戴好安全防护用品，戴面罩防止火花灼伤。对焊机闪光区域内需有防火隔离设施。

（6）在进行大量生产焊接时，焊接变压器等不得超过负荷；其温度不得超过 60℃。焊机的电源线路、保险丝的规格必须符合规定要求。

（7）对焊时，必须开放冷却水，出水温度不得超过 40℃，要经常检查有无漏水、堵塞现象，工作完后立即关闭水门。

（8）焊接工作房必须用防火材料搭设，并设有防火设施。

（9）如电源电压降低 8%时，应停止焊接。

3.3 钢筋电渣压力焊

电渣压力焊适用于烟囱、筒仓、框架等现浇钢筋混凝土结构中竖向或斜向钢筋的连接，这种工艺能较好解决钢筋采用绑扎连接受力性能不好，以及材料消耗较大的缺陷，特别是单机头和三机头竖向钢筋自动电渣压力焊机的应用，使焊接过程由手工操作变为机械操作和自动控制，保证了接头的质量，提高了工效，因而电渣压力焊在竖向钢筋连接中被广泛的应用。电渣压力焊焊接过程如图 2-30 所示。焊接电压与电流如图 2-31 所示。

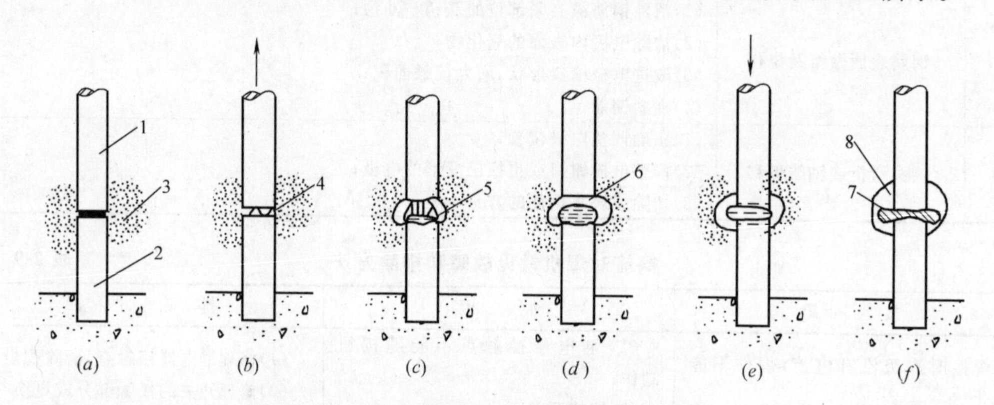

图 2-30 钢筋电渣压力焊焊接过程示意图

（a）引弧前；（b）引弧过程；（c）电弧过程；（d）电渣过程；（e）顶压过程；（f）凝固后

1—上钢筋；2—下钢筋；3—焊剂；4—电弧；5—熔池；6—熔渣（渣池）；7—焊包；8—渣壳

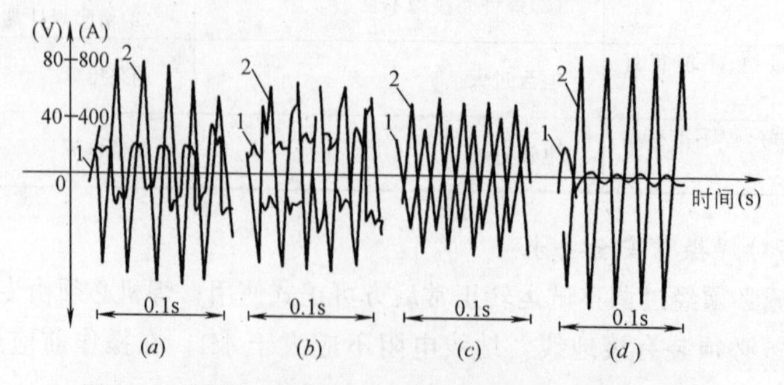

图 2-31 焊接过程中各个阶段的焊接电压与焊接电流

（a）引弧过程；（b）电弧过程；（c）电渣过程；（d）顶压过程

1—焊接电压；2—焊接电流

3.3.1　电渣压力焊焊接设备

电渣压力焊焊接设备分为手工电渣压力焊设备和自动电渣压力焊设备。手工电渣压力焊设备包括：焊接电源、焊接夹具、控制箱、焊机等，如图 2-32 所示。自动电渣压力焊接设备包括：焊接电源、控制箱、操作箱、焊接级头等，如图 2-33 所示。

(1) 焊接电源，可采用一般的 BX_3-500 型与 BX_2-1000 型交流弧焊机，也可采用 JSD-600 型与 JSD-1000 型专用电源。

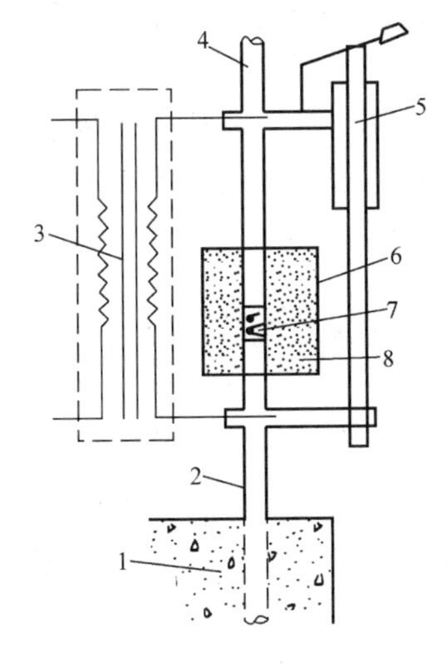

图 2-32　电渣压力焊工作原理

1—混凝土；2、4—钢筋；3—电源；5—夹具；6—焊剂盒；7—钢丝球；8—焊剂

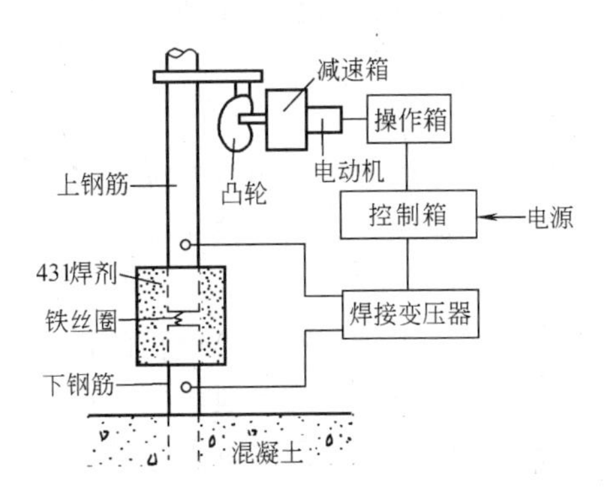

图 2-33　自动电渣压力焊示意图

(2) 控制箱一套，内装有电压表、电流表及电铃等，以便操作者准确掌握焊接电流及通电时间。

(3) 手动电渣压力焊的焊接夹具如图 2-34 所示。

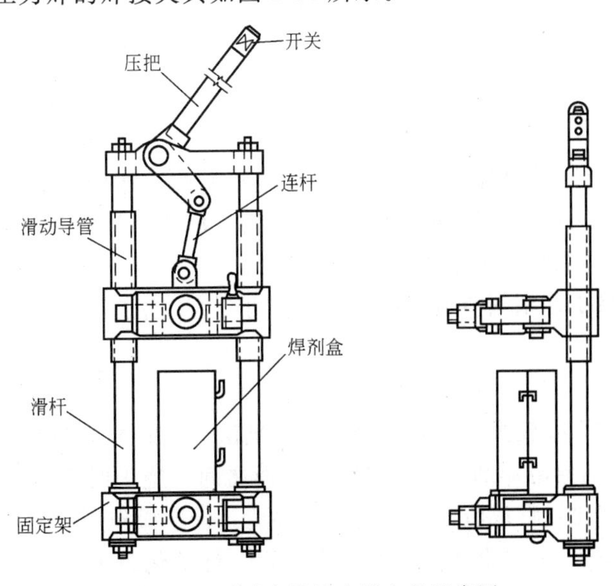

图 2-34　手动电渣压力焊夹具示意图

夹具要求具有一定刚度和强度，使用灵巧，牢靠可靠，上下钳口同心。

(4) 自动电渣压力焊机与手工电渣压力焊机不同点是，自动电渣压力焊机机头由电动机、减速箱、凸轮、夹具、提升杆等组成，电极可由可控硅无级调速，以调整焊接通电时间，凸轮自动控制上钢筋的运动。

(5) 焊剂。焊剂常用型号为 HJ401，常用的为冶炼型高锰高硅、高硅低氟焊剂或中锰高硅低氟焊剂。焊剂应存放在干燥的库房内，防止受潮，使用前须经 250～300℃烘焙 2h。使用中回收的焊剂，应除去熔渣和杂物，并应与新焊剂混合均匀后使用。

3.3.2 电渣压力焊焊接参数的选择

电渣压力焊在正式焊接前，要通过试验确定合适参数，并经试验合格后才能正式焊接，电渣压力焊的参数，主要包括：焊接电流、渣池电压、焊接通电时间、钢筋熔化量和顶锻压力。

1) 焊接电流

焊接电流的大小是根据钢筋直径来选择，它影响渣池温度、黏度、电渣过程的稳定性和钢筋熔化速度，从而直接影响焊接接头的质量和焊接效率。

2) 渣池电压

渣池电压主要影响电渣过程的稳定，当渣池电压过低时，表明两钢筋之间距离过小，从而容易产生短路；当渣池电压过高，表明两钢筋之间距离过大，则容易发生断路，渣池电压分为电弧过程电压和电渣过程电压。

3) 焊接通电时间和钢筋熔化量

焊接通电时间和钢筋熔化量是根据钢筋直径大小来确定。在焊接电流不变和焊接过程稳定的情况下，钢筋的熔化量与焊接通电时间成正比。焊接通电时间太短，钢筋端面熔化不均匀，顶压后不能保证整个钢筋端面紧密接触，如果焊接通电时间太长，渣池温度过高，液态渣和液态金属过多，顶压后，焊疤过大，影响接头成型，焊接停电时间分为电弧过程时间和电渣过程时间。钢筋熔化量一般为 25～35mm，其中上钢筋的熔化量略高于下钢筋的熔化量。

4) 顶锻压力

顶锻压力的大小，必须保证全部液态渣和液态金属挤出，使钢筋端部获得紧密的结合。

5) 使用自动电渣压力焊时，只需选择焊接电流和焊接通电时间两项参数，其他参数机内会自动平衡，无需调整，钢筋电渣压力焊焊接参数见相关资料。

3.3.3 电渣压力焊焊接工艺的选择

电渣压力焊焊接工艺根据渣池形成的不同，可分为以下三种：导电焊剂法、电弧引燃法及钢丝球引燃法。

1) 导电焊剂法

当上钢筋较长而直径较大时，宜采用导电焊剂法。此时要求钢筋端面预先平整，并选用厚度为 8～10mm 的导电焊剂，放入两钢筋端面之间，施焊时，接近焊接电路，使导电焊剂及钢筋端相继熔化，形成渣池，维持数秒钟后，借助操作压杆使上钢筋缓缓下降，下降速度为 1mm/s 左右，从而维持良好的电渣过程。待熔化留量达到规定数值后，切断焊接电路，用力迅速顶压基础金属熔渣和熔化金属，使之形成金属的焊接接头，待冷却约

1～3min 后。卸下夹具，敲去熔渣。

2）电弧引燃法

当上钢筋直径较小而焊机功率较大时，宜采用电弧引燃法，此时，钢筋端面无需加工平整，施焊前，先将两钢筋端面互相接触，装满焊剂，施焊时，接通电路，立即操纵压杆使两钢筋之间形成 2～3mm 的空隙而产生电弧，接着借助操纵杆使上钢筋缓缓上升，进行电弧过程。当焊接直径为 25mm 的钢筋时，提升高度约为 8mm，之后进行电渣过程和顶压过程。

3）钢丝球引燃法

当钢筋端面较平整而焊机功率又较小时，宜采用钢丝球引燃法，此时，将钢丝球放入两钢筋端面之间，钢丝球用 22 号钢丝绕成直径为 10～15mm 的紧密小球，而后装满焊剂，进行焊接。

3.3.4 电渣压力焊焊前的准备工作

（1）将被焊钢筋端部 120mm 范围内的铁锈、污物清除干净，根据选择的焊接工艺对钢筋端头面进行加工。

（2）根据焊接钢筋长度，搭设一定高度的操作架，用于施焊时扶直上钢筋，以免上、下钢筋错位。

（3）检查电路，观察网路电压波动情况。若低于规定数值 5%以上时，不宜焊接。当采用自动电渣压力焊时，还应检查操作箱、控制箱电气线路各接点接触是否良好。

（4）根据使用焊接设备和钢筋直径、端面平整状态，正确选择焊接参数和焊接工艺。

3.3.5 手工电渣压力焊操作

（1）把焊接夹具下钳口夹牢于下钢筋端 70～80mm 的部位。

（2）把上钢筋扶直，夹牢于上钳口内 150mm 左右，并保持上下钢筋同心。

（3）安装焊剂盒，内垫塞石棉布垫，关闭焊剂盒，装满焊剂。

（4）接通焊接电路，按选择的焊接工艺即导电焊剂法、电弧引燃法及钢丝球引燃法进行操作，从而产生电弧。在引弧过程中，动作不要过于急促，否则，空隙不宜掌握，如操纵杆抬的过高，增大了钢筋间隙，造成断路灭弧。如操作杆提的太慢，则造成短路，使钢筋粘连。

（5）观察控制箱的电压表、电流表，按预定的焊接参数，控制焊接电压、电流和通电时间。

（6）当找到适当弧长，继续保持电弧过程，之后借助操纵杆，使钢筋缓缓下送，逐步转为电渣过程，电弧持续时间长短视钢筋直径的大小而定。待到规定通电时间，切断焊接电路，同时加压顶锻。

（7）顶锻后，继续把住操纵杆持压 3～5s，不要立即松手，防止固定夹具位移等因素使焊接头造成缺陷，待 1～2min 即可打开焊剂盒，清理焊剂，松开上下钳口，取下焊接夹具，敲去熔渣壳，焊接完毕。

3.3.6 自动电渣压力焊操作

（1）提升焊接接头，将钢筋夹牢于下钳口。

（2）合上电闸，分别给控制箱、操作箱送电，并将操作箱面板开关置于手动操作位置。

(3) 根据选择好的焊接参数，定好通电时间和电动机转速，选定在所需的焊接速度上。

(4) 接通操作箱上的连锁开关，使凸轮转到预定位置。

(5) 根据预先确定的焊接工艺，在两钢筋之间放置导电焊剂或钢丝球。

(6) 在焊口处安装焊接盒，底部垫上石棉垫，关闭焊剂盒，放满焊剂。

(7) 将操作箱面板开关置于自动操作位置，合上连锁开关，焊接开始，凸轮按照预定速度自动旋转，上钢筋稍稍上提，产生电弧，钢丝球融化，随后，周围焊剂和钢筋端部迅速熔化，从而逐渐形成渣池，随着焊剂和钢筋熔化的同时，凸轮继续旋转，上钢筋缓缓下送，在预定的焊接电流和通电时间下，上下两钢筋端部已熔化到一定程度，附近钢筋亦已达到热塑状态，这时凸轮继续转动，至凹凸部位，上钢筋突然下落，由于夹具和钢筋的自重，具有一定的挤压力，挤出渣池内全部熔渣和液态金属，形成疤状焊头。

(8) 待过 1～2min 即可打开焊剂盒，清理焊剂，松开上下钳口，取下焊机机头，敲去渣壳，即焊接完毕。

3.3.7 电渣压力焊接头的质量要求

(1) 焊包均匀，突出部分最少高出钢筋表面 4mm。

(2) 电极与钢筋接触处，无明显烧伤缺陷。

(3) 接头处的弯折角不大于 4°。

(4) 接头处的轴线偏移应不超过 0.1 倍钢筋直径，同时不大于 2mm。

(5) 每批取 3 个接头做拉伸试验，其强度不低于该钢筋强度等级的抗拉强度值。

3.3.8 电渣压力焊操作缺陷及防治措施见表 2-10。

电渣压力焊操作缺陷及防治措施 **表 2-10**

序号	缺陷	外形	原因	防治措施
1	偏心	≥0.1d ≥2	1. 钢筋端部不直； 2. 钢筋安放不正； 3. 钢筋端面不平	1. 钢筋端部要直； 2. 上钢筋安装正直； 3. 钢筋端面要平
2	倾斜	≥1	1. 钢筋端歪斜； 2. 钢筋安放不正； 3. 夹具放松过早	1. 钢筋端部要直； 2. 钢筋安放正直； 3. 焊毕稍冷后(约 2min)再卸机头
3	咬肉	≥0.5	1. 焊接电流太大； 2. 通电时间过长； 3. 停机太晚	1. 适当减小焊接电流； 2. 适当缩短焊接通电时间； 3. 及时停机
4	氧化膜		1. 焊接电流太小； 2. 焊接电流断电过早	1. 适当加大焊接电流； 2. 检查微动开关调整小凸轮位置

续表

序号	缺陷	外形	原因	防治措施
5	未焊透		1. 焊接过程中断弧； 2. 焊接电流断电过早	1. 提高凸轮转速； 2. 检查微动开关调整小凸轮位置
6	焊疱偏斜	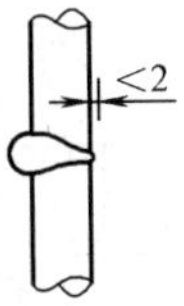 ≤2	1. 钢筋端部不平； 2. 钢丝圈安放不当	1. 钢筋端部要平； 2. 钢丝圈安放在中心
7	气孔	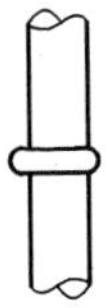	焊剂受潮未烘干	按照规定及时磨烘焊剂
8	烧伤	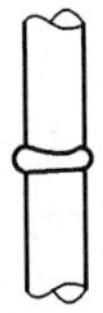	1. 钢筋端部未除锈； 2. 夹钢筋不紧	1. 钢筋端除锈； 2. 把钢筋夹紧
9	成型不好（焊疱上翻）	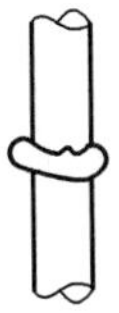	凸轮转动不灵活	拆洗凸轮
10	成型不好（焊疱下溜）		焊接过程中焊剂泄漏	把石棉布垫塞好

注：1、2、3、4、5 项是不允许的。6、7、8、9、10 项应避免，并及时纠正。

课题 4 钢筋机械连接

钢筋机械连接适用于柱子纵向受力钢筋的连接，同时也用于梁受力钢筋接头的连接。

4.1 钢筋机械连接的类型和特点

钢筋的机械连接是通过连接件的直接或间接的机械咬合作用或钢筋端面的承压作用将一根钢筋中的力传递至另一根钢筋的连接方法。

用于机械连接的钢筋应符合现行国家标准《钢筋混凝土用热轧带肋钢筋》（GB 1499）及《钢筋混凝土用余热处理钢筋》（GB 13014）的要求。

国内外常用的钢筋机械连接方法有 6 种。

4.1.1 挤压套筒接头

通过挤压力使连接用的钢套筒塑性变形与带肋钢筋紧密咬合形成的接头。可分为径向挤压套筒接头和轴向挤压套筒接头两种。如图 2-35 所示。

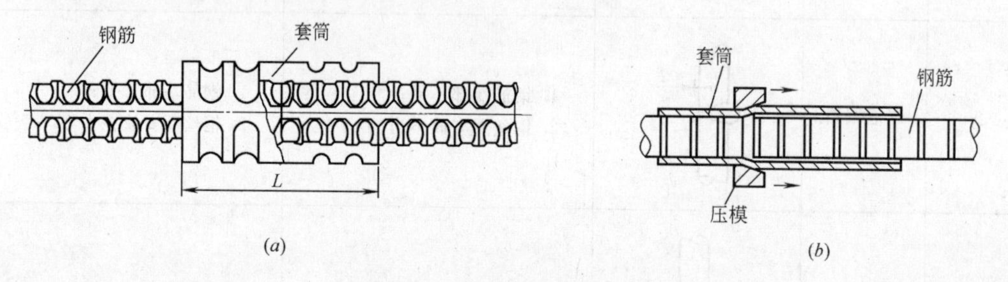

图 2-35 钢筋挤压套筒接头

（a）径向挤压接头；（b）轴向挤压接头

L—套筒长度

4.1.2 锥螺纹套筒接头

通过钢筋端头特制的锥形螺纹和锥螺纹套筒啮合形成的接头。如图 2-36 所示。

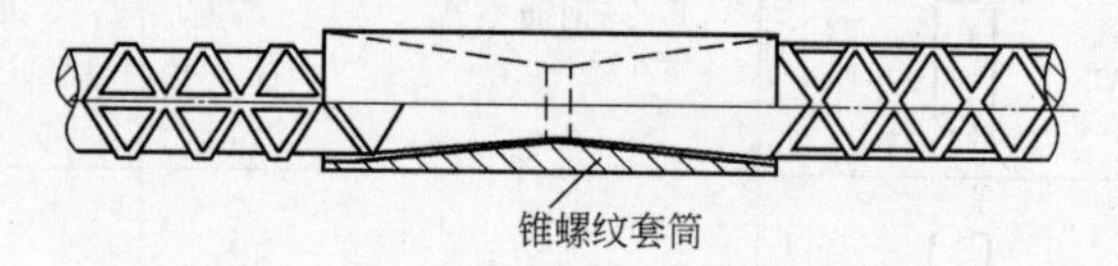

图 2-36 钢筋锥螺纹套筒接头

4.1.3 直螺纹套筒接头

通过钢筋端头特制的直螺纹和直螺纹套筒啮合形成的接头。如图 2-37 所示。

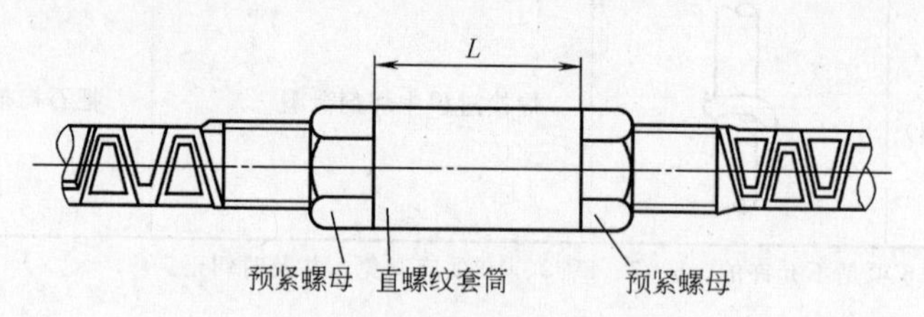

图 2-37 钢筋直螺纹套筒接头

L—套筒长度

4.1.4 钢筋机械连接的特点

钢筋机械连接主要有钢筋套筒挤压连接和钢筋螺旋连接。这两种方法一般用于钢筋安装连接，钢筋机械连接具有节电节能，节约钢材，不受钢筋可焊性制约，不受季节影响，不用明火，施工简便，工艺性能良好和接头质量可靠等优点，因此，在钢筋工程施工中得到广泛的应用。

4.2 钢筋套筒（径向）挤压连接

套筒挤压连接是将两根待接的带肋钢筋插入钢套筒，用如图 2-39 所示挤压连接设备沿径向挤压钢套筒，使之产生塑性变形，依靠变形后的钢套筒与被连接钢筋的纵、横肋产生机械咬合成为整体。套筒挤压连接适用于挤压直径为 16～40mm 的Ⅱ、Ⅲ级带肋钢筋的径向挤压连接。如图 2-38 所示。

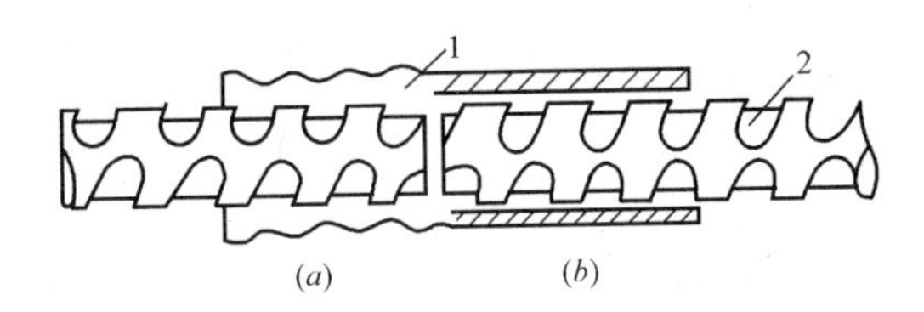

图 2-38 钢筋径向挤压连接
(a) 已挤压部分；(b) 未挤压部分
1—钢套筒；2—带肋钢筋

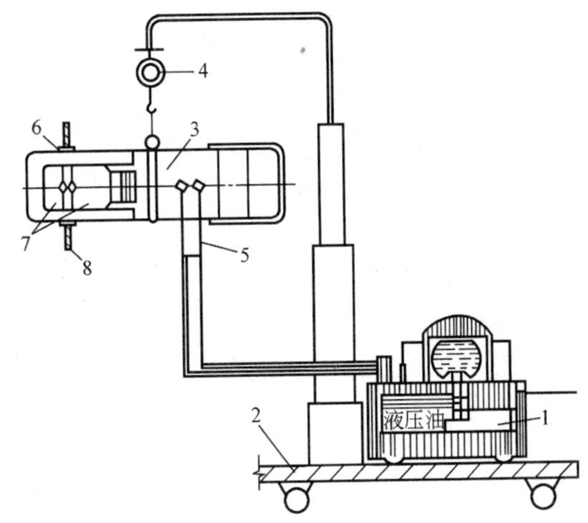

图 2-39 钢筋径向挤压连接设备示意图
1—超高压泵站；2—吊挂小车；3—挤压钳；4—平衡器；5—软管；6—钢套管；7—压模；8—钢筋

4.2.1 钢筋机械连接接头的一般规定

1）钢筋机械连接接头的类型及质量应符合国家现行有关标准的规定。受力钢筋的接头宜设置在受力较小处，在同一根钢筋上宜少设接头。

2）轴心受拉及小偏心受拉杆件的纵向受力钢筋。当受拉钢筋的直径 $d>28$mm 及受压钢筋的直径 $d>32$mm 时，采用焊接和机械连接接头。

3）纵向受力钢筋机械连接接头宜相互错开。钢筋机械连接接头连接区段的长度为 $35d$（d 为纵向受力钢筋的较大直径）。凡接头中点位于该连接区段长度内的机械连接接头均属同一连接区段。

在受力较大处设置机械连接接头时，位于同一连接区段的纵向受拉钢筋接头面积百分率不宜大于 50%。纵向受压钢筋的接头面积百分率，对有抗震要求的不宜大于 50%，非抗震结构不受限制。

4）机械连接接头连接件的混凝土保护层厚度应满足纵向受力钢筋最小保护层的要求，连接件之间的横向净间距不宜小于 25mm。

4.2.2 挤压设备

1）钢筋挤压设备由压接钳、超高压泵站、平衡器、超高压软管和吊挂小车组成。

2）钢筋挤压设备的主要技术性能见表 2-11。

3）钢筋挤压设备的工作原理：如图 2-40 所示，超高压电动油泵输出的压力油，经手动换向阀，进入钢筋压接钳的 A 腔，在 A 腔压力油的作用下，活塞带动压模向前运动，并挤压钢筋套，这时 B 腔的油经转向阀，流回油箱。当挤压力达到预定压力时，转动换向阀，使压力油由压钳的 B 腔进入，退回压模及活塞，A 腔的油经换向阀流回油箱，完成一次挤压过程。重复以上步骤，即可根据不同规格钢筋所要求的道数，逐一挤压。

钢筋挤压设备的主要技术参数 **表 2-11**

	设备型号	YJ11-25	YJ11-32	YJ11-40	YJ650Ⅲ	YJ800Ⅲ
高压站	额定压力(MPa)	80	80	80	53	52
	额定挤压力(kN)	760	760	900	650	800
	外形尺寸(mm)	ϕ150×433	ϕ150×480	ϕ170×530	ϕ155×370	ϕ170×450
	质量(kg)	28	33	41	32	48
	适用钢筋(mm)	20～25	25～32	32～40	20～28	32～40
超高压泵站	电机	380V、50Hz、1.5kW				
	高压泵	80MPa、0.8L/min				
	低压泵	2.0MPa、4.0～6.0L/min				
	外形尺寸(mm)	790×540×785(长×宽×高)				
	质量(kg)	96	油箱容积(L)	20		
超高压胶管		100MPa,内径 6.0mm,长度 3.0m(5.0m)				

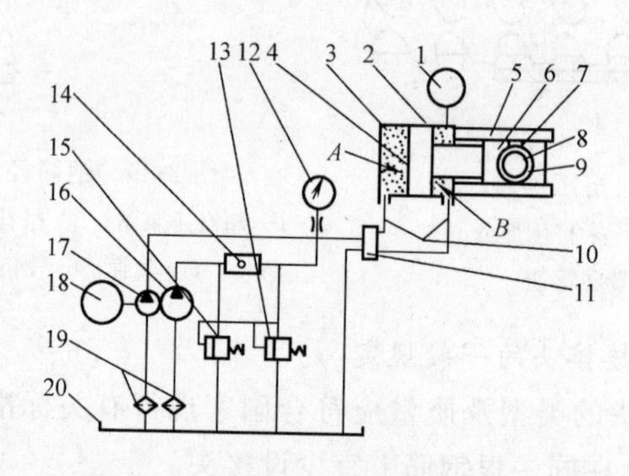

图 2-40 钢筋挤压设备工作原理图

1—悬挂器；2—缸体；3—液压油；4—活塞；5—机架；6—上压模；7—套筒；8—钢筋；9—下压模；10—油管；11—换向阀；12—压力表；13—溢流阀；14—单向阀；15—限压阀；16—低压泵；17—高压泵；18—电动机；19—滤油器；20—油箱

4）挤压设备有下列情况之一时，应对挤压机的挤压力进行标定。

(1) 新的挤压设备使用前，旧挤压设备大修后。

(2) 油泵表受损或强烈震动后。

(3) 套筒压痕异常，查不出其他原因。

(4) 挤压设备使用超过一年，挤压的接头数量超过 5000 个。

(5) 压模、套筒与钢筋应相互配套使用，压模上应有相对应的连接钢筋规格标记。

(6) 高压油泵应采用液压油，油液应过滤、保持清洁，油箱应密封，防止雨水、灰尘混入油箱。

4.2.3 平衡器

平衡器是一种辅助工具，它是利用卷簧张紧力的变化进行平衡力调节，利用平衡器吊挂挤压机，将平衡重量调节到与挤压机重量一致或稍大时，使挤压机在任何位置均达到平衡，即操作人员手持挤压机处于无重状态，在被挤压的钢筋接头附近的空间进行挤压施工作业，从而大大减轻了工人的劳动强度，提高挤压效率和质量。

4.2.4 钢套筒

钢套筒是钢筋挤压连接的主要连接件，因此，钢套筒材料应选用适用于压延加工的钢材。其力学性能应符合以下要求：屈服强度为225～330N/mm²，抗拉强度为375～500N/mm²，延伸率为15%。钢套的规格尺寸，应符合表2-12的规定。

钢套筒的规格和尺寸 **表2-12**

钢套筒型号	钢套筒尺寸(mm)			压接标志道数
	外　径	壁　厚	长　度	
G40	70	12	240	8×2
G36	63	11	216	7×2
G32	56	10	192	6×2
G28	50	8	168	5×2
G25	45	7.5	150	4×2
G22	40	6.5	132	3×2
G20	36	6	120	3×2

钢套筒表面不得有裂纹、折叠、结疤等缺陷，外表尺寸允许偏差：长度±2mm，外径±1%（且不大于±0.5mm)，厚壁（+12%、-10%）。

4.2.5　套筒挤压连接工艺参数

在选择合适材质和规格的钢套筒以及挤压设备、压模后，套筒接头的质量主要取决于套筒挤压连接的工艺参数。套筒挤压连接的工艺参数包括压痕最小直径、压痕最小总宽度。

1）压痕总宽度

压痕总宽度是指接头一侧每一道压痕底部平直部分宽度之和。压痕总宽度由各生产厂家根据各自设备、压模刃口的尺寸和形状，通过在其所售钢套筒上喷出挤压道数标志或出厂技术文件中确定，并且不得小于表2-13、表2-14所规定的压痕宽度的最小值。

2）压痕最小直径

压痕最小直径是由操作者根据表2-13、表2-14所规定数值控制。压痕最小直径一般是通过挤压机上的压力表读数来间接控制。由于钢套筒的材质不同，造成挤压所要求的压痕最小直径时所需的压力也不同。所以，在挤压不同批号和炉号的钢套筒时，根据表2-13、表2-14所规定的数值进行试压，以确定挤压到规定数值时所需要的压力值。

3）套筒挤压连接工艺参数

见表2-13、表2-14。

不同规格钢筋连接时的参数选择 **表2-13**

连接钢筋规格	钢套筒型号	压模型号	压痕最小直径允许范围(mm)	压痕最小总宽度(mm)
ϕ40～36	G40	ϕ40端M40	60～63	≥80
		ϕ36端M36	57～60	≥80
ϕ36～ϕ32	G36	ϕ36端M36	54～67	≥70
		ϕ32端M32	51～54	≥70
ϕ32～ϕ28	G32	ϕ32端M32	48～51	≥60
		ϕ28端M28	45～48	≥60
ϕ28～ϕ25	G28	ϕ28端M28	41～44	≥55
		ϕ25端M25	38～41	≥55
ϕ25～ϕ22	G25	ϕ25端M25	37～39	≥50
		ϕ22端M22	35～37	≥50

续表

连接钢筋规格	钢套筒型号	压模型号	压痕最小直径允许范围 (mm)	压痕最小总宽度 (mm)
φ25～φ20	G25	φ25 端 M25	37～39	≥50
		φ20 端 M20	33～35	≥50
φ22～φ20	G22	φ22 端 M22	32～34	≥45
		φ20 端 M20	31～33	≥45
φ22～φ18	G22	φ22 端 M22	32～34	≥45
		φ18 端 M18	29～31	≥45
φ20～φ18	G20	φ20 端 M20	29～31	≥45
		φ18 端 M18	28～30	≥45

同规格钢筋连接时的参数选择 **表 2-14**

连接钢筋规格	钢套筒型号	压模型号	压痕最小直径允许范围 (mm)	压痕最小总宽度 (mm)
φ40～φ40	G40	M40	60～63	≥80
φ36～φ36	G36	M36	54～57	≥70
φ32～φ32	G32	M32	48～51	≥60
φ28～φ28	G28	M28	41～44	≥55
φ25～φ25	G25	M25	37～39	≥50
φ22～φ22	G22	M22	32～34	≥45
φ20～φ20	G20	M20	29～31	≥45
φ18～φ18	G18	M18	27～29	≥40

4.2.6　套筒挤压连接操作

(1) 挤压连接前，应清除钢套筒和钢筋端头的铁锈和泥土杂质。同时将钢筋与套筒进行试套，如钢筋端部有马蹄弯折或有毛刺套不上时，用手动砂轮修磨矫正。

(2) 在钢筋端部划出插入长度标记，钢筋按标记插入钢套筒内，并确保接头长度。同时，连接钢筋与钢套筒的轴心应保持同一轴线，以防止压空、偏心和弯折。

(3) 当钢筋插入套筒放进挤压机钳口时，钢筋的横肋要面向挤压机的上、下压模，同时，挤压时应从每侧套筒中间逐道向端部压接。

(4) 根据确定的工艺参数，确定压接道数，定好压接最小直径所需要的压力值，启动超高压油泵。

(5) 将挤压设备下压模卡板打开，取出下压模，形成开口，推入连接筒，再插入下压模，锁死卡板。

(6) 压钳在平衡器的平衡力作用下，对准钢套筒所需要压接的标记处，按手控上开关进行挤压，当压力达到规定值，听到液压油发出溢流声，再按手控下开关，退回柱塞完成一道挤压，重复以上操作直到压挤完毕。

(7) 为加快压接速度，减少现场高空作业，可先在地面压接半个压接接头，在施工作业区把钢套筒另一段插入预留钢筋，按工艺要求挤压另一段。

4.2.7　套筒挤压连接接头质量要求

1) 外观检查应符合下列要求

(1) 挤压后套筒长度应为 1.1～1.15 倍原套筒长度，压痕的最小直径和压痕最小总宽度符合表 2-13、表 2-14 的规定。

(2) 接头处弯折不得大于 4°。

(3) 挤压后的套筒不得有目视可见的裂缝。

2) 单向拉伸试验

接头根据静力单向拉伸性能以及高应力和大变形条件下反复拉、压性能的差别，分为三个性能等级。

(1) A 级为接头抗拉强度达到或超过母材抗拉强度标准值，并且具有高延性及反复拉压性能。

(2) B 级为接头抗拉强度达到或超过母材抗拉强度标准值的 1.35 倍，并且具有一定的延性及反复拉压性能。

(3) C 级为接头仅能承受压力。

(4) 三个接头试样的抗拉强度均应满足 A 级或 B 级抗拉强度的要求。

4.3 钢筋锥螺纹套筒连接

锥螺纹套筒连接是利用钢筋端部的外锥螺纹和套筒上的内锥螺纹来连接钢筋，如图 2-41 所示。

钢筋锥套筒螺纹连接具有连接速度快，对中性好，工艺简单，安全可靠，无明火作业，不受钢筋外形影响，可全天候施工，节约钢材和能源等优点，适用于施工现场连接直径16～40mm 的同径或异径钢筋。连接钢筋直径差不得超过 9mm。

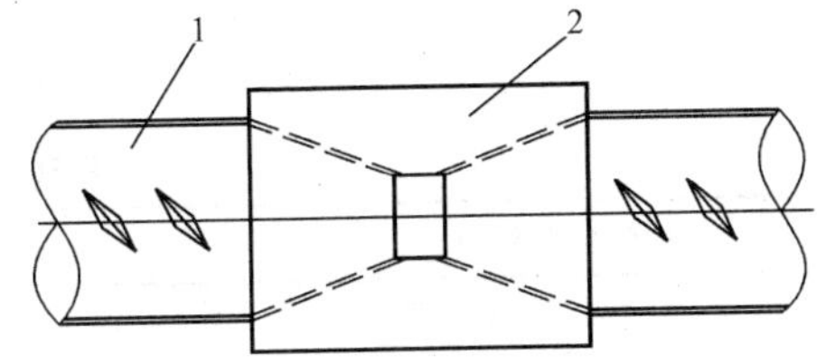

图 2-41 钢筋锥螺纹套筒连接

1—钢筋；2—套管

4.3.1 主要机具设备

1) 钢筋套丝机

如图 2-42 所示，钢筋套丝机由夹紧机构、切削头、退刀机构、减速器、冷却泵和机体等组成，是加工钢筋连接端的锥型螺纹用的一种专用设备，型号为 SZ-50A、ZL-4 等。可套制直径 16mm 及以上的Ⅱ、Ⅲ机钢筋。

2) 扭力扳手

扭力扳手是保证钢筋连接质量的测力扳手，它可以按照钢筋直径大小规定的力矩值，把钢筋与连接套拧紧，并当扭力达到规定值时，扭力扳手发出声响信号，扭力扳手的常用型号为 PW360，扭矩在 100～360N·m 之间。

3) 量规

量规分为牙形规、卡规和锥螺纹塞规。牙形规是用来检查钢筋连接端的锥螺纹牙形加工质量的量规。卡规是用来检查钢筋连接端的锥螺纹小端直径的量规。锥螺纹塞规是用来检查锥螺纹套筒连接套加工质量的量规。

4.3.2 钢筋连接套

钢筋连接套是钢筋锥螺纹套筒连接的主要连接件，其质量和规格应符合以下要求：

(1) 连接套有明显的规格标记，如Φ32 或Φ32 等。

(2) 连接套的锥孔用塑料密封盖封住。

(3) 同径或异径连接尺寸符合表 2-15 规定。

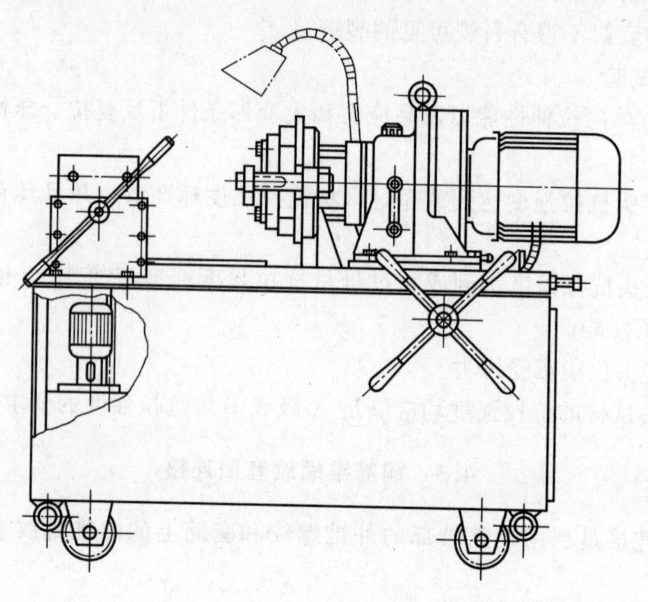

图 2-42　GZL-40B 型钢筋套丝机

连接套规格尺寸表

表 2-15

连接套规格标记	外径不小于(mm)	长度不小于(mm)
Φ16、Φ16	$25^{-0.5}$	$65^{-0.5}$
Φ18、Φ18	$28^{-0.5}$	$75^{-0.5}$
Φ20、Φ20	$30^{-0.5}$	$85^{-0.5}$
Φ22、Φ22	$32^{-0.5}$	$95^{-0.5}$
Φ25、Φ25	$35^{-0.5}$	$95^{-0.5}$
Φ28、Φ28	$39^{-0.5}$	$105^{-0.5}$
Φ32、Φ32	$44^{-0.5}$	$115^{-0.5}$
Φ36、Φ36	$48^{-0.5}$	$125^{-0.5}$
Φ40、Φ40	$52^{-0.5}$	$135^{-0.5}$

(4) 锥螺纹塞规拧入连接套后，连接套的大端边缘应在锥螺纹塞规大端的缺口范围内。如图 2-43 所示。

牙形规　钢筋锥螺纹

图 2-43　锥螺纹检验

(5) 连接套要有产品合格证。

(6) 连接套应分类包装存放，不得混放和锈蚀。

4.3.3　钢筋套丝

(1) 首先进行钢筋下料，按配料长度用钢筋切断机或砂轮锯切断，不得用气割切断，钢筋切断后，其端头平直，不得出现马蹄形或端头弯曲。

(2) 使用图 2-42 所示的钢筋套丝机进行套丝，将钢筋用套丝机的夹紧机构固定，启动机械，转动手轮使转动的切削头将钢筋端头切削成要求的锥形，再进行套丝。

(3) 钢筋端头套丝时，必须使用水溶性切削冷却润滑液，不得使用机油润滑或不加润滑液套丝。

(4) 钢筋套丝质量必须用牙形规与卡形规检查，钢筋的牙形与牙形规相吻合，其小端直径必须在卡规上标上允许误差之内，如图 2-43、图 2-44 所示。

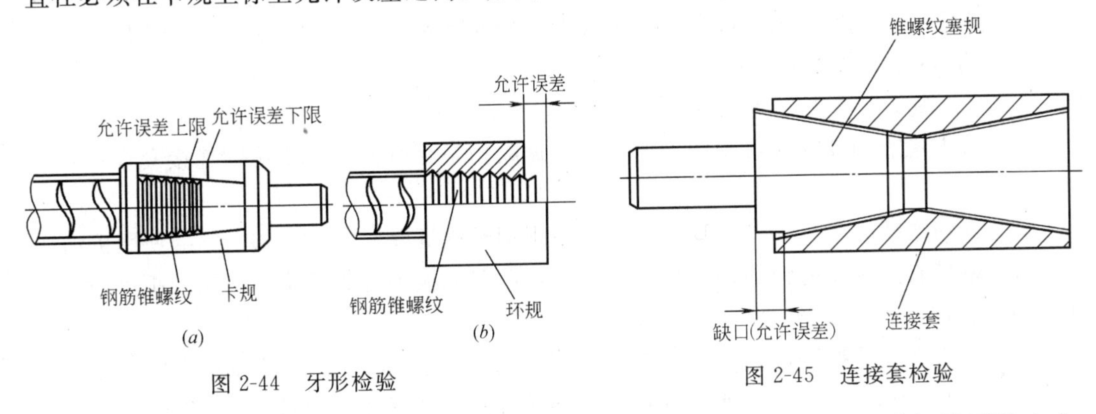

图 2-44 牙形检验

图 2-45 连接套检验

(5) 锥螺纹丝头牙形检验：牙形饱满，无断牙、秃牙缺陷，且与牙形规的牙形吻合，牙齿表面光洁的为合格品。

(6) 连接套质量检验：锥螺纹塞规拧入连接套后，连接套的大端边缘在锥螺纹塞规大端的缺口范围内为合格，如图 2-45 所示。

(7) 用套丝机套出的锥螺纹的丝扣要连续、光滑。锥螺纹丝扣完整牙数不得小于表 2-16 的规定值。

锥螺纹丝扣完整牙数 **表 2-16**

钢筋直径(mm)	完整牙数不小于(个)	钢筋直径(mm)	完整牙数不小于(个)
16～18	5	32	10
20～22	7	36	11
25～28	8	40	12

(8) 在操作人员自检合格的基础上，质检员必须对每种规格加工批量的接头随机抽检 10%，且不少于 10 个，并填写锥螺纹加工检验记录，如有一个丝头不合格，应对该批全数检查。

(9) 检查合格的钢筋锥螺纹，应立即将其一端拧上塑料保护帽，另一端按规定的力矩值，用扭力扳手拧紧连接套。

4.3.4 接头单体试件试验

钢筋锥螺纹套筒连接在正式施工前，对加工的锥螺纹接头进行专门的工艺检验，经工艺检验合格后，才能正式用于工程施工中，接头单体试件试验应符合以下要求：

(1) 在加工的接头中，每 300 个为一批，不足 300 个也作为一批，每批抽 3 个试件。

(2) 试件在进行外观尺寸检查合格后，按表 2-17 所规定的力矩值用扭力扳手拧紧。

接头拧紧力矩值 **表 2-17**

钢筋直径(mm)	16	18	20	22	25～28	32	36～40
拧紧力矩(N·m)	118	145	177	216	275	314	343

(3) 单体试件每侧钢筋截取 300mm 进行拉伸试验，拉伸试验应符合以下要求：

① 屈服强度实测值不小于钢筋的屈服强度标准值。

② 抗拉强度实测值与钢筋屈服强度标准值的比值不少于1.35，异径钢筋接头以小径钢筋强度为准。

③ 如有1根单体试件达不到上述要求值，应再取双倍试件试验，但全部试件合格后，方可进行正式施工，如仍有1根试件不合格，则判定该批连接件不合格，不准在工程中使用。

④ 试验后要填写接头拉伸试验报告。

4.3.5 钢筋锥螺纹套筒连接接头在施工中的应用操作

(1) 首先检查预埋在混凝土的钢筋接头锥螺纹扣是否有损坏，使用的连接套规格是否符合要求。

(2) 钢筋锥螺纹头上如有杂物或锈蚀，可用钢丝刷清除，接头丝扣上不准使用机油。

(3) 将带有连接套的钢筋拧到待接钢筋上，用扭力扳手拧紧接头，当扭力扳手发出咔咔响声时，即达到拧紧值。

(4) 用扭力扳手拧连接套和钢筋时，其操作方法如2-46所示，拧连接套时一定要将下端的钢筋用管钳夹住，连接水平钢筋时，必须先将钢筋托平、再拧。

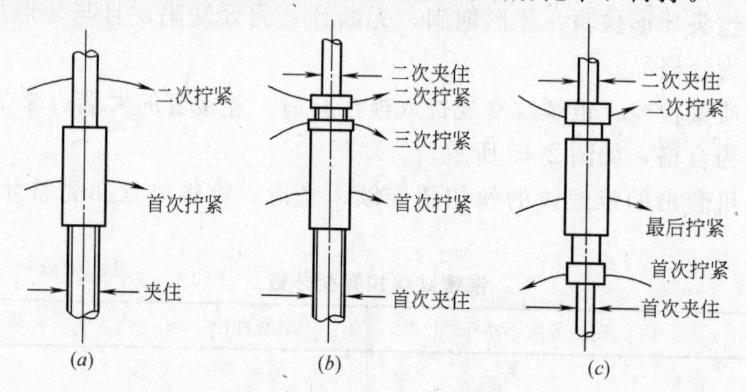

图 2-46 拧连接套和钢筋

(a) 同径与异径接头连接；(b) 单向可调接头连接；(c) 双向可调接头连接

(5) 连接完的接头必须立即用油漆做上标记，防止漏拧。

4.3.6 施工完毕后的接头质量检查

钢筋锥螺纹套筒连接接头在结构施工完毕后，还要进行一次检查，其检查的内容是进行接头外观质量检查、接头拧紧力矩值检查，在工程中随机截取试件进行拉伸试验检查。

1) 外观检查

在钢筋连接生产中，操作人员应认真逐个检查接头的外观质量，然后由质量员随机抽取同规格接头数的10%进行外观检查，应满足钢筋与连接套的规格一致，外露丝扣不得超过1个完整丝扣，并填写检查记录，如发现问题，应重拧或查找原因，及时消除，不能消除时，应报告有关技术人员做出处理。

2) 接头拧紧力矩值检查

质量员要用专用扭力扳手，按规定的接头拧紧值，对连接质量进行抽查，抽查数量如下：

(1) 梁、柱构件按接头数的15%抽查，且每个构件的接头抽检数不得少于1个接头。

(2) 板、墙、基础底板，每100个接头为一验收批，不足100个也作为一批，每批抽验3个接头。

(3) 抽查接头的拧紧力矩值必须全部合格，如有 1 个构件中的 1 个接头达不到规定的拧紧力矩值，则该验收批接头必须逐个检查，并填写接头质量检查记录。

3) 在工程中抽取接头试件做拉伸试验

(1) 这种接头试件必须在工程中随机截取，每一个验收批为同规格接头 500 个，不足 500 个也作为一批，从中抽取 3 个作拉伸试验。

(2) 拉伸试验合格的标准与单件接头拉伸试验标准相同。

(3) 如有 1 个试件的强度不符合要求，应再取 6 个试件进行复检，复检中仍有 1 个试件试验结果不符合要求，则该验收批评为不合格。

(4) 对不合格接头可采用电弧焊贴角焊缝方法补强，设计、监理人员共同确定，持有焊工考试合格证的人员才能施焊。

4.4 钢筋滚压直螺纹连接

钢筋滚压直螺纹连接是利用钢筋端部的外直螺纹和套筒上的内直螺纹来连接钢筋。如图 2-47 所示。钢筋滚压直螺纹连接是钢筋等强度连接的新技术，这种方法不仅接头强度高，而且施工操作简便，质量稳定可靠。可用于直径为 20～40mm 的同径、异径，不能转动或位置不能移动钢筋的连接。滚压直螺纹连接与锥螺纹连接相比，钢筋端头的螺纹加工容易，钢筋拧入连接套内不需要扭力扳手的测定力矩。

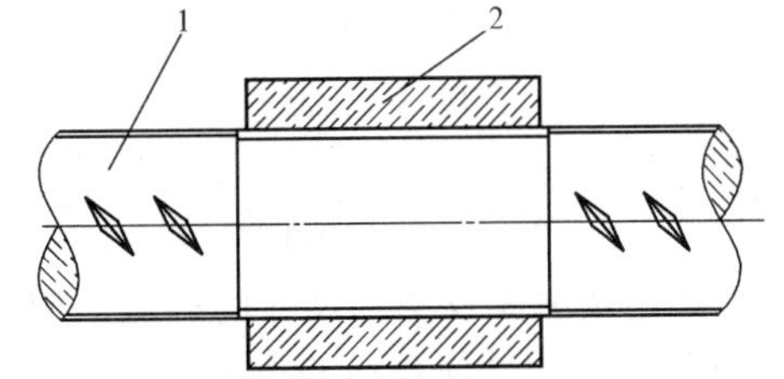

图 2-47 钢筋直螺纹连接

1—钢筋；2—套筒

4.4.1 主要机具设备

滚压直螺纹连接所用设备和工具主要有滚压直螺纹机、环规、塞规、管钳等。

1) 钢筋剥肋滚压直螺纹机

如图 2-48 所示，主要由台钳、剥肋机构、滚丝头、减速机和机座等组成。其工作原理是：钢筋夹持在台钳上，扳动进给手柄，减速机向前移动，剥肋机构对钢筋进行剥肋，到预定长度后，通过涨刀触头使剥肋机构停止剥肋，减速机继续向前进给，涨刀触头缩回，滚丝头开始滚压螺纹，滚到预定长度后，行程挡块与限位开关接触断电，设备自动停机并延时反转，将钢筋退出滚丝头，扳动进给手柄后退，通过收刀触头收刀复位，减速机退到极限位置后停机，松开台钳，取出钢筋，完成螺纹加工。

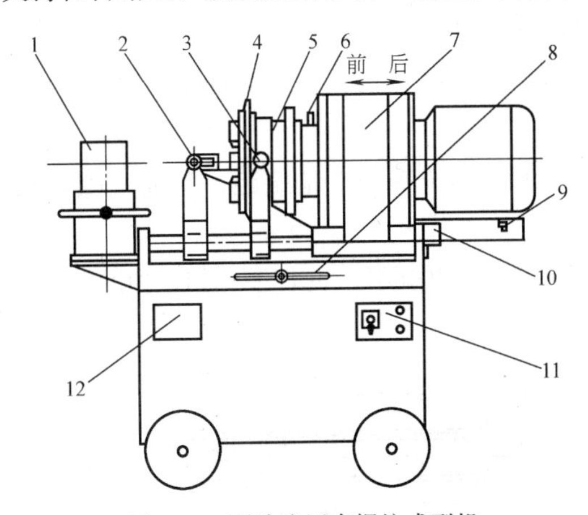

图 2-48 剥肋滚压直螺纹成型机

1—台钳；2—涨刀触头；3—收刀触头；4—剥肋机构；5—滚丝头；6—上水管；7—减速机；8—进给手柄；9—行程挡块；10—行程开关；11—控制面板；12—机座

2) 环规

用于钢筋端头套丝的丝头质量检验工具，每种丝头直螺纹的检验工具为止端螺纹环规和通端螺纹环规两种。

3）塞规

用于检验套筒质量的工具，每种套筒直螺纹检验工具分为止端螺纹塞规和通端螺纹塞规两种。

4）工作扳手

用于拧钢筋和连接套筒的工具。

4.4.2 钢筋连接套

直螺纹连接套应符合以下要求：

（1）有明显的规格标记，两端孔应用密封盖扣紧。

（2）连接套进场时，应有产品合格证。

（3）标准型连接套的外形尺寸应符合表 2-18 的规定要求。

连接套外形尺寸（mm） 表 2-18

钢筋直径	螺距(p)	长度 l_{-2}^{0}	外径 $\phi_{-0.4}^{0}$	螺纹小径 $D_1{}_{0}^{+0.4}$	钢筋直径	螺距(p)	长度 l_{-2}^{0}	外径 $\phi_{-0.4}^{0}$	螺纹小径 $D_1{}_{0}^{+0.4}$
ϕ16	2.5	45	ϕ25	ϕ14.8	ϕ28	3	70	ϕ44	ϕ26.1
ϕ18	2.5	50	ϕ29	ϕ16.7	ϕ32	3	82	ϕ49	ϕ29.8
ϕ20	2.5	54	ϕ31	ϕ18.1	ϕ36	3	90	ϕ54	ϕ33.7
ϕ22	2.5	60	ϕ33	ϕ20.4	ϕ40	3	95	ϕ59	ϕ37.6
ϕ25	3	64	ϕ39	ϕ23.0					

（4）连接套螺纹中径尺寸的检验采用止端塞规和通端塞规。止端塞规拧入深度小于等于 3 倍螺距，通端塞规应能全部拧入。

（5）连接套应分类包装存放，不得混放和锈蚀。

4.4.3 钢筋套丝

（1）使用图 2-48 的钢筋剥肋滚压直螺纹机进行套丝。

（2）根据直螺纹连接套的长度，预定出钢筋端头丝的长度，并将其长度确定在套丝机上。

（3）固定钢筋，启动机械套丝，套丝机必须用水溶性切削冷却润滑液，当气温低于零度时，应掺入 15%～20%的亚硝酸钠，不得用机油润滑。

（4）钢筋套出的丝扣的牙形、螺距必须与连接套的牙形、螺距相吻合，有效丝扣内的盘牙部分累计长度小于一扣周长的 1/2。

（5）钢筋套出的丝扣用止端螺纹环规拧入深度小于等于 3 倍螺距，用通端螺纹环规能够全部拧入，如图 2-49 所示。

（6）钢筋套出的丝扣长度用丝头卡板测量时，应比预定长度允许多一扣，如图 2-49 所示。

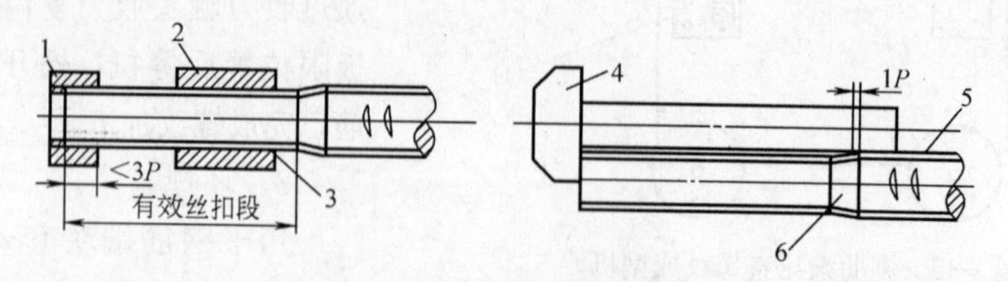

图 2-49 丝头质量检验示意图

1—止环规；2—通环规；3—钢筋丝头；4—丝头卡板；5—纵肋；6—第一小牙扣底

注：P 为螺距。

(7) 检查合格的丝头，应立即将其一端拧上塑料保护帽，另一端拧上连接套，并按规格分类堆放整齐待用。

(8) 经自检合格的钢筋丝头，应对每种规格加工批量随机抽检10%，且不少于10个，并参照表2-19填写钢筋螺纹加工检验记录，如有一个丝头不合格，即应对该加工批全数检查。

钢筋直螺纹加工检验记录 **表2-19**

工程名称				结构所在层数	
接头数量		抽检数量		构件种类	
序　　号	钢筋规格	螺纹牙形检验	公差尺寸合格	检验结论	

4.4.4 接头单体试件检验

直螺纹接头单体试件试验与锥螺纹接头单体试验的要求一样。

4.4.5 钢筋滚压直螺纹连接接头在施工中的应用操作

(1) 连接套规格与钢筋规格必须一致。

(2) 连接之前，应检查钢筋螺纹是否完好，钢筋螺纹丝头上如发现杂物或锈蚀，可用钢丝刷清除。

(3) 对于标准型和异径型接头连接。首先用工作扳手将连接套与一端的钢筋拧到位，然后再将另一端的钢筋拧到位。如图2-50 (*a*) 所示。

(4) 活连接型接头连接。先对两端钢筋向连接套方向加力，使连接套与两端钢筋丝头挂上扣，然后用工作扳手旋转连接套，并拧紧到位，其操作如图2-50 (*b*) 所示。

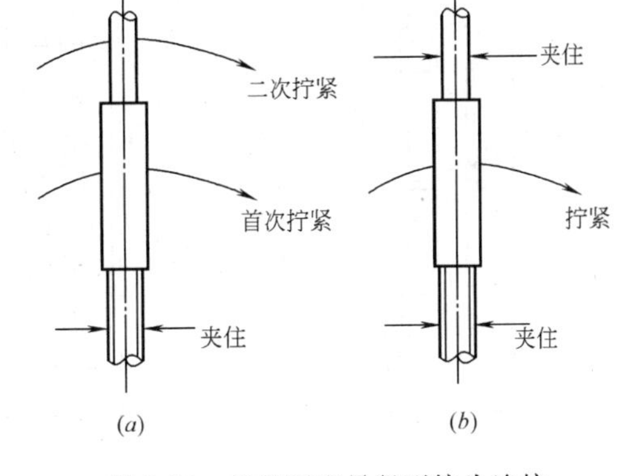

图2-50 标准型和异径型接头连接

(5) 在水平钢筋连接时，一定要将钢筋托平对正后，再用工作扳手拧紧。

(6) 被连接的两钢筋端面应处于连接套的中间位置，偏差不大于一个螺距，并用工作扳手拧紧，使两钢筋端面顶紧。

(7) 每连接完1个接头必须立即用油漆作上标记，防止漏拧。

4.4.6 施工完毕后的接头质量检查

滚压直螺纹连接的接头，在工程中随机截取试件只作外观检查和接头试件拉伸试验，其要求与锥螺纹连接接头相同。

课题5 受压构件模板工程

混凝土受压构件模板的基本功能与要求，所使用的材料与受弯构件模板工程相同，只是其构造不同。

5.1 组合钢模板的柱模板

使用组合钢模板支柱子的模板，如图 2-51 所示。

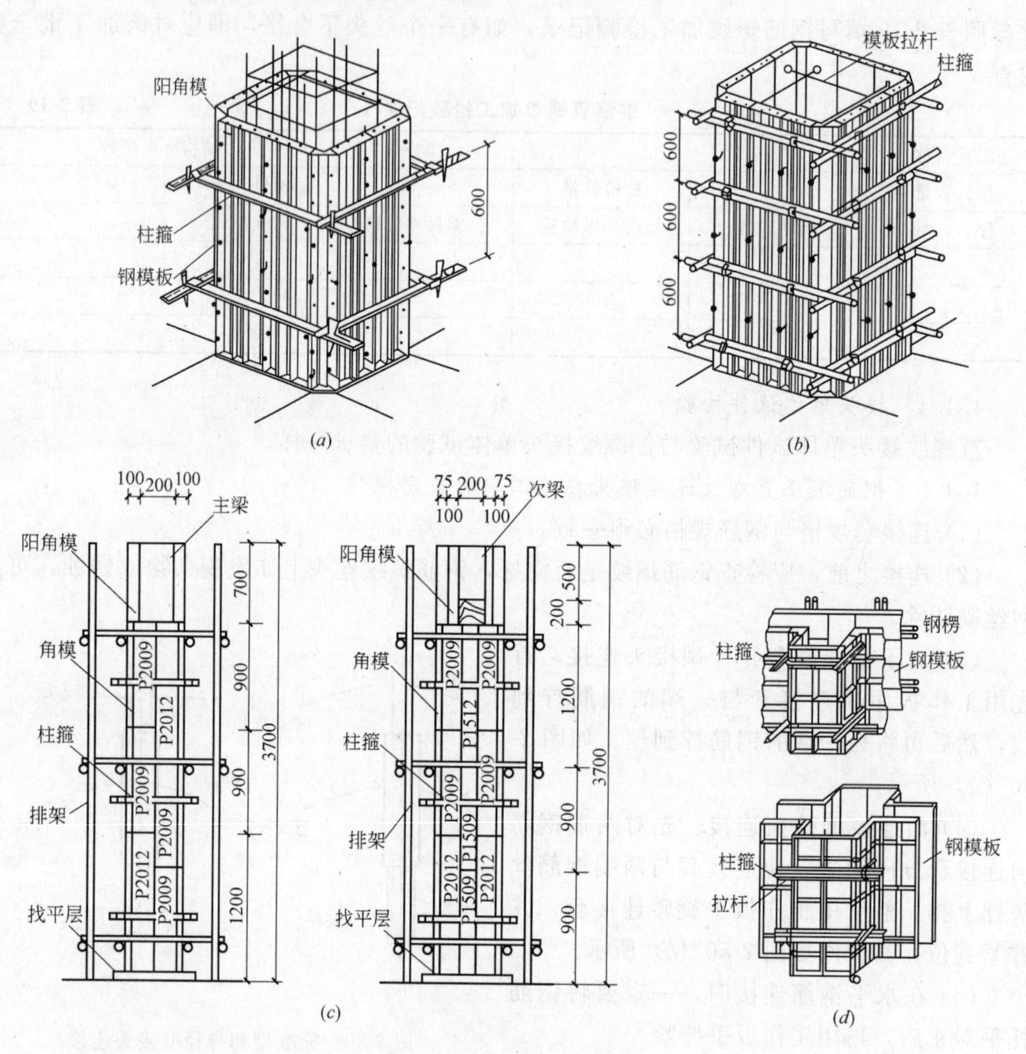

图 2-51 几种柱模支设方法

(a) 型钢柱箍；(b) 钢管柱箍；(c) 钢管脚手支柱模；(d) 附壁柱模

柱子模板是由配板、角模、柱箍、排架组成。配板是根据柱子的截面尺寸和高度确定，角模是将柱子的四面配板连接在一起，由于柱子的模板承受浇筑混凝土时所产生的巨大侧压力，只靠角模不能抵抗这些侧压力，因此，要加上柱箍才能保证柱子模板不会产生爆模，柱模板外侧的排架是保证柱模板垂直和稳定的作用。

模板所使用的规格与受弯构件施工中使用的组合钢模板相同。

保证柱模板垂直稳定的排架，使用脚手架的钢管进行搭设。

常用柱箍的规格和力学性能见表 2-20。

5.1.1 柱模板的设计

(1) 按照柱子断面尺寸，选用宽度方向的模板规格组配方案。

常用柱箍的规格和力学性能　　表 2-20

材料	简图	规格(mm)	夹板长度(mm)	截面积 A (mm^2)	截面惯性矩 I_x (mm^4)	截面最小抵抗矩 W_x (mm^3)	适用柱宽范围(mm)	重量(kg/根)
角钢	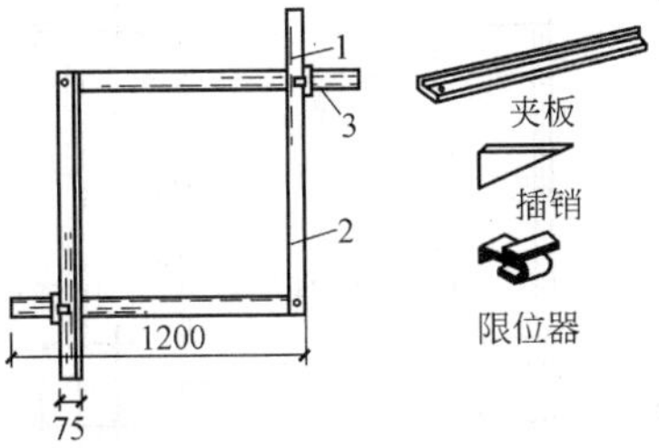 1、2、3；1200；75；夹板；插销；限位器	∠75×50×5	1068	612	34.86×10^4	6.83×10^3	250～750	5.01
轧制槽钢	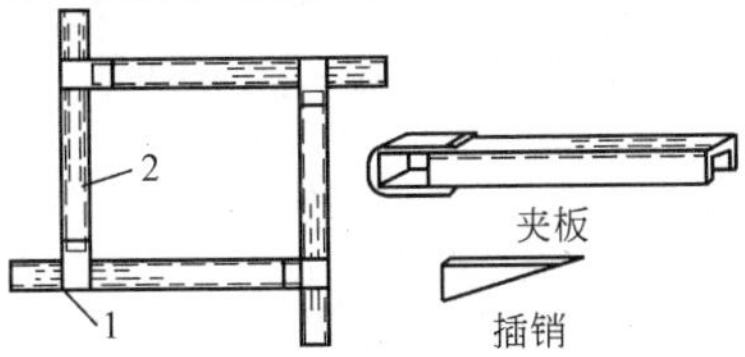 1、2；夹板；插销	[80×43×5 [100×48×5.3	1340 1380	1024 1074	101.30×10^4 198.30×10^4	25.30×10^3 39.70×10^3	500～1000 500～1200	11.69 15.21
钢管	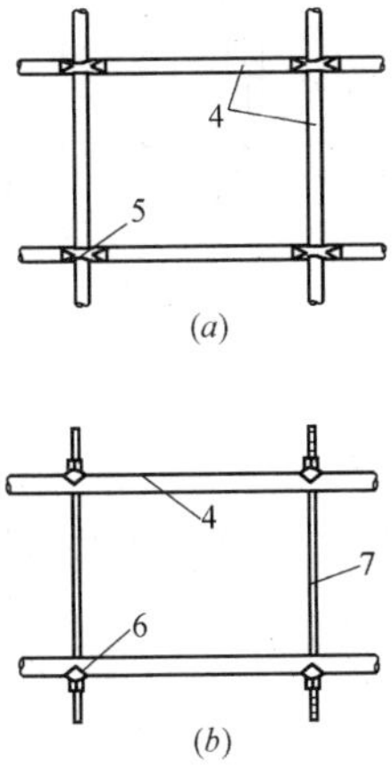 4、5；(*a*)；4、6、7；(*b*)	ϕ48×3.5	1200	489	12.19×10^4	5.08×10^3	300～700	4.61

注：1. 图中：1—插销；2—夹板；3—限位器；4—钢管；5—直角扣件；6—方形扣件；7—对拉螺栓；

2. 由 Q235 角钢、槽钢、钢管制成。

（2）根据柱子的高度方向选用模板规格组配方案。

（3）根据柱子的截面尺寸，混凝土浇筑的速度和混凝土的坍落度，确定柱箍的间距。柱箍间距一般为 400～600mm。当柱子截面尺寸较大，混凝土浇筑的速度快，混凝土的坍落度值较大时，柱箍间距就越小。

（4）按柱子模板的稳定要求，设置外排架或柱间水平撑和斜撑。

5.1.2　柱模板的支设

1）柱模板的放线

（1）在支柱前，首先弹出柱模板的位置线。柱模板放线从下层向上层转移时，除采用经纬仪外，也可采用在上层楼板上预留靶洞，用激光垂直经纬仪或线锤转移轴线的方法。如图 2-52（*a*）所示。

（2）建筑物较大时，除四角预留校核孔洞，在楼板上还可预留校核孔洞，以确保上层柱模板放线的准确性。如图 2-52（*b*）所示。

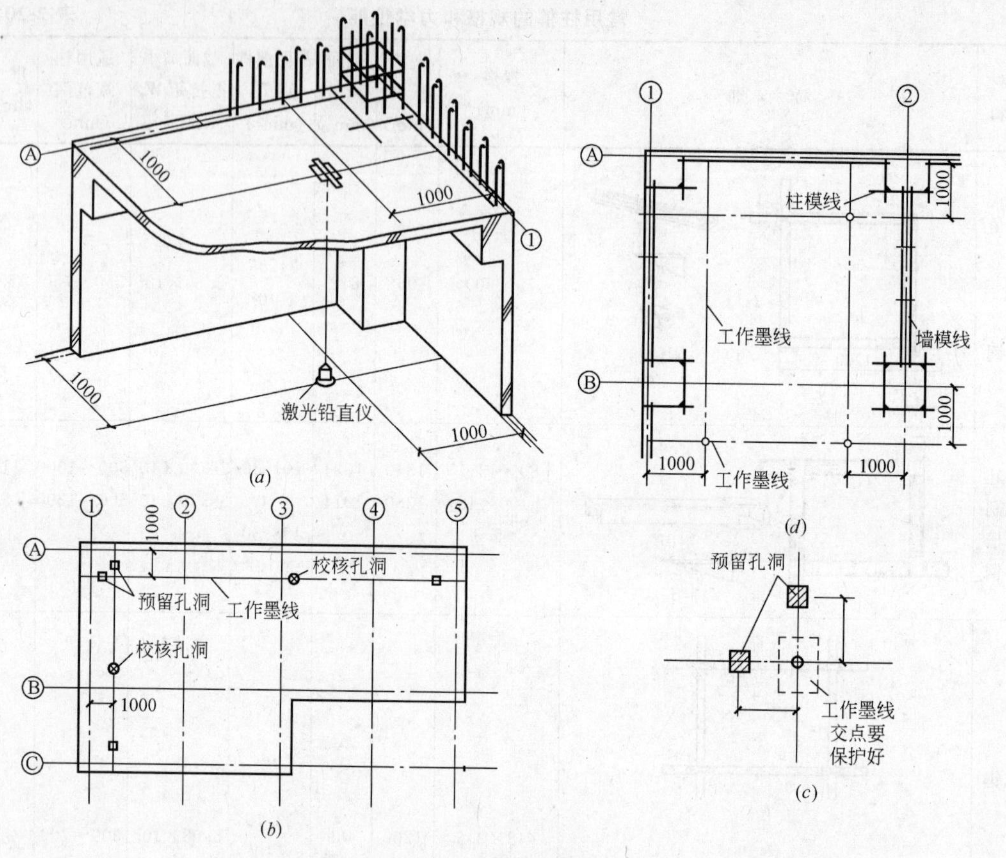

图 2-52　柱模板放线

（3）为以后校核方便起见，可离轴线 1000mm 留工作墨线，再从工作墨线引出轴线或直接利用工作墨线弹出模板位置线，如图 2-52（*c*）～（*d*）所示。

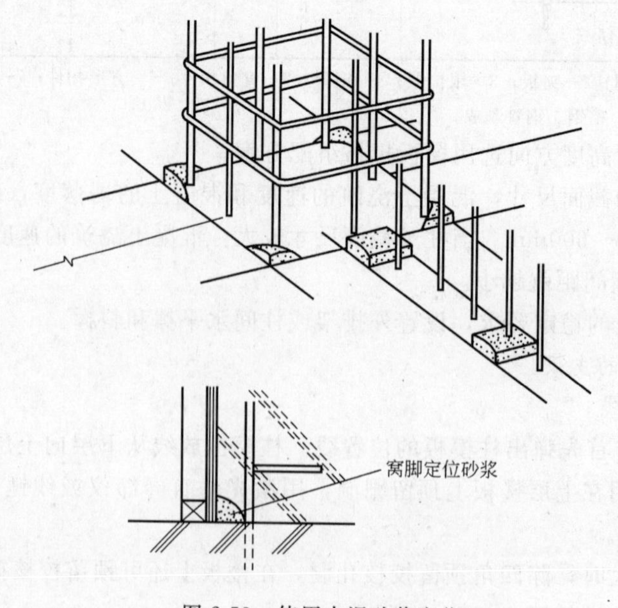

图 2-53　使用水泥砂浆定位

（4）根据柱模板位置线，在柱模板线的四角抹定位水泥砂浆或用定位五金件对模板进行定位。如图 2-53、图 2-54 所示。

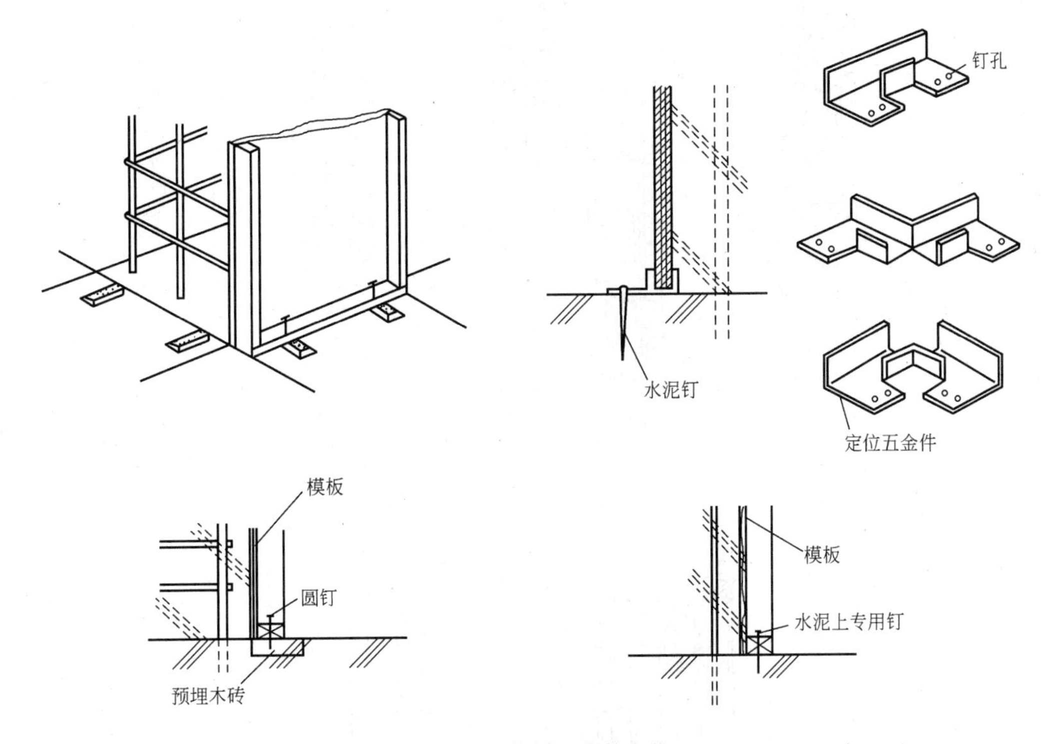

图 2-54　使用五金件定位

2）柱模板底找平

（1）柱模板设立在楼板上或地面上，为了保证柱模板的高度一致，必须保证柱模板所设立的楼板或地面在同一个平面上，因此，要求水准仪根据 BM 点定出柱模板底部的标高。如图 2-55 所示。

（2）根据定出的水平标高，在立柱模板的位置上抹水泥砂浆找平。如图 2-56（*a*）所示。柱外侧模板用承垫板条找平，如图 2-56（*b*）所示。

3）配板安装

（1）按柱模板配板设计图要求，先将柱子第一层四面模板就位组拼好，每面安装连接角模，用 U 形卡反正交替连接。

（2）使模板四面按柱位置线角定位砂浆块就位，并使之垂直，对角线相交

（3）按设计柱箍的间距要求安装柱箍，并将销铁插牢或用螺栓固定。

4）柱模板的校正

（1）对模板的轴线位移、垂直偏差、对角线、配板平整等进行全面校正，符合要求后，用排管和支撑将其固定。

（2）最后检查安装质量，将柱根模板内清理干净，封闭清理口。

5.2　组合钢模板的墙模板

使用组合钢模板支墙的模板，如图 2-57 所示。

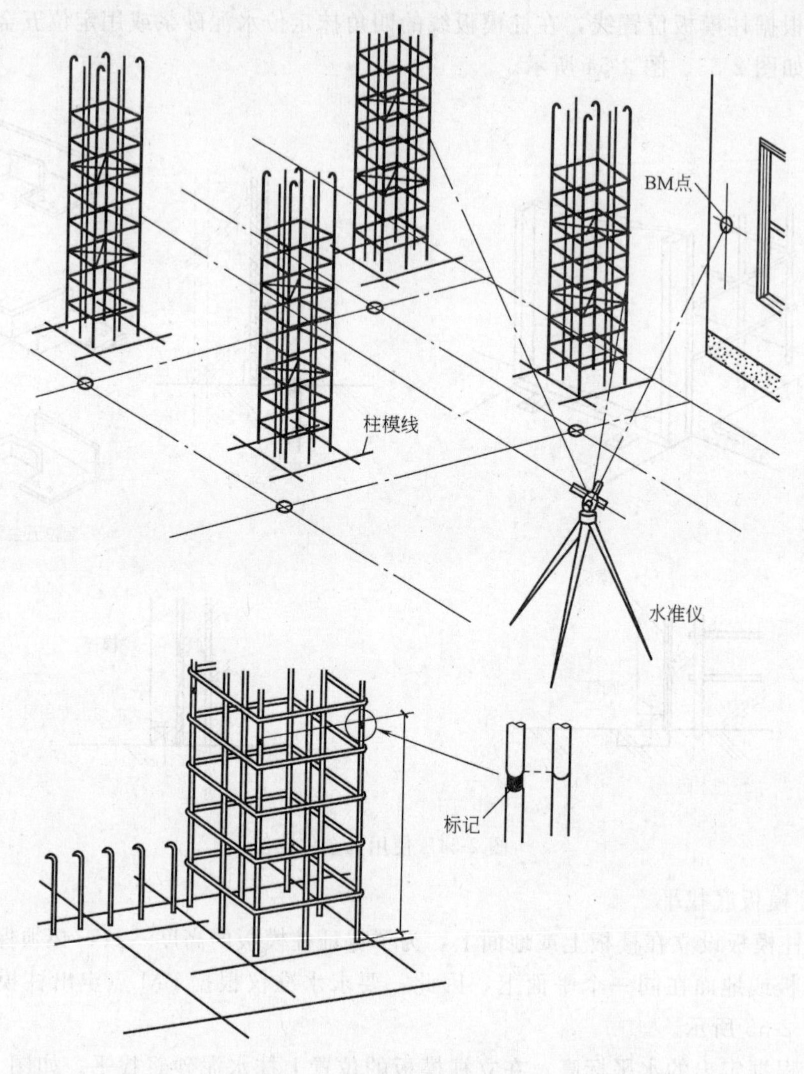

图 2-55　柱模水平标高标记

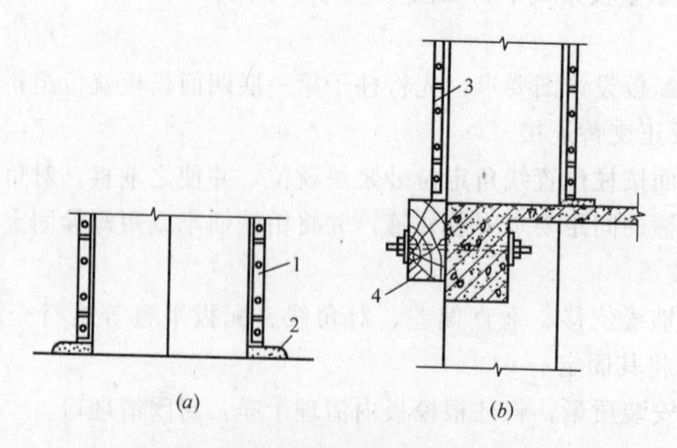

图 2-56　柱模板安装

(a) 柱模板安装底面处理；(b) 边柱外侧模板的固定方法

1—柱模板；2—砂浆找平层；3—边柱外侧模板；4—承垫板条

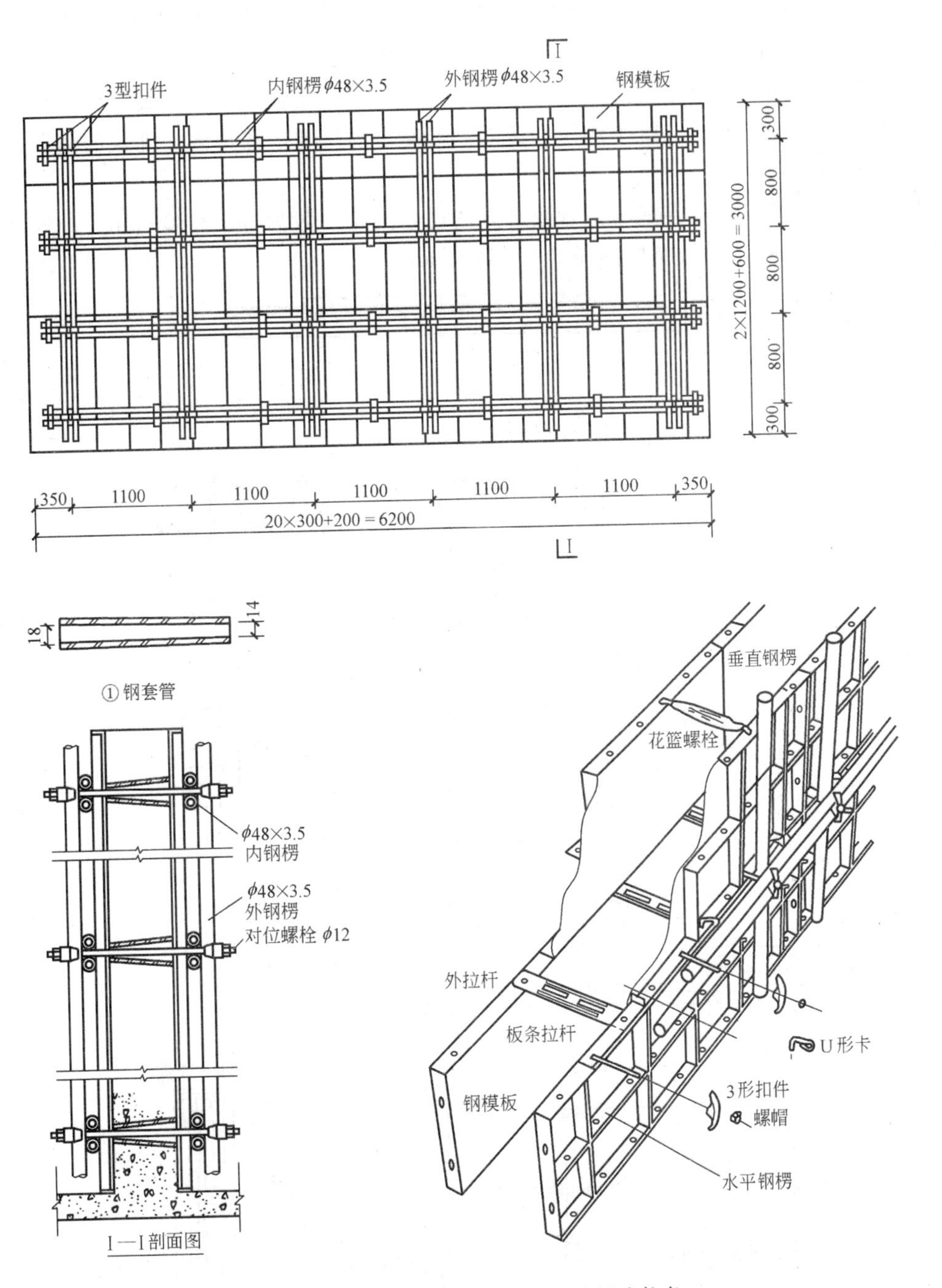

图 2-57 墙模支模用钢管、螺栓及板式拉条

墙的模板是由配板、内钢楞、外钢楞、对拉螺栓组成。配板是根据墙的尺寸配制，内钢楞在对拉螺栓的固定下托住配板，增加配板的刚度和平整度，外钢楞在对拉螺栓的固定下托住内钢楞，减少内钢楞的变形，墙模板外侧应增加斜撑，以保证墙模板的稳定性。

5.2.1 墙模板的设计

(1) 根据墙的平面尺寸，采用横排原则，计算出各类配板的块数和尺寸，不足处可用木模板镶补。

(2) 根据墙的平面尺寸，采用竖排原则，计算出各类配板的块数和尺寸，不足处用本模板镶补。

(3) 对于上述横、竖排的方案进行比较，采用木模板镶补最少的方案。

(4) 根据墙的厚度、混凝土浇筑的速度和混凝土坍落度，选择内、外板的间距和对拉螺栓的规格和间距。

(5) 内、外模可选用方钢、钢管或木方内楞，间距一般为 600～800mm，外模间距一般为 800～1100mm，对拉螺栓间距 800～1200mm。

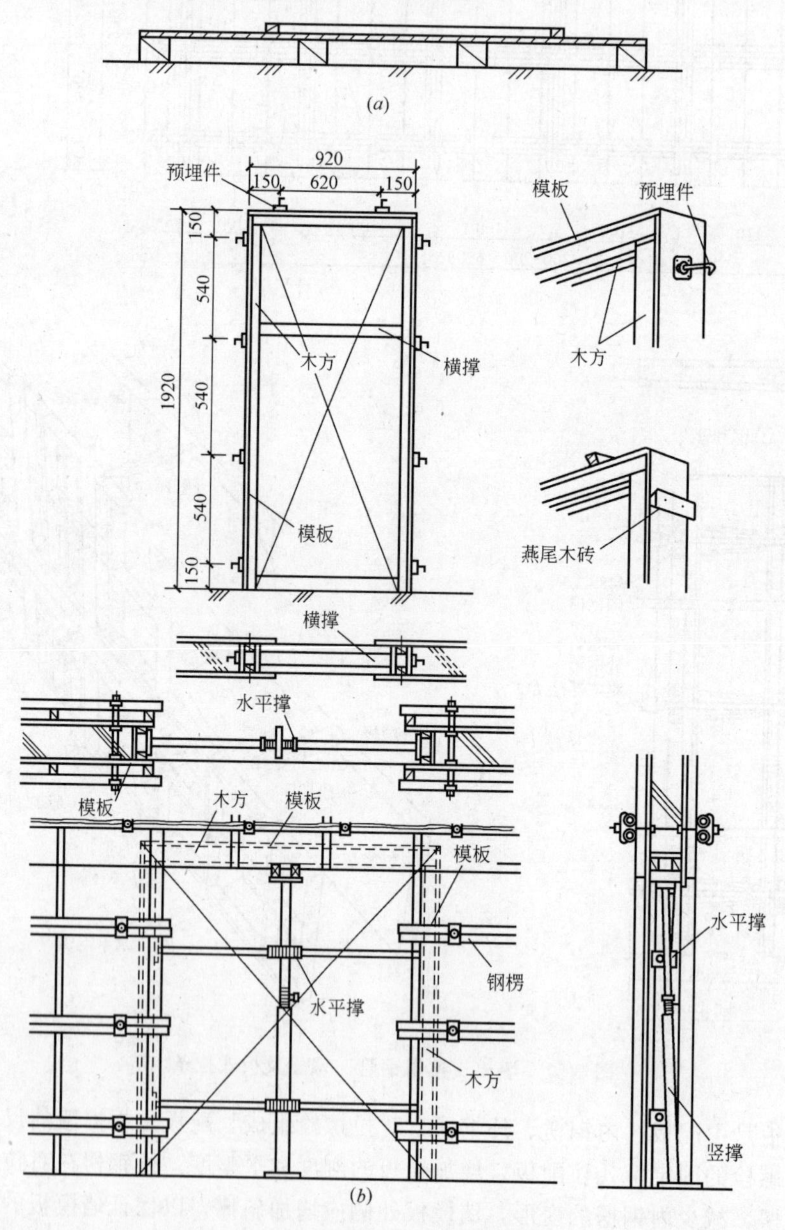

图 2-58　有门窗洞口墙的模板做法

(a) 固定门窗框的墙模板，在模板上弹上门窗框位置墨线；

(b) 立墙模时，门洞的做法

5.2.2 墙模板的支设

1）放线、找平

墙模板在支设时，放线、找平、做定位块与柱模板的要求相同。

2）门窗洞口模板安装

因为墙上一般有门窗洞口，所以，门窗洞口模板安装过程如下：

(1) 在安装模板前，按位置线安装门窗洞口模板，与墙体钢筋固定，并安装预埋件或木砖。如图 2-58 (*a*) 所示。

(2) 为了一次固定门窗框，在混凝土墙模板上可将门窗框预先安装好，浇筑混凝土时一次完成。如图 2-58 (*b*) 所示。这样对于防水、提高工效都有好处，但是对安装的要求很高，尺寸没有调整的余地，除担心找准位置尺寸外，加设临时支撑以增加门窗刚度。

(3) 一次固定门窗框的施工步骤如图 2-59 所示。

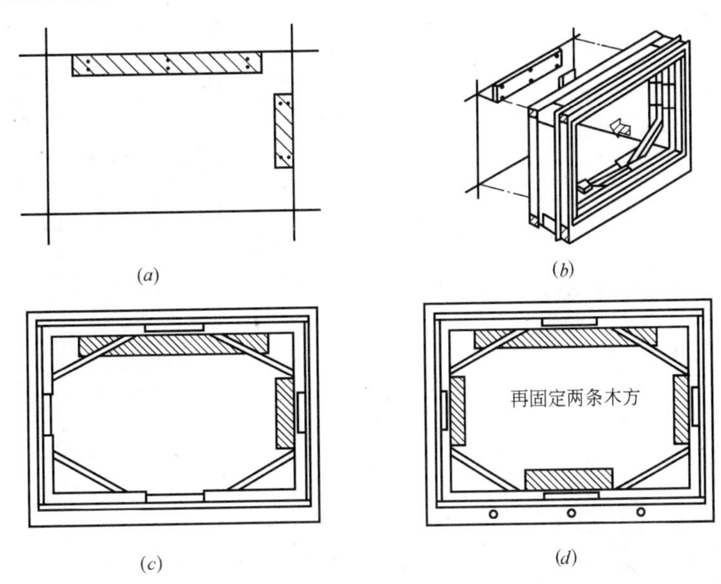

图 2-59　一次固定门窗框的施工步骤

(*a*) 沿墨线固定两条木方；(*b*) 将门窗框安装在木方上；(*c*) 安装好的门窗框；
(*d*) 门窗框的固定开孔使混凝土能充分填充门窗框周围

(4) 一次固定门、窗框时，要注意内外墙的正反方向，发泡塑料止水条等要安装在正确位置上，铝合金门、窗的外露部位要用塑料薄膜保护起来，以防被混凝土污染，其模板节点构造要求如图 2-60 所示。

3）墙模板的配板安装

(1) 安装配板时，宜采用墙两侧模板同时安装，模板应从墙角模开始，向互相垂直的两个方向组拼，这样可以减少临时支撑，否则，要随时增加支撑，以保证墙模处于稳定状态。

(2) 在组装模板时，要使两侧穿孔的模板对称放置，以便边安装模板，边上对拉螺栓，使墙体模板处于稳定状态。

(3) 相邻模板边用 U 形卡连接，其间距不得大于 300mm。

(4) 配板安装完毕后，安装内楞和外楞。

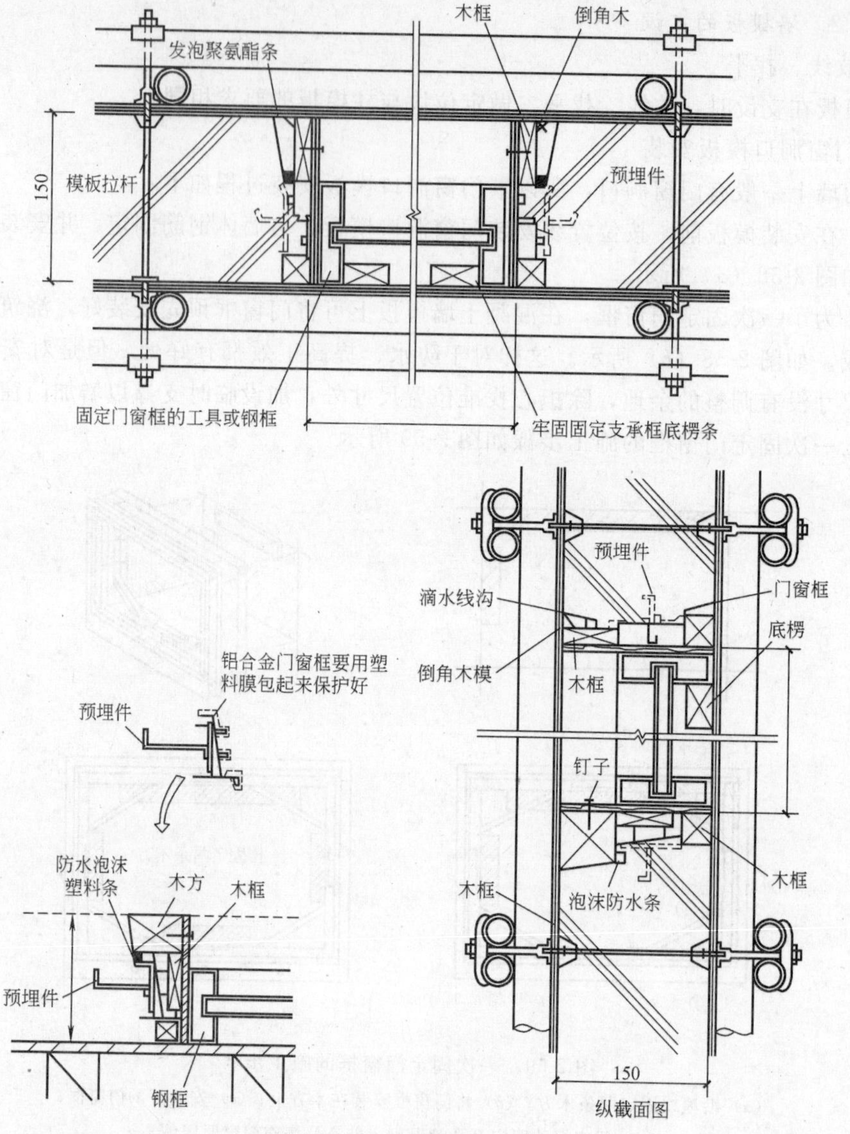

图 2-60　一次固定窗框详图

（5）墙模板上小型设备孔洞的预留，当遇到钢筋时，可直接通过，不可将钢筋推至模板侧边，如图 2-61 所示。

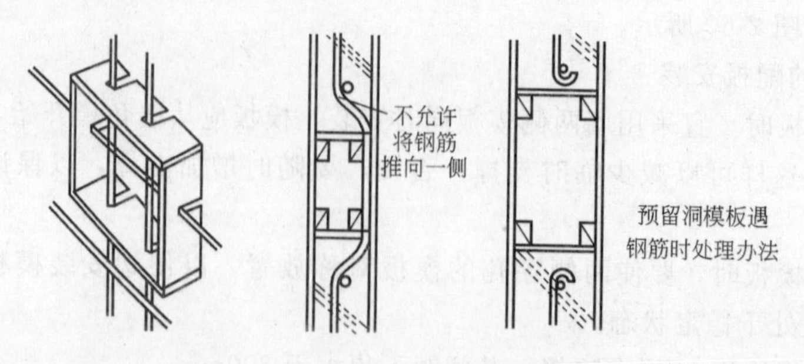

图 2-61　墙上设备孔洞模板做法

有预留洞的模板要按规定尺寸大小，考虑是否加设支撑，以防变形。

(6) 连接模板两侧的对拉螺栓都要连接牢固，而且要求拉紧力度一致。

4) 墙模板的校正

模板安装完毕后，全面检查螺栓、斜插销是否紧固、稳定，模板拼缝及下口是否严密，并校正其垂直度和标高、厚度尺寸等。

5.3 竹、木胶合板的柱模板

使用竹、木胶合板支设柱子模板，其模板设计和模板的支设与组合钢模板基本相同，只是用竹木胶合板做柱模时，柱的每一侧面都是一整块模板，装拆速度快，没有接缝，浇筑出混凝土柱表面光滑，适用于清水混凝土的施工。

柱模板的配制方法如下：

(1) 形体简单的矩形柱，可根据结构施工图纸，直接按尺寸列出模板规格和数量。

(2) 柱模板可采用对拉螺栓或室外双层钢模柱箍加强模板的刚度，以满足浇筑混凝土时柱模的刚度要求。如图 2-62 所示。

(3) 圆形柱子，可在平整的地坪上，按结构图的尺寸画出模板图形，套制模板，根据样板，可用竹、木胶合板先加成半圆形，在边端钉上木柱，木柱上预先钻孔。在孔洞中用螺栓夹紧固定，木楞根据需要，可以是平口，以可以企口。如图 2-62 所示。

(4) 支模时，用木方做竖楞，用钢丝或扁钢做柱箍，将木方与模板固定。大直径柱模板还要加模板拉杆，如图 2-62 (*b*)、(*c*) 所示。

(5) 柱头与梁口的接头，可在梁口处拼上木枋，横向木枋要加工成与柱模的弧度相吻合，如图 2-62 (*d*)、(*e*) 所示。

5.4 竹、木胶合板的墙模板

采用竹、木胶合板支设混凝土墙的模板，其放线、定位、设计和支设操作与组合钢模板基本相同，只是使用竹、木胶合板的组合钢模数，可以减少接缝，使墙面平整、光滑，满足清水混凝土的要求，作为内墙的模板，可以节省抹灰的要求。在平整的混凝土墙面上只需要刮二遍腻子，就能满足墙面装饰的需要。

用竹、木胶合板做墙身的整体模块，可采用简便的施工方法。将 915mm×1830mm 的胶合板沿长方向对半锯为 456mm×1830mm 的板块，根据层高沿其长方向配制模板的高度。外墙模板为 456mm×2900mm，内墙模板为 456mm×2648mm。沿拼缝和板中部各钉以 40mm×60mm 小木枋，作为基本模板。沿墙长拼接时，两块板间留 3mm 缝，用 40mm×60mm 小木枋盖设，余下长度配一块较狭的板。门窗洞口用 50mm 厚木板做侧模。全部内外墙体都采用了胶合板。

图 2-63 (*a*) 为墙模板的纵剖面，图 2-63 (*b*) 为外墙转角处的模板构造。所有内外墙与楼板全都采用胶合板，施工效率相当高，经济效益亦好。

5.5 柱、墙模板的质量要求

柱、墙模板安装其质量应符合以下要求：

模板表面滑洁并刷隔离剂；模板接缝严密不漏浆；模板轴线位置偏差小于或等于 5mm；模板上表面标高偏差小于或等于±5mm；模板截面内部尺寸偏差小于或等于

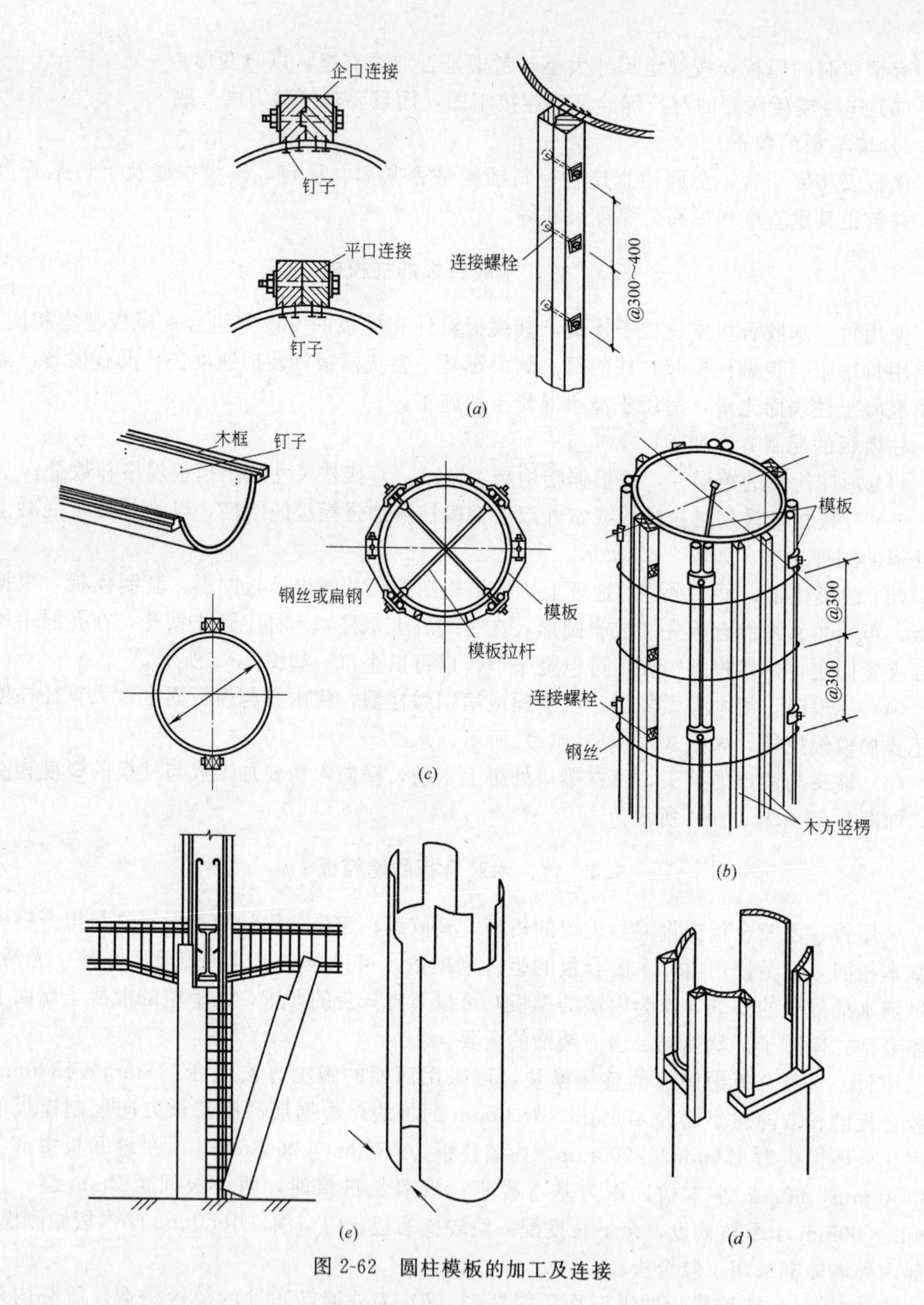

图 2-62　圆柱模板的加工及连接

+4mm，−5mm；模板层高垂直度偏差小于或等于 6mm；模板相邻两板表面高低偏差小于或等于 2mm；模板表面平整度偏差小于或等于 5mm。

5.6　柱、墙模板的拆除

5.6.1　柱、墙模板的拆除

由于柱、墙的模板属于侧模板，所以，柱、墙的混凝土强度达到 2.5MPa 时就可以拆

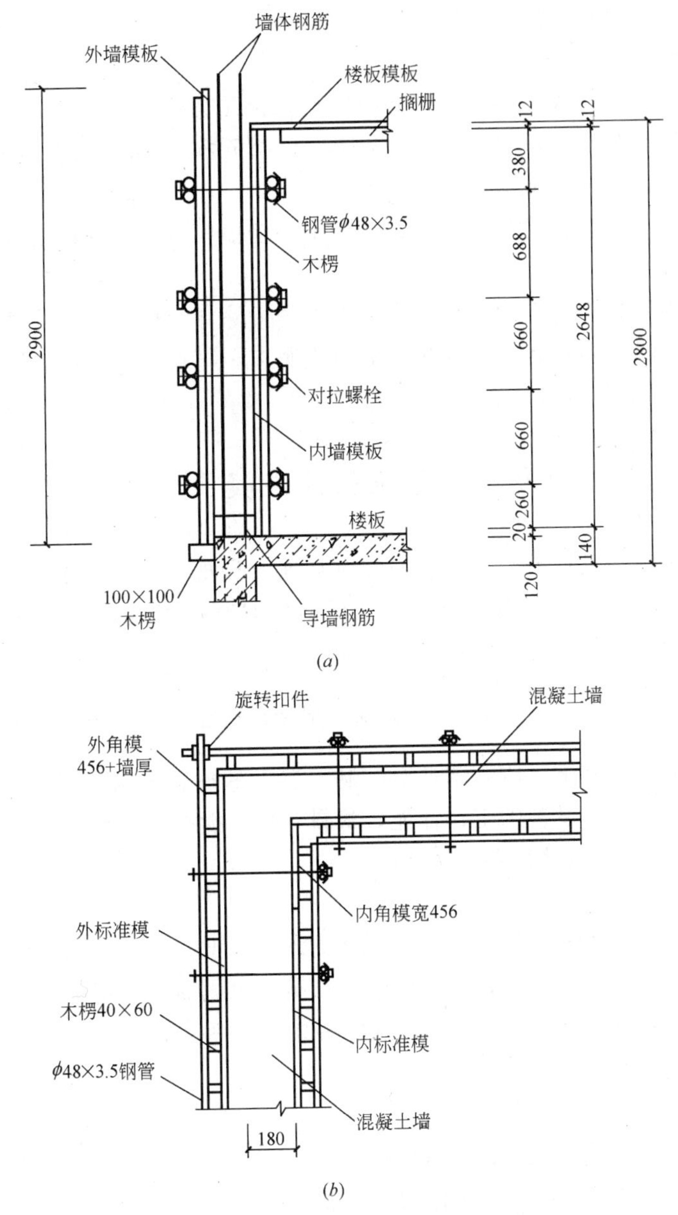

图 2-63　胶合板整体墙模板

除。混凝土强度达到 2.5MPa 的养护时间，参考表 2-21。

拆除侧模时间参考表　　　　**表 2-21**

水泥品种	混凝土强度等级	混凝土的平均硬化温度(℃)					
		5°	10°	15°	20°	25°	30°
		混凝土强度达到 2.5MPa 所需天数(d)					
普通水泥	C10	5	4	3	2	1.5	1
	C15	4.5	3	2.5	2	1.5	1
	≥C20	3	2.5	2	1.5	1.0	1
矿渣及火山灰质水泥	C10	8	6	4.5	3.5	2.5	2
	C15	6	4.5	3.5	2.5	2	1.5

5.6.2 柱、墙模板拆除的顺序

1）柱模板拆除

(1) 先拆除柱的外排架或斜支撑，卸掉柱箍和拉结螺栓。

(2) 组合钢模板柱模，应自上而下分层拆除，拆除第一层时，用木锤式橡皮锤轻击模板上口，使之松动，脱离柱混凝土后，再取下模板。

(3) 竹、木胶合板柱模要从上口向外侧轻击，轻撬模板，使之松动后再取下模板。

2）墙模板拆除

(1) 首先拆除墙模板的斜向支撑，自上而下的拆除穿墙螺栓及内外楞。

(2) 使用橡皮锤轻击模板，使模板与混凝土脱离，再自上而下逐块拆除。

3）模板拆除后分规格堆放整齐。

课题6 受压构件混凝土施工

柱和墙受压构件在进行混凝土施工时，其运输、振捣、养护等过程的基本要求与梁、板基本相同。在本课题中不再叙述。因为在目前仍然有很多地方需在现场进行混凝土搅拌。所以，本课题着重叙述有关现场搅拌混凝土内容。

6.1 施工现场配制混凝土

在施工现场配制混凝土，应该掌握对配制混凝土的材料要求、混凝土配合比的要求、搅拌站的设置要求、搅拌设备的工作性能、材料计量、搅拌过程等。

6.1.1 配制混凝土的材料要求

1）水泥

(1) 水泥品种应按设计要求选用，其强度等级不应低于32.5MPa，不得使用过期或受潮结块的水泥，并不得将不同品种或不同强度等级的水泥混合使用。

(2) 应优先选用铝酸三钙含量较低，水化游离氧化钙、氧化镁和二氧化硫尽可能低的低收缩水泥。

(3) 应优先选用低、中水化热水泥，尽可能不使用高强度、高细度的水泥，利用后期强度的混凝土，不得使用低热微膨胀水泥。

(4) 不准使用早强水泥和含有氯化物的水泥。

(5) 非盛夏时期施工，应优先选用普通硅酸盐水泥。

(6) 水泥的含碱量（Na_2O+K_2O）应小于0.6%，尽可能选用含碱量不大于0.4%的水泥。

(7) 混凝土受侵蚀性介质作用时，使用适应介质性质的水泥。

(8) 进场水泥和出厂时间超过3个月或怀疑变质的水泥应作复试检验，并按检验结果使用。

(9) 用于大体积混凝土的水泥应进行水化热检验，其7d水化热不宜大于250kJ/kg·k，当混凝土中掺有活性粉料或膨胀剂时，应按相应比例测定7d和28d的综合水化热值。

(10) 使用的水泥应符合现行国家标准，进场水泥必须有出厂合格证，同时按批次抽样复检，合格后方可使用。水泥质量标准见表2-22、表2-23、表2-24。

硅酸盐水泥（P·Ⅰ、P·Ⅱ）、普通硅酸盐水泥（P·O） **表 2-22**

品种及代号	强度等级	抗压强度(MPa)		抗折强度(MPa)	
		3d	28d	3d	28d
硅酸盐水泥 P·Ⅰ(不掺混合料) P·Ⅱ(掺少于5%的混合料)	42.5	17.0	42.5	3.5	6.5
	42.5R	22.0	42.5	4.0	6.5
	52.5	23.0	52.5	4.0	7.0
	52.5R	27.0	52.5	5.0	7.0
	62.5	28.0	62.5	5.0	8.0
	62.5R	32.0	62.5	5.5	8.0
普通硅酸盐水泥 P·O(掺6%～15%混合材料)	32.5	11.0	32.5	2.5	5.5
	32.5R	16.0	32.5	3.5	5.5
	42.5	16.0	42.5	3.5	6.5
	42.5R	21.0	42.5	4.0	6.5
	52.5	22.0	52.5	4.0	7.0
	52.5R	26.0	52.5	5.0	7.0

矿渣硅酸盐水泥（P·S）、火山灰质硅酸盐水泥（P·P）
及粉煤灰硅酸盐水泥（P·F） **表 2-23**

强度等级	抗压强度(MPa)		抗折强度(MPa)		强度等级	抗压强度(MPa)		抗折强度(MPa)	
	3d	28d	3d	28d		3d	28d	3d	28d
32.5	10.0	32.5	2.5	5.5	42.5R	19.0	42.5	4.0	6.5
32.5R	15.0	32.5	3.5	5.5	52.5	21.0	52.5	4.0	7.0
42.5	15.0	42.5	3.5	6.5	52.5R	23.0	52.5	4.5	7.0

复合硅酸盐水泥（P·C） **表 2-24**

强度等级	抗压强度(MPa)		抗折强度(MPa)		强度等级	抗压强度(MPa)		抗折强度(MPa)	
	3d	28d	3d	28d		3d	28d	3d	28d
32.5	11.0	32.5	2.5	5.5	42.5R	21.0	42.5	4.0	6.5
32.5R	16.0	32.5	3.5	5.5	52.5	22.0	52.5	4.0	7.0
42.5	16.0	42.5	3.5	6.5	52.5R	26.0	52.5	5.0	7.0

2）砂

(1) 混凝土用砂按0.63mm筛孔累计筛余量可分为三个级别区，砂的颗粒级配区应处于其中的任何一个级配区，级配良好的砂，其空隙率不应超过40%。

(2) 配制混凝土时，宜优先选用Ⅱ区砂，Ⅰ区砂偏粗，保水性能差。采用Ⅰ区砂时，应提高混凝土的砂率，并保持足够的水泥用量，以满足混凝土和易性要求。Ⅲ区砂偏细，粘度小，保水性好，采用Ⅲ区砂时，宜降低混凝土的砂率，以保证混凝土的强度。

(3) 特细砂亦可用于配制混凝土，但在使用时要采取一定的技术措施，如采用低砂率、低稠度、掺塑化剂、模板拼缝严密，养护不少于14d等。

(4) 有害杂质含量：砂中常含有黏土、淤泥、有机物、云母、硫化物及硫酸盐等有害物质。黏土、淤泥附在骨料表面，妨碍水泥与沙的粘结，增大用水量，降低混凝土强度，对混凝土耐久性不利。云母呈薄片状，表面光滑，与水泥粘结不牢固，影响混凝土颗粒之间粘结。有机物杂质易于腐烂，析出有机酸，对水泥产生腐蚀作用，硫化物和硫酸盐对水泥亦产生腐蚀作用。

混凝土用砂应符合表2-25的要求。

混凝土用砂的技术要求 **表 2-25**

项目			大于或等于 C30 混凝土				小于 C30 混凝土		
颗粒级配	筛孔尺寸(mm)		10.0	5.0	2.5	1.25	0.63	0.315	0.16
	累计筛余(按质量计%)	Ⅰ区	0	10～0	35～0	65～35	85～71	95～80	100～90
		Ⅱ区	0	10～0	25～0	50～0	70～41	92～70	100～90
		Ⅲ区	0	10～0	15～0	25～0	40～16	85～55	100～90
含泥量(按质量计%)			≤3				≤5		
云母含量(按质量计%)			≤2				≤2		
轻物质含量(按质量计%)			≤1				≤1		
硫化物及硫酸盐含量(折算成 SO_3 按质量计%)			≤1				≤1		

(5) 混凝土用砂进入施工现场，应提供产品合格证或质量检验报告。

3) 碎石或卵石

(1) 粒径：粒径宜为 5～40mm，泵送时，最大粒径不大于输送管径的 1/4，不大于混凝土构件最小断面的 1/4，不大于钢筋最小间距的 3/4。

(2) 石子针片状含量不大于 10%，吸水率不大于 1.5%，不得使用碱活性骨料。

(3) 单颗粒级配：单粒级宜用于组合成具有要求级配的连续粒级，也可以与连续粒级混合使用，以改善其级配成较大黏度的连续粒级。不宜用单一的单粒径配置混凝土，如必须单独使用，则应作技术经济分析，并通过实验，证明不会发生离析或影响混凝土的质量，方允许使用。

(4) 石子含泥块量不得大于 0.5%，含泥量不得大于 1%。

(5) 混凝土用石子的质量要求应符合表 2-26 规定。

石子的质量要求 **表 2-26**

质量项目				质量指标
针、片状颗粒含量，按重量计(%)	混凝土强度等级	≥C30		≤15
		<C30		≤25
含泥量按重量计(%)		≥C30		≤1.0
		<C30		≤2.0
泥块含量按重量计(%)		≥C30		≤0.5
		<C30		≤0.7
碎石压碎指标值(%)	混凝土强度等级	水成岩	C55～C40	≤10
			≤C35	≤16
		变质岩或深层的火成岩	C55～C40	≤12
			≤C35	≤20
		火成岩	C55～C40	≤13
			≤C35	≤30
卵石压碎指标值(%)	混凝土强度等级		C55～C40	≤12
			≤C35	≤16
坚固性	混凝土所处的环境条件	在严寒及寒冷地区室外使用，并经常处于潮湿或干湿交替状态下的混凝土	循环后重量损失(%)	≤18
		在其他条件下使用的混凝土		≤12
有害物质限量	硫化物及硫酸盐含量(折算成 SO_3 按重量计%)			≤1.0
	卵石中有机质含量(用比色法试验)			颜色应不深于标准色。如深于标准色，则应配制成混凝土进行强度对比试验，抗压强度比应不低于 0.95
表观密度				大于 2500kg/m³
松散堆积密度				大于 1350kg/m³
空隙率				小于 47%

4）水

混凝土拌合水可分为饮用水、地表水、地下水、海水及经过适当处理的工业废水。

符合国家标准的饮用水，可直接用于拌制各种混凝土，地表水和地下水首次使用，应按有关标准进行检验后方可使用，海水可拌制混凝土，但不能用于拌制钢筋混凝土和预应力混凝土，有饰面要求的混凝土也不能用海水拌制。混凝土拌合水的质量要求应符合表 2-27 规定。

混凝土拌合水的质量要求 **表 2-27**

项　　目	预应力混凝土	钢筋混凝土	素混凝土
pH 值	＞4	＞4	＞4
不溶物(mg/L)	＜2000	＜2000	＜5000
可溶物(mg/L)	＜2000	＜5000	＜10000
氯化物(以 Cl^- 计，mg/L)	＜500	＜1200	＜3500
硫酸盐(以 SO_4^{2} 计，mg/L)	＜600	＜2700	＜2700
硫化物(以 SO_4^{2-} 计，mg/L)	＜100	—	—

注：使用钢丝或热处理钢筋的预应混凝土，其拌合水的氯化物含量不得超过 350mg/L。

5）矿物掺合料

随着建筑材料技术的发展，在混凝土中加入一定量的矿物掺合料已经有了广泛的应用，矿物掺合料是在混凝土拌合时掺入，能改善混凝土的性能，增加混凝土的流动性、黏聚性、保水性，改善混凝土的可靠性，并能提高混凝土的强度和耐久性。矿物掺合料的分类见表 2-28。

矿物掺和料的分类 **表 2-28**

分　类	性　　质	代表物质	分　类	性　　质	代表物质
水硬性掺合料	在水中硬化，属活性掺合料	粒化高炉砂渣、粉煤灰、硅灰、凝灰岩、火山灰、沸石粉、硅渣土等	非水硬性掺合料	能在常温、常压下和其他物质不起或只起微弱的化学反应，主要在混凝土中起填充和降低水泥强度等级的作用	石灰岩粉、石黄砂粉、黏土等

(1) 粉煤灰：粉煤灰是从烟煤火电厂的锅炉烟囱中收集的细粉末，其颗粒多数呈粉状，表面光滑，灰色或深色。粉煤灰的相对密度约为 1.8～2.4，堆积密度为 600～100kg/m^3，其主要成分为氧化硅和氧化铝。目前常用粉煤灰有磨细粉煤灰、原装干排粉煤灰和原状湿排粉煤灰三种。粉煤灰按其品质分为Ⅰ、Ⅱ、Ⅲ三个等级，其品质指标和适用范围见表 2-29。

粉煤灰质量指标和适用范围 **表 2-29**

项次	指　　标	指　　标		
		Ⅰ	Ⅱ	Ⅲ
1	细度 0.045mm 方孔筛筛余(%)不大于	12	20	45
2	需水量比(%)不大于	95	105	115
3	烧失量(%)不大于	5	8	15
4	含水率(%)不大于	1	1	不规定
5	三氧化硫(%)不大于	3	3	3
6	适用范围	用于后张及跨度小于 6m 的先张法预应力混凝土工程	主要用于普通钢筋混凝土及轻骨料钢筋混凝土	主要用于无筋混凝土

(2) 硅灰：硅灰又称硅粉。是钢厂和铁合金厂生产硅钢和硅铁时所排放的烟尘，主要成分是二氧化硅，这种掺合料早已用于高强混凝土中，有时用于加强结构强度，有时用于加强混凝土界面粘结，有时用于修补材料，用在耐磨损和抗渗性要求高的部位，硅粉由非常细的玻璃质颗粒组成，其比表面积约为2000m^2/kg，平均粒径约为0.1μm，为水泥平均粒径的1%。由于硅粉非常细，而且硅含量高，是高效火山灰质材料，硅粉能与水泥水化过程中产生的氢氧化铁发生火山灰反应生成稳定的水化硅酸钙胶结构，硅粉与高效减水剂匹配，是配制高强混凝土的良好技术措施，但硅粉价格昂贵，我国产量不多。

(3) 沸石粉：沸石粉又称下砂粉。是一种由天然沸石磨细而成的火山灰质混合材料，沸石粉的细度通过0.08mm筛筛出量不大于12%，相对密度2.4，堆积密度280～800kg/m^3，主要成分是二氧化硅和三氧化二碳，其中可溶硅及可溶三氧化硅的含量不低于18%及8%，沸石粉不仅可以取代部分水泥，而且可提高混凝土的强度，改善混凝土的和易性，但掺入沸石粉后，混凝土的早期强度有所降低。因此，对早期强度要求的混凝土，其掺量要加以控制，以保证施工进度，同时，掺量不宜超过水泥用量的20%，否则，对混凝土28d强度有所降低，沸石粉的适宜掺量为水泥质量的10%～20%，沸石粉在混凝土中的掺量宜按等量置换法取代水泥，其代替率不宜超过表2-30的规定。

不同混凝土强度等级的沸石粉取代水泥百分率 **表2-30**

混凝土强度等级	硅酸盐水泥	普通硅酸盐水泥	矿渣硅酸盐水泥
C15～C30	20	20	15
C35～C45	15	15	10
>C45	10	10	5

混凝土掺入沸石粉，宜用强制式搅拌机进行搅拌，并应延长搅拌时间30～60s。

(4) 矿渣：矿渣是熔融高炉矿渣经冷却后形成的产物，呈玻璃态结构，颗粒疏松，有较高的活性，可以代替部分水泥，研究表明，将磨细矿渣用在高强混凝土之中具有广阔前景。

6) 混凝土外加剂

混凝土外加剂技术是发展较快的一项混凝土新技术，应用混凝土外加剂可改善混凝土的性能，节省水泥，提高施工速度和施工质量，改善施工工艺和劳动条件，具有显著的经济效益和社会效益。

(1) 混凝土外加剂按其主要功能可分为5类，见表2-31。

(2) 混凝土外加剂按化学性质分类见表2-32。

混凝土外加剂的分类（按主要功能分） **表2-31**

序号	主要功能分类	常用外加剂类型	序号	主要功能分类	常用外加剂类型
1	改善混凝土的流动性能	减水剂、引气剂、泵送剂等	4	改善混凝土的防冻性、耐久性和防火性能	引气剂、防水剂、阻锈剂
2	调节混凝土的凝结时间、硬化性能	早强剂、缓凝剂、速凝剂	5	改善混凝土的特殊性能	着色剂、膨胀剂、胶粘剂、碱骨料反应抑制剂等
3	改善混凝土的含气量	引气剂、发泡剂、消泡剂			

混凝土外加剂的分类（按化学性质分） 表 2-32

分　类	主　要　作　用
无机物	大多用于调凝剂、防冻剂、着色剂及发泡剂等
有机物	大多属于表面活性剂的范畴内，有阴离子、阳离子型，非离子型以及高分子型表面活性剂等

（3）外加剂的主要功能和适用范围见表 2-33 所示。

混凝土外加剂 表 2-33

外加剂类型	主　要　功　能	适　用　范　围
引气剂及引气减水剂	1. 改善混凝土拌合物的工作性，减少混凝土泌水离析； 2. 提高硬化混凝土的抗冻融性	1. 有抗冻融要求的混凝土，如公路路面、飞机跑道等大面积易受冻部位； 2. 骨料质量差以及轻骨料混凝土； 3. 提高混凝土抗渗性，可用于防水混凝土； 4. 改善混凝土的抹光性； 5. 泵送混凝土； 6. 不宜用于蒸养混凝土及预拌混凝土
缓凝剂及缓凝减水剂	降低热峰值及推迟热峰出现的时间	1. 大体积混凝土； 2. 夏季和炎热地区的混凝土施工； 3. 用于日最低气温 5℃以上的混凝土施工； 4. 预拌混凝土、泵送混凝土以及滑模施工的混凝土。不宜单独用于有早强要求的混凝土和蒸养混凝土
泵送剂	改善混凝土拌合物的流动性、黏聚性和黏滞性，从而提高其可泵性	用于泵送混凝土
防冻剂	混凝土在负温条件下，使拌合物中仍有液相的自由水，以保证水泥水化，使混凝土达到预期强度	1. 冬期负温（0℃以下）混凝土施工； 2. 含硝酸盐、亚硝酸盐、碳酸盐类防冻剂，不得用于预应力混凝土结构及与镀锌钢材或铝镁相接触部位的钢筋混凝土结构
膨胀剂	使混凝土体积在水化、硬化过程中产生一定膨胀，以减少混凝土干缩裂缝，提高抗裂性和抗渗性能	1. 补偿收缩混凝土，用于自防水屋面、地下防水及基础后浇缝、防水堵漏等； 2. 填充用膨胀混凝土，用于设备底座灌浆，地脚螺栓固定等； 3. 用于自应力混凝土压力管； 4. 掺铝酸盐类膨胀剂，不得用于长期处于环境温度为 80℃以上的工程； 5. 掺铁屑膨胀剂，不得用于有杂散电流的工程与铝镁材料接触部位
速凝剂	速凝、早强	用于喷射混凝土
微沫剂	改善砂浆稠度，节约白灰及水泥	砌筑砂浆

（4）外加剂的选用和掺量：

① 选用和掺量原则。

选用外加剂时，应根据混凝土的性能要求、施工工艺及气候条件，结合混凝土的原材料性能、配合比以及对水泥的适应性能因素，通过试验确定其品种和掺量。

② 减水剂常用掺量应符合表 2-34 要求。

减水剂常用掺量 表 2-34

序号	类　别	掺量（占水泥质量的%）
1	普通减水剂	0.2%～0.3%，但不得大于 0.5%
2	高效减水剂	0.5%～1.0%

③ 引气剂的常用掺量应符合表 2-35 要求。

引气剂常用掺量 表 2-35

序号	类别	掺量(占水泥质量的%)	序号	类别	掺量(占水泥质量的%)
1	PC-2	0.005～0.01	5	ABS	0.008～0.01
2	CON-2	0.005～0.01	6	AS	0.008～0.01
3	801	0.01～0.03	7	木质素磺酸钙	0.3～0.5
4	OP 乳化剂	0.06			

④ 缓凝剂的常用掺量应符合表 2-36 要求。

缓凝剂常用掺量 表 2-36

序号	类别	掺量(占水泥质量的%)	序号	类别	掺量(占水泥质量的%)
1	糖类	0.1～0.3	3	羟基羟酸盐类	0.03～0.1
2	木质素碳酸盐类	0.2～0.3	4	无机盐类	0.1～0.2

⑤ 防冻剂的常用掺量应符合表 2-37 要求。

防冻剂常用掺量 表 2-37

序号	类别	防冻组分掺量	序号	类别	防冻组分掺量
1	氯盐类	氯盐掺量不得大于拌合水重量的 7%	3	无氯盐类	总量不得大于拌合水重量的 20%，其中亚硝酸钠、亚硝酸钙、硝酸钠、硝酸钙均不得大于水泥重量的 8%，尿素不得大于水泥重量的 4%，碳酸钾不得大于水泥重量的 10%
2	氯盐阻锈类	总量不得大于拌合水重量的 15% 当氯盐掺量为水泥重量的 0.5%～1.5%时，亚硝酸钠与氯盐之比应大于 1 当氯盐掺量为水泥重量的 1.5%～3%时，亚硝酸钠与氯盐之比应大于 1.3			

⑥ 膨胀剂的常用掺量应符合表 2-38 要求。

膨胀剂常用掺量 表 2-38

序号	膨胀混凝土(砂浆)种类	膨胀剂名称	掺量(总水泥质量的%)
1	补偿收缩混凝土(砂浆)	明矾石膨胀剂	13～17
		硫铝酸钙膨胀剂	8～10
		氧化钙膨胀剂	3～5
		氧化钙-硫铝酸钙复合膨胀剂	8～12
2	填充用膨胀混凝土(砂浆)	明矾石膨胀剂	10～13
		硫铝酸钙膨胀剂	8～10
		氧化钙膨胀剂	3～5
		氧化钙-硫铝酸钙复合膨胀剂	8～10
		铁屑膨胀剂	30～35
3	自应力混凝土(砂浆)	硫铝酸钙膨胀剂	15～25
		氧化钙-硫铝酸钙复合膨胀剂	15～25

注：内掺法指实际水泥用量（C'）与膨胀剂用量（P）之和为计算水泥用量（C），即：$C=C'+P$。

6.1.2 施工现场的混凝土配制

1）混凝土配合比通知单

在施工现场配料要按混凝土配合比通知单进行，混凝土配合比通知单，由施工单位根据施工图对混凝土的要求和材料样品，委托有资质的实验室进行设计。

2）混凝土施工配合比

在施工现场配料时，要随时测定砂子、石子的含水量，根据砂子和石子含水量，将实验室配合比换算成施工配合比，并计算出一盘（罐）的各种材料的投料量，拌制混凝土。

【例 2-1】 混凝土实验室配合比为水泥∶砂子∶石子＝1∶2.56∶5.5。水灰比 W/C＝0.64，每一立方米混凝土的水泥含量为 251.4kg，测得砂子含水量为 4％，石子含水量 2％，采用 JZ250 型搅拌机，求混凝土搅拌时各种材料一次投料量？

【解】（1）求混凝土配合比

设砂子比例值为 X，其含水量为 W_x，石子比例值为 Y，其含水量为 W_y，要将砂、石的含水量所占的比例值加入到砂、石比例值内，并将其水分从原水灰比 W/C 中减去，其计算公式如下：

水泥∶砂∶石$=1:x\cdot(1+W_x):y\cdot(1+W_y)$

$=1:2.56\times(1+4\%):5.5\times(1+2\%)$

$=1:2.66:5.61$

水灰比换算 $W/C=\frac{W}{C}-x\cdot W_x-y\cdot W_y$

$=0.64-2.56\times4\%-5.5\times2\%$

$=0.43$

（2）搅拌时各种材料一次投料量。

由于使用 JZ250L，此种搅拌的出料体积为 250L，等于 0.25m^3，而搅拌 1m^3 混凝土需要 251.4kg 水泥所以各种材料一次投料量计算过程如下：

水泥：251.4×0.25＝62.85kg

砂子：62.85×2.66＝167.18kg

石子：62.85×5.61＝352.59kg

水：62.85×0.43＝27.03kg

6.2 施工现场的混凝土搅拌和运输

6.2.1 混凝土搅拌

1）混凝土搅拌前的准备工作

（1）根据当日生产配合比和任务单，检查原材料的品种规格是否符合要求。

（2）测定砂、石含水率，根据实验配合比换算为施工配合比，定出每盘水泥、砂、石、水的用量。

现场搅拌站根据任务大小、施工条件、机具设备等情况因地制宜设置。搅拌站主要设备的工作原理是：当给料器下料至称量斗内，达到要求的重量时，自动断电停止选料，称量斗内的材料卸至水平皮带送至集料斗。

（3）定量水表：定量水表用于搅拌用水的计量，使用时将指针拨至搅拌用水的刻度上，按电钮后即进行送水，指针也随进水量回移至 O 位时，电磁阀即断开停水，以后，指针能自动复位至约定的位置。

（4）各种材料剂量的允许偏差。

在配置混凝土时，各种拌合材料必须按施工配合比进行严格计量，尤其是人工简易计量，必须车车过磅，不允许采用体积比，否则，混凝土的质量就无法保证，各种材料在计量时允许偏差不得超过以下标准：

① 水泥、掺合材料、水、外加剂允许偏差±2%

② 砂、石子、轻骨料允许偏差±3%

2）搅拌设备

混凝土搅拌设备主要是混凝土搅拌机。搅拌机从搅拌原理分类，可分为自落式和强制式，搅拌机的出料容量一般为130L、250L、500L、1000L等类型。

(1) 自落式搅拌机有鼓形和锥形两种。如图2-64、图2-65所示。

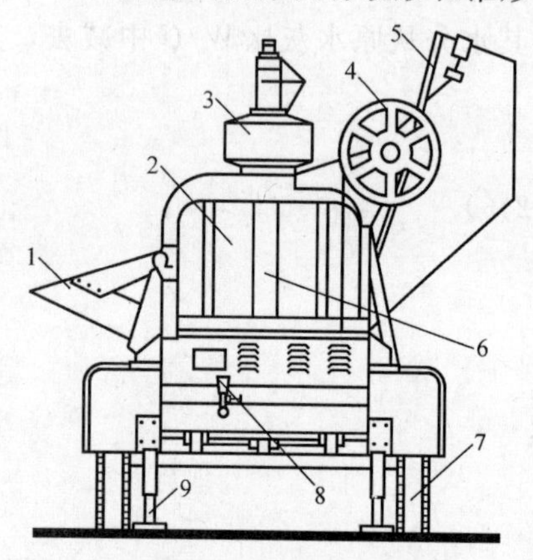

图2-64　自落式鼓形搅拌机

1—出浆槽；2—搅拌筒；3—水计量器；4—上料卷扬器；5—上料斗；6—大齿轮护罩；7—行走轮；8—水泵加水器；9—撑脚

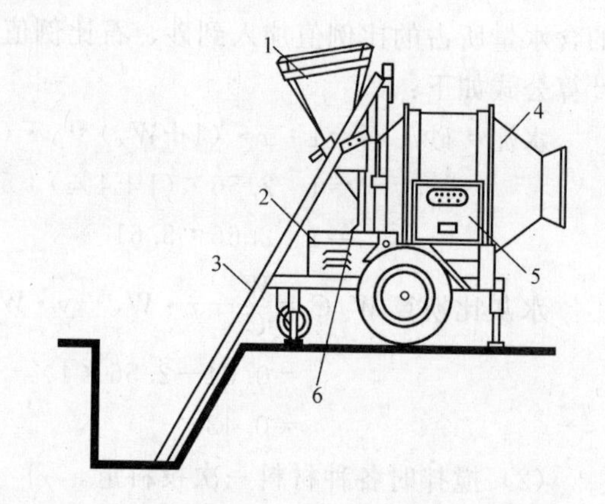

图2-65　自落式锥形搅拌机

1—上料斗；2—电动机；3—上料轨道；4—搅拌筒；5—开关箱；6—水管

自落式搅拌机筒身旋转，带动叶片将物料提高，在重力作用下物料自由坠下，重复进行，互相穿插、翻拌、混合。

(2) 强制式搅拌机有立轴式和卧轴式，如图2-66所示。

强制式搅拌机筒身固定，叶片旋转，对物料施加剪切力，挤压、翻滚、滑动，混合强制式搅拌机对混凝土拌合料的搅拌力比自落式搅拌机要强，搅拌均匀。

图2-66　主轴强制式搅拌机

1—上料斗；2—上料轨道；3—开关箱；4—电动机；5—出浆口；6—进水管；7—搅拌筒

3）混凝土的拌制

(1) 搅拌混凝土前，加水空转数分钟，然后将积水倒净，使搅拌筒湿润。搅拌第一盘时，考虑到筒壁上的砂浆损失，石子用量应按配合比规定数减半。

拌制设备包括上料、计量和搅拌等。

① 简易搅拌站：简易搅拌站如图2-67所示。

由手推车、泵秤、水柏、搅拌机等组成，这种简易搅拌站适用于小型或流动性大的临

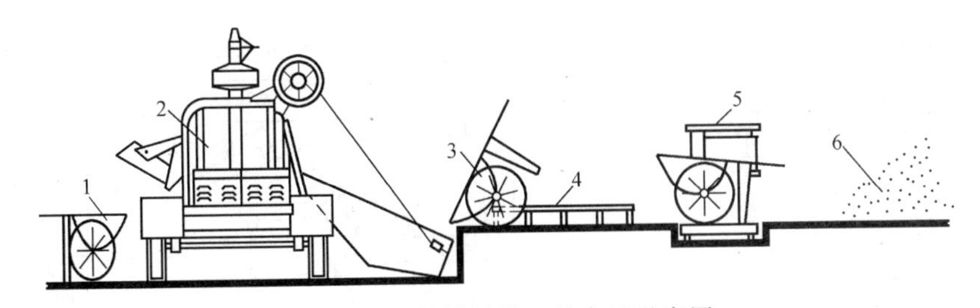

图 2-67　简易搅拌站工艺布置示意图

1—送浆车；2—搅拌机；3—砂、石上料车；4—袋装水泥平台；5—磅秤；6—砂、石堆场

时工地。

② 拉铲上料双阶搅拌站，如图 2-68 所示。

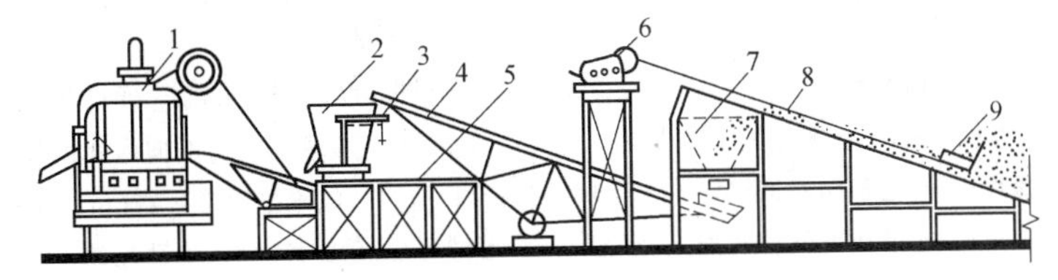

图 2-68　拉铲上料双阶搅拌站工艺布置图

1—搅拌机；2—砂、石称量斗；3—磅秤；4—皮带运输机；5—工作平台（可停放袋装水泥）；6—卷扬机；7—贮料斗；8—砂石坡道；9—拉铲

拉铲上料双阶搅拌站由砂、石称量斗、磅秤、皮带运输机、拉铲、搅拌机组成。这种搅拌站适用于中型工地，生产效率高，劳动强度低，可以采用自动计量装置。

③ 计量设备：由于混凝土配比采用重量比，所以水泥、砂子、石子、水都要称重计量，计量的准确与否直接关系到混凝土的质量。组成混凝土各种材料称重计量设备可分为自动和手动两类。

a. 简易计量装置：计量装置如图 2-69 所示。

将秤埋入地下，磅秤台面上工作台或运输道路齐平，可设三台秤，水泥、砂、石子各用一台。

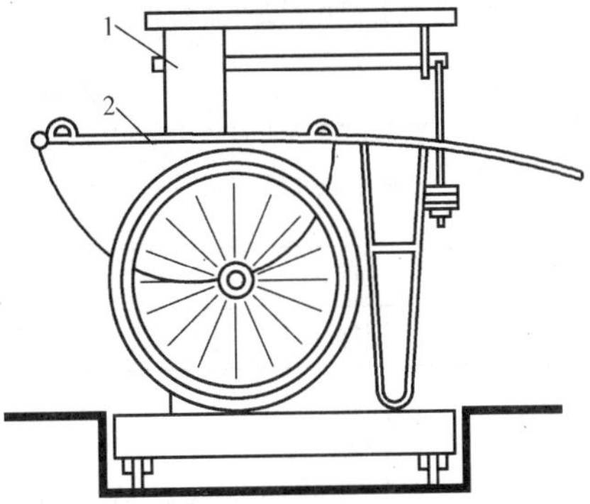

图 2-69　简易磅秤计量

1—磅秤；2—手推车

b. 电动磅秤计量：电动磅秤计量是较简单的自控计量装置，每种材料使用一台计量装置。如图 2-70 所示。

c. 杠杆式连续计量装置如图 2-71 所示。

（2）搅拌好的混凝土要做到基本卸尽，在全部混凝土卸出之前不得再投入拌和料，更不得采取边出料边进料的方法。

（3）一次投料法：在上料时，先装石子，再加水泥和砂，然后一次投入搅拌机中，对自落式搅拌机要在搅拌筒内先加部分水，投料时，砂压住水泥，避免水泥飞扬。

（4）二次投料法：投料顺序有两种，一种是将全部砂子、水泥及 1/3 的水投入搅拌 20～30s 后，再投入石子和剩余的 2/3 水进行搅拌；另一种是将水泥和部分水进行净浆搅拌，然后再投入全部砂石和剩余的水进行搅拌。二次投料能使水泥较好地进行水化，水泥

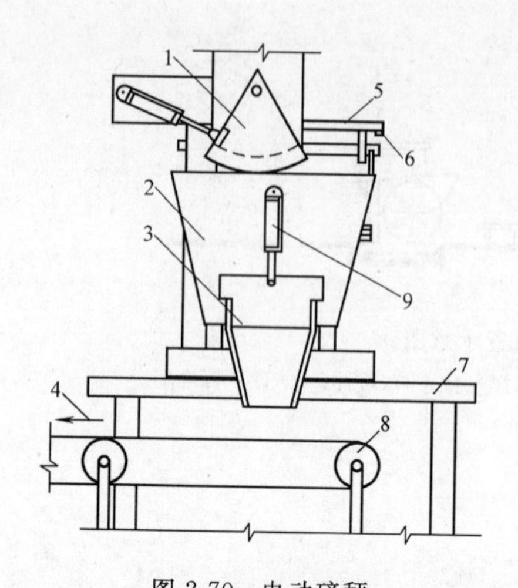

图 2-70　电动磅秤

1—扇形给料器；2—称量斗；3—出料口；4—送至集料斗；5—磅秤；6—电源闭路按钮；7—支架；8—水平胶带；9—液压或气动开关

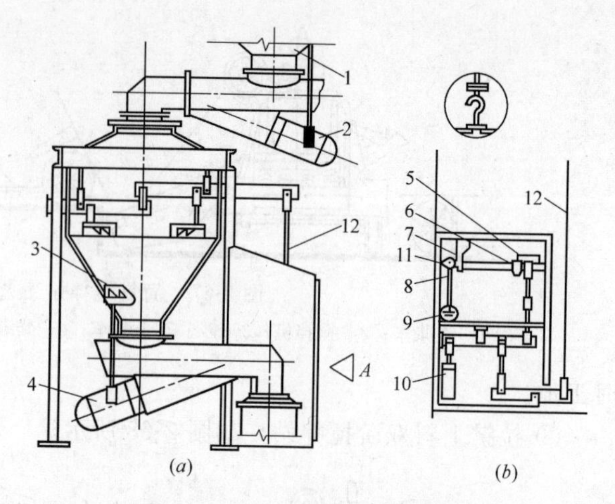

图 2-71　杠杆式连续计量装置

(*a*) 总图；(*b*) *A* 向内视构造图

1—贮料斗；2、4—电磁振动给料器；3—称量斗；5—调整游锤；6—游锤；7—接触棒；8—重锤托盘；9—附加重锤（构造如小圆图）；10—配重；11—标尺；12—传重拉杆

砂浆容易拌匀，也较好的包裹石子，在同样配合比和辅料的条件下，二次投料法可以提高混凝土强度约10%～15%。

(5) 搅拌时间：为使混凝土搅拌均匀，自全部拌合料装入搅拌筒中起到混凝土开始卸料止，混凝土搅拌的最短时间可按表2-39的规定。

普通混凝土的最短搅拌时间 (s)　　**表 2-39**

混凝土坍落度(mm)	搅拌机机型	搅拌机出料量(L)			混凝土坍落度(mm)	搅拌机机型	搅拌机出料量(L)		
		<250	250～500	>500			<250	250～500	>500
≤30	强制式	60	90	120	>30	强制式	60	60	90
	自落式	90	120	150		自落式	90	90	120

采用掺外加剂时可延长30s。

(6) 混凝土开始搅拌时，由施工单位技术部门主管、工长组织有关人员，检查按配合比通知单砂、石含水量的换算是否正确，并对出盘混凝土的坍落度、和易性等进行鉴定，均合格后再正式搅拌。

6.2.2　施工现场的混凝土运输

在施工现场从搅拌机倒出的搅拌好的混凝土可以用手推车、翻斗车直接运输到浇筑地点，或将搅拌机的出料口布置在塔吊的工作半径范围内，将料斗放置在搅拌机出料口处，混凝土直接倒入料斗，由塔吊吊至浇筑地点。

6.3　混凝土的浇筑与养护

6.3.1　受压构件混凝土的浇筑

(1) 柱和墙受压构件在浇筑混凝土前，应进行隐蔽工程验收，检验模板垂直度、平直度和标高、尺寸等无误后，再进行浇筑。

(2) 浇筑混凝土前，先铺一层5cm厚与混凝土材料相同的水泥砂浆，再浇筑混凝土。

(3) 柱和墙应分层浇筑混凝土，分层进行振捣，每次浇筑厚度为350～300mm。

(4) 在下层混凝土初凝前，应将上层混凝土浇筑完毕，在振捣时，振捣棒应插入下层混凝土5cm左右。

(5) 柱和墙混凝土应一次浇筑完毕。柱子的施工缝留在梁下面，无梁楼盖在柱帽下面，墙的施工缝留在现浇楼板下20～30mm处。

6.3.2 受压构件混凝土的养护

柱、墙混凝土养护的方法与梁、板养护的方法基本相同，只是柱、墙构件覆盖材料困难，因此，可以用塑料布覆盖，在养护期间保证构件湿润。

实训课题 实训练习和应知内容

一、实训练习

(1) 以本教材配置的施工图为例，读懂钢筋混凝土框架结构柱的配筋图和钢筋混凝土剪力墙结构的配筋图。

(2) 在读懂配筋图的前提下进行柱、墙的钢筋配料计算，编写配料单。

(3) 以施工图的柱、墙等配筋为依据，按比例缩小，制作柱、墙配筋模型。

(4) 在实习教师指导下对钢筋进行闪光对焊、电渣压力焊、套筒连接、螺纹连接等操作的练习。

(5) 对柱、墙进行模板设计，画出柱、墙的模板配板图。

(6) 缩小比例，制作柱、墙模板的模型并结合梁、板模板模型，组成框架结构整体模板模型。

(7) 编制柱、墙等混凝土施工方案。

二、应知内容

(1) 什么叫轴心受压柱、偏心受压柱？它们的破坏形式有什么不同？

(2) 钢筋混凝土柱中纵向钢筋配置应符合哪些规定？

(3) 柱的箍筋应符合哪些规定？

(4) 钢筋混凝土剪力墙分为哪几类？

(5) 剪力墙的配筋要求是什么？

(6) 什么是柱的列表注写法和截面注写法？

(7) 柱子箍筋加密是怎样规定的？

(8) 柱子纵向钢筋接头有哪些规定？

(9) 钢筋闪光对焊的工作原理是什么？

(10) 钢筋闪光对焊有哪几种工作参数？

(11) 怎样选择闪光对焊工艺？

(12) 钢筋闪光对焊接头的质量要求是什么？

(13) 钢筋电渣压力焊工作原理是什么？适用范围是什么？

(14) 怎样选择钢筋电渣压力焊的工艺参数？

(15) 钢筋电渣压力焊接头的质量要求什么？
(16) 钢筋机械连接有哪几种类型？其特点是什么？
(17) 钢筋机械连接接头的一般规定是什么？
(18) 钢筋套筒挤压连接工艺参数是什么？
(19) 钢筋套筒挤压连接接头质量要求是什么？
(20) 钢筋锥螺纹连接钢筋套丝有什么要求？
(21) 钢筋锥螺纹连接接头质量有什么要求？
(22) 钢筋直螺纹连接接头在施工中操作要求是什么？
(23) 怎样进行柱模板的支设？
(24) 怎样进行墙模板的支设？
(25) 柱、墙模板的质量要求是什么？
(26) 柱、墙模板拆除的时间有什么要求？
(27) 混凝土配制时常用哪几种外加剂？其主要功能是什么？
(28) 怎样进行混凝土施工配合比的计算？
(29) 柱、墙混凝土的浇筑有什么要求？

单元3　钢筋混凝土多层与高层建筑主体施工

知 识 点： 钢筋混凝土框架结构、剪力墙结构等多层、高层建筑的一般结构要求、施工图识读、施工方法、施工质量要求。

教学目标： 通过学习，使学生能够陈述多层与高层建筑的构造要求，能识读钢筋混凝土框架结构、剪力墙结构施工图，能陈述其施工方法、施工质量标准，能进行施工操作。

随着国民经济的发展，为满足人民居住、办公、商业及工业生产等用房的需求，我国陆续兴建了大量的钢筋混凝土的多层和高层建筑，尤其是近几年，商品混凝土和泵送混凝土的大量使用，使得钢筋混凝土高层建筑施工具有了速度快、质量高的特点，例如青岛建成的中银大厦地下4层，地上38层，上海建成的明天广场地下3层、地上60层都是钢筋混凝土结构。这些都说明钢筋混凝土结构在高层建筑中得到广泛的应用。

课题1　钢筋混凝土多层与高层建筑的构造形式

由于钢筋混凝土结构具有强度高，抗震性能好，建筑平面布置灵活，混凝土具有良好的可塑性和耐久性，与钢结构相比，它具有取材方便，造价便宜，结构刚度大的优点，所以多用于建造多层和高层建筑。

钢筋混凝土多层与高层建筑常用的体系主要有：框架结构、框架-剪力墙结构、剪力墙结构及筒体结构等。结构体系是指结构抵抗外部作用的构件的组成方式。在高层建筑中，抵抗水平力成为设计的主要矛盾。因此，抗侧力结构体系的确定和设计成为结构设计的关键问题。高层建筑中基本的抗侧力单元是框架、剪力墙、实腹筒（又称井筒）、框筒及支撑，由这几种单元组成多种结构体系。

1.1　框 架 结 构

由梁和柱刚性连接而构成承重体系的结构成为框架结构。框架结构柱网可以是等距，也可以是不等距，框架结构平面布置如图3-1所示。

民用建筑的框架其跨度通常采用4.8、5.4、6、6.6m，柱距通常采用3.9、4.5、4.8、5.1、5.4m等，当采用内廊式，走廊宽度一般取2.4、2.7、3m，框架柱网布置如图3-2所示。

1.1.1　框架结构受力分布

（1）框架结构在竖向荷载作用下，即楼面荷载作用下，梁主要承受弯矩和剪力，轴力较小，框架柱主要承受轴力和弯矩，剪力较小，受力合理。当房屋层数不多时，受水平荷载的影响一般较小，竖向荷载对结构起着控制作用，因而在非地震影响区，框架结构可做到15层，最大层数为30层或最大高度为110m，但若继续增加高度，势必使得框架的梁、

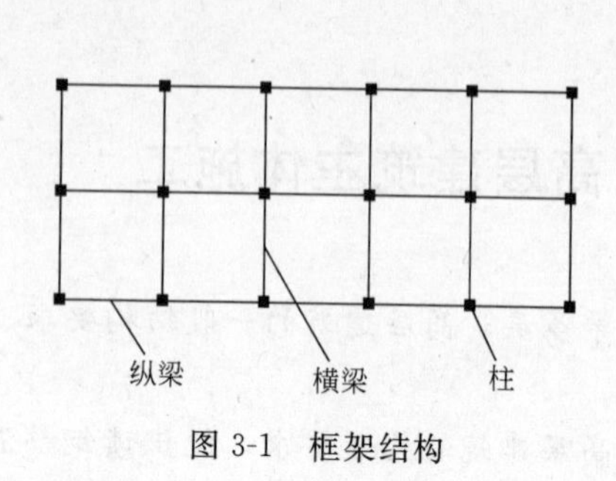

图 3-1　框架结构

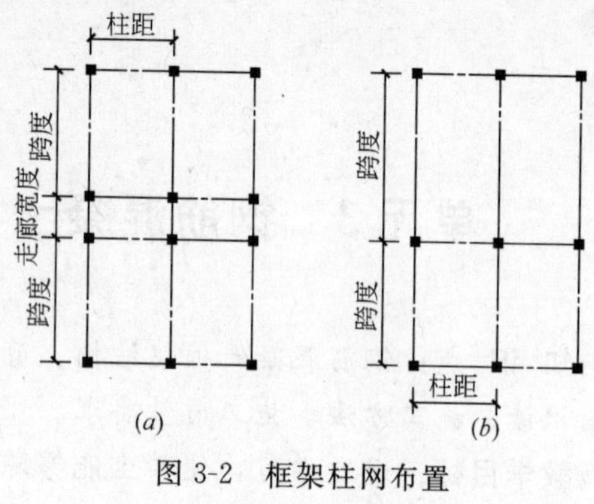

图 3-2　框架柱网布置
(a) 内廊式；(b) 跨度组合式

柱截面尺寸过大而不如其他的结构体系经济合理。

(2) 框架结构在风力和地震水平荷载作用下，表现出刚度小、水平侧移大的特点。在地震设防区，由于地震作用大于风荷载，水平力对于结构构件的截面尺寸和配筋量的控制作用愈大，这一特点，在框架结构中尤为突出。在水平力作用下，高层框架结构底部各层梁、柱的弯矩显著增加，从而导致截面和配筋增大，而且梁、柱端弯矩的数值沿建筑物高度方向变化大，越向上弯矩值越小，越向下弯矩值越大，即便是相邻两层的差别也很显著，导致梁的规格型号增加。

框架节点是应力集中的地方，也是保证结构整体性的关键部位，震害表明，节点常常是导致结构破坏的薄弱环节。

框架结构在强烈地震作用下，由于弹塑性变形而产生较大的水平位移，为了使结构具有充分的变形能力，在设计中应当保证结构具有良好的延性，因此，框架结构中的钢筋的抗拉强度实测值与屈服强度实测值的比值不应小于 1.25。

1.1.2　框架结构的构造要求

由于框架结构受到竖向力和水平力的作用，尤其是地震作用，所以框架要满足配筋、构造要求。

1) 框架梁的构造要求

(1) 框架梁的宽度 $b \geqslant 200$mm，梁的高度 h 与宽度 b 之比 $h/b \leqslant 4$。

(2) 梁端处纵向受拉钢筋的配筋率不应大于 2.5%。

(3) 梁的截面上、下部设置通长钢筋 $\geqslant 2\phi12 \sim \phi14$。

(4) 梁端箍筋加密区的长度、箍筋最大间距和最小直径应符合表 3-1 的要求。

梁端箍筋加密区的长度、箍筋的最大间距和最小直径　　**表 3-1**

抗震等级	加密区长度（采用较大值）(mm)	箍筋最大间距（采用最小值）(mm)	箍筋最小直径 (mm)
一	$2h_b$,500	$h_b/4,6d,100$	10
二	$1.5h_b$,500	$h_b/4,8d,100$	8
三	$1.5h_b$,500	$h_b/4,8d,150$	8
四	$1.5h_b$,500	$h_b/4,8d,150$	6

注：d 为纵向钢筋直径，h_b 为梁截面高度。

(5) 梁箍筋弯钩长度应为 $8.50d$，如图 3-4 所示。

（6）梁的纵向钢筋伸入梁、柱节点处的长度不小于抗震锚固长度 l_{aE}。如图 3-3 所示。

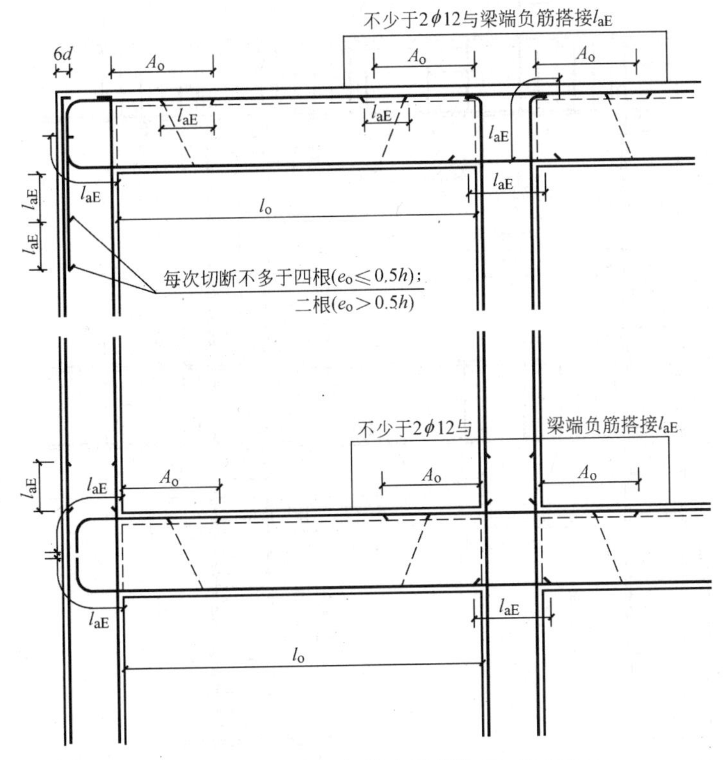

图 3-3　现浇框架纵向钢筋构造（7 度）

（7）柱箍筋弯钩长度应为 12.5d，如图 3-4 所示。

（8）框架柱顶横梁上部钢筋应伸入柱内。当柱的偏心距 $e_0 \leqslant 0.5h$（柱宽），应有不少于 2 根钢筋伸过横梁下边的抗震锚固长度 l_{aE}。而且每次切断不多于 4 根，当偏心距 $e_0 > 0.5h$，每次切断不多于 2 根，如图 3-3 所示。

（9）梁上部纵向钢筋在框架节点锚固应符合图 3-5 所示的要求。

2）框架柱的构造要求

（1）柱的宽度 $b \geqslant 300$mm。

（2）柱纵向钢筋的最小总配筋率应符合表 3-2 要求。

柱截面纵向钢筋的最小总配筋率（百分率）　　**表 3-2**

类　别	抗　震　等　级			
	一	二	三	四
中柱和边柱	1.0	0.8	0.7	0.6
角柱、框支柱	1.2	1.0	0.9	0.8

注：采用 HRB400 级热轧钢筋时应允许减少 0.1，混凝土强度等级高于 C60 时应增加 0.1。

同时每一侧配筋率不应小于 0.2%。

（3）柱箍筋加密范围是：≥柱边长，≥柱净高 1/6，≥500mm。取三者的较大值，底层柱加密范围是刚性地面上、下各 500mm，如图 3-4 所示。

（4）柱箍筋加密区的箍筋最大间距和最小直径应符合表 3-3 的规定。

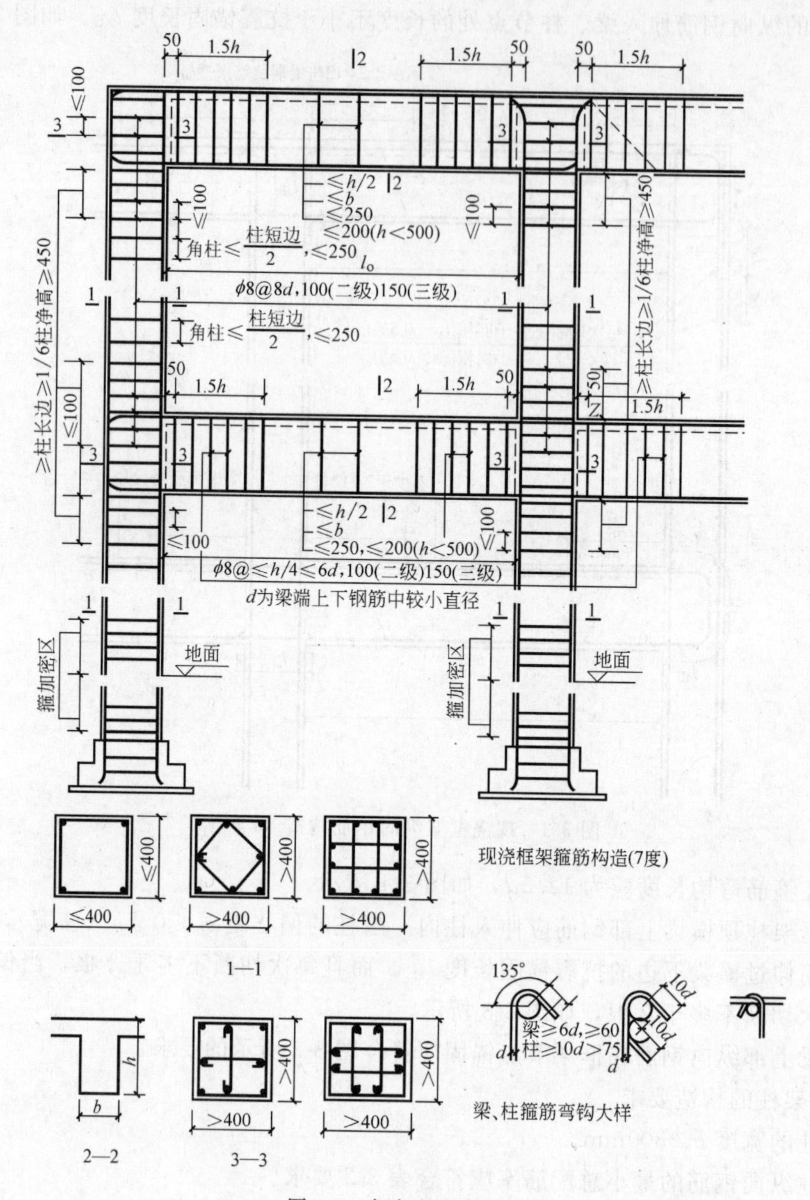

图 3-4 框架箍筋构造

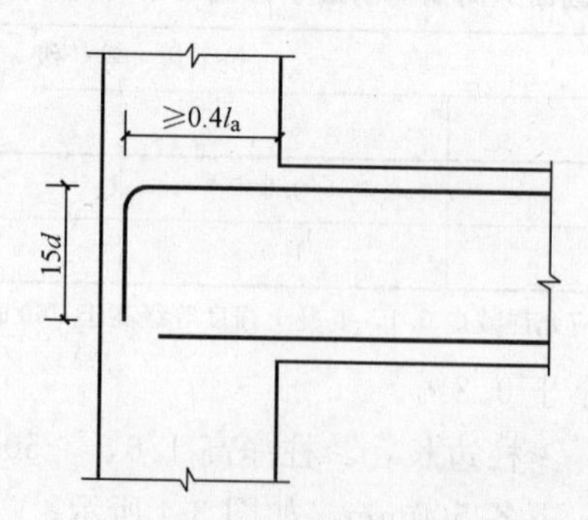

图 3-5 梁上部纵向钢筋在框架中间层端节点内的锚固

柱箍筋加密区的箍筋最大间距和最小直径 **表 3-3**

抗震等级	箍筋最大间距(采用较小值,mm)	箍筋最大直径(mm)
一	$6d$,100	10
二	$8d$,100	8
三	$8d$,150(柱根 100)	8
四	$8d$,150(柱根 100)	6(柱根 8)

注：d 为柱纵筋最小直径；柱根指框架底层柱的嵌固部位。

(5) 边柱到顶时，外侧钢筋不少于总截面的 65%伸入梁内，伸入的长度不少于抗震锚固长度 l_{aE}的 1.5 倍，并与梁上部纵筋搭接，内侧钢筋当其锚固长度≥l_{aE}时，伸至柱顶后截断。如图 3-6 所示。

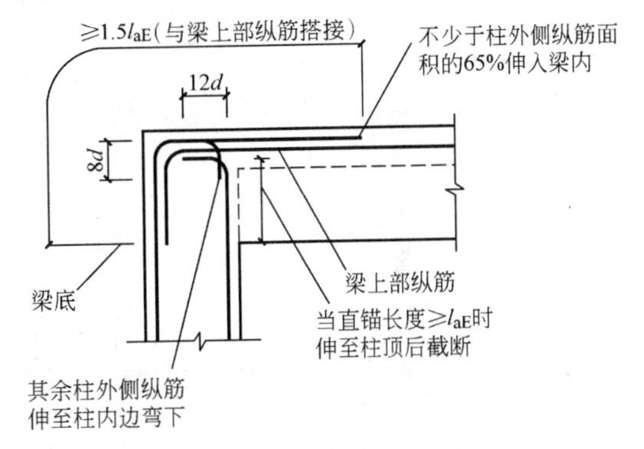

图 3-6 边柱、梁钢筋构造

(6) 中柱到顶，柱的纵向钢筋伸入梁内的长度小于抗震锚固长度 l_{aE}时，其构造要求如图 3-7 (a) 所示；当顶层为现浇混凝土板，其构造要求如图 3-7 (b) 所示；当锚固长度大于 l_{aE}时，其构造要求如图 3-7 (c) 所示。

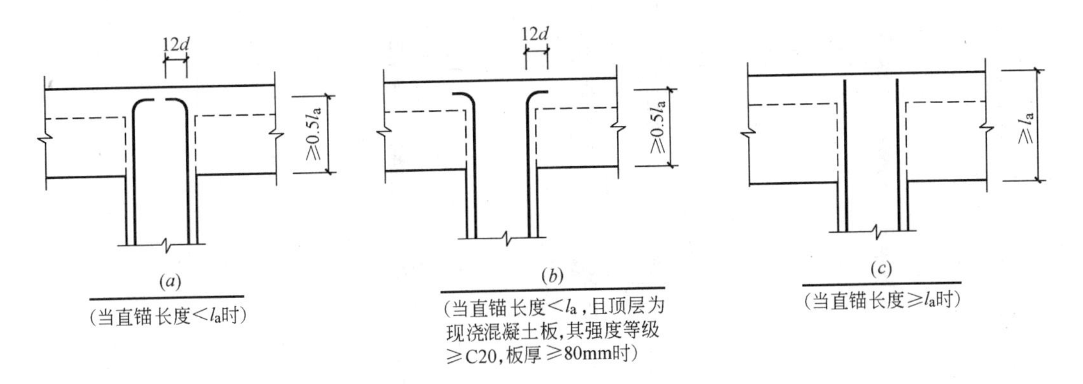

(a)
(当直锚长度<l_a时)

(b)
(当直锚长度<l_a,且顶层为现浇混凝土板,其强度等级≥C20,板厚≥80mm时)

(c)
(当直锚长度≥l_a时)

图 3-7 中柱、柱顶钢筋构造

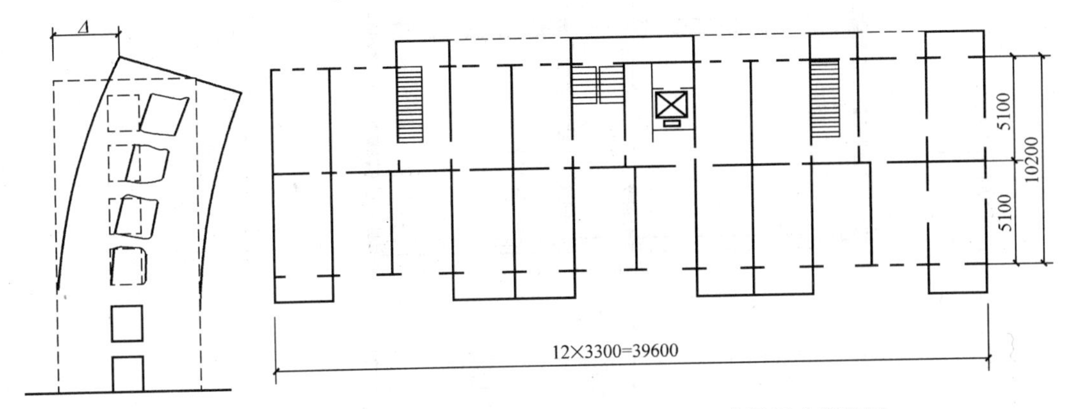

图 3-8 剪力墙结构变形

图 3-9 剪力墙结构——高层板式楼平面

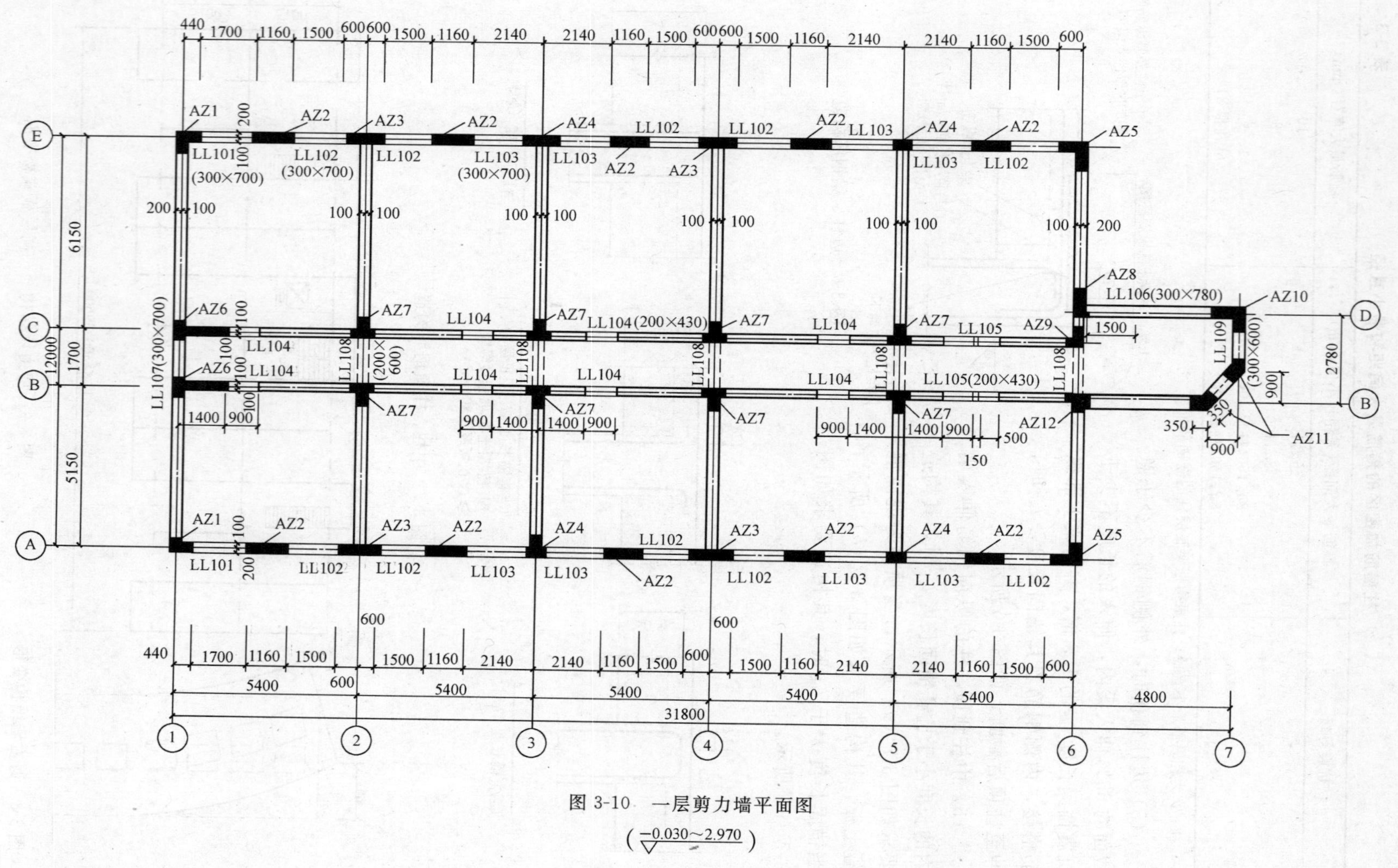

图 3-10 一层剪力墙平面图（∇ −0.030~2.970）

1.2　剪力墙结构

由钢筋混凝土墙体组成的承受竖向和水平作用力的结构，称为剪力墙结构。墙体同时也作为维护及房间分割构件。现浇钢筋混凝土剪力墙结构的整体性好，刚度大，在水平力作用下侧向变形小，承载力要求也容易满足，因此，这种剪力墙结构多用于建造较高的高层建筑。

当剪力墙的高宽比较大时，是一个受弯为主的悬臂墙，侧向变形是弯曲变形。如图3-8所示。经过合理设计，剪力墙结构可以成为抗震性能良好的延性结构，从历次国内外大地震的震害情况分析可知，剪力墙结构的震害一般比较轻，因此，在非地震区或地震区的高层建筑中都得到广泛应用，剪力墙结构常用于10～30层的住宅及旅馆，也可以做成平面比较复杂，体形优美的建筑物。图3-9是典型的高层住宅剪力墙结构平面。

剪力墙的平面图如图3-10所示。

剪力墙结构的局限性也是很明显。主要是剪力墙间距不能太大，平面布置不灵活，不能满足公共建筑大空间的使用要求。

剪力墙结构的构造要求如下：

1）混凝土强度等级

剪力墙的混凝土强度等级不宜低于C20。

2）剪力墙的厚度 b

一般不小于140mm，并且等于或大于楼层高度1/25，两者取较大值。

3）剪力墙的配筋

配筋名称如图3-11所示。

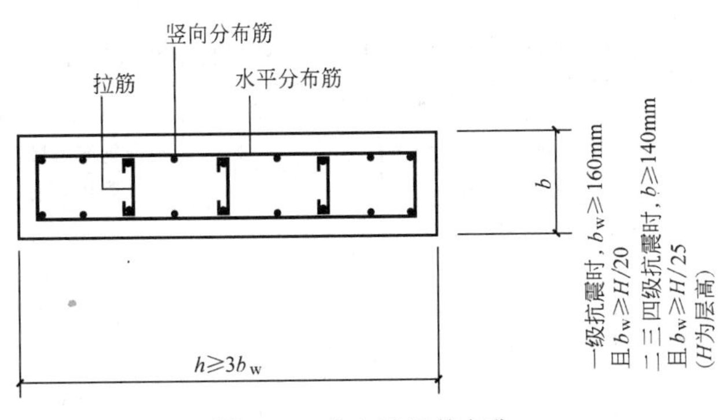

图3-11　剪力墙钢筋名称

4）剪力墙配筋的构造要求

（1）当剪力墙的厚度 $b \geqslant 160$mm时，应配置双排钢筋网，双排钢筋之间采用拉结筋连接，拉筋直径为6mm，间距700mm。拉结钢筋应与外皮水平钢筋勾牢。如图3-11所示。

（2）剪力墙的水平及竖向钢筋，除根据计算确定外，尚应满足表3-4中最小配筋率，最大间距和最小直径要求。

（3）按一二级抗震设计的剪力墙应设边缘构件，边缘构件可以是翼柱、端柱或暗柱，翼柱、暗柱的截面高度宜为墙端厚度 b_w 的1.5～2倍。如图3-12所示。

（4）剪力墙端部的暗柱、端柱及翼柱的纵向及箍筋配筋要求见表3-5。

剪力墙水平及竖向分布钢筋的配筋构造　　表 3-4

		最小配筋率(%)		最大间距(mm)	最小直径(mm)	双排筋的采用
		一般部位	加强区			
非抗震设计		0.15	0.20	横向 300 竖向 400	ϕ6 ϕ8	承受垂直于墙面的水平荷载的墙体(如地下室外墙),墙厚>160mm 的墙体应采用。墙厚=160mm 的墙体及墙厚<160mm 的加强区墙体宜采用
抗震设计	一级	0.25	0.25	300	ϕ8	所有部位均应采用
	二级	0.20	0.25	300	ϕ8	加强区应采用,一般部位宜采用
	三、四级	0.15	0.20	300	ϕ8	同非抗震设计

注：对三级抗震等级Ⅳ类场地土上较高的高层建筑其一般部位的最小配筋率应按二级抗震等级的数值采用。

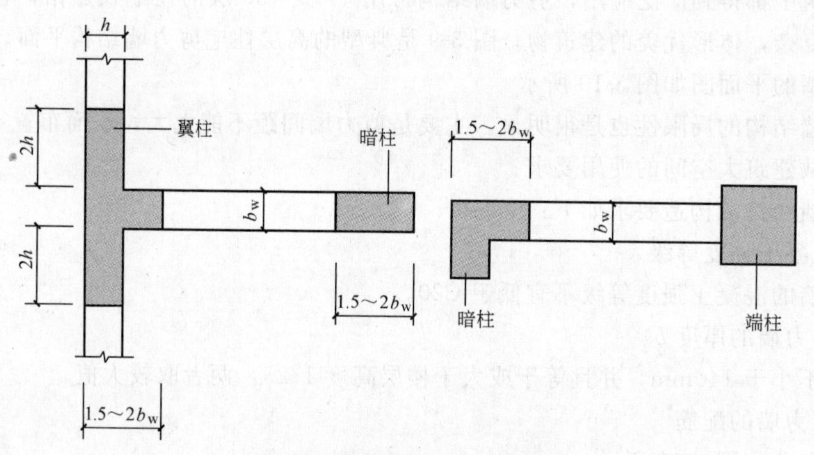

图 3-12　剪力墙边缘构件的设置

剪力墙端部的暗柱、端柱及翼柱的纵向钢筋及箍筋　　表 3-5

		底部加强区		其他部位	
		竖向钢筋的最小量(取较大值)	箍筋(拉筋)	竖向钢筋的最小量(取较大值)	箍筋(拉筋)
非抗震设计		2ϕ12	ϕ6@150	2ϕ12	ϕ6@200
抗震设计	一级	0.015A_c	ϕ8@100	0.012A_c	ϕ8@150
	二级	0.012A_c	ϕ8@150	0.010A_c 4ϕ12	ϕ8@200
	三级	0.005A_c 2ϕ14	ϕ6@150	0.005A_c 2ϕ14	ϕ6@200
	四级	2ϕ12	ϕ6@150	2ϕ12	ϕ6@200

注：1. 纵向筋搭接范围内，箍筋间距≤5d 且≤100mm；
　　2. A_c 为暗柱、端柱面积。

(5) 剪力墙的水平及竖向分布钢筋，在剪力墙顶层、楼、电梯间墙、剪力墙底部、现浇端部山墙、内嵌墙的端开间，要采取加强。图 3-13 所示加强区适当增大配筋率。

(6) 剪力墙钢筋的位置，为了方便施工，一般竖筋在内侧，水平筋在外侧。

(7) 剪力墙的水平分布钢筋在端部的锚固：当剪力墙端部未形成暗柱时，端部需配置 U 形钢筋与水平分布钢筋搭接。如图 3-14 所示。锚固长度非抗震时，为 l_a；抗震时，为 l_{aE}。当剪力墙端部形成暗柱或端柱时，水平分布筋应锚入暗柱内。锚固长度≥l_{aE}。如图 3-15 所示。

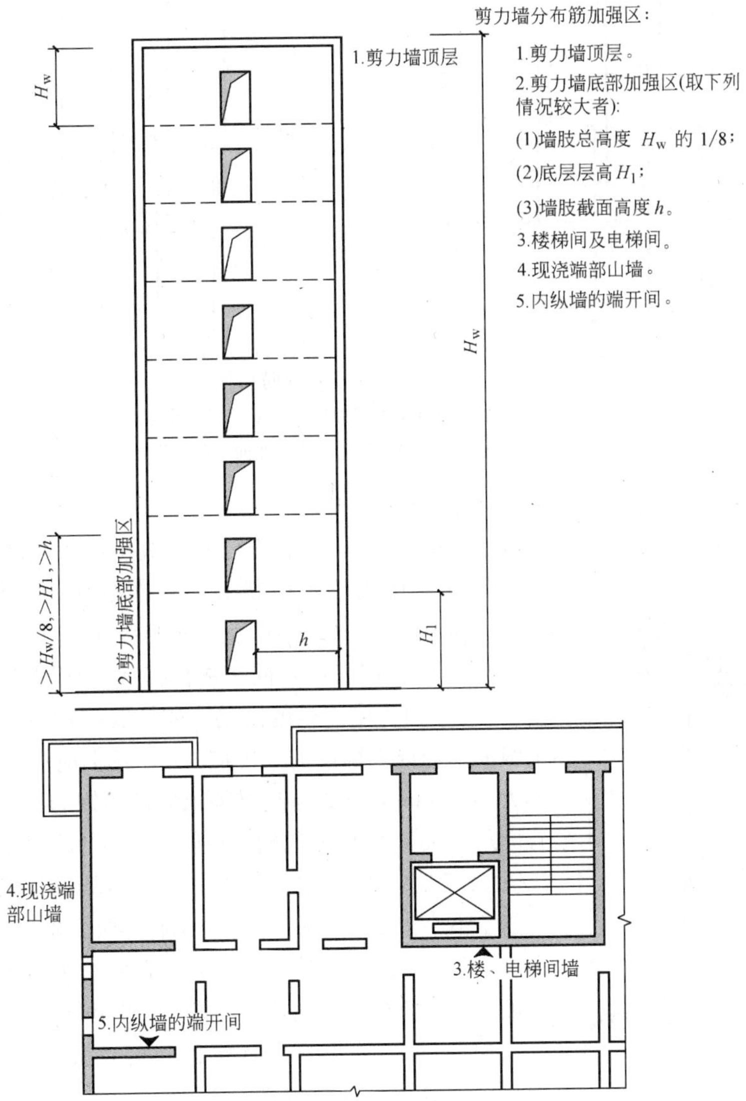

剪力墙分布筋加强区：
1.剪力墙顶层。
2.剪力墙底部加强区(取下列情况较大者)：
(1)墙肢总高度 H_w 的 1/8；
(2)底层层高 H_1；
(3)墙肢截面高度 h。
3.楼梯间及电梯间。
4.现浇端部山墙。
5.内纵墙的端开间。
1.剪力墙顶层
H_w
H_w
H_1
h
2.剪力墙底部加强区
$>H_W/8, >H1, >h$
4.现浇端部山墙
3.楼、电梯间墙
5.内纵墙的端开间

图 3-13　剪力墙分布筋加强区

形筋
非抗震时≥l_a
抗震时≥l_{aE}

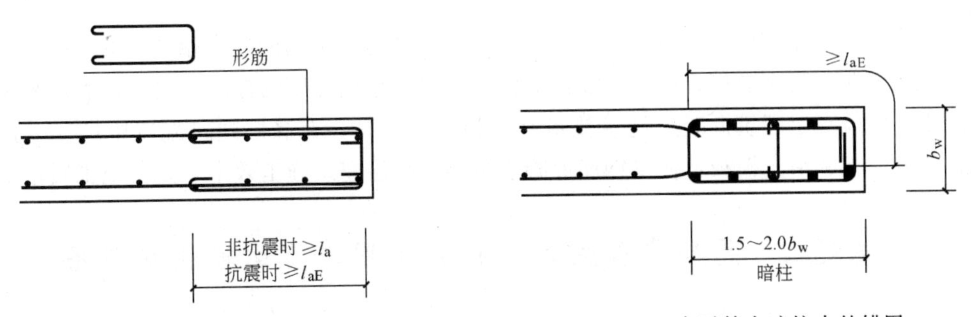

图 3-14　水平筋在墙端未形成暗柱时的锚固

≥l_{aE}
b_w
1.5～2.0b_w
暗柱

图 3-15　水平筋在暗柱中的锚固

(8) 剪力墙水平分布筋的搭接，其搭接长度，非抗震时为 l_l，抗震时为 l_{lE}，墙体两侧的水平分布钢筋应错开搭接，错位净距不小于 500mm。如图 3-16 所示。剪力墙两侧的

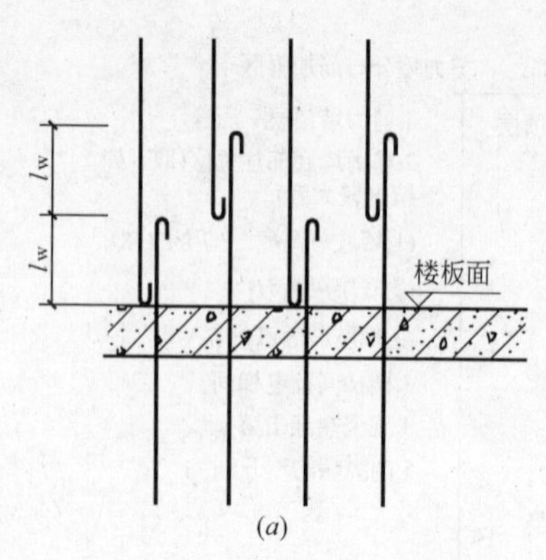

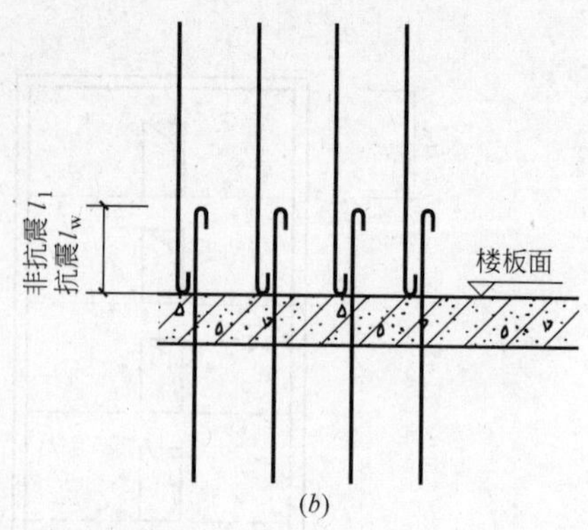

图 3-16　剪力墙竖向钢筋搭接

(a) 一级抗震的所有墙及二级抗震的剪力墙加强区，竖向筋应隔一根错搭；
(b) 三四级抗震及非抗震时竖向筋可在同一部位搭接

水平分布钢筋用拉筋钩牢。

(9) 剪力墙竖向分布钢筋的搭接：一级抗震所有部位和二级抗震加强部位，墙内竖向分布钢筋的接头位置应错开，每次搭接的钢筋数量不超过50%。如图 3-16 (a) 所示。三四级抗震和非抗震设计时，墙内竖向分布钢筋可在同一部位搭接。如图 3-16 (b) 所示。

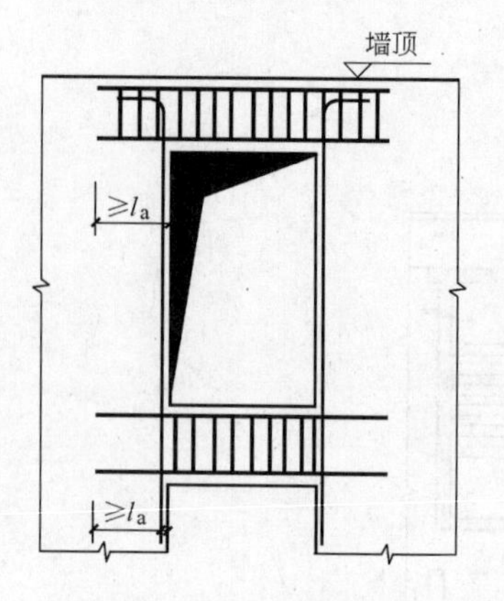

图 3-17　剪力墙连梁配筋及其纵向钢筋在墙内的锚固

(10) 剪力墙连梁的配筋：非抗震设计时，连梁上、下水平纵向钢筋伸入墙内的长度应$\geqslant l_a$，且不应小于 600mm，间距不大于 150mm，在顶层连梁伸入墙体的钢筋长度范围内，应设置间距不大于 150mm 的构造箍筋，当梁的跨度 l_n 与梁高 h 之比 $l_n/h<2.5$ 时，连梁底边 $(0.2\sim0.6)h$（梁高）范围内，应设置配筋率不小于 0.3%的水平分布钢筋。如图 3-17 所示。

(11) 抗震设计时，连梁上、下水平纵向钢筋伸入墙内的长度$\geqslant l_{aE}$，其他要求与非抗震设计要求相同。如图 3-17 所示。

(12) 剪力墙上有非连续洞口时，应在洞口周边配置补强钢筋，其构造要求如图 3-17 所示。

1.3　剪力墙结构的施工方法

现浇剪力墙结构的迅速发展和大量采用，是与其施工工艺的改进相联系的。施工工艺改进主要表现在混凝土搅拌、运输、浇捣等施工过程机械化程度的提高，尤其是大量采用泵送混凝土，使得高层建筑混凝土浇筑技术有了很大的提高。在高层建筑施工中广泛采用大模板、爬升模板和滑升模板，使得钢筋混凝土结构的高层建筑施工效率更高，施工质量更好。

课题 2　高层建筑主体结构施工用垂直运输机械设备

高层建筑主体结构施工期间，每天都有大量建筑材料、半成品、成品和施工人员要进行垂直运输，因此，在高层建筑主体结构施工中，正确的选择垂直运输设备非常重要，高层建筑的施工速度，在很大程度上取决于所选用机械设备的垂直运输能力。

另外，高层建筑施工使用机械设备的费用约占土建造价的5%～10%，所以，合理的选用和有效的使用垂直运输机械，对降低高层建筑的造价能起到一定的作用。

2.1 塔式起重机

塔式起重机是高层建筑主体施工的主要垂直运输施工机械，目前生产的塔式起重机主要分为快速拆装塔式起重机和自升式塔式起重机两大类。前者即为移动式塔式起重机，可根据需要换装不同的底盘而成为轨道式、轮胎式，后者一般多制成轨道式、自升式、内爬式。高层建筑主要是使用自升式和内爬式塔式起重机。

2.1.1 自升式塔式起重机

近年来，高层建筑的快速发展，一般塔式起重机已不能适应建筑物高度的要求，因此，建筑的高度超过50m时，通常采用自升式附壁塔式起重机，此种塔式起重机可随着建筑物的升高而升高。如图3-18所示。

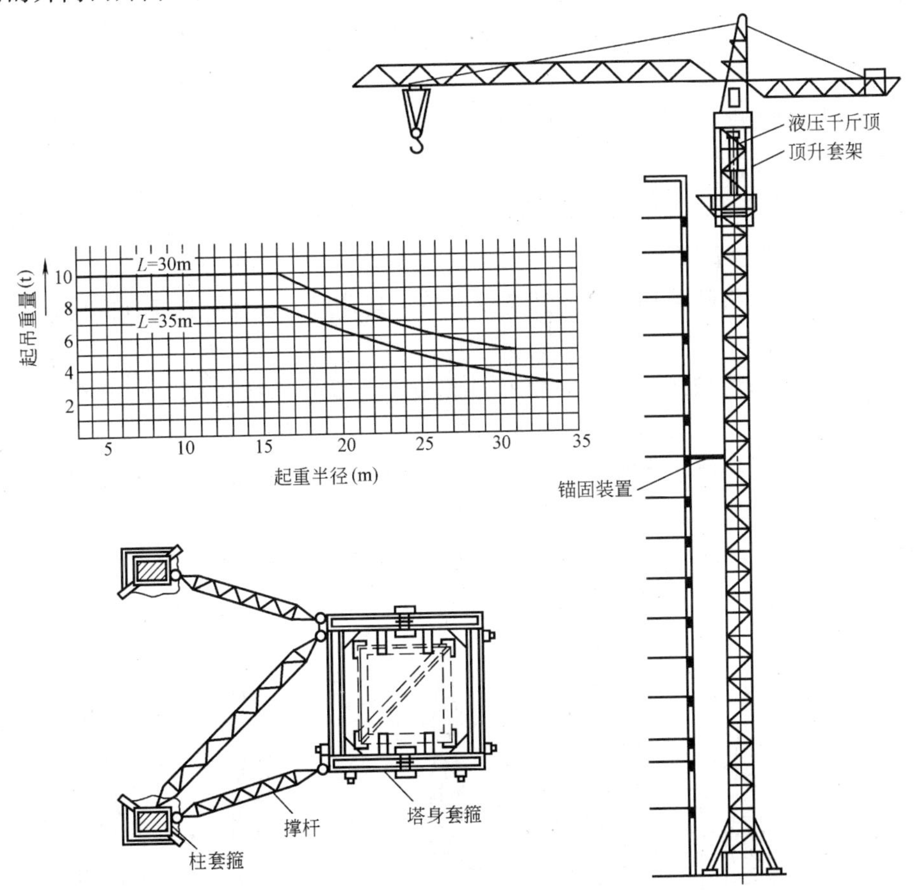

图3-18 QT_4-10型塔式起重机

1）塔式起重机的性能

（1）起重臂长：起重臂长则工作半径大，可以服务的范围广，对高层施工非常有利，塔式起重机的标准臂长一般为30～45m，可接长到50～60m。

（2）工作速度：由于建筑高度影响，起重机一个工作循环时间较长，提高塔式起重机的工作速度，可缩短工作循环时间，有利于提高分班产量，目前起重机普遍具有3～4个工作速度，重物起升超过 100m/min。

（3）采用小车变幅：塔式起重机改变起重半径，是利用起重小车在起重臂上行走。小车变幅的优点是通过小车行走变幅，再通过适当的旋转就可以进行构件就位，比较方便，最小吊距小，有利于起重机性能的发挥，扩大材料和构件的堆放范围。

（4）自升式塔式起重机各种系列主要技术性能指标，见表 3-6。

自升式塔式起重机基本参数系列 表 3-6

主参数（kN·m） 基本参数	(250)	(400)	(500)	600	800	(1000)	1200	1600	(2000)	2500
基本臂最大幅度(m)	25(20)	25	30(25)	30(25)	35(30)	40(35)	40	45	45	45
基本臂最大幅度处的额定起重量(t)	1.00 (1.25)	1.60	1.67 (2.00)	2.00 (2.40)	2.29 (2.67)	2.50 (2.86)	3.00	3.56	4.40	5.60
最大额定起重量不小于(t)	2.5	4.0	5.0	6.0	6.0	8.0	8.0	10.0	12.0	12.0
(轨道式/附着式)起升高度不小于(m)	25/45	30/60	35/80	40/100	45/100	50/120	50/120	50/120	55/120	60/120
(轨道式/附着式)起升速度不小于(m/min)	25/50	35/70	40/80	50/100	50/100	60/120	60/120	60/120	60/120	60/120
微动下降速度不大于(m/min)	5.0	5.0	5.0	5.0	4.0	4.0	4.0	3.2	3.2	3.2
轨距(m)	3.2	4.0	4.0	4.5	5.0	6.0	6.0	6.5	7.5	7.5
小车行走速度不小于(m/min)	20	25	25	25	30	30	30	30	35	35
空载回转速度不小于(r/min)	0.8	0.6	0.6	0.6	0.6	0.6	0.6	0.5	0.5	0.5

2）自升式塔式起重机的顶升

自升式塔式起重机随着建筑物的升高而升高，其升高过程是靠自身顶升而升高，其顶升过程如图 3-19 所示。

（1）将标准节吊到摆渡小车上，松开过渡节上与塔身标准节相连的螺栓，如图 3-19（*a*）所示。

（2）开动液压千斤顶，将塔顶及顶升套架顶升到超过一个标准节的高度，然后用定位销将顶升套架固定，如图 3-19（*b*）所示。

（3）液压千斤顶回缩，形成引进空间，然后将装有标准节的摆渡小车拉进空间内，如图 3-19（*c*）所示。

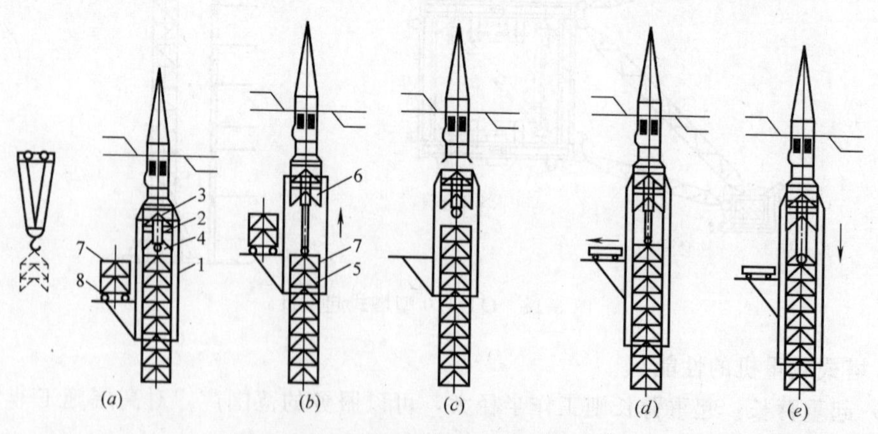

图 3-19 附着式塔式起重机的顶升过程

（*a*）准备状态；（*b*）顶升塔顶；（*c*）安装标准节；（*d*）安装标准节；（*e*）塔顶和塔身联成整体

1—顶升套架；2—液压千斤顶；3—支承架；4—顶升横梁；5—定位销；6—过渡节；7—标准节；8—摆渡小车

（4）利用液压千斤顶稍微提起标准节，推出摆渡小车，接着将标准节放在下面的塔身上，并用螺栓加以连接，如图 3-19（*d*）所示。

（5）拔出定位销，下降过渡节，使之与新的标准节配成整体，如图 3-19（*e*）所示。

3）自升式塔式起重机的安全保护装置

塔式起重机塔身较高，可能发生的大事故是倒塔、折臂，以及在拆装时发生摔塔等，根据调查，塔式起重机的安全事故绝大多数是由于超载、违章作业及安装不当等引起的，为此，国家规定塔式起重机必须设有安全保护装置，否则，不得使用。塔式起重机常用的安全装置有：

（1）起升高度限位器：起升高度限位器用来防止起重钩起升过度而碰坏起重臂的装置，可使起重钩在接触到起重臂之前，起升机械自动断电并停止工作，常用的有两种型式：一是安装在起重臂端头附近，如图 3-20（*a*）所示，二是安装在起升卷筒附近，如图 3-20（*b*）所示。

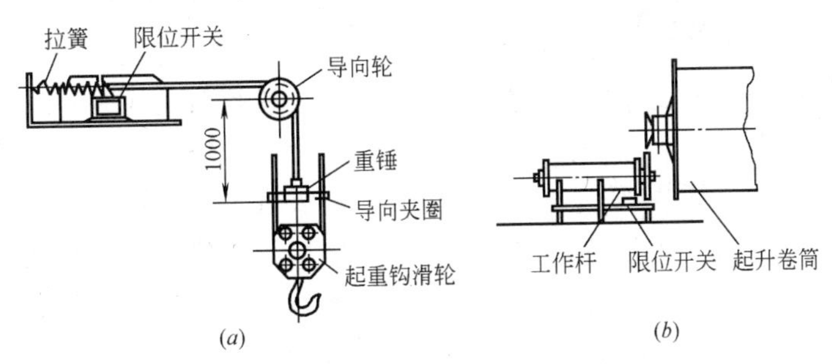

图 3-20　起升高度限位器工作原理图

安装在起重臂端头的是以起重钢丝绳为中心，从起重臂端头悬挂重锤，当起重钩达到限定位置时，托起重锤，在拉簧作用下，限位开关的杠杆转过一个角度，使起升机构的控制回路断开，切断电源，停止起重钩上升。

安装在起升卷筒附近是以起重钢丝绳的长度为控制点，当起重钢丝绳的长度达到限定位置时，控制块移动到一定位置，限位开关断电，停止起重钩上升。

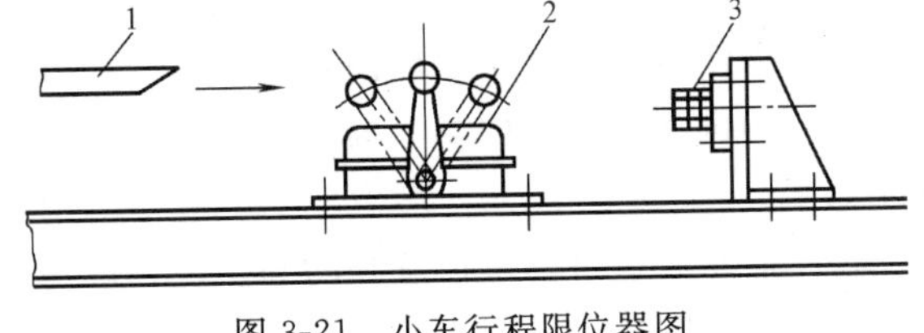

图 3-21　小车行程限位器图

1—起重小车止挡块；2—限位开关；3—缓冲器

（2）小车行程限位器：小车行程限位器设于小车变幅式起重臂的头部和根部，包括终点开关和缓冲器。如图 3-21 所示。

当小车超过限位时，碰上限位开关，限位开关切断小车牵引机械的电器，防止小车越位而造成安全事故。

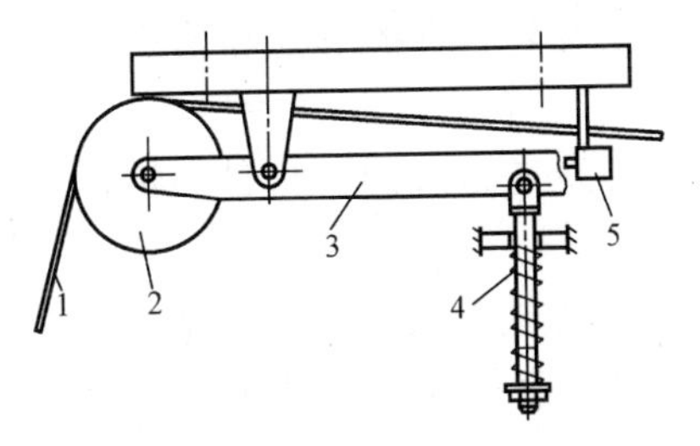

图 3-22　起重量限止器

1—起重钢丝绳；2—滑轮；3—杠杆；4—弹簧；5—行程开关

（3）起重量限制器：起重量限制器是用来限制起重钢丝绳单根拉力的一种安全保护装置，根据构造，可装在起重臂根部、头部、塔顶以及转动的起重卷扬机机架附近位置。如图 3-22 所示。

起重机顶部的起重限制器起重钢丝绳 1 绕过起重量限制器的滑轮 2，并通过杠杆 3 的作用压缩弹簧 4，当起重钢丝绳的荷载达到允许的极限值时，杠杆的右端便克服弹簧的张力而上移，进而压缩行程开关 5 的触头，使起升机构电源被切断。

（4）起重力矩限制器：起重力矩限制器是当起重机在某工作幅度下起吊荷载接近或达到该幅度下的额定荷载时发出警报进而切断电源的一种安全保护装置。用来限制起重机在起吊重物时所产生的最大起重力矩，防止塔吊过载倾倒。根据构造和塔式起重机形式不同，可装在塔帽、起重臂根部或端部等位置。

机械式起重力矩限制器，如图 3-23（*a*）所示。

其工作原理是通过钢丝绳的拉力、滑轮、控制杆及弹簧进行组合，监测荷载，通过与臂架的俯、仰相连的凸轮的转动检测幅度，由此使限位开关工作。

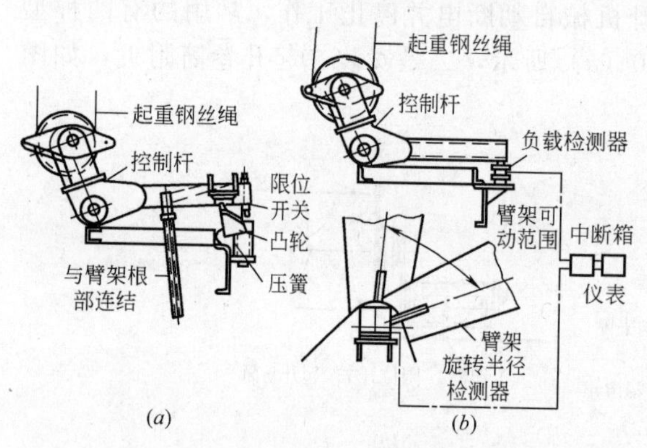

图 3-23　动臂式起重力矩限止器工作原理图

（*a*）机械式；（*b*）电动式

电动式起重力矩限制器，如图 3-23（*b*）所示。通过操纵室里的仪表直接显示出荷载和工作幅度，并可事先把不同臂长时的几根起重性能曲线编入机构内，进行自动控制起重机的力矩。

（5）塔式起重机的航空障碍灯和避雷装置：由于塔式起重机的设置位置一般比正在建设中大楼高，因此在起重机的最高部位必须安装红色警戒灯和避雷装置，以免飞机撞击或遭到雷击。

4）自升式塔式起重机使用一般要求

（1）塔式起重机的工作环境温度为－20℃～40℃。工作时风力在 6 级以下。整体架设、爬升或顶升操作时，风力不应大于 4 级。

（2）塔式起重机各部位距离高压线不应小于 6m。

（3）工作电源的电压允许偏差为±5％。

（4）司机须经专业训练，应了解机械的构造，熟知保养规则和安全操作规程，并且要持证上岗。

（5）非专业司机不得任意开动和操作，以免发生事故。

（6）重新安装后，使用前必须验收。验收合格，做试运转无误后才能使用。

（7）起重机须有可靠接地，电器设备的外罩均应与机体妥善连接，要有良好的照明。

2.1.2　塔式起重机的选择与布置

（1）塔式起重机的选择要综合考虑建筑物的高度，建筑物的结构形式和楼面面积，构件的重量、现场的平面布置等各方面情况，同时要兼顾起重机装、拆的场地和建筑物结构，满足塔架锚固的要求。

（2）根据施工经验，12～14 层以下的高层建筑采用下旋轨道塔式起重机最经济，15 层以上的高层建筑选用自升附着塔式起重机。

（3）所选用的塔式起重机必须满足建筑物起吊高度、起重半径和最大起重量的要求。

（4）根据总工期的要求和施工方法，计算总安装数量及综合吊次，以施工定额为依据，排出进度计划，确定塔式起重机的台数和进出厂日期。

（5）一般情况下 1000m^2 的楼面面积需配一台塔式起重机和二台施工电梯，就基本能适应正常施工速度。

(6) 塔式起重机布置应满足施工部位在塔式起重机工作半径范围以内，根据塔式起重机的位置和起重力矩控制施工平面布置图。如图 3-24 所示。

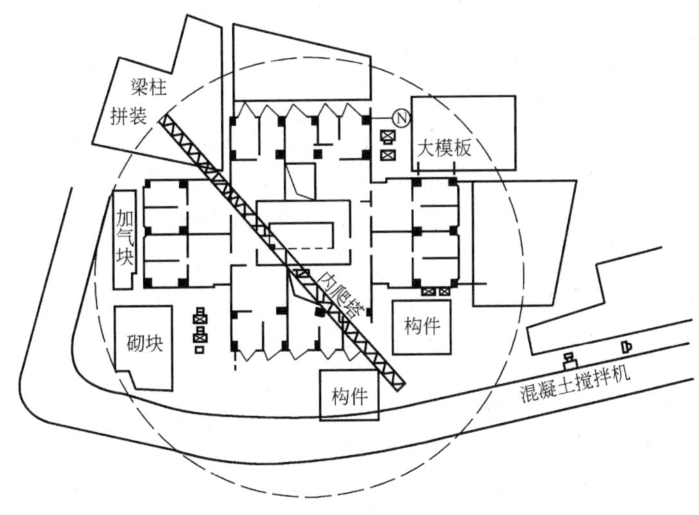

图 3-24 塔式起重机平面布置

2.1.3 自升附着式塔式起重机的安装

自升附着式塔式起重机安装在建筑物的外侧，塔身下做混凝土基础，塔身使用撑杆使塔身与建筑物连接，以保证起重机的稳定。

1) 混凝土基础

自升附着式起重机的混凝土基础有两种做法：一种是整体式，一种是分块式。采用整体式混凝土基础时，起重机通过专用塔身基础节和预埋地脚螺丝固定在混凝土基础上；采用分块式混凝土基础时，起重机的塔身结构固定在行走架上，而行走底架的四个支座则通过垫板支在四个混凝土基础上，如图 3-25 所示为分块式混凝土基础。

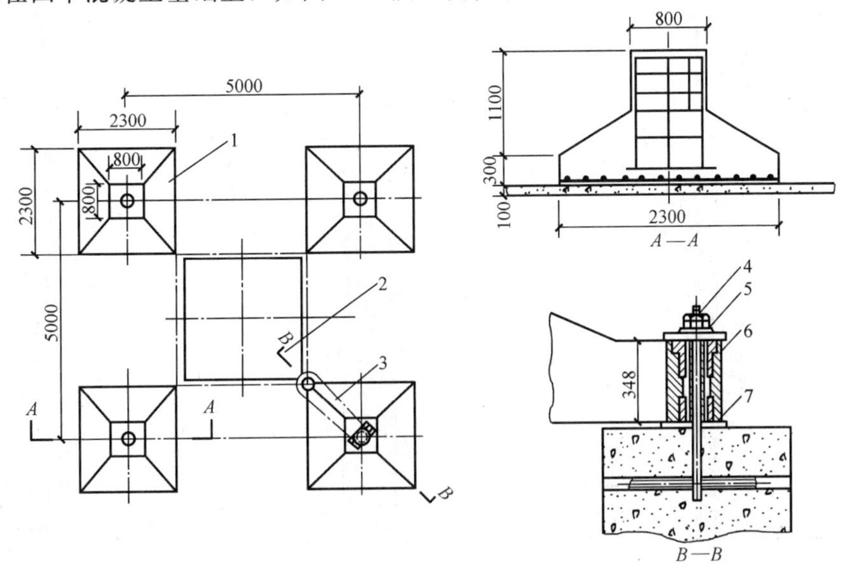

图 3-25 自升塔式起重机的基础示例

1—钢筋混凝土基础；2—塔机底座；3—支腿；4—紧定螺母；5—垫圈；6—钢套；7—钢板调整片（上下各一）

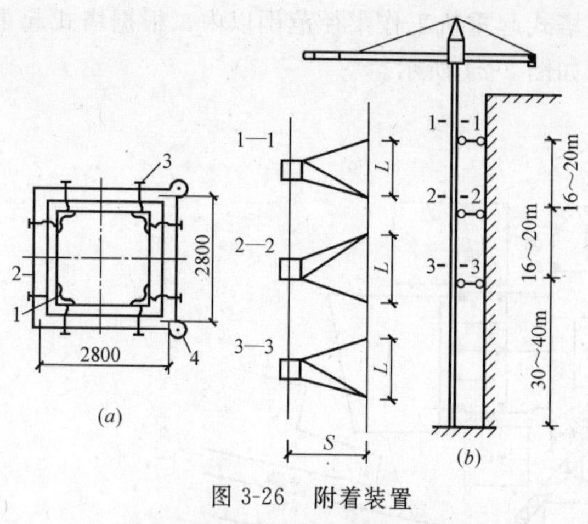

图 3-26　附着装置

（a）锚固环；（b）附着装置安装方式

1—塔身；2—锚固环；3—螺旋千斤顶；4—耳环

每个基础的尺寸通常取 2m×2m，基础底板厚 0.5m，注意，不得在回填土上浇筑混凝土基础。

2）附着装置

自升附着式起重机塔身的锚固装置由套在塔身上锚固环、附着杆及固定在建筑结构上的锚固支座构成。锚固支座可以套在柱子上。如图 3-26（a）所示。

也可以埋设在混凝土板墙内，锚固支座应设在距楼板不大于 0.2m 的位置，对于锚固支座的布置和安装必须与设计单位商量决定，必要时通过计算确定。

附着装置的间距根据机械的性能而定，一般间距要求如图 3-26（b）所示。

2.2　施工电梯

施工电梯又称人货两用电梯，是高层建筑施工设备中惟一可运送人员上下的垂直运输设备。

2.2.1　施工电梯的分类

施工电梯按传动形式分为齿轮齿条式、钢丝绳式和混合式。

1）齿轮齿条式

图 3-27 所示为齿轮齿条式。

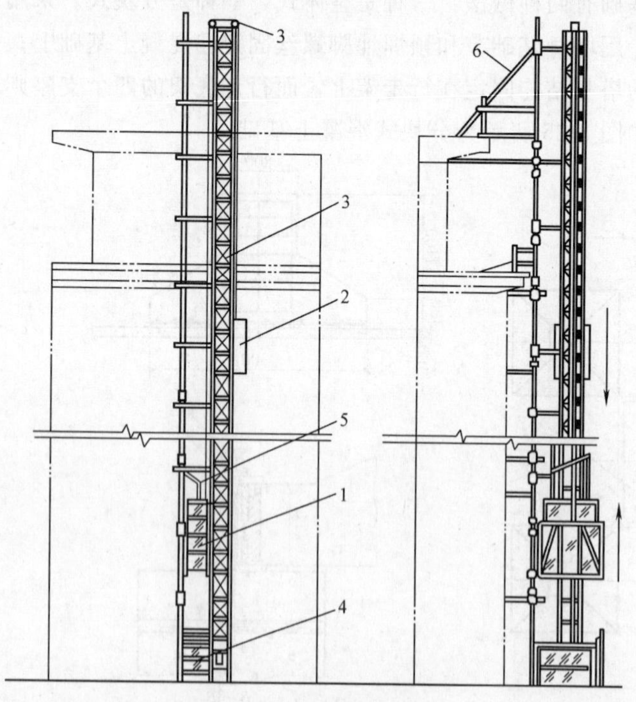

图 3-27　施工电梯

1—吊笼；2—平衡重箱；3—天轮；4—底笼；5—小起重机；6—附墙架

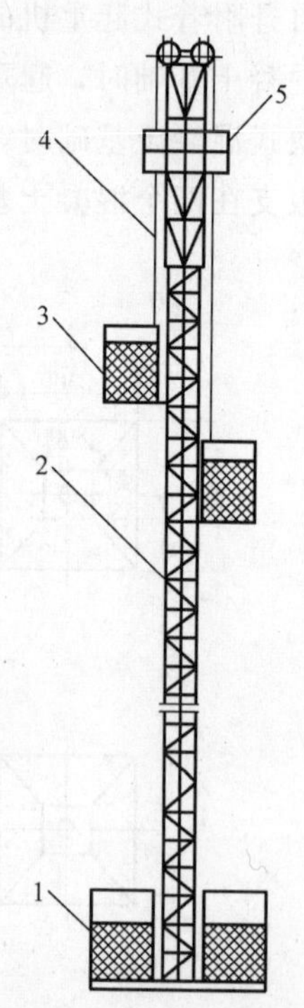

图 3-28　钢丝绳式升降机

1—底笼；2—导轨架；3—吊笼；4—外套架；5—工作平台

其结构特点是传动装置驱动齿轮，使吊笼沿导轨架的齿条运动，导轨架为标准节拼接组成。导轨架由附墙架与建筑物相连，增加刚性，导轨架加节接高由自身辅助系统完成。吊笼分为双笼和单笼。吊笼上配重用来平衡吊笼重量，提高运行平衡性。

2）钢丝绳牵引式

图 3-28 所示为钢丝绳牵引式。钢丝绳牵引式是由提升钢丝绳通过布置在导轨架上的导向滑轮，用设置在地面的卷扬机使吊笼沿导轨上下运动，其结构特点是上升下降速度快。

3）混合式

混合式是一种把齿轮齿条式和钢丝绳式升降机组合为一体的施工电梯：一个吊笼用齿轮齿条驱动，另一个吊笼用钢丝绳提升。

2.2.2 施工电梯的安全防护装置

由于施工电梯不但用于运输施工材料，而且用于人员的运输，因此，必须安装安全防护装置。

1）限速器

当施工电梯出现非正常加速运行，瞬时速度达到限定速度时，限速器迅速制动，将吊笼停止在导轨架上或缓慢下降。

2）断绳保护装置

当吊笼的提升钢丝绳或对配盘悬挂钢丝绳破断时，迅速产生制动动作，将吊笼或配盘制动，停在导轨架上。

3）联锁开关和终端开关

联锁开关用于吊笼的进出门处，当吊笼门完全关闭后，吊笼才能移动，终端开关是控制吊笼达到顶点时的限位开关。

2.2.3 施工电梯的性能

(1) 施工电梯一般载重为 1t 或可乘 12 人，重型的可载 2t 或可乘 24 人。

(2) 国产施工电梯起升高度为 100～120m，电梯附墙后最大自由高度为 7～10m。

(3) 一台施工电梯在一般施工速度时，可以服务楼层面积约为 600m^2。

(4) 施工电梯安装时，地面设现浇混凝土基础，导架设附墙杆与建筑物连接，附墙杆的间距为 7～10m。

(5) 施工电梯安装后，经验收合格后，才能使用。

课题 3 大模板施工

大模板是大型模板或大块模板的简称。大模板的单块模板面积较大，通常是以一面现浇混凝土墙体为一块大模板，大模板是采用定型化的设计和工业化加工制作而成的一种工具或模板，施工时配以相应的吊装和运输机械，用于现浇钢筋混凝土墙体的施工。它具有安装和拆除方便，尺寸准确和板面平整等特点。

采用大模板进行建筑施工的工艺特点是：利用工业化建筑施工的原理，以建筑物的开间、进深、层高的标准化为基础，以大模板为主要施工手段，以现浇钢筋混凝土墙体为主导工序，组织有节奏的均衡施工，这种施工方法工艺简单，施工速度快，工程质量好，结构整体性和抗震性能好。混凝土表面平整光滑，可以减少装修抹灰湿作业，降低工程造价，提高劳动效率，综合经济技术效益好，因而受到普遍欢迎，施工水平比较高的大中型企业大量采用这种施工方法。

采用大模板进行主体结构施工，主要用于各种剪力墙结构的高层和多层建筑。

3.1 大模板的构造

大模板主要有支撑架、操作平台、板面和附件组成。

3.1.1 支撑系统

支撑系统的功能在于：当大模板处于停放的位置时，支撑系统能使大模板处于稳定放置状态。当大模板处于支撑状态时，支撑系统能使大模板处于垂直状态。如图 3-29 所示，大模板的支撑系统由模板支撑架 10 和 1 号地脚和 2 号地脚组成，一块大模板有 2 个支撑架。

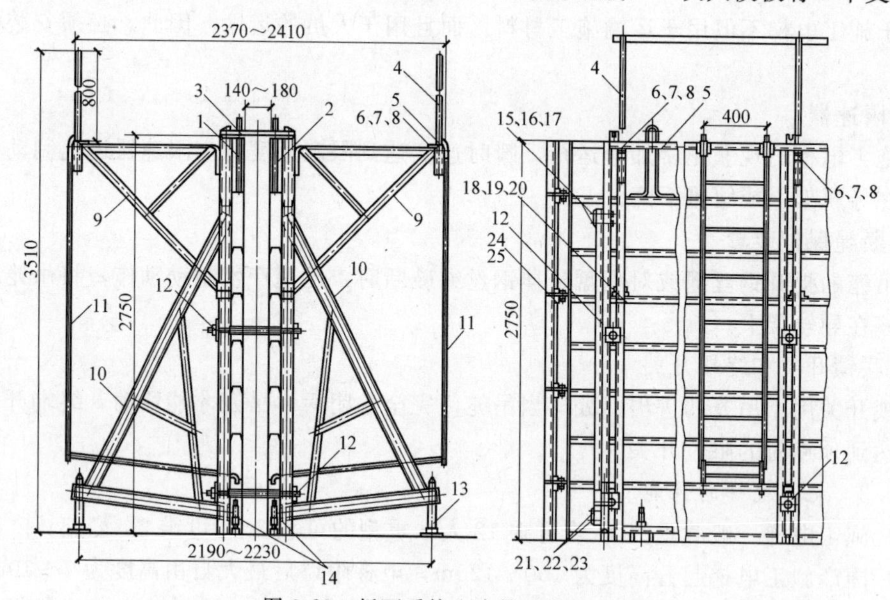

图 3-29 板面系统和支撑系统组合图

1—反向模板；2—正向模板；3—上口卡板；4—活动护身栏；5—爬梯横担；6、16、19、22—垫圈；7、17、20、23—六角螺母；8—六角头螺栓；9—操作平台；10—模板支撑架；11—爬梯；12—穿墙螺栓；13—2 号地脚螺栓；14—1 号地脚螺栓；15、18、21—六角头螺栓；24—反活动角模；25—正活动角模

通过 1 号、2 号地脚螺栓用来调整模板的垂直度和保证模板的竖向稳定的倾斜度。地脚螺栓如图 3-30 所示。

3.1.2 操作平台系统

操作平台系统由操作平台、护身栏等组成，操作平台放置于大模板上部，用三脚架插入竖向龙骨的套管内，三角架上铺脚手架，便于施工人员进行操作。如图 3-30 所示。

3.1.3 板面系统

板面系统由面板、横肋、竖肋组成，如图 3-31 所示。

1）面板材料

面板是直接与混凝土接触的部位，要求面板平整光滑，易于脱模，具有一定刚度、强度和耐磨性，能多次重复使用。

(1) 钢板面板：钢板是首选的面板材料，钢板厚度 3～5mm，耐磨、耐久，一般周转

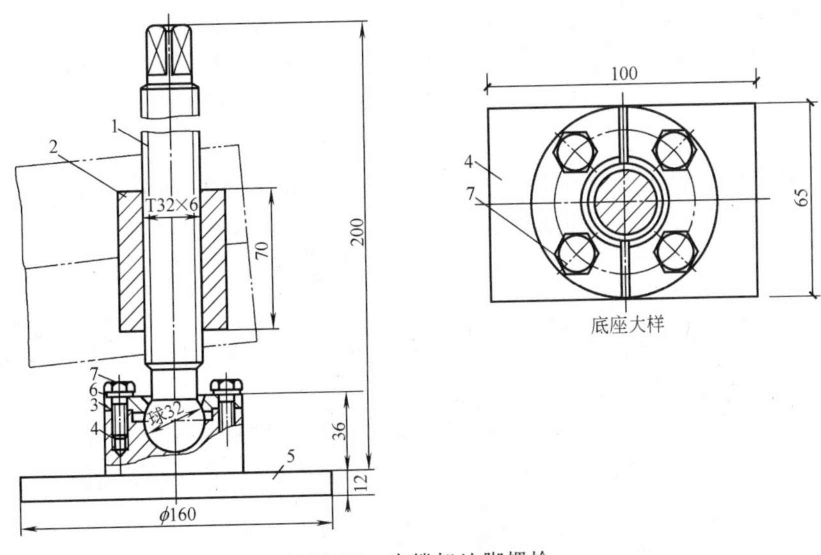

图 3-30　支撑架地脚螺栓

1—螺杆；2—螺母；3—盖板；4—底座；5—底盘；6—弹簧垫圈；7—螺钉

使用次数在 200 次以上。钢板表面容易清理，有利于提高混凝土的表面质量。

（2）胶合板面板：一般采用 9～11 层胶合板，表面涂刷聚氰胺树脂薄胶防水剂，其价格便宜，货源广泛，自重轻，具有一定的保温性能。

（3）竹胶合板面板：以多层竹片互相垂直配置，经胶粘剂压接而成，表面涂以防水涂膜，这种面板吸水率低，膨胀率小，结构性能稳定，对降低模板成本具有一定意义。

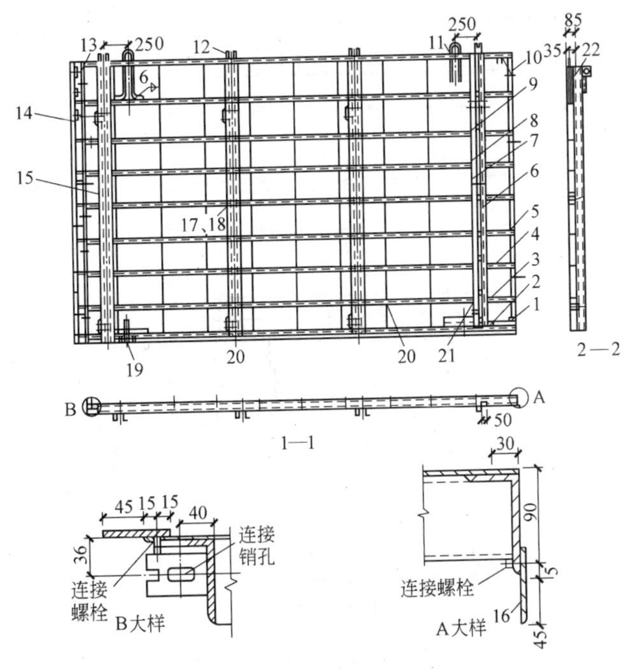

图 3-31　组合大模板板面系统构造

1—面板；2—底横肋（横龙骨）；3、4、5—横肋（横龙骨）；6、7—竖肋（竖龙骨）；8、9、20、21、22—小肋（扁钢竖肋）；10、16—拼缝扁钢；11—吊环；12—上卡板；13—顶横龙骨；14—角龙骨；15—撑板钢管；17—螺母；18—垫圈；19—地脚螺丝

2）横肋、竖肋

图 3-31 所示的横肋采用角钢，竖肋采用槽钢，焊接而成，横肋与竖肋承受面板传来的压力。

3）边框

在大模板的两端焊接角钢做边框，如图 3-31 所示的 A 大样和 B 大样，使面板结构形成一个封闭骨架，在功能上可以解决纵横墙、柱、板之间的连接。

3.1.4　大模板连接件

1）穿墙螺栓与塑料套管

穿墙螺栓是承受混凝土侧压力，加强板面结构的刚度，控制模板间距的重要配件，它把墙体两侧大模板连接为一体。

穿墙螺栓如图 3-32 所示。为了防止墙体混凝土与穿墙螺栓粘结，在穿墙螺栓外部套一根硬质塑料管，其长度与墙厚相同，两端顶住墙模板，内径比穿墙螺栓直径大 3～

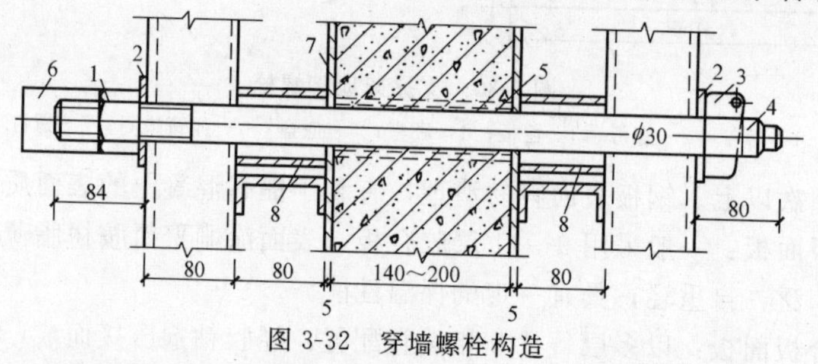

图 3-32　穿墙螺栓构造

1—螺母；2—垫板；3—板销；4—螺杆；5—塑料套管；6—丝扣保护套；7—模板；8—加强管

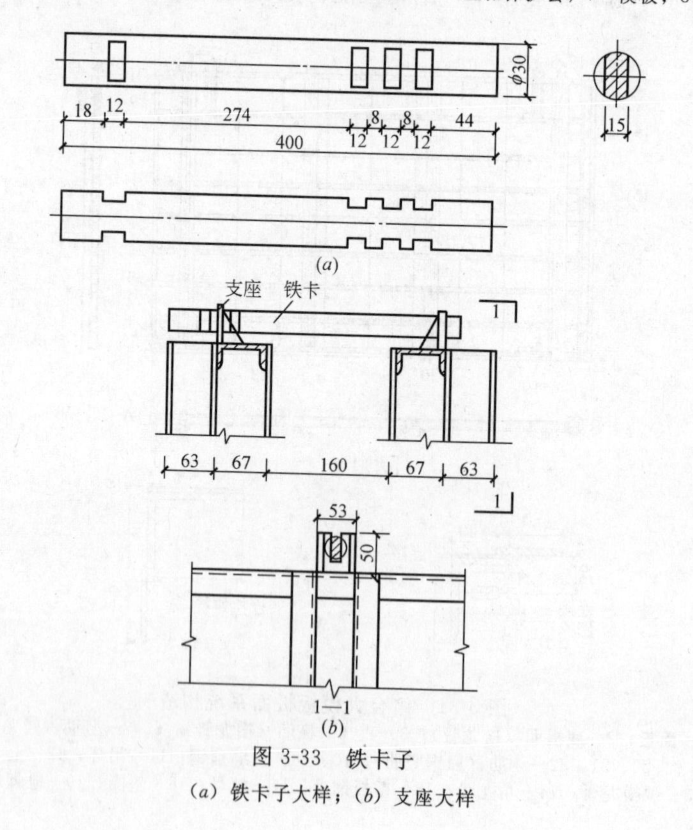

图 3-33　铁卡子

(a) 铁卡子大样；(b) 支座大样

4mm，这样拆模时，即保证了穿墙螺栓的顺利脱出，又可在拆模后将套管抽出，以便于重复使用。穿墙螺栓用45号钢制作，一端为梯形螺纹，长约120mm，以适应不同墙体厚度的施工，另一端在螺杆上车上销孔，支模时，用板销打入销孔时，以防止模板外涨，穿墙螺栓一般设置在模板的中部与下部，其间距、数量根据计算确定，为防止塑料管将面板顶凸，在面板与竖肋之间宜设加强管。

2）上口卡子

上口卡子设置于大模板顶端，与穿墙螺栓上下对直，其作用与穿墙螺栓相同，直径为30mm。依据墙厚不同，在卡子的一端车出不同距离的凹槽，以便与卡子支座相连接。如图3-33（*a*）所示。

卡子支座用槽钢与钢板焊接而成，焊于模板顶端。如图3-33（*b*）所示，支完模板后将上口卡子放入支座内。

3.1.5 大模板之间的连接方法

大模板一般是以一间房间的开间尺寸长度为一块模板，各块大模板之间也要进行连接，才能形成封闭状态进行浇筑混凝土，否则，各大模板之间的缝隙就要漏浆，影响混凝土施工质量。

1）外墙大模板与墙身连接

如图3-34所示，采用导墙法，将外墙外侧大模板加高7～10cm，利用下层墙体做导墙，并加设海绵条可有效防止接缝处漏浆。用穿墙螺栓将支撑架固定，以便于支撑外墙大模板。

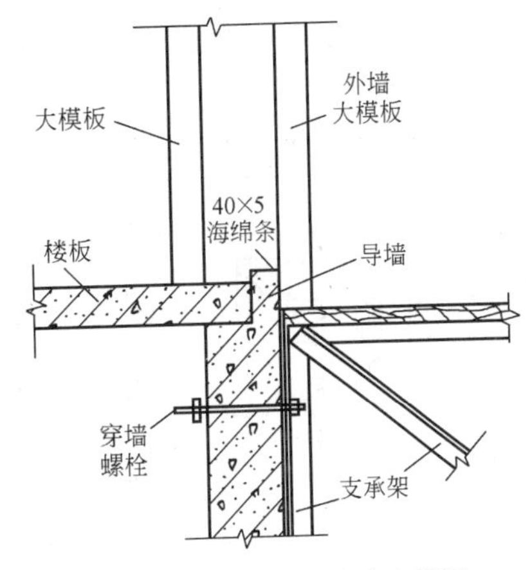

图3-34 大模板底部导墙支模图

2）丁字墙大模板之间的连接

丁字墙大模板之间的连接，为了通用，减少大模板规格，可采用模数条模板的方法。模数条模板基本尺寸为30cm和60cm两种，也可根据需要做成非模数的模板条。模数条模板结构与大模板基本一致，在模数条模板与大模板的连接处，用连接角钢将模数条模板与大模板连接。如图3-35所示。

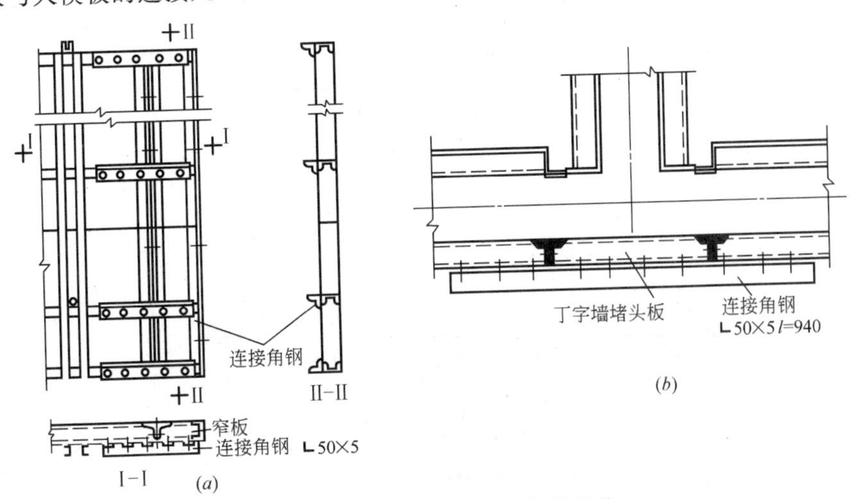

图3-35 组合式平模模数条的拼接

（*a*）平面模板拼接；（*b*）丁字墙节点模板拼接

3）转角处大模板的连接

墙体转角处大模板连接有三种方法：分别为小角模、大角模以及大角模与小角模相结合的形式。

（1）小角模连接方法，如图 3-36 所示。采用小角模连接、拆除较为方便，外模板与内模板用角钢连接。

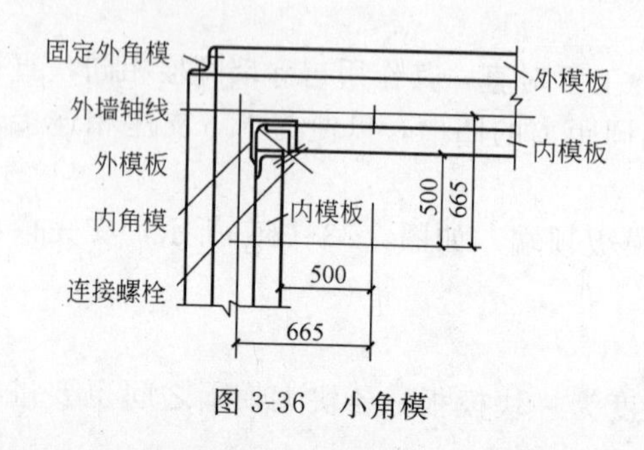

图 3-36 小角模

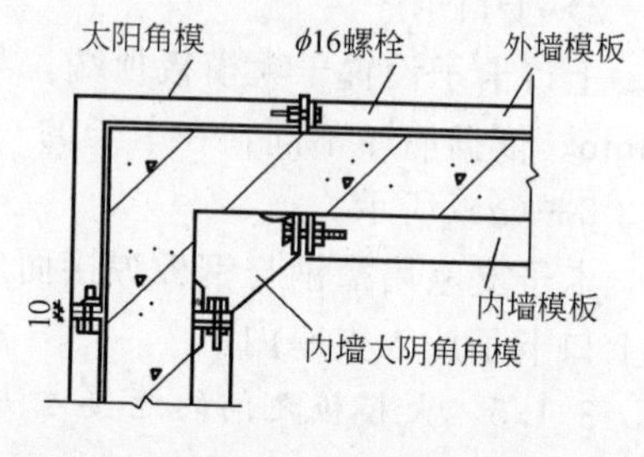

图 3-37 大角模

（2）大角模连接方法，如图 3-37 所示。采用大角模可以更有效地保证墙体阴阳角垂直、方正。外模板与内模板采用特制的外墙阳角模板和内墙阴角模板进行连接。

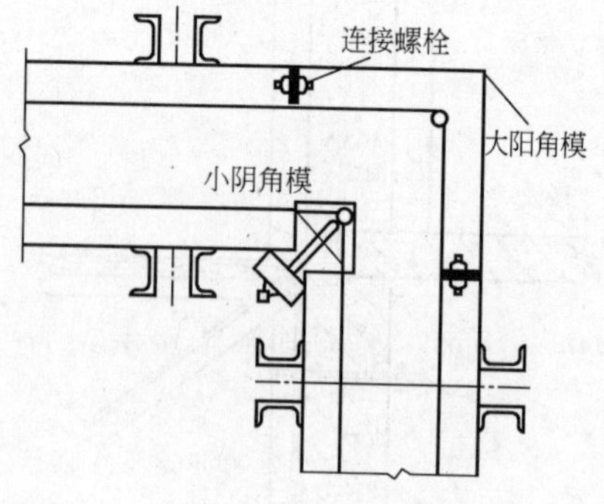

图 3-38 大小角模组合

（3）大小角模相结合方法，如图 3-38 所示。

4）大模板之间的平面连接

当内、外大模板既不处于转角处，也不处于丁字交接处，而是处于平面连接时，这是可以采用企口法连接。如图 3-39 所示。当外墙外侧有垂直缝时，其模板垂直接缝构造处理如图 3-40 所示。可在大模板垂直接缝处，预置 2～3cm 距离，中间用梯形橡胶条或角钢作堵缝，用螺栓与两侧大模板连接。

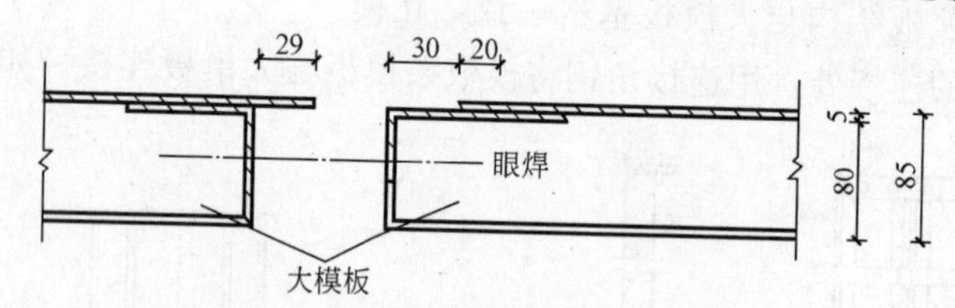

图 3-39 模板与模板企口连接示意图

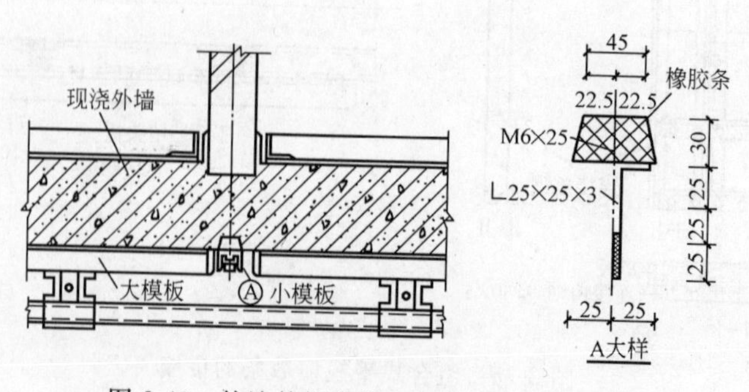

图 3-40 外墙外侧大模板垂直接缝构造处理

3.2 大模板安装和拆除

3.2.1 施工前准备工作

大模板工程的施工，除了按照常规要求，编制施工组织设计，做好施工准备总体部署外，并要针对大模板施工的特点，做好以下准备工作。

1）安排好大模板堆放场地

由于大模板体形大，比较重，故应堆放在塔式起重机工作半径范围之内，以便于直接吊运，在拟建工程的附近，留出一定面积的堆放区，每块大模板约占地 $8m^2$，根据大模板数量，确定堆放场地面积。

2）做好技术交底

针对大模板施工的特点、质量要求和建筑物的具体情况作好班组的技术交底。

3）进行大模板的试组装

在正式安装大模板之前，应先根据模板的标号进行试验性安装，从检查模板的各部尺寸是否合适，如发现问题及时进行修理，待问题解决后方可正式安装。

4）做好测量放线工作

测量放线包括弹轴线、墙身线、模板就位线、门窗口隔墙、阳台位置和抄平水准线。

（1）在每栋建筑物的四角和流水施工分段处，应设置标准轴线桩，再用经纬仪根据标准轴线桩引到施工楼层上作为控制轴线，再用钢尺根据控制轴线量出各墙的轴线，再由轴线引出，弹出墙身的边线和模板的就位线，弹出门、窗洞口位置线。

（2）从首层墙上±0.000点，以施工图建筑物层高为准，用钢尺引测到施工楼层，为控制楼层标高的基准点，用水准仪根据基准点高出50cm作为50线，抄到楼层的甩筋上。根据50线在安装模板的位置处抹水泥砂浆找平层，以控制大模板安装的水平度。

（3）验线：在轴线、模板位置线、隔墙、门窗口、阳台、位置线测设完成后，应由质量检查人员进行验线，无误后方可施工。

3.2.2 钢筋绑扎安装

（1）根据柱、墙受压构件钢筋绑扎、安装的要求，进行绑扎。

（2）根据施工图的要求和上一节所讲的钢筋混凝土剪力墙结构的构造要求，进行钢筋连接。

（3）钢筋绑扎完毕，设置混凝土保护层垫块，其间距不大于1m。

（4）在施工缝处按要求留设甩筋、预埋件等。

（5）钢筋进行隐蔽工程验收后，再安装大模板。

3.2.3 大模板安装

（1）大模板进场后要核对型号，清点数量，清除表面锈蚀，涂刷脱模剂，用醒目的字体在模板背面注明编号。

（2）安装大模板时，对号入座吊装就位，先从第二间开始，安装一侧横墙模板对位吊垂直，吊垂直使用双十字靠尺，如图3-41所示。根据墙的门、窗口位置线，安装门、窗口模板。

（3）根据门、窗洞口大小，用方木做成门窗洞模板，如图3-42所示。按门窗洞口的位置将其固定在大模板上。如图3-43所示。

（4）在固定好一侧的大模板上放入穿支撑墙厚的塑料套管，再安装另一侧大模板。

(5) 经靠吊垂直后，穿入穿墙螺栓，旋紧穿墙螺栓，穿墙螺栓的拧紧程度要一致。

(6) 再次校正大模板的垂直度，并拉线检验大模板的平直度。

(7) 大模板的安装顺序是先安横墙模板，再安纵墙模板，安装一间，校正一间，固定一间。

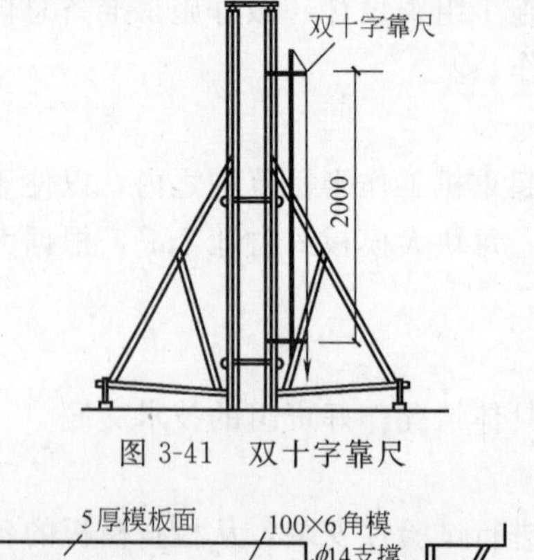

图 3-41 双十字靠尺

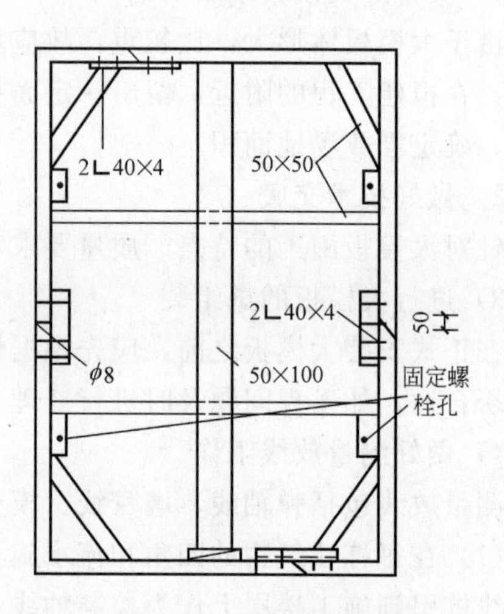

图 3-42 门窗洞口模板

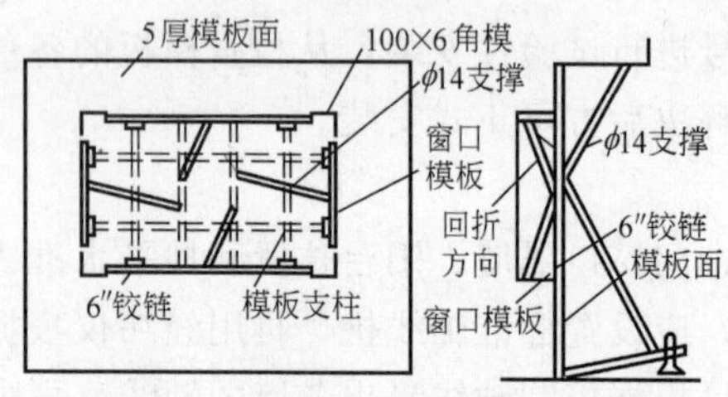

图 3-43 外墙窗洞口模板固定方法

(8) 大模板安装后其质量要求应符合表 3-7 要求。

大模板支模质量检查标准 表 3-7

项 次	项 目 名 称	允许偏差(mm)	检 查 方 法
1	模板竖向偏差	3	用 2m 靠尺检查
2	模板位置偏差	2	用尺检查
3	墙体上口宽度	+2 0	
4	模板标高偏差	±10	

3.2.4 墙体混凝土浇筑

(1) 按柱、墙受压构件一节中对墙体混凝土浇筑要求进行操作。

(2) 浇筑墙体混凝土应连续进行，每层的间隔时间不应超过 2h。

(3) 混凝土的下料点应分散布置，浇筑门窗洞口位置的混凝土时，应注意从门窗洞口正上方下料，使两侧能同时均匀浇筑，以免门窗模板发生偏移。

(4) 墙体的施工缝一般宜设在门窗洞口处，连梁跨中 1/3 范围内。

(5) 墙体混凝土浇筑完毕，应按抄平标高找平，确保安装楼板底面平整。

3.2.5 大模板拆除与混凝土墙的养护

大模板的拆除时间，以能保证其表面不因拆模而受损坏为原则，一般情况下，当混凝土强度达到 1MPa 以上时，可以拆除大模板。

1) 单片大模板的拆除

拆除顺序是：先拆纵墙大模板，后拆横墙大模板和门窗洞口模板。每块大模板的拆模顺序是：先将连接件，如穿墙螺栓，上下卡子等拆除，放入工具箱内，再拉动地脚螺栓，使大模板与墙面逐渐脱离，脱模困难时，可在大模板底部用撬棍撬动，不得在上口撬动或用大锤砸模板。

2）角模的拆除

角模的两侧都是混凝土墙面，吸附力较大，加之施工中模板有时封闭不严漏浆，角模被混凝土握裹，因此，拆模比较困难，可先将模板外表的混凝土剔除，然后用撬棍从下部撬动，将角模脱出。

3）门窗洞口内的侧面模板拆除

10～15d后再拆除，尤其是木制侧模板，当混凝土干燥后，木模板更容易拆除，而且也不会使门窗口处混凝土棱角碰掉。

4）混凝土养护

大模板拆除后，立即对混凝土墙体进行淋水养护，一般养护时间不得少于3d，淋水次数以能保证混凝土湿润状态为准，冬期施工除外。

3.2.6 大模板混凝土墙体质量允许偏差值

应符合表3-8、表3-9的要求。

大模板混凝土墙体质量检查标准 **表3-8**

项次	项目	允许偏差(mm)	检查方法
1	大角垂直	20	用经纬仪检查
2	楼层高度	±10	用钢尺检查
3	全楼高度	±20	用钢尺检查
4	内墙垂直	5	用2m靠尺检查
5	内墙表面平整	5	用2m靠尺检查
6	内墙厚度	+2 0	用尺在销孔处检查
7	内墙轴线位移	10	用尺检查
8	预制楼板搁置长度	±10	用尺检查

大模板墙体门窗洞口质量检查标准 **表3-9**

项次	项目名称	允许偏差(mm)	检查方法
1	单个门窗口水平	5	拉线检查
2	单个门窗口垂直	5	用靠尺检查
3	楼层洞口水平	±20	拉线检查
4	楼层洞口垂直	±15	吊线检查

课题4 爬升模板施工

爬升模板的施工工艺是在综合大模板施工和滑模施工原理的基础上，改进和发展起来的一项施工工艺。由于在大模板施工中，外墙的外模板安装困难，而滑模施工，模板便于安装，但是用于爬升用的支撑杆很难取出，因而其增加了工程费用，爬升模板利用爬架代替了支撑杆，而且可以重复使用，同时爬升架安装在外墙上，也使外墙外模板安装容易。爬模依靠自身的设备爬升模板，爬升施工中模板不用落地，不占用施工场地，每层模板可作一次调整，垂直度容易控制，施工误差小。爬模主要用于施工高层建筑的外墙模板，其布置形式如图3-44所示。

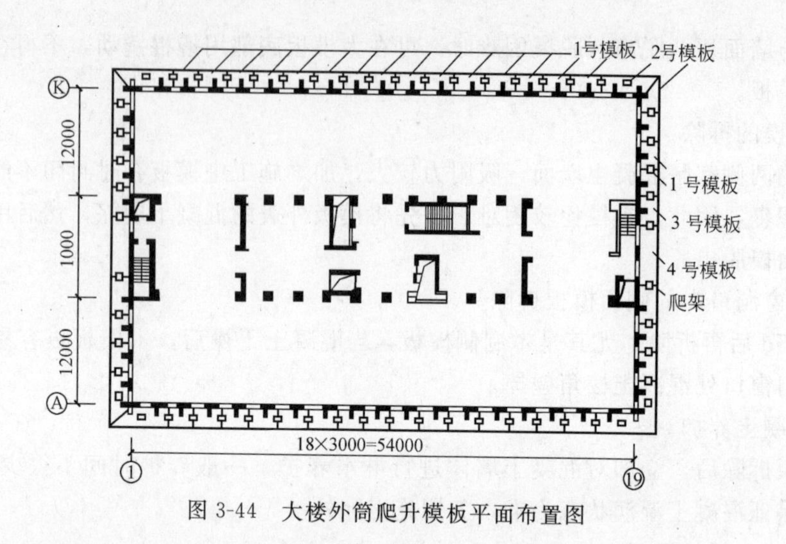

图 3-44　大楼外筒爬升模板平面布置图

4.1　爬模的构造与爬升原理

4.1.1　爬模的构造

爬模的构造如图 3-45 所示。主要包括爬升模板、爬升支架和爬升设备三部分。

1）爬升模板

爬升模板采用大模板，其构造连接方法与大模板要求相同，只是高度为层高加 50～

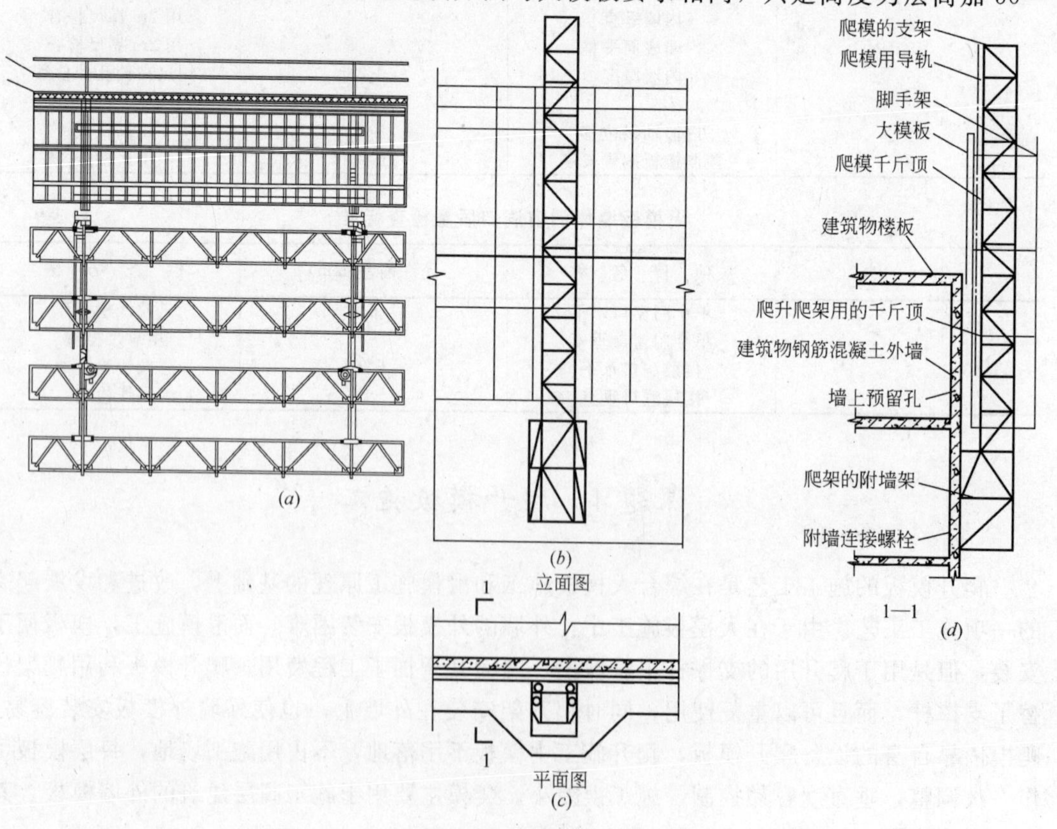

图 3-45　爬模构造

100mm，其长出部分用来与下层墙搭接，模板下口装有防止漏浆的橡皮垫衬。模板设置在架体的工作架上。

2）爬升支架

如图 3-45 所示，爬升支架是由 H 形钢导轨和架体组成。

（1）H 形钢导轨：如图 3-46 所示。H 形钢导轨顶端侧面上焊一个带有斜面的钩座，外侧面上焊有供上下爬箱升降用的导向板 4 和踏步支承块。上下爬箱内的承力块和导向轮会自动沿着 H 形钢导轨上的导向块和踏步块实现自动导向、自动复位与自动锁定功能。H 形钢导轨通过如图 3-46 所示的制作，将其固定在建筑物的墙体上，导轨的长度一般大于 2 个楼层的高度。使用图 3-47 所示的附着装置，将 H 形钢导轨固定在墙上。防坠装置如图 3-48 所示。

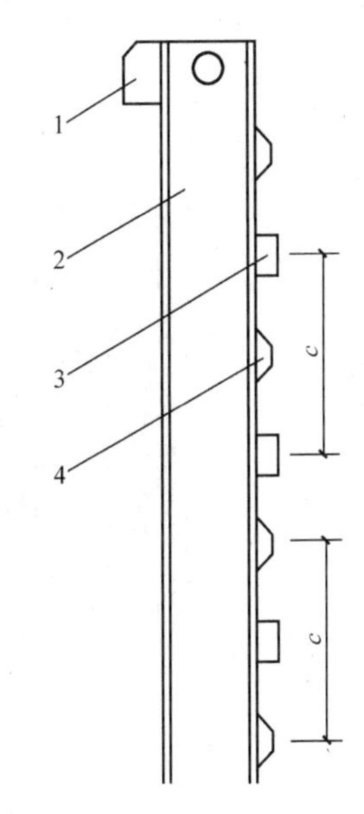

图 3-46　H 型钢导轨

1—钩座；2—H 型钢；3—踏步支承块；4—导向板

（2）架体：架体由三部分组成，上部为施工作业架，中部为升降承力架，下部为吊篮架。承力架通过穿墙螺栓可以固定在建筑物的墙上，这三部分既能连成整体爬升，又能分体下降。一块大模板配备 2 个爬升支架。

3）爬升设备

爬升设备由爬升箱和液压缸组成，由电机油泵供给液压动力，由液压缸驱动爬升箱沿 H 形钢导轨上升、下降，带动架体和大模板或推动导轨沿架体上升。

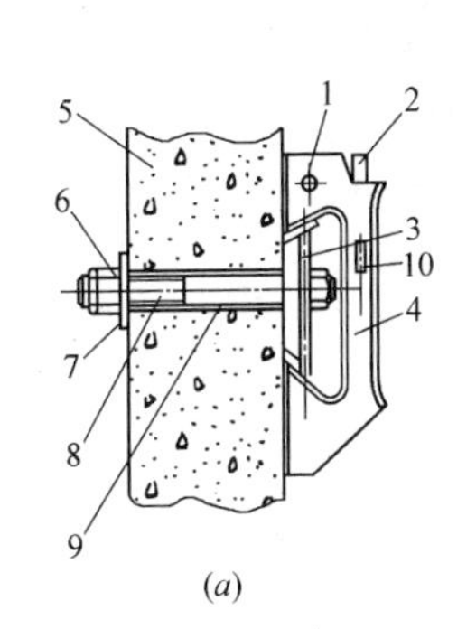

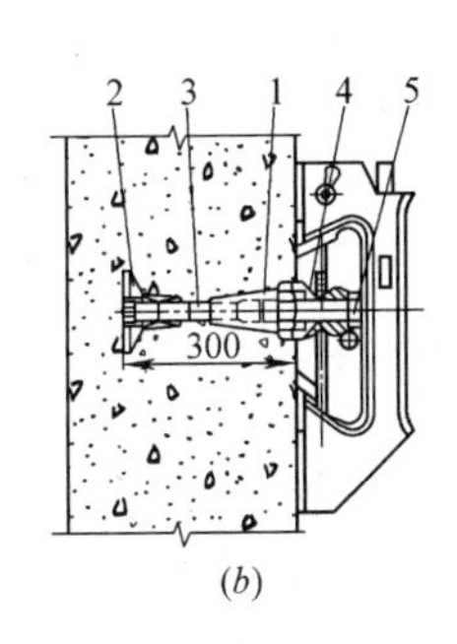

图 3-47　附着装置

（*a*）穿墙套管式

1—销轴；2—导轨支承座；3—固定套座；4—导轨靴座；5—墙体；6—螺母；7—垫板；8—穿墙螺栓；9—预埋套管；10—楔板销孔

（*b*）预埋组合套件式

1—锥套；2—反拔盘；3—螺杆；4—套座；5—外螺母

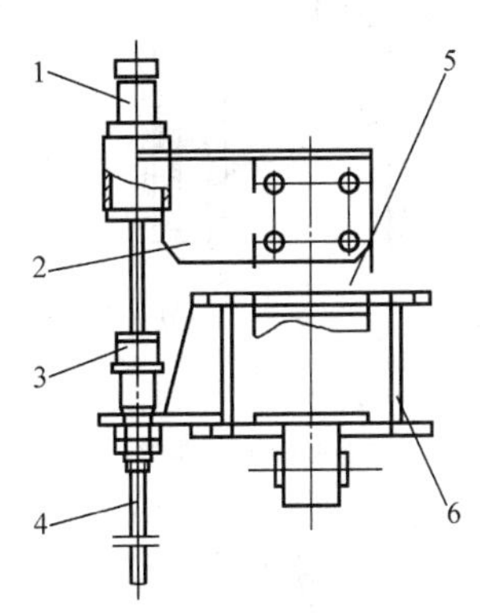

图 3-48　防坠装置

1—锚固座；2—锚固座固定板；3—锁紧座；4—钢绞线；5—H 形钢导轨；6—水平主梁 U 形挂座

4.1.2　爬模的爬升工作原理

液压爬模的爬升工作原理，如图 3-49 所示。

（1）液压爬模要在 2 层墙体施工完毕才能安装，墙体施工时，预埋穿墙套管，在首层墙体和混凝土强度达到 10MPa，才能安装导轨和架体及大模板。如图 3-49（*a*）、（*b*）所示。

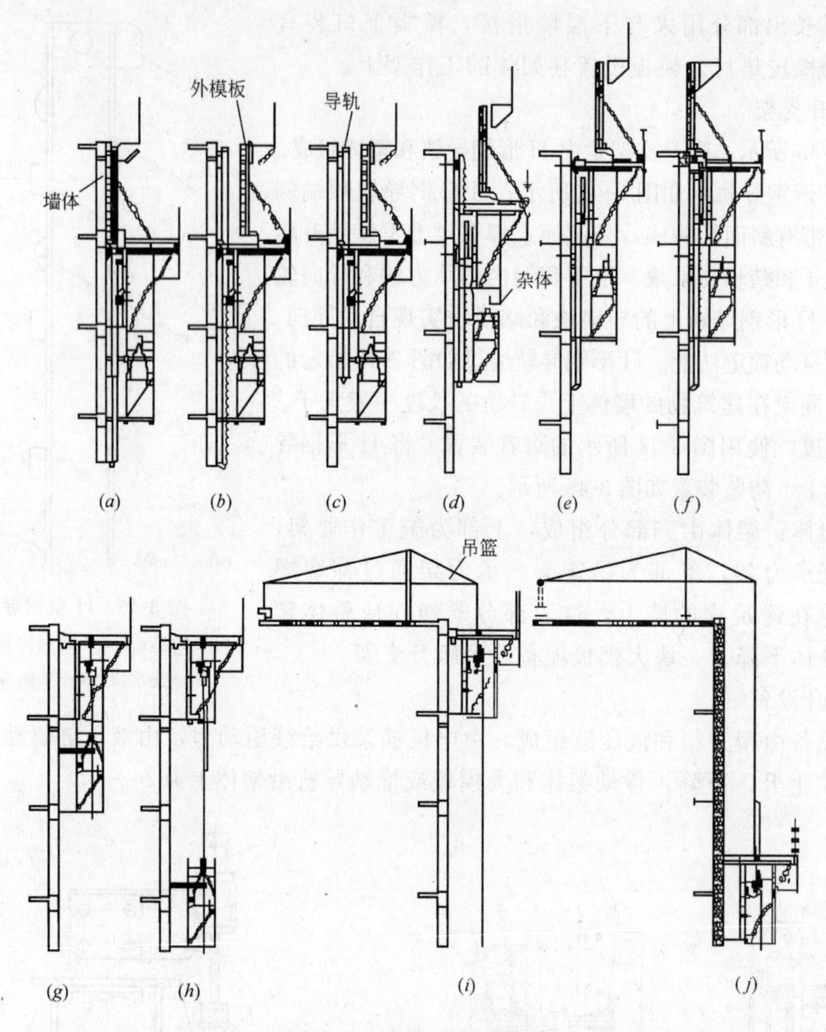

图 3-49　爬模工艺流程图

(*a*) 浇灌混凝土及养护；(*b*) 拆模，安装附着装置；(*c*) 爬升导轨；(*d*) 爬升架体和模板；(*e*) 架体和模板爬升到位；(*f*) 绑扎钢筋，支模板；(*g*) 拆除模板与导轨，安装吊篮装备；(*h*) 装饰作业施工；(*i*) 安装屋面悬挂装置，完成装饰施工；(*j*) 拆除主架体

(2) 爬升时，架体固定在墙体上，松开导轨的穿墙螺栓，在爬升箱的作用下，使导轨沿架体爬升到位后用穿墙螺栓固定在墙体上，如图 3-49 (*c*) 所示。

(3) 松开架体的穿墙螺栓，在爬升箱的作用下，架体、大模板沿导轨爬升到位后将架体固定在墙体上，使大模板到位，如图 3-49 (*d*)、(*e*)、(*f*) 所示。

(4) 重复上述的施工过程，导轨与架体相互爬升，直至主体结构施工完毕。

(5) 当主体结构施工完毕后，用塔吊拆除模板与导轨，安装吊篮装备，进行建筑物的外檐装饰施工，如图 3-49 (*g*)、(*h*)、(*i*)、(*j*) 所示。

4.2　爬模施工要求

爬模施工是大模板施工的一种改进施工方法，大模板的配置和安装方法与大模板施工要求相同，爬模只是增加了爬升装置。

4.2.1 施工前的准备工作

(1) 按照爬模的设计方案确定各H形钢导轨和架体穿墙预埋套管的垂直轴线和标高。在墙体施工预埋套管时，用经纬仪和水准仪确定其各层垂直位置和水平标高。

(2) 按照爬模施工方案与要求，预埋配备齐全所用的爬模装备。

(3) 爬模装备进场后，要对质量进行认真检查和确认，出具产品合格证和使用说明。全部产品符合质量要求后才能安装使用。

4.2.2 爬模安装

(1) 在安装爬模装备之前，要进行技术交底，按照安装工艺与要求进行安装。

(2) 检查墙体上预埋套管孔的直径和位置是否符合安装工艺的要求，有偏差时，应在纠正后，方可安装爬升模板。

(3) 液压爬升模板的安装顺序是：H形钢导轨→承力架→吊篮架→作业架→架体之间的架子→大模板。

(4) 爬模安装以2个爬架、一块大模板为一组，进行分组安装，安装过程中，要有专人对其进行逐个检查，安装完毕后，要组织联合检查与验收，合格后方可投入使用。

4.2.3 液压爬升模安装的质量标准

质量标准见表3-10。

爬模施工质量要求 **表3-10**

<table>
<tr><th colspan="2">项　　目</th><th>质　量　标　准</th><th>质　量　要　求</th></tr>
<tr><td rowspan="10">模板</td><td>外形尺寸</td><td>−3.0mm</td><td rowspan="20">采用本技术，除遵照建设部2000年10月颁布实施的《建筑施工附着式升降脚手架管理暂行规定》（建[2000]230号文）等有关法规外，尚应做到：
(1)爬模爬架的架设、使用与拆除，要按照本技术中的施工工艺、操作要点与注意事项，结合具体工程实际情况制定相应的爬模爬架施工方案组织实施。
(2)爬模爬架全套装备在进入施工现场前，施工单位有关人员要到生产厂家对其所用装备的主要部件进行产品质量抽查。所用装备各部件的质量均应是合格品，并出具产品合格证和产品使用说明书。
(3)爬模爬架支承跨度（爬升机位之间的水平距离或桁架式水平梁架的长度）不应大于8m，折线或曲线布置时不能大于5m；爬模爬架的悬挑长度，整体式架体时小于跨度的一半，并不能大于2m，单组式架体时不宜大于跨度的1/4。同时，要使爬模爬架的载荷不能超过液压油缸的顶升能力</td></tr>
<tr><td>对角线</td><td>±3.0mm</td></tr>
<tr><td>板面平整度</td><td><2.0mm</td></tr>
<tr><td>侧边平直度</td><td><2.0mm</td></tr>
<tr><td>螺栓孔位置</td><td>±2.0mm</td></tr>
<tr><td>螺栓孔直径</td><td>+1.0mm</td></tr>
<tr><td>连接孔位置</td><td>±1.0mm</td></tr>
<tr><td>连接孔直径</td><td>+1.0mm</td></tr>
<tr><td>板块拼接缝隙</td><td><2.0mm</td></tr>
<tr><td>板块拼接平整度</td><td><2.0mm</td></tr>
<tr><td rowspan="10">模板支撑</td><td>垂直调节角度</td><td>90°～75°</td></tr>
<tr><td>高度调节尺寸</td><td>≤100mm</td></tr>
<tr><td>台车移动距离</td><td>300～750mm</td></tr>
<tr><td>模板锁紧力</td><td>≥5kN，应用中不移动</td></tr>
<tr><td>模板附加支承座架（附加背楞）</td><td>能放置多种类型模板；
不影响对拉螺栓装拆；
便于模板拼接</td></tr>
<tr><td>模板连接组件</td><td>用4～6个≥ϕ14的
连接组件与附加背楞连在一起；移动台车时不松动</td></tr>
<tr><td>竖向支架宽度</td><td>≥0.8m</td></tr>
<tr><td>竖向支架承载力</td><td>≥30kN</td></tr>
<tr><td>模板上部作业平台层数</td><td>1～2，满足施工要求</td></tr>
</table>

续表

项目		质量标准	质量要求
附着装置	转杠支座(导轨支承座)	转动灵活	(4)爬模爬架安装铺设脚手板时，相邻架体之间的间隙为100mm左右，以防止不同时升降时相互碰撞，但在爬升到位后要及时将间隙盖好或封好。对于架体的开口端在爬升前应安装栏杆，并采取相应的警示设施。 (5)附着装置的预埋套管或预埋组合件，其孔位的上下与左右偏差≤±10mm。 (6)附着装置的安装要牢靠，采用M48穿墙螺栓时，内墙面应安装垫板和双螺母，垫板尺寸≥100mm×100mm×10mm，外墙面螺栓杆应露出螺母3扣以上。 (7)工程结构混凝土强度达到10MPa以上方可进行爬升作业。 (8)爬升过程中，实行统一指挥，平稳爬升。但是，有异常情况发生时，他人均可立即发出暂停指令。 (9)爬升到位后，必须及时按使用状态要求安装固定并做好各部位的安全防护，在没有完成有关安全作业之前，不得擅自离岗或下班，并及时办好有关施工作业的手续。 (10)爬模爬架的拆除，一要进行技术交底，二要按序安全拆除
	导轨靴座	能左右移动30mm	
	固定套座	负荷肩宽≥200mm	
	预埋套管中心位置	±20mm	
	穿墙螺栓	M48，两端有螺纹	
	内螺母垫板	≥100×100×10mm	
	内螺母	M48，双螺母， 拧紧力达60～80N·m	
	外螺母	M48，单螺母，外露3扣以上， 拧紧力60～80N·m	
	结构混凝土强度	爬升前≥10MPa	
导轨	截面尺寸(H型钢)	≥140mm×140mm×10mm	
	长度	相邻2个楼层高度+0.5m	
	直线度	≤$\frac{5}{1000}$并≤30mm	
	踏步支承块中心距离	±2.0mm	
	导向板中心距离	±2.0mm	
	导轨座钩长度	±5.0mm	
	焊缝高度	≥10mm	
	爬升状态导轨挠度	≤$\frac{1}{500}$并≤12mm	
爬升箱	承力块	转动灵活	
	定位装置	转动灵活	
	限位装置	转动灵活	
	导向装置	转动灵活	
	导轨滑槽宽度	+5.0mm，通畅	
	上爬箱连接轴直径	-0.3mm	
主承力架	水平主梁截面尺寸	H型钢，≥140mm×140mm×10mm	
	水平主梁长度	≥2000mm	
	爬升状态主梁挠度	≤$\frac{1}{500}$并≤4.0mm	
	长方形框架宽度	≥800mm	
	长方形框架高度	≥2000mm	
	内立柱截面尺寸	方管，≥80×80×4mm	
	内立柱中心至墙面距离	≥400mm	
	内立柱调节支腿	调节灵活	
	施工状态支腿弯曲	≤1.0mm	
水平梁架	水平梁架高度	≥900mm	
	上下弦杆架管外径	ϕ48	
	水平梁架长度	≤8000mm	
	梁架折线长度	≤5000mm	
	作业平台荷载	≤3kN/m²	
	水平梁架挠度	≤$\frac{1}{500}$	
液压与控制系统	液压油泵电压	380V±10V	
	油泵电机功率	1泵1缸0.75kW	
	油泵工作情况	工作正常，不漏油	
	液压油缸伸出长度	≤$\frac{2}{100}$并≤10mm	
	液压油缸工作情况	工作正常，不漏油	
	液压锁	灵敏可靠	
	液压油管	不破裂不漏油	
	电气控制电压	380V±10V	
	电气控制工作电流	≤2A	
	控制器电压	24V	
	控制器电流	≤500mA	

4.2.4 爬模的爬升

（1）爬升之前，必须拆除与不爬升的爬架组之间的连接，及时在作业平台两端的开口部位架设安装好防护栏杆，并挂好禁止通行的安全警示牌。

（2）拆除架体与墙体的连接，将作业方的大模板推移到靠近墙体的安全部位，在固定导轨墙体的混凝土强度达到10MPa时，方可下达爬升指令，遇到六级以上大风严禁爬升。

（3）爬模操作工在操作爬模过程中要全神贯注，精心操作，做到平稳升降，爬升到位后，要及时做好各个部位的固定和安装。在相邻爬架组到位后，将连接处的搭板放好，使他们之间成为一体，便于安全作业。

4.2.5 爬模施工安全要求

（1）施工中要统一指挥，并设置警戒区与通信设施，要做好原始记录。

（2）穿墙螺栓与建筑物墙体的连接是保证爬升模板安全施工的重要条件，一般每次爬升一次应全面检查一次，用扭力扳手测其扭矩，保证符合40～50N·m。

（3）在安装、爬升和拆除过程，不得进行交叉作业，且每一单元不得任意中断作业，不允许爬升模板在不安全状态下过夜。

（4）作业架上不允许推放材料，及时清理堆放在作业架上的杂物。

4.2.6 大模板浇筑墙体的质量要求

爬模施工属于大模板施工之中。大模板施工必须依据《高层建筑混凝土结构技术规程》（JGJ 3—2002）和《大模板技术规程》（JGJ 74—2003）控制工程质量，其主体结构的允许偏差应符合表3-11的规定。

高层建筑混凝土结构质量标准 **表3-11**

项　目	允许偏差	检验方法
轴线位移	5mm	尺量
标高	每层±10mm,全高±30mm	尺量
截面尺寸	不抹灰+5mm,－2mm;抹灰+8mm,－5mm	尺量
垂直度	≤5m层高8mm,全高≤30mm	用托线板和经纬仪
表面平整度	不抹灰4mm,抹灰8mm	用靠尺和塞尺
电梯井	井筒长、宽对中心线+25mm,－0,全高垂直度≤30mm	尺量和吊线

课题5 液压滑升模板施工

液压滑升模板（简称滑模）施工工艺是现浇混凝土工程施工中机械化程度较高的施工方法，它需要一套1m多高的模板及液压提升设备，按照工程设计的平面尺寸组装成液压滑模装置，就可以进行绑扎钢筋、模板滑升、浇筑混凝土，连续不断的施工，直至主体结构完成。

在钢筋混凝土高层建筑和烟囱、电视塔等构筑物施工，采用滑模施工速度快、整体性强、结构抗震性能好、工作效率高，是一种非常有发展前途的施工工艺。

5.1 滑升模板的构造

滑升模板的整体构造如图3-50所示。

滑模装置主要由模板系统、操作平台系统和提升机具系统三部分组成。

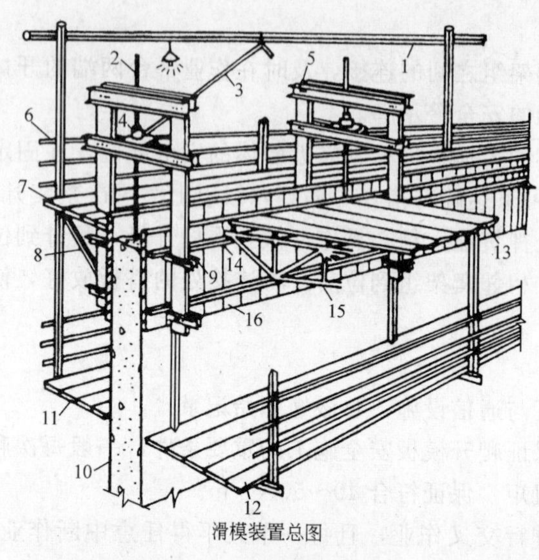

图 3-50 滑升模板的组成

1—支架；2—支承杆；3—油管；4—千斤顶；5—提升架；6—栏杆；7—外平台；8—外挑架；9—收分装置；10—混凝土墙；11—外吊平台；12—内吊平台；13—内平台；14—上围圈；15—桁架；16—模板

5.1.1 模板系统

模板系统是由模板、围圈、提升架组成。

1）模板

如图 3-50 所示的 16 为模板，模板可以采用木模板或钢模，高度 900～1200mm，宽度 150～580mm。模板固定在围圈 14 上。

2）围圈

如图 3-50 所示的 14 为围圈，围圈上下两道，用角钢焊接而成，固定在提升架 5 上。

3）提升架

如图 3-50 所示的 5 为提升架，提升架用槽钢焊接而成，提升架与提升设备的千斤顶连接。

5.1.2 提升机具系统

提升机具系统由支承杆 2、液压千斤顶 4、油泵组成。

1）支承杆

如图 3-50 所示的 2 为支承杆，支承杆使用ϕ 25 圆钢制成，长度 3～5m，将其浇筑在混凝土墙内，液压千斤顶套于支承杆上，由油泵提供动力，驱使液压千斤顶沿支承杆爬升，千斤顶带动提升架使整体模板上升，支承杆是滑模的滑升轨道，一般采用丝扣连接，将支承杆不断接长。

2）液压千斤顶

如图 3-50 所示的 4 为液压千斤顶，液压千斤顶在油泵的作用下沿支承杆只能上升，不能下降。

3）油泵

油泵设置在操作平台上，是由液压控制台和油路系统组成。油泵通过控制台油路系统提供给各个液压千斤顶的动力，控制液压千斤顶的爬升速度。

5.1.3 操作平台系统

操作平台系统是由外吊平台 11、内吊平台 12 和内平台 13 组成。

1）操作平台

如图 3-50 所示的 13 为操作平台，操作平台是提供堆放材料，设备和施工人员的操作平台。操作平台由承重架、梁、铺板组成。设置在提升架的立柱和围圈上。

2）内、外吊平台

通过三角架支承在提升架上，用于检查混凝土墙体质量，表面装饰以及模板的检修和拆卸等，便于施工人员工作。

5.2 滑模的组装

滑模施工的特点之一是将模板一次组装完毕，一直使用到结构施工完毕，中途一般不再变化。因此，滑模的组装工作一定要仔细认真，严格按照设计要求及有关操作技术规定进行，否则，将给施工带来困难，影响工程质量。

5.2.1 弹线抄平

(1) 按滑模设计图的要求，在建筑物的基础墙上弹出提升架、支承杆的位置线。

(2) 在建筑物基础设置滑模垂直控制点和一定数量的标高控制点。

5.2.2 提升架安装

将提升架设置在弹线处，用临时支架固定，使其垂直，并且抄平，使提升架在同一标高处。

5.2.3 安装围圈

按着内上、内下、外上、外下的顺序，将各段围圈逐次连于提升架的支托或托钩螺栓上。

5.2.4 安装模板

(1) 在钢筋混凝土墙的钢筋绑扎高度超过模板高度时，再安装模板。

(2) 模板安装时，形成上口小、下口大，沿其高的 0.2%～0.5%的倾斜度，模板高的 1/2 处是墙的厚度。

5.2.5 安装操作平台

按实际要求将平台架固定在提升架和围圈上，连接牢固后再铺面板。

5.2.6 安装液压设备

(1) 液压设备的元器件及油路，在正式安装前，均应进行检查，合格后才能安装。

(2) 安装完毕后，进行试运行，先进行充油排气，然后加压至 12N/mm^2，持压 5min，进行全面检查，待各部分工作正常后，插入支承杆。

5.2.7 支承杆安装

(1) 第一批插入千斤顶的支承杆其长度不得少于四种，每种长度相差 50cm，以便支承杆的接头错开。

(2) 在支承杆的下端应垫一块 50mm×50mm、厚 5～10mm 的钢垫板，扩大承压面积。

5.2.8 滑模组装质量要求

滑模组装完毕其质量要求应符合表 3-12 规定。

滑模装置组装的允许偏差 **表 3-12**

内容		允许偏差(mm)
模板结构轴线与相应结构轴线位置		3
围圈位置偏差	水平方向	3
	垂直方向	3
提升架的垂直偏差	平面内	3
	平面外	2
安放千斤顶的提升架横梁相对标高偏差		5
考虑倾斜度后模板尺寸的偏差	上口	－1
	下口	＋2
千斤顶位置安装的偏差	提升架平面内	5
	提升架平面外	5
圆模直径、方模边长的偏差		－2～＋3
相邻两块模板平面平整偏差		1.5

5.3 滑模的施工

滑模施工要求连续性，机械化程度较高，具有流水施工的特点，因此，在组织滑模施工时，必须周密细致地使用各项施工组织设计和现场准备工作，使滑模施工中的各个环节不出现差错，使滑模施工顺利进行。

滑模施工时，先进行钢筋绑扎，再浇筑混凝土，随后进行模板滑升，这些施工过程交替循环进行。

5.3.1 钢筋绑扎安装

(1) 钢筋绑扎要与混凝土浇筑及模板的滑升速度相配合，事先根据工程结构每个平面浇筑层钢筋量的大小，划分操作区段，合理安排绑扎人员，使每个区段的绑扎工作能够基本同时完成。

(2) 钢筋的加工长度应根据工程对象和使用部位来确定，由于水平钢筋需要在提升架横梁以下进行绑扎，故其加工长度一般不宜大于7m，但是水平钢筋和垂直钢筋的接头位置和搭接长度应符合设计和施工规范的要求。

(3) 钢筋一边绑扎安装，一边就要进行隐蔽工程验收，在绑扎中随干，随检查，随验收。

5.3.2 混凝土施工

(1) 滑模施工用的混凝土应满足出模强度、凝结时间、和易性三个方面的要求，混凝土出模强度一般宜控制在0.2～0.4N/mm^2，混凝土出模强度过小，会使混凝土变形下垂即为“出裙”现象；混凝土出模强度过大，使混凝土与模板的摩擦力增加，往往会将混凝土墙体拉裂。出模的混凝土应该是表面易于抹光，并能承受上部混凝土的自重，不流淌、陷落或变形。

(2) 混凝土墙的浇筑、振捣要求与承压构件施工的要求相同，只是在每层混凝土浇筑的先后次序上应该要十分注意。为了使混凝土出模强度相同，宜先浇筑内墙、后浇筑受阳光直射的外墙，先浇筑直墙、后浇筑墙角和墙垛，先浇筑较厚的墙、后浇筑较薄的墙。

5.3.3 模板的滑升

1) 初升阶段

模板初升阶段是在滑模组装后开始滑升的阶段，其施工操作要求如下：

(1) 先在模板内浇筑高度700mm左右，待混凝土强度达到出模强度0.2～0.4MPa时，才能开始初升，进行试滑升。

(2) 试滑升时，应将全部千斤顶同时升起5～10cm，滑升过程必须尽量缓慢平稳，然后用手指按已出模的混凝土，若混凝土表面有轻微的指印，而表面砂浆已不粘手，同时在模板滑升时听到模板与混凝土摩擦的“沙沙”的响声，即可进入初升。

(3) 模板初升至200～300mm高度时，应稍停歇，对所有提升设备和模板系统进行全面检查后，方可转入正常滑升。

2) 正常滑升阶段

模板经初试调整后，即可按原计划的正常班次和流水段，进行混凝土和模板的随浇随升阶段。

(1) 正常滑升时，每次提升的总高度与混凝土分层浇筑的厚度相配合，一般为200～300mm。

(2) 两次滑升的间歇时间，一般不宜超过1h，在气温高的情况下，还应增加1～2次中间提升，中间提升高度为1～2个千斤顶行程。

(3) 模板的滑升速度，取决于混凝土凝结时间，按混凝土的出模强度控制，可按下式确定：

$$v=(H-h_o-a)/t$$

式中 H——模板高度（m）；

h_o——每次浇筑层厚度（m）；

a——混凝土浇筑后其表面到模板上口的距离，取 0.05～0.1m；

t——混凝土从浇筑至到达出模强度所需时间（h）。

【例 3-1】 例如某滑模施工，模板高 1.1m，每次浇筑高度为 0.3m，浇筑混凝土后，其表面距离模板口 0.1m，混凝土达到出模强度 0.3MPa，需要 4h，计算其滑升速度。

【解】 根据计算公式

$$v=(H-h_o-a)/t$$

$$v=(1.1-0.3-0.1)/4$$

$$=0.175\ (m/h)$$

$$=175\ (mm/h)$$

其滑升速度为每小时 175mm。

3）末升阶段

当模板升至距离建筑物顶部标高 1m 左右时，即进入末升阶段。此时应放慢滑升速度，并进行准确的抄平和找正工作，以使最后一层混凝土能够均匀地交圈，保证顶部标高及位置的正确。

4）空滑阶段

空滑阶段滑升是指多层和高层建筑分层滑升施工，当每层墙体混凝土浇至上一层楼板底部标高后，将滑升模板继续空滑，使滑模的模板与楼层的楼板上皮标高一平停止滑升，进行楼板的施工，模板空滑时应做到以下几点：

（1）每一层的墙顶由于上部无混凝土重量压住，模板空滑时容易将混凝土墙拉裂，此时滑升的高度减小，滑升间隔时间缩小，滑升的次数增加，直至墙体顶部的混凝土达到终凝后才能空滑。

（2）模板空滑后，支承杆与水平钢筋应用电焊固定，以加强其稳定性。

（3）利用模板空滑的停止时间，及时清理模板表面，调整模板的锥度，以利于下一层的滑升，下一楼层又重复初升阶段→正常滑升阶段→末升阶段→空滑阶段，直至主体结构施工完毕。

5）停滑措施

滑模施工中，因气候或其他特殊原因必须停止施工时，应采取可靠的停滑措施，混凝土停浇后每隔 0.5～1h 启动一次千斤顶，将模板提升一个千斤顶行程，如此连续 4h 以上，直至模板内最上一层混凝土已凝固，不会再与模板粘结为止，但模板的最大滑空量，不得大于模板全高的 1/2，否则，容易将墙体拉裂。

6）滑模的水平度控制

滑模施工时，只有控制好模板的水平度，使各个支承杆上的千斤顶在同一个水平标高上滑升，才能保证墙体垂直。因此，在开始滑升前用水准仪对滑模上各个千斤顶的高低进行测量、抄平，并在各支承杆上画出标高水平线，以后可按每次提升高度，在支承杆上均画出水准尺寸线，根据各尺寸线安装挡圈，当千斤顶升到档圈位置，千斤顶的限位调平器与档圈相碰，即停止上升，以控制滑模的水平度。

水平度控制方法有激光自动控制及电子数控自动调平等多种方法。

7）滑模的垂直度控制

模板滑升时，只控制水平度还是不够，还要进行垂直度的控制，因为，在操作平台上荷载不均，风力影响，浇筑混凝土顺序不变换而使模板与混凝土摩擦力不均，会使整体模板在水平状态下平移，影响墙体垂直，因而对滑模还要进行垂直度控制，其控制方法如下。

（1）滑模组装完毕，初升调平后，利用建筑物四角的控制轴线，用普通经纬仪将控制轴线点打在滑升模板上，做好标记，在模板滑升过程中随时观测地面的控制线与模板上的标记是否在垂直线上，以便控制滑模的垂直度。

（2）使用激光铅直仪：将激光铅直仪安装在由轴线控制网引出的基点上，激光束直接打在滑模操作平台上相对应的激光靶上，滑升之前记下激光靶上的初读数，然后在滑升过程中可以根据激光靶上的读数计算出垂直偏差的数值。

8）滑模垂直偏差的纠正

测量出滑模的垂直偏差要进行分析，找出其产生的原因，并采取措施加以矫正。垂直偏差包括两部分：一部分是模板和平台变形引起，另一部分则是模板和平台的偏移。对于模板和平台变形引起的偏差，可以通过调整模板和平台加以纠正；对于模板和平台的整体偏移可采用以下措施：

（1）平台倾斜法：其纠偏原理主要利用抬高操作平台一侧的高度，使操作平台产生有控制的、定值的、由高到低的、带方向性的倾斜度，利用操作平台倾斜后产生的水平分力，推动模板体系向设计轴线方向移动。平台倾斜法不但应用于治理滑升中心水平位移，也常作为大风地区滑升施工防位移的措施。

（2）顶轮纠偏法：用已滑出模板下口并具有一定强度的混凝土墙作为支点，通过拉紧连接撑杆和倒链，产生一个外力，在滑升过程中，逐步顶移模板或平台，就能达到纠偏的目的。图 3-51 所示为构筑物采用双千斤顶纠正扭转，图 3-52 所示为通过调节两个千斤顶的不同提升高度，纠正操作平台和模板的扭转。

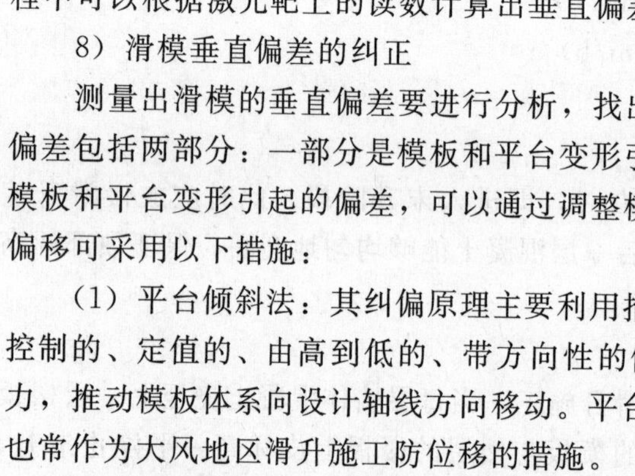

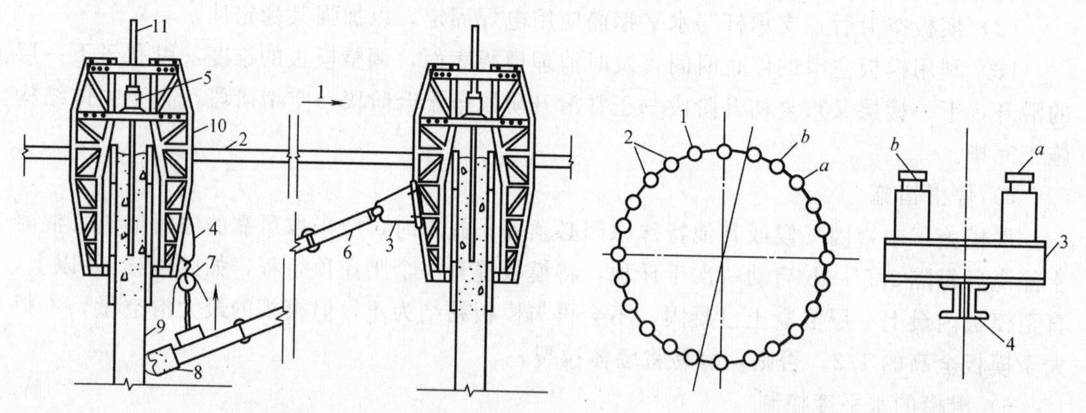

图 3-51　倒链及撑杆纠偏示意图

1—纠偏方向；2—操作平台；3—支顶托座；4—钢丝绳；
5—千斤顶；6—纠偏撑杆；7—倒链；8—滚轮；
9—隔天出模混凝土；10—提升架；11—支承杆

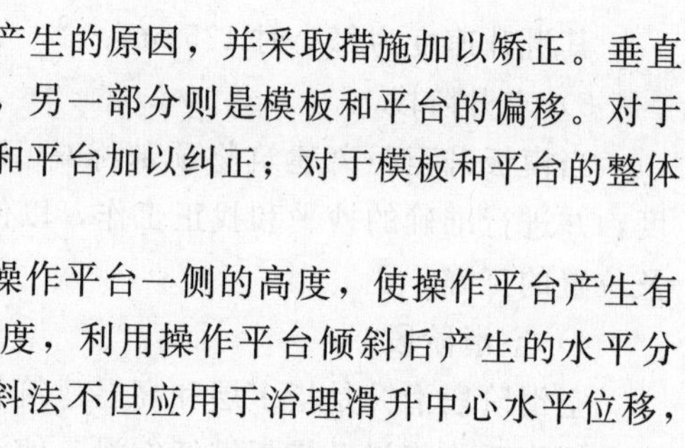

图 3-52　双千斤顶纠正扭转

1—单千斤顶；2—双千斤顶；
3—挑梁；4—提升架横梁

5.3.4　滑模施工的质量要求

滑模工程的质量应按《滑动模板工程技术规范》及《混凝土结构工程施工质量验收规

范》（GB 50204—2002）等现行标准、规范的要求进行施工验收。

滑模施工工程混凝土结构的允许偏差应符合表 3-13 的规定。

滑模施工工程混凝土结构的允许偏差 **表 3-13**

项　　目			允许偏差(mm)
轴线间的相对位移			5
圆形筒壁结构	半径	≤5m	5
		>5m	半径的 0.1%，不得大于 10
标高	每层	高层	±5
		多层	±10
	全高		±30
垂直度	每层	层高小于或等于 5m	5
		层高大于 5m	层高的 0.1%
	全高	高度小于 10m	10
		高度大于或等于 10m	高度的 0.1%，不得大于 30
墙、柱、梁、壁截面尺寸偏差			+8，−5
表面平整(2m 靠尺检查)		抹灰	8
		不抹灰	5
门窗洞口及预留洞口位置偏差			15
预埋件位置偏差			20

实训课题　实训练习和应知内容

一、实训练习

1）以一栋剪力墙结构施工图为例，选取其中一个单元作为施工方案编制的对象，主要编写内容如下：

（1）根据建筑物结构的情况选择大型机械的类型和数量，包括塔式起重机、混凝土泵、施工电梯等；

（2）编写大模板的类型、尺寸、数量、施工工艺流程和施工方法、质量标准；

（3）编写剪力墙结构钢筋工程施工工艺流程、施工方法和质量标准；

（4）编写混凝土施工工艺流程、施工方法和质量标准。

2）根据施工图要求，制作大模板模型，进行大模板模型的支模、拆模练习。

3）根据施工图要求，在大模板模型的基础上制作爬升模板的模型。

二、应知内容

（1）钢筋混凝土多层与高层建筑常用哪几种结构体系？

（2）大模板施工的特点是什么？

（3）大模板有哪几部分组成？各部分起什么作用？

（4）丁字墙大模板之间怎样进行连接？

（5）大模板施工之前要做哪些准备工作？

(6) 怎样安装大模板?
(7) 怎样拆除大模板?
(8) 爬模施工有什么特点?
(9) 爬模有哪几部分组成? 它们各自在模板系统中起什么作用?
(10) 爬模安装前要做哪些准备工作?
(11) 怎样安装爬模?
(12) 怎样爬升爬模?
(13) 滑模施工有什么特点?
(14) 滑模有哪几部分组成? 它们各自在模板系统中起什么作用?
(15) 滑模安装前要做哪些准备工作?
(16) 怎样安装滑模?
(17) 滑模初升阶段施工操作要求是什么?
(18) 滑模正常滑升阶段施工操作要求是什么?
(19) 滑模末升阶段施工操作要求是什么?
(20) 什么叫做空滑阶段? 其操作要求是什么?
(21) 停滑时应采取什么措施?

单元4 预应力混凝土结构

知 识 点：预应力混凝土结构的概念和构造要求，预应力混凝土结构的施工工艺和施工质量标准。

教学目标：使学生能够陈述预应力混凝土结构的原理。了解其构造要求，掌握其施工方法。

课题1 预应力混凝土的构造

1.1 预应力混凝土的基本原理

对于多数构件来说，提高材料强度可以减少截面尺寸，节约材料和减轻构件自重，这是降低工程造价的重要途径。但是，在普通钢筋混凝土构件中，提高钢筋的强度却收不到预期的效果，这是因为混凝土出现裂缝时的极限拉应变很小，只有 $0.1\times10^{-3}\sim0.15\times10^{-3}$，而钢筋达到屈服强度时，应变很大。以Ⅰ级（HPB235）钢筋为例，达到屈服强度的应变为 0.1×10^{-2}，钢筋的应变量为混凝土应变量约10倍，而混凝土与钢筋有很强的粘结力，当钢筋达到应该承受拉力时，产生的应变量会将粘结在钢筋上的混凝土拉开很大的裂缝，这种裂缝开展的宽度是钢筋混凝土结构设计规范所不允许的数值，当规范中规定裂缝最大容许宽度为0.2～0.3mm时，钢筋的应力也不过达到 $150\sim250\text{N/mm}^2$，钢筋的强度值不能得到充分的发挥。

为了充分发挥钢筋强度高的作用，充分利用钢筋的拉力值，对受拉区的混凝土施加压力，使其产生预应力，当构件承受荷载而产生拉应力时，首先要抵消混凝土的预加应力值后才能使受拉区的钢筋受拉。这种方法使得钢筋的抗拉强度的性质得到充分发展，同时推迟了混凝土裂缝的出现和开展，提高了构件的刚度，这种方法称为预应力混凝土。

预应力混凝土是钢筋混凝土发展的新方向，这种施工方法降低了工程造价，减轻了结构的自重，使以前无法建造的大跨度结构和高耸结构，在预应力混凝土施工方法下，也可以建成。

1.2 预应力混凝土分类

预应力混凝土根据其施工方法不同，分为先张法、后张法、无粘结预应力混凝土施工。

1.2.1 先张法

先张拉钢筋，后浇捣混凝土的方法为先张法。如图4-1所示。

具体方法是：在浇捣混凝土构件以前，先张拉钢筋，用夹具将其临时固定在台座或模板上，然后浇捣混凝土。当混凝土强度达到不低于设计值的75%后，把张拉的钢筋放松，

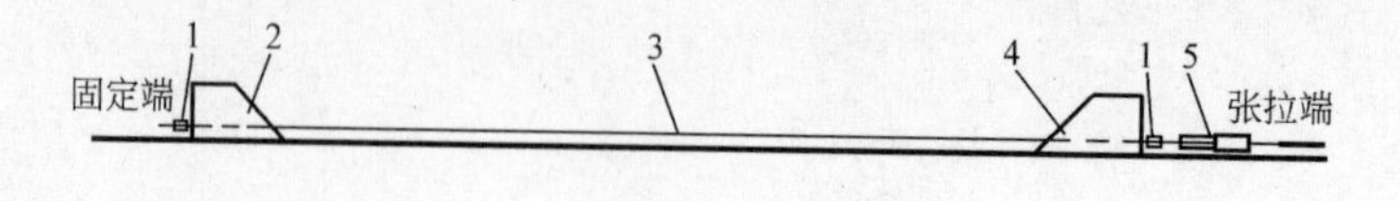

张拉钢筋

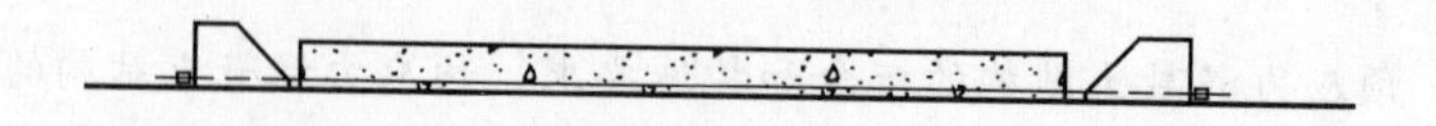

浇灌混凝土

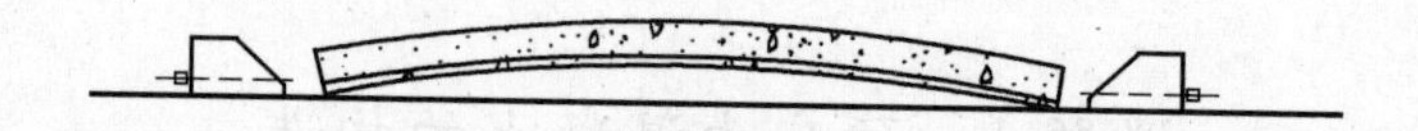

放松(割断)钢筋

图 4-1 先张法

1—夹具；2、4—台座；3—钢筋；5—张拉机具

这时钢筋回缩，而混凝土已与钢筋粘结在一起，阻止了钢筋的回缩，于是钢筋的回缩力把混凝土压紧，使受拉区混凝土预加了一个压力。

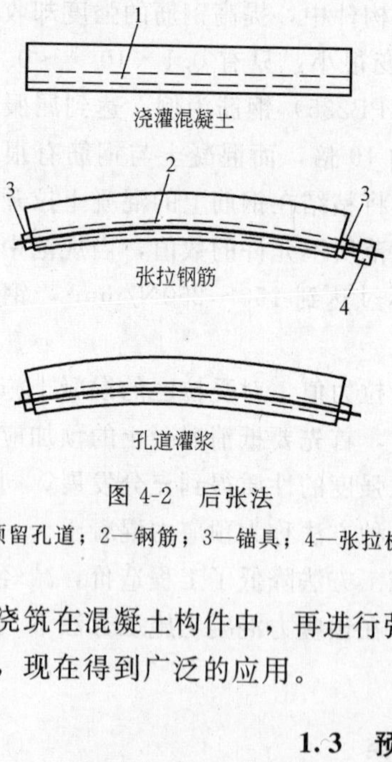

1.2.2 后张法

先浇捣混凝土构件，后张拉钢筋的方法，称为后张法。如图 4-2 所示。

具体方法是：在构件中配置预应力钢筋的部位，预先留出孔道，等混凝土强度达到设计强度的 75%时，把钢筋穿进孔内，再进行张拉，用锚具将钢筋锚固在构件两端，张拉的钢筋要回缩，便给混凝土预加了压力，然后在预留孔道内灌入水泥浆或水泥砂浆。

浇灌混凝土

张拉钢筋

孔道灌浆

图 4-2 后张法

1—预留孔道；2—钢筋；3—锚具；4—张拉机具

1.2.3 无粘结预应力混凝土施工

无粘结预应力混凝土与后张法的方法基本相同，只是不留设孔道，而是将特制的预应力钢筋直接浇筑在混凝土构件中，再进行张拉，这种方法由于不留孔道，不需要灌浆，施工方法简便，现在得到广泛的应用。

1.3 预应力混凝土构件构造要求

预应力混凝土构件，除满足承载力、变形和抗裂的要求外，尚须符合构造要求，这是保证构件设计付诸实现的重要措施。

1.3.1 截面尺寸

(1) 预应力混凝土受弯构件的截面高度一般取钢筋混凝土受弯构件截面高度的 0.7～0.8。

(2) 预应力混凝土梁多做成 T 形、工字形，沿梁轴截面形状也可以变化，如跨中做成工字形，而在两端做成矩形，以承受较大的剪力和局部压力，并有利于布置锚具和张拉设备。

1.3.2　钢筋间距和孔道尺寸

(1) 先张法预应力钢筋的净距不应小于钢筋直径 d，且不小于 25mm，预应力钢丝的净距不应小于 15mm。

(2) 后张法预应力钢筋预留孔道间的净距不得小于 25mm，孔道至构件边缘的净距不应小于 25mm，且不宜小于孔道直径的一半，孔道的直径应比预应力钢筋束外径，钢筋对焊接头处外径或需穿过孔道的锚具外径大 10～15mm，在构件两端及跨中应设灌浆孔或排气孔，孔距不宜大于 12m。

1.3.3　预应力纵向钢筋的布置

预应力钢筋可分为直线布置（图 4-3（a））和曲线布置（图 4-3（b））所示两种形式。

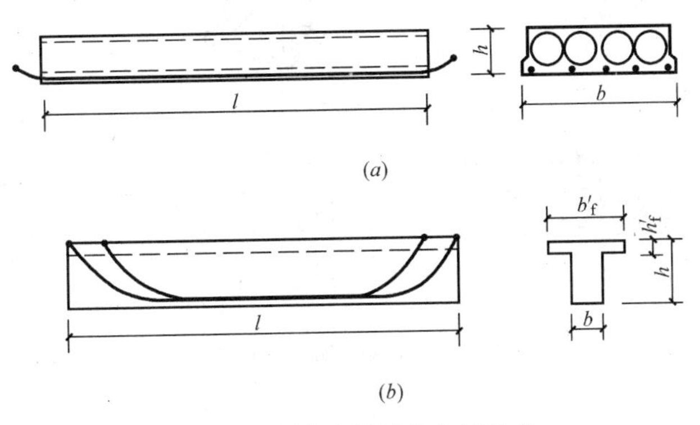

图 4-3　预应力纵筋的布置形式

（a）直线布置；（b）曲线布置

直线布置用于跨度和荷载不大的构件，如预应力混凝土板就采用这种布置形式，直线布置施工简单，先张法和后张法均可采用。曲线布置多用于跨度和荷载较大的构件，如预应力混凝土吊车梁，多采用这种布置，曲线布置一般用于后张法。

后张法预应力混凝土构件采用曲线预应力筋布置时，预应力筋曲率半径应按下列规定采用

(1) 钢丝束、钢绞线束以及钢筋直径 $d \leqslant 12$mm 的钢筋束，不宜小于 4m。

(2) 12mm$<d\leqslant$25mm 的钢筋不宜小于 12m。

(3) $d>25$mm 的钢筋不宜小于 15m。

1.3.4　非预应力纵向钢筋布置

为了在预应力构件中制作、运输、堆放和吊装时防止施工阶段出现裂缝或限制裂缝开展，在构件使用阶段的受压区和受拉区往往还配置一些非预应力筋，其数量应大于受弯构件的最小配筋率。所配置的非预应力钢筋直径应满足：光面钢筋 $d\leqslant$12mm，变形钢筋 $d\leqslant$14mm。

1.3.5　预应力构件端部加强措施

由于预应力构件在预应力钢筋的作用下，端部应力集中，为了防止这种集中应力将构件的端部压裂，因此应采取局部加强的措施。

1) 先张法构件

为了防止切断预应力筋时在构件端部引起裂缝，要求对预应力钢筋端部周围的混凝土采取下列措施。

(1) 对于单根预应力钢筋（如槽形板肋的配筋）。其端部宜设置长度不小于 150mm

且不少于4圈的螺旋筋。如图4-4（*a*）所示。当钢筋直径 $d \leqslant 16$mm 时，亦可利用支座垫板上插筋代替螺旋筋，此时插筋不少于4根，其长度不小于120mm。如图4-4（*b*）所示。

（2）多根预应力筋，在构件端部10*d*（*d*为预应力筋直径）范围内，应设置3～5片与预应力钢筋垂直的钢筋。如图4-4（*c*）所示。

（3）对用钢丝配置的预应力混凝土薄板，在板端100mm范围内应适量加密横向钢筋。如图4-4（*d*）所示。

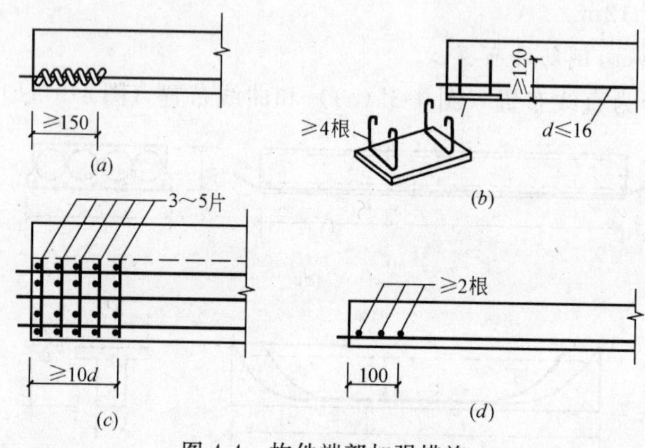

图4-4　构件端部加强措施

2）后张法构件

（1）在预应力钢筋锚具下及张拉设备的支撑处，应采用预埋钢垫板及附加横向钢筋网片（图4-5）或螺旋式钢筋等局部加强措施。

（2）当构件在端部有局部凹进时，为了防止在预加应力过程中，端部转折处产生裂缝，应增加折线构造钢筋。如图4-6所示。

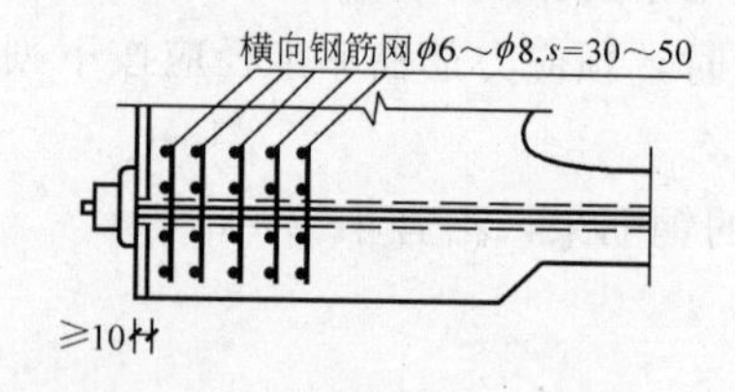

图4-5　横向钢筋网片的设置

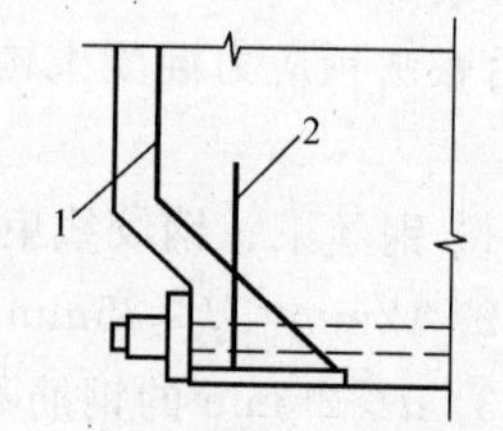

图4-6　端部凹进处构造配筋

1—折线构造钢筋；2—竖向构造钢筋

1.3.6　预应力张拉控制应力

由于预应力混凝土构件是在受拉区通过张拉钢筋先预加了一个压力值，才使得预应力混凝土构件产生了其受力的特性。预应力混凝土预加的压力值如果小于规定值，会使构件在规定荷载内发生破坏，如果大于规定值，在张拉时也会使构件发生破坏，因此，预应力混凝土施工关键工序就是施加张拉控制应力。

1）张拉控制应力规定

张拉控制应力是指张拉预应力筋时所达到的规定应力，用 σ_{con} 表示。张拉控制应力的数值应根据设计与施工经验确定，规范规定，预应力钢筋的张拉控制应力值 σ_{con} 不宜超过表4-1的规定。

张拉控制应力允许值 [σ_{con}] 表 4-1

钢筋种类	张拉方法	
	先张法	后张法
消除应力钢丝、钢绞线	$0.75f_{ptk}$	$0.75f_{ptk}$
热处理钢筋	$0.70f_{ptk}$	$0.65f_{ptk}$

注：为避免 σ_{con} 的取值过低，影响预应力钢筋充分发挥作用，规范规定 σ_{con} 不应小于 $0.4f_{ptk}$，f_{ptk} 为预应力钢筋的抗拉强度标准值。

2）规范同时规定，在下列情况下，表 4-1 的张拉控制应力值可提高 5%

(1) 要求提高构件在施工阶段的抗裂性能而在使用阶段受压区内设置的预应力钢筋。

(2) 为了抵消在施工中预应力筋松弛，预应力筋张拉时，预应力筋与孔道壁之间摩擦引起的预应力损失，混凝土的收缩和渐变引起的预应力损失等。

张拉钢筋时，采用大于张拉控制应力值称为超张拉。超张拉是为了弥补预应力损失而采取的措施。

3）预应力钢筋强度设计值

预应力强度设计值见表 4-2。

预应力钢筋强度设计值（N/mm^2） 表 4-2

种类		符号	f_{ptk}	f_{py}	f'_{py}
钢绞线	1×3	ϕs	1860	1320	390
			1720	1220	
			1570	1110	
	1×7		1860	1320	390
			1720	1220	
消除应力钢丝	光面 螺旋肋	ϕP ϕH	1770	1250	410
			1670	1180	
			1570	1110	
	刻痕	ϕl	1570	1110	410
热处理钢筋	40Si2Mn	ϕHT	1470	1040	400
	48Si2Mn				
	45Si2Cr				

注：当预应力钢绞线、钢丝的强度标准值不符合表 4-2 的规定时，其强度设计值应进行换算。

课题 2 先张法施工

先张法施工适用于构件厂生产中小型预应力混凝土构件，如预应力圆孔板、预应力屋面板、预应力吊车梁、预应力混凝土管桩等。

2.1 先张法施工的设备和机具

2.1.1 台座

台座是先张法施工的主要设备之一，它承受预应力筋的全部张拉力，因此，台座应有足够的强度、刚度和稳定性。台座按构造形式分墩式和槽式台座两类，选用时根据构件种类、张拉力大小和施工条件而定。

1）墩式台座

墩式台座由台墩、台面和横梁等组成。如图 4-7、图 4-8 所示。

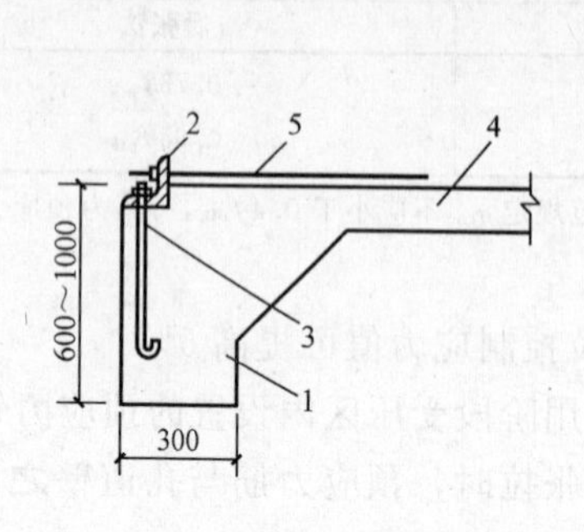

图 4-7 简易墩式台座

1—混凝土梁；2—承力角钢；3—预埋螺栓；

4—混凝土台面；5—预应力钢丝

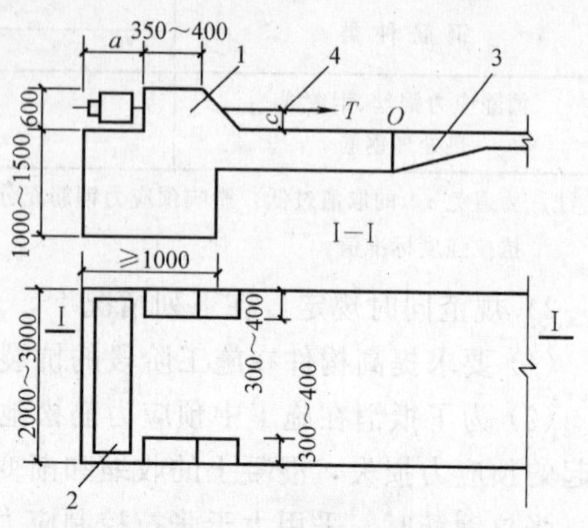

图 4-8 墩式台座

1—混凝土墩；2—钢横梁；3—局部加

厚台面；4—预应力筋

台座适用于生产空心板、平板等构件。

(1) 台墩是墩式台座的主要受力结构，台墩依靠其自重和土压力平衡张拉力产生的倾覆力矩及水平滑移。

(2) 台面是预应力混凝土构件成型的胎模，由混凝土浇筑而成，表面平整光滑。

(3) 横梁是锚固夹具临时固定预应力筋的支座，常采用型钢或钢筋混凝土制作。

(4) 墩式台座的长度通常为 100～150m 长，一次可产生多块预应力空心板。

2) 槽式台座

槽式台座由钢筋混凝土压杆和上、下横梁以及砖墙等组成。如图 4-9 所示。

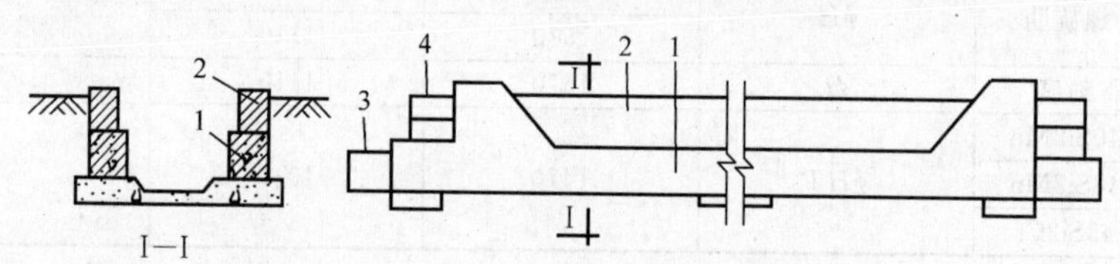

图 4-9 槽式台座

1—混凝土传力柱；2—砖墙；3—下横梁；4—上横梁

钢筋混凝土压杆是槽式台座的主要受力结构，为了便于拆移，常采用装配式结构，每段长 5～6m，为了便于构件的运输和蒸气养护，台面以低于地面为好，可采用砖墙来挡土和防水，同时又作为蒸气养护的保温侧墙。

槽式台座的长度一般为 45～76m，适用于张拉大型构件，如吊车梁、屋架等，由于槽式台座有上、下两个横梁，能进行双层预应力混凝土构件的张拉。

2.1.2 夹具

先张法施工时，夹具用于夹持钢筋，使预应力钢筋固定在台座的横梁上，夹具主要有张拉夹具和锚固夹具。

1) 张拉夹具

一般用于墩式台座长线张拉，夹持待拉伸钢筋并固定在台座的横梁上，主要类型有：

(1) 偏心式夹具：如图 4-10 所示，用于钢丝的张拉。

(2) 压销式夹具：如图 4-11 所示，用于直径 12～16mm 的钢筋张拉。

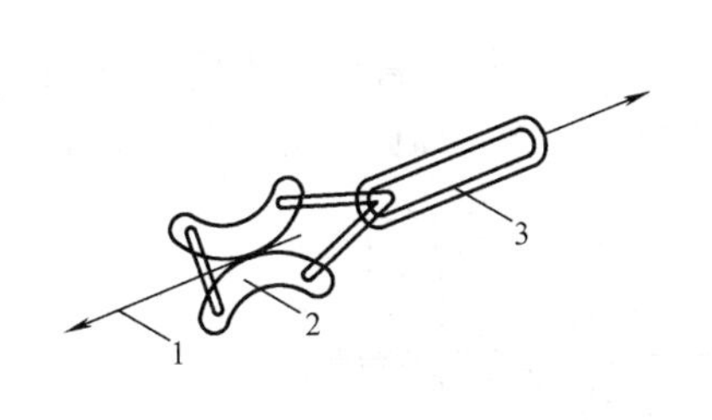

图 4-10 偏心式夹具

1—钢丝；2—偏心块；

3—环（与张拉机械连接）

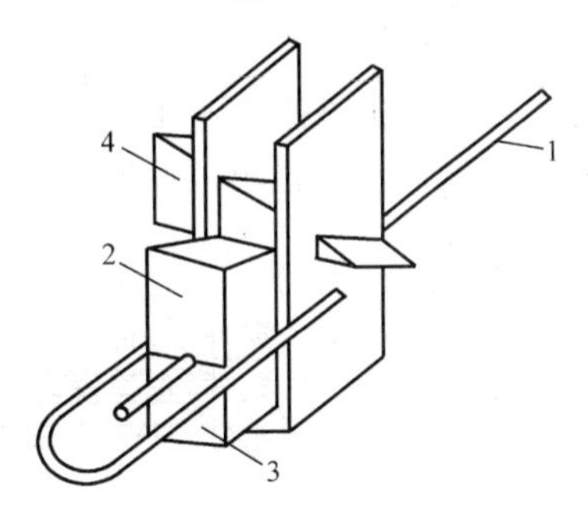

图 4-11 压销式夹具

1—钢筋；2—销片（楔形）；

3—销片；4—楔形压销

2) 锚固夹具

用于将钢筋锚固在定型钢模板上或台座的横梁上，主要类型有圆锥齿板式夹具和圆套筒三片式夹具二种。

(1) 圆锥齿板式夹具：如图 4-12 所示，用于夹持直径 3～5mm 的碳素钢丝。

(2) 圆套筒三片式夹具：如图 4-13 所示，用于夹持直径 12～14mm 的钢筋。

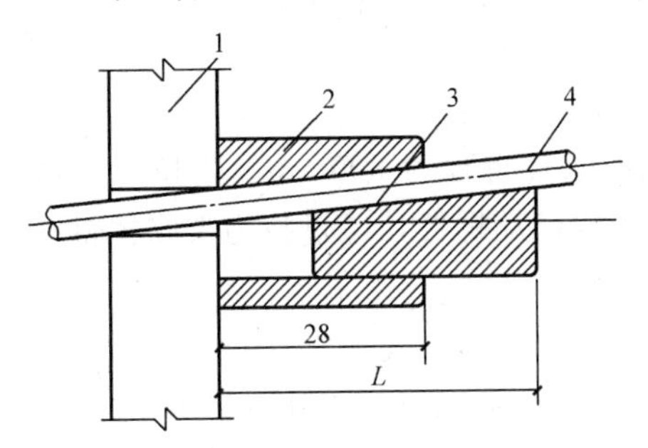

图 4-12 圆锥齿板式夹具

1—定位板；2—套筒；3—齿板；4—钢丝

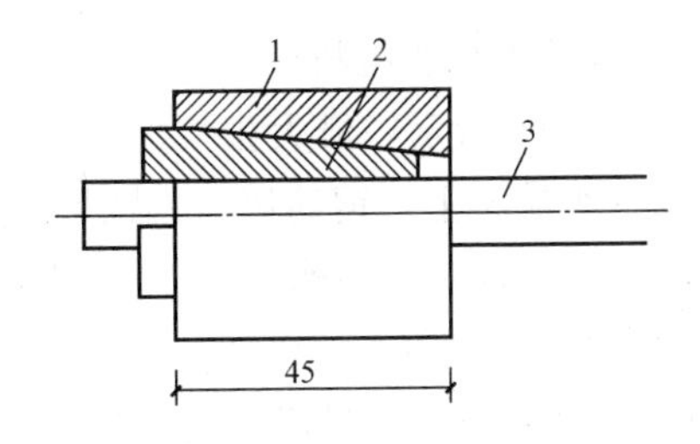

图 4-13 圆套筒三片式夹具

1—套筒；2—夹片；3—钢筋

3) 夹具性能

(1) 在预应力夹具组装件所张拉的钢筋断裂时，全部零件均不得出现裂缝或破坏。

(2) 应有良好的自锚性能，即借助预应力筋的张拉力就能把预应力筋锚固住而不需要施加外力。

(3) 应有良好的松锚性能，需要用力镦击才能松开的夹具，必须证明其对预应力筋的锚固没有影响，且对操作人员安全，不造成危险时才能采用。

2.1.3 张拉机械

张拉预应力筋的机械要求工作可靠，操作简单，能以稳定的速率加荷，先张法施工的预应力筋可以单根进行张拉，也可以多根成组进行张拉，常用的张拉机械有：

1) YC-20 型穿心式千斤顶

如图 4-14 所示，最大张拉力 200kN，张拉行程 700mm，可用来张拉直径 12～20mm

单根预应力钢筋。

(1) 首先穿入预应力钢筋，油嘴进油推动油缸向后拉伸钢筋，直至达到控制应力。如图 4-14 (*a*) 所示。

(2) 利用钢筋回弹和弹性顶压头的作用，将夹具的夹片顶入套筒，把钢筋锚固在台座横梁上，回油使油缸退出，此时偏心夹块松开，取下千斤顶。如图 4-14 (*b*) 所示。

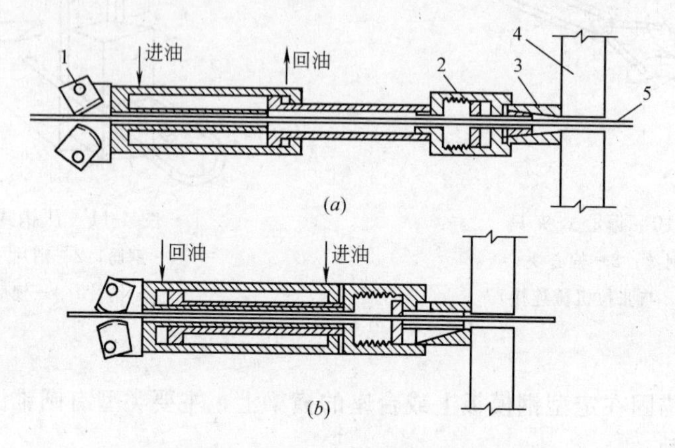

图 4-14　YC-20 型穿心式千斤顶

(*a*) 张拉；(*b*) 复位

1—偏心块夹具；2—弹性顶压头；3—夹具；4—台座；5—预应力筋

2) 电动螺杆张拉机

如图 4-15 所示，最大张拉力为 300～600kN，张拉行程为 800mm。张拉时，承力架支撑在台座横梁上，钢筋用夹具锚固，电动机经变速带动螺杆，通过拉力架张拉钢筋，张拉大小由拉力计反应出来。

3) 油压千斤顶

如图 4-16 所示，可以同时张拉多根预应力筋，张拉力和行程的大小由所选用的油压千斤顶决定。

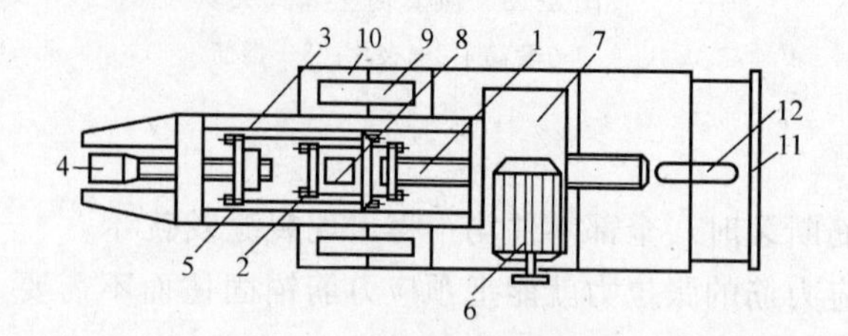

图 4-15　电动螺杆张拉机

1—螺杆；2、3—拉力架；4—夹具；5—承力架；6—电动机；7—变速箱；8—压力计盒；9—车轮；10—底盘；11—把手；12—后轮

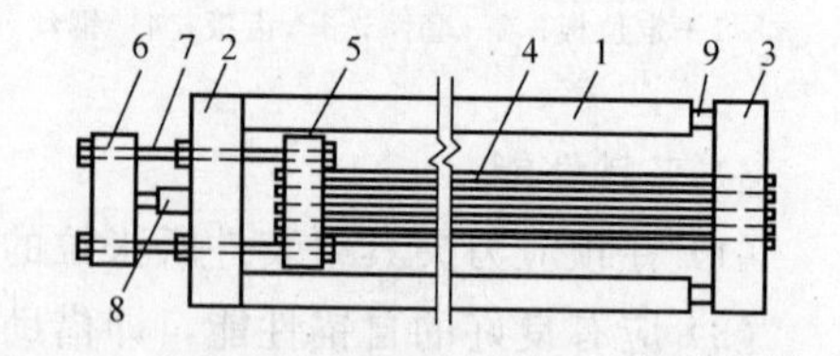

图 4-16　四横梁式油压千斤顶张拉装置

1—台座；2—前横梁；3—后横梁；4—预应力筋；5、6—拉力架横梁；7—大螺丝杆；8—油压千斤顶；9—放张装置

4) 张拉设备的选择

为了保证设备、人身安全和张拉力准确，张拉设备的张拉力应不小于预应力筋张拉力的 1.5 倍，张拉设备的张拉行程应不小于预应力筋张拉伸长值的 1.1～1.3 倍。

2.2 先张法施工工艺

2.2.1 施工前的准备工作

1）计算出预应力筋的控制应力、张拉力和张拉时的伸长值

（1）计算出控制应力：控制应力按表 4-1 的规定值计算

【例 4-1】 预应力筋采用光面消除应力钢丝 ϕP，用先张法施工，计算其控制应力 σ_{con}。

【解】 查表 4-1，使用消除应力钢丝，张拉控制应力为 $0.75f_{ptk}$

查表 4-2，光面消除应力钢丝的 $f_{ptk}=1670\text{N/mm}^2$

其控制应力 $\sigma_{con}=0.75f_{ptk}$

$=0.75\times1670$

$=1252.5\text{N/mm}^2$

（2）计算出张拉力

预应力筋张拉 $F_p=m\sigma_{con}A_P$

式中 m——超张拉系数，取值 1.03 或 1.05；

σ_{con}——预应力筋张拉控制应力（N/mm^2）；

A_P——预应力筋截面积（mm^2）。

【例 4-2】 张拉 5 根光面消除应力钢丝直径为 5mm 的预应力筋，其符号为 $5\phi P5$，超张拉系数取 1.05，计算其张拉力。

【解】 按公式 $F_p=m\sigma_{con}A_P$

$=1.05\times1252.5\times19.6\times5$

$=128882.25\text{N}$

$=128.88\text{kN}$

（3）计算预应力筋张拉时的伸长值

用应力控制法张拉预应力筋时，为油压千斤顶提供动力的油泵的压力表的指示数值就是预应力筋所受到的拉伸应力值。由于千斤顶等设备内摩擦力的影响，实际应力值小于压力表的指示值，因此，在张拉时，应按实际测出的数值进行控制，由于预应力张拉应力值的重要性，只用应力值进行控制还不行，还必须通过张拉时，用预应力筋的伸长值进行校核，钢筋受力时，应力与应变对应存在。伸长值就是钢筋的应变值，如果在张拉时，实际伸长值比计算伸长值大 10%或小 5%，应暂停张拉，查明原因采取措施，予以调整后方可继续张拉，预应力筋的计算伸长值：

$$\Delta L=F_p\cdot L/A_p\cdot E_s$$

式中 F_p——预应力筋张拉力（kN）；

A_p——预应力筋截面面积（mm^2）；

ΔL——预应力筋长度（mm）；

E_s——预应力筋的弹性模量（kN/mm^2）。

【例 4-3】 张拉 $5\phi P5$ 的光面消除应力钢丝，其长度为 6m，计算其张拉时的伸长值。

【解】 根据公式，$\Delta l=\dfrac{F_p\cdot l}{A_p\cdot E_s}$

通过上例题已知，$F_p=128.88\text{kN}$

$$l = 6\text{m} = 6000\text{mm}$$

$$A_p = 19.6 \times 5 = 98\text{mm}^2$$

E_s 查表为 $E_s = 200\text{kN/mm}^2$，$\Delta l = \dfrac{128.88 \times 6000}{98 \times 200} = 39\text{mm}$

2）确定张拉程序

预应力筋的张拉程序有超张拉和一次张拉二种。

(1) 超张拉：超张拉的程序是 0→1.05con→持荷 2min 或 0→1.03con。第一种张拉程序中，超张拉 5%，并持荷 2min。其目的是为了在高应力状态下加速预应力筋松弛早期发展，以减少预应力筋松弛损失；第二种张拉程序中，超张拉 3%，其目的是为了弥补预应力筋的松弛损失，这种张拉程序简单，一般多被采用。

(2) 如果在设计中钢筋的应力松弛损失按一次张拉取值，则张拉程序 0→con 就可以满足需要，预应力筋的张拉控制应力应符合设计要求。

3）清理台座

在台座上刷混凝土隔离剂。

4）安装定位板

当一次张拉多根预应力钢丝时，应安装定位板，定位板是固定预应力钢丝位置而设置，以保证钢丝的间距和保护层的厚度符合设计要求。

2.2.2 预应力钢筋张拉

当多根钢筋成批张拉时，其操作方法如下：

(1) 将已制作好的钢筋，一次穿入台座一端的定位板上，套上螺母。

(2) 钢筋另一端装入镦头锚板夹具中，将夹具螺母拧紧固定在横梁上。

(3) 调整初应力：扳动夹具上的螺母，使几根钢筋的松紧程度达到基本一致，调整初应力时，可采用测力扳手，使每根钢筋的初应力相等。

(4) 开动油泵，按确定好的放松程度进行张拉，张拉完毕，将螺母拧紧锚固在台座的横梁上，回油抽出千斤顶。

(5) 预应力筋张拉做好施工记录，包括预应力筋规格、张拉程序、应力记录、伸长量等。

2.2.3 混凝土浇筑和养护

(1) 预应力筋张拉完毕应立即浇筑混凝土，混凝土浇筑一次完成，单一构件不允许留设施工缝。

(2) 混凝土浇筑时，振捣器不得碰撞预应力筋，并在混凝土未达到规定强度前，仍不允许碰撞或踩踏预应力筋。

(3) 混凝土可采用自然养护或蒸汽养护，但应注意，在台座上用蒸汽养护会引起预应力筋应力值的损失。

2.2.4 预应力筋的放张

预应力筋放张过程是预应力的传递过程，是先张法构件能否获得良好质量的一个重要生产过程。应根据放张要求，确定合理的放张程序、放张方法及相应的技术措施。

1）放张要求

放张预应力筋时，混凝土强度应符合设计要求。当设计无要求时，不应低于设计的混凝土强度标准值的75%。对于重叠生产的构件，要求最上一层构件的混凝土强度不低于设计强度标准值的75%时，方可进行预应力筋的放张。过早放张预应力筋会引起较大的预应力损失或产生预应力筋滑动。预应力混凝土构件在预应力筋放张前要对混凝土试块进行试压，以确定混凝土的实际强度。

2）放张顺序

预应力筋的放张顺序应符合设计要求。当设计无要求时，应符合下列规定：

(1) 对承受轴心预压力的构件（如压杆、桩等），所有预应力筋应同时放张。

(2) 对承受偏心预压力的构件，应先同时放张预压力较小区域的预应力筋，再同时放张预压力较大区域的预应力筋。

(3) 当不能按上述规定放张时，应分阶段、对称、相互交错的放张，以防止放张过程中构件发生翘曲、裂纹及预应力筋断裂等现象。

(4) 放张后预应力筋的切断顺序宜由放张端开始，逐次切向另一端。

3）放张方法

对于预应力钢丝混凝土构件，分两种情况放张。配筋不多的预应力钢丝放张采用剪切、割断和熔断的方法，自中间向两侧逐根进行，以减少回弹量，利于脱模。配筋较多的预应力钢丝放张采用同时放张的方法，以防止最后的预应力钢丝因为突然增大而断裂或使构件端部开裂。

对于预应力钢筋混凝土构件，放张应缓慢进行。配筋不多的预应力钢筋，可采用逐根切断或借预先设置在钢筋锚固端的楔块等单根放张。配筋较多的预应力钢筋，所有钢筋应同时放张，放张可采用楔块或砂箱等装置进行缓慢放张。

(1) 楔块放张。

楔块装置在台座与横梁之间。放张预应力筋时，旋转螺母使螺杆向上运动，带动楔块向上移动，钢块间距变小，横梁向台座方向移动，便可同时放松预应力筋（图4-17）。楔块放张一般用于张拉力不大于300kN的情况。

(2) 砂箱放张。

砂箱装置放置在台座与横梁之间，它由钢制的套箱和活塞组成，内装石英砂或铁砂。预应力筋张拉时，砂箱中的砂被压实、承受横梁的反力。预应力筋放张时，将出砂口打开，砂缓慢流出，从而使预应力筋缓慢的放张。砂箱装置中的砂应采用干砂并选定适宜的级配，防止出现砂子被压碎引起流不出的现象或者增加砂的空隙率，使预应力筋的预应力损失增加。采用砂箱放张，能控制放张速度，工作可靠，施工方便，可用于张拉力大于1000kN的情况。如图4-18所示。

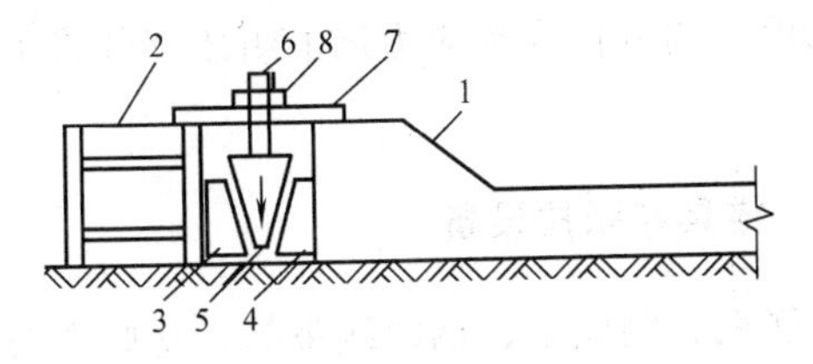

图4-17 楔块放张

1—台座；2—横梁；3、4—钢块；5—钢楔块；6—螺杆；7—承力板；8—螺母

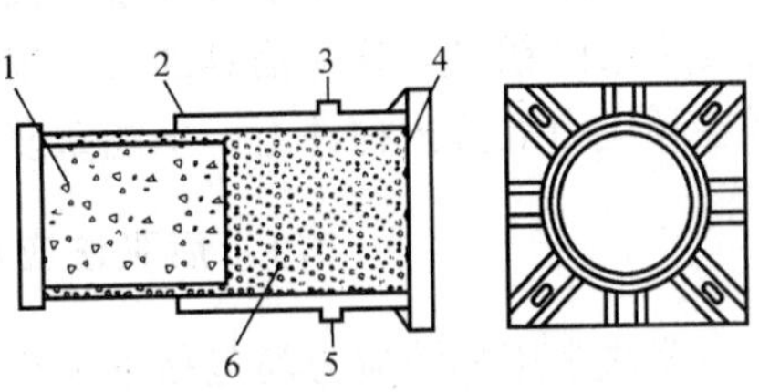

图4-18 砂箱装置示意图

1—活塞；2—钢套箱；3—进砂口；4—钢套箱底板；5—出砂口；6—砂子

2.2.5 先张法预应力构件的质量标准

先张法预应力构件尺寸允许偏差应符合表4-3要求。

预制构件尺寸的允许偏差及检验方法　　表4-3

项目		允许偏差(mm)	检验方法
长度	板、梁	+10，-5	钢尺检查
	柱	+5，-10	
	墙板	±5	
	薄腹梁、桁架	+15，-10	
宽度、高(厚)度	板、梁、柱、墙板、薄腹梁、桁架	±5	钢尺量一端及中部，取其中较大值
侧向弯曲	梁、柱、板	l/750且≤20	拉线、钢尺量最大侧向弯曲处
	墙板、薄腹梁、桁架	l/1000且≤20	
预埋件	中心线位置	10	钢尺检查
	螺栓位置	5	
	螺栓外露长度	+10，-5	
预留孔	中心线位置	5	钢尺检查
预留洞	中心线位置	15	钢尺检查
主筋保护层厚度	板	+5，-3	钢尺或保护层厚度测定仪量测
	梁、柱、墙板、薄腹梁、桁架	+10，-5	
对角线差	板、墙板	10	钢尺量两个对角线
表面平整度	板、墙板、柱、梁	5	2m靠尺和塞尺检查
预应力构件预留孔道位置	梁、墙板、薄腹梁、桁架	3	钢尺检查
翘曲	板	l/750	调平尺在两端量测
	墙板	l/1000	

注：1. l为构件长度(mm)；

2. 检查中心线、螺栓和孔道位置时，应沿纵、横两个方向量测，并取其中的较大值；

3. 对形状复杂或有特殊要求的构件，其尺寸偏差应符合标准图或设计的要求。

课题3　后张法施工

后张法是直接在构件上张拉预应力筋，不需要台座设备，现场生产时，可避免构件的长途搬运。所以适宜于在现场生产大型构件，特别是大跨度的构件。

在现代建筑施工中，后张法不只是用于生产大型构件，而是直接用在结构工程上，如框架结构的梁、板、柱采用整体浇筑，最后预应力张拉。形成主体结构预应力，提高了结构的整体性，节约材料，降低工程造价，使得后张法预应力结构会有更大的发展前景。

但是，预应力施工要求技术水平高，施工比普通钢筋混凝土复杂，施工难度大，尤其是需要大量的锚具，这些锚具加工精度要求高，而且锚具作为预应力筋的组成部分将永远留置在预应力混凝土构件上，不能重复使用。

3.1 后张法应用的钢筋、锚具和张拉设备

后张法常用的预应力筋包括单根粗钢筋、钢筋束、钢丝束、钢绞线束等，这些不同的预应力筋必须配备与其相适应的锚具，而不同的锚具必须配备与其相适应的张拉千斤顶。

3.1.1 单根粗钢筋配备的锚具和张拉设备

单根粗钢筋用作预应力筋时，张拉端采用螺丝端杆锚具。螺丝端杆锚具的直径要与钢

筋直径相同，采用闪光对焊将锚具与钢筋对焊。固定端采用帮条锚具，钢筋与帮条焊接。

1）螺丝端杆锚具

螺丝端杆锚具适用于锚固直径不大于36mm的冷拉HRB335级与HRB400级钢筋。它是由螺丝杆、螺母和垫板组成。如图4-19所示。螺丝端杆采用45号钢制作，螺母和垫板采用3号钢制作。螺丝端杆的长度一般为320mm，当预应力构件长度大于24m时，可根据实际情况增加螺丝端杆的长度，螺丝端杆的直径按预应力钢筋的直径对应选取。螺丝端杆与预应力钢筋的焊接应在预应力钢筋冷拉前进行。螺丝端杆与预应力筋焊接后同张拉机械相连进行张拉，最后上紧螺母即完成对预应力钢筋的锚固。

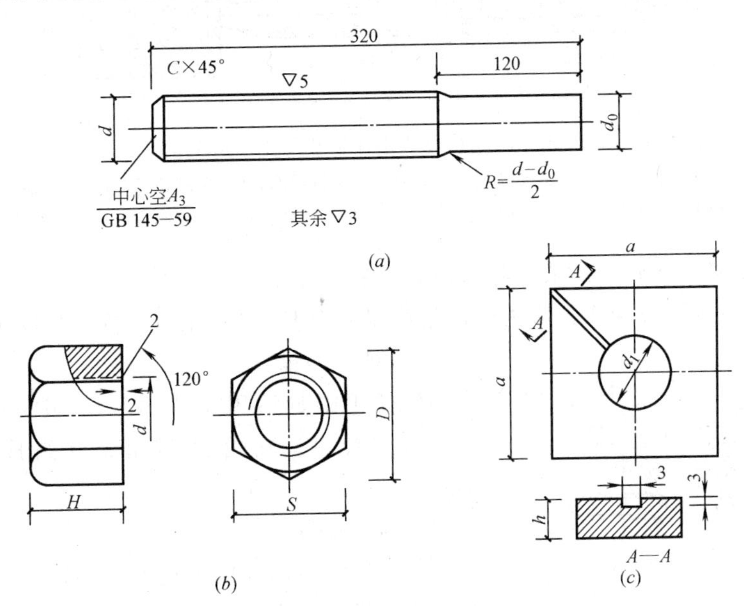

图4-19　螺丝端杆锚具

(a) 螺丝端杆；(b) 螺母；(c) 垫板

2）帮条锚具的构造

图4-20所示为帮条锚具，由帮条和衬板组成。帮条采用与预应力筋同级别的钢筋，选用三根帮条成120°均匀布置，每根帮条以两点进行点固，三根帮条与衬板相接触的截面应在一个垂直面上，以免受力时产生扭曲。帮条的焊接应在预应力筋冷拉前进行。衬板采用普通低碳钢钢板。焊条采用E50型。帮条锚具适用于锚固冷拉Ⅱ、Ⅲ级预应力钢筋和冷拉5号钢预应力钢筋。

帮条锚具施焊时，引弧及熄弧均应在帮条上，严禁在钢筋上引弧，防止烧伤预应力筋和焊接变形。

3）张拉机具

与螺丝端杆锚具配套的张拉机具是拉杆式千斤顶（代号YL）。常用的是YL60型拉杆式千斤顶。

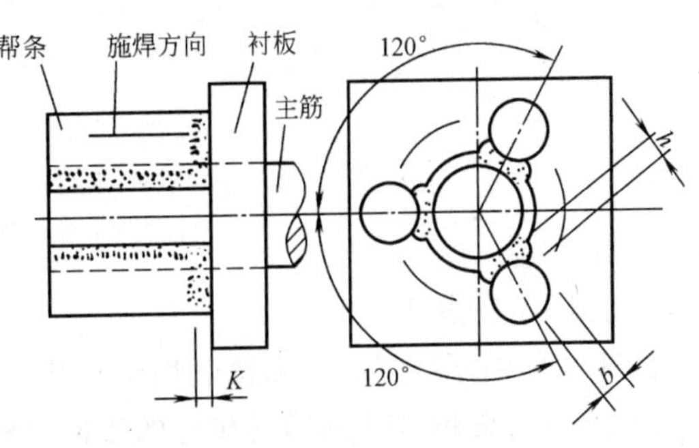

图4-20　帮条锚具

拉杆式千斤顶是单作用千斤顶，由

缸体、活塞杆、撑脚和连接器组成。最大张拉力为600kN，张拉行程150mm，适用于张拉以螺丝端杆锚具为张拉锚具的预应力钢筋。拉杆式千斤顶构造简单，操作方便，应用范围广。其工作示意图如图4-21所示。

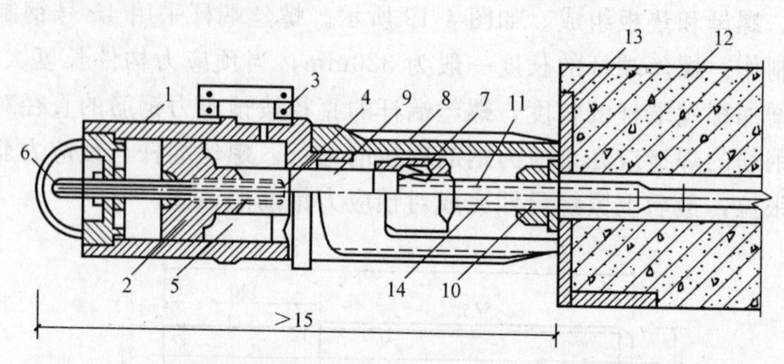

图4-21　拉杆式千斤顶及工作示意图

1—主缸；2—主缸活塞；3—主缸油嘴；4—副缸；5—副缸活塞；6—副缸油嘴；7—连接器；8—顶杆；9—拉杆；10—螺母；11—预应力筋；12—混凝土构件；13—预埋钢板；14—螺丝端杆

3.1.2　钢筋束和钢绞线束配备的锚具和张拉设备

钢筋束和钢绞线束用作预应力筋，张拉端采用JM12型锚具，固定端采用镦头锚具。

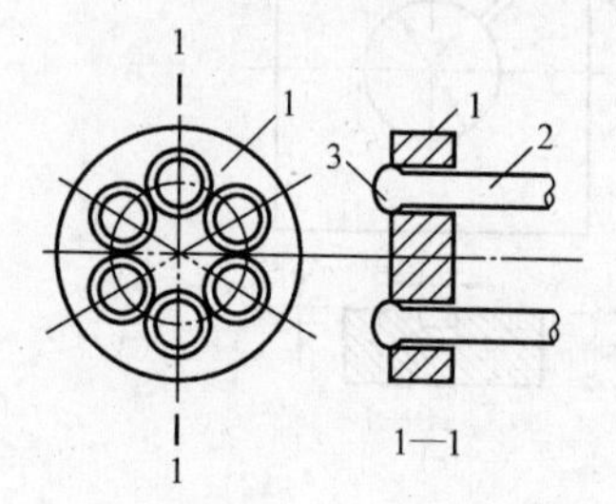

图4-22　镦头锚具

1—固定板；2—预应力筋；3—镦头

1）JM12型锚具

JM12型锚具适用于锚固3～6ϕ12钢筋束和4～6ϕ12钢绞线束。它由锚环和夹片组成，如图4-24所示。

2）镦头锚具

如图4-22所示。用于钢筋束固定端，镦头锚具由镦头和锚固板组成，镦头是将预应力钢筋采用镦头机械镦粗形成。

3）XM型锚具

如图4-23所示。多根XM型锚具也适用于锚固钢筋束和钢绞线束。

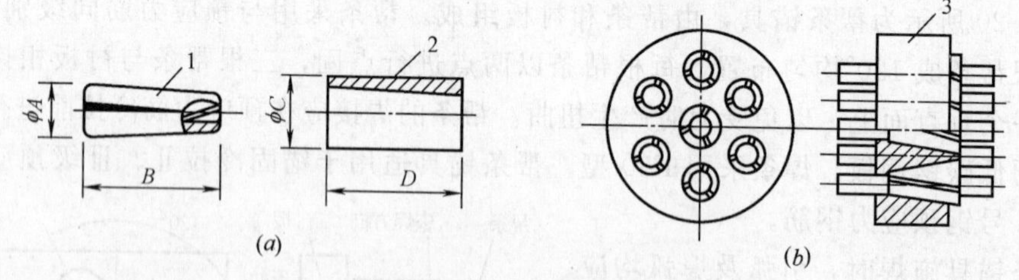

图4-23　XM型锚具

(a) 单根XM型锚具；(b) 多根XM型锚具

1—夹片；2—锚环；3—锚板

4）JM-12型锚具

如图4-24所示，JM-12型锚具用于夹持6根直径12mm钢筋。

JM12型锚具和XM型锚具相配的张拉机械——穿心式千斤顶（代号YC）。

穿心式千斤顶是双作用千斤顶，由张拉油缸、顶压油缸（张拉活塞）、顶压活塞和回

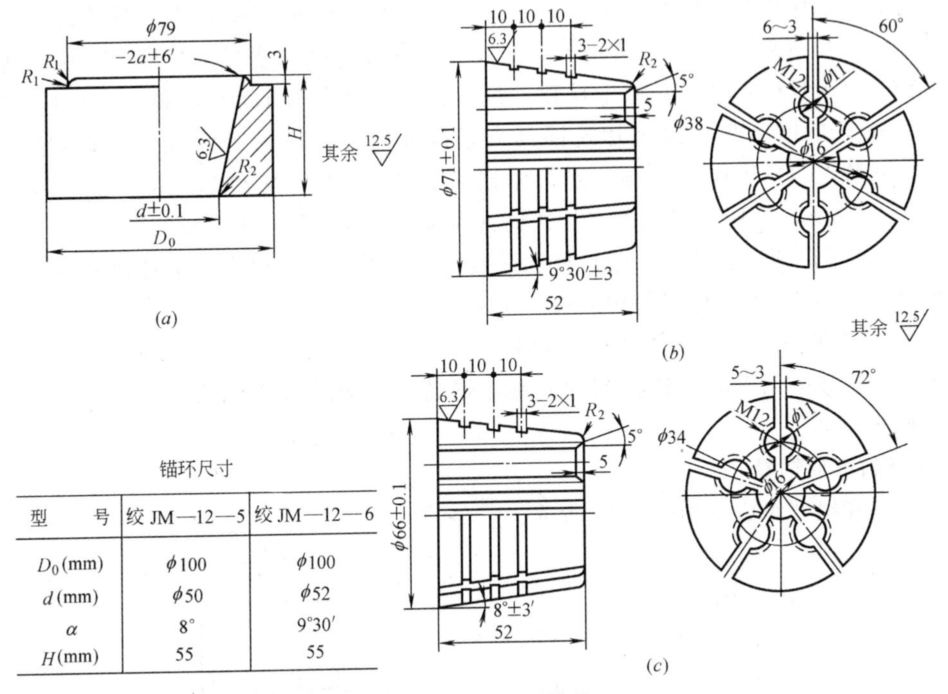

锚环尺寸

型　　号	绞 JM—12—5	绞 JM—12—6
D_0(mm)	ϕ100	ϕ100
d(mm)	ϕ50	ϕ52
α	8°	9°30′
H(mm)	55	55

图 4-24　JM-12 型锚具

(a) 锚环；(b)、(c) 夹片

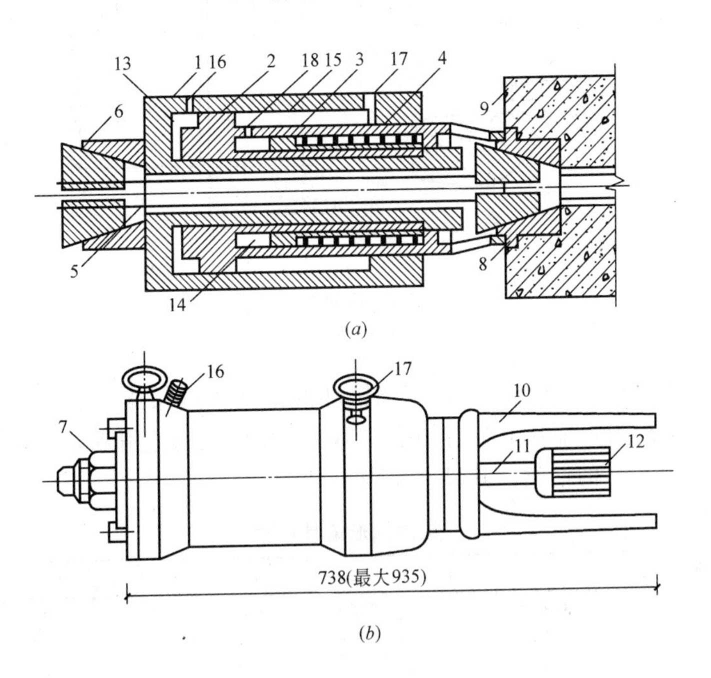

图 4-25　YC60 型穿心式千斤顶

1—张拉油缸；2—顶压油缸（张拉活塞）；3—顶压活塞；4—弹簧；5—预应力筋；6—工具锚；7—螺母；8—锚环；9—构件；10—撑脚；11—张拉杆；12—连接器；13—张拉工作油室；14—顶压工作油室；15—张拉回程油室；16—张拉缸油嘴；17—顶压缸油嘴；18—油孔

程弹簧组成。双作用是既能张拉预应力筋又能锚固预应力筋。YC60 型千斤顶最大张拉力为 600kN，张拉行程 150mm，适用于张拉以夹片锚具为张拉锚具的预应力钢筋束或钢绞线束。YCD120 型和 YCD200 型千斤顶，最大张拉力分别为 1200kN 和 2000kN，张拉行程为 180mm，适用于张拉以夹片式锚具为张拉锚具的预应力钢绞线束。YCQ100 型和 YCQ200 型及 YCQ350 型千斤顶，最大张拉为分别为 1000kN 和 2000kN 及 3500kN，张拉行程为 150mm，适用于张拉以夹片式锚具为张拉锚具的预应力钢绞线束。

YC60 型千斤顶加装撑脚、张拉杆和连接器后，可以张拉以螺丝端杆锚具为张拉锚具的单根钢筋。YC60 型千斤顶的构造如图 4-25 所示。

3.1.3 钢丝束配备的锚具和张拉机械

钢丝束可以采用 XM 型锚具和钢制锥形锚具。当采用 XM 型锚具时与第 3.1.2 节所要求的相同。

1）钢制锥形锚具

由锚环和锚塞组成。如图 4-26 所示。

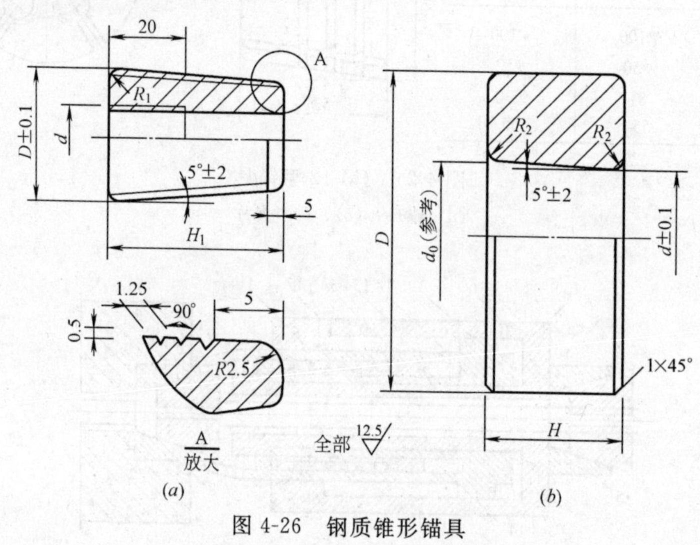

图 4-26 钢质锥形锚具

（a）锚塞；（b）锚环

锚环和锚塞均用 45 号钢制作。锚塞和锚环的锥度严格保持一致，保证对钢丝的挤压力均匀，不致影响阻力，锚塞上刻有细槽，用以夹紧钢丝防止滑动，钢制锥形锚具适用锚固 18 根以下直径 5mm 的钢丝。其尺寸见表 4-4。

钢质锥形锚具尺寸

表 4-4

型号	钢丝根数	D	H	d	d_0	D_l	H_1	d_i
GE5—12	12	65	45	27	34.9	27	50	M8×1
GE5—18	18	100	50	39	47.7	40	55	M16×15
GE5—24	24	110	55	49	58.6	51	60	M16×15

2）张拉机具

与钢制锥形锚具配备的张拉机械——锥锚式千斤顶（代号 YZ）是张拉、顶压与退楔三作用千斤顶，由主缸、副缸、退楔块、锥形卡环、退楔翼片和楔块等组成。最大张拉力为 850kN，张拉行程为 250mm，顶压行程为 50mm。锥锚式千斤顶专门用于张拉以锥塞式锚具为张拉锚具的预应力钢绞线束，其三个工作过程如下：

(1) 首先将预应力筋固定在锥形卡环上，然后主缸油嘴进油，主缸向左移动，则张拉预应力筋；

(2) 顶压张拉完成后，主缸稳压，副缸进油，则副缸活塞及顶压头向右移动，将锚塞推入锚环而锚固预应力筋；

(3) 回程顶锚完成后，主副缸同时回油，主缸及副缸活塞在弹簧力的作用下复位。最后松开楔块即可拆下千斤顶。锥锚式千斤顶的构造如图 4-27 所示。

3.1.4 高压油泵

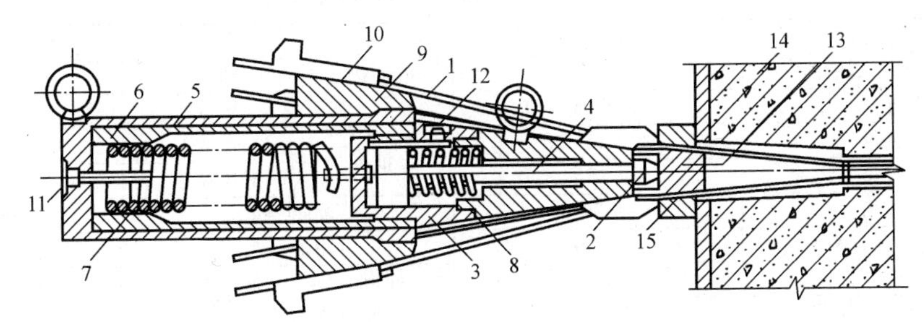

图 4-27 锥锚式千斤顶构造及工作原理示意图

1—预应力筋；2—顶压头；3—副缸；4—副缸活塞；5—主缸；6—主缸活塞；7—主缸拉力弹簧；8—副缸拉力弹簧；9—锥形卡环；10—楔块；11—主缸油嘴；12—副缸油嘴；13—锚塞；14—构件；15—锚环

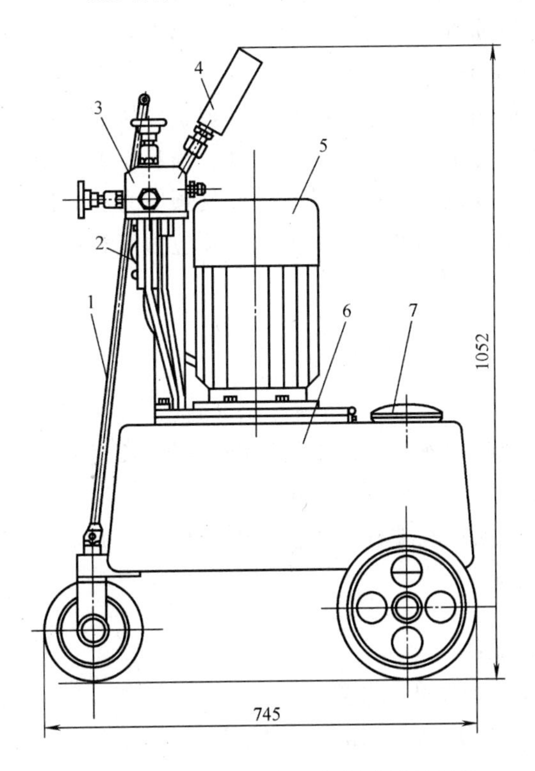

图 4-28 ZB4/500 型电动高压油泵外形图

1—拉手；2—电气开关；3—组合控制阀；4—压力表；5—电动机及泵体；6—油箱小车；7—加油口

高压油泵与液压千斤顶配套使用，是液压千斤顶的动力部分。在选用与千斤顶配套的油泵时，应使油泵的额定压力等于或大于千斤顶的额定压力。

电动高压油泵类型较多。ZB4/500 型电动高压油泵如图 4-28 所示。

ZB4/500 型电动高压油泵由电动机及泵体控制闸压力等组成。当与千斤顶配套使用时，千斤顶的张拉应力值可以从油泵的压力表上直接读出，其预定压力值可达 50MPa。

ZB4/500 型电动高压油泵可以为各种预应力张拉千斤顶提供动力。其主要的技术性能见表 4-5。

ZB4/500 型电动油泵主要技术性能表 **表 4-5**

项目		数值	项目		数值
额定压力	单路供油时	500kg/cm^2	电动机	型号	JO_2—32—$4T_2$
	双路供油时	400kg/cm^2		功率	3.0kW
理论排量		2×1.60mL/转		转数	1430r/min
额定流量		2×2L/min	出油嘴	个数	2 个
容积效率		≥85%		螺纹规格	M16×1.5
斜盘倾角		6°30′	油箱容量		50kg
柱塞分布圆直径		60mm	用油种类		10 号或 20 号机油
柱塞	直径	10mm	外形（长×宽×高）	带压力表	745×494×1025(mm)
	行程	6.8mm		不带压力表	745×494×997(mm)
	个数	2×3 个	净重		120kg

3.2 预应力筋的制作

预应力筋的制作与钢筋直径、锚具类型、张拉设备和张拉工艺有关。

3.2.1 单根钢筋的制作

单根粗钢筋预应力筋的制作，包括配料、对焊、冷拉等工序。预应力筋的下料长度应计算确定，计算时，要考虑结构构件的孔道长度、锚具厚度、千斤顶长度、焊接接头冷拉伸长值、弹性回缩值等。现以两端用螺丝端杆锚具预应力筋为例来说明长度计算方法。

（1）当两端张拉时预应力筋的成品长度（即预应力筋和螺丝端杆对焊并经冷拉后的全长）L_1：

$$L_1=l+2l_2$$

（2）当一端张拉时预应力筋的成品长度 L_1：

$$L_1=l+l_2+l_3$$

（3）预应力筋（不包括螺丝端杆）冷拉后需达到的长度 L_0：

$$L_0=L_1-2l_1$$

（4）预应力筋（不包括螺丝端杆）冷拉前的下料长度 L：

$$L=\frac{L_0}{1+r-\delta}+n\Delta$$

式中 l——构件孔道长度；

l_2——螺丝端杆伸出构件外的长度：

张拉端 $l_2=2H+h+5\text{mm}$；

锚固端 $L_3=H+h+10\text{mm}$；

l_1——螺丝端杆长度（一般为 320mm）；

r——预应力筋的冷拉率（由试验确定）；

δ——预应力筋的冷拉弹性回缩率（一般为0.4%～0.6%）；

n——对焊接头数量；

Δ——每个对焊接头的压缩量（一般为20～30mm）；

H——螺母高度；

h——垫板厚度。

【例 4-4】 如图4-29所示，21m预应力屋架的孔道长为20.80m，预应力筋为冷拉HRB400钢筋，直径为22mm，每根长度为8m，实测冷拉率$r=4\%$，弹性回缩率$\delta=0.4\%$，张拉应力为$0.85f_{pyk}$，螺丝端杆长为320mm，帮条长为50mm，垫板厚为15mm。采用两端张拉计算：

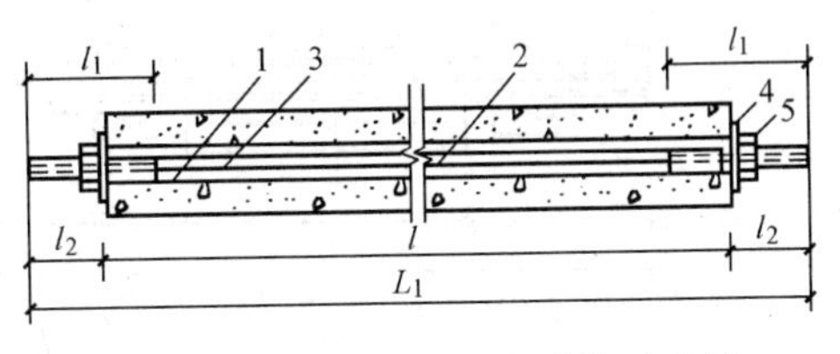

图4-29 粗钢筋下料长度计算示意图

1—螺丝端杆；2—预应力钢筋；3—对焊接头；4—垫板；5—螺母

（1）两端用螺丝端杆锚具锚固时预应力筋的下料长度。

（2）一端用螺丝端杆，另一端为帮条锚具时预应力筋的下料长度。

（3）预应力筋的张拉力为多少？

【解】（1）螺丝端杆锚具，两端同时张拉，螺母厚度取36mm，垫板厚度取16mm，则螺丝端杆伸出构件外的长度$l_2=2H+h+5=2\times36+16+5=93$mm；对焊接头个数$n=2+2=4$；每个对焊接头的压缩量$\Delta=22$mm，则预应力筋下料长度：

$$L=\frac{l-2l_1+2l_2}{1+r-\delta}+n\Delta=\frac{20800-2\times320+2\times93}{1+0.04-0.004}+4\times22=19727\ (\text{mm})$$

（2）帮条长为50mm，垫板厚15mm，则预应力筋的成品长度：

$$L_1=l+l_2+l_3=20800+93+(50+15)=20958\ (\text{mm})$$

预应力筋（不含螺丝端杆锚具）冷拉后长度：

$$L_0=L_1-l_1=20958-320=20638\ (\text{mm})$$

$$L=\frac{L_0}{1+r-\delta}+n\Delta=\frac{20638}{1+0.04-0.004}+4\times22=20009\ (\text{mm})$$

（3）预应力筋的张拉力：

$$F_P=\sigma_{con}\cdot A_P=0.85\times500\times\frac{3.14}{4}\times22^2=161475\ (\text{N})=161.475\ (\text{kN})$$

3.2.2 钢筋束（钢绞线束）的制作

（1）钢筋束目前主要采用$\phi12$钢筋3～6根组成，钢绞线束主要采用3～6根$7\phi^s5$组成。由于其强度高、柔性好，而且钢筋不需要接头等优点，近年来钢筋束和钢绞线束预应力筋的应用越来越广泛。

（2）钢筋束所用钢筋一般是成圆盘状供应，长度较长，不需要对焊接长。钢筋束预应力筋的制作工艺一般是开盘冷拉、下料和编束。热处理钢筋、冷拉Ⅳ级钢筋及钢绞线下料切断时，宜采用切断机或砂轮锯切断，不得采用电弧切割。钢绞线切断前，在切口两侧各50mm处应用钢丝绑扎，以免钢绞线松散。

（3）钢筋束或钢绞线束预应力筋的编束，主要是为了保证穿入构件孔道中的预应力筋束不发生扭结。成束预应力筋宜采用穿束网套穿束。穿束前应逐根理顺，用钢丝每隔

1.0m 左右绑扎成束，不得紊乱。

(4) 钢筋束或钢绞线束的下料长度主要与构件的长度、所选择的锚具和张拉机械有关。其计算图如图 4-30 所示。

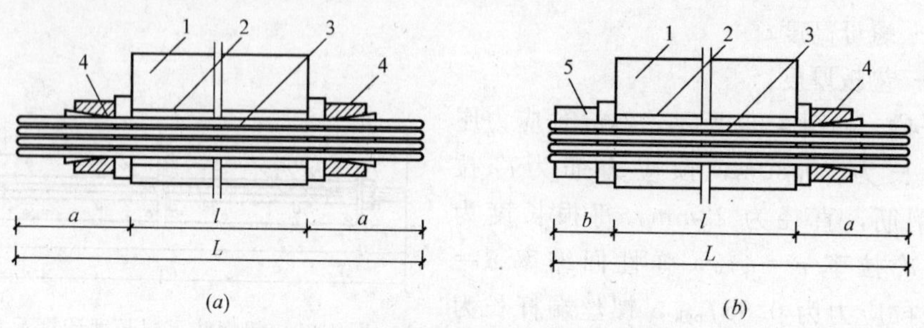

图 4-30 钢筋束下料长度计算示意图

1—混凝土构件；2—孔道；3—钢筋束；4—JM12 型锚具；5—镦头锚具

(5) 钢筋束或钢绞线束下料计算公式：

两端张拉下料长度 $L=l+2a$

一端张拉下料长度 $L=l+a+b$

式中 l——构件孔道长度；

a——张拉端留量；

b——固定端留量。

张拉端留量 a、固定端留量 b 与锚具和张拉机械有关，采用 JM12 型锚具和 YC60 型千斤顶张拉时，$a=850\text{mm}$，$b=80\text{mm}$。

【例 4-5】 某预应力混凝土梁，孔道长 26m，采用 JM12 型锚具和 YC60 型千斤顶，两端张拉。预应力筋为钢绞线，计算钢绞线的下料长度。

【解】 按公式下料长度 $L=l+2a$

$$L=26000+2\times850=27700\ (\text{mm})$$

3.3 施工工艺

后张法施工工艺流程：安装模板→绑扎安装非预应力钢筋→埋设孔道芯管及埋件→浇筑混凝土→混凝土养护→拆除模板→穿入预应力筋→预应力进行张拉锚固→张应力筋张拉力的检测→孔道灌浆→封固端头。

模板和钢筋绑扎安装及浇筑混凝土等工序施工在以上课题中已经讲过，以下只介绍孔道留设，预应力张拉和孔道灌浆。

3.3.1 孔道留设

构件中留设孔道主要为穿预应力钢筋（束）及张拉锚固后灌浆用。孔道成型的质量是后张法构件制造的关键之一。孔道留设的基本要求：

(1) 孔道直径应保证预应力筋（束）能顺利穿过。对采用螺丝端杆锚具的粗钢筋孔道的直径，应比钢筋对焊处外径大 10～15mm；对钢丝束、钢绞线，孔道直径应比预应力束或锚具外径大 10mm 以上。

(2) 孔道应按设计要求的位置、尺寸埋设准确、牢固，浇筑混凝土时不应出现移位和变形；孔道应平顺光滑，端部预埋件垫板应垂直孔道中心线。

（3）在设计规定位置上留设灌浆孔。构件两端每间隔12m留设一个直径为20mm的灌浆孔，并在构件两端各设一个排气孔。一般在预埋件垫板内侧面刻有凹槽，作排气孔用。

（4）在曲线孔道的曲线波峰部位应设置排气兼泌水管，必要时可在最低点设置排水管。

（5）灌浆孔及泌水管的孔径应能保证浆液畅通。

3.3.2　孔道留设方法：

1）钢管抽芯法

（1）预先将平直、表面圆滑的钢管埋设在模板内预应力筋孔道位置上，采用钢筋井字架（间距不大于1m）将其固定在钢筋骨架上，灌筑混凝土时应避免振动器直接接触钢管而产生位移。在开始浇筑至浇筑后拔管前，间隔一定时间要缓慢匀速地转动钢管，使混凝土与钢管壁不发生粘结；待混凝土初凝后至终凝之前，用卷扬机匀速拔出钢管，即在构件中形成孔道。

（2）钢管抽芯法只用于留设直线孔道，钢管长度不宜超过15m，钢管两端各伸出构件500mm左右，以便转动和抽管。构件较长时，可采用两根钢管，中间用套管连接，如图4-31所示。

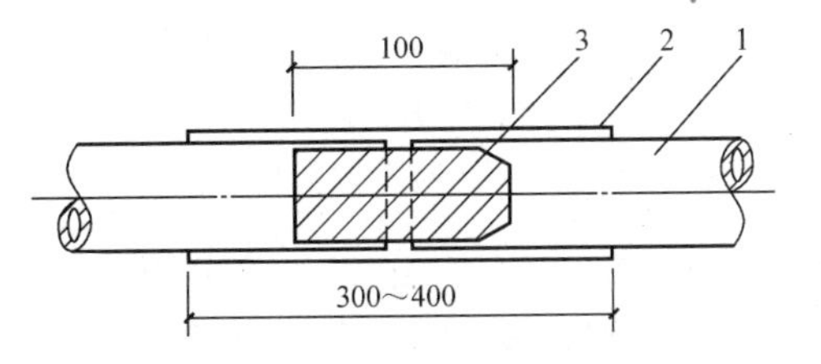

图4-31　钢管连接方式

1—钢管；2—白铁皮套管；3—硬木塞

（3）抽管时间与水泥品种、浇筑气温和养护条件有关。常温下，一般在浇筑混凝土后3～5h抽出。抽管应按先上后下顺序进行，抽管用力必须平稳，速度均匀，边转动钢管边抽出，并与孔道保持在同一直线上，防止构件表面发生裂缝。抽管后，立即进行检查、清理孔道工作，避免日后穿筋困难。

（4）采用钢筋束镦头锚具和锥形螺杆锚具留设孔道时，张拉端的扩大孔也可用钢管成型，留孔时，应注意端部扩孔应与中间孔道同心。抽管时，先抽中间钢管，后抽扩孔钢管，以免碰坏扩孔部分，并保持孔道平滑和尺寸准确。

2）胶管抽芯法

胶管采用5～7层帆布夹层，壁厚6～7mm的普通橡胶管，用于直线、曲线或折线孔道成型。胶管一端密封，另一端接上阀门，安放在孔道设计位置上，并用钢筋井字架（间距不大于500mm）绑扎固定在钢筋骨架上。浇筑混凝土前，胶管内充入压力为0.6～0.8N/mm^{2}的压缩空气或压力水，胶管鼓胀，直径可增大3mm左右。混凝土浇筑成型时，振动器不要直接碰撞胶管，并经常注意压力表的压力是否正常，如有变化，必要时可以补压。待混凝土初凝后、终凝前，将胶管阀门打开放水（或放气）降压，胶管回缩与混凝土自行脱落。抽管时间比抽钢管时间略迟。一般按先上后下、先曲后直的顺序将胶管抽出。抽管后，应及时清理孔道内的堵塞物。

3）预埋波纹管法

（1）预埋波纹管法是用钢筋井字架（间距不大于0.8m）将带波纹的金属管、薄钢管或金属螺旋管固定在设计位置上，在混凝土构件中埋管成型的一种施工方法。预埋管具有质量轻、刚度好、弯折方便、连接简单等特点，可做成各种形状的孔道，并省去了抽管工序。适用于预应力筋密集或曲线预应力筋的孔道埋设，但在电热后张法施工中，不得采用波纹管或其他金属管埋设的管道。

(2) 金属螺旋管安装时，宜先在构件底模、侧模上弹安装线，并检查波纹管有无渗漏现象，避免泥浆堵塞管道。同时，尽量避免波纹管多次反复弯曲，并防止电火花烧伤管壁。

(3) 预埋波纹管的连接如图 4-32 所示，采用大一号波纹管连接，并用密封胶带封口。

(4) 在预埋波纹管上留设孔道灌浆孔如图 4-33 所示。

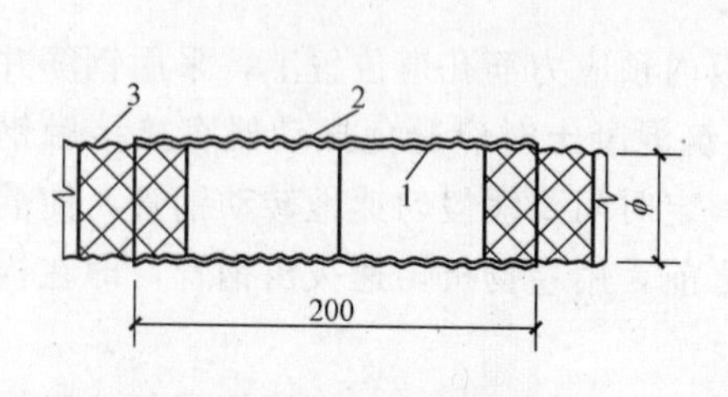

图 4-32 波纹管的连接

1—波纹管；2—接头管（大一号波纹管）；3—密封胶带

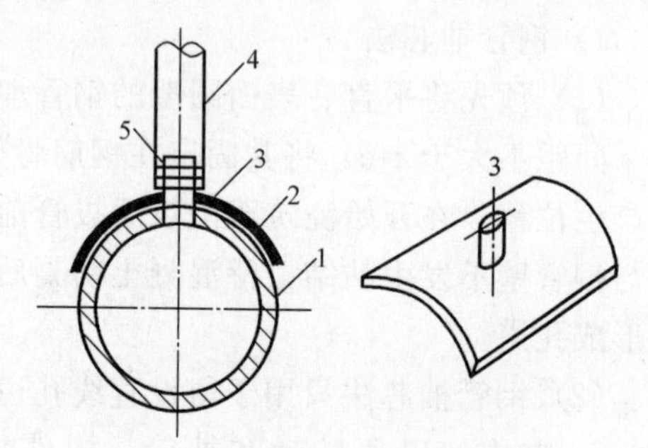

图 4-33 波纹管上留灌浆孔

1—波纹管；2—海绵垫；3—塑料弧形压板；4—塑料管；5—钢丝扎紧

灌浆孔的作法是：在波纹管上开口，用带嘴的塑料弧形压板与海绵垫覆盖，并用钢丝扎牢，再接塑料管，灌浆孔的间距不得大于 30m。

3.3.3 编束穿筋

1) 编束

(1) 编束是为了防止钢筋扭结。编束前，必须对同一束钢丝直径进行测量，使同束钢丝直径误差控制在 0.1mm 以内，以保证成束钢丝与锚具可靠连接。编束在平整的场地上进行，按设计规定的每排根数逐根排列理顺，一端在挡板上对齐，每隔 1.0～1.5m 间距安放梳子定位板，分别把钢丝嵌入梳子板内，然后用 18～22 号钢丝按次序编织帘子状（图 4-34）；再每间隔 1.0～1.5m 放一只外径与钢丝束内径相同的弹簧圈或短钢管，将钢丝片合拢捆扎成束。

(2) 采用镦头锚具时，按设计规定钢丝分圈布置的特点，将内圈和外圈钢丝分别用钢丝按次序编排成片，然后将内圈放在外围内绑扎成钢丝束。即先把钢丝束一端的钢丝穿过锚环上的圆孔并完成镦头工作，另一端的镦头待钢丝穿过预留孔道另一端锚板后再进行。

2) 穿筋

螺丝端杆锚具预应力筋穿孔时，用塑料套或布片将螺纹端头包扎保护好，避免螺纹与混凝土孔道摩擦损坏。成束的预应力筋将一头对齐，按顺序编号套在穿束器上，如图4-35 所示，一端用绳索牵引穿束器，钢丝束保持水平在另一端送入孔道，并注意防止钢丝束扭

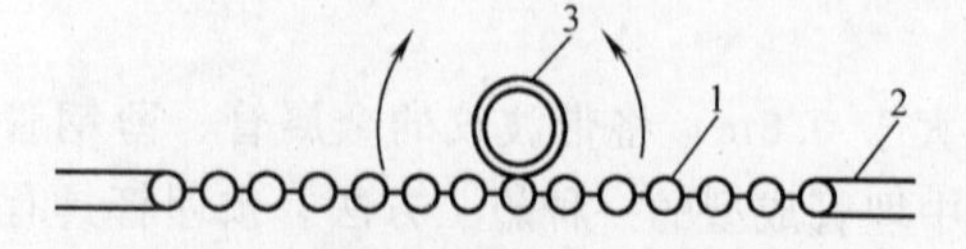

图 4-34 钢丝束的编束

1—钢筋；2—钢丝；3—衬圈

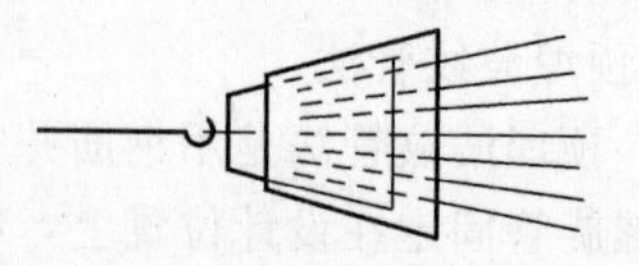

图 4-35 穿束器

结和错向。

3.3.4 预应力筋张拉

用后张法张拉预应力筋时，构件的混凝土强度应符合设计要求。当设计无具体要求时，不宜低于设计的混凝土立方体抗压强度标准值的75%。预应力筋的张拉控制应力应符合设计要求，施工时预应力如需超张拉，可比设计要求提高3%～5%，但其最大张拉控制应力不得超过规定。

1）预应力筋孔道之间的张拉顺序

（1）预应力筋张拉顺序应按设计规定进行。如设计无规定时，应采取分批分阶段对称地进行，以免构件受过大的偏心压力而发生扭转和侧弯。

（2）图4-36所示是预应力混凝土屋架下弦预应力筋张拉顺序。图4-36（*a*）所示预应力筋为两束，能同时张拉，宜采用两台千斤顶分别设置在构件两端对称张拉。

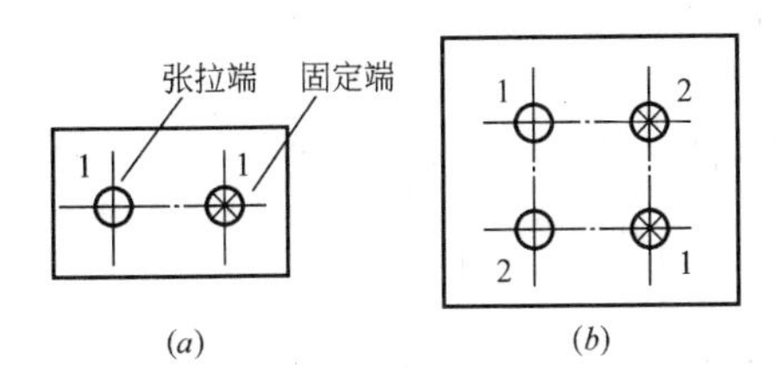

图4-36 屋架下弦杆预应力筋张拉顺序

（*a*）两束；（*b*）四束

1、2—预应力筋分批张拉顺序

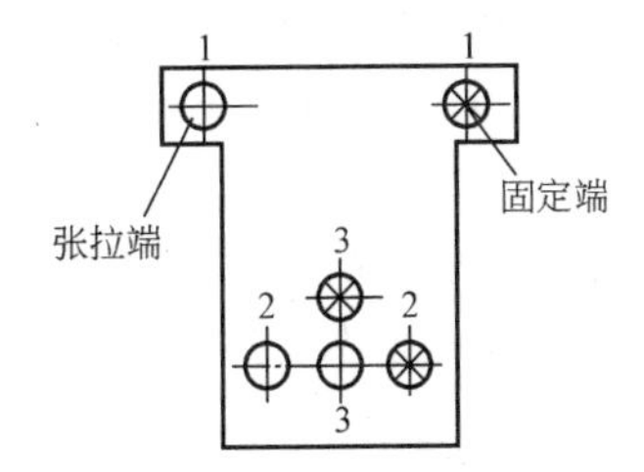

图4-37 吊车梁预应力筋的张拉顺序

1、2、3—预应力筋的分批张拉顺序

图4-36（*b*）所示预应力筋是对称的四束预应力筋，不能同时张拉，应采取分批对称张拉，用两台千斤顶分别在两端张拉对角线上两束，然后张拉另两束。

（3）图4-37所示是预应力混凝土吊车梁预应力筋采用两台千斤顶的张拉顺序，对配有多根不对称预应力筋的构件，应采用分批分阶段对称张拉。采用两台千斤顶先张拉上部两束预应力筋，下部四束曲线顶应力筋采用两端张拉方法分批进行。为使构件对称受力，每批两束先按一端张拉方法进行张拉，待两批四束均进行一端张拉后，再分批在另一端张拉，以减少先批张拉筋所受的弹性压缩损失。

（4）平卧重叠浇筑的预应力混凝土构件，张拉预应力筋的顺序是先上后下，逐层进行。为了减少上下层之间因摩阻引起的预应力损失，可逐层加大张拉力，但底层张拉力不宜比顶层张拉力大5%（钢丝、钢绞线和热处理钢筋）或9%（冷拉HRB335、HRB400和RRB400钢筋)，且要注意加大张拉控制应力后不要超过最大张拉力的规定。为了减少叠层浇筑构件摩阻力的应力损失，应进一步改善隔离层的性能，限制重叠浇筑层数（一般不得超过四层)。如果隔离层效果较好，也可采用同一张拉值张拉。

2）预应力筋张拉程序

预应力筋的张拉程序，主要根据构件类型、张锚体系、松弛损失取值等因素来确定。用超张拉方法减少预应力筋的松弛损失时，预应力筋的张拉程序宜为：$0 \rightarrow 105\%\sigma_{con} \xrightarrow[2min]{持荷} \sigma_{con}$。

采用上述程序时，千斤顶应回油至稍低于σ_{con}，再进油至σ_{con}以建立准确的预应力值。

如果预应力筋张拉吨位不大，根数很多，而设计中又要求采取超张拉以减少应力松弛损失时，其张拉程序可为：0→$1.03\sigma_{con}$。

设计单位应向施工单位提出预应力筋的张拉顺序、张拉控制应力及伸长值。

3）预应力筋的张拉方法

（1）为了减少预应力筋与预留孔壁摩擦而引起的应力损失，对于曲线预应力筋和长度大于24m的直线预应力筋，应采用两端同时张拉的方法；长度等于或小于24m的直线预应力筋，可一端张拉，但张拉端宜分别设置在构件两端。对预埋波纹管孔道曲线预应力筋和长度大于30m的直线预应力筋宜在两端张拉，长度等于或小于30m的直线预应力筋可在一端张拉。

（2）安装张拉设备时，对于直线预应力筋，应使张拉力的作用线与孔道中心线重合；对于曲线预应力筋，应使张拉力的作用线与孔道中心线末端的切线方向重合。

（3）用应力控制方法张拉时，还应测定预应力筋实际伸长值，以对预应力值进行校核。预应力筋实际伸长值的测定方法与先张法相同。

4）张拉安全事项

预应力筋张拉过程中应特别要注意安全。在张拉构件的两端应设置保护装置，如用麻袋、草包装土筑成土墙，以防止螺帽滑脱、钢筋断裂飞出伤人。在张拉操作中，预应力筋的两端严禁站人，操作人员应在侧面工作。

3.3.5　孔道灌浆

（1）预应力筋张拉后，应尽快地用灰浆泵将水泥浆压灌到预应力孔道中去，目的是防止预应力筋锈蚀，同时可使预应力筋与混凝土有效粘结，提高结构的抗裂性、耐久性和承载能力。

（2）灌浆用水泥浆应有足够的粘结力，且应有较大的流动性，较小的干缩性和泌水性。应采用普通的硅酸盐水泥，水灰比为0.40～0.45，搅拌后3h泌水率宜控制在2%，水泥浆的抗压强度不应低于$30N/mm^2$。为了增加孔道灌浆的密实性，水泥浆中可掺入对预应力筋无腐蚀作用的外加剂，如可掺入占水泥用量0.25%的木质素磺酸钙，或占水泥用量0.05%的铝粉。严禁使用含氯化物的水泥和含氯化物的外加剂。

灌浆前，用压力水冲洗和湿润孔道。用电动或手动灰浆泵灌浆，压力以$0.5\sim0.6N/mm^2$为宜。灌浆顺序应先下后上，以免上层孔道漏浆把下层孔道堵塞。直线孔道灌浆时，应从构件一端灌到另一端；曲线孔道灌浆时，应从孔道最低处向两端进行。灌浆工作应缓慢均匀连续进行，不得中断，并防止空气压入孔道而影响灌浆质量。排气通畅直至气孔排出空气→水→稀浆→浓浆时为止。在孔道两端冒出浓浆并封闭排气孔后，继续加压灌浆，稍后再封闭灌浆孔。对不掺外加剂的水泥浆，可采用二次灌浆法，以提高孔道灌浆的密实度。

水泥浆强度达到$15N/mm^2$时方可移动构件，水泥浆强度达到100%设计强度时，才允许吊装或运输。

在后张法预应力混凝土构件中，预应力筋分为有粘结和无粘结两种。有粘结的预应力是后张法的常规做法，张拉后通过灌浆使预应力筋与混凝土粘结。无粘结预应力是近几年发展起来的新技术，其做法是在预应力筋表面刷涂油脂并包塑料带（管）后，如同普通钢筋一样先铺设在支好的模板内，再浇筑混凝土，待混凝土达到规定的强度后，进行预应力筋张拉和锚固。这种预应力工艺是借助两端的锚具传递预应力，无需留孔灌浆，施工简便，摩擦损失小，预应力筋易弯成多跨曲线形状等，但对锚具锚固能力要求较高。无粘结预应力施工适用于大柱网整体现浇楼盖结构，尤其在双向连续平板和密肋楼板中使用最为合理经济。目前无粘结预应力混凝土平板结构的跨度，单向板可达 9～10m，双向板为 9m×9m，密肋板为 12m，现浇梁跨度可达 27m。

课题 4　无粘结预应力混凝土施工

无粘结预应力混凝土施工与后张法施工不同之处，在于无粘结预应力施工采用了特殊的预应力筋，减少了留设孔道和灌浆的工序，使预应力施工更加简单。

4.1　无粘结预应力筋

无粘结预应力筋由无粘结筋、涂料层和外包层三部分组成，如图 4-38 所示。

4.1.1　无粘结筋

无粘结筋宜采用柔性较好的钢丝束 $7\phi^{s}5$、钢绞线制作。

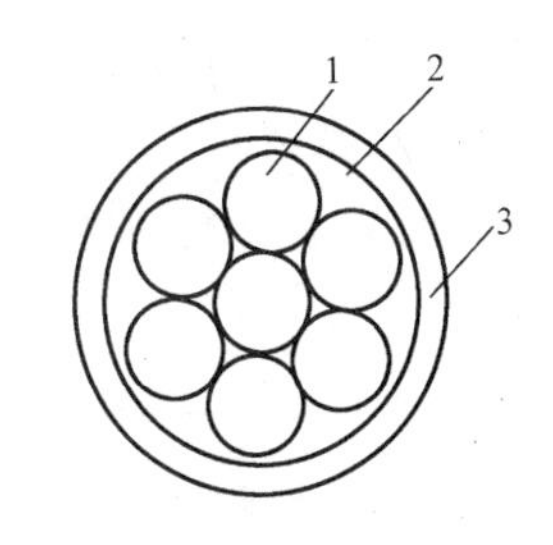

图 4-38　无粘结预应力筋
1—无粘结筋；2—涂料层；3—外包层

4.1.2　涂料层

无粘结筋的涂料层可采用防腐油脂或防腐沥青制作。涂料层的作用是使无粘结筋与混凝土隔离，减少张拉时的摩擦损失，防止无粘结筋腐蚀等。因此，要求涂料性能符合下列要求：

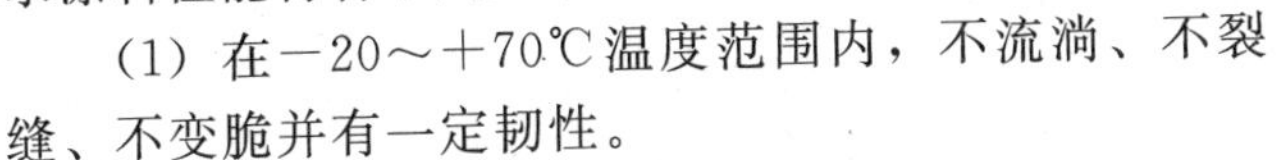

(1) 在－20～＋70℃温度范围内，不流淌、不裂缝、不变脆并有一定韧性。

(2) 使用期内化学稳定性高。

(3) 润滑性能好，摩擦阻力小。

(4) 不透水、不吸湿。

(5) 防腐性能好。

4.1.3　外包层

1) 外包层要求

无粘结筋的外包层可用高压聚乙烯塑料带或塑料管制作。外包层的作用是使无粘结筋在运输、储存、铺设和浇筑混凝土等过程中不会发生不可修复的破坏，因此要求外包层应符合下列要求：

(1) 在－20～＋70℃温度范围内，低温不脆化，高温化学稳定性好。

(2) 必须具有足够的韧性，抗酸损性强。

(3) 对周围材料无侵蚀作用。

(4) 防水性强。

2) 外包层制作

制作单根无粘结筋时，宜优先选用防腐油脂做涂料层，其塑料外包层应用塑料注塑机注塑成型，防腐油脂应填充饱满，外包层应松紧适度。成束无粘结筋可用防腐沥青或防腐油脂作涂料层，当使用防腐沥青时，应用密缠塑料带作外包层，塑料带各圈之间的搭接宽度应不小于带宽的 1/2，缠绕层数不小于四层。要求防腐油脂涂料层无粘结筋的张拉摩擦系数不应大于0.12；防腐沥青涂料层无粘结筋的张拉摩擦系数不应大于0.25。

4.2 无粘结筋的制作

无粘结筋的制作一般采用挤压涂层工艺和涂包成型工艺两种。

4.2.1 挤压涂层工艺

挤压涂层工艺主要是无粘结筋通过涂油装置涂油，涂油无粘结筋通过塑料挤压机涂刷塑料簿膜，再经冷却槽成型塑料套管。这种挤压涂层工艺的特点是效率高、质量好、设备性能稳定，与电线、电线包裹塑料套管的工艺相似。

4.2.2 涂包成型工艺

涂包成型工艺是无粘结筋经过涂料槽涂刷涂料后，再通过归束滚轮成束并进行补充涂刷，涂料层厚度一般为2mm，涂好涂料的无粘结筋随即通过绕布转筒自动地交叉缠绕两层塑料布，当达到需要的长度后进行切割，成为一根完整的无粘结预应力筋。这种涂包成型工艺的特点是质量好，适应性较强。

4.2.3 无粘结预应力筋主要技术性能

无粘结筋组成材料的主要技术性能见表4-6所示。

无粘结筋组成材料的主要技术性能 表4-6

名称	性能指标	单位	碳素钢丝	钢绞线	
			$\phi5$	$d=15.0(7\phi5)$	$a=12.0(7\phi4)$
钢材	抗拉强度标准值	N/mm^2	1570	1470	1570
	抗拉强度设计值	N/mm^2	1070	1000	1070
	延伸率	%	4	3.5	3.5
	截面面积	mm^2	19.63	139.98	89.45
	理论重量	kg/m	0.154	1.091	0.697
	弹性模量	N/mm^2	2.0×10^5	1.8×10^5	1.8×10^5
	制作损耗系数	%	10	8	8
油脂	建筑1号	g/m	>50	>50	>43
塑料	聚乙烯护套厚度	mm	0.8～1.2	0.8～1.2	0.8～1.2

4.3 无粘结预应力筋的锚具

4.3.1 单孔夹片锚具

单孔夹片锚具由锚环和夹片组成，如图4-39所示。

单孔夹片锚具锚环采用45号钢制作，调质热处理硬度HB85±15，夹片有三片与二片式，三片式夹片按铣120°分，二片式夹片的背面上部锯有一条弹性槽，可提高锚固能力，采用20Cr钢制作，表面热处理硬度HRC58—61。

4.3.2 XM型夹片式锚具

XM型夹片式锚具又称多孔夹片锚具，由锚板和夹片组成，如图4-40所示。

锚板的锚孔沿圆周排列，其间距分别为：$\phi15$钢绞线>33mm，$\phi12$钢绞线>29mm。XM型夹片式锚具的特点是每束钢绞线的根数不受限制，每根钢绞线是单独锚固的，任何一根钢绞线锚固失效都不会引起整束钢绞线的锚固失效。

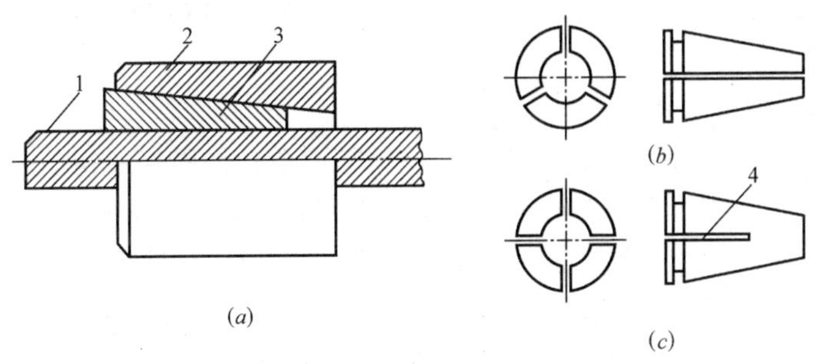

图 4-39 单孔夹片式锚具

(a) 组装图；(b) 三夹片；(c) 二夹片

1—钢绞线；2—锚环；3—夹片；4—弹性槽

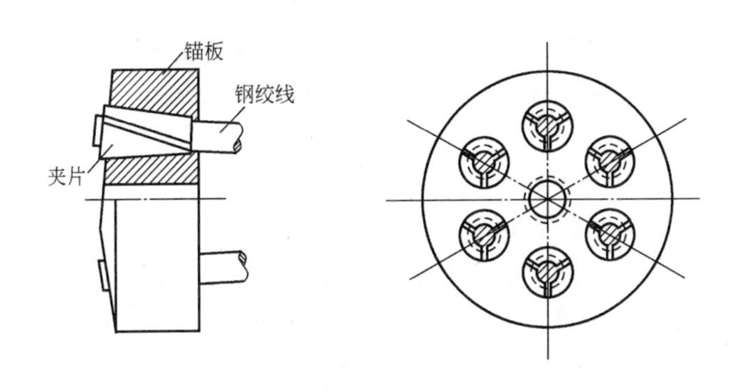

图 4-40 XM 型夹片式锚具

4.3.3 挤压锚具

挤压锚具是利用液压挤压机将套筒挤紧在钢绞线端头上的锚具，用于内埋式固定端。挤压锚具组装时，液压挤压机的活塞杆推动套筒通过挤压模使套筒变细，硬钢丝衬圈碎断，咬入钢绞线表面夹紧钢绞线，形成挤压头。挤压锚具构造如图 4-41 所示。

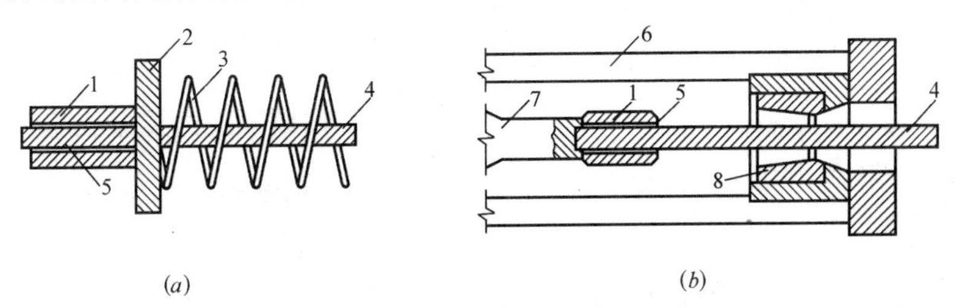

图 4-41 挤压锚具及其成型

(a) 挤压锚具；(b) 成型工艺

1—挤压套筒；2—垫板；3—螺旋筋；4—钢绞线；5—硬钢丝衬圈；6—挤压机机架；7—活塞杆；8—挤压模

4.3.4 张拉设备

与后张法施工相同。

4.4 无粘结预应力施工

无粘结预应力施工中，主要问题是无粘结预应力筋的铺设、张拉和端部锚头处理。无粘结筋在使用前应逐根检查外包层的完好程度，对有轻微破损者，可包塑料带补好；对破损严重者应予以报废。

4.4.1 无粘结预应力筋的铺设

（1）在单向连续梁板中，无粘结筋的铺设比较简单，如同普通钢筋一样铺设在设计位置上。在双向连续平板中，无粘结筋一般为双向曲线配筋，两个方向的无粘结筋互相穿插，给施工操作带来困难，因此，确定铺设顺序很重要。铺设双向配筋的无粘结筋时，应先铺设标高低的无粘结筋，再铺设标高较高的无粘结筋，并应尽量避免两个方向的无粘结筋相互穿插编结。人工编序比较烦琐而且极易出错，根据编序特点采用电子计算机处理较为合理。

（2）无粘结筋应严格按设计要求的曲线形状就位并固定牢靠。铺设无粘结筋时，无粘结筋的曲率可垫铁马凳控制。铁马凳高度应根据设计要求的无粘结筋曲率确定，铁马凳间隔不宜大于2m并应用钢丝将其与无粘结筋扎紧。也可以用钢丝将无粘结筋与非预应力钢筋绑扎牢固，以防止无粘结筋在浇筑混凝土过程中发生位移，绑扎点的间距为0.7～1.0m。无粘结筋控制点的安装偏差：矢高方向在板内为±5mm，在梁内为±10mm；水平方向在板内为±30mm。

4.4.2 无粘结预应力筋的张拉

由于无粘结预应力筋一般为曲线配筋，故应两端同时张拉。无粘结筋的张拉顺序应与其铺设顺序一致，先铺设的先张拉，后铺设的后张拉。成束无粘结筋正式张拉前，宜先用千斤顶往复抽动1～2次，以降低张拉摩擦损失。无粘结筋张拉过程中，当有个别钢丝发生滑脱或断裂时，可相应降低张拉力，但滑脱或断裂的数量严禁超过结构同一截面无粘结预应力筋总根数的3%且每束钢丝不得超过1根。

4.4.3 无粘结预应力筋的端部锚头处理

无粘结筋端部锚头的防腐处理应特别重视。采用XM型夹片式锚具的钢绞线，张拉端头构造简单，无须另加设施，端头钢绞线预留长度不小于150mm，多余部分切断并将钢绞线散开打弯，埋设在混凝土中以加强锚固，如图4-42所示。

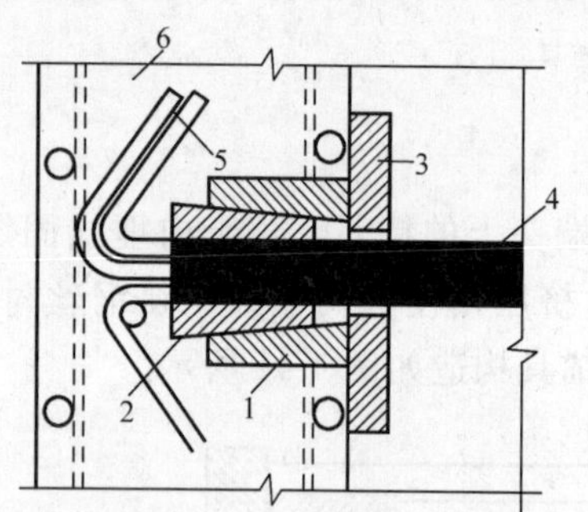

图4-42 钢绞线端部锚头处理

1—锚环；2—夹片；3—埋件；4—钢绞线；5—散开打弯钢丝；6—圈梁

4.5 无粘结预应力混凝土框架结构

无粘结预应力混凝土框架结构适用于工业与民用多层建筑，具有建造跨度大，结构性能好，节约钢材等优点。目前，在我国得到越来越多的应用。

4.5.1 框架梁

1）单跨框架梁

框架梁预应力筋的布置应尽可能接近梁在荷载作用下产生的弯矩曲线图形基本一致。由于框架梁承受的荷载不同，预应力筋的形状主要有下列4种。如图4-43所示。

（1）如图4-43（*a*）为正反抛物线布置，通常用于支座弯距与跨中弯距基本相等的单跨框架梁。预应力筋布置的切点在0.1～0.2*L*处，即αL处。

（2）如图4-43（*b*）所示，直线与抛物线相切的位置。宜用于支座弯距较小的单跨框架梁或多跨框架的边跨梁外端，以减少框架中及内支座处的摩擦损失，预应力筋布置的切

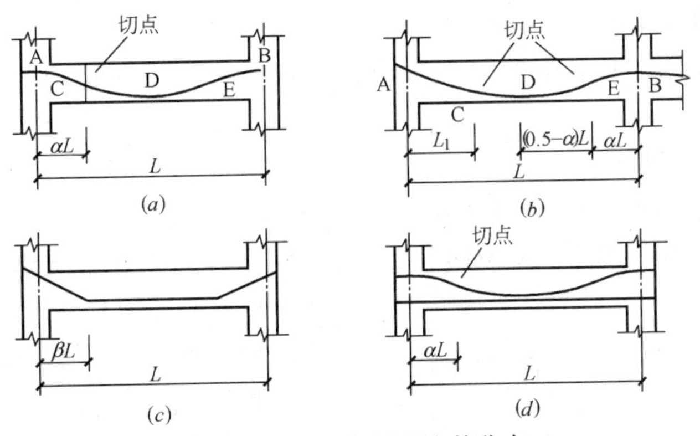

图 4-43 单跨框架梁预应筋分布

$\alpha=0.1\sim0.2$，$\beta=0.25\sim0.33$，$L_1=0.22L\sim0.32L$

点（C点）在 0.22～0.32L 处，即 L_1 处。

（3）如图 4-43（c）为折线形布置，常用于集中荷载作用下的框架梁或开洞梁，使预应力引起的等效荷载可直接抵消部分竖向荷载和便于梁开洞，折线形布置方案不宜用于三跨的预应力框架，因为通过较多的折角弯筋施工困难，且中跨跨中处的预应力摩擦损失也较大，此种框架梁预应力筋的折角处在 0.25～0.33L 处，即 βL。

（4）如图 4-43（d）为正反抛物线与直线形混合布置方式，使次弯起对边柱形成有利的影响。

在双跨和三跨框架中，预应力筋的布置可用上述基本的预应力筋形状和布置方式进行组合。

2）等跨双跨框架预应筋的布置：如图 4-44 所示。

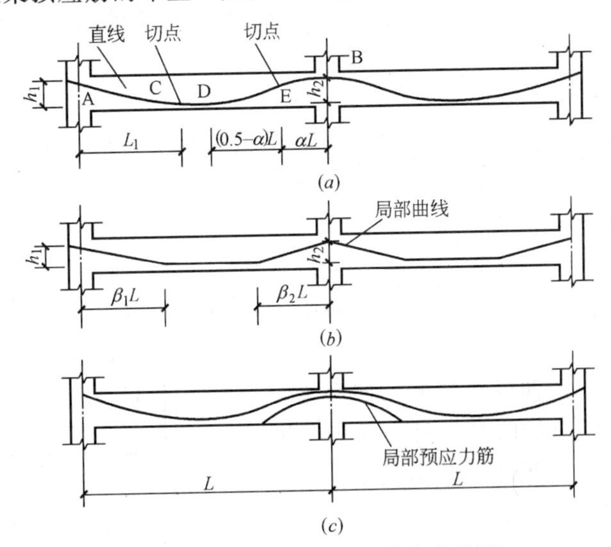

图 4-44 等双跨框架梁预应力筋布置

（a）直线与抛物线形；（b）折线形；（c）连续曲线形及局部预应力筋

（1）如图 4-44（a）所示，C点为直线 AC 与抛物线 CDE 的切点，其中 L_1 为直线做 AC 的水平投影长度，其值按下式计算：

$$L_1=\frac{L}{2}\sqrt{1-\frac{h_1}{h_2}+2a\frac{h_1}{h_2}}$$

式中　L——梁的跨度；

h_1、h_2——边支座和中支座处预应力筋合力点至跨中截面预应力筋合力点间的竖向距离；

a——取值0.1～0.2。

（2）如图4-44（b）中，B_1值可取0.25～0.5，B_2值可取0.25～0.33。

（3）在竖向荷载作用下，若双跨和三跨框架内支座弯矩比边支座和跨中弯矩大得多，可在内支座处梁端进行加掖，也可采用附加曲线形支座预应力筋，如图4-44（c）所示。

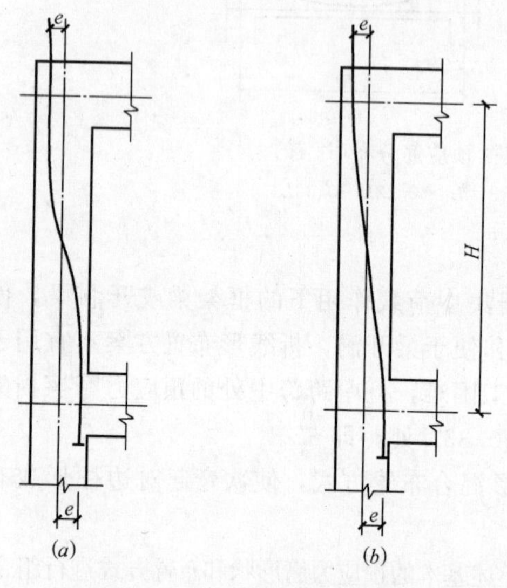

图4-45　柱中预应力筋布置

4.5.2　框架柱

由于预应力框架的跨度大，且顶层梁柱为刚接，在竖向荷载作用下，框架顶层边柱的设计弯距很大，竖向荷载产生的弯距使柱子顶部外侧受拉，柱顶内侧受压，柱底弯距与柱顶则相反。为了抵抗这种拉力，柱中预应力筋布置在受拉区，其布置形式采取接近于荷载作用下的弯距图的形状，如图4-45所示。

图4-45中的e即为柱的偏心距，e等于柱子承受的弯距与轴力值之比。图4-45（a）为柱中预应筋采用的抛物线布置方式，图4-45（b）所示的是折线布置方式。

4.5.3　无粘结预应力框架梁的构造要求

1）无粘结预应力筋的并束铺置

（1）集团束间距：在框架梁中，所配制的无粘结预应力筋，可合并组成若干个集团束，其最小净距，应大于粗骨料最大直径的4/3。曲线集团束在竖向方向的净距，不应小于1.5d（d为束径），水平方向净距不小于2d，以便插入振捣器可穿过预应力筋，使混凝土振捣密度，如图4-46所示。

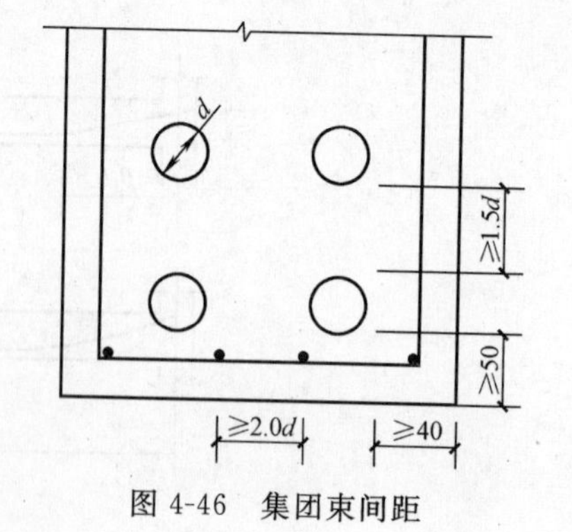

图4-46　集团束间距

（2）孔道曲率半径：曲线集团束的曲率半径不宜小于4m，折线预应力筋的弯折处，宜采用圆弧过渡，其曲率半径可适当减小，孔道最小曲率半径应符合表4-7的要求。

孔道最小曲率半径　　表4-7

孔道内径(mm)	45～55	65～80	85～95	100～110
最小曲率半径(m)	3.5	4.5	5.0	7.0

（3）无粘结预应筋的混凝土保护层：预应力筋的保护层厚度与防火及防腐蚀要求有关。根据国内外资料和工程经验，从孔壁算起的预应力筋保护层最小厚度，对梁底，取

50mm；对梁侧，取 40mm。对采用混合配制预应力筋和非预力筋的部分预应力混凝土，还应注意将预应力筋配制在非预应力筋之内，用非预应力筋来分散裂缝和减小裂缝宽度。

2）锚固与构造要求

（1）锚固端位置：预应力筋在梁柱节点处的锚固端，可设在柱的外侧，突出于柱外，如图 4-47（*b*）所示，或设在柱的凹槽内，如图 4-47（*a*）所示。

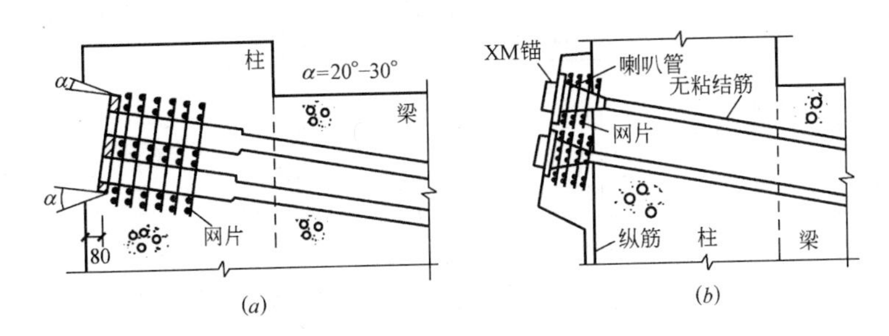

图 4-47 框架梁端部做法

（*a*）预应力筋锚固在柱的凹槽内；（*b*）预应力筋锚固在柱的外侧

突出柱外的节点构造简单，但因凸头影响美观，需要加以装饰，在柱的凹槽内可用细石混凝土封装后，与柱面齐平，但节点较复杂。

（2）锚固端的锚固方法：当跨中与端部的无粘结预应力筋均安排为集团束布置时，可采取端头局部处理为有粘结构造，在梁的两端设置喇叭形的自锚头，待张拉锚固后用微膨胀高强度等级水泥砂浆高压灌浆，如图 4-47 所示。

在框架梁跨中的下部，将无粘结预应力筋布置为集团束，而延至框架端部时，则将无粘结预应力筋与束分散布置为单根无粘结预应力筋，穿出各自的成压预埋板的孔外，预留一定的长度，采用 20t 张拉便携式千斤顶单根张拉，独立锚固，这一工艺不仅施工方便，有利于高空作业而且有利于局部承压和增加锚固的保证率。如图 4-48 所示。

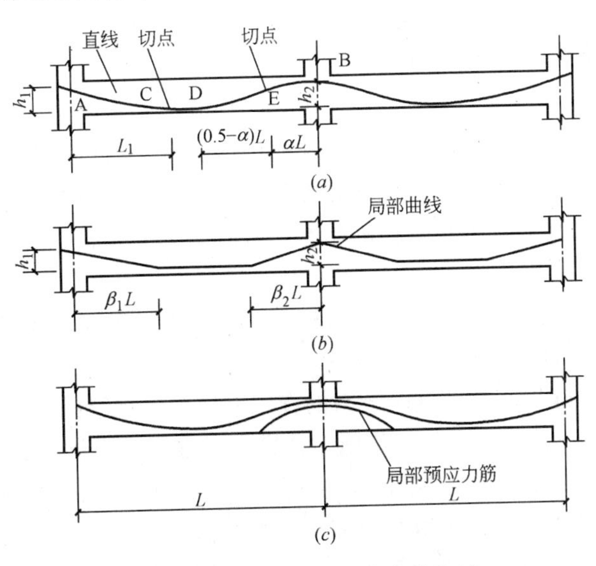

图 4-48 等双跨框架梁预应力筋布置

（*a*）直线与抛物线形；（*b*）折线形；（*c*）连续曲线形及局部预应力筋

3）梁端预应力筋间距

梁端预应力筋间距应符合以下要求：

（1）梁端预应力筋间距与锚具尺寸、千斤顶最小工作面要求、预应力筋各端布置及局部承压等因素有关。结合工程使用经验，梁端预应力筋最小间距应符合表4-8的规定。

梁端顶应力筋排列的最小间距表　　表4-8

锚具类型	排列间距(mm)	锚具类型	排列间距(mm)
DM5A-20	≥130	XM15-8	≥240
DM5A-28	≥140	XM15-9	≥250
DM5A-36	≥150	QM15-1	≥80
DM5A-42	≥160	QM15-3	≥180
XM15-1	≥80	QM15-4	≥220
XM15-3	≥140	QM15-5	≥240
XM15-4	≥180	QM15-6	≥270
XM15-5	≥200	QM15-7	≥270
XM15-6	≥205	QM15-8	≥280
XM15-7	≥205	QM15-9	≥320

注：1. 对XM，QM型锚具系统，本表仅列出在框架施工中常遇到的ϕ15mm钢铰线或7ϕ5mm平行钢丝束，以及张拉力在2000kN以内梁端预应力筋排列间距；

2. XM型锚具排列间距指多孔钢垫板上孔道最小间距，为安装千斤顶所需尺寸的下限；

3. QM型锚具排列间距是按相邻锚具的中心线≥螺旋筋直径+20mm列出的，采用钢筋网片时，其排列间距可以减小。

（2）若梁柱节点处钢筋稠密，二束预应力筋难于布置在同一平面内时，可将预应力筋由跨中处的平行布置转为在梁柱节点附近呈竖向布置。

4）钢垫板尺寸

锚具下钢垫板的厚度不宜太小，一般取15～30mm，使其具有一定的刚度，有利于扩散和传递预加力，钢垫板的平面尺寸应满足混凝土局部受压面积要求。

4.5.4　*无粘结预应力混凝土框架施工*

1）无粘结预应力框架施工过程

无粘结预应力框架结构的施工，由于无需预埋波纹管和灌浆，施工比较方便。其他施工过程与有粘结的情况相同。首先应施工框架柱，然后进行框架梁支模、铺放和绑扎钢筋，安装预应力筋及端垫板等，再浇灌和养护混凝土，待混凝土达到设计要求后，即可利用千斤顶张拉预应力筋并锚固在构件的端部，从而完成全部的后张拉操作过程。

2）张拉顺序的影响

框架混凝土的浇筑和预应力筋张拉的施工顺序有逐层浇筑、逐层张拉，逐层浇筑、逆向张拉和数层浇筑、顺向张拉等施工方案。

（1）逐层浇筑，逐层张拉。这个方案的施工顺序为：逐层浇筑框架梁混凝土，逐层张拉预应力筋，如图4-49（*a*）所示。该施工方案由于混凝土在到达设计规定的强度后才可以张拉预应力筋，所以在工期中应计入每层混凝土养护时间及预应力筋张拉所需的工时。对于平面面积较大的工程，可采取划分流水段的方法。使预应力筋张拉穿插在框架主体混凝土施工过程中，使张拉的等待时间不占工期，否则，此方案施工工期长，但是张拉后梁下的支撑和模板就可以拆除。占用支撑、模板的时间和数量较少。

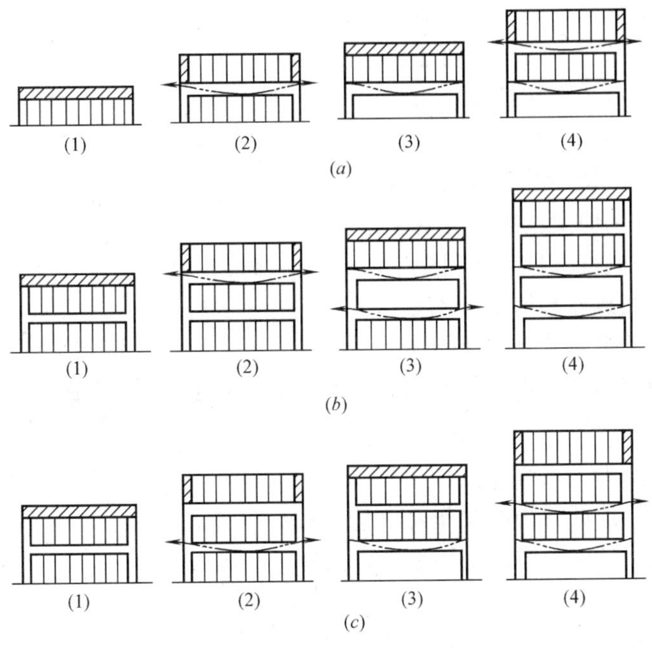

图 4-49　框架张拉方案

（a）逐层浇筑，逐层张拉；（b）数层浇筑，逆向张拉；（c）数层浇筑，顺向张拉

（2）数层浇筑，逆向张拉。施工方案的顺序为：在浇筑 2～3 层框架梁的混凝土后，自上而下逐层张拉框架梁的预应力筋，如图 4-49（b）所示。这种施工方案，框架施工可按普通框架结构逐层施工，浇筑数层后暂停，待最上层梁混凝土达到设计要求的强度后，自上而下逐层张拉预应力筋。采用此方案，底层支撑需承受上面 2～3 层的施工荷载，占用模板和支撑较多。但是，可以减少预应力张拉专业队进场的次数和时间，此方案适合建筑面积不大，2～3 层框架结构的建筑物。

（3）数层浇筑，顺向张拉。该方案的施工顺序为，浇筑 2～3 层框架梁的混凝土之后，自上而下逐层张拉框架梁的预应力筋，如图 4-49（c）所示。这种方法预应力张拉不占工期，但增加预应力张拉专业队进场次数与时间，并占用模板与支撑较多。

实训课题　实训练习和应知内容

一、实训练习

（1）选取预应力构件施工图，看懂构件预应力筋，非预应力筋的配筋图。

（2）对构件进行预应力筋、非预应力筋的下料计算，编写钢筋配料单。

（3）对构件进行预应力筋张拉力、张拉伸长量的计算。

（4）进行预应力筋的下料、编束穿筋、张拉、测量、记录、锚固的操作练习。

二、应知内容

（1）预应力钢筋混凝土结构有什么优点？

（2）什么是先张法？

(3) 什么是后张法？

(4) 什么是无粘结预应力混凝土？

(5) 什么是预应力张拉控制应力？

(6) 先张法使用的夹具有什么性能？

(7) 先张法施工使用哪些张拉设备？

(8) 先张法施工前要做哪些准备工作？

(9) 多根钢筋成批张拉，采用先张法时，怎样进行操作？

(10) 预应力筋放张顺序有什么要求？

(11) 先张法采用哪几种放张方法？

(12) 后张法常用哪些类型的锚具、张拉设备，这些锚具、张拉设备与各种预应力钢筋怎样进行配套使用？

(13) 后张法施工工艺流程是什么？

(14) 孔道留设预埋管法的操作要求是什么？

(15) 当采用钢丝束时为什么要编束，怎样进行编束？

(16) 怎样进行穿筋操作？

(17) 预应力筋各孔道之间的张拉顺序有什么要求？

(18) 怎样进行孔道灌浆操作？

(19) 什么是无粘结预应力混凝土？其预应力筋有什么特殊构造？

(20) 怎样铺设无粘结预应力筋？

(21) 无粘结预应力混凝土框架施工有哪几种施工方法？它们各自有什么特点？

单元5 脚手架、龙门架及井字架垂直升降机

知 识 点： 脚手架的种类、构造要求、搭拆方法，龙门架、井字架垂直升降机的构造要求和搭拆方法。

教学目标： 使学生能够陈述脚手架的种类、构造要求，掌握搭拆方法，了解龙门架、井字架垂直升降机的作用，构造要求，掌握其搭拆方法和正确使用方法。

在建筑施工中，脚手架和垂直运输设施占有特别重要的地位，脚手架为高处作业工人提供材料存放、短距离的水平运输和进行操作的条件。脚手架随着工程进度进行搭设和拆除，它对建筑施工速度、工作效率、工程质量以及工人的人身安全有着直接的影响。同时，脚手架的费用也占用工程造价中一定的比例。因此，脚手架的选型、构造、搭设质量等也不可疏忽大意，必须将其看成工程施工中的一个重要组成部分。

龙门架、井字架、垂直升降机为多层建筑施工提供材料垂直运输，这种垂直运输设备搭设是否符合要求，对工程施工进度和工人的人身安全也有很大的影响，因此，也必须按要求搭设、使用、维护和拆除。

脚手架的种类很多，在施工中常用的有扣件式钢管脚手架、碗扣式脚手架、门式钢管脚手架、木脚手架、竹脚手架、升降式脚手架等。

课题1 扣件式钢管脚手架构造

在建筑施工中，多层和高层建筑采用扣件式钢管脚手架比较普遍，扣件式钢管脚手架搭设灵活，拆除方便，可以多次周转重复使用，同时，适应建筑物平面、立面变化的需要，还可以用于模板的支撑构件。

扣件式钢管脚手架主要由底座、立杆、大横杆、小横杆、剪刀撑、斜撑和连墙杆、连接扣件等组成，如图5-1所示。

1.1 对钢管材料的要求

(1) 脚手架钢管应采用现行国家标准《直缝电焊钢管》(GB/T 13793) 或《低压流体输送用焊接管》(GB/T 3092) 中规定的3号普通钢管，其质量应符合现行国家标准《碳素结构钢》(GB/T 700) 中Q235-A级钢。

(2) 每根钢管的最大质量不应大于25kg，宜采用$\phi48\times3.5$钢管。脚手架钢管的尺寸允许偏差见表5-1。

(3) 立杆钢管的弯曲允许值为长度的3/1000，水平杆、斜杆弯曲允许值为长度的4.5/1000。

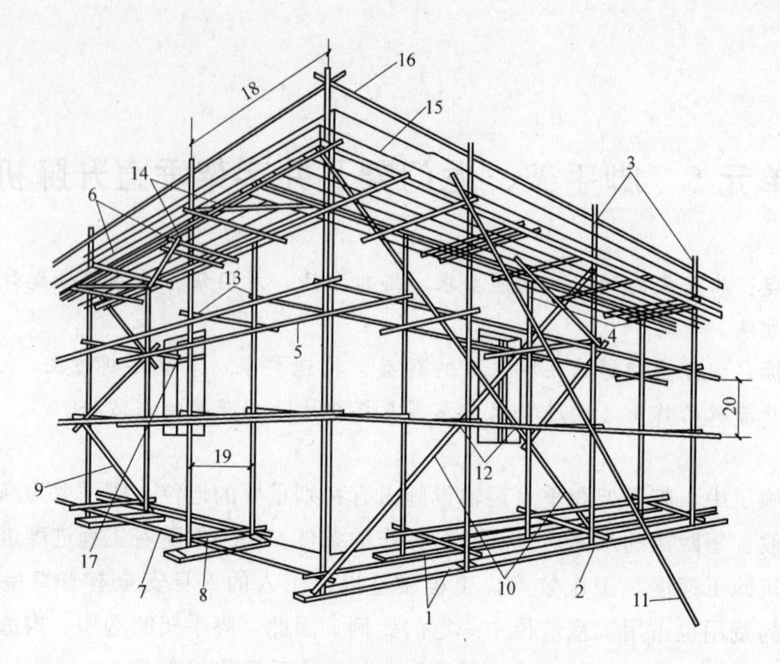

图 5-1　钢管扣件式脚手架构造

1—垫板；2—底座；3—外立杆；4—内立杆；5—大横杆；6—小横杆；7—纵向扫地杆；8—横向扫地杆；9—横向斜撑；10—剪刀撑；11—抛撑；12—旋转扣件；13—直角扣件；14—水平斜撑；15—挡脚板；16—防护栏杆；17—连墙固定杆；18—柱距；19—排距；20—步距

脚手架钢管（和脚手板）的允许偏差　　　　**表 5-1**

序号	项　目	允许偏差 Δ (mm)	示　意　图	检查工具
1	焊接钢管尺寸(mm) 外径　48 壁厚　3.5 外径　51 壁厚　3.0	 −0.5 −0.5 −0.5 −0.45		游标卡尺
2	钢管两端面切斜偏差	1.70		塞尺，拐角尺
3	钢管外表面锈蚀深度	≤0.50		游标卡尺

续表

序号	项　目	允许偏差Δ (mm)	示　意　图	检查工具
4	钢管弯曲 a. 各种杆件钢管的端部弯曲 $l\leqslant1.5$m	≤5	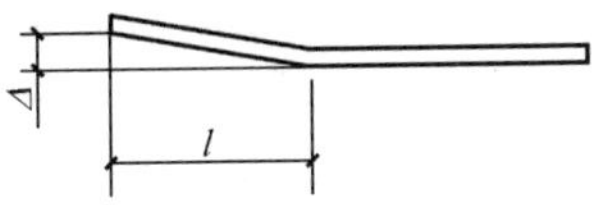	钢板尺
	b. 立杆钢管弯曲 3m＜$l\leqslant$4m 4m＜$l\leqslant$6.5m	≤12 ≤20		
	c. 水平杆、斜杆的钢管弯曲 $l\leqslant$6.5m	≤30		
5	冲压钢脚手板 a. 板面挠曲 $l\leqslant$4m l＞4m	≤12 ≤16		钢板尺
	b. 板面扭曲(任一角翘起)	≤5		

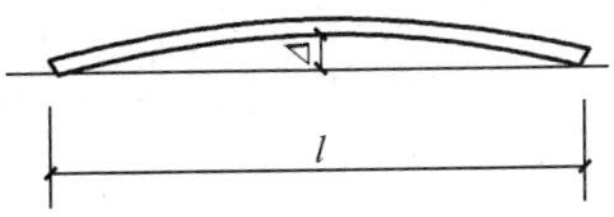

(4) 对钢管主要检查有无严重鳞皮锈。检查其锈蚀深度时，应先除去锈皮再量深度，超过标准严禁使用。

(5) 钢管上严禁打孔。

1.2　对扣件、底座的材料要求

1.2.1　扣件

如图5-2所示。扣件分为直角扣件、旋转扣件、对接扣件。直角扣件用于钢管相互垂直的十字连接点，旋转扣件用于钢管之间任意角度的连接点，对接扣件用于钢管接长处的连接。扣件采用可锻铸铁制作，其材质应符合现行国家标准《钢管脚手架构件》(GB 15831) 的规定，采用其他材料制作的扣件，应通过试验，证明其质量符合该标准的规定后方可使用。

脚手架采用的扣件，在螺栓拧紧扭力矩达65N·m时，不得发生破坏。

1.2.2　底座

如图5-3所示。设置在脚手架立杆的底部，可减小立杆受力而产生的沉降。其底座可用与扣件同等材料制作，也可以用钢板与钢管焊接而成，其尺寸如图5-3所示。钢板与钢

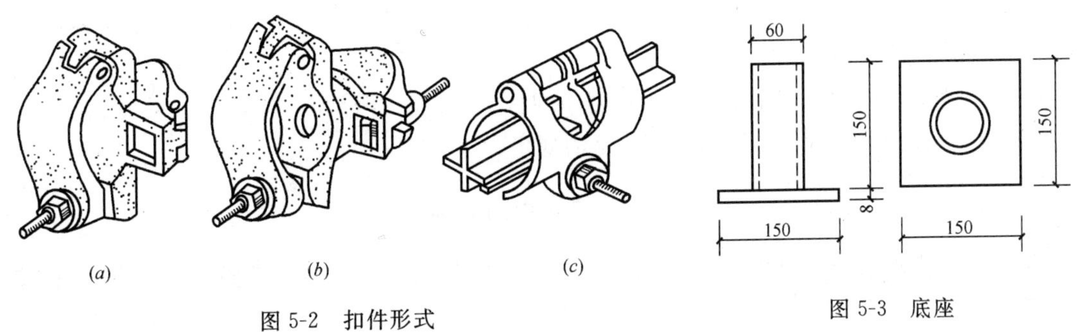

图5-2　扣件形式
(a) 直角扣件；(b) 旋转扣件；(c) 对接扣件

图5-3　底座

管的材质应符合《碳素结构钢》(GB/T 700) 中 Q235-A 级钢的规定。

1.3 对脚手板的材料要求

脚手板使用钢、木、竹等材料制成，(每块质量不宜大于 30kg)，如图 5-4 所示，对其材料要求如下：

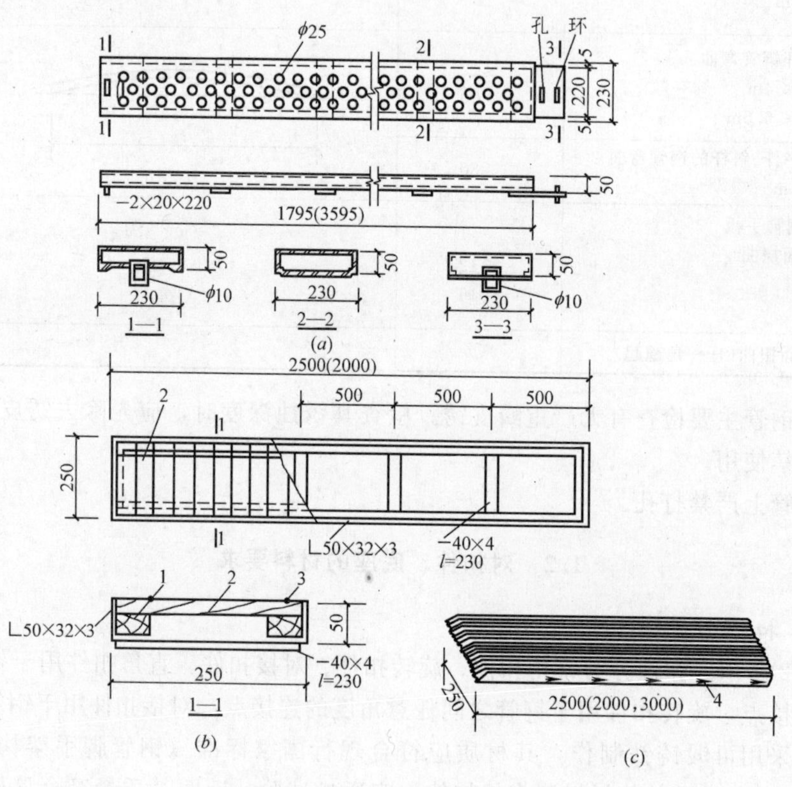

图 5-4 脚手板

(a) 冲压钢板脚手板；(b) 钢木脚手板；(c) 竹脚手板

1—25×40 木条；2—20 厚木条；3—钉子；4—螺栓

(1) 冲压钢脚手板的材质应符合现行国家标准《碳素结构钢》(GB/T 700) 中 Q235-A 级钢的规定，并应有防滑措施。

(2) 木脚手板应采用杉木或松木制作，其材质应符合现行国家标准《木结构设计规范》(GB 50005—2003) 中二级材质的规定，脚手板厚度不应小于 50mm，两端应各设直径为 4mm 的镀锌钢丝两道。

(3) 竹脚手板宜采用由毛竹或楠竹制作的竹节片板、竹管板。

(4) 各种脚手板允许偏差符合表 5-1 的规定。

1.4 脚手架的名称

(1) 单排脚手架 (单排架)：只有一排立杆，横向水平杆的一段搁置在墙体上的脚手架。

(2) 双排脚手架 (双排架)：由内外两排立杆和水平杆等构成的脚手架。

(3) 结构脚手架：用于砌筑和结构工程施工作业的脚手架。

(4) 装修脚手架：用于装修工程施工作业的脚手架。

(5) 敞开式脚手架：仅设有作业层栏杆和挡脚板，无其他遮挡设施的脚手架。

(6) 局部封闭脚手架：使用密闭安全网、遮挡脚手架立面所占的面积小于脚手架里面面积的30%的脚手架。

(7) 半封闭脚手架：使用密眼安全网遮挡面积占30%～70%的脚手架。

(8) 全封闭脚手架：使用密眼安全网沿脚手架外侧全长和全高封闭的脚手架。

(9) 开口型脚手架：沿建筑物周边脚手架没有交圈设置的脚手架，其稳定性较差。

(10) 封口型脚手架：沿建筑物周边交圈设置的脚手架。

(11) 立杆：脚手架中垂直于水平面的竖向杆件。

(12) 水平杆：沿脚手架纵向设置的称为纵向水平杆，又称为大横杆，沿脚手架横向设置的称为横向水平杆，又称小横杆。

(13) 连墙杆：连接脚手架与建筑物的构件，采用钢管、扣件或预埋件组成连墙件，称为刚性连墙件；采用钢筋作拉筋构成的连墙件称柔性连墙件。

(14) 剪刀撑：在脚手架外侧面成对设置的交叉斜杆。

(15) 立杆（步）距：指上下水平杆轴线间的距离。

(16) 横向斜撑：指双排架外、内立杆之间的斜撑。

1.5 脚手架构造要求

1.5.1 常用脚手架设计尺寸

敞开式单、双排脚手架结构设计尺寸见表5-2、表5-3。

常用敞开式双排脚手架的设计尺寸（m） **表5-2**

连墙件设置	立杆横距 l_b	步距 h	下列荷载时的立杆纵距 l_a(m)				脚手架允许搭设高度[H]
			2+4×0.35 (kN/m^2)	2+2+4×0.35 (kN/m^2)	3+4×0.35 (kN/m^2)	3+2+4×0.35 (kN/m^2)	
二步三跨	1.05	1.20～1.35	2.0	1.8	1.5	1.5	50
		1.80	2.0	1.8	1.5	1.5	50
	1.30	1.20～1.35	1.8	1.5	1.5	1.5	50
		1.80	1.8	1.5	1.5	1.2	50
	1.55	1.20～1.35	1.8	1.5	1.5	1.5	50
		1.80	1.8	1.5	1.5	1.2	37
三步三跨	1.05	1.20～1.35	2.0	1.8	1.5	1.5	50
		1.80	2.0	1.5	1.5	1.5	34
	1.30	1.20～1.35	1.8	1.5	1.5	1.5	50
		1.80	1.8	1.5	1.5	1.2	30

注：1. 表中所示2+2+4×0.35（kN/m^2），包括下列荷载：

2+2（kN/m^2）是二层装修作业层施工荷载；

4×0.35（kN/m^2）包括二层作业层脚手板，另两层脚手板是根据本规范第7.3.12条的规定确定；

2. 作业层横向水平杆间距，应按不大于 $l_a/2$ 设置。

常用敞开式单排脚手架的设计尺寸（m）　　表 5-3

连墙件设置	立杆横距 l_b	步距 h	下列荷载时的立杆纵距 l_a(m)		脚手架允许搭设高度 [H]
			2+2×0.35 (kN/m²)	3+2×0.35 (kN/m²)	
二步三跨 三步三跨	1.20	1.20～1.35	2.0	1.8	24
		1.80	2.0	1.8	24
	1.40	1.20～1.35	1.8	1.5	24
		1.80	1.8	1.5	24

1.5.2　纵向水平杆构造要求

(1) 纵向水平杆宜设置在立杆内侧，其长度不宜小于 3 跨。

(2) 纵向水平杆的对接扣件应交错布置。两根相邻纵向水平杆的接头不应设置在同步或同跨内，不同步或不同跨两个相邻接头在水平方向错开的距离不应小于 500mm，各接头中心至最近主节点的距离不宜大于纵距的 1/3。如图 5-5 所示。

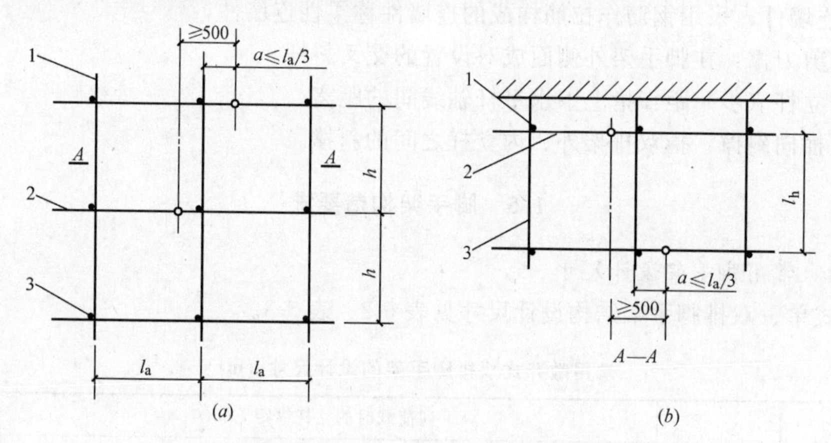

图 5-5　纵向水平杆对接接头布置

(a) 接头不在同步内（立面）；(b) 接头不在同跨内（平面）

1—立杆；2—纵向水平杆；3—横向水平杆

(3) 当纵向水平杆采用搭接连接时，搭接长度不小于 1m，在搭接处使用旋转扣件固定，不得少于 3 个。端部扣件距水平杆端部不小于 100mm。

(4) 当使用冲压钢脚手板、木脚手板、竹串片脚手板时，纵向水平杆应作为横向水平杆的支座，横向水平杆用直角扣件固定在纵向水平杆上。

当使用竹笆脚手板时，纵向水平杆应采用直角扣件固定在横向水平杆上，并应等间距设置，间距不应大于 400mm，如图 5-6 所示。

1.5.3　横向水平杆的要求

(1) 主节点（即立杆与纵向水平杆的交点）处必须设置一根横向水平杆，用直角扣件扣接且严禁拆除，主节点处两个直角扣件的中心距不应大于 150mm，在双排脚手架中，靠墙一端外伸长度不应小于横向水平杆的 0.4 倍，且不应大于 500mm。

(2) 作业层上非主节点处的横向水平杆，宜根据支撑脚手架的需要等间距设置，最大间距不应大于纵距的 1/2。

(3) 当使用冲压钢脚手板，木脚手板，竹串片脚手板时，双排脚手架的横向水平杆两端均应用直角扣件固定在纵向水平杆上，单排脚手架的横向水平杆一端，应用直角扣件固定在纵向水平杆上，另一端应插入墙内，插入长度不应小于180mm。

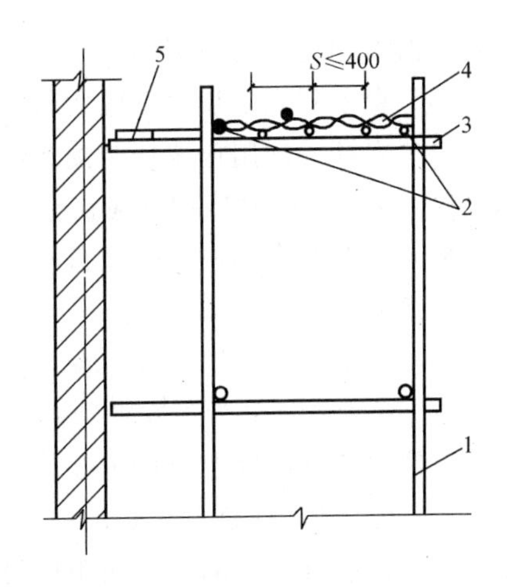

图 5-6 铺竹笆脚手板时纵向水平杆的构造

1—立杆；2—纵向水平杆；3—横向水平杆；4—竹笆脚手板；5—其他脚手板

1.5.4 脚手板的设置规定

(1) 冲压钢脚手板、木脚手板、竹串片脚手板等，应设置在三根横向水平杆上，当脚手板长度小于2m时，可采用两根水平杆支承。但应将脚手架两端与其可靠固定，严防倾翻。此三种脚手板的铺设可采用对接平铺，亦可采用搭接铺设，脚手板对接平铺时如图5-7 (*a*) 所示，接头处必须设两根横向水平杆，脚手板伸出杆长应取130～150mm，两块脚手板处伸长度的和不应大于300mm。脚手板搭接铺设时，接头必须支承在横向水平杆上，搭接长度应大于200mm，其伸出横向水平杆的长度不应小于100mm，如图5-7 (*b*) 所示。

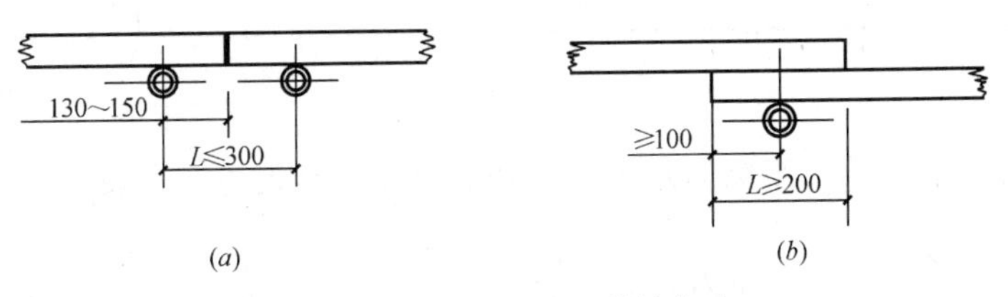

图 5-7 脚手板对接、搭接构造

(*a*) 脚手板对接；(*b*) 脚手板搭接

(2) 竹笆脚手板应按其主竹筋垂直于纵向水平杆方向铺设，且采用对接平铺，四个角应用直径1.2mm的镀锌钢丝固定在纵向水平杆上。

(3) 作业层端部脚手板接头长度应取150mm，其板长两端均应与支承杆可靠的固定。

1.5.5 立杆设置要求

(1) 每根立杆底部应设置底座或垫板。

(2) 立杆在离地面300mm处，应设置纵、横扫地杆，当立杆基础不在同一高度时，必须将高处的纵向扫地杆向低处延长两跨，与立杆固定，高低差不应大于1m。边坡上方

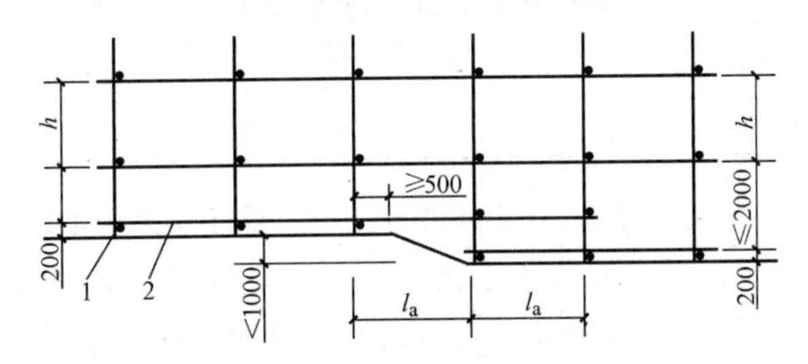

图 5-8 纵、横向扫地杆构造

1—横向扫地杆；2—纵向扫地杆

的立杆轴线到边坡的距离不应小于500mm，如图5-8所示（图中h为脚手架的步距）。

（3）脚手架底层步距不应大于2m。

（4）立杆必须用连墙杆与建筑物可靠连接。

（5）立杆上的对接扣件应交错布置，两根相邻立杆的接头不应设置在同步内，同步内留一根立杆的两个相隔接头在高度方向错开的距离不宜小于500mm，各接头中心至主节点的距离不大于步距的1/3。

（6）立杆顶端要高出女儿墙上皮1m，高出搭口上皮1.5m。

（7）双管立杆分为主立杆和副立杆，主力杆直接承受顶部荷载，副立杆分担主力杆的荷载，副立杆的高度不应低于3步，钢管长度不应小于6m。

1.5.6　连墙件的布置要求

（1）连墙件布置的最大间距应符合表5-4要求。

连墙件布置最大间距　　表5-4

脚手架高度		竖向间距(h)	水平间距(l_a)	每根连墙件覆盖面积(m^2)
双排	≤50m	$3h$	$3l_a$	≤40
	>50m	$2h$	$3l_a$	≤27
单排	≤24m	$3h$	$3l_a$	≤40

注：h—步距；

l_a—纵距。

（2）连墙杆从底层第一步纵向水平杆处开始设置，靠近主节点设置，偏离主节点的距离不应大于300mm。

（3）一字形、开口形脚手架的两端必须设置连墙杆，连墙杆的垂直间距不应大于建筑物的层高，并不应大于4m（2步架）。

（4）一般采用刚性连墙杆，连墙杆应呈水平设置，当不能水平设置时，与脚手架连接的一端应下斜连接，不应采用上斜连接。

（5）当脚手架下部暂不能设连墙杆时，可搭设抛撑。抛撑应采用通长杆件与脚手架可靠连接，与地面的倾角应在45°～60°之间，连接点中心至主节点的距离不应大于300mm，抛撑应在连接杆搭设后方可拆除。

1.5.7　剪刀撑布置要求

（1）每道剪刀撑跨越立杆的根数按表5-5的规定确定。

剪刀撑跨越立杆的最多根数　　表5-5

剪刀撑斜杆与地面的倾角α	45°	50°	60°
剪刀撑跨越立杆的最多根数n	7	6	5

每道剪刀撑宽度不应小于4跨，且不应小于6m，斜杆与地面的倾角在45°～60°之间。

（2）高度在24m以下的单、双排脚手架，均必须在外侧立面的两端各设置一道剪刀撑，并应由底至顶连续设置，中间各道剪刀撑之间的净距不应大于15m，如图5-9所示。

（3）高度在24m以上的双排脚手架应在外侧立面整个长度和高度上连续设置剪刀撑。

（4）剪刀撑斜杆的接长采用搭接，搭接长度不小于1m，使用连接旋转扣件不少于3

个，端部扣件距钢管端部不大于 100mm。

(5) 剪刀斜杆应用旋转扣件固定在与之相交的横向水平杆的伸出端或立杆上，旋转扣件中心线至主节点的距离不宜大于 150mm。

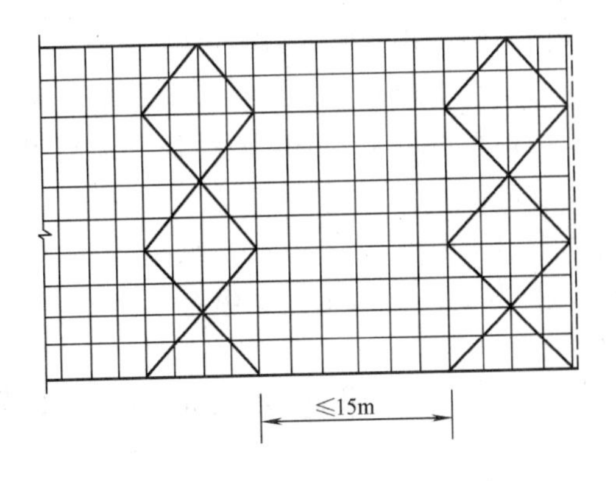

图 5-9 剪刀撑布置

1.5.8 横向斜撑的设置规定

(1) 横向斜撑应在同一节间，由底到顶层呈之字形连续布置。

(2) 横向斜撑杆采用旋转扣件固定在与其相交的横向水平杆的伸出端上，旋转扣件中心线至主节点的距离不宜大于 150mm。

(3) 一字形、开口形双排脚手架的两端均必须设置横向斜撑，中间宜每隔 6 跨设置一道。

(4) 高度应在 24m 以下的封闭型双排脚手架，可不设横向斜撑。高度在 24m 以上的封闭型脚手架，除拐角应设置横向斜撑外，中间每隔 6 跨设置一道。

1.5.9 脚手架门洞的构造要求

当有门洞穿过脚手架时，单、双排脚手架门洞宜采用上升斜杆，平行杆架结构形式，

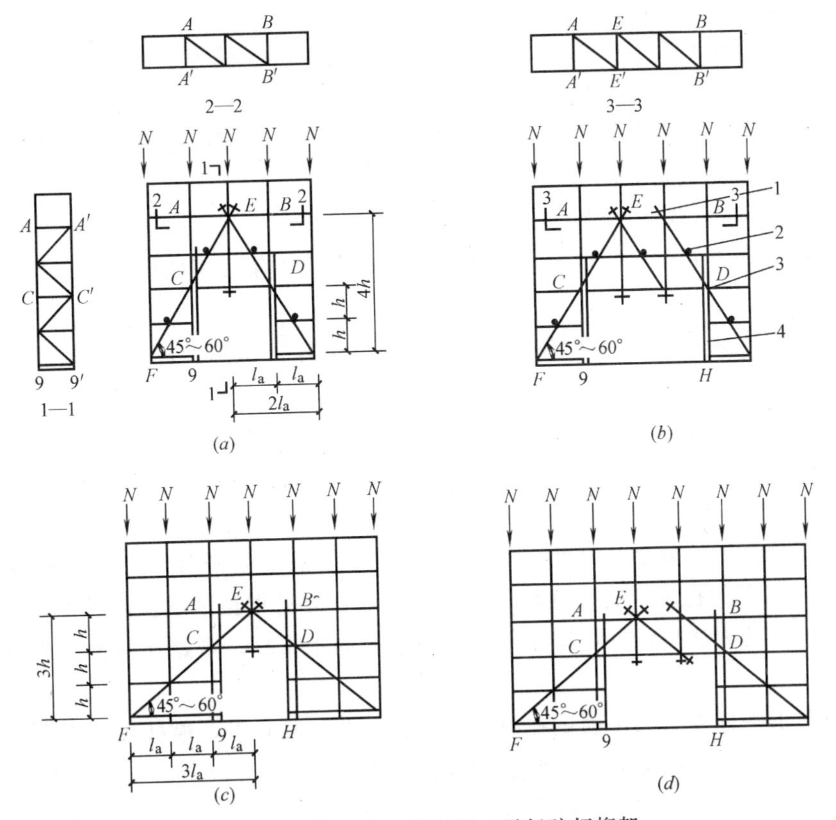

图 5-10 门洞处上升斜杆、平行弦杆桁架

(a) 挑空一根立杆（A 型）；(b) 挑空二根立杆（A 型）；

(c) 挑空一根立杆（B 型）；(d) 挑空二根立杆（B 型）

1—防滑扣件；2—增设的横向水平杆；3—副立杆；4—主立杆

如图 5-10 所示。斜杆与地面的倾角 α 应在 45°～60°之间。

门洞的形式宜按下列要求确定：

(1) 当步距 h 小于纵距 l_a 时，应采用如图 5-10 (a) 所示 A 型构造形式。

(2) 当步距 h 大于纵距 l_a 时。应采用如图 5-10 (c) 所示的 B 型构造形式，并应符合下列规定：

① 当步距 h=1.8m 时，纵距 l_a 不应大于 1.5m；

② 当步距 h=2m 时，纵距 l_a 不应大于 1.2m。

课题 2　扣件式钢管脚手架的搭设和验收

扣件式钢管脚手架在建筑施工中使用比较广泛，在其搭设和验收时，应该在掌握了扣件式钢管脚手架的构造要求基础上，根据工程的需要，才能完成搭设任务。

2.1　脚手架搭设、验收及拆除

2.1.1　脚手架搭设施工准备

(1) 单位工程负责人应按施工组织设计中有关脚手架的要求，向架设和使用人员进行技术安全交底。

(2) 按扣件式钢管脚手架构造要求，对钢管扣件、脚手板等进行检查验收，不合格产品不得使用。

(3) 脚手架地基与基础的施工，必须根据脚手架搭设高度、搭设场地土质情况与现行国家标准的有关规定进行。

2.1.2　脚手架搭设

(1) 搭设时，先放出底座位置，放好底座垫板。脚手架底座的底面标高应高于自然地坪 50mm。

(2) 对好底座插装立杆，立杆要插到底，双排架先立里排立杆，每排立杆先立两头，再立中间的一根，互相备齐后，立中间部分立杆。

(3) 立杆要求立垂直，其垂直度的偏差不得大于立杆高度的 1/200，相邻立杆的高度相互差 50cm 左右，以保证立杆的接头位置相互错开 50cm，并力求接头不在同一步距内。

(4) 立杆装好一部分后，装纵向水平杆，在开始搭设立杆时，每隔 6 跨设置一根抛撑，临时保证架子的稳定，直至连墙件安装稳定后，方可根据情况拆除抛撑。

(5) 用同样的方法搭设外排脚手架的立杆和纵向水平杆，紧跟在两排架之间安装横向水平杆。

(6) 横向水平杆要用扣件固定在纵向水平杆，并与其垂直，横杆头伸出纵向水平杆外边不小于 10cm 以上，双排架横向水平杆离墙面 5cm。

(7) 单排脚手架的横向水平杆不应设置在下列部位：

① 设计上不允许留脚手架的部位；

② 过梁上与过梁两端成 60°角的三角形范围内及过梁跨度 1/2 的高度范围内；

③ 宽度小于 1m 的窗间墙；

④ 梁或梁垫下及横杆两侧各 500mm 的范围内；

⑤ 砖砌体的门窗洞口两侧 200mm 和转角处 450mm 的范围内；

⑥ 其他砌体的门窗洞口两侧 300mm 和转角处 600mm 的范围内；

⑦ 独立或附墙砖柱。

(8) 连墙杆按构造要求搭设，当脚手架施工操作层高出连墙杆二步时，应采取临时稳定措施，直到上一层连墙杆搭设完后方可根据情况拆除。

(9) 剪刀撑、横向斜撑按构造要求搭设，并应随立杆、纵向水平杆和横向水平杆等同步搭设，各底层斜杆下端均必须支承在垫块或垫板上。

(10) 扣件安装应符合下列规定：

① 扣件规格必须与钢管外径相同；

② 拧扣件螺栓的工具采用棘轮扳子为宜，螺栓拧紧扭力矩不应小于 40N·m，且不应大于 65N·m；

③ 在主节点处固定横向水平杆、纵向水平杆、剪刀撑、横向斜撑等直角扣件、旋转扣件的中心点的相互距离不应大于 150mm；

④ 各扣件端头伸出扣件盖边缘的长度不应小于 100mm；

⑤ 安装扣件时应注意开口的朝向，用于连接大横杆的对接扣件开口应朝架子里侧，螺栓朝上，避免开口朝上，以防雨水进入钢管。直角扣件开口不得朝下，以保安全；

⑥ 在使用过程中，还应经常检查扣件是否松动，如有松动要及时拧紧。

(11) 作业层脚手板应铺满、铺稳，离开墙面 120～150mm，脚手板接头符合构造要求。

(12) 作业层按规定搭设栏杆，上皮高度为 1.2m，中栏杆应居中位置并按规定搭设挡脚板，挡脚板高度不小于 180mm。

2.1.3 脚手架检查和验收

脚手架一般搭设时，随着建筑物的施工进度进行搭设，所以脚手架的验收也是分阶段进行验收，脚手架验收合格以后，才能使用，在使用中应定期和不定期对脚手架进行检查，发现问题及时处理。

1) 脚手架及其地基基础应在下列阶段进行检查与验收

(1) 基础完工后及脚手架搭设前。

(2) 作业层上施工加荷载前。

(3) 每搭设完 10～13m 的高度后。

(4) 达到设计高度后。

(5) 遇到六级大风与大雨后，寒冷地区开冻后。

(6) 停用超过 1 个月。

2) 脚手架使用中，应定期检查下列项目

(1) 杆件的设置和连接，连墙杆、支撑、门洞架等的构造是否符合要求。

(2) 地基是否积水、底座是否松动、立杆是否悬空。

(3) 扣件螺栓是否松动。

(4) 高度在 24m 以上的脚手架，其立杆的沉降与垂直度的偏差是否超过规定值。

(5) 安全防护措施是否符合要求。

（6）脚手架是否超载。

3）脚手架搭设技术要求

脚手架搭设的技术要求，允许偏差，检验方法与验收标准应符合表 5-6 规定。

脚手架搭设的技术要求、允许偏差与检验方法 表 5-6

<table>
<tr><th>项次</th><th colspan="2">项　目</th><th>技术要求</th><th>允许偏差 Δ(mm)</th><th colspan="2">示 意 图</th><th>检查方法与工具</th></tr>
<tr><td rowspan="5">1</td><td rowspan="5">地基基础</td><td>表面</td><td>坚实平整</td><td rowspan="4">—</td><td colspan="2" rowspan="5">—</td><td rowspan="5">观察</td></tr>
<tr><td>排水</td><td>不积水</td></tr>
<tr><td>垫板</td><td>不晃动</td></tr>
<tr><td rowspan="2">底座</td><td>不滑动</td></tr>
<tr><td>不沉降</td><td>−10</td></tr>
<tr><td rowspan="6">2</td><td rowspan="6">立杆垂直度</td><td colspan="2">最后验收垂直度 20～80m</td><td>±100</td><td colspan="2"></td><td rowspan="6">用经纬仪或吊线和卷尺</td></tr>
<tr><td colspan="5">下列脚手架允许水平偏差(mm)</td></tr>
<tr><td colspan="2" rowspan="2">搭设中检查偏差的高度(m)</td><td colspan="3">总高度</td></tr>
<tr><td>50m</td><td>40m</td><td>20m</td></tr>
<tr><td colspan="2">$H=2$
$H=10$
$H=20$
$H=30$
$H=40$
$H=50$</td><td>±7
±20
±40
±60
±80
±100</td><td>±7
±25
±50
±75
±100</td><td>±7
±50
±100</td></tr>
<tr><td colspan="5">中间档次用插入法。</td></tr>
<tr><td>3</td><td>间距</td><td>步距
纵距
横距</td><td>—</td><td>±20
±50
±20</td><td colspan="2">—</td><td>钢板尺</td></tr>
<tr><td rowspan="2">4</td><td rowspan="2">纵向水平杆高差</td><td>一根杆的两端</td><td>—</td><td>±20</td><td colspan="2"></td><td rowspan="2">水平仪或水平尺</td></tr>
<tr><td>同跨内两根纵向水平杆高差</td><td>—</td><td>±10</td><td colspan="2"></td></tr>
<tr><td>5</td><td colspan="2">双排脚手架横向水平杆外伸长度偏差</td><td>外伸 500mm</td><td>−50</td><td colspan="2">—</td><td>钢板尺</td></tr>
</table>

续表

项次	项目		技术要求	允许偏差 Δ(mm)	示意图	检查方法与工具
6	扣件安装	主节点处各扣件中心点相互距离	$a\leqslant150$mm	—	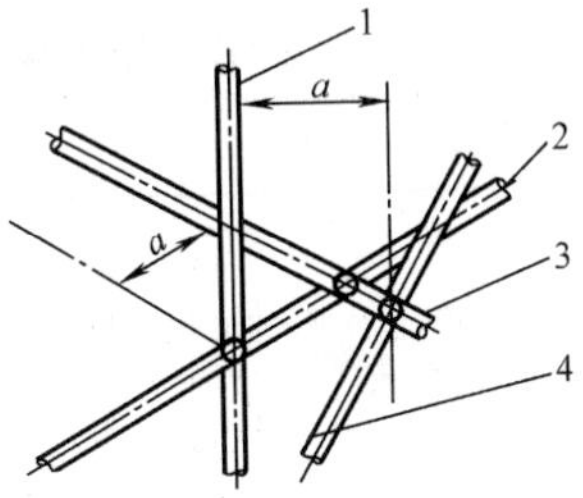	钢板尺
		同步立杆上两个相隔对接扣件的高差	$a\geqslant500$mm	—	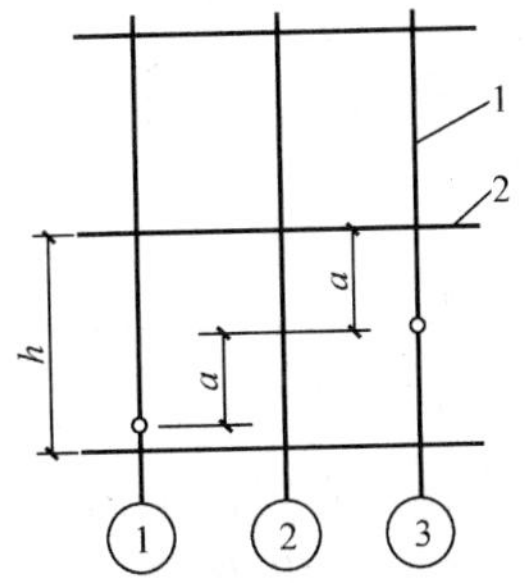	钢卷尺
		立杆上的对接扣件至主节点的距离	$a\leqslant h/3$			
		纵向水平杆上的对接扣件至主节点的距离	$a\leqslant l_a/3$	—	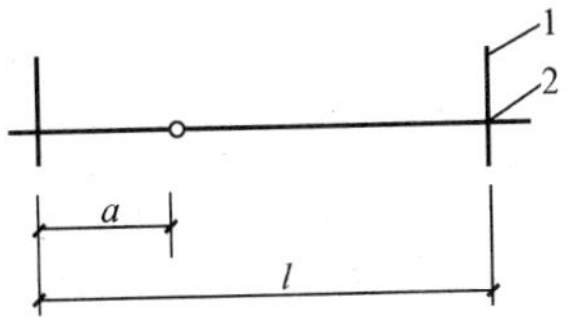	钢卷尺
		扣件螺栓拧紧扭力矩	40～65N·m	—	—	扭力扳手
7	剪刀撑斜杆与地面的倾角		45°～60°	—	—	角尺
8	脚手板外伸长度	对接	$a=130$～150mm $l\leqslant300$mm	—	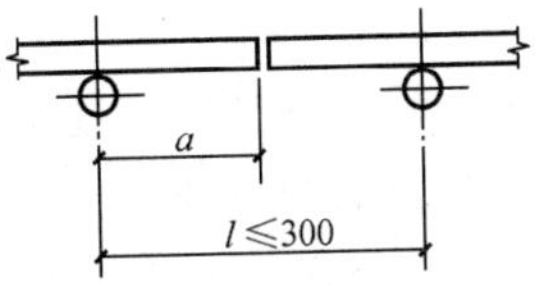	卷尺
		搭接	$a\geqslant100$mm $l\geqslant200$mm	—	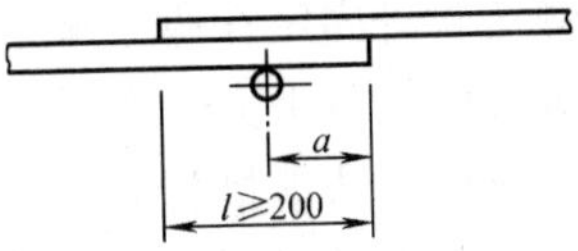	卷尺

注：图中 1—立杆；2—纵向水平杆；3—横向水平杆；4—剪刀撑。

4）扣件螺栓检查

安装后的扣件螺栓拧紧扭力矩应采用扭手扳手检查，抽样方法应按随机分布原则进行，抽样检查数目与质量判定标准，应按表5-7的规定，不合格的必须重新拧紧，直至合格为止。

扣件拧紧抽样检查数目及质量判定标准 表5-7

项次	检 查 项 目	安装扣件数量(个)	抽检数量(个)	允许的不合格数
1	连接立杆与纵(横)向水平杆或剪刀撑的扣件；接长立杆、纵向水平杆或剪刀撑的扣件	51～90 91～150 151～280 281～500 501～1200 1201～3200	5 8 13 20 32 50	0 1 1 2 3 5
2	连接横向水平杆与纵向水平杆的扣件(非主节点处)	51～90 91～150 151～280 281～500 501～1200 1201～3200	5 8 13 20 32 50	1 2 3 5 7 10

2.1.4 脚手架拆除

(1) 脚手架拆除作业必须由上而下逐层进行，严禁上下同时作业。

(2) 拆除时，先将脚手板传递下来，每档内仅剩一块翻到下一步去，人站在脚手板上，去拆除各杆件，拆完后，把脚手板再往下翻一步，如此逐步往下拆。

(3) 拆除杆件时，连墙杆必须随脚手架逐层拆除，严禁先将连墙件数层拆除后再拆脚手架。

(4) 当脚手架分段拆除时，高差不应大于2步，如高差大于2步，应增设连墙杆加固。

(5) 拆下来的钢管要逐根传递下来，不得从高处掷下，以防将钢管摔坏或发生砸伤事故，拆下来的扣件要集中放在工具袋内，装满后吊送下来，不要从上面丢下来。

(6) 拆除工作应不少于3人，上面至少2人，下面1人负责指挥，捡料分类，按品种、规格随时码堆存放。

2.2 脚手架安全管理

(1) 脚手架搭设人员必须是经过按现行国家标准《特种作业人员安全技术考核管理标准》(GB 5036) 考核合格的专业架子工，上岗人员应定期体检，合格者方可持证上岗。

(2) 搭设脚手架人员必须戴安全帽，系安全带，穿防滑鞋。

(3) 作业层上的施工荷载应符合设计要求，不得超载，不得将模板支架、缆风绳、泵送混凝土和砂浆输送管等固定在脚手架上，严禁悬挂起重设备。

(4) 当有六级及六级以上大风和雾、雨、雪天气时，应停止脚手架搭设与拆除作业，雨、雪后上架子作业应有防滑措施，并应扫除积雪。

(5) 按规定对脚手架进行检查与维护，安全网按规定搭设或拆除。

(6) 在脚手架使用期间，严禁拆除下列杆件：

① 主节点处的纵、横向水平杆，纵、横向扫地杆。

② 连墙件。

(7) 不得在脚手架基础及其邻近处进行挖掘作业，否则，要采取安全措施，并报主管部门批准。

(8) 临街搭设脚手架时，外侧应有防止坠物伤人的防护措施。

(9) 在脚手架上进行电、气焊作业时，必须有防火措施和专人看守。

(10) 脚手架不得搭设在距离 35kV 以上的高压线路 4.5m 以内的范围，距 1～10kV 高压线路 2m 以上，并设置接地、避雷措施等。

(11) 搭设脚手架时，地面应设围栏和警戒标志，并派专人看守，严禁非操作人员入内。

课题 3 门式脚手架

门式脚手架是 20 世纪 80 年代初由国外引进的一种多功能脚手架，它由门架、交叉支撑连接杆、挂扣式脚手板或水平架、锁臂等基本构配件组成，可用来搭设各种用途的脚手架，如外脚手架、里脚手架、模板支撑架等。

门式脚手架几何尺寸标准化，结构合理，受力性能好，充分利用钢材强度，承载能力高，施工拆装容易，架设效率高，安全可靠，经济适用，是一种具有良好推广价值和发展前景的脚手架。

3.1 门式脚手架的主要构件和构造要求

门式脚手架是由门式框架、剪刀撑、水平梁或脚手板构成基本单元。如图 5-11 所示。将基本单元连接起来即构成整片脚手架，如图 5-12 所示。

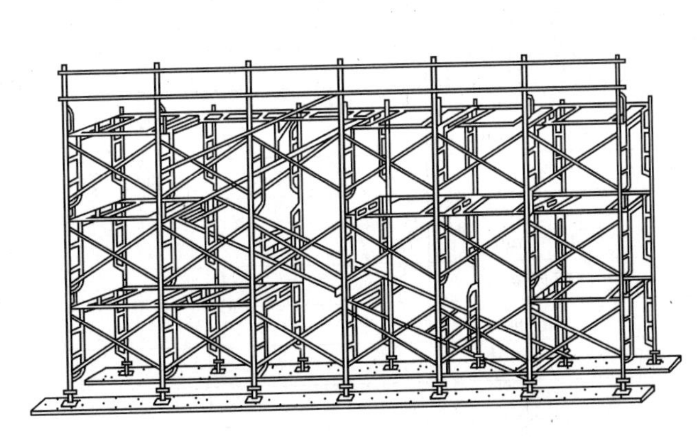

图 5-11 整片门式脚手架

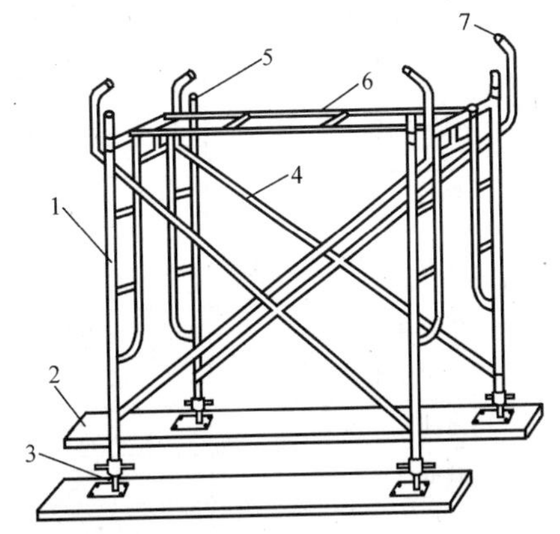

图 5-12 门式脚手架的基本单元

1—门架；2—平板；3—螺旋基脚；4—剪刀撑；5—连接棒；6—水平梁架；7—锁臂

3.1.1 主要构件

1) 门架

门架的几何尺寸及构件规格见表 5-8。

（1）门架质量分类：门架质量按表 5-9 分类。

典型的门架几何尺寸及杆件规格 表 5-8

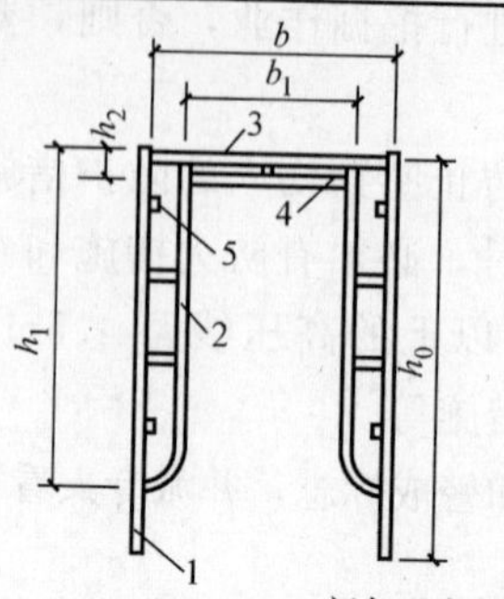

1—立杆；
2—立杆加强杆；
3—横杆；
4—横杆加强杆；
5—锁销

门架几何尺寸规格

门架代号		MF1219		门架代号		MF1219	
门架几何尺寸（mm）	h_2	80	100	杆件外径壁厚（mm）	1	ϕ42.0×2.5	ϕ48.0×3.5
	h_0	1930	1900		2	ϕ26.8×2.5	ϕ26.8×2.5
	b	1219	1200		3	ϕ42.0×2.5	ϕ48.0×3.5
	b_1	750	800		4	ϕ26.8×2.5	ϕ26.8×2.5
	h_1	1536	1550				

注：表中门架代号含义同现行行业标准《门式钢管脚手架》（JGJ 76）。

门架质量分类 表 5-9

部位及项目		A类	B类	C类	D类
立杆	弯曲（门架平面外）	≤4mm	>4mm	—	—
	裂纹	无	微小	—	有
	下凹	无或轻微	有	—	≥4mm
	壁厚	≥2.5mm	—	—	<2.5mm
	端面不平整	无或轻微	较严重	—	—
	锁销损坏	无	损伤或脱落	—	—
	锁销间距	±1.5mm	>1.5mm <−1.5mm	—	—
	锈蚀	无或轻微	有	较严重（鱼鳞状）	严重（贯穿孔洞）
	立杆（中-中）尺寸变形	±5mm	>5mm <−5mm	—	—
	下部堵塞	无或轻微	较严重	—	—
	立杆下部长度	≤400mm	>400mm	—	—
横杆	弯曲	无或轻微	严重	—	—
	裂纹	无	轻微	—	有
	下凹	无或轻微	≤3mm	—	>3mm
	锈蚀	无或轻微	有	较严重	严重
	壁厚	≥2mm	—	—	<2mm
加强杆	弯曲	无或轻微	有	—	—
	裂纹	无	有	—	—
	下凹	无或轻微	有	—	—
	锈蚀	无、轻微、较严重	严重	—	—
其他	焊接脱落	无	一定程度	严重	

（2）A类清除其表面污物、锈蚀、重新油漆等保养后，可继续使用。

（3）B类应经矫正、平整更换部件，修复、补焊、除锈、油漆等修理保养后继续使用。

（4）C类应抽样进行荷载试验后确定使用，试验按现行行业标准《门式钢管脚手架》（JGJ 128—2000）中有关规定进行，经试验确定可使用者，应按B类要求进行修理后使用，不能使用者，则按D类处理。

（5）D类不得修复，应报废处理。

2）水平架和搭钩零件

（1）水平架如图5-12中的件6，是用于连接门架的水平连接件。

（2）制动片式搭钩：如图5-13（*a*）所示。

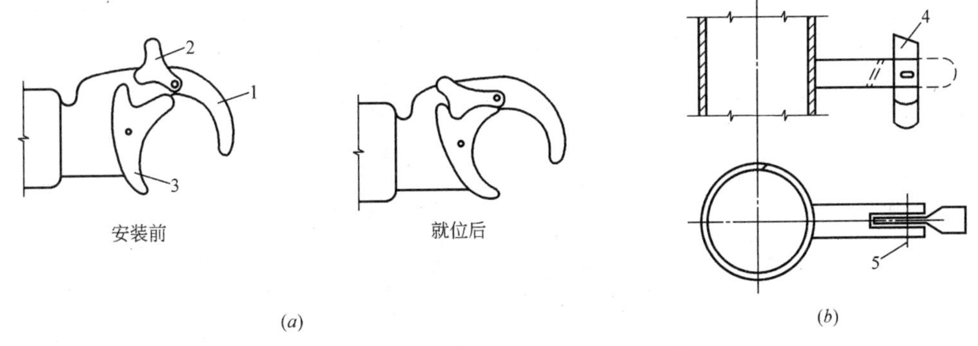

图5-13　脚手架挂钩形式

（*a*）制动片式挂扣；（*b*）偏重片式锚扣

1—固定片；2—主制动片；3—被制动片；4—ϕ10圆钢偏重片；5—铆钉

在挂扣的固定片上有主制动片和被制动片，安装前二者脱开，开口尺寸大于门架横杆直径，就位后，将被动片逆时针方向转动卡住横杆，主制动片即自行落下将被动片卡住，使脚手板或水平梁直接锚于门架横杆上。

（3）偏重片式搭钩：如图5-13（*b*）所示，用于门架与剪刀撑的连接，它是在门架立杆上焊一段端头开槽的ϕ12圆钢，槽呈坡形，上口长3mm，下口长20mm，槽内设一偏重片，在其近端处开一椭圆形孔，安装时，置于虚线为止，其端斜面与槽内斜面相合，不会转动，而后装入剪刀撑，就位后将偏重片稍向外拉，自然旋转到实线位置，达到自锚。

（4）水平架、脚手板质量按表5-10进行分类，各类型的使用保养要求与门架要求相同。

3）配件

门式钢管脚手架的其他构件包括交叉拉杆、连接棒、可调底座、简易底座、锁臂等，如图5-14所示。

（1）交叉拉杆用于连接两榀门架。

（2）连接棒用于门架立杆竖向组装的连接件。

（3）锁臂用于门架立杆组装接头的加固连接杆。

（4）可调底座用于门架底部，门架下端插放其中，传力给基础，并可以调整其高度。

（5）简易底座不能调整其高度。

（6）可调U形顶托插放在门架立杆上端，承接上部荷载，是可调整其支承高度的构件。

脚手板、水平架质量分类 **表 5-10**

部位及项目		A类	B类	C类	D类
脚手板	裂纹	无或轻微	有	较严重	严重
	下凹	无或轻微	有	较严重	—
	锈蚀	无或轻微	有	较严重	—
	面板厚	≥1.0mm	—	—	<1.0mm
水平架	弯曲	无	一定程度	—	严重
	下凹	无或轻微	较严重	—	—
	锈蚀	无或轻微	有	较严重	严重
	裂纹	无	轻微	—	严重
	水平梁壁厚	≥2.0mm	—	—	<2.0mm
	短横梁型钢壁厚	≥1.0mm	—	—	<1.0mm
	水平杆、短横杆壁厚	>2.0mm	—	—	<2.0mm
搭钩零件	裂纹	无	—	—	有
	锈蚀	无或轻微	有	较重	严重
	铆钉损坏	无	损伤、脱落	—	—
	弯曲	无	轻微	—	严重
	下凹	无或轻微	有	—	严重
	锁扣损坏	无	脱落、损伤	—	—
其他	脱焊	无	轻微	—	严重
	整体变形、翘曲	无或轻微	一定程度	—	严重

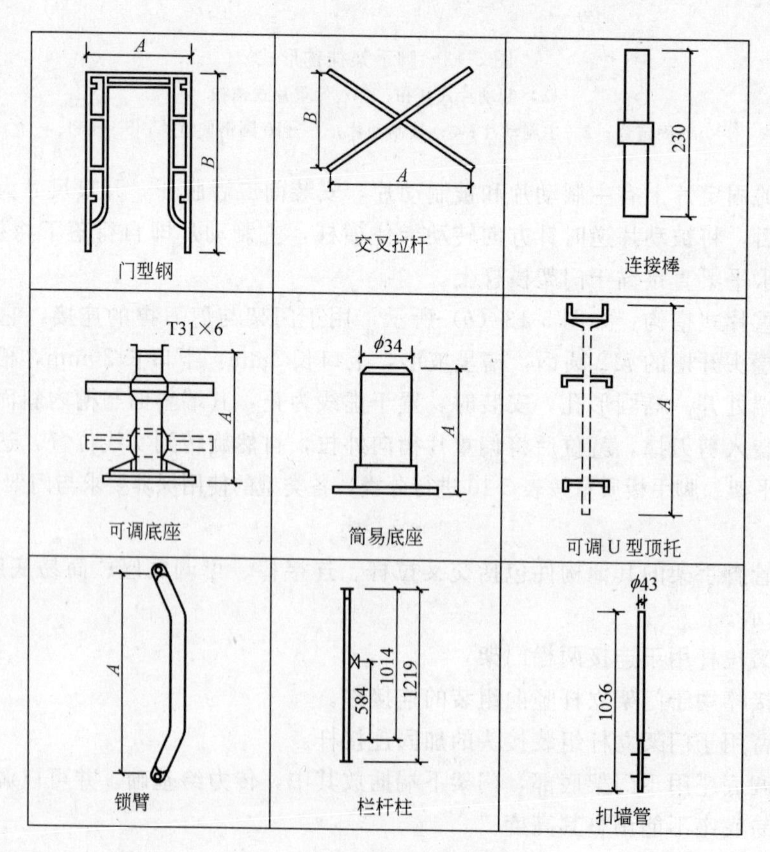

图 5-14 门形脚手架主要部件

(7) 栏杆柱是插放在门架立杆上端用于固定栏杆水平杆的构件。

(8) 扣墙管用于门式脚手架与建筑物连接的构件。

(9) 各种配件质量分类应符合表 5-11、表 5-12、表 5-13 的规定。

连接棒质量分类　　表 5-11

部位及项目	A类	B类	C类	D类
弯曲	无、轻微	—	—	严重
锈蚀	无、轻微	有	较严重	严重
套环脱落	无	有	—	—
套环倾斜	≤1.0mm	>1.0mm	—	—

交叉支撑质量分类　　表 5-12

部位及项目	A类	B类	C类	D类
弯曲	≤3mm	>3mm	—	—
端部孔周裂纹	无	有	—	严重
下凹	无、轻微	有	—	严重
中部铆钉脱落	无	有	—	—
锈蚀	无、轻微	有	—	严重

可调底座、可调托座质量分类　　表 5-13

部位及项目		A类	B类	C类	D类
螺杆	螺牙活损	无、轻微	有	—	严重
	弯曲	无	轻微	—	严重
	锈蚀	无、轻微	轻微	较重	严重
扳手、螺母	扳手断裂	无	有	—	—
	螺母转动困难	无	有	—	严重
	锈蚀	无、轻微	有	较重	严重
底板	翘曲	无、轻微	有	—	—
	与螺杆不垂直	无、轻微	有	—	—
	锈蚀	无、轻微	有	较重	严重

3.1.2 门式脚手架构造要求

门式脚手架搭设后，其各个组成部分如图 5-15 所示。

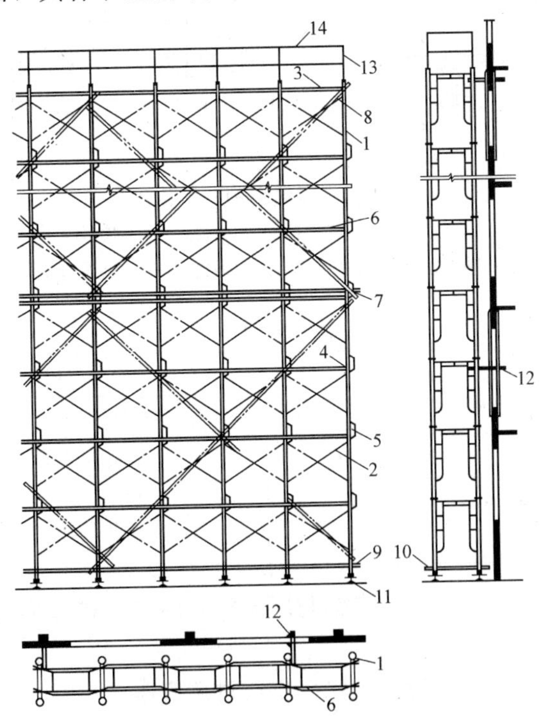

图 5-15 门式钢管脚手架的组成

1—门架；2—交叉支撑；3—脚手板；4—连接棒；5—锁臂；6—水平架；7—水平加固杆；8—剪刀撑；9—扫地杆；10—封口杆；11—底座；12—连墙件；13—栏杆；14—扶手

1）门架

(1) 门架跨距应符合现行行业标准《门式钢管脚手架》(JGJ 128—2000) 的规定，并与交叉支撑规格配合。

(2) 门架立杆离墙面净距不宜大于 150mm，大于 150mm 时，应采取内挑架板或其他离口防护的安全措施。

2）配件

(1) 门架的内外两侧均应设置交叉支撑并应与门架立杆上的锁锚锁牢。

(2) 上、下榀门架的组装必须设置连接棒及锁臂，如图 5-16 所示。连接棒直径应小于立杆内径的 1～2mm。

(3) 脚手架按要求设置连墙杆，作法如图 5-16 所示，间距应符合表 5-14 的要求。

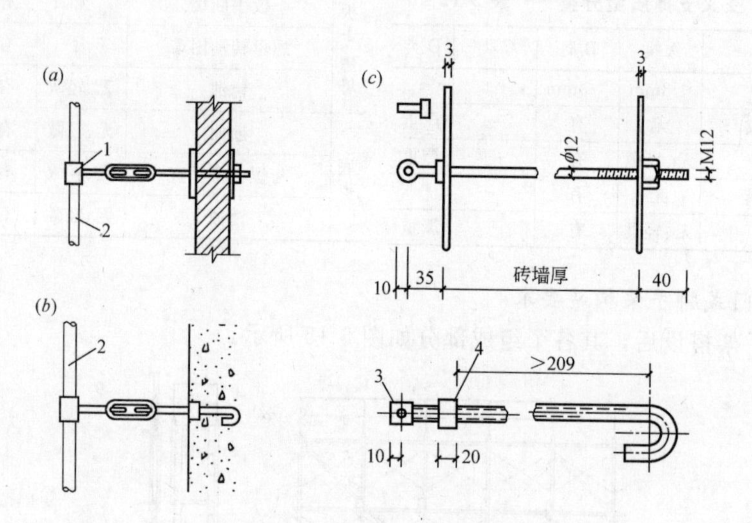

图 5-16　连墙点的一般作法

(a) 夹固式；(b) 锚固式；(c) 预埋连墙件

1—扣件；2—门架立杆；3—接头螺钉；4—连接螺母 M12

连墙件间距 (m)　　　　表 5-14

<table>
<tr><th rowspan="2">脚手架搭设高度
(m)</th><th rowspan="2">基本风压 w_0
(kN/m²)</th><th colspan="2">连墙件的间距(m)</th></tr>
<tr><th>竖向</th><th>水平向</th></tr>
<tr><td rowspan="2">≤45</td><td>≤0.55</td><td>≤6.0</td><td>≤8.0</td></tr>
<tr><td>>0.55</td><td rowspan="2">≤4.0</td><td rowspan="2">≤6.0</td></tr>
<tr><td>>45</td><td>—</td></tr>
</table>

(4) 在脚手架的操作层上应连续满铺与门架配套的转扣式脚手板，并扣紧挡板，防止脚手板脱落和松动。

(5) 底部门架的立杆下端应设置固定底座或可调底座。

3）水平架设置规定

(1) 在脚手架的顶层门架上部、连墙杆设置层、防护棚设置处必须设置水平架。

(2) 当脚手架搭设高度 H≤45m 时，沿脚手架高度每两步设一道水平架。

(3) 当脚手架板设高度 H>45m 时，水平架每步一设。

(4) 无论脚手架多高，均应在脚手架的转角处，端部及间断处的一个跨距范围内每步一设水平架。

(5) 水平架在设置层面内应连续设置，不得间断。

(6) 当因施工需要，临时局部拆除脚手架内侧交叉支撑时，应拆除交叉支撑的门架上方及下方设置水平架。

(7) 水平架也可以由挡扣或脚手板或门架两侧设置的水平加固杆代替。

4) 剪刀撑设置规定

(1) 脚手架高度超过 20m 时，应在脚手架外侧连续设置剪刀撑。

(2) 剪刀撑斜杆与地面的倾角为 45°～60°，剪刀撑口宽度为 4～8m。

(3) 剪刀撑采用扣件与门架立杆扣紧。

(4) 剪刀撑采用搭接技术，搭接长度不小于 600mm，搭接处采用两个扣件扣紧。

5) 水平加固杆设置规定

(1) 当脚手架高度超过 20m 时，应在脚手架外侧每隔 4 步设置一道水平加固杆，并在有连墙杆的水平层设置。

(2) 设置纵向水平加固杆应连续，并形成水平闭合圈。

(3) 在脚手架的底部门架下端应加封口杆，门架的内、外侧设通常扫地杆。如图 5-17 所示。

(4) 水平加固杆应采用扣件与门架立杆扣牢。

6) 转角处门架连接

(1) 在建筑物转角处的脚手架内、外两侧应按步设置水平连接杆，将转角处的两门架连在一体。

(2) 水平连接杆采用钢管，其规格应与水平加固杆相同。

(3) 水平连接杆采用扣件与门架立杆及水平加杆扣紧。

7) 连墙件

(1) 连墙件可采用钢管和扣件，一端与门架立杆扣紧，另一端用扣件和钢管夹于建筑物的预留孔或柱子上。

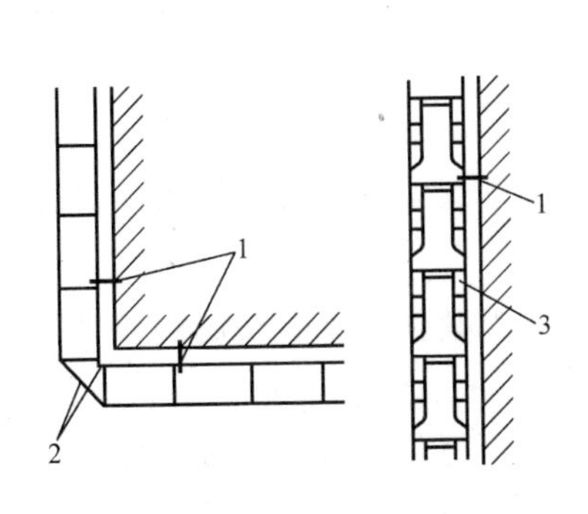

图 5-17　门架扣墙示意图

1—扣墙管；2—钢管；3—门形架

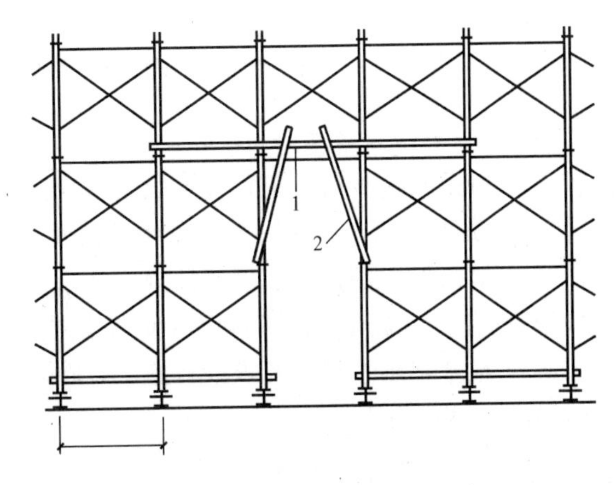

图 5-18　通道洞口加固示意

1—水平加固杆；2—斜撑杆

(2) 连墙件设置的间距竖向不得大于 6m，水平方向不得大于 8m。

(3) 在脚手架的转角处，不闭合的脚手架的两端应增设连墙件，其竖向间距不应大于 4m。

(4) 当脚手架外侧设置防护棚式安全网时，应增设连墙件，其水平间距不应大于 4m。

8) 通道洞口

(1) 门式脚手架通道洞口高度不得大于 2 个门架，宽度不得大于 1 个门架跨度。

(2) 当洞口宽度为一个跨距时，应在脚手架洞口上方的内、外侧设置水平加固杆，在洞口两个上角加斜撑杆，如图 5-18 所示。

(3) 当洞口宽为两个及其以上跨距时，应在洞口上方设置经专门设计和制作的托架，并加强洞口两侧的门架立杆。

9) 地基与基础

(1) 搭设脚手架的场地必须平整坚实，并做好排水，回填土地必须分层回填，逐层夯实。

(2) 落地式脚手架的基础根据土层及搭设高度按表 5-15 的要求处理。

地基基础要求 **表 5-15**

搭设高度(m)	地基土质		
	中低压缩性且压缩性均匀	回填土	高压缩性或压缩性不均匀
≤25	夯实原土，干重力密度要求 15.5kN/m³ 立杆底座置于面积不小于 $0.075m^2$ 的混凝土垫块或垫木上	土夹石或灰土回填夯实，立杆底座置于面积不小于 $0.10m^2$ 混凝土垫块或垫木上	夯实原土，铺设宽度不小于 200mm 的通长槽钢或垫木
26～35	混凝土垫块或垫木面积不小于 $0.1m^2$，其余同上	砂夹石回填夯实，其余同上	夯实原土，铺厚不小于 200mm 砂垫层，其余同上
36～60	混凝土垫块或垫木面积不小于 $0.15m^2$ 或铺通长槽钢或垫木，其余同上	砂夹石回填夯实，混凝土垫块或垫木面积不小于 $0.15m^2$，或铺通长槽钢或垫木	夯实原土，铺 150mm 厚道渣夯实，再铺通长槽钢或垫木，其余同上

注：表中混凝土垫块厚度不小于 200mm；垫木厚度不小于 50mm，宽度不小于 200mm。

3.2 门式脚手架搭设验收与拆除

3.2.1 施工准备工作

(1) 脚手架搭设前，工程技术负责人应按脚手架构造要求和施工组织设计要求向搭设和使用人员作技术交底和安全作业要求交底。

(2) 对门架、配件、加固件按规定要求进行检查、验收，严禁使用不合格的门架、配件，不配套的门架与配件不得混合使用于同一脚手架。

(3) 地基基础按规定要求进行施工，在基础上先弹出门架立杆位置线，垫板、底座安放位置应准确。

3.2.2 门式脚手架搭设

(1) 门架安装应自一端向另一端延伸，并逐层改变搭设方向，不得相对进行，搭完一步架后，按要求检查并调整其水平度与垂直度。

(2) 脚手架搭设垂直度与水平度允许偏差应符合表5-6的规定。

(3) 门架水平度可通过可调支座调整，用水准仪检查，门架垂直度可用线坠检查，进行调直。

(4) 第一步门架调平、调直后，及时安装交叉支撑、水平架或脚手架，扫地杆等。

(5) 在搭设第二步时，起始端不应在第一步架的位置，其位置应与第一步相反，即第一步的完成端是第二步搭设时的开始端。

(6) 第二步搭设后门架立杆垂直度和水平度应符合表5-6的规定。

(7) 第二步门架调直、调平后，除及时安装交叉支撑、水平架或脚手板外，还要及时安装与下部架连接的锁臂。

(8) 水平加固杆、剪刀撑、转角水平连接杆、连墙杆，按构造要求，随脚手架搭设同步安装。

(9) 扣件规格应与所连钢管外径相匹配，扣件螺栓拧紧扭力为50～60N·m，各杆件端头伸出扣件盖板边缘长度不应小于100mm。

(10) 脚手架应沿建筑物周围连续、同步搭设升高，在建筑物周围形成封闭结构，在搭设时处于不能封闭时，在脚手架两端增设连墙件。

3.2.3 门式脚手架验收

(1) 脚手架搭设完毕或分段搭设完毕，应按规定对脚手架整体验收或分段验收，验收合格后方可使用。

(2) 高度在20m及其以下的脚手架，应在单位工程负责人组织技术安全人员进行检查验收，高度大于20m的脚手架，应由上一级技术负责人随工程进行分段组织单位工程负责人及有关的技术安全人员进行检查验收。

(3) 检查验收时，脚手架具备下列文件：

① 脚手架配件的出厂合格证或质量分类合格标志。

② 脚手架搭设时的施工记录及质量检查记录。

③ 脚手架搭设过程中出现的重要问题及处理记录。

④ 脚手架工程的施工验收报告。

(4) 脚手架工程的验收，除查验有关文件外，还应进行现场检查，检查应着重以下各项，并记入施工验收报告：

① 构配件和加固件是否安全，质量是否合格，连接和挂扣是否牢固可靠，扣件螺栓扭力矩是否符合要求。

② 安全网的张挂及栏杆扶手的设置是否齐全。

③ 基础是否平整坚实，支垫是否符合规定。

④ 连墙杆的数量、位置和设置是否符合要求。

⑤ 垂直度及水平度应符合表5-6的规定。

3.2.4 门式脚手架拆除

(1) 脚手架经单位工程负责人检查验证并确认不再需要时，方可拆除。

(2) 拆除脚手架时，应清除脚手架上的材料、工具和杂物。

(3) 拆除脚手架时，应设置警戒区和警戒标志，并由专职人员负责警戒。

(4) 脚手架的拆除应在统一指挥下，按后装先拆，先装后拆的顺序，按安全作业的要求进行：

① 脚手架的拆除应从一端走向另一端，自上而下逐层地进行。

② 同一层的构配件和加固件应按先上后下、先外后里的顺序进行拆除，最后拆除连墙件。

③ 在拆除过程中，脚手架的自由悬臂高度不得超过两步，当必须超过两步时，应加设临时拉结。

④ 连墙杆、通长水平杆和剪刀撑等，必须在脚手架拆卸到相关的门架时方可拆除。

⑤ 在拆除上一步门架时，在下一步门架上设置临时脚手板，工人站在临时脚手板上进行拆卸作业，并按规定使用安全防护用品。

⑥ 拆除工作中，严禁使用榔头等硬物击打、撬挖，拆下的连接件应放入袋内，锁臂应先传递至地面并放室内堆存。

⑦ 拆卸连接部件时，应先将锁座上的锁板与卡钩上的锁片旋转至开启位置，然后开始拆除，不得硬拉，严禁敲击。

⑧ 拆下的门架、钢管与配件，应成捆用机械吊运或用井架传至地面，防止碰撞，严禁抛掷，将其分类整齐堆放。

3.3 门式脚手架安全管理与维护

3.3.1 搭拆脚手架必须由专业架子工担任，并按现行国家标准《特种作业人员安全技术考核管理规则》(GB 5036) 考核合格，持证上岗，上岗人员应定期进行体检，凡不适于高处作业者，不得上脚手架操作。

3.3.2 脚手架按规定设置安全网，安全要随楼层施工进度逐层上升，搭设脚手架必须戴安全帽，系安全带，穿防滑鞋。

3.3.3 脚手架使用要求：

(1) 操作层上施工荷载应符合结构脚手架 $3kN/m^2$，装修脚手架 $2kN/m^2$ 的要求，不得超载。

(2) 不得在脚手架上集中堆放模板，钢筋等物件。

(3) 严禁在脚手架上拉揽风绳或固定、架设混凝土泵、泵管及起重设备等。

3.3.4 六级及其以上大风和雨、雪、雾天应停止脚手架的搭设，拆除作业。

3.3.5 施工期间不得拆除下列杆件：

(1) 交叉支撑、水平架。

(2) 连墙杆。

(3) 加固杆件：如剪刀撑、水平加固杆、扫地杆、封口杆等。

(4) 拉杆。

(5) 以上的配件、拉杆在施工中如需要局部拆除时，应经过主管部门批准，并采用安全措施。

3.3.6 在脚手架基础或邻近严禁进行挖掘作业。

3.3.7 临街搭设的脚手架外侧应有防护措施，以防坠物伤人。

3.3.8 脚手架与架空输电线路的安全距离应符合相关规定，脚手架应接地和设置避雷措施。

3.3.9　对脚手架应设专人负责进行经常检查和检修工作，对高层脚手架应定期作门架立杆基础沉降检查，发现问题应立即采取措施解决。

3.3.10　拆下的门架及配件应清除杆件及螺纹上的污物，并按规定分类检验和维修。

课题4　竹、木脚手架和里脚手架

现在施工中，对于一般的小型建筑施工，仍然还在使用竹、木脚手架，所以，还要掌握竹、木脚手架的搭设、拆除和构造要求。

4.1　竹、木脚手架材质和规格要求

4.1.1　木质材料的材质和规格要求

(1) 木脚手架使用木杆常用剥皮杉杆或落叶松，山木的质地坚韧而轻，一般不得使用杨木、柳木等木质脆易折的木材。

(2) 使用杉杆搭设脚手架，立杆和斜杆的小头直径一般不小于70mm，大横杆、小横杆的小头直径一般不小于80mm。

4.1.2　木脚手架绑扎材料的材质和规格要求

(1) 钢丝的材质和规格要求：绑扎木脚手架一般采用8号镀锌钢丝，某些受力不大的地方，如大横杆上的小横杆绑扎可采用10号镀锌钢丝，对于已绑扎过的钢丝不能重复使用，以避免钢丝折断，造成脚手架倒塌。

(2) 麻、棕绳的材质和规格要求：麻、棕绳由植物麻丝或棕丝搭成丝，再将线绕成股，由股拧成绳，一般按其拧成的股数，可分为三股、四股及九股三种，由于麻、棕绳的强度较低，容易磨损和受气候等影响，因此，两层房屋以下使用期在三个月内的架子，可用直径12～25mm的麻、棕绳进行绑扎。

4.1.3　竹脚手架竹质规格要求

(1) 竹脚手架使用竹杆一般采用三年以上的楠竹，青嫩、枯黄、黑斑、虫蛀以及裂缝连通二节以上的竹杆都不能使用，软皮裂纹的竹杆可用14～16号钢丝加箍后使用。

(2) 使用竹杆搭设脚手架时，其立杆、斜杆、大横杆的小头直径一般不小于75mm，小横杆的小头直径不小于90mm。

4.1.4　竹脚手架绑扎材料的材质和规格要求

(1) 竹脚手架一般采用竹蔑绑扎，竹蔑用水竹或慈竹劈成，要求质地新鲜，厚度0.6～0.8mm，宽度5mm左右，断腰、大节疤和受潮发霉的竹蔑均不得使用，竹蔑在储运过程中不可遭受雨水浸淋和粘着石灰、水泥，以免霉烂和失去韧性，使用前，须提前1d用水浸泡，三个月要更换一次。

(2) 塑料蔑的材质和规格要求，塑料蔑由塑料纤维编制的呈带状，在竹脚手架中用于代替竹篾的一种绑扎材料，一般宽为10～15mm，厚约1mm，使用塑料编织带，应具有出厂合格证和力学性能数据，不能使用尼龙绳和塑料绳进行绑扎。

4.2　竹、木脚手架的构造要求、搭设和拆除

竹、木脚手架使用的材质与扣件钢管脚手架不同外，其他的构造组成和各构件名称基

本相同。

4.2.1 木脚手架构造要求

木脚手架的立杆间距、大横杆步距应符合表 5-16 的规定，构造要求如图 5-19、图 5-20 所示。

木脚手架构造参数（单位：m） **表 5-16**

用途	脚手架构造形式	里立杆离墙面的距离	立杆间距		操作层小横杆间距	大横杆步距	小横杆挑向墙面的悬臂长
			横向	纵向			
砌筑	单排	—	1.2～1.5	1.5～1.8	≤1.0	1.2～1.4	—
	双排	0.5	1.0～1.5	1.5～1.8	≤1.0	1.2～1.4	0.4～0.45
装修	单排	—	1.2～1.5	≤2.0	1.0	1.6～1.8	—
	双排	0.5	1.0～1.5	≤2.0	1.0	1.6～1.8	0.35～0.40

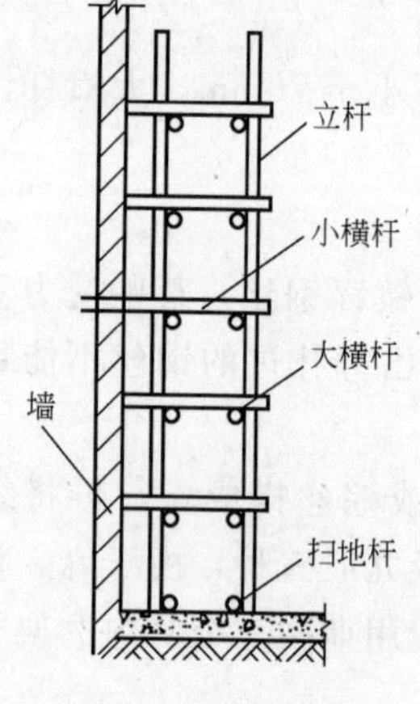

图 5-19 扫地杆的设置

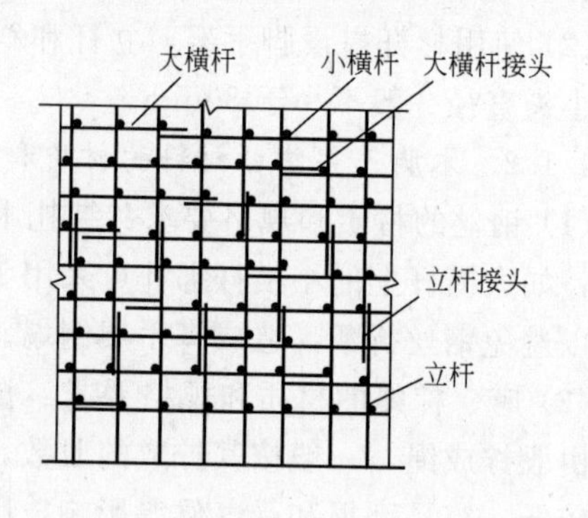

图 5-20 立杆与大横杆的接头布置

4.2.2 木脚手架的搭设

1）绑扎方法

(1) 钢丝扣：木脚手架各杆件采用钢丝扣连接，钢丝的断料长度应根据所绑扎的杆子粗细而定，一般长度为 1.3～1.6m。如图 5-21 所示。

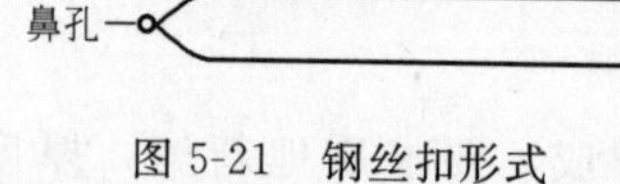

图 5-21 钢丝扣形式

(2) 立杆与大横杆的绑扎方法，常用的有平插、斜插两种，平插法就是将钢丝扎从立杆的左边或右边，卡住大横杆插进去，上股及下股钢丝分别从立杆背后绕过来，钢丝头与鼻孔相交成十字，再用钢针插进鼻孔中压住钢丝头，拧扭二周半即可，如图 5-22 所示。

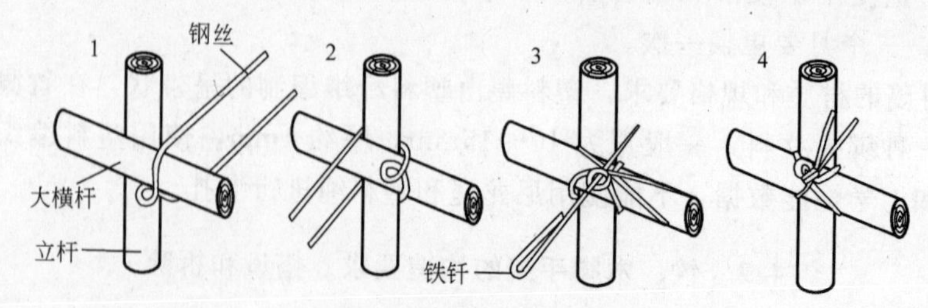

图 5-22 平插法绑扎步骤

(3) 斜插法就是将钢丝扣从大横杆与立杆交角处插进去，上股及下股钢丝分别从立杆背后绕过来，钢丝头在鼻孔左右各边各压一根，再用钢针插入鼻孔中同样拧扭二周半。如图 5-23 所示。

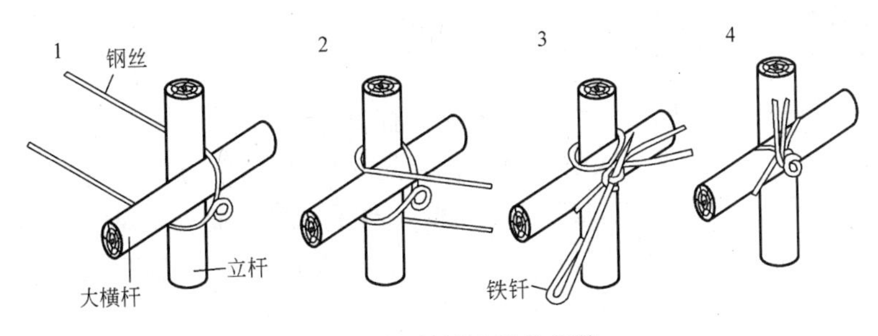

图 5-23　斜插法绑扎步骤

(4) 立杆、大横杆的接长，一般采用顺扣，即将双股钢丝，兜绕杆子一圈后，钢丝头与鼻孔相交，用钢杆插入鼻孔中，压住钢丝头，拧扭二周半。如图 5-24 (*b*) 所示。

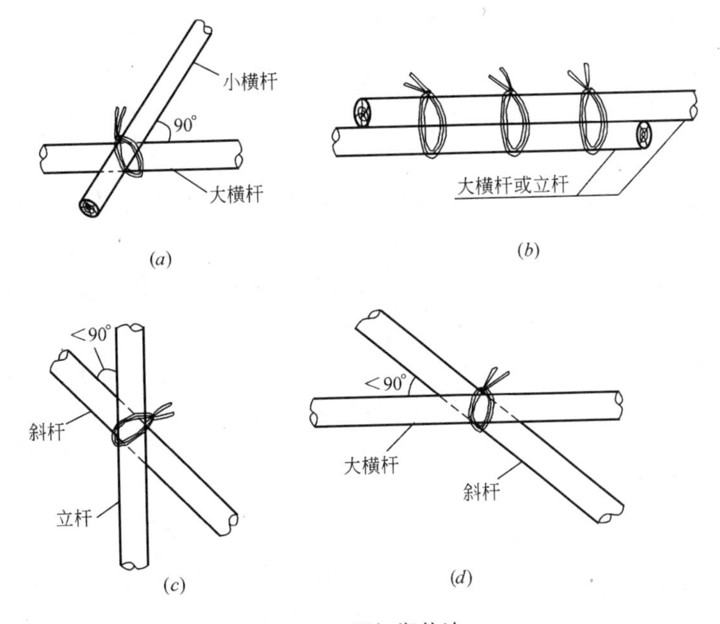

图 5-24　顺扣绑扎法

(5) 小横杆与大横杆的绑扎方法，一般也用顺扣，它是在相交对角处，用双股钢丝拧扭绑牢（如图 5-24 (*a*))，其他如斜撑、剪刀撑、抛撑与立杆、大横杆相交处的绑扎方法一般也多用顺扣。如图 5-23 (*c*)、(*d*) 所示。

2) 搭设要求

(1) 搭设木脚手架前，根据建筑物平面形状、长宽尺寸和搭设高度等，确定立杆的距离。

(2) 根据需要和杆件特征选好立杆、横杆等，应将根大、稍小的杆子做立杆，直径均匀的作横杆，稍有弯曲的作斜杆。

(3) 上、下立杆接头搭接长度不小于 1.5m，绑扎不少于 3 通钢丝扣，相邻接头相互错开。

(4) 立杆的竖立应考虑到中心能在一条垂直线上，如果第一次接头在左边，第二次接头便在右边，而且大头朝下，小头朝上，上下垂直，保持重心平衡，如果立杆本身不直，应将其弯曲向架子的纵向，不要弯曲里边或外边。

3) 搭设的操作方法

(1) 在立杆位置挖坑，挖出的坑口直径比立杆直径大10cm，坑深30～40cm。

(2) 竖立立杆，一般需要三人配合操作，要先立里排立杆，后立外排立杆，竖立是先将立杆大头对准坑口，一人用铁锹挡住立杆根，两手握住锹把，右脚用力向坑内蹬立杆根，一人抬起立杆小头，中间的人找出立杆中心扛在肩上，然后两人两手互换将立杆立起。

(3) 立杆立好后，要有专人看直，大横杆绑扎在立杆里面看，要沿立杆里线看直；绑在外面，沿立杆外线看垂直。

(4) 一人扶料，一人埋土，一人夯实，雨期埋土时，立杆根部需要培出土墩，以防下雨积水，冬期四周要平整，土壤结冻后更加坚固，立外排立杆时要与里排立杆等距对直。

(5) 成排的立杆竖好以后，即可绑扎大横杆，大横杆事先顺放在立杆根部，绑扎时一般需要四人进行操作，上边三人绑，下边留一名技术较高的人，递料、看正、找平。

(6) 绑第一步大横杆时，首先再看一下立杆是否埋正，三人同时将大横杆举到绑扎部位找平绑好。

(7) 绑第二三步大横杆时，上脚手架动作要轻巧，腿要高抬避免用两手攀杆子，以防杆子歪斜。

(8) 递杆子时应先递小头，上边的人接住后，再递大头，绑时如遇立杆有倾斜，须用绳子拉正再绑，四步大横杆绑完后应立即绑扎剪刀撑。

(9) 剪刀撑应紧贴脚手架，交叉点应绑在大横杆或立杆上，杆子上头绑临时扣，以备接上一步杆子时方便。

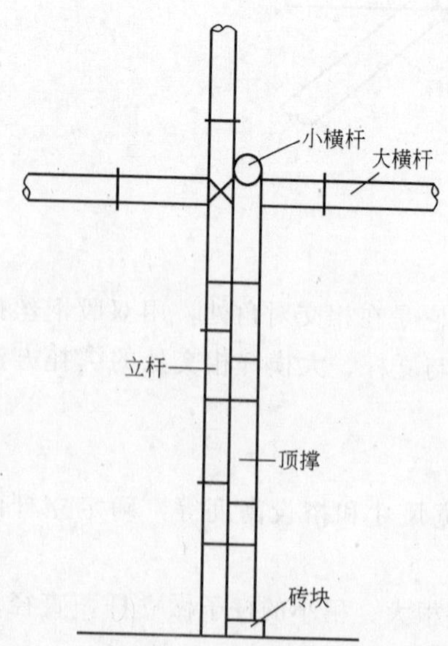

图5-25 竹架顶撑示意图

(10) 绑第二道剪刀撑时，不能顶头，上下必须错开，大头绑在下面立杆上，脚手架如不到顶，剪刀撑也不能封顶。

(11) 第一步的大横杆绑完后，可将小横杆间距布置好，靠在立杆旁的小横杆，必须与大横杆绑牢，必须与大横杆绑牢，其余的可不绑，小横杆绑好后，即可铺脚手板。

(12) 铺脚手板时要铺满、铺严、铺稳，尽可能铺对头板。

4) 翻脚手架时，先将里边的板子翻上去，然后再按顺序翻外边的脚手板，翻到最边两块板时，下面的人站在大横杆上，一手勾住立杆，另一手拿着板头，递给上边的人。

4.2.3 竹脚手架构造要求

(1) 竹脚手架的构造与木脚手架基本相同，所不同的是立杆旁要加设顶撑，顶住小横杆，用以分担一部分小横杆传来的荷载，不使大横杆因受荷载过大而下滑，如图 5-25 所示。

（2）砌筑用竹脚手架不宜搭单排，只有在三步以下的装修脚手架才准用单排架，竹脚手架构造参考尺寸见表 5-17。

竹脚手架构造参数（单位：m） **表 5-17**

用途	脚手架构造形式	里立杆离墙面的距离	立杆间距		操作层小横杆间距	大横杆步距	小横杆挑向墙面的悬臂长度
			横向	纵向			
砌筑	双排	0.5	1.0～1.3	1.3～1.5	≤0.75	≤1.2	0.4～0.45
装修	双排	0.5	1.0～1.3	≤1.8	≤1.0	1.6～1.8	0.35～0.40

4.2.4 竹脚手架搭设

（1）竹脚手架各种构件相交处，必须绑紧，绑扎时，每次用 3 根竹篾，拼在一起，将竹篾的一端用左手按在竹杆上，留下余头约 20～25cm，再从两杆相交的对角处，斜着顺缠三圈，将竹篾的两个余头合在一起，用右手拉紧竹篾，使两杆挤紧，然后顺绕拧成一个扣，掖在两杆交叉处的缝隙里。

（2）立杆与大横杆、小横杆相交处必须绑相对角的两个扣，斜撑、剪刀撑与立杆相交处仅绑一个扣，如图 5-26 所示。

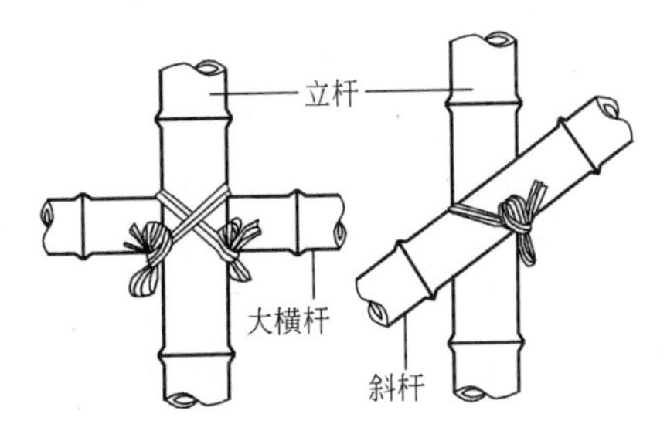

图 5-26 竹篾绑法

在三根杆子相交处，应先绑两根，再绑其余一根，不能同时绑三根。

（3）竹脚手架的搭设步骤与木脚手架基本相同，但在靠立杆的小横杆下必须加支顶撑，上下各步顶撑应对齐成垂直线，顶撑的竹杆必须采用根段或中段，每根顶撑扎三道与立杆绑扎，底层顶撑须将地面夯实，垫好石块或砖块以免下沉。

4.2.5 竹木脚手架的维修

竹木脚手架常因长期的风吹雨淋，以及使用中被碰撞和荷载的作用，往往发生结扣松动，架杆或脚手板断裂，架子倾斜和下沉等现象，因此，在使用期间，应经常进行检查，维修与加固工作。

（1）在施工过程中，应有专人负责经常的检查，如发现结扣松动，大横杆下移，架杆、脚手板断裂，应及时加固或更换。

（2）在大风大雨之后，要查看架子是否倾斜变形，或架子周围是否积水，如有积水应及时排除，以免影响地基下沉，如发现有部分地基下沉，立杆悬空时，应及时用砖块或石块填实，如架子倾斜，在倾斜的一面，应用抛撑加固撑好，同时加设剪刀撑，过高的架子，还应在另一面用缆风绳拉紧，如倾斜极为严重，以至不能保证安全使用时，应拆掉重新搭设。

4.2.6 竹木脚手架的拆除

（1）拆架子要由上而下，先绑者后拆，后绑者先拆的顺序进行，即先拆栏杆，脚手板，剪刀撑，而后小横杆、大横杆、连墙件、立杆等。

（2）拆架子前四周围护，以免闲人进入，发生危险，架子工在拆架子时，要注意动作协调，当解开与另一人有关的结扣时，应先告诉对方，以防坠落。

（3）拆斜杆及大横杆时，需要四人相互配合，三人在架上，一人在地面，先解中间扣，再解两头扣，拆下后由中间的人负责往下顺杆子。

（4）顺送杆子时，先将大头顺下，握住小头尽量往下松，送至不能送时，即告诉下边人，待下边人答复后再放手。

（5）杆子顺下时，要使其垂直，稍有坡度，小头靠架子着地。

（6）如拆上层较高的架杆，应用绳索和滑轮往下送，具体方法是：杆子两头各一人，用绳将杆子拴好，大头先放，小头也随着下方，要使杆子垂直，稍有坡度，送到下边接近第一步大横杆时，叫下边人接住，然后放手。

（7）拆下的架杆分规格整齐堆放，在拆架子的过程中，最好中途不要换人，如换人时，必须将原来拆除情况交待清楚，以免发生事故。

4.3 里脚手架

里脚手架一般是指建筑物内部的脚手架，里脚手架也分为砌筑施工用的脚手架和装修抹灰使用的脚手架。

4.3.1 马凳式里脚手架

马凳式里脚手架主要用于搭设砌筑脚手架。

（1）角钢折叠马凳式里脚手架。如图 5-27 所示。

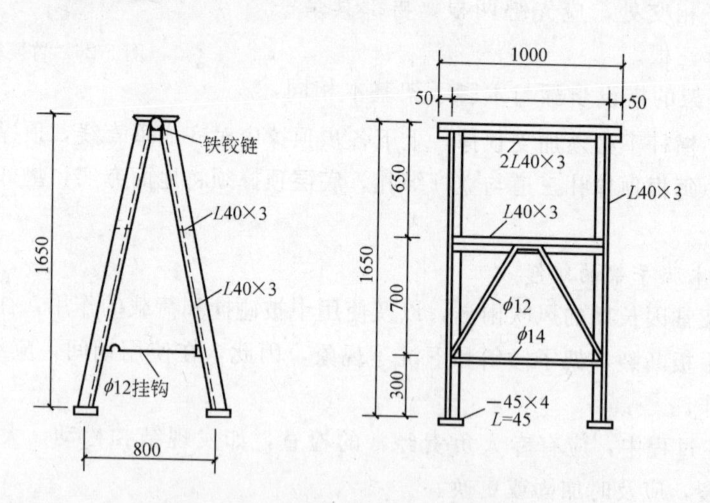

图 5-27 角钢折叠马登式里脚手架

架设间距，当搭设砌筑脚手架时，角钢折叠马凳的间距不得超过 2m，装修脚手架不得超过 2.5m，可搭设两步，第一步为 1m，第二步高度为 1.65m。

（2）钢管折叠马凳式里脚手架。如图 5-28 所示。

搭设砌筑里脚手架其间距不大于 1.8m，装修里脚手架间距不得大于 2.2m。

（3）钢筋折叠马凳式里脚手架。如图 5-29 所示。

搭设砌筑脚手架，其间距不得超过 1.8m，搭设装修脚手架，其间距不得超过 2.2m。

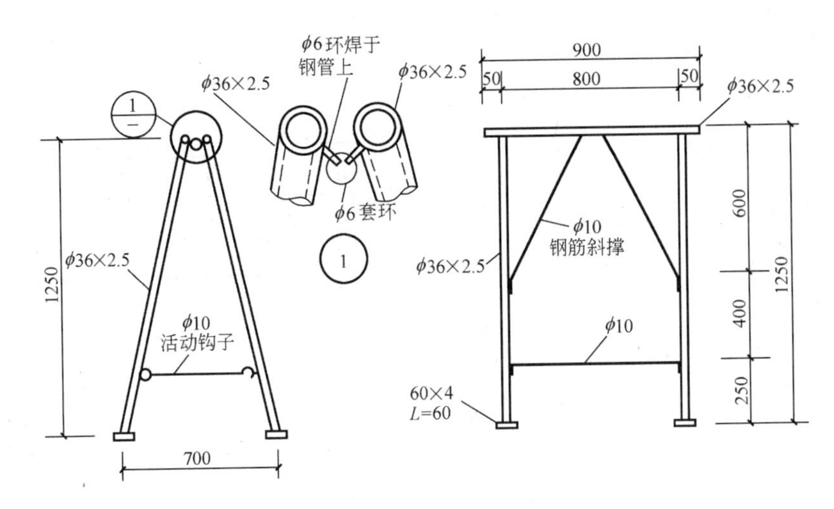

图 5-28　钢管折叠马登式里脚手架

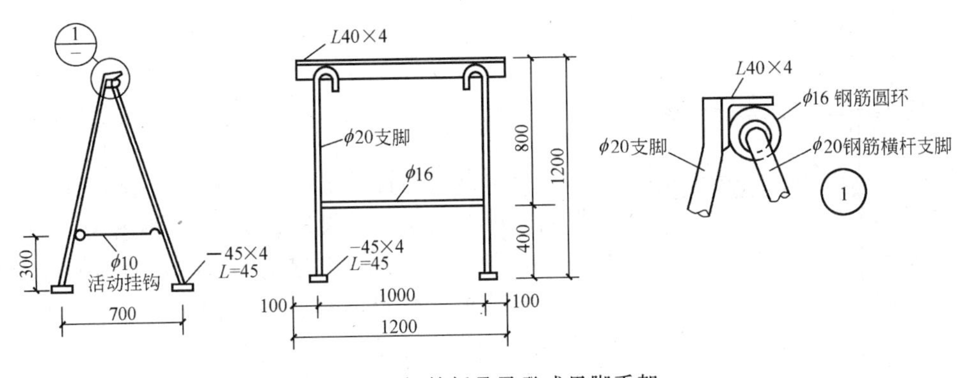

图 5-29　钢筋折叠马登式里脚手架

4.3.2　支柱式里脚手架

支柱式里脚手架主要是用于室内的墙面、顶棚装修使用的脚手架，其特点是构造简单，搭拆方便，而且不需要专业的架子工进行搭设。

1）基本构造

支柱式里脚手架一般用钢材制作，由支柱、横杆等组成，支柱所用主要材料有钢管、角钢、钢筋等，钢管支柱是由套管、插管、支腿等部分焊成，套管外径一般为 50mm，插管外径一般为 45mm，管壁上均留有销孔，插管插入套管中，利用插销插入不同的位置的销孔中可调整插管的高低，插杆顶部有一个叉托，用以搁置横杆，支柱的支腿一般用直径 16mm 的钢筋焊接在套管上，其底脚下附焊小垫板。如图 5-30 所示。

横杆一般用直径不小于 37mm 的钢管或 50mm×100mm 的方木。双联式钢管支柱或里脚手架是将一对钢管支柱用钢筋架连在一起，横杆与插管也连在一起，支腿成八字形。如图 5-31 所示。

2）搭设方法

支柱式里脚手架可搭成双排或单排，双排架支柱的纵向间距不大于 1.8m，横向间距不大于 1.5m，单排架支柱离墙不大于 1.5m，横杆搁入墙内长度应不小于 24cm，脚手板铺于横杆上。

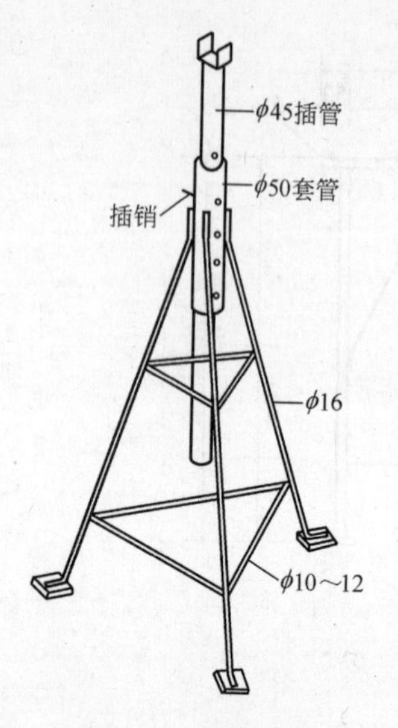

图 5-30　钢管支柱

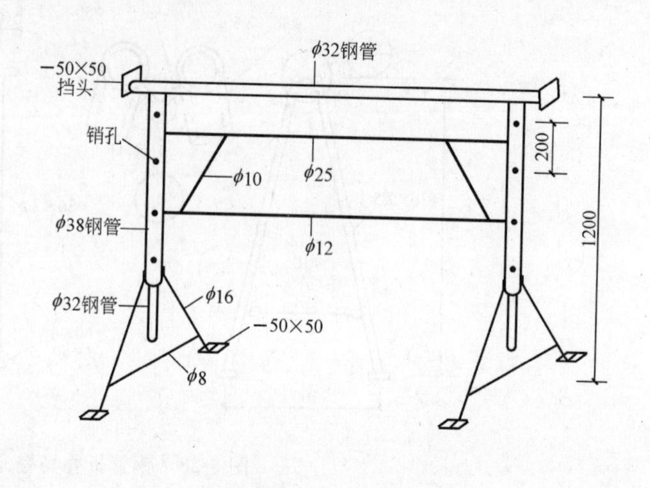

图 5-31　双联式钢管支柱

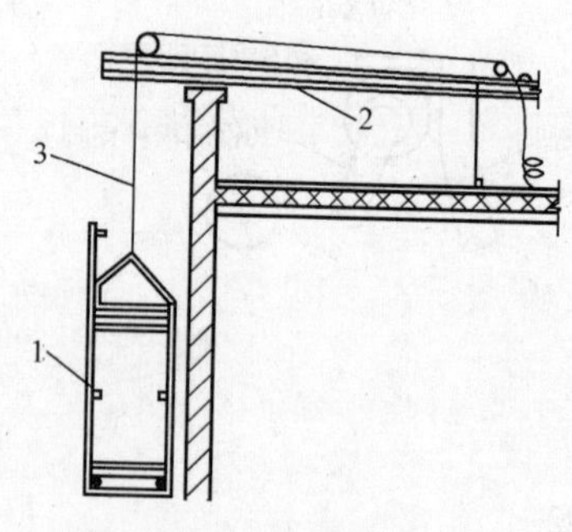

图 5-32　吊式脚手架示意图

1—吊架；2—支承设施；3—吊索

4.4　吊式脚手架

一般用框式钢管吊架，其基本构件是用 $\phi48\times4.5$ 钢管焊成的矩形框架。搭设时以3～4 榀框架为一组，按间距 2～3m 排列，在纵向和横向用钢管及扣件连接成整体，并铺设脚手板，装设栏杆、安全网和护墙轮，即成为一组可以上下同时操纵的双层吊架。栏杆和护墙轮支杆也用扣件与框架连接。如图 5-32 所示。

吊式脚手架的悬吊结构根据工程结构情况和脚手架的用途而定。目前多在屋顶上设挑梁或挑架，应保证其抵抗倾覆力矩大于倾覆力矩的 3～4 倍。亦可搭设专门的构架来悬吊吊架。

课题 5　龙门架、井字架垂直升降机

在六层以下建筑物施工中，一般采用龙门架，井字架垂直升降机进行施工材料的垂直运输，由于龙门架、井字架垂直升降机费用低，搭拆方便，所以仍然得到广泛应用。

龙门架由天梁、两个立柱、底座加缆风绳组成，形如门框所以称为龙门架，井架由四边的杆件组成，形如井字的截面架体，成为井字架，龙门架与井字架只是架体不同，其他部分的构造基本相同。

5.1　龙门架垂直升降机

龙门架垂直升降机主要由架体、底盘及卷扬机组成。如图 5-33 所示。

5.1.1　构造要求

1）立柱

一般采用钢管和型钢焊成结构式标准节，其断面一般为三角形，立柱根据施工高度，由数节标准节用螺栓连接而成。

2）天梁

天梁安装在架体顶部的横梁上，是主要受力部件，以承受吊篮自重及其物件重量，一般采用2根16号工字钢制成，中间装有滑轮，用螺栓与立柱连接。

3）底盘

底盘安装在架体的底部，一般采用槽钢制成，上焊有插管，龙门架立柱的钢管插在底盘的插管上，并用螺栓进行连接，由天梁、立柱、底盘组成。

4）基础

依据升降机的类型及土质情况确定基础的做法，一般对基土夯实后浇筑30cm后的C20混凝土基础，基础应高出地面，做好排水措施。

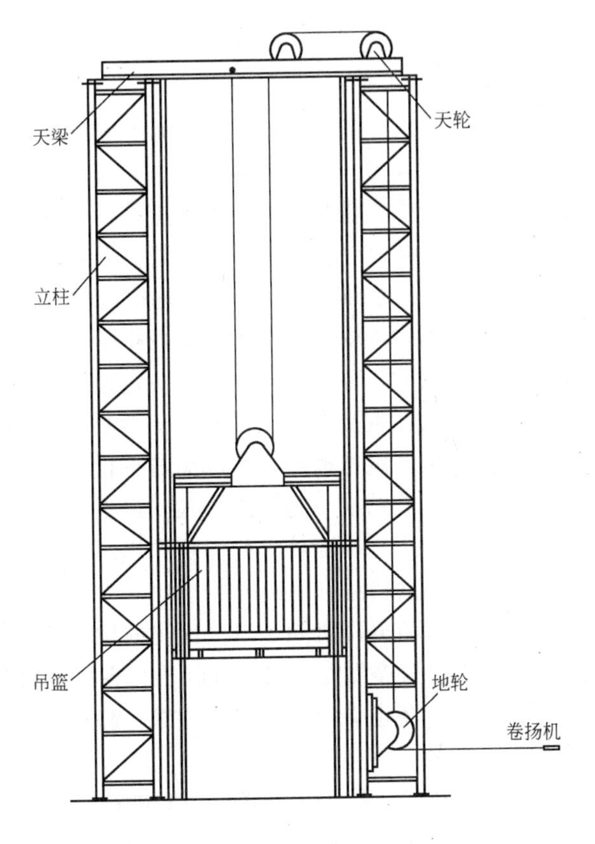

图 5-33 龙门架升降机

5）吊篮

吊篮是装载物沿升降机导轨作上下运行的部件，由型钢及连接板焊成吊篮框架，底板采用防滑钢板，两侧有高度不小于1m的安全挡板，上料口与卸料口装防护门，吊篮底部装有滚杠，当吊篮升到卸料的楼层处时，吊篮的滚杠架在挑架上，才允许打开卸料安全门，操作人员进入吊篮上推车、卸料。

6）卷扬机

卷扬机是龙门架垂直升降机的动力设备，在卷扬机的作用下，吊篮沿龙门架上、下运动，卷扬机宜选用正反转卷扬机，当使用没有反转的卷扬机时，吊篮下降时，卷扬机卷筒脱开离合器，靠吊篮自重和物料的重力作自由降落，容易发生吊篮脱轨，加大钢丝绳的损害。

7）附墙架

为固定升降机的架体，在架设过程中，每间隔一定高度必须设一道附墙架使架体与建筑结构部分进行连接，从而确保架体的自身稳定，因为架体的竖立和使用，除去竖向荷载由架体传给基础外，因重力及吊篮的偏重，运行中间隙过大等原因产生了水平荷载，附墙架的作用，就是把这些不稳定的水平力传递给建筑物，在施工方案中要预先考虑附墙架与建筑物的连接方法及设置位置，不能采用临时将架体与外脚手架连接的方法，因为脚手架本身不具备刚性结构的特点，其局部受水平力后容易产生变形。

8）缆风绳

当升降机无条件设置附墙架时，应采用缆风绳固定架体。

（1）缆风绳的位置：当升降机架体经计算，其强度及刚度可以满足额定荷载的使用要求时，第一道缆风绳的位置可以设置在距地面20m高处，架体高度超过20m以上，每增高10m，就要增加一组缆风绳。

（2）缆风绳的布局：每组缆风绳不应少于四根，沿架体平面360°范围布局，缆风绳一端系在架体上，另一端固定在地锚上，缆风绳与地面之间的夹角应以45°～60°为宜，角度越大，缆风绳受力也越大，不利于架体的稳定。

（3）缆风绳的材料：按照缆风绳受力情况应采用直径不小于9.3mm的钢丝绳。

（4）地锚：地锚的受力情况，地锚的埋设位置如何，直接影响着缆风绳的作用，往往因地锚角度不当或受力达不到要求发生变形，而造成架体歪斜甚至倒塌。所以，在选择缆风绳的锚固点时，要视其土质情况决定地锚的形式，在一些土质较好的地方，可选用脚手架钢筋，用大锤直接打入土内，入土深度1.7m，平行打入两根，间距在1m左右，钢管顶部有钢丝绳防脱出措施，缆风绳与平行的两根立管绑牢，使两根立管共同工作，应注意不得将两根立管贴在一起并排打入，也不得前后打入，从实验看，前后打入的地锚，只相当于一根桩受力，后面桩只起保险作用。

9）安全防护装置

龙门架垂直升降机除了以上所讲的构造要求外，还应设置必要的安全防护装置。

（1）楼层口停靠安全门：升降机与各层进料口的结合处搭设运料通道以运料，当吊篮上下运行时，各道口处于危险的边缘，卸料人员在此等候应由安全门给予封闭，以防发生高空坠落事故。

（2）上料口防护棚：升降机地面进料口是运料人员经常出入和停留的地方，容易发生坠物伤人，为此要在距地面一定高度搭设防护棚。

（3）超高限位装置：卷扬机司机因操作失误或机械电气故障而引起的吊篮失控，为防止吊篮与天梁碰撞事故，而安装超高限位装置，当吊篮提升超过限位时，自动切断电源，吊篮停止上升。

5.1.2 龙门架的安装

1）安装前的准备

（1）根据建筑物施工段的划分情况和施工进度要求确定龙门架垂直升降机需要的架数。

（2）根据建筑物结构情况，龙门架应安装在门、窗的位置处，并考虑建筑物机械的长度等，合理确定安装位置。

（3）在确定的安装位置上抄平放线进行基础施工，浇筑混凝土后，弹出龙门架底座的安装位置线，混凝土达到一定强度才能安装龙门架。

2）龙门架组装

（1）先组装两边的立柱，立柱吊点螺栓规格必须按孔径选配，不得漏装，发现孔径不当时，不能随意扩孔，将位置对准后，再穿螺栓。

（2）组装立柱标准节时，应注意导轨的垂直度，导轨相接处不能出现折线和过大间隙，防止吊篮在运行中产生撞击。

（3）立柱组装到顶层高度时，安装天梁和底座，使龙门架形成整体。

（4）龙门架在整体吊装前对架体做临时加固，以增强节点和立柱的抗震能力，在架体顶部分系好缆风绳。

(5) 龙门架吊起后进行校正其垂直度，固定好缆风绳，待一切工作就绪后，才能放松起吊索具，摘除吊钩，将吊篮吊入龙门架内。

3) 安装卷扬机

(1) 卷扬机的牵引力应满足升降机额定其重量的要求，尽量选用正反卷扬机，吊篮的上下运行，靠动力控制，这种卷扬机使用安全，设备磨损小，架体晃动小。

(2) 位置：卷扬机的位置应在施工方案中确定，要选择视线良好，远离危险作业的区域，一般垂直升降机，卷扬机距第一个导向轮的水平距离 L 为 15m 左右，如图 5-34 所示。按规定要求从卷筒边缘到导向滑轮的位置，钢丝绳的偏心角不应大于 2°，如图 5-34 所示。以满足钢丝绳可以自动在卷筒上按顺序排列，不致造成钢丝绳交错叠合，脱离卷筒。

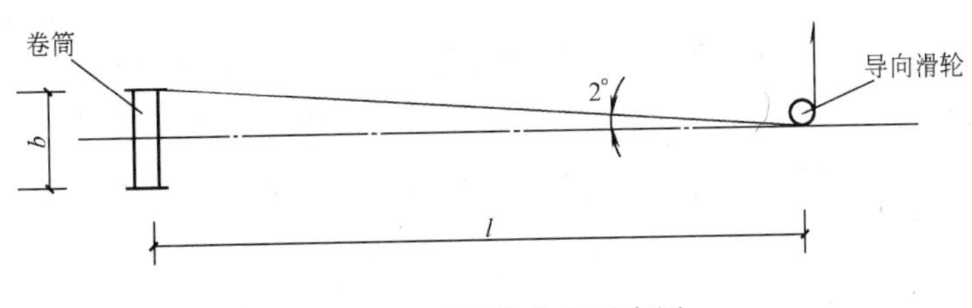

图 5-34 卷扬机位置示意图

(3) 固定：一般卷扬机除在后面埋设地锚与卷扬机底座用钢丝绳栓牢外，还应在底座前面打桩，防止卷扬机位移。

(4) 钢丝绳：钢丝绳一端固定在天梁上，另一端固定在卷筒上，天梁处必须用三个绳卡卡牢。钢丝绳长度应按吊篮在最底的位置时卷筒上保留 3～5 圈绳而确定。

5.1.3 龙门架升降机验收

1) 升降机应有专职机械管理人员对其进行验收和管理。

2) 组装后进行验收时，进行空载、动载和超载试验：

(1) 空载试验：即不加荷载，只将吊篮按施工中各种动作反复进行，并试验限位灵敏程度。

(2) 加载试验：即按说明中规定的最大荷载进行运行，观察升降机各部位的变形情况，是否符合要求。

(3) 超载试验：一般只在第一次使用前或经大修后按额定荷载的 125%逐渐加荷进行，观察升降机的承载力。

5.1.4 龙门架升降机安全使用要求

(1) 专职司机操作：升降机司机应经过专门培训，人员相对稳定，每班开机前，应对卷扬机、钢丝绳、地锚、缆风绳进行检验，进行空车运行，合格后方可使用。

(2) 严禁载人：升降机主要是运送物料，在吊篮支承于挑架上，装卸料人员才能进入吊篮内工作，严禁各类人员乘吊篮升降。

(3) 严禁攀登架体和从架体下面穿越。

(4) 要设置灵敏可靠的联系信号装置，做到各操作层均可同司机联系。

(5) 缆风绳不得随意拆除：凡需临时拆除缆风绳，应先行加固，待恢复缆风绳后，方可使用升降机。

(6) 架体及轨道发生变形必须及时纠正。

(7) 严禁超载运行。

5.1.5 龙门架升降机拆除

架体的拆除比安装搭设的危险因素更多，特别是龙门架整体放倒的工作，往往因缆风绳拆除程序不对，会发生架体倒塌。

(1) 架体拆除前，必须察看施工现场环境，包括架空线路、外脚手架、地面的设施等各种障碍物，凡能提前拆除的部分应尽量拆除掉。

(2) 制定拆除方案，确定指挥人员，工作开始前应划定危险作业区域。

(3) 分节拆除架体工作应注意两点：第一，被拆除构件不能乱扔，防止伤人；第二，拆除后架体的稳定性不被破坏，如附墙件，在拆前应架设临时支撑防止变形，拆除各标准节时，应防止失稳。

(4) 整体拆除前，应对龙门架立柱及架体进行加固，将吊钩挂在吊点拉紧索具，使索具及吊钩钢丝绳成垂直为止，防止起吊时吊体位移，再降低盘连接螺栓松开，最后将缆风绳与地锚连接处松开，拆掉附墙杆件，慢慢放倒架体。

5.2 井字架垂直升降机

井字架垂直升降机的架体采用钢管扣件和脚手架材料进行搭设架体，其他部分的要求与龙门架垂直升降机构造要求相同。

5.2.1 井字架体构造要求

(1) 在施工现场常用的扣件或钢管井字架有八柱、六柱、四柱三种，如图 5-35 所示。其主要杆件和用料要求与扣件式钢管脚手架基本相同，其构造如图 5-36 所示。

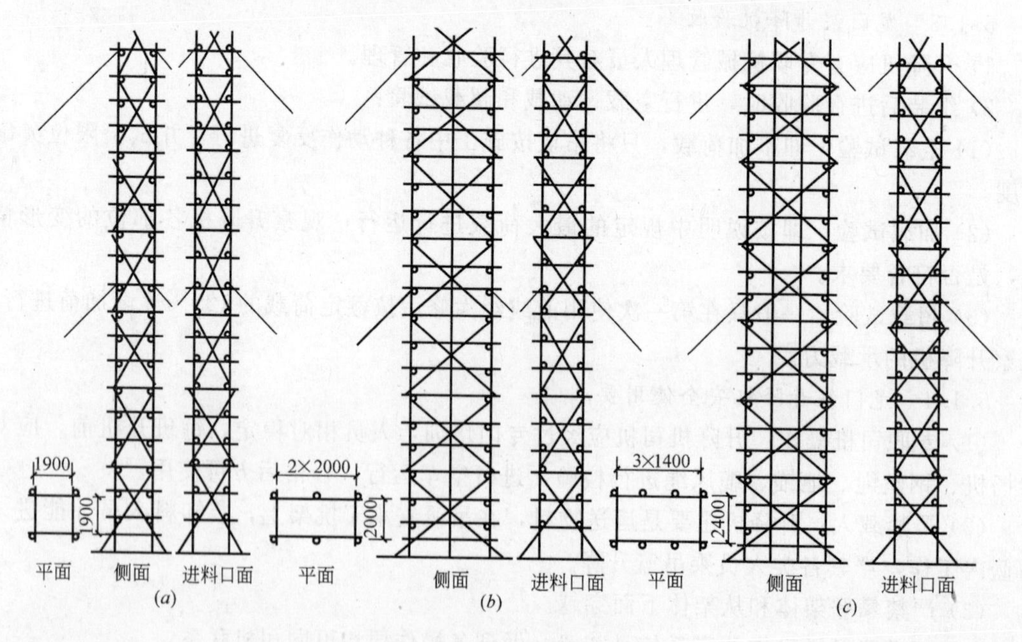

图 5-35 扣件式钢管井架

(a) 四柱井架；(b) 六柱井架；(c) 八柱井架

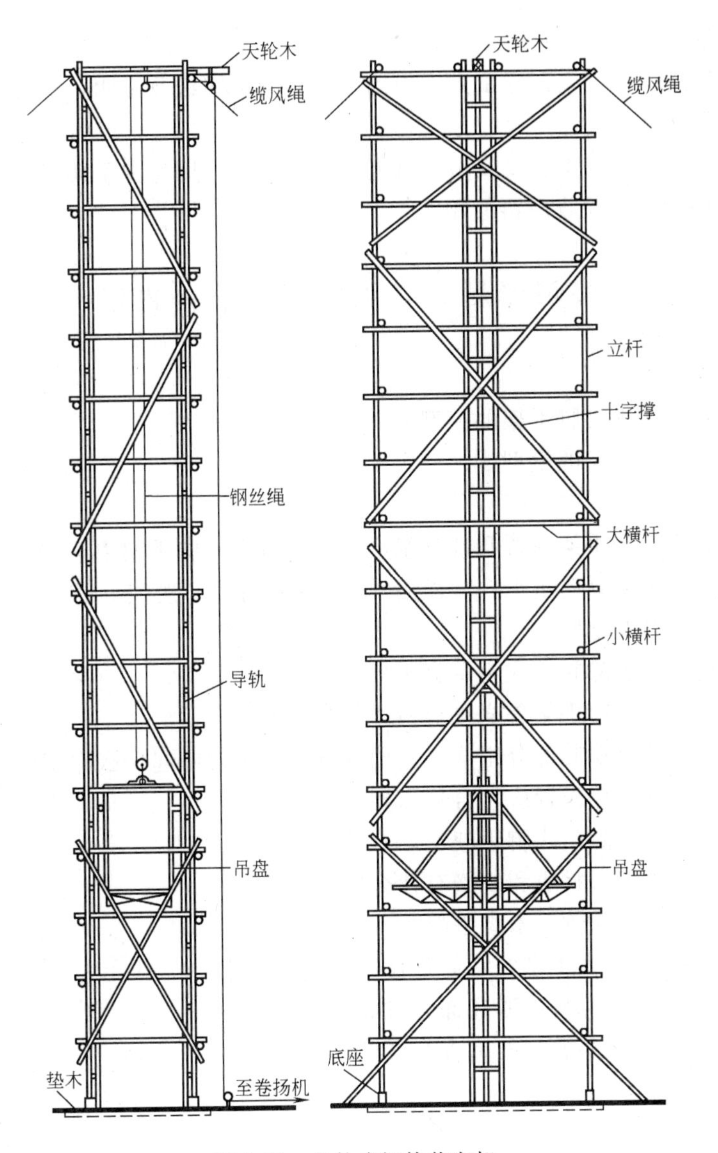

图 5-36　扣件式钢管井字架

(2) 横杆的间距为 1.2～1.4m，井架四面均设剪刀撑，每 3～4 步设一道，上下要连续放置，剪刀撑应用整根钢管，最下层的剪刀撑应落地撑实。

(3) 杆件要求方正平直，立柱的垂直偏度不得超过总高度的 1/400，在天轮梁支撑处要设八字撑。

(4) 进料口和出料口的净高应不小于 1.7m，出料口处的小横杆要与出料口平台的横杆一致。

(5) 导轨安装要牢固，导轨的垂直及两道轨之间的尺寸偏差不得大于±10mm。

(6) 井字架高度在 15m 以下时设一道缆风绳，如搭设高度在 15m 以上时，应每增加 10m，增设一道缆风绳。

5.2.2　井字架体的搭设

(1) 扣件式钢管井子架由于架体节点不能按刚性计算，架体整体性和稳定性较差，所以架体搭设高度不宜超过20m。

(2) 井字架搭设方法应在施工方案中确定，并给出图纸及说明，搭设操作要求与扣件式钢管脚手架要求相同。

(3) 井字架应与建筑物连接或用缆风绳固定，不能采用与脚手架直接进行固定，井字架搭设完毕按图纸要求验收后再使用。

实训课题　实训练习和应知内容

一、实训练习

(1) 制作扣件式钢管脚手架的模型。

(2) 制作门式脚手架的模型。

二、应知内容

(1) 扣件式钢管脚手架由哪几部分组成？它们各自在脚手架中起什么作用？

(2) 扣件式脚手架纵向水平杆、横向水平杆、脚手板、立杆、连墙杆、剪刀撑、横向斜撑各自应符合什么要求？

(3) 怎样搭设和拆除扣件式钢管脚手架？

(4) 对扣件式钢管脚手架怎样进行检查和验收？

(5) 门式脚手架有哪几部分组成，它们各自在脚手架中起什么作用？

(6) 水平架、剪刀撑设置应符合什么要求？

(7) 怎样搭设和拆除门式脚手架？

(8) 竹、木脚手架对材质和规格有什么要求？

(9) 怎样搭设和拆除竹、木脚手架？

(10) 里脚手架有哪些类型？它们各自适用范围是什么？

(11) 龙门架垂直升降机由哪几部分组成？

(12) 怎样安装、拆除龙门架垂直升降机？

单元6　砌体结构主体施工

知 识 点： 砌体结构构造要求，施工图识读，砌体结构施工工艺。

教学目标： 使学生能描述砌体结构的构造要求，能识读砌体施工所需要的建筑平面图、剖面图和详图，掌握砌体结构施工程序、操作方法和质量标准。

课题1　砌体结构主体构造

砌体结构是由各种块材（包括砖、石材、砌块等）和砂浆砌筑而成的墙、柱作为建筑物主要受力构件的结构。

砌体结构的主要优点是：取材方便、施工简单、造价低廉、性能优良；主要缺点是：强度较低、自重较大、砌筑工作量大、抗震性能差。基于上述特点，砌体结构主要用作6层以下的住宅楼、旅馆，5层以下的办公楼、教学楼等民用建筑的承重结构；在中、小型工业厂房及框架结构中常用砌体作围护结构。

1.1　砌 体 材 料

砌体由块材和砌筑砂浆构成，对块材和砂浆性能的进一步了解，将有助于理解和掌握各类砌体的性能。

1.1.1　块材

块材分为：砖、砌块及石材三种，其强度等级符号是MU。

1）烧结普通砖和烧结多孔砖

烧结普通砖，以黏土、页岩、煤矸石或粉煤灰为主要原料，经过焙挠而成的实心或孔洞率不大于规定值，且外形尺寸符合规定的砖。分烧结黏土砖、烧结页岩砖、烧结煤矸石砖、烧结粉煤灰砖等，其尺寸为240mm×115mm×53mm（图6-1*a*）。

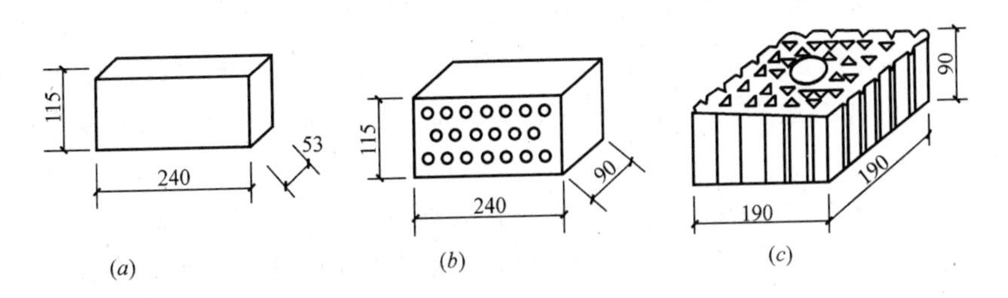

图6-1　砖的规格

（*a*）烧结普通砖；（*b*）P型多孔砖；（*c*）M型多孔砖

烧结黏土砖是目前应用最广泛的块体材料，由于黏土砖的生产破坏了大量土地资源，因此，国家正进一步加大限制黏土砖使用的力度，许多城市已禁用黏土砖。而烧结页岩砖、烧结煤矸石砖、烧结粉煤灰砖等既能利用工业废料，又保护土地资源，是块体材料的发展方向。

2）烧结多孔砖

以黏土、页岩、煤矸石或粉煤灰为主要原料，经过焙烧而成、孔洞率不小于25%，孔的尺寸小而数量多，主要用于承重部位的砖，简称多孔砖。目前多孔砖分为P型砖和M型砖，P型砖的尺寸为240mm×115mm×90mm，M型砖的尺寸为190mm×190mm×90mm。如图6-1（*b*）、（*c*）所示。

烧结普通砖和烧结多孔砖的强度等级有MU10、MU15、MU20、MU25、MU30五级。

3）蒸压灰砂砖和蒸压粉煤灰砖

（1）蒸压灰砂砖。以石灰和砂为主要原料，经坯料制备、压制成型、蒸压养护而成的实心砖，简称灰砂砖。

（2）蒸压粉煤灰砖。以粉煤灰、石灰为主要原料，掺加适量石膏和集料，经坯料制备、压制成型、高压蒸汽养护而成的实心砖，简称粉煤灰砖。

灰砂砖与粉煤灰砖的规格尺寸与烧结普通砖相同。蒸压灰砂砖和蒸压粉煤灰砖均属于“节土”、“利废”的产品。其强度等级有MU10、MU15、MU20、MU25四级。

4）砌块

砌块由普通混凝土或轻骨料混凝土制成，其尺寸规格为390mm×190mm×190mm、空心率在25%～50%的空心砌块，称为混凝土小型空心砌块，简称混凝土砌块或砌块。采用较大尺寸的砌块代替小块砖砌筑砌体，可减轻劳动量并可加快施工进度，在节土、节能、利废等方面具有较大的社会效益，并能减少环境污染，是墙体材料改革的一个重要方向。

砌块的强度等级有MU5、MU7.5、MU10、MU15、MU20五级。

5）石材

石材按加工后的外形规则程度分为料石和毛石，料石又分为细料石、半细料石、粗料石和毛料石。石材的强度等级有MU20、MU30、MU40、MU50、MU60、MU80、MU100七级。

1.1.2 砂浆

砂浆的强度等级符号为M，混凝土砌块砌筑砂浆（即砌块专用砂浆）的强度等级符号为Mb。砂浆的作用是将块材粘结成整体并使砌体受力均匀，同时因砂浆填满块材间的缝隙，还能减少砌体的透气性，提高其保温性和抗冻性。砌体中常用的砂浆有以下四类：

1）水泥砂浆

由水泥、水和砂拌合而成。这类砂浆具有较高的强度和较好的耐久性，但其和易性差，在砌筑前会游离出较多的水分，砂浆摊铺在块材表面后这部分水分将很快被吸走，使铺砌发生困难，因而降低砌筑质量。水泥砂浆一般用于砌筑潮湿环境中的砌体（如基础等）。

2）混合砂浆

混合砂浆包括水泥石灰砂浆、水泥黏土砂浆等。水泥石灰砂浆由水泥、水、砂、石灰拌合而成；水泥黏土砂浆由水泥、水、砂、黏土拌合而成。这类砂浆具有一定的强度和耐久性，和易性和保水性较好，便于施工，质量容易保证。工业与民用建筑中的一般墙体、砖柱等常用水泥石灰砂浆砌筑，它是建筑工程中应用最为广泛的一种砂浆。

3）石灰砂浆

由石灰、砂和水拌合而成。这类砂浆的保水性和流动性较好，但其强度低，耐久性差，适用于简易建筑或临时建筑的砌筑。

4）砌块专用砂浆

由水泥、水、砂以及根据需要掺入一定比例的掺合料和外加剂等组成，采用机械拌合而成，专门用于砌筑混凝土砌块的砌筑砂浆。

砂浆的强度等级是用70.7mm×70.7mm×70.7mm的立方体试块，经抗压强度试验而得，共分M2.5、M5、M7.5、M10、M15五级。当验算施工阶段尚未硬化的新砌体时，可按砂浆强度为零来确定砌体强度。

1.2 砌体的种类及力学性能

砌体是由不同尺寸和形状的块材用砂浆砌成的整体。砌体中的块材在砌筑时都必须上下错缝，才能使砌体较均匀地承受外力，否则，重合的灰缝将砌体分割成彼此间无联系的几个部分，因而不能很好地承受外力，同时也削弱甚至破坏建筑物的整体性。

1.2.1 砌体的种类

1）砖砌体

由砖和砂浆砌筑成的砌体称为砖砌体，大量用作内外承重墙及隔墙。

墙体常用厚度有：120mm（半砖）、180mm（七分墙）、240mm（1砖）、300mm（$1\frac{1}{4}$砖）、370mm（$1\frac{1}{2}$砖）、490mm（2砖）、620mm（$2\frac{1}{2}$砖）、740mm（3砖）等。

2）砌块砌体

由砌块和砂浆砌成的砌体称为砌块砌体。其特点是能减轻结构自重，减轻体力劳动。砌块砌体包括混凝土、轻骨料混凝土砌块砌体。砌块砌体的采用是墙体改革的一项重要措施。

3）石砌体

由石材和砂浆砌筑的砌体为石砌体。其优点是能就地取材、造价低；其缺点是自重较大，隔热性能较差。常用的石砌体有料石砌体、毛石砌体、毛石混凝土砌体。

4）配筋砌体

为了提高砌体的受压承载力和减小构件的截面尺寸，可在砌体内配置适量的钢筋形成配筋砌体。配筋砌体分为以下四类：

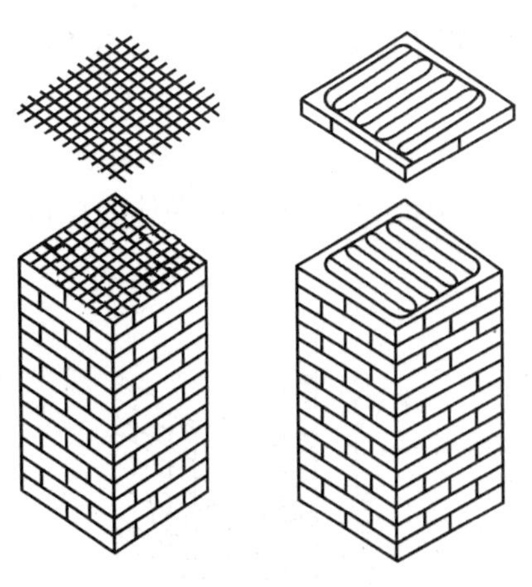

图6-2 网状配筋砖砌体

（1）网状配筋砖砌体。在砖柱或墙体的水平灰缝内配置一定数量的钢筋网而形成的砌体（图6-2）。

（2）组合砖砌体。由砖砌体和钢筋混凝土面层或钢筋砂浆面层组合的砌体。如图6-3所示。

（3）砖砌体和钢筋混凝土构造柱组合墙。在砖砌体中每隔一定距离设置钢筋混凝上构

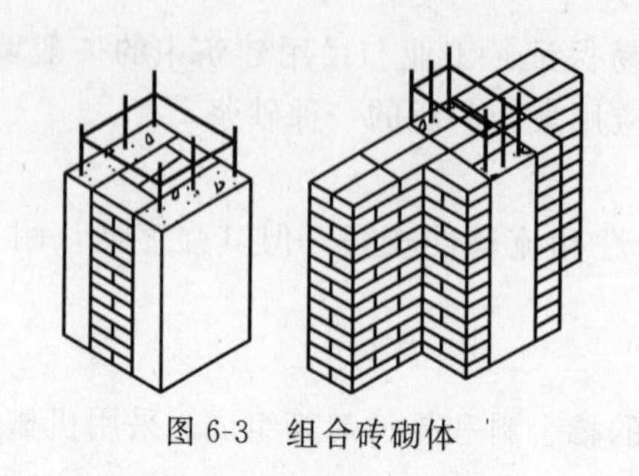
图 6-3　组合砖砌体

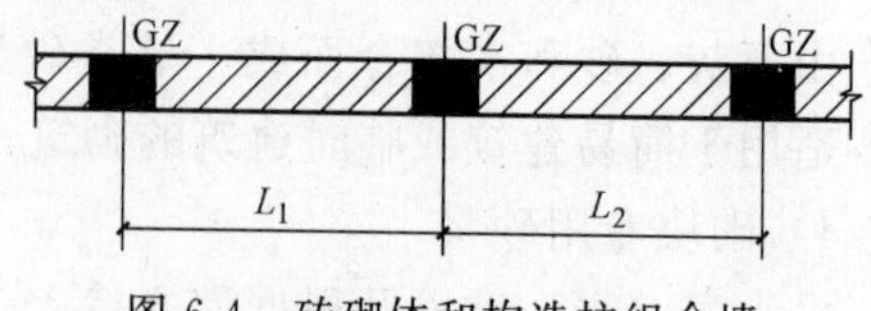

图 6-4　砖砌体和构造柱组合墙

造柱，并在各层楼盖处设置钢筋混凝土圈梁，构造柱与圈梁形成“弱框架”，构造柱分担墙体上的荷载；砌体受到约束，从而提高了墙体的承载力。如图 6-4 所示。

（4）配筋砌块砌体。在混凝土空心砌块的竖向孔洞中配置竖向钢筋，在砌块横肋凹槽中配置水平钢筋，然后浇灌孔中混凝土，或在水平灰缝中配置水平钢筋，所形成的砌体称为配筋砌块砌体。如图 6-5 所示。

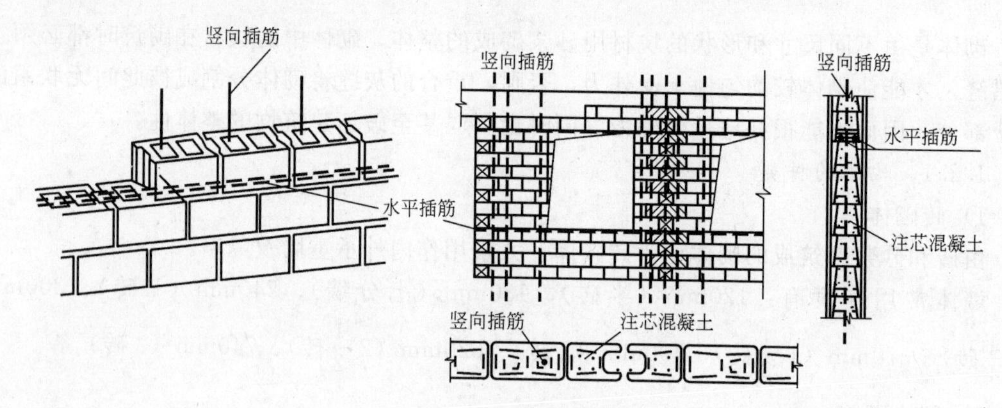

图 6-5　配筋砌块砌体

上述几种砌体的共同特点是抗压性能较好，而抗拉性能较差。因此，砌体大多用作建筑工程中的墙体、柱、刚性基础（无筋扩展基础）等受压构件。

1.2.2　*砌体的抗压强度*

1）砌体轴心受压破坏特点

如图 6-6 所示的砖砌体受压试块，砌体轴心受压时，其破坏过程大致经历三个阶段：

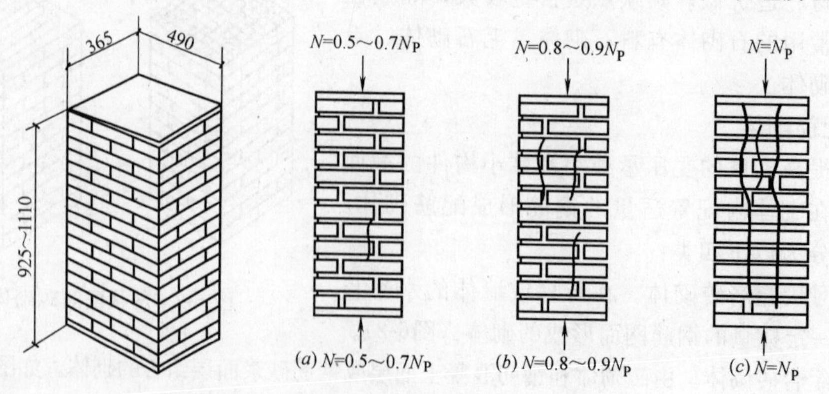

图 6-6　砖柱轴心受压破坏的三个阶段

(1) 第一阶段：从砌体开始受压到单块砖开裂，这时荷载约为破坏荷载的 0.5～0.7 倍。

其特点是：荷载如不增加，裂缝也不会继续扩展或增加。如图 6-6（a）所示。

(2) 第二阶段：随着荷载的增加，原有裂缝不断扩展，形成穿过几皮砖的连续裂缝（条缝），同时产生新的裂缝，这时的荷载约为破坏荷载的 0.8～0.9 倍。其特点是：即使荷载不增加，裂缝仍会继续发展。如图 6-6（b）所示。

(3) 第三阶段：继续增加荷载，裂缝将迅速开展，其中几条连续的竖向裂缝把砌体分割成若干半砖小柱，砌体表面产生明显的外凸而处于松散状态，砌体丧失承载能力。如图 6-6（c）所示。

2) 砌体应力状态分析

表面看来，砌体在轴心荷载作用下，其受力应是均匀受压的，可实际情况是砌体内的块材（砖）和砂浆都处于复杂的应力状态，原因主要有以下两个方面：

(1) 灰缝中砂浆层的不均匀性。由于施工时砂浆铺砌不均匀，有厚有薄，使得砖不能均匀地压在砂浆层上；砂浆本身的不均匀，砂子较多的部位收缩小，凝固后的砂浆层会出现许多小突点；同时砖的表面不平整，使得砖与砂浆之间不能全面接触。因此，块材（砖）实际支承在形状不规则且表面凸凹不平的砂浆层上，使得砖在砌体中处于受弯、受剪和局部受压的复杂应力状态中，如图 6-7 所示。

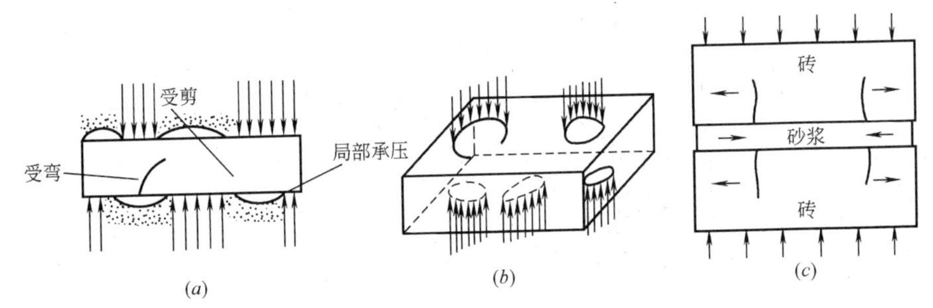

图 6-7　砌体中单块砖受力状态

(2) 砖和砂浆横向变形的不同。由于砌体受压时要产生横向变形，而砂浆的横向变形比砖大，同时砖与砂浆之间存在着粘结力和摩擦力的影响，于是砖受到砂浆横向拉伸力的作用。

由以上分析可知，砌体中的块材在受压时，还承受弯、剪、拉、局部受压等复杂应力的作用，而砖的抗弯、抗拉强度很低（约为抗压强度的 10%～20%），因而砌体在远小于砖的抗压强度时就会出现裂缝，砖块的抗压强度并没有真正发挥出来。

3) 影响砌体抗压强度的主要因素

(1) 块材和砂浆的强度等级。块材和砂浆的强度等级是影响砌体抗压强度的重要因素。一般来说，块材、砂浆的强度等级越高，砌体的抗压强度就越高。

(2) 块材的尺寸和形状。增加块材的厚度可提高砌体强度。块材外形规则、表面平整会使砌体强度相对提高。

(3) 砂浆的和易性和保水性。砂浆的和易性和保水性越好，则砂浆越容易铺砌均匀，灰缝就越饱满，块材受力就越均匀，则砌体的抗压强度也就相应越高。例如，用和易性较差的水泥砂浆砌筑的砌体，要比同强度等级的混合砂浆砌筑的砌体的抗压强度低。

(4) 砌筑质量和灰缝厚度。一般认为，水平灰缝砂浆的饱满度（即砂浆层实际覆盖面积与砖水平面积之比）不得小于 80%，灰缝厚度以 8～12mm 较好（标准厚度 10mm）。因而，灰缝的不饱满、太厚、过薄都将使砌体抗压强度降低，同时，砖在砌筑前要提前浇水湿润。此外，熟练而认真的技工砌筑的砌体，一般比不熟练、不认真操作的工人砌筑的砌体强度高。

4）施工质量控制等级

施工质量控制等级对砌体的强度有较大的影响，《砌体工程施工质量验收规范》(GB 50203—2002) 规定，将施工质量分为 A、B、C 三个控制等级。施工质量控制等级的选择由设计单位和建设单位商定，并在工程设计图中注明（配筋砌体不允许采用 C 级）。

1.2.3　梁端下设有垫块的砌体局部受压

为防止砌体局部受压破坏，一般采取的措施是在梁或屋架支座处设置垫块。通过设置垫块，增大局部受压面积，可将较大的局部支承压力分散到较大的面积上，从而减少砌体上的局部压应力。

1）设置预制刚性垫块。

如图 6-8 (*a*) 所示。预制刚性垫块的高度不宜小于 180mm，宽度不小于支承长度，自梁（或屋架）边起算的垫块挑出长度不宜大于垫块高度。因此，预制刚性垫块的长度一般有 500、600、740、870mm 等几种。预制刚性垫块可不配置钢筋，或配置双层构造钢筋网，其钢筋总用量不少于垫块体积的 0.05%。

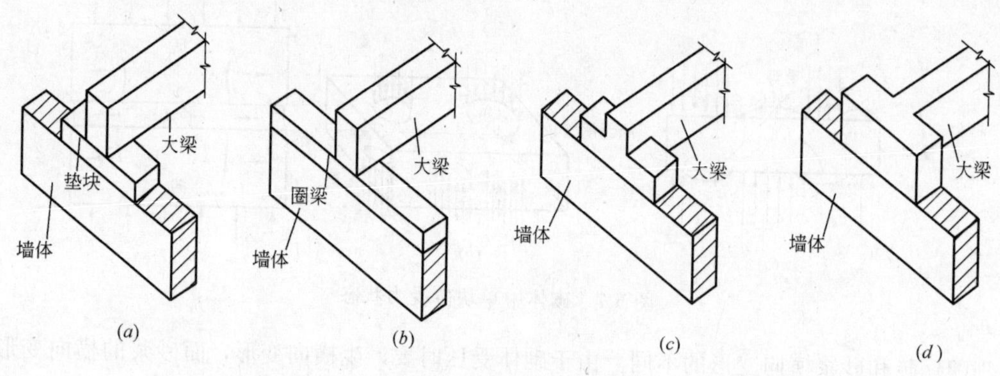

图 6-8　墙体中的梁垫

(*a*) 预制垫块；(*b*) 长度较大的垫块；(*c*) 现浇梁垫；(*d*) 现浇梁垫

2）设置长度较大的垫块

如图 6-8 (*b*) 所示。这种垫梁一般与钢筋混凝土圈梁相结合，圈梁上皮就是梁或屋架的支承面。

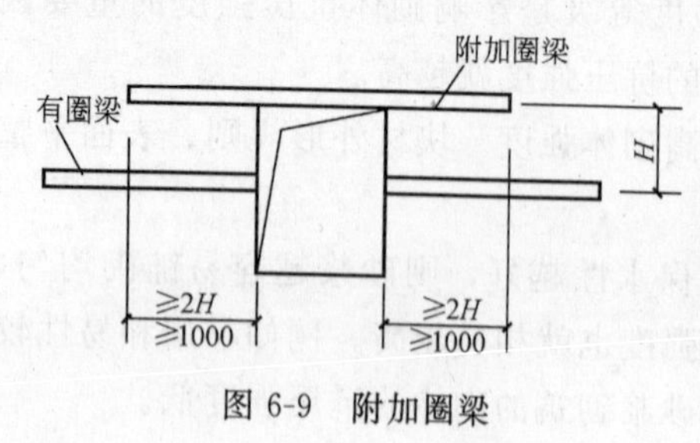

图 6-9　附加圈梁

3）设置现浇梁垫

如图 6-8 (*c*)、(*d*) 所示。其做法是将现浇钢筋混凝土梁端放大，从而形成扩大端现浇梁垫。

在工程设计中，梁垫的最好做法是设置预制刚性垫块，当有钢筋混凝土圈梁时，可将垫梁与圈梁配合，不提倡扩大端现浇梁垫的做法，即使采用这种做法，也不应将梁端放得过大过长，且不宜将梁的支承长度伸得过长。

1.2.4 圈梁（代号是 QL）

圈梁能增加房屋的整体性、空间刚度和抗震性能。圈梁的构造要求如下。

（1）圈梁宜连续地设在同一水平面上并应封闭。当圈梁被门窗洞口截断时，应在洞口上方增设截面相同的附加圈梁，附加圈梁与圈梁的搭接长度不应小于其中到中垂直间距 H 的 2 倍，且不得小于 1000mm。如图 6-9 所示。

（2）纵横墙交接处的圈梁应有可靠连接（图 6-10）。刚弹性和弹性方案房屋，圈梁应与屋架、大梁等构件可靠连接。

（3）钢筋混凝土圈梁的宽度宜与墙厚相同，当墙厚大于等于 240mm 时，圈梁宽度不宜小于 $2/3h$，圈梁高度不应小于 120mm，纵向钢筋不应少于 4ϕ10。如图 6-11 所示。

钢筋绑扎接头的搭接长度按受拉钢筋考虑，箍筋间距不宜大于 300mm。如图 6-10 所示。

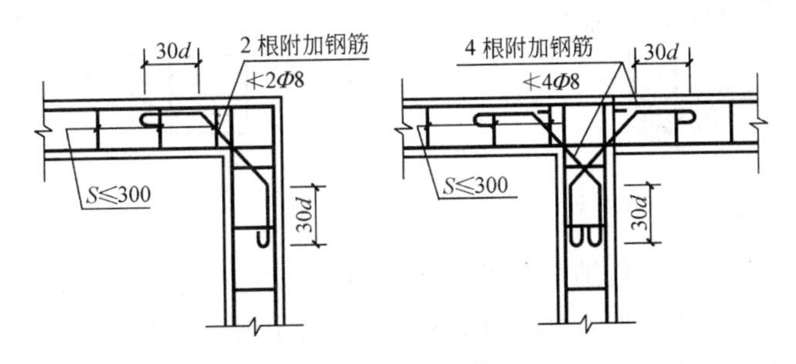

图 6-10 房屋转角处圈梁的构造

（4）当圈梁兼作过梁时，过梁部分的钢筋应按计算单独配置。

（5）采用现浇钢筋混凝土楼（屋）盖的多层砌体结构房屋，当层数超过 5 层时，除在檐口标高处设置一道圈梁外，可隔层设置圈梁，并与楼（屋）面板一起现浇。未设置圈梁的楼面板嵌入墙内的长度不应小于 120mm，并沿墙长配置不少于 2ϕ10 的纵向钢筋。

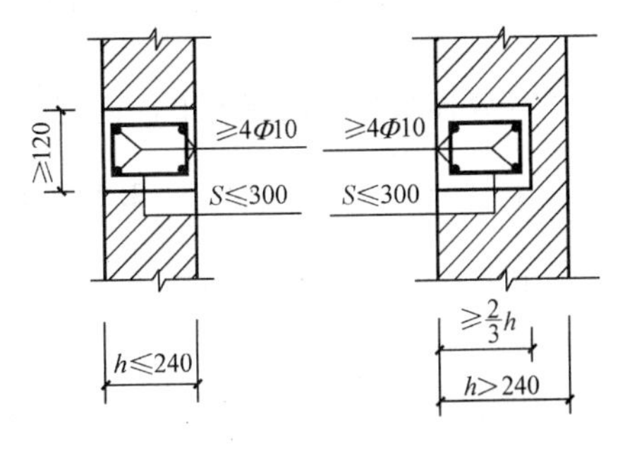

图 6-11 圈梁截面

1.2.5 构造柱（代号是 GZ）

构造柱系指夹在墙体中沿高度设置的钢筋混凝土小柱，砌体结构设置构造柱后，可增强房屋的整体工作性能。由于构造柱不作为承重柱对待，因而无需计算而仅按构造要求设置。构造柱截面尺寸不小于 240mm×180mm，纵向钢筋中柱不应少于 4ϕ12，边柱、角柱不应少于 4ϕ14 箍筋≥ϕ6，间楼距不宜大于 250mm。构造柱混

砖房构造柱设置要求 **表 6-1**

<table>
<tr><th colspan="4">房屋层数</th><th colspan="2" rowspan="2">设 置 部 位</th></tr>
<tr><th>6 度</th><th>7 度</th><th>8 度</th><th>9 度</th></tr>
<tr><td>4、5</td><td>3、4</td><td>2、3</td><td></td><td rowspan="3">外墙四角；错层部位横墙与外纵墙交接处；大房间内外墙交接处；较大洞口两侧</td><td>7、8 度时，楼电、梯间的四角；隔 15m 或单元横墙与外纵墙交接处</td></tr>
<tr><td>6、7</td><td>5</td><td>4</td><td>2</td><td>隔开间横墙（轴线）与外墙交接处，山墙与内纵墙交接处；7～9 度时，楼电、梯间的四角</td></tr>
<tr><td>8</td><td>6、7</td><td>5、6</td><td>3、4</td><td>内墙（轴线）与外墙交接处，内墙的局部较小墙垛处；7～9 度时，楼电、梯间的四角；9 度时内纵墙与横墙（轴线）交接处</td></tr>
</table>

注：砖砌体与构造柱的拉结筋每边伸入墙内不宜小于 1m。

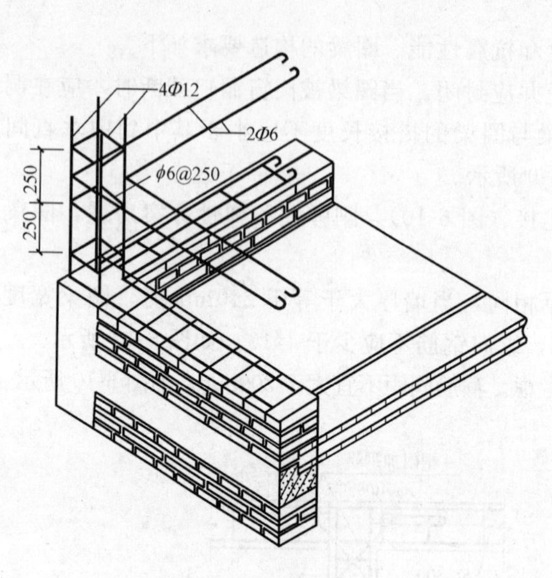

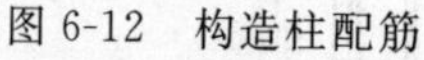
图 6-12　构造柱配筋

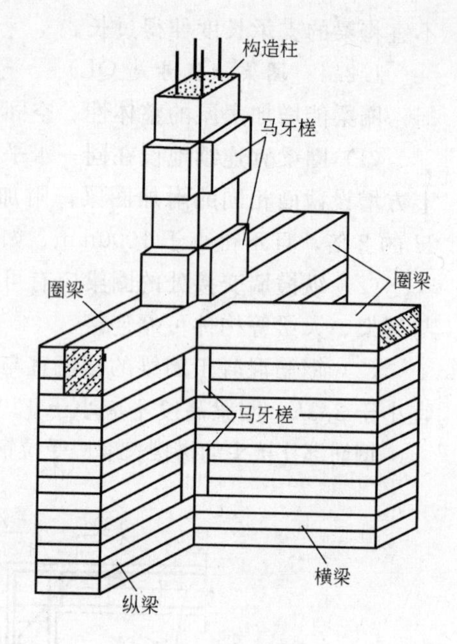

图 6-13　马牙槎

凝土强度等级不应低于 C20。构造柱与墙体连接处宜砌成马牙槎，从柱脚开始，先退后进，以保证柱脚有较大的混凝土截面，且应与圈梁连接。为了便于检查构造柱施工质量，构造柱宜有一面外露，施工时应先砌墙后浇柱。如图 6-12、图 6-13 所示。构造柱设置的要求见表 6-1。

课题 2　砌体结构主体施工识图和施工准备

在砌体结构主体施工中，首先应读懂施工图的要求，按施工图要求做好施工准备工作。

2.1　砌体结构主体施工图的识读

在进行砌体结构主体施工时，主要读懂建筑平面图、剖面图、立面图和墙身详图。

2.1.1　建筑平面图的识读

利用以前所学过的制图和识图的知识，看懂建筑平面图所表示的内容，在识读建筑平面图时，应掌握以下内容：

(1) 平面图所表示各房间的开间、进深尺寸，建筑物的平面外形尺寸及各轴线间的尺寸，定位轴线的数量等。

(2) 各房间的名称，楼梯间的位置等。

(3) 各道墙上门窗洞口的位置和尺寸，门窗的种类、数量和尺寸。

(4) 各道墙体的厚度，所用材料，墙体的内外边线与轴线的关系和尺寸。

(5) 梁、过梁、圈梁、构造柱的编号、数量、位置、形状、尺寸。

(6) 各房间的设备与墙体有关的细节要求。如暖气沟、消防箱、电闸箱等装置在墙体内的要求、尺寸位置。

(7) 平面图外围四面墙各自的朝向。

(8) 楼面各部位的建筑标高。

2.1.2 建筑剖面图的识读

剖面图应读懂以下内容。

(1) 首先识别建筑剖面图在建筑平面图上的剖面位置和所剖切的建筑部位。

(2) 掌握剖面图剖切部位的建筑标高。包括：室外地坪标高，首层地面标高，窗台标高，过梁、圈梁标高，大梁、楼板标高，挑檐、阳台、雨篷等标高。

(3) 掌握楼梯间、楼梯梁、休息平台等标高位置。

2.1.3 建筑立面图的识读

在识读建筑立面图时，应掌握以下的内容。

(1) 首先识读建筑立面图所表示建筑物的哪个立面。

(2) 掌握各立面的装饰的要求。

(3) 掌握各立面上各层墙体上门窗、挑檐、阳台、雨篷的形式等。

2.1.4 建筑详图的识读

在施工图中，由于平、立、剖面图的比例较小，许多细部无法表达清楚，必须用较大比例绘制局部详图，以表示其细部构造及尺寸。在识读详图时应掌握以下内容：

(1) 识读详图索引。根据详图索引的编号和详图所在施工图的编号，查找详图的方法。

(2) 读懂详图所表示的内容、细部尺寸和总体构造的相互关系。

2.1.5 标准图的识读

在建筑施工图设计时，将那些经常使用的公共配件编制成图集，便于各施工图共同引用的图集称为标准图，所以在识图时，还要掌握标准图的识读方法。

标准图的识读，主要是通过施工详图索引及所标明的标准图集名称、页数及详图的编号，查找对应的图集。

2.2 现以图 6-14 为例，进行识读的过程

2.2.1 平面图的识读

1) 如图横向轴线共有 6 条①～⑤轴开间尺寸均为 3m。⑤～⑥轴为 1.7m。

2) 纵向轴线共有 3 条Ⓐ～Ⓑ轴为 1.7m。Ⓑ～Ⓒ轴为 3.1m。

3) 此建筑平面长度满外尺寸为 14.33m。宽度满外尺寸为 5.4m。

4) 各墙的厚度与轴线的关系。

(1) Ⓐ、Ⓒ轴的墙体厚度为 360mm，是中轴，即定位轴线是墙体的中心。

(2) Ⓑ轴墙厚度为 240mm，也是中轴。

(3) 在①～②轴之间，距Ⓐ轴墙 0.9m。有一道厚度为 120mm 的隔断墙。

(4) ④轴处在ⒶⒸ轴墙上各有一道 240mm 厚、500mm 长的短墙。各自位置和尺寸见平面图的标记。

5) 门窗过梁的类型、数量见右下角文字说明，各自位置见平面图。

6) 墙体的细部要求：

(1) 在窗口处两侧各端 60mm 的窗套。

(2) 在①轴的 2 个角墙处，⑤轴的 1 个角墙处有 240mm×240mm 的墙垛。

(3) Ⓑ轴墙上有花饰砌筑。

7) 建筑物的朝向是南北向，Ⓐ轴墙是阳面，Ⓒ轴墙是阴面，⑤轴墙是朝东，①轴墙朝西。

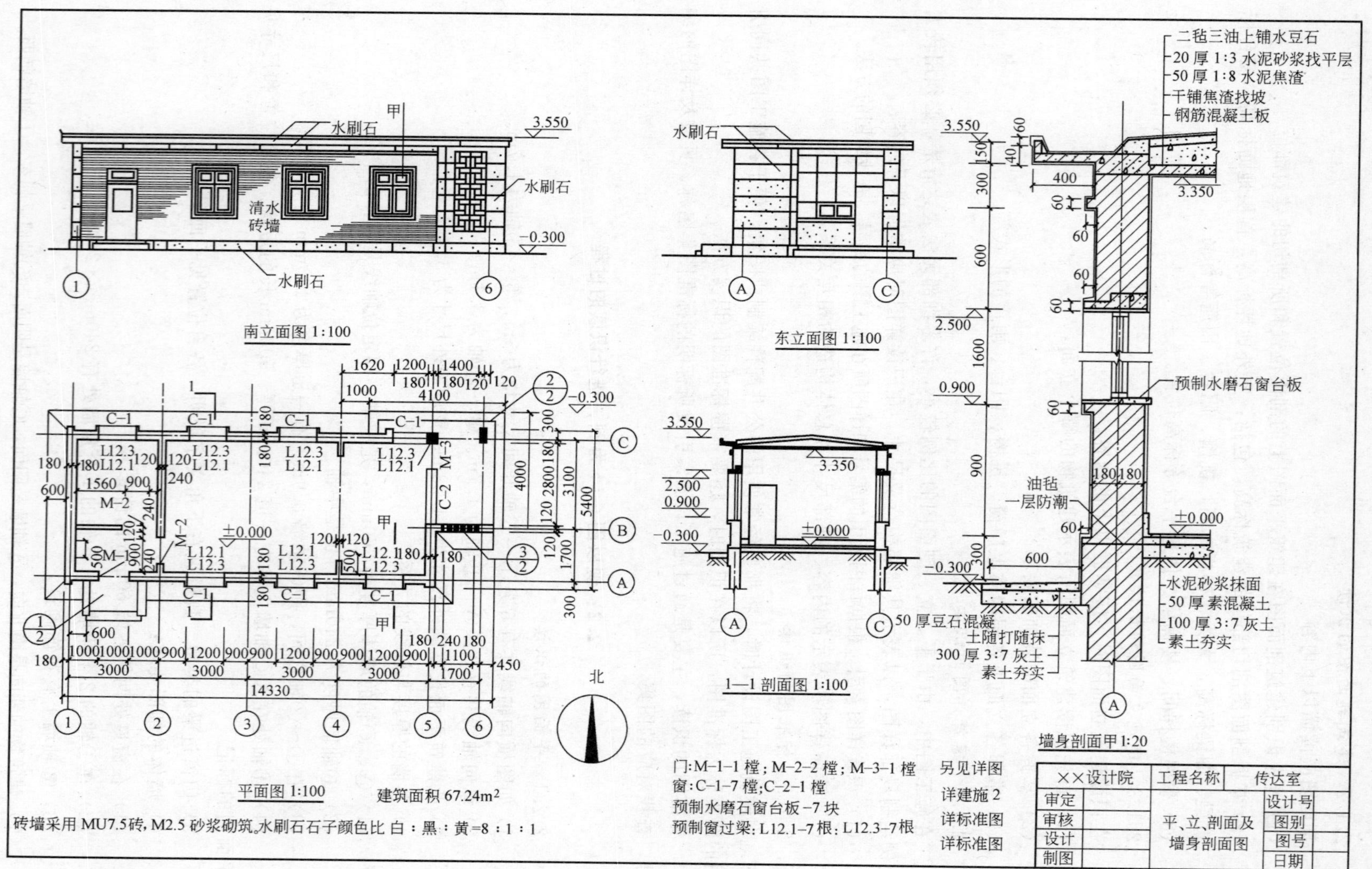
南立面图 1:100
水刷石
清水砖墙
甲
3.550
-0.300
东立面图 1:100
平面图 1:100
建筑面积 67.24m²
1—1 剖面图 1:100
3.350
2.500
0.900
±0.000
50 厚豆石混凝土随打随抹
300 厚 3:7 灰土
素土夯实
墙身剖面甲 1:20
二毡三油上铺水豆石
20 厚 1:3 水泥砂浆找平层
50 厚 1:8 水泥焦渣
干铺焦渣找坡
钢筋混凝土板
预制水磨石窗台板
油毡一层防潮
水泥砂浆抹面
50 厚素混凝土
100 厚 3:7 灰土
素土夯实
北
砖墙采用 MU7.5 砖, M2.5 砂浆砌筑。水刷石石子颜色比 白：黑：黄=8：1：1
门:M-1-1 樘；M-2-2 樘；M-3-1 樘　另见详图
窗:C-1-7 樘;C-2-1 樘　详建施 2
预制水磨石窗台板 -7 块　详标准图
预制窗过梁: L12.1-7 根; L12.3-7 根　详标准图
××设计院
工程名称
传达室
审定
审核
设计
制图
平、立、剖面及墙身剖面图
设计号
图别
图号
日期
图 6-14

2.2.2 剖面图的识读

1）1-1剖面图

剖面图是在②～③轴的窗口处剖切并向②轴方向投影。

2）建筑物各部位的标高

（1）室外地坪为－0.3m，室内地坪为±0.000。

（2）窗台高0.9m，窗口过梁下皮2.5m，楼板下皮3.35m，挑檐上皮3.55m。

2.2.3 建筑立面图识读

此图只表示的南立面和东立面，其识读内容如下。

（1）南立面墙面在勒端处、附墙柱，①～⑥轴墙，边缘挑檐，从挑檐下皮下墙面等均抹水刷石，⑤～⑥轴墙中间砌花饰，其他墙面是清水砖墙，勾缝。

（2）东立面墙和挑檐全部抹水刷石。

2.2.4 建筑详图识读

（1）首先看详图索引，在平面图上有分别表示所指台阶的详图在建施②上，详图的编号分别是②；详图索引是指花饰墙的详图，在建施②上，详图编号是③。

（2）在南立面图上截取了Ⓐ轴墙身详图，从墙身详图可以看出散水的尺寸和作法；墙体防潮层的标高和作法；勒脚退台尺寸、墙身与轴线的关系；窗台的砌法，窗台板的要求，窗口高1.6m；窗口过梁的截面形状和安装位置；从窗口上皮以上600mm的外墙面砌一道60mm×60mm腰线；挑檐的截面形状、尺寸和标高；屋面的工程作法等内容。

2.2.5 标准图的识读

此图中，门、窗、预制水磨石窗台板、预制窗过梁具体的作法从标准图中查取。

2.3 墙体砌筑前的准备

在砌筑工程施工中，首先要掌握各种机械设备的使用方法，了解其使用功能，才能在施工中更好的发挥机械设备的作用，同时，还要掌握常用的砌筑工具的种类和使用方法，才能在进行操作中掌握其使用要领，使手工工具操作自如。

1）大铲

大铲是用来铲取砂浆，进行铺灰的工具。如图6-15所示。随着操作熟练程度的提高，要求在砌墙时做到铲灰量准，铺出灰条一次成形，正好满足一块砖挤浆的面积，同时还用大铲刮除余浆，因此对大铲提出一些具体的要求。

（1）大铲的重量约0.5kg左右，一把大铲的重量虽说有限，但是砌筑者成年累月握在手

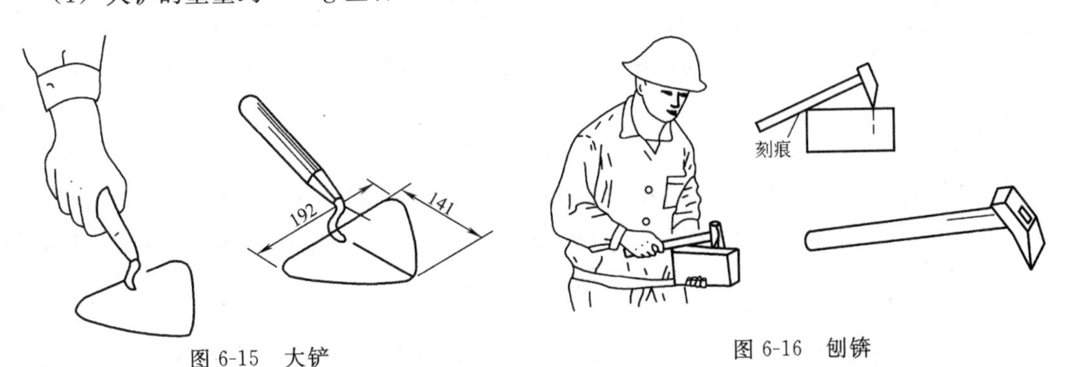

图6-15 大铲

图6-16 刨锛

中挥铲砌筑，应使其越轻越好。有利于减轻手腕关节的劳动强度。

(2) 铲链的高度和手柄的角度要合适。因为铲链太高，会增加操作时翻转铲面手腕的扭力；铲柄的角度过大或过小都会影响铺灰一次成形的效果。铲铤的高度和铲柄的角度在使用中可以进行调整。

(3) 铲边的形状。铲边的形状直接影响铺灰的形状和刮灰的效果，铲边应具有平缓的弧线，能铲取均匀的灰条，使铺出灰条一次成形，厚度均匀，又便于刮净挤出的余浆。

(4) 铲柄使用杨木制作，材质较轻，能吸手汗。

2) 刨锛

刨锛是用来打砖的一种工具，按图 6-16 所示要求打出的七分头、半头砖，尺寸准确，一次完成。

(1) 刨锛带刃的一面不宜太锐利，否则打出的砖边会崩棱。

(2) 刨锛手柄应用檀木制作，即坚硬又有韧性。

(3) 刨锛头安装要牢固，在手柄上可以刻上七分头的尺寸线。

(4) 用刨锛打砖时，可以在砖上用刨锛画上尺寸线，用力要猛、准，一次完成。

3) 线锤和托线板

线锤和托线板是用来检查砌筑的墙体是否垂直的工具。砌筑的墙体不但要求平整，而且要求垂直。砌筑墙体时，用目测只能看出墙体的大体平整，要想检测砌筑的墙体垂直度，必须依据线锤和托线板提供的垂直线。如图 6-17 所示。

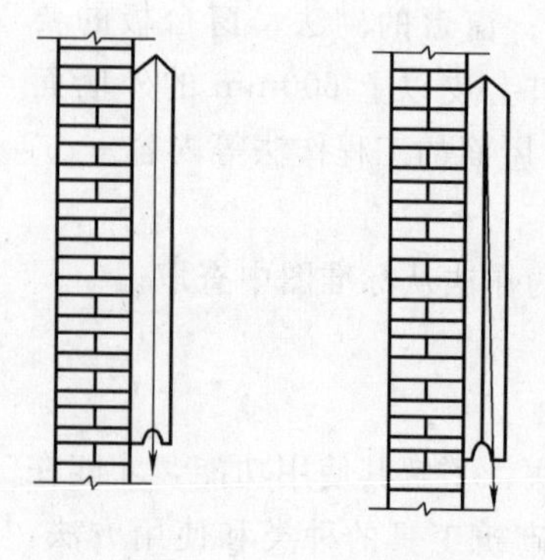

图 6-17 线锤和托线板

(1) 线锤是在盘角时用来检测墙角是否垂直，盘角一般不超过 5 皮砖。以线锤提供的垂直线由角的一侧外边逐渐接近墙角的一侧，同时用目测观看墙角一侧与垂线的上下距离是否相等。距离相等，墙面是垂直的；距离不相等，墙面是歪斜的。当墙面是歪斜时，应以最下一皮砖为基准及时修整，直到墙面一侧垂直。检查完角的一侧后，再检查角的另一侧墙。

(2) 线锤与托线板的组成不但能检查墙面的垂直度，而且能检查墙面的平整度。用左手把托线板的一侧垂直靠在墙面上，右手放在板的上部按住，左手扶好尺身，用靠上不靠下的原则去检查墙体的垂直度。托线板挂线锤的线不要过长，注意不要使线锤贴在托线板上，要使线锤摆动自由，不碰托线板。检查墙面是否垂直看线锤停摆的位置，当线锤的垂线与托线板的墨线重合，墙面是垂直的，当线锤向外离开墙面偏离墨线，表示墙面外倾斜，叫“张”了；当线锤向里靠近墙面偏离墨线，则说明墙向里倾斜，叫“背”了。

4) 皮数杆

皮数杆是墙体砌筑高度的依据，一般用方木和高低尺寸做成，上面画有每皮砖和灰缝的厚度、皮数，门窗、楼板、圈梁、过梁等构件位置。砌墙时，皮砖要与皮数杆的高度和皮数进行比较。当墙体高于皮数杆时，应当逐步压小灰缝，使墙体与皮数杆高度、皮数相同。皮数杆主要是控制盘角的高度，如图 6-18 所示。

5) 挂线

一道砖墙的两端大角是根据皮数杆标高，依靠线锤、托线板先砌起 3～5 皮砖，使之

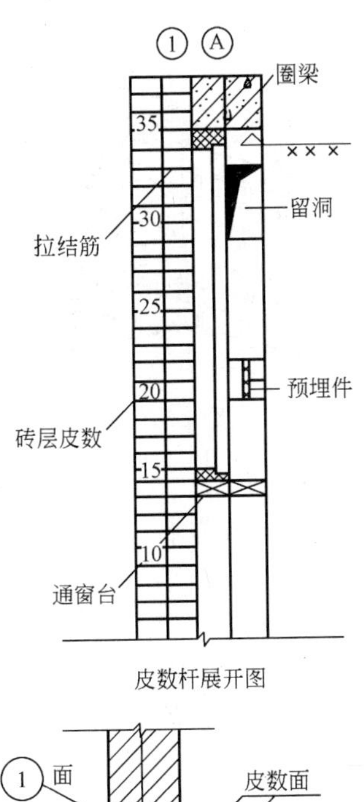

皮数杆展开图

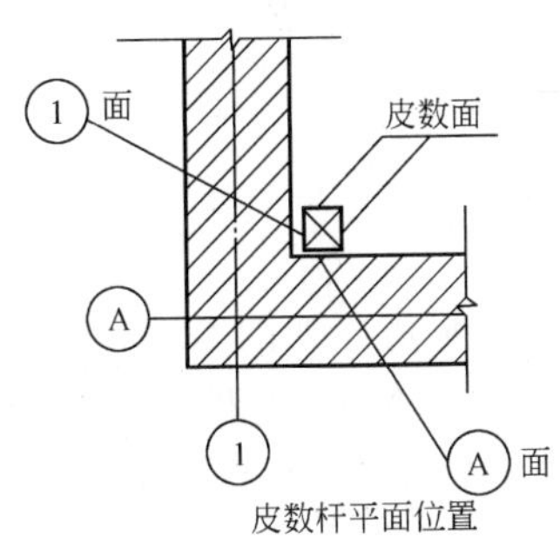

皮数杆平面位置

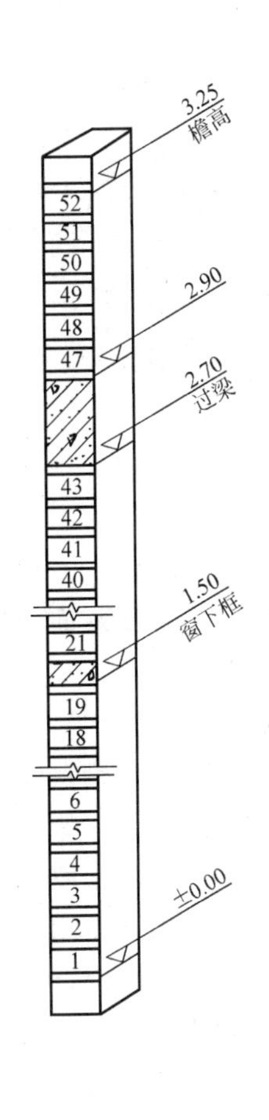

图 6-18　皮数杆

垂直、平整。而中间部分的砌筑标准主要依靠挂准线。挂准线时，两端必须将线拉紧，当用砖拉紧线时，要检查坠重及线的强度，防止线断，坠砖掉下砸人，并在墙角用小竹片或16～18 号钢丝做别子，别住准线。挂线的具体要求如下：

（1）砌 240mm 墙为单面挂线，370mm 墙及其以上的墙必须双面挂线，外线挂在墙角处，里线可以用 8 号钢丝弯制的卡子别在墙缝上。如图 6-19 所示。

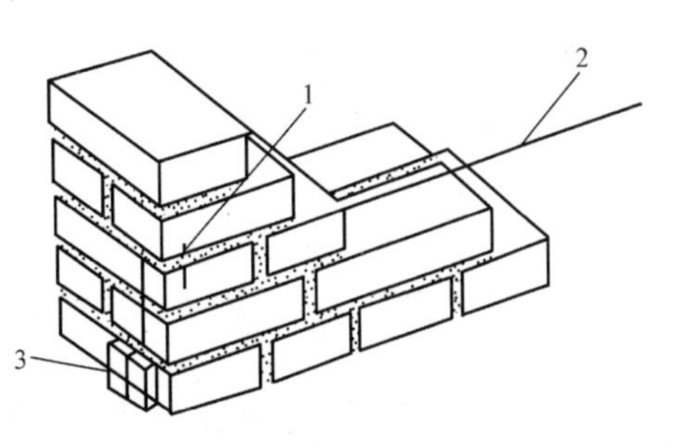

6-19　大角挂线
1—别线棍；2—挂线；3—简易挂线锤

（2）挂线长度超过 15m 或遇有风天气，应加设“腰线砖”。每次升线都要穿看全线偏差情况，防止“腰线砖”部位墙面产生偏差。如图 6-20 所示。

（3）挂线每次升线都要拉紧，用手测拉紧程度，防止线松出现垂度。

（4）挂立线必须做到“三线归一”。具体做法是先挂立线用线锤吊直，挂上水平线拉紧，用线锤测立线、水平线，以线锤线、立线、水平线三线相重为准。如图 6-21 所示。

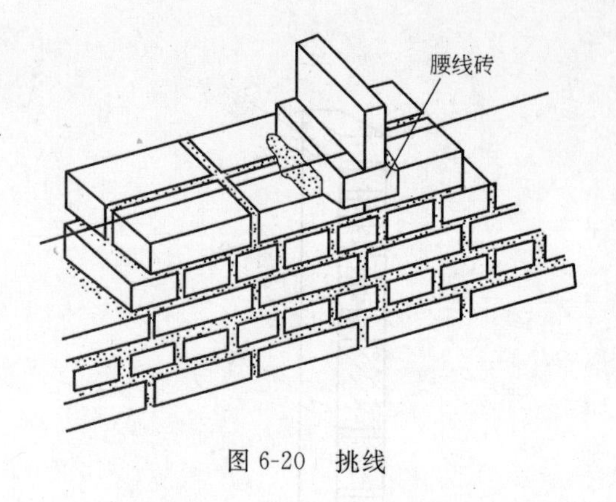

图 6-20　挑线

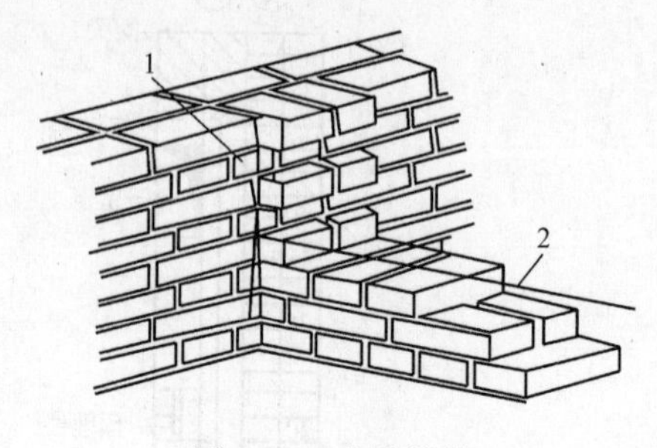

图 6-21　内墙挂线

1—立线；2—准线

（5）砌墙时，应使砖面上棱与准线一致，距离准线 1mm 左右。

6）其他工具

（1）浆壶：用于装水，调整砌筑砂浆的稠度。

（2）灰斗：用于装砌筑砂浆的容器。

（3）砖夹子：用于夹砖的工具。

（4）溜子：用于清水墙刮缝的工具。

（5）小扫帚：用于清水墙刮缝后清扫墙面的工具。

2.3.1　砌筑常用的机械设备

砌筑常用的机械设备主要是用于搅拌砌筑砂浆的砂浆机。如图 6-22 所示。

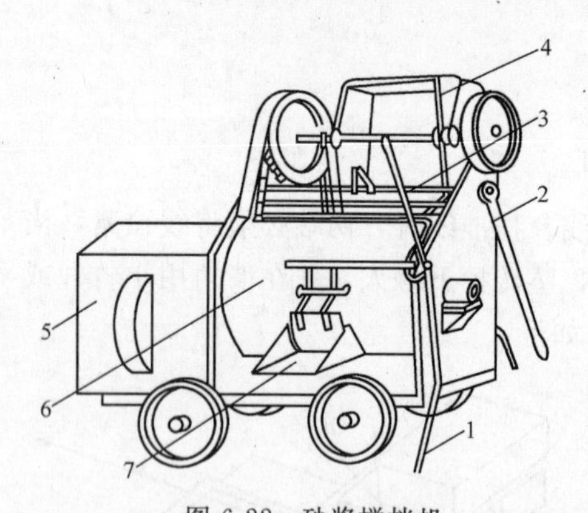

图 6-22　砂浆搅拌机

1—水管；2—上料操纵手柄；3—出料操纵手柄；4—上料斗；5—变速箱；6—搅拌斗；7—出灰门

砂浆搅拌机：简称灰浆机，用于搅拌砂浆。常用规格有 200L 和 325L 两种，台班产量分别为 $18m^3$ 和 $26m^3$。

无论是哪种型号的砂浆机在使用与维护中应做到以下的要求：

（1）砂浆搅合机在使用前应检查拌叶是否有松动现象，如有松动应紧固，因为拌叶松动容易打坏拌筒，甚至扭弯转轴。

（2）工作前还需检查各处润滑情况，保证机械有充分的润滑，轴承边口易于侵入尘土而加速磨损，故应特别注意清洁。

（3）检查搅拌机的电器线路连接是否正确牢靠，接地装置或电动机的接零亦应安全有效，三角皮带的松紧要适度，进出料装置须操纵灵活和安全可靠。检查拌桶内是否有残留的砂浆硬块，如有砂浆硬块而没有清除就起动机器，拌叶易被卡塞，使拌筒在运转以后被拖反而造成事故。

（4）以上各项检查无误后再起动砂浆机。

（5）加料时，应先加水，再一边加料一边加水，加料不能超过规定容量。

（6）运转中不得用手或木棒等伸入搅拌筒内或在筒内清理灰浆，并严格防止铁棒及其他物体落入拌筒内。

(7) 工作中，需注意电动机和轴承的温度，轴承的温度一般不宜超过60℃，电机温度不得超过铭牌规定值。

(8) 带有防漏浆密封装置的拌合机，应检查调整转轴的密封间隙，如果漏浆，可旋转压盖帽来重新压紧密封填料。

(9) 搅拌叶与筒壁的间隙应保持3～6mm为宜，如磨损后超过10mm，搅拌质量和效率将大为降低，应及时调整和修理。

(10) 作业中，如发生故障不能继续运转时，应立即切断电源，将筒内灰浆倒出，进行检查，排除故障。

(11) 搅拌完毕，卸料时须使用出料手柄，不能用手扳推拌筒。

(12) 工作结束后，要进行全面的清洗工作和日常保养工作。

2.3.2 砌筑施工的准备

1) 抄平放线

砌筑墙体之前，首先按施工图弹出墙的外边线和轴线、门口位置线等。

(1) 首先用经纬仪定出主轴线的位置。用钢尺测量主轴线的距离与施工图的尺寸是否相符。

(2) 当主轴线的测量尺寸与施工图尺寸要求相差在允许范围内时，将相差值平均分解到每个轴线尺寸上。

(3) 当轴线的测量尺寸与施工图尺寸要求相差超过允许范围，应找出问题重新测量。

(4) 在主轴线间拉尺划出各个轴线的位点，再用钢板尺划出墙的边线点。

(5) 根据墙的厚度和轴线与墙的关系，画出墙的边线点：12墙应画115mm宽；24墙应画240mm宽；37墙应画365mm宽；50墙应画490mm宽。

(6) 根据画出的墙边线点，用墨斗弹出墙边墨线，当弹不上边线时，可以弹出墙的轴线。

(7) 根据施工图，在墙边线内弹出门口等细部的位置线。

(8) 放线尺寸的允许偏差见表6-2。

放线尺寸的允许偏差 **表6-2**

长度L、宽度B(m)	允许偏差(mm)	长度L、宽度B(m)	允许偏差(mm)
L(或B)≤30	±5	60<L(或B)≤90	±15
30<L(或B)≤60	±10	L(或B)>90	±20

(9) 抄平就是使用水准仪确定每层房屋的标高位置。

2) 选砖，浇砖

只有选好砖，才能更好地完成砌筑墙体的任务。合格的砖不仅能达到设计要求的力学性能，而且外观尺寸、颜色也要合格，尤其是在砌清水墙时，选好砖更为重要。砖的力学性能除抽样到实验室做实验外，现场还应进行目测检查，目测检查应做到以下几点：

(1) 砖的外观不能缺棱掉角，颜色要均匀一致。

(2) 砖的尺寸：黏土砖虽然国家有统一规定的尺寸要求，但是每个砖厂出产的砖尺寸不一致，检测时将一个条面上放两个丁面，外边对齐时两个丁面的缝应是10mm。

(3) 在常温下施工，黏土砖应在砌筑提前一天浇水润湿。水进入砖深度10～20mm为宜。

(4) 在一般情况下，一栋建筑物所用的砖应是由一个砖厂制作，中途不得换砖。

3) 皮数杆制作和设立

皮数杆是砌筑墙体的竖向标高的依据，它表示砌体砖的层数和建筑物各种门窗、洞口、梁板的高度。因此，皮数杆制作和设立时应符合以下要求：

(1) 以建筑物设计的结构标高为准。皮数杆到建筑物的设计标高处必须是整层。例如：窗台处设计标高为0.9m，每皮砖厚54mm，加上10mm灰缝，合计为64mm。砖的皮数=900+64=14.06层，不是整数层。这时可以取14层，但是14层处标高必须是0.9m，将误差的尺寸平均分到各层灰缝处，画到门窗过梁处也应该照此种方法处理。有时为了达到建筑物设计标高的准确，窗台以下和窗台以上的灰缝厚度不同，只要这种偏差在允许范围内就可以处理完好。

(2) 每皮砖的厚度是根据工地进场的砖，从各砖堆中抽取10块砖样，量其总厚度，取其平均值作为画皮数杆的依据。

(3) 灰缝厚度为8～12mm，一般取10mm。

(4) 根据砖和灰缝的厚度，计算出的层数画在木制杆上，即为皮数杆。

(5) 皮数杆的±0.000与抄平木桩的±0.000对准后固定。

(6) 二层以上的±0.000应由首层墙上标定的+0.000点用钢尺垂直量出层高产生。

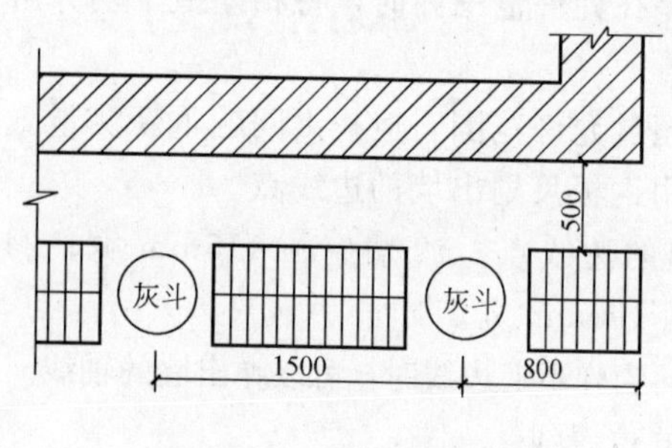

图6-23 灰斗和砖的排放

(7) 皮数杆立在墙的转角，内外墙交接处，楼梯间和施工缝甩槎处。间距不大于15m。

4) 灰斗和砖的堆放位置

灰斗的间距要适应砌筑者的身高和步距，一般为1.5m。第一个灰斗离墙角0.8m，灰斗前部及灰斗之间放置双排三层平砖，在门窗口对应的位置可不放砖，灰斗的位置相应退出门窗口边0.8m。灰斗和砖与墙的间距为0.5m，作为操作走廊。如图6-23所示。

5) 其他材料的准备

(1) 墙体拉筋：用于接搓处、构造柱构造要求进行制作和留设。

(2) 木砖：按施工图要求制作和砌入墙体内，用于固定门窗框等。

2.3.3 *砌筑砂浆的配制和使用*

砌筑体的强度是由砖的强度与砂浆的强度共同组成，在砖砌体施工中往往是由于砌筑砂浆的强度不合格造成墙体开裂等许多质量事故。砂浆强度等级不但要求其抗压强度达到设计要求，而且还应有良好的保水性及和易性，才能保证在使用“二三八一”砌筑法时铺灰一次成形。挤压使砂浆饱满度达到80%以上。砂浆的保水性及和易性达不到规定的标准就无法使用“二三八一”砌筑法。

1) 原材料的要求

(1) 水泥：常用的五种水泥均可使用，但不同品种的水泥不得混合使用，选用水泥的级别一般为砂浆强度等级4～5倍为宜。

(2) 砂：使用中砂应过5mm孔径的筛。配置M5以下的砂浆，砂的含泥量不超过10%。M5及其以上的砂浆，砂的含泥量不超过5%。

（3）石灰：生石灰熟化成石灰膏时，应用筛过滤，并使其充分熟化，熟化时间不得少于7d。沉淀池中储存的石灰膏应防止干燥、冻结和污染。不得使用脱水硬化的石灰膏。

（4）水：应使用不含有有害物质的洁净水。

2）砌筑砂浆的配制

（1）严格按确定的施工配合比进行称重计量。

（2）水泥计量允许偏差为±2%。砂、掺合料允许偏差为±5%。

（3）为了增加砌筑砂浆的和易性，掺入水泥重量的0.007%～0.01%的微沫剂，掺量大于0.01%的砂浆强度就要下降。

（4）微沫剂用不低于70℃热水溶解，稀释后存放时间不宜超过7d。

（5）掺入微沫剂的砂浆必须利用机械搅拌，拌合时间为3～5min。

3）砌筑砂浆的使用

（1）砂浆拌成后，使用时装入灰斗，如砂浆出现泌水现象应在砌筑前再次拌合。

（2）砂浆应随拌随用，水泥砂浆和水泥混合砂浆必须分别在拌成3h和4h内使用完毕。如施工期间最高气温超过30℃，必须在拌成后2h和3h内使用完毕。

（3）严格控制砂浆的拌合量，应根据工程的进度和下班的时间提前停止搅拌，做到活完料净，过夜的水泥砂浆及混合砂浆决不能使用。

（4）每一楼层或250m³砌体中的各种强度等级砂浆，每台搅拌机应至少检查一次，每次至少应制作一组试块。如砂浆强度等级或配合比变更时，还应制作试块。

2.3.4 技术交底和安全交底

1）技术交底

技术交底是项目工长或专业技术人员在施工前向班组的工人进行分项工程施工工艺的交底，交底时，应根据施工工程的具体情况，提出达到施工规范、规程、工艺的要求及具体的措施，要达到的质量等级的标准等主要内容如下：

（1）分项工程的设计图纸所示关键部位的情况。例如，门窗洞口的尺寸、标高，大梁、圈梁、过梁的尺寸、标高，留槎、设拉筋、木砖预埋件的要求等。

（2）分项工程的施工工艺要求要针对工程的具体情况，提出施工程序、施工方法和操作要点。

（3）提出要达到的质量标准及保证质量的具体措施。

（4）施工组织、平面布置、文明施工、节约材料等方面的要求。

（5）防止产生质量通病的方法及操作中应特别注意的关键部位。

技术交底的方式有许多种，以上的内容是以书面形式向施工工人进行技术交底，针对工程的具体情况也可以采用样板交底的形式，以某个工人砌成的质量较好的墙体为样板，提示其他工人照此样去做。对于工作内容比较简单、操作时间较短的项目也可以利用口头交底的形式。

2）安全交底

安全交底是在施工前必须要做的一项书面交底的工作。由工长向施工工人进行安全操作所出的要求，一般包括：

（1）操作之前必须检查操作环境是否符合安全技术要求。

（2）砌筑基础时，注意基坑土质变化，防止塌方伤人。

(3) 墙体砌筑高度超过 1.2m 时，应搭设脚手架，一层以上楼层当采用里脚手架时，应挂水平安全网。

(4) 脚手架上堆载不准超过 2.7kN/m²，堆砖高度不准超过双排三层半。

(5) 楼层施工中，楼板上堆放机具、材料等不准超过使用荷载。

(6) 操作人员不准站在墙体上挂线、刮缝、清扫墙面及检查大角。

(7) 打砖时要面向内，朝墙体，不准向外打砖，以防止碎砖伤人。

(8) 垂直运输的井字架吊笼等不准超载，不准上下运人，在吊笼稳固后才能上人推车。

(9) 冬期施工要及时清扫脚手架上的冰霜、积雪，斜道要设防滑条。

(10) 雨期施工刚砌的墙体做好防雨措施。

(11) 进入施工现场人员必须戴安全帽。

课题 3　砖砌体的组砌方法

3.1　砖砌体编排组砌方式的原则

砖砌体的组砌形式包括砖砌基础、砖墙、砖柱等不同砌体中砖的编排方式。砖的编排方式，不但影响到墙面的美观，而且影响墙体的力学性能，墙体在受力超过其本身的强度，就会出现裂缝。这种裂缝从竖向和斜向贯通墙体形成通缝。如果在砌墙时，砖层之间本身就存在通缝，就会更容易使墙身破坏出现裂缝，所以在墙体编排组砌方法应考虑以下几点：

3.1.1　编排墙体的组砌形式，首先要从受力情况考虑，墙体的墙面不准出现通缝，上下层的竖缝错开不超过 1/4 砖长，墙体内部的通缝不超过 1/4 砖长，砖柱不准采用包心的组砌形式。

3.1.2　编排墙体组砌形式时还要考虑墙面的美观和工人砌墙时采用的习惯组砌方法，例如，当砖的条面和丁面比例不符合规定要求时，采用梅花丁的组砌方法，砌出的墙面比较美观。

3.1.3　编排墙体组砌形式时，不但一面墙体要错缝连接，而且纵横墙间也要错缝连接，尤其是纵横墙间接槎的连接牢固才能使纵横墙组成牢固的整体房屋。

3.1.4　墙体的错缝是利用砖的条面、丁面、斗面、七分头、半砖、二寸头等进行编排、组砌形成。七分头为 3/4 砖长，半砖为 1/2 砖长，二寸头为 1/4 砖长，如图 6-24 所示。

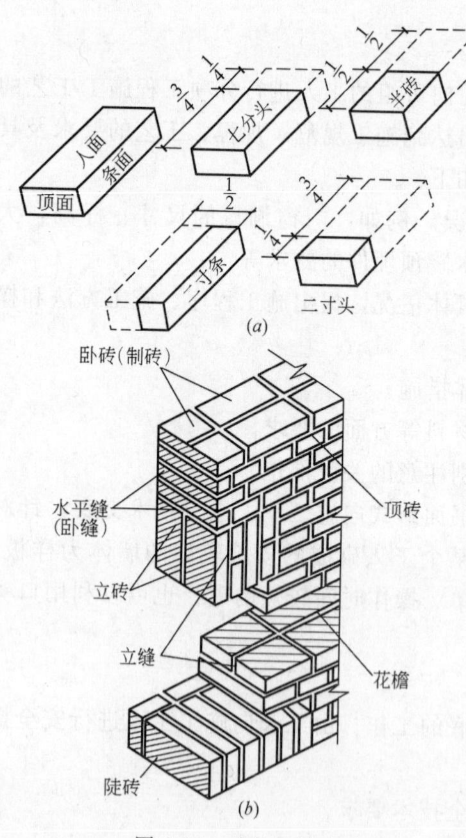

图 6-24　砖与灰缝名称

3.2 砖砌墙体组砌方式

3.2.1 一顺一丁砌法（满丁满条）

由一皮顺砖与一皮丁砖相互交替砌筑而成，上下皮间的竖缝相互错开 1/4 砖长，这种砌法各皮间错缝搭接，墙体整体性最好，受力性能最好。操作中变化小，易于掌握。但是对砖的尺寸要求严格，如果砖的丁面与条面比例不相符时，砌丁面那皮的竖缝与砌条面那皮的竖缝不一样大小，使墙面砖缝不均匀，影响墙体的美观。所以这种组砌形式一般用于砌基础墙、承重内墙、混水外墙和砖的丁面与条面比例符合要求的清水外墙。组砌形式如图 6-25 所示。

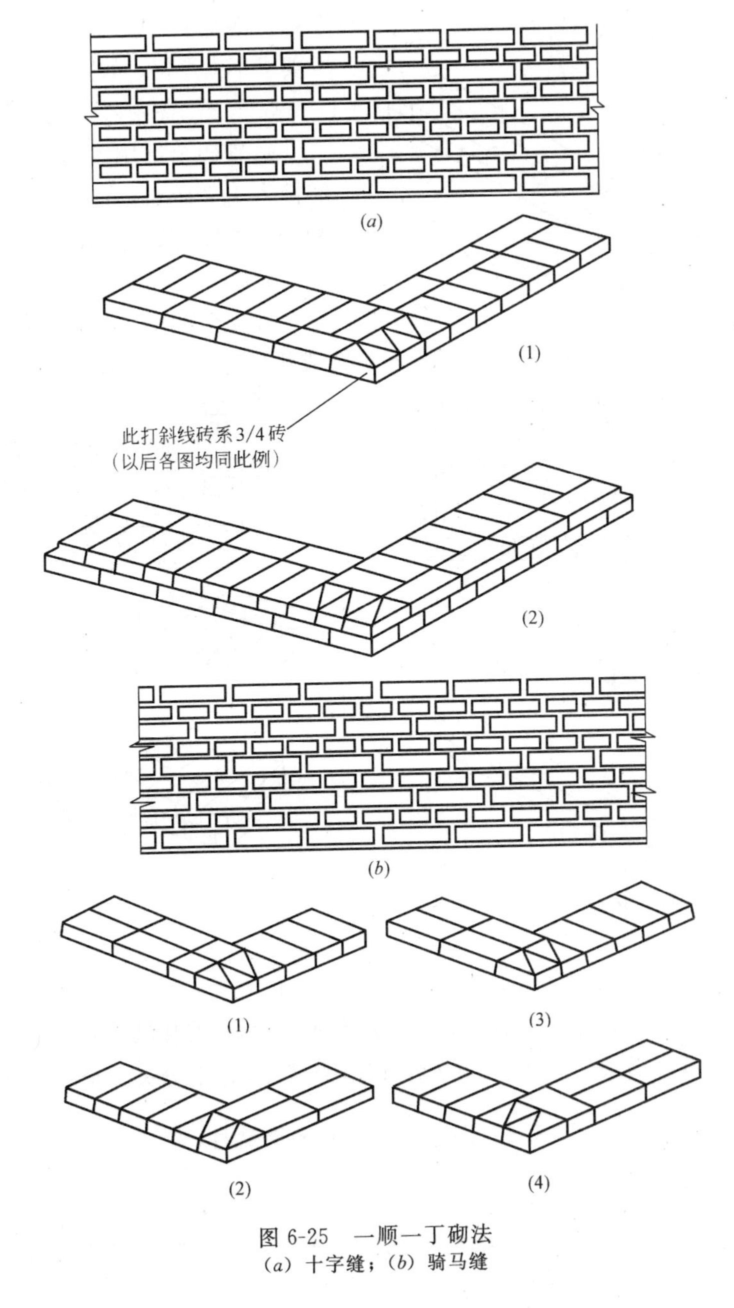

图 6-25　一顺一丁砌法
(a) 十字缝；(b) 骑马缝

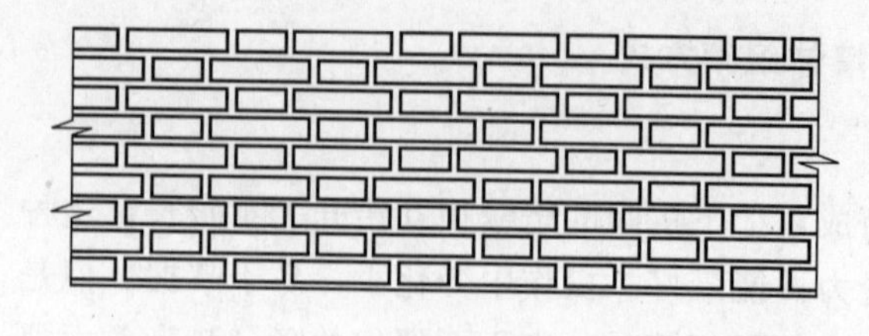

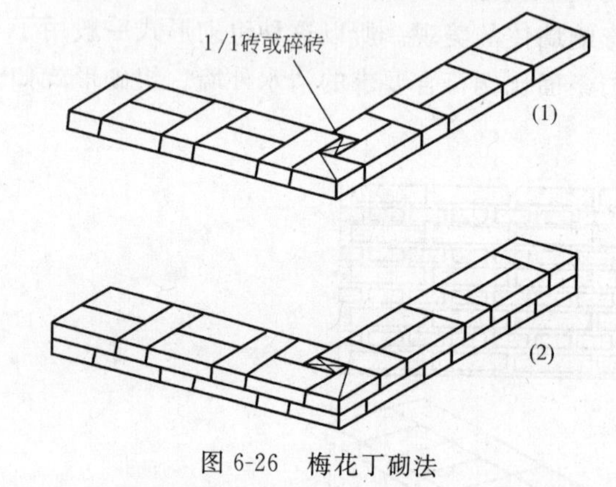

图 6-26　梅花丁砌法

3.2.2　梅花丁砌法（又叫沙包式）

在同一皮砖层内一块顺砖一块丁砖间隔砌筑，上下两皮间竖缝错开 1/4 砖长，丁砖压在条砖的中间。当砌 370mm 墙时，如果墙体外面是清水墙里面是混水墙时，可以采用清水墙一面是梅花丁，混水墙一面是双丁双条组成，这样可以避免打砖，这种砌法外竖缝每皮都能错开 1/4 砖长，但是墙体内部有 1/4 砖长的通缝，墙的整体性不如一顺一丁好。梅花丁一般用于清水外墙，对砖的尺寸要求不太严格。如图 6-26 所示。

3.2.3　条砌法

每皮砖全部用条砖砌筑，两皮间竖缝搭接为 1/2 砖长，此种砌法仅用于半砖隔断墙。如图 6-27 所示。

3.2.4　丁砌法

每皮全部用丁砖砌筑，两皮间竖缝搭接为 1/4 砖长，此种砌法一般多用于圆形建筑物或弧形建筑物。如图 6-28 所示。

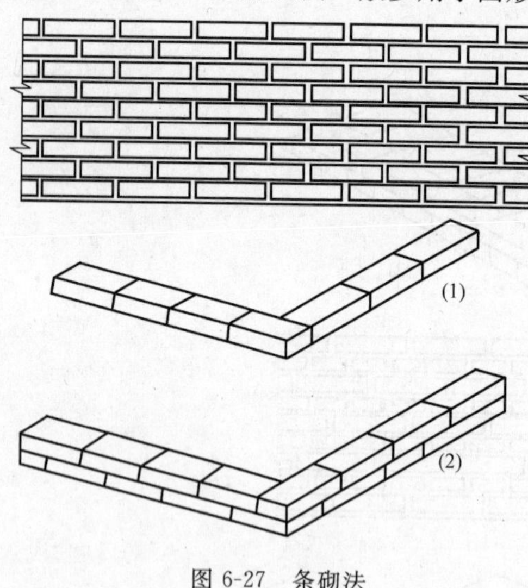

图 6-27　条砌法

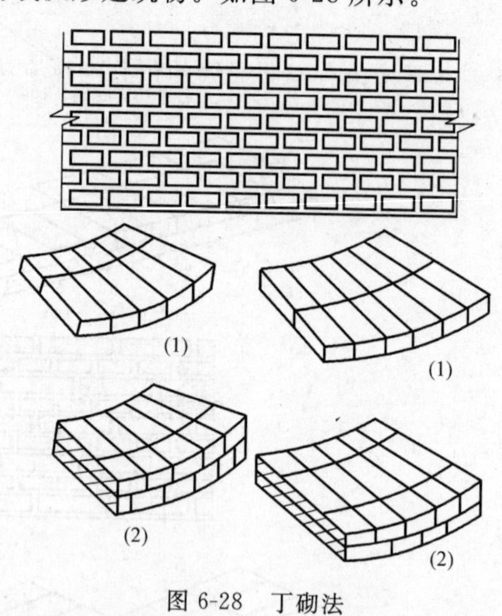

图 6-28　丁砌法

3.2.5　纵横墙体的交接

纵横墙的交接处，将产生丁字墙交接和十字墙交接。墙体交接处，应分皮错缝砌筑，内角相交处竖缝应错开 1/4 砖长，当砌丁字墙时，在横墙端头加砌七分头。如图 6-29 所示。

3.3　砌独立砖柱和附墙砖柱

3.3.1　独立砖柱

是砖砌单独承力的柱子，当多根柱子在同一轴线上时，要拉通线砌筑。对称的清水

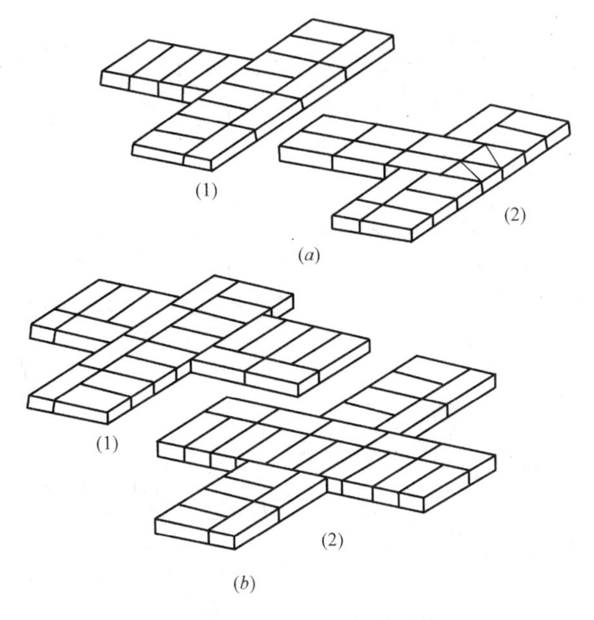

图 6-29　十字与丁字墙交接

（a）丁字墙交接；（b）十字墙交接

柱，在组砌时要注意两边对称，防止砌成阴阳柱。砌筑时，要求灰缝密实，砂浆饱满，错缝搭接不能采用有竖向通缝的包心砌筑方法。

3.3.2　附墙砖柱

它与墙体连在一起，共同支承屋架或大梁并可增加墙体的强度和稳定性。附墙柱砌筑时，应使墙与垛逐皮搭接，搭接长度不少于 1/4 砖长。头角根据错缝需要应用七分头组砌。组砌时，不准采用包心砌法。墙与垛必须同时砌筑，不准留槎，同轴线多砖垛砌筑时，应拉准线控制附墙柱内侧的尺寸，使其在同一直线上。如图 6-30 所示。

3.4　砖砌体摆砖撂底

无论是砖砌基础、墙体和砖柱，在砌筑以前首先砖摆砖撂底后才能进行砌筑，完成一栋砖砌建筑物施工，墙体砌筑的是否美观牢固，按预定的组砌方法进行摆砖撂底，是施工中的关键环节。

3.4.1　砖墙摆砖撂底的要求

（1）首先决定砌体采用哪种砌墙方法，内墙与外墙可以采用不同的组砌形式。

（2）必须进行统一摆砖撂底，在门窗口处也要将砖摆过去，在甩门窗口不但尺寸符合要求，而且门窗口两侧砖的组砌是好活，也就是门窗口甩口处正是丁面或七分头、二分头。

（3）门窗口两侧的窗间墙砖的组砌，要对称，不准砌成阴阳膀。

（4）当门窗口两侧不能赶好活时，允许在施工图门窗口的位置左右平移 60mm，但是 2 层以上的门窗口的位置用经纬仪根据一层位置转上或用线锤吊直转上。

（5）纵横墙交接处、横墙需要隔层伸入纵墙内，所以纵横墙交接处也应是好活，即整砖或七分头、二寸头。

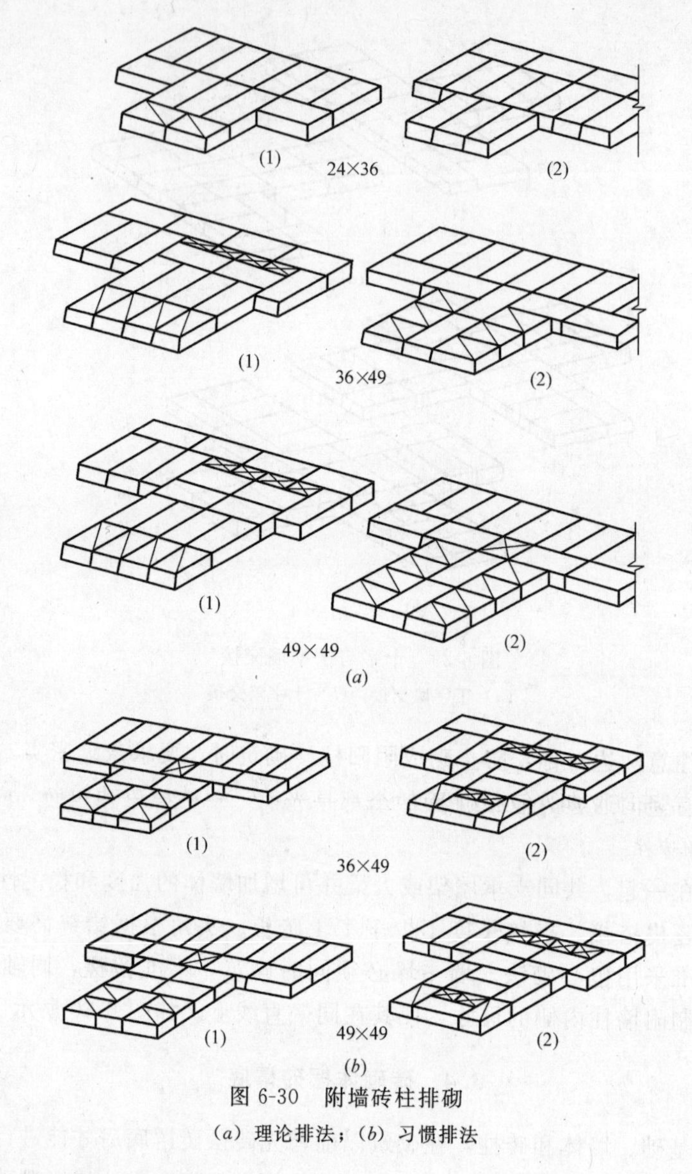

图 6-30 附墙砖柱排砌

(a) 理论排法；(b) 习惯排法

3.4.2 砖墙摆砖撂底的操作

(1) 在弹好墙线的基础上先摆外墙，后摆内墙。

(2) 根据确定的组砌形式和皮数杆定出的竖缝宽度和水平缝厚度，使砖的竖缝与水平缝大小一致，墙面美观。

(3) 定出竖缝的宽度后用木板做成要求的尺寸，用来控制摆砖的竖缝宽度。

(4) 当摆到门窗口处，纵、横墙交接处不能赶好活时，可以用微量尺寸改变竖缝宽度的大小，以达到摆成好活的目的，改变后的竖缝尺寸应均匀一致。

课题 4 砌砖操作基本方法

砌砖操作工艺在我国流传了几千年，从使用瓦刀砌墙到使用大铲，从挤浆法、刮浆法、满口灰法等各种方法的操作到统一的“三一”砌砖法（“三一”砌砖法，即是一块砖、一铲灰、一揉压，并随手将挤出的砂浆刮去的砌筑方法），发展到现在的“二三八一”砌砖法，砌砖的施工工艺逐步走向完美。

“二三八一”砌砖法是在“三一”砌砖的基础上发展起来的砌砖操作方法，使用这种方法可以提高砌砖效率、施工质量，降低劳动强度，减少职业病的发生。“二三八一”砌砖法的“二”是指操作中人站立的两种步法，即丁字步和并列步。“三”是指砌砖弯腰的动作的身法，即铲灰拿砖用的侧弯腰，转身铺灰的丁字步弯腰和并列步的正弯腰。“八”是铺灰的八种手法。“一”是挤浆的动作。掌握这种砌砖的方法，就会使砌砖施工达到标准化作业的程度。

“二三八一”砌砖法不只是单一的操作手法，形成这种施工方法还包括作业条件的准备和砂浆的配置都要符合“二三八一”作业的要求。在掌握“二三八一”砌砖法的练习中，应首先从分解动作练起，练习的顺序是：拿砖、选砖、转砖练习→八种铺灰手法练习→步法、身法、铺灰综合练习→熟练、巩固、提高练习。

4.1 砌砖的基本操作方法

4.1.1 拿砖、选砖、转砖

（1）拿砖时，应以手指夹持砖面，减少砖面与手指的摩擦，防止将手磨破。

（2）选砖、砌砖时，应将砖的光面朝外，黏土砖的条面一面是粗面，一面是光面，光面的尺寸比粗面小，所以又叫小面。丁面两个都是光面，缺棱掉角和粗面，应朝里。

（3）转砖。当砖拿到手，朝外的一侧面不符合要求时，要使砖转面进行选择，所以要进行转砖。转砖时，以拇指处掌面为轴心，拇指不动，用其他四个手指拨动砖，使砖转动180°，用拇指和其他四个手指夹住砖面。如图 6-31 所示。

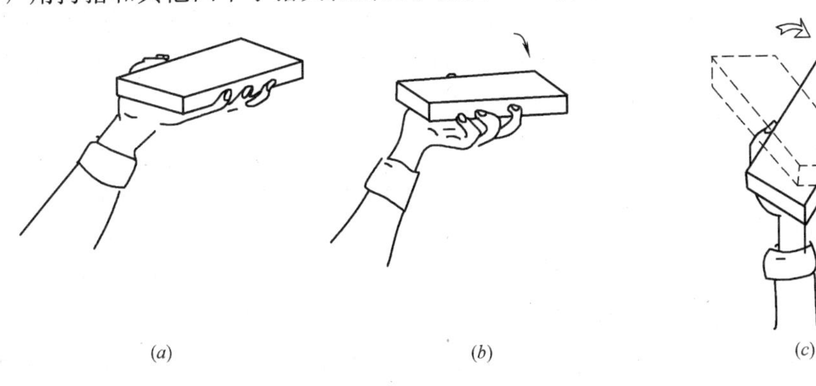

图 6-31 转砖

(*a*) 左手平托砖；(*b*) 四指拨动；(*c*) 砖旋转

4.1.2 铺灰手法

1）铲灰

在练习铺灰以前，首先要练习铲灰，铲灰前先用大铲面将砂浆表面摊平一下，然后轻轻的将铲面插进砂浆中，铲出适合砌一块砖的灰量。铲出的灰在大铲面上位置要准确，靠近里侧成条状。

2）砌条砖的“甩”法

“甩”是用于砌筑离身较远，砌筑面较低的部位。铲取砂浆成均匀条状，当大铲提升到砌筑部位，将铲面转成90°，顺砖条面中心甩出，使砂浆被拉成条状均匀落下，用手腕向上抖动配合手臂上的挑力来完成。“甩”出的灰条与砖同样长，宽约90mm，厚约30mm。落灰正处于要砌的条砖位置上，离墙边15～20mm左右，与墙面平行。如图6-32所示。

3）砌条砖的“扣”法

“扣”法适用于砌近身、较高的砌筑面，或反手砌墙。铲取灰条成条状，当大铲提升到砌筑部位，将铲面转90°，反铲扣出，用手臂向前推出扣落砂浆。“扣”法铲面运动路线与“甩”法正好相反，是手心向下折回动作。落灰点和铺灰成形尺寸与“甩”法相同。如图6-33所示。

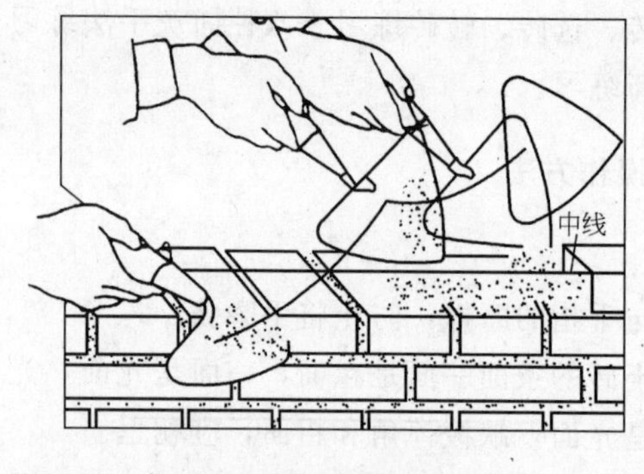

图6-32 砌条砖甩灰

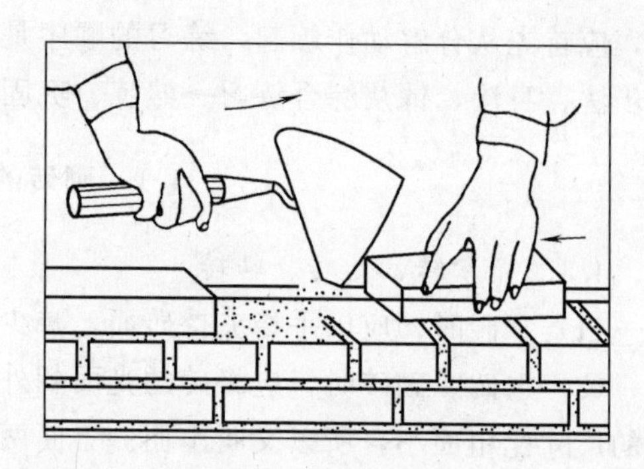
图6-33 砌条砖扣灰

4）砌条砖的“泼”法

“泼”法适用于砌近身及身体后部的砌筑部位。铲取扁平状的灰条，提取到砌筑部位时将铲面竖向翻转，使得手柄在前，平形向前推进，泼出灰条成扁平状，灰条厚14～16mm，宽100mm左右，长度240mm。这种动作比“甩”、“扣”简便，熟练后可用手腕转动呈“半泼半甩”动作，这种动作比甩灰条省力，砌砖也省力。砌筑时，可采用“远甩近泼”，特别在砌到墙体尽头，身体不能后退，将手臂伸向后部用“泼”的手法完成铺灰，动作轻松自如。如图6-34所示。

5）砌条砖的“溜”法

“溜”法适合砌筑离身较远的部位的砖，是最简单、最省力的铺灰动作。铲取扁平灰条，将铲送到砌筑部位，铲面倾斜，抽铲落灰溜出灰的形状，尺寸与泼出的灰相同。如图6-35所示。

6）砌丁砖的“扣”法

是用于砌三七墙的里丁砖。铲取灰条，当大铲提升到砌筑部位，将铲面横向转90°，手心向下，用手臂向前推力，扣落砂浆，落灰点恰在要砌的丁砖位置上，铺灰的形状、尺寸与砌条砖甩出的相同，其位置不是处于条砖位置，而是处于丁砖的位置，然后用大铲刮灰条的夹背，使外口形成一个高棱灰条，在砌丁砖时能在竖缝挤上满口灰。如图6-36所示。

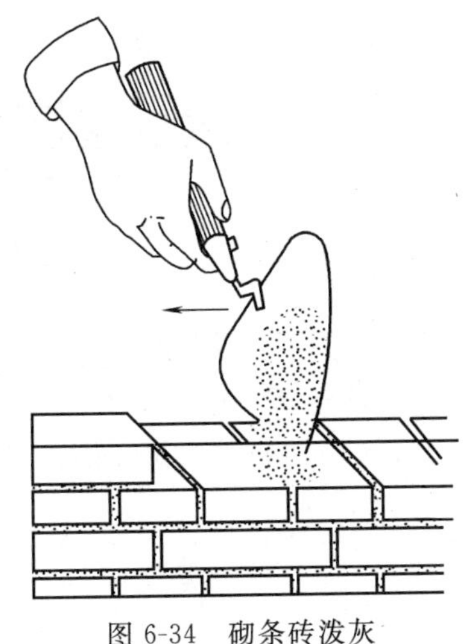

图 6-34　砌条砖泼灰

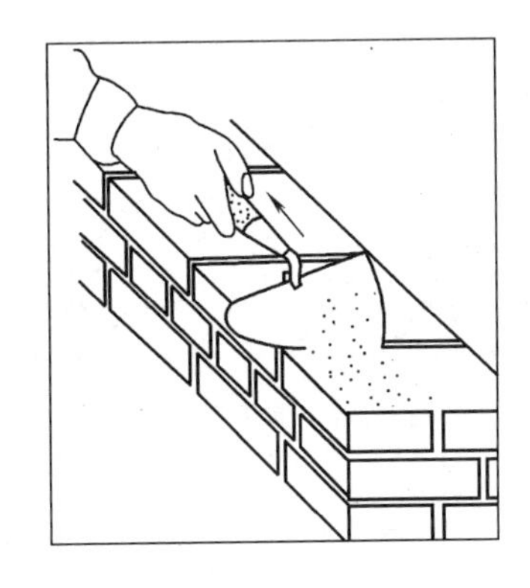

图 6-35　砌条砖溜灰

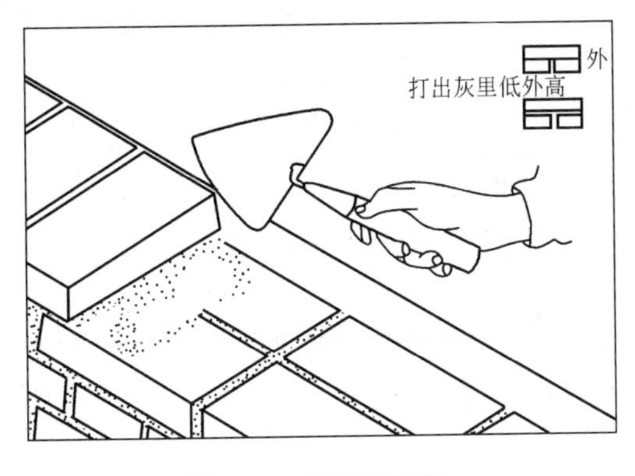

图 6-36　砌丁砖扣灰

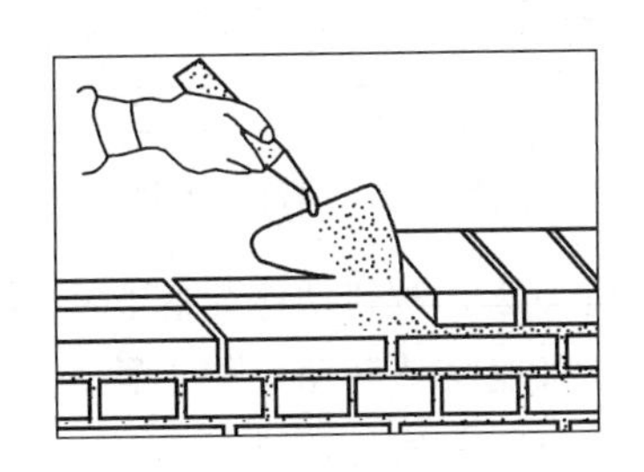

图 6-37　砌丁砖溜灰

7）砌丁砖“溜”法

“溜”法适用于砌丁砖。铲取扁平状的灰条，前部略高，将大铲提升到砌筑部位，铲边比齐墙边，铲面倾斜，抽铲落灰，形成灰条外高里低。如图 6-37 所示。

8）砌丁砖“泼”法

“泼”法适用于里脚手架砌外丁砖。泼灰分两种，反泼用于砌离身较远的部位，如图 6-38 所示。铲取扁平灰条，将大铲提升到砌筑部位，顺丁砖的方向，将铲面翻转，反腕横向平拉，将灰铺于丁砖处，形成外高里低的灰条。正泼用于砌近身正面对墙部位，用正腕往怀里带，形成灰条。反泼如图 6-39 所示。

9）砌丁砖“一带二法”

由于砌丁砖时，外口灰不易挤严，有的瓦工采取打碰头灰的砌法，先在灰槽处在砖上打碰头灰，然后再铲取砂浆转身铺灰，这样砌一块砖要做两次铲灰动作，如图 6-40 所示。“一带二”是把这两个动作合二为一，利用在砌筑面上铺灰之际，将砖的丁头伸入落灰接打碰头灰，故称“一带二”。“一带二”铺灰后需用大铲摊平砂浆，然后挤浆。接打碰头灰，如图 6-41 所示将砂浆摊平。

以上几种铺灰手法要求落灰点准确，灰量适合砌一块砖用，铺出灰条均匀，一次成形，以减少铺灰后再用大铲摊平砂浆等多余动作。砌筑时，要依照砌筑部位的变化，有规

图 6-38　砌丁砖正泼灰

图 6-39　砌丁砖平拉反泼灰

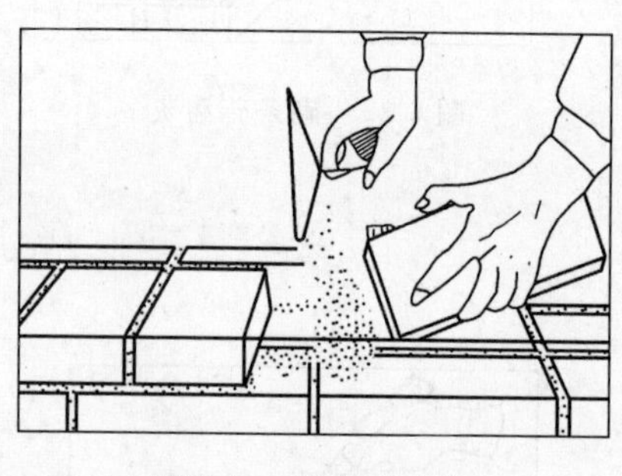

图 6-40　接打碰头灰

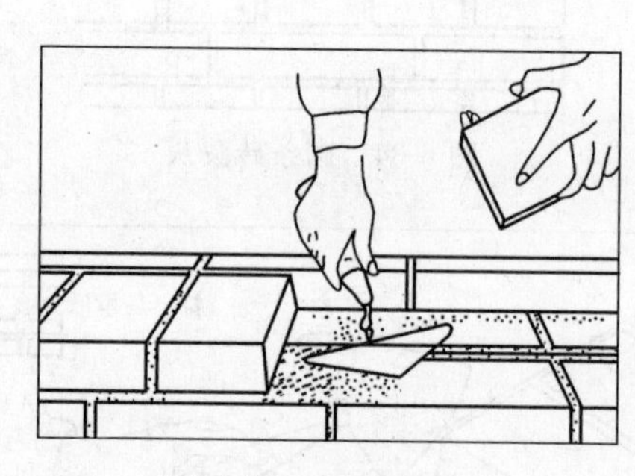

图 6-41　摊平砂浆

律的变换手法，做到动作简练、省力、快速的进行砌砖，从而提高砌筑的效率。由于各种铺灰动作采取交替活动，使手臂、腕关节各部分肌肉在作业中能得到休息，也能获得消除疲劳，预防职业病的效果。

4.2　砌砖操作综合练习

4.2.1　步法、身法、铺灰综合练习

1）步法

砌砖操作由人体的手、眼、身、法、步一整套连续动作完成。步法是指砌筑者在砌筑过程中，如何灵活的配合双手的砌筑动作，使步子有条不紊，有规律的移动，减少不必要的来回走动。正确的步法是砌筑者背向砌筑前进方向，即退步砌筑（图 6-42）。开始站成丁字步，步距约为 0.8m 左右，后腿紧靠灰槽。丁字步使人体站立比较稳定的姿势，可以随砌筑部位远近的变化。从铲灰拿砖到铺灰砌砖挤浆，步子不动，仅以身体重心在前后腿之间变换即可完成砌筑任务。铲灰拿砖时，身体重心在后腿，铺灰、砌砖、挤浆时，重心又移向前腿。这样第一个丁字步不动，要砌完 1m 长墙体。当砌至近身处，将前腿后移半步成并列步，又可以继续砌完 0.5m 长的墙体。这时铲灰拿砖时以后腿为轴心，步法稍有移动。一个环节从丁字步到并列步共一步半，可以完成 1.5m 长的砖墙的砌筑。当砌完 1.5m 长的墙后随前腿后撤，后腿移向另一灰槽处，复而又成丁字步，恢复前一个砌筑过程的步法。如此循序进行，使砌砖动作有节奏地进行，消除了不必要的来回走动，相应能减轻劳动强度，提高砌筑效率。

2）身法

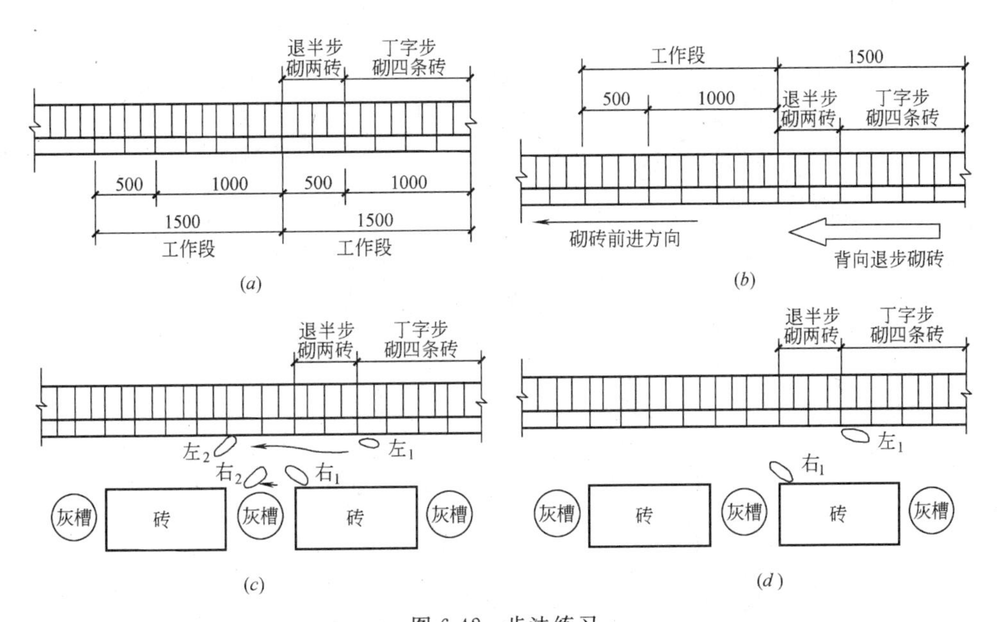

图 6-42 步法练习

(a) 划分工作段；(b) 背后退步砌筑；(c) 并列步；(d) 丁字步

身法是指弯腰动作。弯腰是砌砖操作劳动强度最大的动作。如果在弯腰过程中用力不当或者持续的用一种弯腰动作来完成砌砖任务，会导致局部肌肉过度疲劳。减轻腰部劳动强度的方法是根据砌砖部位的变化，变换弯腰动作。当丁字步站立、铲灰、拿砖时，采用侧弯腰，利用后腿微弯、斜肩，可以减少弯腰角度，完成铲灰拿砖的动作为第一种身法。从铲灰、拿砖转身去铺灰挤浆时，利用后腿的伸直将身体重心移向前腿形成丁字步弯腰，为第二种身法。当步法处于并列步铲灰、拿砖、砌砖、挤浆时，处于正弯腰，为第三种身法。三种弯腰动作使砌筑者在砌筑过程中弯腰活动经常变换，而且是有规律的活动，可以避免腰部发生局部肌肉负荷过重现象。

3）在掌握了两种步法、三种身法、八种铺灰手法后，将三类动作结合起来进行练习。由各个单一的动作结合成连续的步法、身法、铺灰手法操作过程。练习时，要在按“二三八一”砌砖法布置的操作台上进行。

4.2.2 步法、身法、铺灰手法、砌砖挤浆、刮灰的综合练习

在掌握了步法、身法、铺灰手法综合练习的基础上，再增加砌砖挤浆、刮灰的操作，就形成了砌筑的基本技能。动作分解，如图 6-43 所示。

1）砌砖

在灰铺好后，用砖压带灰条平推、挤压，在这一瞬间使砖上跟线下跟棱，即砖的上棱与准线齐平，距离 1mm 左右。砖的下棱要与已砌好的下皮砖的上棱对平，同时掌握好竖缝的宽度，隔皮与下层的竖缝对齐。

2）刮灰

用大铲将砌砖挤压出的余浆刮去，加在碰头缝中，刮灰时要使大铲斜向刮取，使灰缝刮得又齐又干净。

3）综合练习

最后将以上各动作综合进行联系，将步法、身法、铺灰手法、砌砖、挤浆、刮灰形成

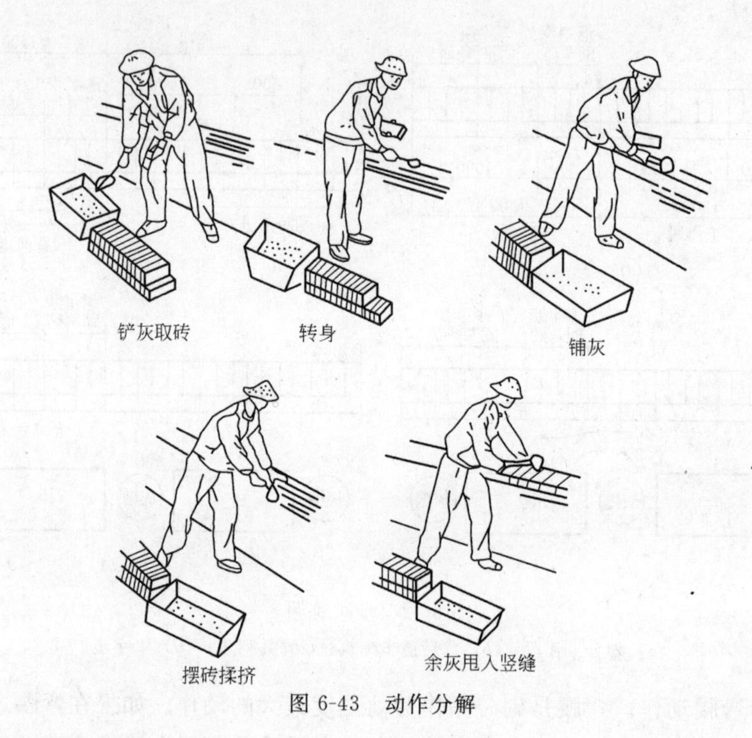

图 6-43 动作分解

连贯动作，掌握砌砖的基本方法。

课题 5 砌筑施工工艺

在掌握了砌筑的基本操作方法以后，还需要进一步掌握砌筑的施工工艺。砌筑施工工艺主要包括砌砖施工的工艺流程，操作步骤，操作方法和应达到的质量标准。

5.1 砖墙砌筑施工工艺

5.1.1 砖墙砌筑施工工艺流程

抄平放线→选砖，确定内外墙组砌方式→皮数杆制作和设立→摆砖撂底→浇砖、砂浆配置、上料→盘角挂线→砌砖→下木砖、拉筋、预埋件→弹楼层水平墨线（楼层标高以上50cm 处)→质量验收→现场清理。

5.1.2 施工要点

1）盘角

一栋砖砌建筑物是否垂直，很大程度取决于其墙角是否垂直，因为砌墙的线挂在墙角上，墙根据准线进行砌筑。一般情况下，只要墙角垂直，墙面就垂直了，所以砌墙的最大难点是砌墙角。因此，砌角必须由技术水平较高的人来操作，并且每个墙角要由专人负责砌筑到顶，一般中途不准换人。

砌角应选用棱角整齐，砖面方正的砖。所用的七分头必须按尺寸预先打好。砌角应与墙身的砌筑交错进行，先把角砌起 3～5 层砖后再砌墙。砌角砖时，应做到“一眼看三处”。就是每砌一块角砖，视线必须移到墙角垂直线的上方，先穿看角砖的两个侧面是否与下层砖面顺直，然后再穿看大角与下面各皮砖形成的角线是否顺直。一个墙角盘得好，不但角砖的两侧平而垂直，而且角砖的角盘成一条直线，盘角用眼穿看只能看出平和顺直，而垂直还要依靠线锤和托线板。盘角时，要做到三层一吊、五层一靠，也就是砌三层角砖就要用线锤吊测一下垂直度，砌五层角砖就用托线板靠测一下垂直和平整度，发现偏差及时纠正。

角砖除了保持垂直以外，每层的厚度、砌墙的皮数必须与皮数杆相同，每砌 3～5 层就要与皮数杆进行比较，发现偏差要逐步进行纠正。

2）砌墙

一般民用建筑的砌墙应先砌纵墙后砌横墙。在纵、横墙砌完第一步架，即 1.2m 高后，再接着砌筑第二步架。

3）抄平

在第一步架砌完后用水平仪抄平，从每层楼面的（设计标高）提升 50cm。在纵横墙上弹出 50cm 线作为房屋其他部分施工标高控制的依据。

4）三七墙砌筑

砌筑 370mm 墙时，应先砌条砖，后砌丁砖。如果先砌丁砖后再砌条砖，砌砖时手指在纵缝处与已砌好的丁砖上棱容易相碰。先砌好条砖层的另一个作用，使丁砖层外侧跟线，里侧以条砖面为准跟丁砖的上棱一平，易于砌得与条砖面对接平整。

5）不得在下列墙体或部位设置脚手眼

（1）120mm 厚墙、料石清水墙和独立柱；

（2）过梁上与过梁成 60°角的三角形范围及过梁净跨度 1/2 的高度范围内；

（3）宽度小于 1m 的窗间墙；

（4）砌体门窗洞口两侧 200mm 和转角处 450mm 范围内；

（5）梁或梁垫下及其左右 500mm 范围内；

（6）设计不允许设置脚手眼的部位。

5.1.3 墙体的连接

为了使建筑物的纵横墙相互支撑成为一个整体，不仅单体墙要错缝搭接砌筑牢固，而且墙体和墙体连接也要互相错缝搭接咬槎砌筑，以增强建筑物的整体性。因此，砖砌体的转角处和交接处应同时砌筑，严禁无可靠措施的内外墙分砌施工。对不能同时砌筑而又必须留置的临时间断处应砌成斜槎，斜槎水平投影长度不应小于高度的 2/3。纵横墙之间施工留槎和接槎的操作质量好坏是重要的因素之一，因此必须重视墙体留槎接槎的施工质量。

1）踏步槎

踏步槎的砌筑地将留槎的接槎砌成台阶的形式，如图 6-44 所示。其高度一般不大于 1.2m，其长度应不小于高度的 2/3。留槎的砖要平整，槎子侧面要垂直。踏步槎的优点是镶砌接头时灰缝容易饱满，接头质量容易得到保障。但踏步槎留置困难，水平缝不容易砌平。

2）直槎

每隔一皮砖砌出墙外 1/4 砖长作为镶接槎之用，槎口形成整齐的凸槎。如图 6-45 所示。这种接槎留置和镶嵌都很方便；但灰缝不宜饱满，而且即使在镶砖时砂浆很密实，但由于两次不同时间砌筑的砂浆因收缩变形情况不同，接槎处的砂浆不可能完全饱满。所

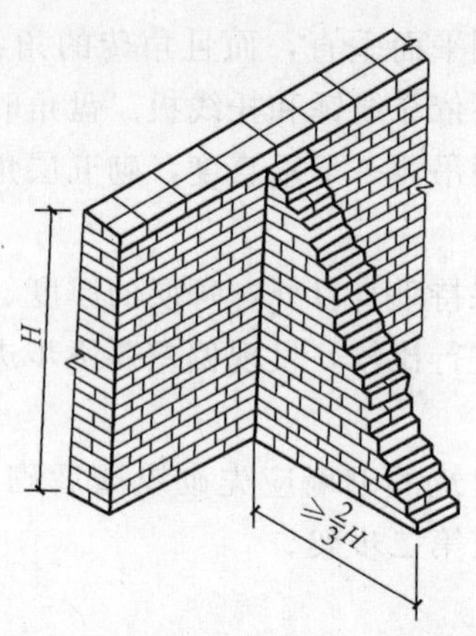

图 6-44　踏步槎

以留直槎时，必须加拉结钢筋。非抗震设防及抗震设防烈度为 6 度、7 度地区的临时间断处，当不能留斜槎时，除转角处外，可留直槎，但直槎必须做成凸槎。留直槎处应加设拉结钢筋，拉结钢筋的数量为每 120mm 墙厚放置一根 $\phi6$ 拉结钢筋（120mm 厚墙放置 $2\phi6$ 拉结钢筋），间距沿墙高不应超过 500mm；埋入长度从留槎处算起每边均不应小于 500mm，对抗震设防烈度 6 度、7 度的地区，不应小于 1000mm；末端应有 90°弯钩。

3）老虎槎

砌数皮砖形成踏步槎后再向外逐皮伸出，形成老虎口状，如图 6-46 所示。老虎槎留砌较难，但镶砌时灰缝容易饱满，咬砌面积较直槎大，质量较直槎好，拉结钢筋的要求与直槎要求相同。

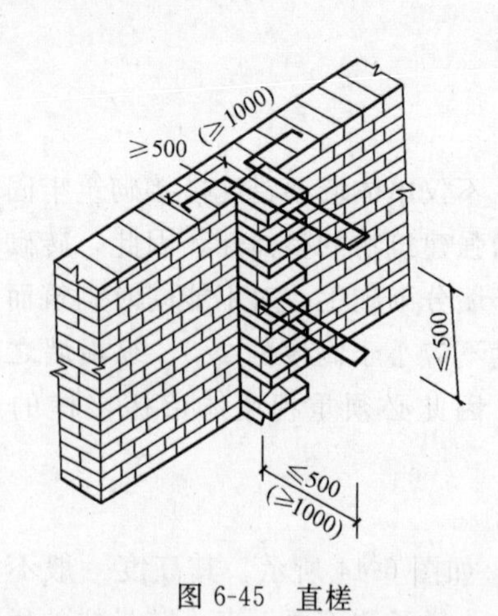

图 6-45　直槎

图 6-46　老虎槎

4）构造柱处留槎

墙内设构造柱时，砖墙与构造柱连接处应砌成大马牙槎。如图 6-47 所示。每一个大马牙槎沿高度尺寸不宜超过 30cm。按砖的皮数应以四退四进为好，砌筑大马牙槎时，应先退后进，槽口两侧砌成 60mm 深的大马牙齿槽，并按规定压布钢筋，如图 6-48 所示。随砌要把砖缝挤出的舌头灰清理干净，落到槎子上的散灰、落入构造柱内的砂浆杂物应全部清净，否则，就会影响构造柱混凝土的质量。

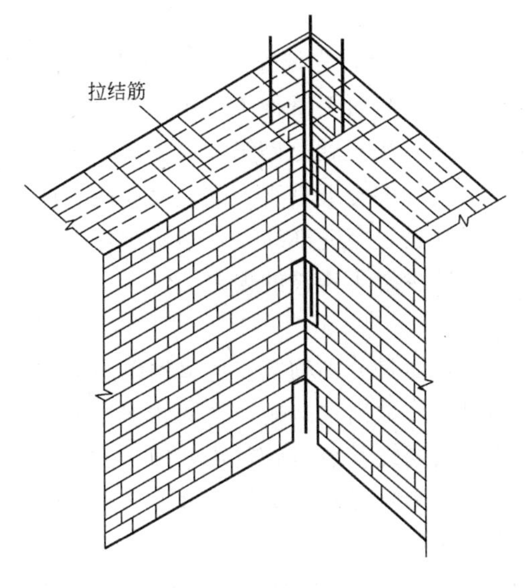

图 6-47　大马牙槎

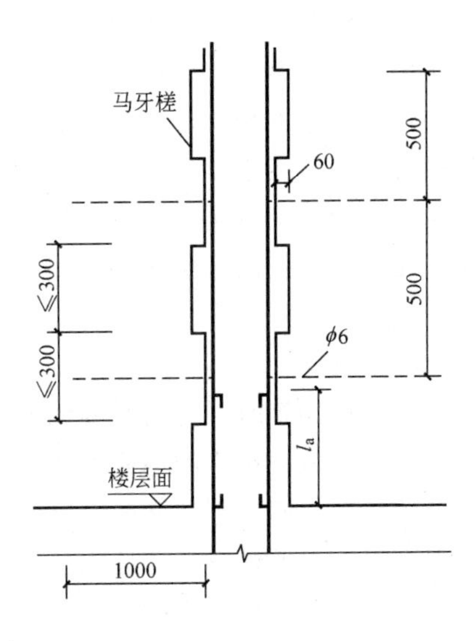

图 6-48　大马牙槎处钢筋布置

5）接槎

接槎时，插砌砖的上下水平缝竖缝的砂浆要铺饱满，再进行挤压。尤其是插砖的上部水平缝一定要用大铲将砂浆塞实。拉结钢筋调直砌入水平缝内。接槎处的砖要连接平直。

5.2　砌墙中质量通病的防治方法

砖砌体施工中经常出现的质量问题称为质量通病。造成这些质量问题有的是由于原材料引起，有的是由于施工操作引起。

5.2.1　*砖砌体砂浆不饱满*

砖层水平灰缝砂浆饱满度低于 80%，竖缝内无砂浆称为砂浆不饱满。造成这种现象主要原因如下：

（1）砌筑砂浆的和易性差，在砌砖时不能很好的将灰条挤压密实，造成砂浆不饱满。因此，应改善砌筑砂浆的和易性。

（2）操作手法不对。在用砖压灰条带时将灰条碰出小坑，挤压后小坑处不能使水平缝砂浆饱满。因此，要改变砌砖手法，砖压带灰条要平推不能倾斜。

5.2.2　*清水墙面游丁走缝*

清水墙上下竖缝发生错位、弯斜，叫游丁走缝。游丁走缝影响清水墙的美观，也反映了发生游丁走缝墙的两个侧面垂直度发生变化，影响了墙面竖缝的宽度。在质量检验标准中规定的游丁走缝允许偏差，以一层一皮砖为准时，不得超过 20mm，超过这个标准就是游丁走缝质量问题。产生游丁走缝的原因有以下几个方面：

（1）砖的规格尺寸误差较大，或者砌筑过程中发生供应砖的厂家变化，使砖的规格误差不一致，竖缝位置不好掌控，容易走缝。

（2）在砌墙前摆砖，未考虑到窗口位置，砌到窗台处分口时，口边的摆砖发生变化，使得窗间墙的竖缝与下面墙的竖缝发生错位。

(3) 在砌墙时丁砖的位置隔层相对时不垂直，没有对齐。

防止墙面产生游丁走缝的方法，应从砌墙前的摆砖开始，先测定一下现场砖的规格，遇到砖的规格误差不统一，先将条砖缝子摆均，每次砌丁砖时要掌握丁压中，就是丁砖的中线与条砖的中线相重。砌筑时要采用“砌一看二”的方法，就是砌第一块丁砖的竖缝要使其摆均，砌第二块丁砖时穿看一下竖缝与下部隔层丁砖的竖缝垂直。砌筑面积较大的清水墙时，在已经砌完的几层砖中沿墙每米处设一条标准垂直竖缝准线，每当砌到标准线处用眼穿一次。标准垂直准线之间将竖缝分均匀，就能减少游丁走缝的误差。

5.2.3 “螺丝”墙

在二层楼房砌筑时，各道纵横墙不可能同时砌筑，而是分别砌筑。各道墙砌筑的依据是皮数杆，当皮数杆设立的标高出现问题或工人砌筑的皮数出现问题，在墙体连接时，同一标高的砖层数不同，不能交圈，这就叫做螺丝墙。出现螺丝墙后就很难处理。如果内外墙都是混水墙，只能采取打薄砖或用砂浆找平，这样既影响美观又降低质量，如果外墙是清水墙就使整层的墙推倒重砌。出现螺丝墙的主要原因如下：

(1) 立皮数杆时没有对准各层地面标高±0.000的位置；楼面抄平时，将水平标高尺寸读错或皮数杆设立后被移动所造成。

(2) 工人砌墙的皮数与皮数杆不相符，尤其是在楼层上继续砌墙时，砖层与皮数杆的层数不可能都相符，就要用灰缝的厚度来调整。砌到一定高度后把砖层的标高都调整在同一标高上。如果砌筑时没有把标高层数搞清，误将砌层砌高了认为是砌低了，结果砌筑时加厚灰缝，砌到平口赶上层数正好高出一层砖。因此，在砌砖前一定要先搞清楚所砌部位标高的情况，砌到一定高度时要与其他部位核对砖的层数，看一看在砌同一砖层时与皮数杆的皮数是否相同，如果发现有误差，及时进行调整，这样做就不会出现“螺丝”墙。

5.3 砖砌墙体质量要求

5.3.1 主控项目

(1) 砖和砂浆的强度等级必须符合设计要求。

抽检数量：每一生产厂家的砖到现场后，按烧结砖15万块、多孔砖5万块、灰砂砖及粉煤灰砖10万块各为一验收批，抽检数量为1组。砂浆试块的抽验数量执行标准GB 50203—2002第4.0-12条的有关规定。

检验方法：查砖和砂浆试块试验报告。

(2) 砌体水平灰缝的砂浆饱满度不得小于80%。

抽验数量：每检验批抽查不应少于5处。

检验方法：用百格网检查砖底面与砂浆的粘结痕迹面积。每处检测3块砖，取其平均值。

(3) 砖砌体的转角处和交接处应同时砌筑，严禁无可靠措施的内外墙分砌施工。对不能同时砌筑而又必须留置的临时间断处应砌成斜槎，斜槎水平投影长度不应小于高度的2/3。

抽检数量：每检验批抽20%接槎，且不应少于5处。

检验方法：观察检查。

(4) 非抗震设防及抗震设防烈度为 6 度、7 度地区的临时间断处，当不能留槎时，除转角处外，可留直槎，但直槎必须做成凸槎。留直槎处应加设拉结钢筋，拉结钢筋的数量为每 120mm 墙厚放置 1ϕ6 拉结钢筋（120mm 厚墙放置 2ϕ6 拉结钢筋），间距沿墙高不应超过 500mm；埋入长度从留槎处算起每边均不应小于 500mm，对抗震设防烈度 6 度、7 度的地区，不应小于 1000mm；末端应有 90°弯钩（图 6-49）。

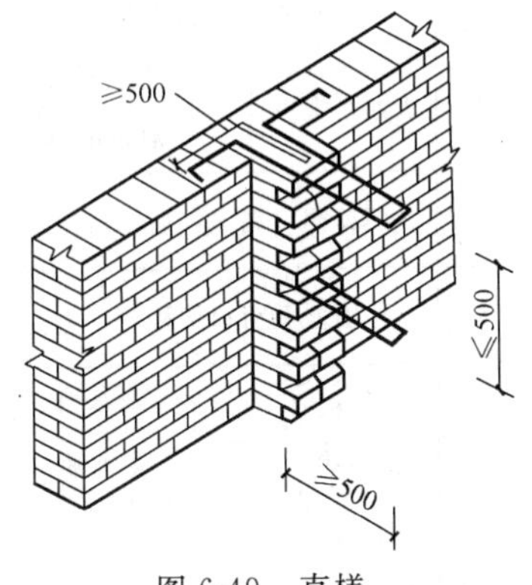

图 6-49　直槎

抽验数量：每检验批抽 20％接槎，且不应少于 5 处。

检验方法：观察和尺量检查。

合格标准：留槎正确，拉结钢筋设置数量、直径正确，竖向间距偏差不超过 100mm，留置长度基本符合规定。

(5) 砖砌体的位置及垂直允许偏差应符合表 6-3 的规定。

抽检数量：轴线查全部承重墙柱；外墙垂直度全高查阳角，不应少于 4 处，每层每 20m 查一处；内墙按有代表性的自然间抽 10％，但不应少于 3 间，每间不应少于 2 处，柱不少于 5 根。

5.3.2　**一般项目**

(1) 砖砌体组砌方法应正确，上、下错缝，内外搭砌，砖柱不得采用包心砌法。

抽检数量：外墙每 20m 抽查一处，每处 3～5m，且不应少于 3 处；内墙按有代表性的自然间抽 10％，且不应少于 3 间。

砖砌体的位置及垂直度允许偏差　　　　**表 6-3**

项次	项　目			允许偏差(mm)	检 验 方 法
1	轴线位置偏移			10	用经纬仪和尺检查或用其他测量仪器检查
2	垂直度	每层		5	用 2m 托线板报价检查
		全高	≤10m	10	用经纬仪,吊线和尺检查,或用其他测量仪器检查
			>10m	20	

检验方法：观察检查。

合格标准：除符合本条要求外，清水墙、窗间墙无通缝；混水墙中长度大于或等于 300mm 的通缝每间不超过 3 处，且不得位于同一面墙体上。

(2) 砖砌体的灰缝应横平竖直，厚薄均匀。水平灰缝厚度宜为 10mm，但不应小于 8mm，也不应大于 12mm。

抽检数量：每步脚手架施工的砌体，每 20m 抽查 1 处。

检验方法：用尺量 10 皮砖砌体高度折算。

砖砌体的一般尺寸允许偏差应符合表 6-4 的规定。

5.4　安 全 要 求

(1) 检查脚手架：砖瓦工上班前要检查脚手架的绑扎是否符合要求，对于钢管脚手架，要检查其扣件是否松动。

雪天或大雨以后要检查脚手架是否下沉，还要检查有无空头板和迭头板。若发现上述

砖砌体一般尺寸允许偏差　　表 6-4

项次	项目		允许偏差(mm)	检验方法	检验数量
1	基础顶面和楼面标高		±15	用水平仪和尺检查	不应少于5处
2	表面平整度	清水墙、柱	5	用2m靠尺和楔形塞尺检查	有代表性自然间10%,但不应少于3间,每间不应小于2处
		混水墙、柱	8		
3	门窗洞口高、宽(后塞口)		±5	用尺检查	检查批洞口的10%,且不应少于5处
4	外墙上下窗口偏移		20	以底层窗口为准,用经纬仪或吊线检查	检验批的10%,且不应少于5处
5	水平灰缝平直度	清水墙	7	拉10m线和尺检查	有代表性自然间10%,但不应少于3间,每间不应少于2处
		混水墙	10		
6	清水墙游丁走缝		20	吊线和尺检查、以每层第一皮砖为准	有代表性自然间10%,但不应少于3间,每间不应少于2处

问题，要立即通知有关人员纠正。

(2) 正确使用脚手架：无论是单排或双排脚手架，其承载能力都是3.0kPa，一般在脚手架上堆砖高度不得超过三皮侧砖，操作人员不能在脚手架上嬉戏及多人集中一起。不得坐在脚手架的栏杆上休息，发现有脚手架板损坏要及时更换。

(3) 严禁站在墙上工作或行走，工作完毕应将墙上和脚手架上多余的材料、工具清理干净。

在脚手架上砍凿砖块时，应面对墙面，防止砍下的砖块碎屑落下伤人，应及时清理或集中在容器内运走。

(4) 门窗的支撑及拉结杆应固定在楼面上，不得拉在脚手架上。

课题 6　墙体细部的砌筑

墙体细部的砌筑主要包括钢筋砖过梁、砖拱过梁、封山、出檐等部位的砌筑。

6.1 砖砌过梁

现代砖砌建筑虽然大多数使用钢筋混凝土过梁，但是仍然在有些建筑上使用砖砌过梁。因为砖砌过梁能形成与砖墙一体的建筑效果，同时节省了材料，减少了施工工序。

6.1.1 钢筋砖过梁

钢筋砖过梁属于受弯构件的一种，一般情况下上部受压，下部受拉，由于砖砌体的抗拉强度低，所以在砖砌体中配以纵向钢筋，以提高梁的承载能力。

钢筋砖过梁的砌筑方法如下：

(1) 当砖砌到窗口上平时，支过梁底模板，模板中间应起拱，拱度是过梁净跨的1%起拱。

(2) 将模板面浇水润湿，铺上底面砂浆层厚大于等于30mm，砖砌过梁的砌筑砂浆不宜低于M5，再放置钢筋。

(3) 钢筋直径不应小于5mm，也不大于8mm。间距不应大于120mm，且不能少于两根。钢筋两端加弯钩，伸入支座内不小于240mm。

（4）在钢筋长度内用比墙体砂浆强度等级高一个等级的砂浆（并不低于 M5）砌五皮砖，每皮砖砌完后用配制的稀砂浆将砖缝灌填实。

6.1.2　砖平拱

砖平拱可分为立砖拱、斜形拱、插子拱等，如图 6-50 所示。其砌筑只与砌砖拱的砖坡度不同，砌筑方法基本相同。

（1）当砖墙砌到门窗上口平时，开始在洞口两边墙上留出 2～3cm 错台作为拱脚支点，如图 6-51 所示。

（2）砌筑拱两端砖墙时，如果砌斜形拱、插子拱时，要砌成坡度，坡度大小一般倾斜 4～6cm。

（3）拱座砌到与拱同高时，就可以在门窗上口处按照过梁的跨度支好平拱底模板。

（4）在底模板的侧面划出砖和灰缝的位置和宽度，砖的块数要求成单数，两边要互相对称，这样不但美观，而且受力也较为合理。

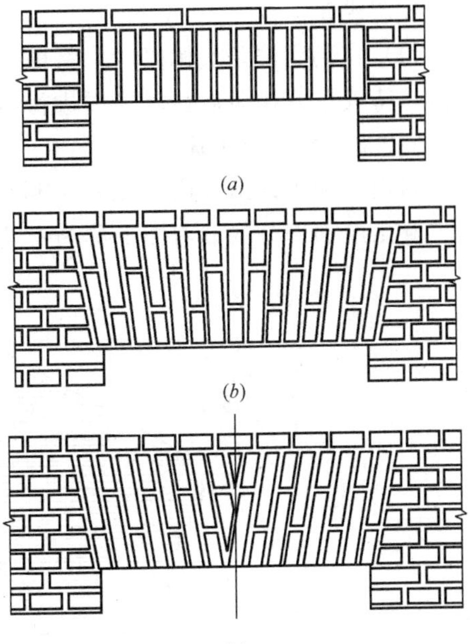

（5）砌拱时，应选用 M5 以上砂浆，将砖托在手中，用大铲将砂浆铺在砖面上，贴砌砂浆要求和易性好。

(*a*)

(*b*)

(*c*)

图 6-50　平拱形式

（*a*）立砖碳；（*b*）斜形碳（扇子碳）；（*c*）插子碳（镐楔碳）

（6）用立砖与侧砖交替由两侧砌向中间，在中间合拢，居中的一块砖要从上向下塞砌并用砂浆填嵌密实。

（7）灰缝应砌成楔形，上大下小，下部不应小于 5mm，当拱高为 24cm 时，上部灰缝不应大于 15mm。

（8）砌筑完毕后用拌合较稀不低于 M5 的砂浆，进行灌缝，使其密实。

6.2　山尖、封山及挑檐

6.2.1　山尖的砌筑

（1）当山墙砌到檐口标高时，即可往上收砌山尖，山尖上搁置檩条或其他构件。

（2）在山墙上的中心钉上一根皮数杆，在皮数杆上按山尖的标高钉上一根钉子，作为拉斜向准线的依据，然后以前后檐口与皮数杆的钉子为准拉好斜向准线。

（3）斜向准线只控制每皮砖的两头砖按斜向准线砌成台阶状，中间各皮砖仍然由水平

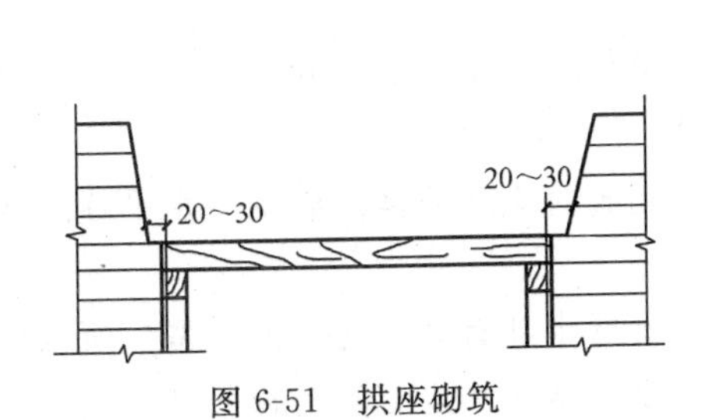

图 6-51　拱座砌筑

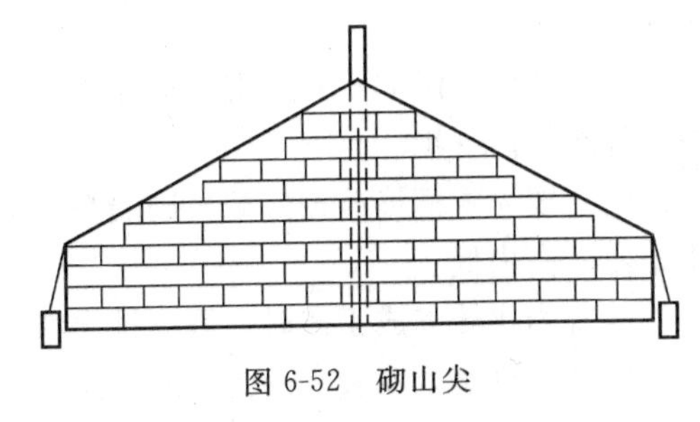

图 6-52　砌山尖

准线控制砌筑。

(4) 在砌到檩条底标高时，将檩条位置留出，当有垫块或垫木时，应预先将其按标高放置，待安放好檩条后，就可以进行封山。如图 6-52 所示。

6.2.2 封山的砌筑

封山分为平封山和高封山，平封山要将檩条间的山尖按准线砌平；高封山要砌出屋面，高出屋面部分的墙习惯上称为女儿墙。如图 6-53 所示。

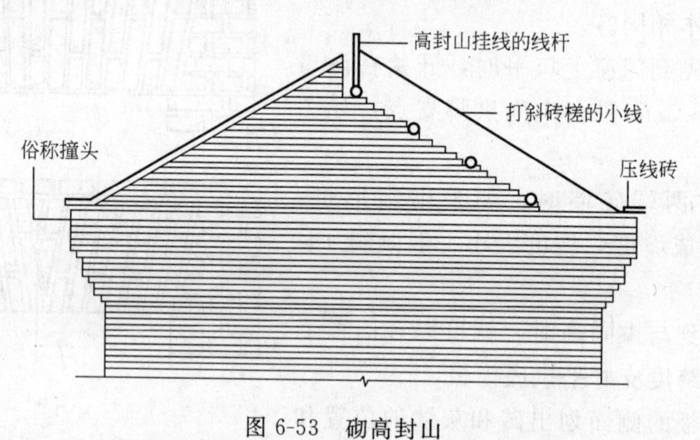

图 6-53 砌高封山

(1) 平封山砌砖时，按放好的檩条平面拉线或按屋面钉好的望板找平，封山顶的砖按斜线坎成楔形，砌成斜坡，然后按望板铺灰找平，再砌压顶砖。

(2) 高封山砌砖时，是按设计要求的标高将山尖砌高出屋面。砌前先在靠山墙脊檩一端竖向钉一根皮数杆，杆上标明女儿墙顶的标高，然后从山尖女儿墙顶部，往前后檐口女儿墙顶部拉准线。线的坡度应和屋面的坡度一致，作为高封山砌筑的标准。按斜向准线控制高封山每皮砖两头的砖，中间使用水平准线控制砌砖。当砌到封山顶时按斜向准线打楔形砖。铺砂浆找平后，再砌出压顶砖。最后在压顶砖上抹 1∶2.5 水泥砂浆。

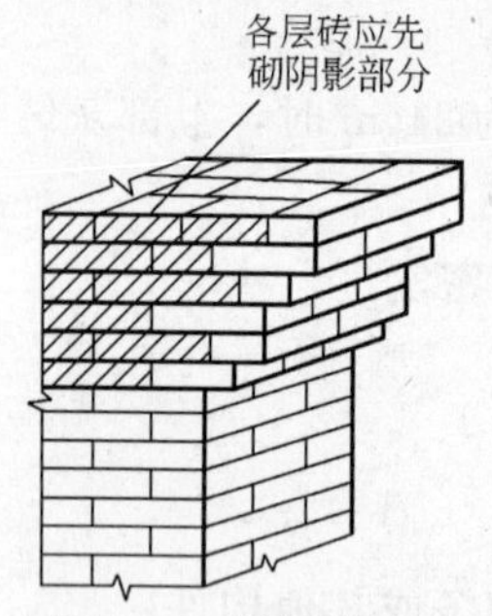

图 6-54 挑檐的砌法

6.2.3 挑檐

挑檐是在山墙前后檐口处，向外挑出的砖砌体。使山墙高出檐口有一个很好的收头，同时遮住纵墙檐口和落水管，增加建筑物的美观。如图 6-54 所示。

挑檐出檐砖的砌法，有两皮砖挑出 1/4 砖长和一皮挑出 1/4 砖长两种砌法。用哪一种挑法恰当要根据挑檐长度与高度确定，砌筑方法如下：

(1) 选砖。所挑出的砖要求比例协调，砖的棱角顺直，不缺棱掉角，砌筑时使砖的好面朝下。

(2) 砖浇水湿润不宜过湿，应比砌墙的砖含水量低。砂浆要稠，和易性要好，应比原强度等级提高一级。

(3) 要先将挑檐砖砌好后再砌墙身部分的砖，砌砖时立缝要铺满砂浆，水平缝的砂浆要略使外高内低。

(4) 当挑砖砌成丁砖时，因为挑出有 1/4 砖长，后半部有 3/4 砖长的余量，所以比较容易砌筑。砌筑难度较大的是挑砖，挑出一半的长度，掌握不好就容易掉下来。

(5) 砌砖时，铺上砂浆，不得用大铲摊平。放砖要由外往里水平靠向已砌好的砖，挤压挤出的砂浆暂时不要刮去，故砌的动作要快，砖放平后不要动，然后砌一块砖将其竖缝压住，再刮掉挤出的砂浆。

(6) 当挑檐较大时，不宜一次完成，以免重量过大，造成水平缝变形而使其倒塌，一般一次砌筑高度不宜大于 8 皮砖。

6.3 异形角墙

异形角墙按形状可分为钝角，也可称为八字角；锐角，也称为凶角。八字角用于大于 90°的转角墙，凶角用于小于 90°的转角墙。如图 6-55 所示。

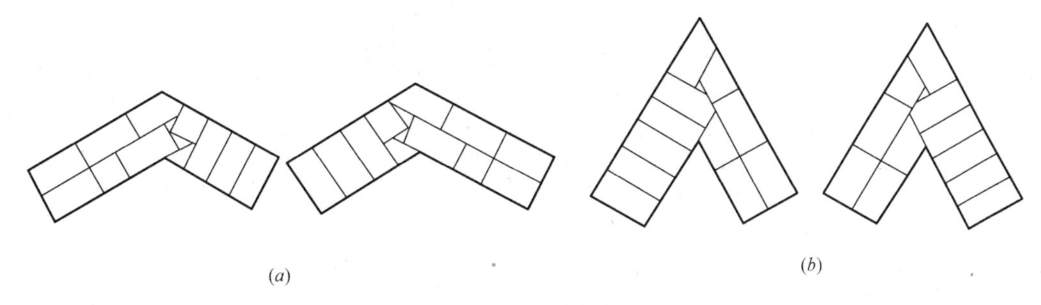

图 6-55 异形角墙

(*a*) 八字角排砌；(*b*) 凶角排砌

6.3.1 试摆

确定叠砌的方法后，做出角部异形砖加工样板，按加工样板，用切割方法加工异形砖。经加工后的砖角要平直，不应有凹凸及斜面现象。

6.3.2 砌筑

为了保证异形角墙体有足够的搭接长度，其搭接长度不小于 1/4 砖长。八字角及凶字角都要求砌成上下垂直，经常挂线检查角部两侧墙的垂直及平整度。

课题 7 砖砌烟囱、检查井、化粪池的砌筑

7.1 砖砌烟囱

烟囱是用于锅炉燃烧时排出烟气的构筑物。在非地震设防区和较低的烟囱仍然采用砖砌的方法。砖砌烟囱的外形分为方形和圆形两种。圆形烟囱的筒身呈圆锥形，方形烟囱则为角锥形，它们的构造分为基础、筒身、内衬、隔热层及附属设施，如铁爬梯、护身环、避雷针等。囱身的底部留有烟道口，以便与烟道连接，如图 6-56 所示。基础通常采用现浇钢筋混凝土，筒身按高度分为若干段，由下而上逐步减薄。筒身内温度高于 500℃时，内衬采用黏土耐火砖砌筑。隔热层分空气隔热层与填充隔热材料隔热两种方法。以空气隔热的烟囱可在筒身上开设通气孔，并应上下交错布置，以避免在筒身的同一水平截面上。

附属设施均为金属构配件，按设计标高埋设，安装前在地面上按规定遍数先刷好防锈漆。

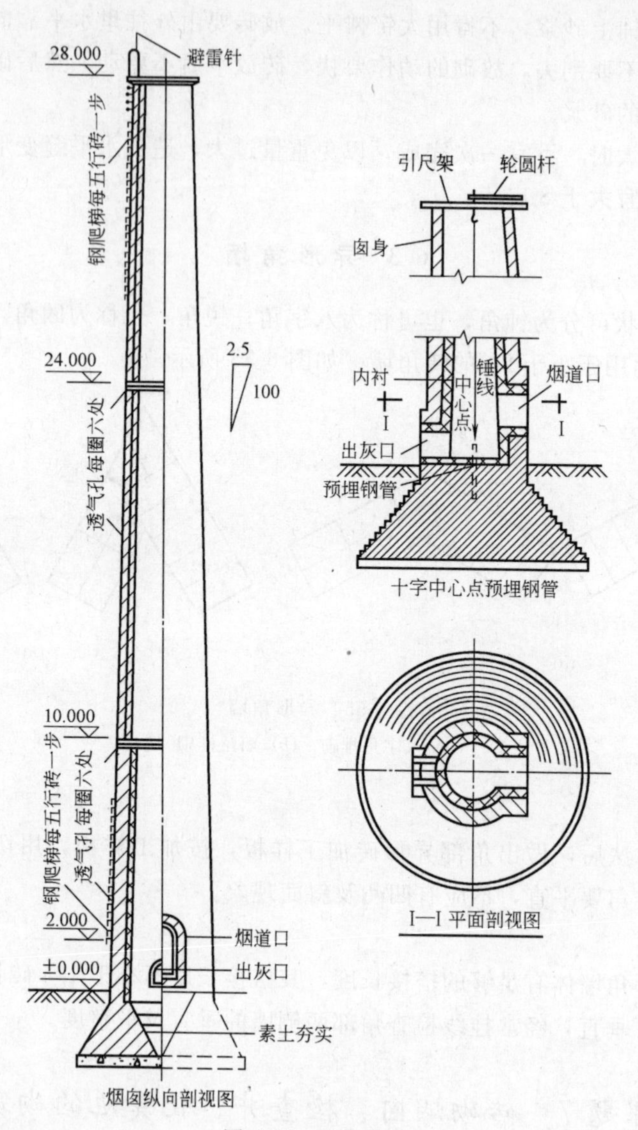

图 6-56 烟囱构造

7.1.1 专用工具的准备

砌烟囱所用的工具除与一般砌墙所用工具相同外，尚有如下几种（图 6-57）。

1）大线锤

线锤一般在 10kg 左右，砌筑烟囱过程中，线锤的锤尖对准基础上的中心，另一端悬挂在引尺架下面的吊钩上，左右前后移动引尺架对中用。

2）引尺架

采用断面为 50mm×100mm 的方木，长度与筒身最大外径相同，方木的中心点下面有一个小吊钩，以便悬挂线锤找中用。

3）引尺

又称轮圆杆，尺上刻有烟囱筒身最大及最小外径，以及每砌 0.5m 高烟囱外壁收分后的直径尺寸，尺的一端套在引尺架中心上，并以此为圆心，当烟囱每砌 0.5m 高，引尺即

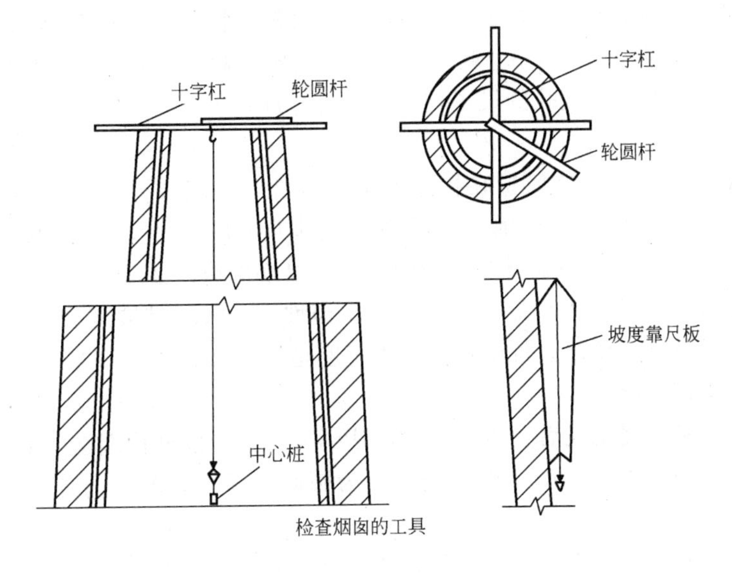

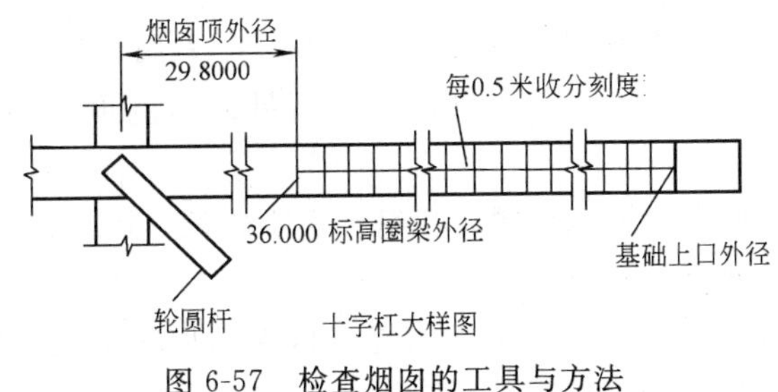

图 6-57 检查烟囱的工具与方法

绕圆心回转筒身一圈测量一次，如发现有误差，必须逐步调整、纠正。检查一次，涂去一格。测量时，须知道已砌筒身标高及半径，以便心中有数。

4）坡度靠尺板

按筒身每米坡度的要求制造坡度靠尺板。坡度靠尺板一侧与中心弹的墨线平行，与普通托线板相同；另一侧根据设计坡度，刻出与中间墨线成坡度，中间挂上线锤，用带有坡度的一侧靠筒（囱）身，如果线锤与弹线重合，筒身墙体的坡度符合设计，如果线锤向外，囱身墙面“张”了，如果线锤向里，墙面“背”了。

5）金属水平尺

由于砌烟囱没有水平准线作为依据，同一皮砖是否水平只能用金属水平尺随时进行检查。

7.1.2 *砌筑圆烟囱要掌握的几个环节*

1）定位和中心轴线的控制

钢筋混凝土基础底板浇捣好后，将烟囱前后左右的龙门板用经纬仪校核一次，无误后拉紧两对龙门板的中线所形成的交叉点就是烟囱的中心点。将此点用线锤引到基础面，把预埋铁件对准此点埋入基础内，在混凝土凝固以前防止移动与倾斜。混凝土凝固后校核一次并用红漆标出中心位置，烟囱每砌高 0.5m 要校核中心轴线一次。

2）烟囱标高的控制

由于砖砌烟囱没有皮数杆的控制，其标高只能用钢尺测量。在烟囱基础砌出地面后，用水平仪在砌体外壁定出±0.000标高，并用红漆做出标记。以后每砌0.5m高或筒壁厚度变更时，均用钢尺仍从±0.000起垂直往上量出各点标高，并用红漆标明烟囱附属设施的埋设，腰线、挑檐和通气孔的设置均以此点为标准。

3）烟囱垂直度的控制

如图6-56所示。烟囱的筒壁在构造上都有收分，一般收分的坡度为1.5%～2.5%。因此，要保证烟囱垂直度的正确，就要用坡度靠尺板来检查，一般砌墙用的托线板宽10cm，长为150cm。墨线弹在托线板的中心。现以烟囱坡度2.5%为例，托线板下口距离中心墨线，应为（5－150×2.5%）＝1.25cm。当坡度托线板带坡度的一面贴在烟囱身上，线锤能对准线板上垂直墨线，说明烟囱的垂直度是正确的。

7.1.3 烟囱基础的砌筑

钢筋混凝土基础浇筑完后，养护到强度达到要求就可以进行烟囱砖基础的砌筑。

（1）抄平钢筋混凝土基础，以基础中心为圆心，弹出砖基础内外径的围线，设立皮数杆。

（2）烟囱砖基础的砌筑与砖墙的基础一样采用大放脚向中心收退。

（3）开始砌筑时，先要摆砖撂底。砖层的排列一般采用丁砖砌，以保证外形的规整。只有外径在7m以上时，才用一顺一丁砌法。但筒身的内侧可以用条砖砌，以减少半砖数量。

（4）砌体上下两层砖的放射状砖缝，应错开1/4砖长，环状砖缝应错开1/2砖长。为达到错缝要求，可用半砖进行调整。

（5）通常水平缝厚度为8～12mm，竖缝宽度内圈不小于5mm，外圈不大于12mm。

（6）基础的内衬要与外壁同时砌筑，如需要填充隔热材料的，每砌高4～5皮砖即填塞一次。

（7）基础砌完后，要进行一次中心轴线、标高、垂直度、圆周尺寸、上口水平等全面检测。

7.1.4 烟囱囱身的砌筑

烟囱筒身砌筑时，施工准备工作与砌普通砖墙相同，只是在砌筑方法上有所不同。

（1）筒身摆砖的要求如图6-58所示，筒身的竖缝宽度是放射状的外大里小，最小不能小于5mm，最大不能大于12mm。竖缝错缝1/4砖长。每皮砖水平面，砖与砖之间缝为环形缝，环形缝错开1/2砖长。

（2）在砌砖时，砖在墙上不是水平状态，而是靠筒壁外高，靠筒壁里低，即所说的前手高，后手低。因为砖烟囱的囱身一般要有1.5%～2.5%的收分，就是说每砌筑1m高要收进15～25mm，每米要砌15层，收分是2.5%时，那么每砌一皮砖要收进1.7mm，就要依靠砖的前手高，后手低的砌法造成丁砖面向里倾斜，收进1.7mm。用这种方法砌成的烟囱墙身是斜平面，斜平面由坡度托线板控制。

（3）砌筑时，筒身分成3～4个工位，每个工位由一个人砌筑。由于墙身是斜面，半径不断减小，每个人所砌的墙体不断变短，由于砖的竖缝宽度不能变小，只能是所砌的砖块数发生变化，丁砖变小的位置是在每个工位的交接处。

（4）砌砖时由于没有水平准线，全靠目测控制。目测所砌的丁砖斜面要与下面的圆形斜面是通顺一平。每砌0.5m高用引尺检查一次圆形状况。每砌3～5皮砖用斜向托线板

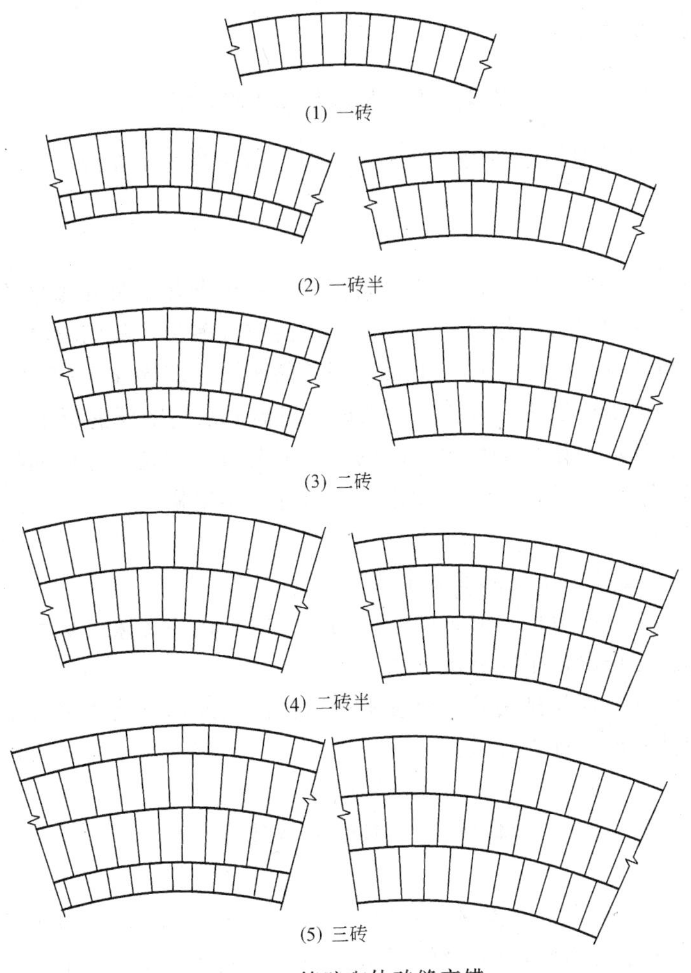

图 6-58　筒壁砌体砖缝交错

检查一次垂直度状况。用水平尺检查每个工位之间的同一皮砖是否一样高，发现问题要逐步纠正。

（5）筒身砌筑，一般先砌外皮，再砌里皮，为了防止操作人员因手法不同造成偏差，可以采用轮换工位，每升高一步架互换操作位置。

（6）当筒身砌筑至直径较小时，要将丁砖加工成楔形砖，使放射形竖缝宽度符合要求。

7.1.5　内衬的砌筑

（1）砖烟囱内衬的砌筑一般是随着筒壁同时砌筑，衬壁厚度为半砖时，可用条砖砌筑，错缝搭接 1/2 砖长，厚度为一砖时，用丁砖和条砖交替砌筑，错缝搭接 1/4 砖长。

（2）用普通砖砌内衬时，水平灰缝厚度不得大于 8mm。用耐火砖砌内衬时，水平灰缝厚度不得大于 4mm。耐火砖上批满耐火泥，用小木锤敲打砖块，使垂直与水平灰缝达到饱满密实。

（3）筒身与内衬的空气隔热层不允许落入砂浆和碎砖，如设计要求填充隔热材料，则每砌 4～5 皮砖填充一次。

(4) 为了保证内衬的稳定和牢固，水平方向沿囱身每隔1m，垂直每隔0.5m，上下交错挑出一块砖与囱壁顶住。

7.2 检查井、化粪池的砌筑

检查井、化粪池是建筑物的附属设施，一般是由土建施工完成。检查井、化粪池多是砖砌体。

7.2.1 *砌筑要求*

(1) 砌筑检查井一般采用丁砖砌法。砌筑时，要根据井口及井底直径的大小与井的深度计算收坡尺寸，定出收坡的标高一皮砖或几皮砖收分多少，随砌随收。按设计标高，先将管道放置好后再砌井。井砌好后，上口安好井圈座并在四周抹1∶3水泥砂浆。

(2) 化粪池的深度一般为3m左右，底板与顶板多采用钢筋混凝土。池壁有方形和圆形两种。砌筑时，外墙与中间隔墙要同时砌筑，不要留槎后砌。池内的附件如隔板、管道须按图纸要求牢固的砌入墙内，并用砂浆塞住封好，不得松动、渗水。砌到池顶时，最后一皮砖要砌丁砖。

7.2.2 *砌筑检查井、化粪池注意事项*

(1) 检查井底的标高应该与管道的标高相同，并且将井底抹成半圈管道形状。使流入检查井的污物能及时排出，不能有沉淀物。

(2) 化粪池的排入管与排出管的位置不得错位。流入化粪池的污物经过两次到三次沉淀后，污水才能排入市政排水管道。

课题8 砌块砌体施工

砌块作为一种墙体材料，具有适应性强、砌筑方便灵活的特点，应用日趋广泛。砌块可以充分利用地方材料和工业废料做原料，种类较多，可用于承重墙和填充墙砌筑。用于承重墙砌筑的砌块一般有普通混凝土小型空心砌块、轻骨料混凝土小型空心砌块（简称小砌块）；用于填充墙砌筑的砌块有加气混凝土砌块、轻骨料混凝土小型空心砌块。

8.1 砌块的材料要求

(1) 砌块应符合设计要求和有关国家现行标准的规定。

(2) 普通混凝土小砌块吸水率很小，砌筑前无需浇水，当天气干燥炎热时，可提前洒水湿润；轻骨料混凝土小砌块吸水率较大，应提前2d浇水湿润，含水率宜为5%～8%；加气混凝土砌块砌筑时，应向砌筑面适量浇水，但含水量不宜过大，以免砌块孔隙中含水过多，影响砌体质量。

(3) 砌筑时，小砌块的生产龄期不应小于28d，并应清除表面污物，承重墙体严禁使用断裂或壁肋中有竖向裂缝的小砌块。

8.2 砌块砌筑前的准备工作

8.2.1 *编制砌块排列图*

1) 砌块规格确定

砌块的规格、型号应符合一定的模数。砌块规格尺寸的确定与建筑物的层高、开间、进深尺寸有关。合理地确定砌块规格，使砌块型号最少，将有利于生产、降低成本和加快施工进度。在墙体上大量使用的主要规格砌块，称为主规格砌块；与它搭配使用的砌块，称为副规格砌块。

2）砌筑排列图

一般在施工前应绘制砌块排列图，然后按图施工。砌块排列图按每片纵横墙分别绘制。如图 6-59 所示。在立面图上用 1∶50 或 1∶30 的比例绘制出纵横墙，然后将过梁、平板、大梁、楼梯、混凝土垫块等在图上标出，再将预留孔洞标出，在纵墙和横墙上画水平灰缝线，最后按砌块错缝搭接的构造要求和竖缝的大小进行排列。

砌块以主砌块为主，副砌块为辅，需要镶砖时应整砖镶砌，而且尽量对称分散布。

3）砌块的排列技术要求

（1）上下皮砌块要错缝搭接，搭接长度一般应为砌块长度的 1/2，或不得小于砌块皮高的 1/3，以保证砌块能搭接牢固。外墙转角处及纵横墙交接处应用砌块相互搭接，如图 6-59（*c*）所示。如纵横墙不能互相搭接，则每二皮应设置一道钢筋网片。

（2）砌块中水平灰缝厚度应为 8～12mm，当水平灰缝有配筋或柔性拉结条时，其灰缝厚度应为 12mm。竖缝的宽度为 7～12mm。

8.2.2 砌块安装前的准备工作

（1）砌块的规格、型号应符合一定的模数。砌块规格尺寸的确定与建筑物的层高、开间、进深尺寸有关。合理地确定砌块规格，使砌块型号最少，将有利于生产、降低成本和加快施工速度。

（2）接槎可靠。砌块墙体的转角处和内外墙交接处应同时砌筑。墙体的临时间断处应砌成斜槎。在非抗震设防地区，除外墙转角处外，墙体的临时间断处也可砌成直槎，要求直槎从墙面伸出 200mm，并沿墙高每隔 600mm 设 2ϕ6 拉结钢筋或 ϕ4 钢筋网片。拉结筋或钢筋网片的埋入长度，从留槎处算起，每边不小于 600mm，且必须准确埋入水平灰缝或芯柱内。

8.2.3 砌块的砌筑

（1）砌块砌体砌筑时，应立皮数杆且挂线施工，以保证水平灰缝的平直度和竖向构造变化部位的留设正确。水平灰缝采用铺灰法铺设，小砌块的一次铺灰长度一般不超过 2 块主规格块体的长度。对于小砌块竖向灰缝，应采用加浆方法，使其砂浆饱满；对于加气混凝土砌块，宜用内外临时夹板灌缝。

（2）砌筑填充墙时，墙底部应砌筑高度不小于 200mm 的烧结普通砖或多孔砖。填充墙砌至接近梁、板底时，应留一定空隙，待砌墙完成 7d 后在抹灰前采用侧砖或立砖、砌块斜砌挤紧，其倾斜度为 60°左右，并用砂浆填塞饱满。

（3）常温条件下，小砌块每日的砌筑高度，对承重墙体宜在 1.5m 或一步脚手架高度内；对填充墙体不宜超过 1.8m。

8.2.4 砌块砌体的质量要求及保证措施

与砖砌体类似，砌块砌体的质量要求分为三个方面。

（1）横平竖直

即要求砌块砌体水平灰缝平直、表面平整和竖向垂直等。砌筑时必须立皮数杆，挂线

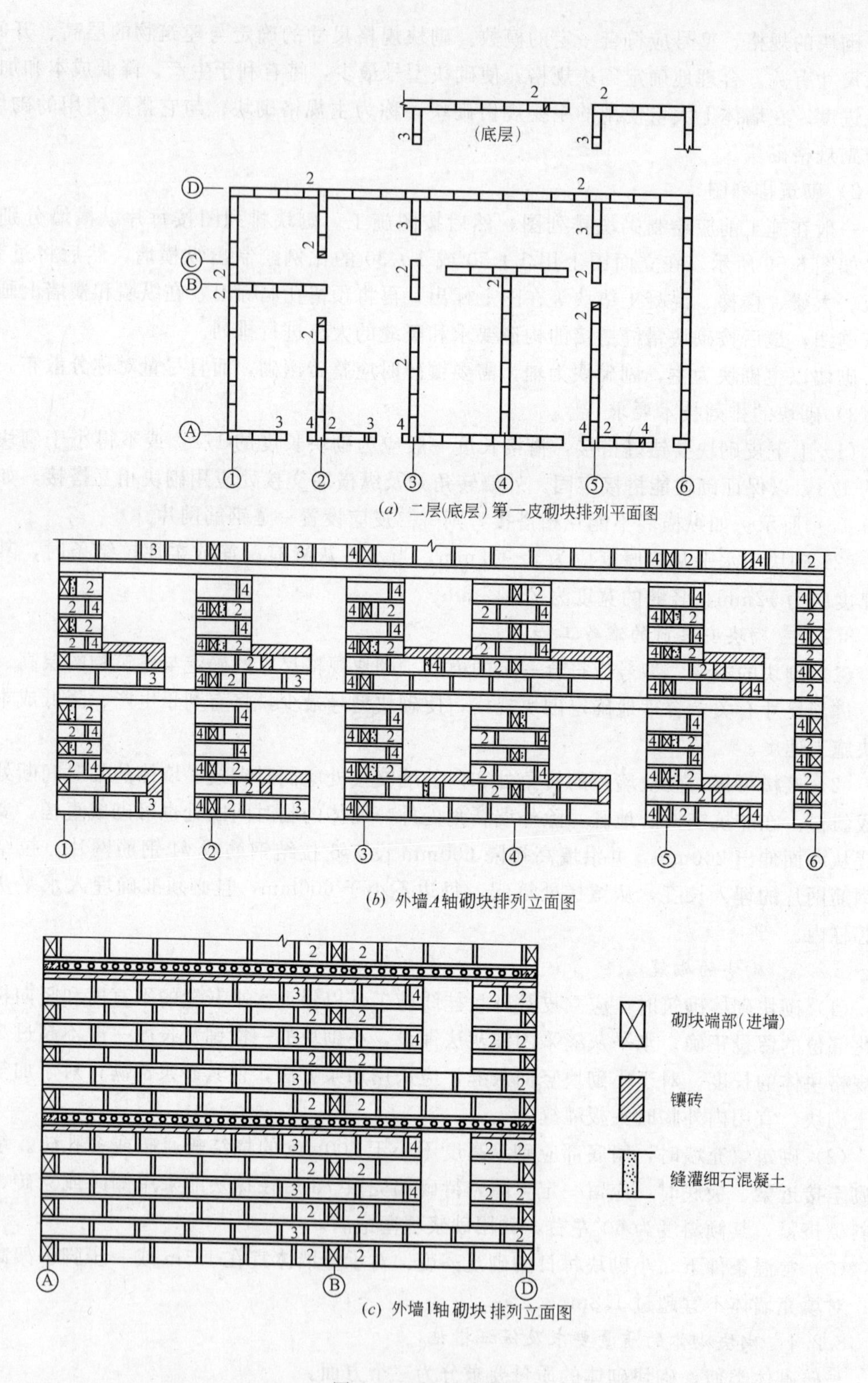

图 6-59 砌块排列图

注：空号砌块（880mm×380mm×240mm）；2号砌块（580mm×380mm×240mm）；3号砌块（430mm×380mm×240mm）；4号砌块（280mm×380mm×240mm）

砌筑，并应随时用线锤、直尺检查和校正墙面的平整度和竖向垂直度。

（2）灰浆饱满

砌块砌体的水平和竖向灰缝砂浆应饱满，小砌块砌体水平灰缝的砂浆饱满度（按净面积计算）不得低于 80%。

小砌块砌体的水平灰缝厚度和竖向灰缝宽度一般为 10mm，要求不应小于 8mm，也不应大于 12mm，其水平灰缝厚度和竖向灰缝宽度的允许偏差见表 6-5。加气混凝土砌块砌体的水平灰缝厚度要求宜为 15mm，垂直灰缝宽度宜为 20mm。

（3）错缝搭接

砌块砌体的砌筑应错缝搭砌，对单排孔小砌块还应对齐孔洞。

砌筑承重墙时，小砌块的搭接长度不应小于 90mm。砌筑框架结构填充墙时，小砌块的搭接长度不应小于 90mm；加气混凝土砌块的搭接长度不应小于砌块长度的 1/3。

8.2.5 *砌块砌体的质量标准*

（1）小砌块和砂浆的强度等级必须符合设计要求。

抽检数量：每一生产厂家，每 1 万块小砌块至少应抽检一组。用于多层以上建筑基础和底层的小砌块抽检数量不应少于 2 组。砂浆试块的抽检数量现行标准 GB 50203—2002 第 4.0.12 条的有关规定。

检验方法：查小砌块和砂浆试块试验报告。

（2）小砌块砌体水平灰缝的砂浆饱满度，应按净面积计算不得低于 90%；竖向灰缝饱满度不得小于 80%，竖缝凹槽部位应用砌筑砂浆填实；不得出现瞎缝、透明缝。

抽检数量：每检验批不应少于 3 处。

检验方法：用专用百格网检测小砌块与砂浆粘结痕迹，每处检测 3 块小砌块，取其平均值。

（3）小砌块墙体转角处和纵横墙交接处应同时砌筑。临时间断处应砌成斜槎，斜槎水平投影长度不应小于高度的 2/3。

抽检数量：每检验批抽 20%接槎，且不应少于 5 处。

检验方法：观察检查。

砌块墙体允许偏差值 **表 6-5**

<table>
<tr><th colspan="3">项　目</th><th>允许偏差(mm)</th><th>检 查 方 法</th></tr>
<tr><td colspan="3">轴线位移</td><td>10</td><td>用经纬仪或拉线和尺检查</td></tr>
<tr><td colspan="3">基础顶面或楼面标高</td><td>1～15</td><td>用水准仪或尺检查</td></tr>
<tr><td rowspan="3">增面垂直度</td><td colspan="2">每层</td><td>5</td><td>用吊线法检查</td></tr>
<tr><td rowspan="2">全高</td><td>＜−10m</td><td>10</td><td rowspan="2">用经纬仪或吊线和尺检查</td></tr>
<tr><td>＞10m</td><td>20</td></tr>
<tr><td rowspan="2">表面平整度</td><td colspan="2">清水墙、柱</td><td>5</td><td rowspan="2">用 2m 靠尺检查</td></tr>
<tr><td colspan="2">清水墙、柱</td><td>8</td></tr>
<tr><td rowspan="2">水平灰缝平直度</td><td colspan="2">清水墙 10m 以内</td><td>7</td><td rowspan="2">拉 10m 线和尺检查</td></tr>
<tr><td colspan="2">清水墙 10m 以内</td><td>10</td></tr>
<tr><td colspan="3">水平灰缝厚度(连续 5 皮砌块累计数)</td><td>±10</td><td rowspan="4">用尺量测</td></tr>
<tr><td colspan="3">垂直灰缝宽度(连续 5 皮砌数)包括凹面深度</td><td>±15</td></tr>
<tr><td rowspan="2">门窗洞口(后塞框)</td><td colspan="2">宽度</td><td>±5</td></tr>
<tr><td colspan="2">高度</td><td>+15,−5</td></tr>
</table>

（4）小砌块墙体的水平灰缝厚度和竖向灰缝宽度宜为10mm，但不应大于12mm，也不应小于8mm。

抽检数量：每层楼的检测点不应少于3处。

抽检方法：用尺量5皮小砌块的高度和2m砌体长度折算。

（5）小砌块墙体的一般尺寸允许偏差见表6-5。

实训课题　砌体结构主体施工实训

在完成了以上课题的学习后，根据教学内容，进行实训教学，现以一套砖混结构施工图为例，进行如下的实训内容。

1.1　根据施工图编制主体结构施工方案

1.1.1　识读施工图

1）读平面图，根据平面图写出以下内容

（1）计算出所读平面图的建筑面积。

（2）根据施工图的要求写出对墙体材料的要求。

（3）写出各轴线间尺寸、各道墙的厚度及与轴线的关系，各道墙的墙体材料。

（4）平面图上所表示门窗各类型的数量、各门窗洞口的尺寸、位置、怎样确定其位置。

（5）墙体砌筑窗台、门窗口、附墙柱、腰线及预留设备洞口、等位置、标高、尺寸。

（6）写出过梁、圈梁、主梁、构造柱、楼梯、休息平台的各类构件的型号、数量、位置。

（7）确定建筑物的朝向、位置、室外地坪标高、各房间楼（地）面标高等内容。

2）识读剖面图，写出以下内容

（1）统计各剖面图在平面图上剖切的位置，剖切到的墙体、构件的编号。

（2）列出楼层的层高、窗台的高度、门窗过梁的高度、主梁、圈梁、楼板梁、楼板的标高。

（3）列出阳台板，挑檐、各腰线的高度。

3）识读建筑立面图，写出以下内容

（1）写出各立面墙的外檐装饰要求。

（2）写出雨水管、变形缝在立面墙的位置及要求。

（3）写出各立面墙装饰的特殊要求。

（4）写出在立面墙上各门窗口、阳台、平台的位置、标高。

4）读懂建筑详图，并写出内容

（1）写出各详图索引符号的种类和引出位置。

（2）写出查找详图的过程。

（3）写出各详图所表示的内容、形状、尺寸。

5）读懂标准图要求写出以下工作内容

（1）写出本施工图所选用的标准图类型、代号。

（2）写出本施工图选用了标准图中的哪些构配件。

(3) 写出根据详图索引查找标准图的过程。

6) 综合平、立、剖、详图、标准图所表示的内容进行组合。写出主体结构工程概况。

1.1.2　制定主体结构施工方案

(1) 根据施工图划分施工流水段。

(2) 写出主体结构施工的工艺流程。

(3) 写出各施工过程的施工方法。

(4) 写出各施工工序的质量标准。

(5) 根据施工情况编写技术交底和安全交底。

1.2　施工操作

(1) 根据施工图进行放线，立皮数杆。

(2) 根据建筑物的主轴线控制桩对各道墙体的轴线、边线、门洞口线等进行定位放线。

(3) 根据±0.000 标高点转至立使放杆的位置处。

(4) 根据施工图要求制皮数杆，立皮数杆。

(5) 根据墙身线，摆砖，摆底。

单元7 主体结构季节性施工

由于建筑物处于露天施工，所以要受到季节性天气变化的影响，尤其是冬期、雨期和闷热气候对建筑施工的影响。在建筑施工中，对这些季节性影响要加以注意，采取必需的技术措施，才能保证工程质量。

课题1 钢筋混凝土主体结构冬期施工

1.1 混凝土冬期施工的起始日期

1.1.1 混凝土冬期施工开始日期

当日平均气温降到5℃和5℃以下，或日最低气温降至0℃和0℃以下时，混凝土工程必须采取特殊的技术措施进行施工，方能满足混凝土质量的要求。混凝土施工规范规定：根据当地气候资料，室外日平均气温连续5d低于5℃时，混凝土结构工程的施工应采取冬期施工措施，一般取第一个出现连续5d稳定低于5℃的冬日作为冬期施工的开始日期。

1.1.2 混凝土冬期施工终止日期

当气温回升时，取第一个连续5d稳定高于5℃的末日作为冬期施工的终止日期。

1.2 混凝土冬期施工的原理

1.2.1 低温条件下水泥的水化反应

水泥和水的化学反应在低温情况下进行缓慢，在4～5℃时尤其显著，所以寒冷的气候对混凝土工程影响很大，浇筑的混凝土对温度非常敏感，在低温下混凝土的强度增长要比常温下慢得多，如果温度降至4℃以下，水泥水化需要的水即开始膨胀，这对于脆弱的新形成的水泥颗粒结构可能产生永久性的损害，如果混凝土温度降至冰点以下，由于结冰的水不能与水泥发生水化反应，混凝土内水化反应所产生的新复合物就大为减少，会造成混凝土强度、耐久性、密实性的降低。

1.2.2 混凝土冻害影响

当温度降至－2～－4℃，混凝土内部的游离水开始结冰，游离水结冰后体积增大约8%～9%，在混凝土内部产生冰晶，从而产生附加应力，使强度尚低的混凝土内部产生微裂缝和孔隙，同时减弱了水泥与砂石、水泥与钢筋之间的粘结，导致结构强度降低。

混凝土的早期冻害是由于混凝土内部的水结冰所致。实验证明，混凝土在浇筑后立即受冻，抗压强度约损失50%，抗拉强度约损失40%。受冻前混凝土养护时间愈长，所达到的强度愈高，水化物产生愈多，能结冰的游离水就愈少，强度损失就愈低。实验还证明，混凝土遭受冻结带来的危害与遭受冻结时间早晚、水灰比、水泥强度等级、养护温度有关。

1.2.3 混凝土抵抗冻害的要求

混凝土抵抗冻害的条件就是在受冻以前达到一定的强度值，混凝土允许受冻而不致使其各项性能遭到损害的最低强度值称为混凝土受冻临界强度。我国现行规范规定：冬期浇筑的混凝土抗压强度，在受冻前硅酸盐水泥或普通硅酸盐水泥配置的混凝土不得低于其设计强度标准值的30%，矿渣硅酸盐水泥配置的混凝土不得低于其设计强度标准值的40%，C10及C10以下的混凝土不得低于5N/mm^2。

1.2.4 防止混凝土早期冻害的措施

(1) 早期增强：主要提高混凝土早期强度，使其在正温条件下尽快达到混凝土受冻临界强度。

(2) 改善混凝土内部结构，降低水灰比，增加混凝土密实度，排除多余的游离水，掺用减水型引气剂等。

1.3 钢筋混凝土主体结构施工工艺

1.3.1 材料要求

(1) 混凝土冬期施工应优先选用硅酸盐水泥和普通硅酸盐水泥配置混凝土，其强度等级应不低于32.5级，最小水泥用量宜不少于300kg/m^3，水灰比应不大于0.6，有抗渗要求的混凝土，水灰比不得大于0.55。

(2) 拌制混凝土所有骨料清洁，不得含有水、雪、冻块及其他易冻裂物质，在掺有含有钾、钠离子的防冻剂，应进行碱骨料反应试验。

(3) 采用非加热养护施工所选用的外加剂，宜优先选用含引气成分的外加剂，含气量宜控制在2%～4%。

(4) 按《建筑工程冬期施工规程》(JGJ 104—97) 的规定严格控制掺用氯盐的结构，在钢筋混凝土中掺用氯盐类防冻剂时，氯盐掺量不得大于水泥重量的1% (按无水状态计算)。

(5) 冬期施工所使用保温材料一般可选用塑料薄膜、保温岩棉被、阻燃草帘被等。

1.3.2 作业条件准备

(1) 将各种保温材料运到施工现场。

(2) 现场搅拌棚封闭进行保温，设置原材料加热设施。

(3) 对混凝土原件、泵送管道进行保温。

(4) 钢筋螺纹加工采用防冻润滑剂。

(5) 清除模板和钢筋上的冰雪和污垢。

1.3.3 冬期施工技术措施

1) 钢筋工程

(1) 施工时，加强检验在负温条件下使用的钢筋，钢筋在运输和加工过程中防止撞击和刻痕，应轻拿轻放。

(2) 钢筋冷拉温度不宜低于－20℃，预应力钢筋张拉温度不宜低于－15℃。

(3) 负温钢筋闪光对焊要做到：调伸长度适当增加10%～20%，变压器级数降低1～2级，烧化过程的中期速度适当减慢，适当提高预热时的接触压力，适当增长预热间歇时间，焊后可进行通电热处理，延缓冷却速度，要有挡风设施。

(4) 当环境温度低于－20℃时，不宜进行钢筋焊接施工。

(5) 电渣压力焊的药盒不应焊完后马上卸下，应有几个盒，形成流水施工，在焊药自然冷却后方可敲去药皮。

2) 模板工程

(1) 梁、墙、柱模板根据施工方案的要求厚度和保温材料的品种，对模板进行保温。

(2) 顶板随混凝土浇筑随铺一层塑料薄膜上加阻燃草帘被覆盖保温。

(3) 保温工作完成后要进行预检，混凝土达到设计强度30%后方可拆除保温。

(4) 混凝土内部温度与表面温度、表面温度与外部温度养护温度之差在15℃以内为安全，如温差超过15℃时，加强保温措施。

3) 混凝土工程

(1) 冬期施工中配制混凝土用水泥，应优先选用活性高、水化热量大的硅酸盐水泥和普通硅酸盐水泥，强度等级不低于42.5，最小水泥用量不宜少于300kg/m^3，水灰比不应大于0.6。

(2) 水泥在使用前1～2d放入暖棚存放，暖棚温度应在5℃以上。

(3) 水的比热是砂、石骨料的5倍左右，所以冬期施工拌制混凝土时，应优先采用加热水的方法，但水加热的温度不宜超过80℃。

(4) 骨料要求在冬期施工前就进行储备，做到骨料清洁，无冻块和冰雪。

(5) 混凝土搅拌机要搭设暖棚，搅拌前用热水或蒸汽冲洗搅拌机，混凝土搅拌时间比常温规定时间延长50%。

(6) 混凝土的运输除一般要求外，运输工具加保温措施，混凝土运到施工现场，出机温度不得低于10℃。

(7) 混凝土浇筑：混凝土在浇筑前，应清除模板和钢筋上的冰雪，混凝土浇筑除一般要求外，应尽量加快混凝土的浇筑速度，入模温度不得低于5℃。

(8) 混凝土振捣：在施工操作上要加强混凝土的振捣，尽可能提高混凝土的密实度，冬期振捣混凝土要采用机械振捣，振捣时间应比常温时间有所增加。

(9) 混凝土施工缝的处理：为了使施工缝处的新老混凝土牢固结合，不产生裂缝，要对已浇筑的混凝土表面进行加热，使其温度与新混凝土入模温度相同。

(10) 混凝土养护：混凝土养护一般采用蓄热法进行养护，蓄热法就是利用对混凝土组成材料预加的热量和水与水泥进行水化反应释放出的热量，再加以适当覆盖保温，从而保证混凝土能够在正温下达到规范要求的临界强度的养护方法。

(11) 混凝土的测温：为保证冬期施工的质量，需要测量有代表部位的温度，现场环境温度在每天2：00、8：00、14：00、20：00测量四次，为了使混凝土满足蓄热法的养护要求，就必须对原材料的温度、混凝土搅拌和运输出机温度、浇入模板后的温度，每2h测量一次，如果发现其温度低于蓄热法养护的最低温度要求，应采取措施，提高其温度。

在混凝土养护期间，温度是决定混凝土是否能顺利达到临界强度的决定因素，为获得可靠的混凝土强度值，应在最有代表性的测温点测量混凝土构件的温度，一般蓄热法养护每昼夜对构件测温四次，测量人员应同时检查构件覆盖保温情况，并了解结构的浇筑日期、养护期限以及混凝土最低温度，测量时，测温计插入测温管中，并立即加以覆盖，以免受外界气温的影响，测温仪表留在测温孔内的时间不小于 3min，然后取出，迅速记下温度值，如发现问题应立即通知有关人员，以便及时采取措施。

(12) 混凝土质量检查：冬期施工时，混凝土质量检查除应遵守常规施工的质量检查规定之外，尚应符合冬期施工的规定，要严格检查外加剂的质量和温度、掺量，混凝土浇筑后应增设两组与结构同条件养护的试块，一组用以检验混凝土受冻前的强度，检验其受冻前是否达到临界强度，另一组用以检验受冻后又转入常温，再养护 28d 的强度，检验其受冻的强度值。

(13) 混凝土拆模时间：混凝土养护到规定时间，应根据同条件养护的试块试压值，证明混凝土达到规定拆模强度方可拆模，当混凝土与外界温差较大时，拆模后的混凝土应注意覆盖，使其缓慢冷却。

课题 2　混凝土在炎热季节的施工

随着世界气候的变暖趋势，混凝土在炎热季节时的施工质量受到炎热气候的影响越来越大，当气温超过 30℃时，就会使混凝土处于高温条件下的施工，对于高温条件下进行混凝土施工必须要注意对混凝土施工质量的影响。

2.1　高温条件下对混凝土施工质量的影响

2.1.1　气温一高，水泥水化反应加快，使得混凝土在运输过程中，加大了坍落度的损失率。运输时间长，混凝土坍落度将从某一时点开始逐渐降低，其降低比例随时间的增长而增大，而且气温越高降低得越快。当混凝土运至现场坍落度不符要求，如果单纯加水提高坍落度，就会使混凝土强度受到很大的影响，降低混凝土的强度等级。

2.1.2　气温升高，水泥水化反应加快，混凝土凝结较快，施工操作时间变短，容易因捣固不良而造成蜂窝、麻面以及先浇混凝土与后浇混凝土形成冷接头等质量问题。

2.1.3　由于混凝土硬化前水分蒸发快，容易早凝而失去流动性，表面易干燥，加强产生塑性裂缝的可能性。另外，由于单位用水量增加，硬化后混凝土容易出现干缩裂缝。

2.1.4　在高温下，尽管混凝土早期强度增长较快，但后期强度增长将受到抑制，特别是 28d 后的强度增长更少。另外，由于水分在高温下急速蒸发，养护不易充分，混凝土早期脱水，造成强度降低。

2.1.5　混凝土硬化初期，由于混凝土拌合物入模温度高，加上水泥水化发热的速度大，散热少，造成大体积混凝土内部温度升降值增高。因此，大体积或截面变化多的混凝土，容易由于温度而产生温度裂缝。

2.1.6　白天高温环境下浇筑混凝土，夜里周围温度下降，如混凝土内外温度差超过 20℃，由此产生的温差更容易使混凝土产生裂缝。

2.1.7　由于暴晒和干热风的影响，混凝土原材料温度升高，使混凝土拌合物温度有可能超过 40℃，这时会引起水泥的假凝或过早凝结，使施工无法进行。

由于炎热条件下，混凝土施工容易发生上述种种缺点，因此，有必要在开工前研究混凝土施工中的材料选择、混凝土的配合比、拌制、运输、浇筑和养护等问题。

2.2 高温条件下混凝土施工时对材料的要求

2.2.1 水泥

水泥的水化热会对混凝土产生不利的影响，而水泥本身的温度对混凝土拌制温度影响并不大，一般水泥温度每±8℃约使混凝土拌制温度变化±1℃，但是，使用温度过高的水泥，会使混凝土在初期容易硬化。为了降低混凝土的温度，应尽量使用温度低的水泥，防止水泥暴晒，应该将水泥放置在有遮阳设置的凉棚内，对于在储存罐内的散装水泥应该采取隔热措施，降低水泥的温度。

在炎热条件下进行混凝土施工，不可以使用水化热高的水泥。

2.2.2 骨料

骨料温度对混凝土的影响较大，原因是骨料的用量最大，一般是骨料温度每变化±2℃时，混凝土温度变化±1℃。施工时，尽量使用低温度骨料。要避免骨料的温度上升，可以采取对骨料覆盖，以免阳光直接照射，必要时可采用喷凉水等冷却措施。

2.2.3 水

在材料之中，水的比热大，相当于水泥和骨料的4～5倍，一般水温每变化±4℃时，混凝土温度有±1℃的变化。水的温度容易控制，要降低混凝土的制成温度，利用低温水最为方便经济。必要时，可利用水采取冷却措施。

2.3 施工工艺的要求

2.3.1 配合比

在高温环境下拌制、运输和浇筑混凝土，均须保证质量，炎热条件下混凝土的单位用水量往往偏多，是形成混凝土发生缺陷的一大原因，故单位用水量必须尽可能压缩，应根据运输和施工方法，通过试配而确定配合比。在配合比中，使用减水缓凝剂，可以防止坍落度损失，减少单位用水量，同时防止在施工中出现质量问题。

2.3.2 运输

在炎热条件下用车辆运输混凝土时，坍落度将下降。为了确保要求的坍落度，经常是预先多加水泥砂浆以增大坍落度。这很不经济，它虽能保持坍落度，但有损混凝土其他性能，因此，要规划混凝土的运输方案，采取能防止运输时降低坍落度的方法，充分考虑气温和施工条件。运输设备要选择好，在白天运输混凝土要覆盖，以防阳光照射，在运输过程中，即使减低了混凝土坍落度，在灌注地点也不要加水再重新搅拌。比较有效的办法是采用后加法掺加缓凝型减水剂，再进行搅拌，使混凝土达到要求的坍落度值。

运至现场的混凝土温度不得超过30℃，如果超过30℃，应对运输混凝土的罐车外用冷水冲，以降低内部混凝土的温度，如果混凝土的温度超过30℃，会给施工带来许多困难。

2.3.3 混凝土浇筑

(1) 炎热条件下浇筑混凝土时，如与混凝土接触的部分高温而干燥，则浇筑在该处的混凝土水化特别快，混凝土的水分被吸收将不易彻底硬化，因此，模板、钢筋以及即将浇筑地点的基层的混凝土等，在浇筑混凝土之前可洒水冷却并使之吸足水分。

(2) 在浇筑过程中，先后浇筑混凝土间隔时间要短，浇筑和振捣混凝土时，操作速度要快。

(3) 在白天浇筑混凝土，在阳光作用下，浇筑成型的混凝土温度较高，到了夜间由于温度降低，混凝土表面温度降低，内部温度较高，形成内、外温差较大，易于发生裂缝，因此，在炎热条件下浇筑混凝土，白天施工应对阳光进行遮挡，防止暴晒，或改在夜间施工。

2.3.4 混凝土养护

在炎热条件下养护混凝土，按一般养护要求进行养护，同时还应注意以下的要求。

(1) 不宜单独专用养护膜覆盖法养护高强混凝土，因为在高温炎热条件下单独覆盖养护膜会使混凝土升温过快，产生裂缝。

(2) 如果气温过于干燥炎热时，在进行混凝土施工完毕进行表面修整时，要用喷水雾方式进行不间断湿养护。

(3) 混凝土初凝前用塑料膜及时覆盖，初凝后撤去塑料膜，换麻袋覆盖，洒水养护，至少养护 7d，保持湿度，不得忽湿忽干，以避免混凝土开裂，并尽量对混凝土遮阳、挡风。

(4) 竖向构件拆模后用湿麻布外包塑料膜包裹，保湿 7d 以上。

(5) 在炎热条件下施工，混凝土一般掺缓凝剂，当缓凝剂掺量不准确，超量 1～2 倍左右时，会使浇筑的混凝土长时间达不到终凝。若含气量增加很多，甚至会严重降低强度，造成工程事故，若只是极度缓凝而含气量增加不多，可在终凝后不拆模，并使混凝土保持潮湿养护较长时间，强度也有可能得到保证。

课题 3 砌体工程的冬期施工

当预计室外日平均气温连续 5d 稳定低于 5℃ 时，砌体工程的施工，应采取冬期施工技术措施，冬期施工期限以外，当日最低气温低于－0℃ 时，也应按冬期施工有关规定进行。气温可根据当地气象预报或历年气象资料估计。

砌体工程的冬期施工应采用掺盐砂浆为主。对保温绝缘、装饰等方面有特殊要求的工程，可采用冻结法或其他施工方法。

3.1 掺盐砂浆法

掺入盐类的水泥砂浆、水泥混合砂浆或微沫砂浆称为掺盐砂浆。采用这种砂浆砌筑的方法称为掺盐砂浆法。

3.1.1 掺盐砂浆法的原理和适用范围

掺盐砂浆法就是在砌筑砂浆内掺入一定数量的抗冻化学剂，来降低水溶液的冰点，以保证砂浆中有液态水存在，使水化反应在一定负温下不间断进行，使砂浆在负温下强度能继续缓慢增长。同时，由于降低了砂浆中水的冰点，砌体的表面不会立即结冰而形成冰膜，故砂浆和砌体能较好的粘结。

掺盐砂浆中的抗冻化学剂，目前主要是氯化纳和氯化钙。其他还有亚硝酸钠、碳酸钾、硝酸钙等。

采用掺盐砂浆法具有施工简便，施工费用低，货源易于解决等优点，所以在我国砌体工程冬期施工中普遍采用掺盐砂浆法。

由于掺盐砂浆吸湿性大，使结构保温性能下降，并有析盐现象等。对下列工程严禁采用掺盐砂浆法施工：

(1) 对装饰有特殊要求的建筑物；

(2) 使用湿度大于60%的建筑物；

(3) 接近高压电路的建筑物（如变电站）；

(4) 热工要求高的建筑物；

(5) 配筋砌体（指配有受力钢筋）；

(6) 处于地下水位变化范围内，以及在水下未设防水保护层的结构。

3.1.2 掺盐砂浆法的施工工艺

1) 材料要求

砌体工程冬期施工所用材料，应符合下列规定：

(1) 砌体在砌筑前，应清除冰霜；

(2) 拌制砂浆所用的砂中，不得含有冰块和直径大于10mm的冰结块；

(3) 石灰膏等应防止受冻，如遭冻结，应经融化后，方可使用；

(4) 水泥应选用普通硅酸盐水泥；

(5) 拌制砂浆时，水的温度不得超过80℃，砂的温度不得超过40℃。

2) 砂浆要求

采用掺盐砂浆法进行施工，应按不同负温界限控制掺盐量，当砂浆中掺盐量过少，砂浆会出现大量冰结晶体，水化反应极其缓慢，会降低早期强度；如果氯盐掺量大于10%，砂的后期强度会显著降低，同时导致砌体析盐量过大，增大吸湿性，降低保温性能。按气温情况规定的掺盐量见表7-1。

砂浆掺盐量（占用水量的%） **表7-1**

日最低气温(℃)			≥－10	－11～－15	－16～－20
单盐	食盐	砌砖	3	5	7
		砌石	4	7	10
双盐	食盐	砌砖			5
	氯化钙				2

注：掺量以无水盐计。

采用掺盐砂浆法施工时，砂浆使用温度不应低于5℃，承重砌体的砂浆强度等级应按常温施工时提高一级。拌合砂浆前要对原材料进行加热。应优先加热水，当满足不了温度时，再进行砂的加热。当拌合水的温度超过60℃时，拌制时投料顺序是：水和砂先拌，然后再投放水泥。掺盐砂浆中掺入微沫剂时，盐溶液和微沫剂后加入。砂浆应采用机械进行拌合，搅拌的时间应比常温季节增加一倍，拌合后的砂浆应注意保温。

3) 施工准备工作

由于氯盐对钢筋有腐蚀作用，掺盐法用于设有构造配筋的砌体时，钢筋可以涂樟丹2～3道或者涂沥青1～2道，以防钢筋腐蚀。

普通砖和空心砖在正温度条件下砌筑时，应采用随浇水随砌筑的办法，负温度条件下，只要有可能应该尽量浇热盐水。当气温过低，浇水确有困难，则必须适当增大砂浆的稠度。抗震设计烈度为九度的建筑物，普通砖和空心砖无法浇水湿润时，无特殊措施，不得砌筑。

4）施工工艺

掺盐砂浆法砌筑砖砌体，应采用“三一”砌砖法进行操作。即一铲灰、一块砖、一揉压。使砂浆与砖的接触面能充分结合，提高砌体的抗压、抗剪强度。不得大面积铺灰，减少砂浆温度的失散。砌筑时，要求灰浆饱满，灰缝厚薄均匀，水平缝和垂直缝的厚度和宽度，应控制在 8～10mm，采用掺盐砂浆法砌筑砌体，砌体转角处和交接处应同时砌筑，对不能同时砌筑而又必须留置的临时间断处，应砌成斜槎。砌体表面不应铺设砂浆层，宜采用保温材料加以覆盖。继续施工前，应先用扫帚扫净砖表面，然后再施工。

3.2 冻结法

冻结法是指采用不掺化学外加剂的普通水泥砂浆或水泥混合砂浆进行砌筑的一种冬期施工方法。

3.2.1 冻结法的原理和适用范围

冻结法的砂浆内不掺任何抗冻化学剂，允许砂浆在铺砌完毕后就受冻，受冻的砂浆可获得较大的冻结强度，而且冻结的强度随气温的降低而增高。但当气温升高而砌体解冻时，砂浆强度仍然等于冻结前的强度。当气温转入正温后，水泥水化作用又重新进行，砂浆强度可继续增长。

冻结法允许砂浆在砌筑后遭受冻结，且在解冻后其强度仍可继续增长，所以对有保温、绝缘、装饰等特殊要求的工程和受力配筋砌体以及不受地震区条件限制的其他工程，均可采用冻结法施工。

冻结法施工的砂浆，经冻结、融化和硬化三个阶段后，使砂浆强度，砂浆与砖石砌体间的粘结力都有不同程度的降低，砌体在融化阶段，由于砂浆强度接近于零，将会增加砌体的变形和沉降，所以对下列结构不宜选用，如空斗墙、毛石墙，承受侧压力的砌体，在解冻期间可能受到振动或动力荷载的砌体、在解冻期间不允许发生沉降的砌体（如筒拱支座）。

3.2.2 冻结法的施工工艺

1）对材料的要求

冻结法的砂浆使用时的温度不应低于 10℃，当日最低气温高于或者等于－25℃ 时，对砌筑承重砌体的砂浆强度等级应按常温施工时提高一级；当日最低气温低于－25℃ 时，则应提高二级。

2）砌筑施工工艺

采用冻结法施工时，应按照“三一”砌筑方法，对于房屋转角处和内外墙交接处的灰缝应特别仔细砌合。砌筑时，一般应采用一顺一丁的砌筑法。冻结法施工中宜采用水平分段施工，墙体一般应在一个施工段的范围内，砌筑至一个施工层的高度，不得间断，每天砌筑高度和临时间断处均不宜大于 1.2m，当不设沉降缝的砌体，其分段处的高差不得大于 4m。

砌体水平灰缝应控制在10mm以内。为了达到灰缝平直、砂浆饱满和坡面垂直及平整的要求，砌筑时要随时目测检查，发现偏差及时纠正，保证墙体砌筑质量，对超过五皮砖的砌体，如发现歪斜，不准敲墙、砸墙，必须拆除重砌。

3）砌体的解冻

解冻时，由于砂浆的强度接近于零，所以增加了砌体解冻期间的变形和沉降，其下沉量比常温施工增大10%～20%。解冻期间，由于砂浆遭冻后强度降低，砂浆与砌体之间的粘结力减弱，致使砌体在解冻期间的稳定性较差。用冻结法砌筑的砌体，在开冻前需进行检查，开冻过程中应组织观测，如发现裂缝、不均匀下沉等情况，应分析原因并立即采取加固措施。

为保证砖砌体在解冻期间能够均匀沉降不出现裂缝，应遵守下列要求：

（1）解冻前，应清除房屋中剩余的建筑材料等临时荷载。在开冻前，宜暂停施工。

（2）留置在砌体中的洞口和沟槽等，宜在解冻前填砌完毕。

（3）跨度大于0.7m的过梁，宜采用预制构件。

（4）门窗框上部应留3～5mm的空隙，作为化冻后预留沉降量。

（5）在楼板水平面上，墙的拐角处、交接处和交叉处每半砖设置一根ϕ6钢筋拉结。具体做法如图7-1所示。

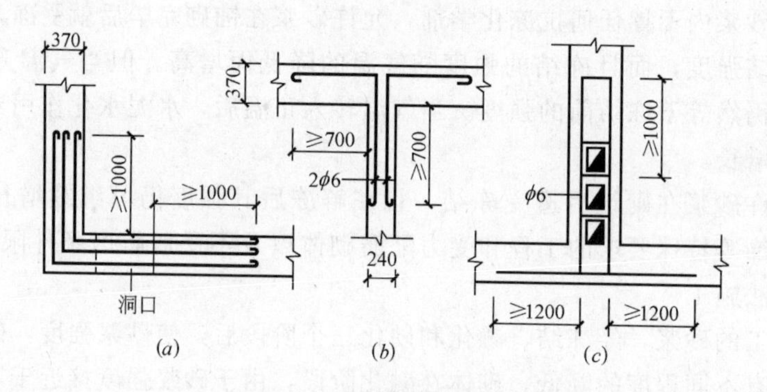

图7-1 拉筋的设置

在解冻期进行观测时，应特别注意多层房屋下层的柱和窗间墙、梁端支撑处、墙交接处和过梁模板支撑处等地方。此外，还必须观测砌体沉降的大小、方向和均匀性，砌体灰缝内砂浆的硬化情况。观测一般需15d左右。

解冻时除对正在施工的工程进行强度验算外，还要对已完工程进行强度验算。

3.3 其他冬期施工方法

砌体工程的冬期施工应以采用掺盐砂浆法为主，对保温、绝缘、装饰等方面有特殊要求的工程，可采用冻结法或其他施工方法。可供选用的其他施工方法有蓄热法、暖棚法、电气加热法，蒸汽加热法、快硬砂浆法等。

3.3.1 蓄热法

蓄热法是在施工过程中，先将水和砂加热，使拌合后的砂浆在砌墙时保持一定正温，以推迟冻结的时间。在一个施工段内的墙体砌筑完毕后，立即用保温材料覆盖其表面，使砌块中的砂浆在正温下达到其砌体强度的20%。

蓄热法可用于冬期气温不太低的地区（温度在－5～－10℃），以及寒冷地区的初冬或春季时节，特别适用于地下结构。

3.3.2 暖棚法

暖棚法是利用简易结构和廉价的保温材料，将需要砌筑的工作面临时封闭起来，使砌体在正温条件下砌筑和养护。

采用暖棚法要求棚内的温度不得低于＋5℃，故经常采用热风装置进行加热。

由于搭暖棚需要大最的材料、人工及消耗能源，所以暖棚法成本高、效率低，一般不宜多用。主要适用于地下室、挡土墙、局部性事故修复工程项目的砌筑工程。

3.3.3 电气加热法

电气加热法是在砂浆内通过低强电流，使电能变为热能，产生热量对砌体进行加热，加速砂浆的硬化。电气加热法的温度不宜超过40℃，电热法要消耗很多电能，并需一定的设备，故工程的附加费用较高。仅用于修缮工程中局部砌体需立即恢复到使用功能和不能采用冻结法或掺盐砂浆法的结构部位。

3.3.4 蒸汽加热法

蒸汽加热法是利用低压蒸汽对砌体进行均匀的加热。使砌体得到适宜的温度和湿度，使砂浆加快凝结与硬化。

由于蒸汽加热法在实际施工过程中需要模板或其他有关材料，施工复杂，成本较高，功效较低，工期过长，故一般不宜使用。只有当蓄热法或其他方法不能满足施工要求和设计要求时方可采用。

3.3.5 快硬砂浆法

快硬砂浆法是用快硬硅酸盐水泥和加热的水和砂拌合制成的快硬砂浆，在受冻前能比普通砂浆获得较高的强度。适用于热工要求高、湿度大于60％及接触高压输电线路和配筋的砌体。

课题4 主体结构雨期施工

由于建筑物的主体结构处于露天作业的条件，受气候的影响比较大，尤其在雨期施工，会给施工带来许多的困难，只有对这些由于雨期给施工带来的问题多了解，在施工中才能避免和减少损失。

4.1 雨期施工特点

4.1.1 雨期施工的开始具有突然性，由于暴雨山洪等恶劣气候往往不期而至，这就需要雨期施工的准备和防范措施及早进行。

4.1.2 雨期施工带有突然性，因为雨水对建筑主体结构和地基基础的冲刷或浸泡具有严重的破坏性，必须迅速及时的防护，才能避免工程造成损失。

4.1.3 雨期施工往往持续时间长，阻碍了工程顺利进行，拖延工期，对这一点应事先有充分估计并做好合理安排。

4.1.4 雨期施工对建筑主体结构施工质量带来很大的影响，应采取必要的技术措施，防止工程质量事故的发生。

4.2 雨期施工的要求

4.2.1 编制施工方案时，要根据雨期施工的特点，将不宜在雨期施工的分项工程提前或拖延安排，对必须在雨期施工的工程制定有效的技术措施，保证工程质量符合规范标准要求。

4.2.2 合理进行施工安排，做到晴天抓紧室外工作，雨天安排室内工作，尽量缩小雨天室外作业时间和工作面。

4.2.3 密切注意气象预报，根据天气情况安排主体结构施工的项目，必要时，采取突击作业，抢进度，减少雨天对施工影响。

4.3 雨期施工准备

4.3.1 现场排水。施工现场的道路尽量利用原有道路或工程道路，当不具备这些条件时，应修临时道路，施工现场的道路必须做到排水畅通，尽量做到雨停水干，要防止避免水浸入地下室、基础、地沟内，要做好对危石的处理。防止滑坡和塌方，尤其是主体结构施工中脚手架、龙门架、塔吊等设备被雨水冲刷地基而发生倾倒。

4.3.2 原材料、成品、半成品的防雨。水泥应按“先收先用，后收后用”的原则，避免久存受潮而影响水泥的性能。钢筋露天存放，应垫木方。高于地面不小于 20cm，用防水材料覆盖，防止雨水浸泡、冲刷而引起锈蚀，木门窗等宜受潮的半成品应在室内堆放，其他材料也应注意防水及材料四周排水。

4.3.3 在雨期前应做好现场房屋、设备的排水防雨措施。

4.3.4 备足排水需用的水泵及有关器材，准备适量的塑料布、油毡等防雨材料。

4.4 混凝土工程雨期施工技术措施

4.4.1 混凝土工程

(1) 现场搅拌混凝土，雨期施工时，要随时测定雨后砂石的含水率，及时调整配合比。

(2) 大面积的混凝土浇筑之前，要了解 2～3d 的天气预报，尽量避免大雨时浇筑，混凝土浇筑现场要预备大量防雨材料，以备浇筑时突然遇雨进行覆盖。

(3) 遇到大雨应停止浇筑，已浇部分应用防水材料加以覆盖，现浇混凝土应根据结构情况和可能，多考虑几道施工缝的留设位置，便于在下雨时，在预定的施工缝处停止浇筑。

4.4.2 钢筋工程

(1) 进入雨期施工钢筋绑扎、安装尽量采用预制绑扎、安装，预制绑扎可在防雨的工作棚内进行，安装可在雨天进行，但是大风、雷雨天气，施工层上钢筋工程应停止工作，防止雷电伤人。

(2) 雨天钢筋焊接不得在露天进行，应在有防雨设施的车间内或钢筋棚内进行。

(3) 雨后应将钢筋上的泥污清除后方可浇筑混凝土。

(4) 加工好的钢筋成品、半成品应放置在钢筋加工棚内，避免雨水浸泡，防止产生中度或重度锈蚀。

4.4.3 模板工程

(1) 支撑在地面上的模板，其基层应该夯实，设置垫板，并且做好排水坡度，支撑模板处不得有存水，以防止雨水浸泡后地面下沉，使支撑好的模板产生较大的变形。

(2) 雨后，应对支撑好的模板再进行检验，校正其平整度、垂直度和起拱度，对已浇筑混凝土的模板，且混凝土强度还没有达到拆模要求的模板，应及时检查其变形状态，并且进行必要的加固。

(3) 在施工中使用的竹、木模板及其木支撑，方木等在经雨水浇湿后，会产生不同程度的变形，在雨期施工中，应尽量在竹、木模板面涂刷防护漆膜，以防止其变形。

(4) 在雨期施工中，对于封闭性比较严密的模板应考虑其排水要求，雨后，模板内不得有积水。

4.5 砌筑工程雨期施工技术措施

4.5.1 雨期施工时对砖砌体工程砌筑的影响

浇水湿润适当的砖砌在配合比适宜的砂浆上，砖只吸收砂浆中的部分水分，且在砂浆中胶结材料，例如，水泥、石灰等作用下，使砖表面的砂浆凝结产生粘结力，砖就能稳固的砌在墙上。只要砖墙的每天砌筑高度不超过1.8m，墙体在自重的作用下不会产生倾斜，但是到了雨期时正在砌墙的砂浆和砖淋雨后，砂浆变稀，砖由于吸水过多，表面形成水膜。在这种情况下砌墙时，出现砂浆被挤出砖缝，产生坠灰现象，砖浮滑放不稳。当砌上皮砖时，由于上皮灰缝中的砂浆挤入下皮砖靠里边的竖缝内。竖缝内的砂浆在压力作用下，产生向外的推力，下皮砖就产生了向外移动，凸出墙面的现象，使砌墙工作无法顺利进行。另外竖缝的砂浆也易被雨淋掉，水平灰缝的压缩变形增大，砌墙越高，累计的变形越大。在这种情况下，轻则产生凹凸不平，重则将造成墙体倾斜、倒塌的质量事故。

4.5.2 雨期施工采取的措施

(1) 搅拌砂浆用的砂，宜用粗砂拌制砂浆，因粗砂拌制的砂浆收缩变形小。砂浆配料时，要调整用水量，防止砂浆使用时过稀。

(2) 在雨期施工时，皮数杆的灰缝厚度应控制在8～10mm之间，适当的缩小砖砌体的水平灰缝，减小砌体的沉降变形。

(3) 将刚砌完的墙体，在墙上盖一层砖或用防水材料覆盖，必要时采用墙两面用夹板支撑加固。

(4) 为了防止砖淋雨过湿，在下雨时，应用防水材料将砖垛加以覆盖。

(5) 在雨停后，重新砌墙时应首先检查墙的垂直度，发现问题及时纠正。在过湿的砖中适当加些干砖交错砌。每天的砌筑高度限制在1.2m以内。

实训课题 实训练习和应知内容

一、实训练习

(1) 冬期、炎热时期对室外环境、构件等温度测量练习。

(2) 根据教师设定的施工对象、环境温度，编制冬期、炎热时期混凝土、砌体结构的施工方案。

二、应知内容

（1）在什么温度条件下混凝土进入冬期施工？

（2）混凝土冻害对混凝土质量有什么影响？

（3）什么是混凝土受冬临界强度？对其有什么要求？

（4）冬期施工钢筋工程、模板工程、混凝土工程各采用哪些技术措施？

（5）在什么温度条件下混凝土进入炎热施工期？

（6）高温条件下对混凝土施工质量有什么影响？

（7）在高温条件下混凝土运输、浇筑、养护有什么要求？

（8）在什么温度条件下砌体工程进入冬期施工？

（9）冬期施工砌体工程一般采用哪几种施工方法？

（10）掺盐砂浆法、冻结法各自的原理和使用范围是什么？

单元 8　钢结构施工

知 识 点：钢结构房屋用钢材；单层钢结构厂房构造知识；钢结构焊接连接；钢结构螺栓连接；钢结构单层工业厂房施工图识读；钢结构构件工厂制作；钢结构单层工业厂房现场安装；钢结构涂装；复合墙面板、屋面板施工；钢结构安装质量与安全管理。

教学目标：熟悉钢结构厂房用钢材的性能要求、钢材牌号及表示方法；型钢类型及表示方法。理解单层钢结构厂房的组成及构件与构件间的连接。了解常用焊接方法，熟悉焊接工艺，理解并掌握钢结构焊接连接的图例。理解钢结构螺栓连接的受力原理，熟悉并掌握高强度螺栓的施工要点。熟练识读单层工业厂房施工图纸。熟练掌握钢结构基本构件的制作工艺，掌握钢结构单层工业厂房现场施工工艺、质量要求及施工要点。熟悉复合墙板、屋面板的安装。理解钢结构构件涂装的作用和施工要求。学会对一般单层钢结构厂房的安装进行质量检查。

课题 1　钢结构材料和构造知识

1.1　钢结构材料

1.1.1　建筑钢材的类别

钢结构用的钢材主要有两大类，即碳素结构钢和低合金高强度结构钢。

1）碳素结构钢

碳素结构钢的牌号（简称钢号）有 Q195、Q215A、B，Q235A、B、C 及 D，Q255A 及 B 以及 Q275。其中 Q 是屈服强度中屈字汉语拼音的字首，后接的阿拉伯数字表示钢材屈服强度（N/mm^2）的大小，A、B、C、D 等表示钢材的质量级别。最后是表示脱氧方法的符号，如 F 或 b。如 Q235B・F 表示屈服强度为 $235N/mm^2$，质量等级为 B 级的沸腾钢。

A、B 级钢有沸腾钢（F）、半镇静钢（b）和镇静钢，C 级钢为镇静钢，D 级钢为特殊镇静钢。

Q195 及 Q215 的强度比较低，而 Q255 和 Q275 的含碳量都较高，塑性、可焊性都较差，所以碳素结构钢中主要是 Q235 这一钢号用于钢结构房屋。

2）低合金高强度结构钢

低合金高强度结构钢是在钢的冶炼过程中添加少量几种合金元素（合金元素总量低于 5%），使钢的强度明显提高，故称低合金高强度结构钢。其牌号分为 Q295、Q345、Q390、Q420 和 Q460 等五种，其中 Q345、Q390、Q420 是钢结构设计规范推荐采用的钢种。这三种钢都包括 A、B、C、D、E 五种质量等级。其中的 A、B 级属于镇静钢，C、D、E 级属于特殊镇静钢。

1.1.2　型钢规格

钢结构构件的组成元件是型钢和钢板。型钢有热轧和冷成型两种，如图 8-1、图 8-2 所示。

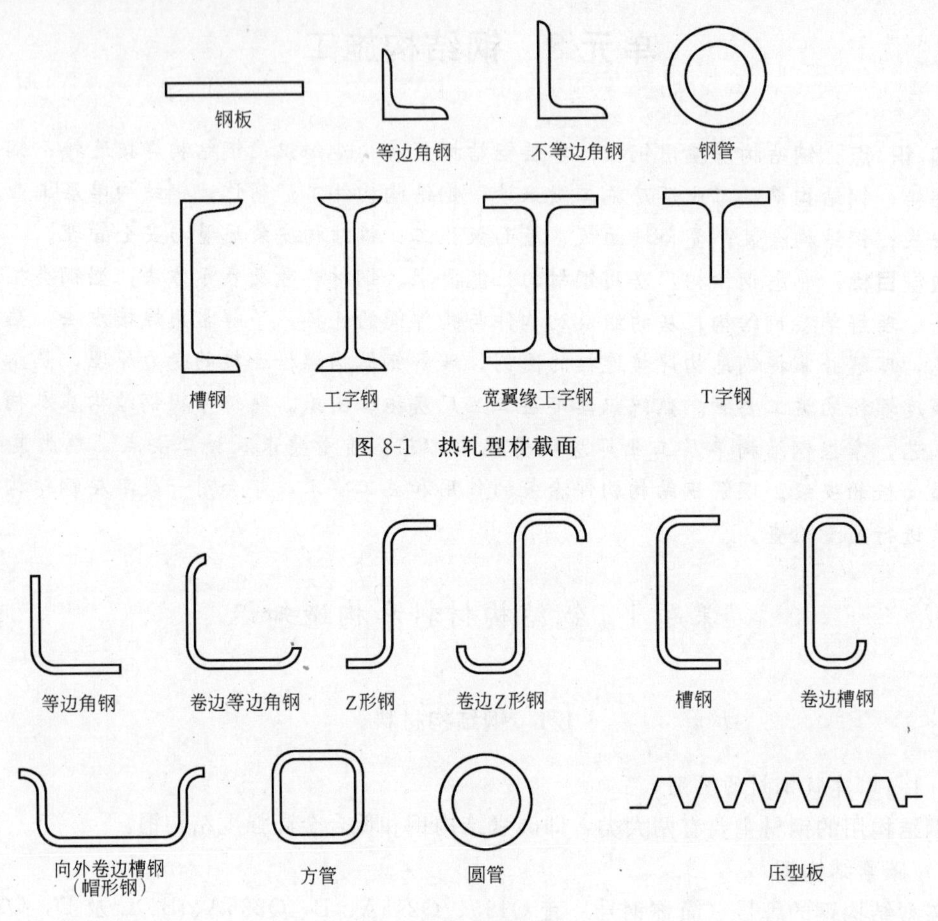

图 8-1　热轧型材截面

图 8-2　冷弯型钢截面

1）热轧钢板

热轧钢板有厚板与薄板两种，厚板的厚度为 4.5～60mm，薄板的厚度为 0.35～4mm。前者广泛用来组成焊接构件和连接钢板。后者是冷弯薄壁型钢的材料。图纸中钢板用“厚×宽×长（单位是 mm）”，前面附加钢板横断面的表示符号。如：—12×800×2100 等。

2）热轧型钢

（1）角钢。

有等边和不等边两种。等边角钢以肢宽和厚度表示（∟b×t，b 为肢宽，t 为肢厚），如∟100×10 表示肢宽为 100mm，肢厚为 10mm 的等边角钢。不等边角钢则以两肢宽度和厚度表示（∟B×b×t，B 为长肢宽，b 为短肢宽），如∟100×80×8 等。

（2）槽钢。

我国槽钢有两种尺寸系列，即热轧普通槽钢与热轧轻型槽钢。前者的表示方法为[N，N 为槽钢的型号，以槽钢的外轮廓高度的厘米数表示。如[30a，指槽钢外廓高度为

30cm，且腹板厚度为最薄的一种；后者的表示方法为 Q [N，Q 表示轻型槽钢，如 Q [24a，表示外廓高度为 25cm，Q 是"轻型槽钢"中"轻"的拼音字首。

（3）工字钢。

与槽钢相同，也分成上述的两个尺寸系列：普通型和轻型。与槽钢一样，工字钢外轮廓高度的厘米数即为型号，普通型当型号较大时按腹板厚度分为 a、b 及 c 三种。

（4）H 型钢。

热轧 H 型钢分为三类：宽翼缘 H 型钢（HW）、中翼缘 H 型钢（HM）和窄翼缘 H 型钢（HN）。例如 HW300×300，即为截面高度为 300mm，翼缘宽度为 300mm 的宽翼缘 H 型钢。

3）冷弯薄壁型钢

是用 1.5～6mm 厚的薄钢板经冷弯或模压而成型的。

4）压型钢板

是利用 0.4～1.2mm 厚的镀锌钢板经冷压而成的波形状钢板。

1.1.3 钢材性能与化学成份

钢材性能包括力学性能（屈服点、抗拉强度和伸长率）、冷弯性能、冲击韧性和可焊性。钢材的力学性能在专业基础课中已学习过，这时不再赘述。

冷弯性能是指根据试样厚度，按规定的弯心直径将试样弯曲 180°，其表面及侧面无裂纹或分层则为"冷弯试验合格"。冷弯性能是判别钢材塑性变形能力及冶金质量的综合指标。

冲击韧性是衡量钢材抗脆断的性能，是钢材断裂时吸收机械能力的衡量指标。受动荷载作用的钢构件，往往要提出常温冲击韧性、负温冲击韧性等保证要求。

可焊性是指采用一般焊接工艺就可完成合格的（无裂纹的）焊缝的性能。

钢材的性能与化学成分有着密切的关系。

1）碳（C）

碳是形成钢材强度的主要成分。碳含量提高，则钢材强度提高，但同时钢材的塑性、韧性、冷弯性能、可焊性及抗腐蚀能力下降。因此，不能用含碳量高的钢材。钢结构一般选择含碳量不大于 0.22%的低碳钢，对于焊接结构，为了有良好的可焊性，碳的含量以不大于 0.2%的为好。

2）锰（Mn）

锰是钢材中的有益元素，能显著提高钢材强度但不过多降低塑性和冲击韧性。但锰可使钢材的可焊性降低，故含量有限制。

3）硅（Si）

硅是钢材中的有益元素，其含量适当时可提高强度而不显著影响塑性、韧性、冷弯性能和可焊性。

4）钒（V）、铌（Nb）、钛（Ti）

我国的低合金钢中都含有这三种合金元素，作为锰以外的合金元素，既可提高钢材强度，又使钢材保持良好的塑性、韧性。

5）硫（S）

硫是有害元素，属于杂质，当热加工及焊接使温度达 800～1000℃时，可能出现裂纹，称为热脆。硫还能降低钢的冲击韧性，同时影响疲劳性能与抗腐蚀性能。因此，对硫含量必须严加控制。

6）磷（P）

磷也是有害元素。磷是碳素钢中的杂质，它在低温下使钢变脆，这种现象称为冷脆。

7）氧（O）、氮（N）

氧和氮也是有害杂质。氧能使钢热脆，其作用比硫剧烈，氮能使钢冷脆，与磷相似。

1.1.4 钢材的进场验收

根据《钢结构工程施工质量验收规范》（GB 50205—2001）的规定，对进入钢结构工程施工现场的主要材料需要进场验收，即检查钢材的质量合格证明文件、中文标识及检验报告，确认钢材的品种、规格、性能是否符合现行国家标准和设计要求。对属于下列情况之一的钢材，应进行抽样复验，其复验结果应符合现行国家产品标准和要求。

（1）国外进口的钢材；

（2）钢材混批；

（3）板厚等于或大于 40mm，且设计有 Z 向性能的厚板；

（4）建筑结构安全等级为一级，大跨度钢结构中主要受力构件所采用的钢材；

（5）设计有复验要求的钢材；

（6）对质量有疑义的钢材。

1.2 轻钢结构厂房构造

轻型钢结构房屋在我国的应用大约始于 20 世纪 80 年代初期，近年来，其应用得到了迅速发展，主要用于轻型厂房、仓库、建材等交易市场、大型超市、体育馆、展览厅及活动房屋。

轻型钢结构的房屋（图 8-3）主要由以下几部分组成。

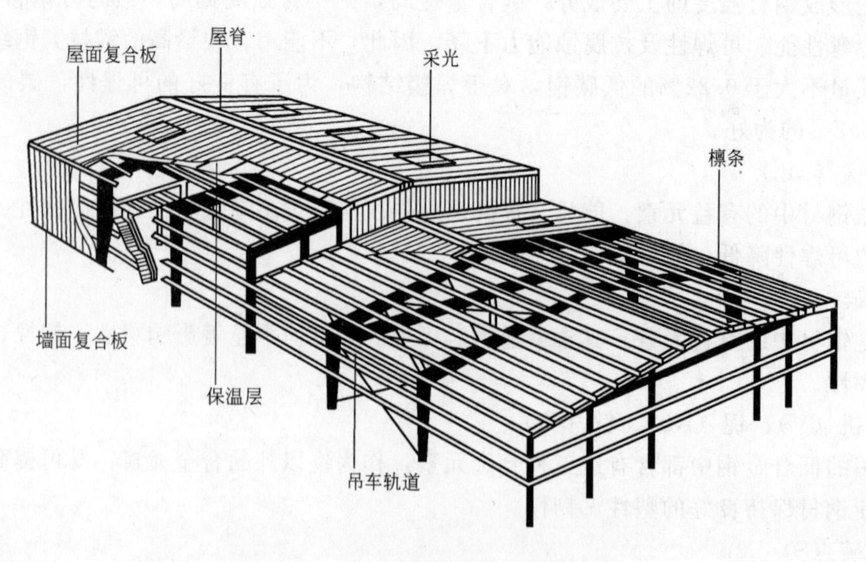

图 8-3 单层轻型钢结构房屋的组成

1）门式刚架

门式刚架的梁、柱可采用变截面或等截面实腹焊接工字形截面或轧制 H 形截面。设有桥式吊车轨道时，柱一般都采用等截面构件。变截面构件通常改变腹板的高度，做成楔形。

门式刚架斜梁与柱刚接，一般采用高强度螺栓端板连接。具体构造有端板竖放、端板斜放和端板平放三种形式，如图 8-4 所示。

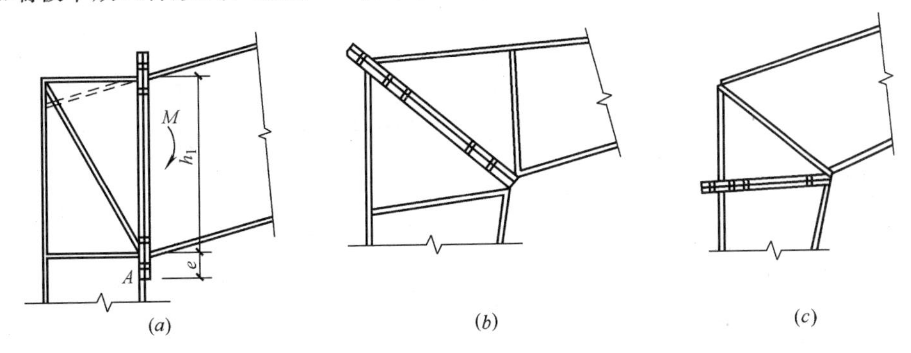

图 8-4　钢架斜梁与柱的连接

（a）端板竖放；（b）端板斜放；（c）端板平放

门式刚架的柱脚多为铰接支承，通常为平板式支座，设一对或两对地脚螺栓，如图 8-5（a）、（b）所示。当门式刚架用于工业厂房且设有桥式吊车时，柱脚一般都为刚接，如图 8-5（c）、（d）所示。

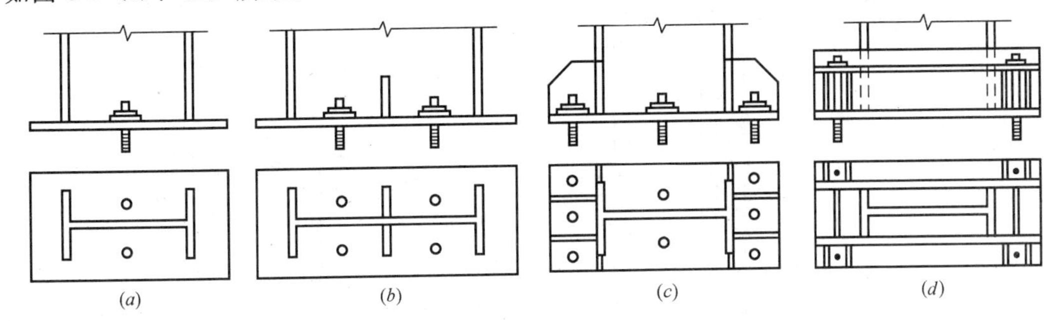

图 8-5　门式刚架柱脚形式

刚架是轻钢结构房屋的主要承重骨架，可设置起重量不大于 3t 的悬挂起重机或起重量不大于 20t 的轻、中级工作制吊车。

2）墙梁和檩条

由冷弯薄壁型钢（槽形、卷边槽形、Z 形等）做成。纵向布置的墙梁、檩条在很大程度上保证了门式刚架的整体性。屋面檩条一般等间距布置，但在屋脊处，沿屋脊两侧一般各布置一道檩条（图 8-6）；为便于天沟的固定，在天沟附近也布置一道檩条（图 8-7）。侧墙墙梁的布置，考虑墙板板型和规格以及门窗洞口位置综合确定。

3）围护结构

门式刚架房屋的屋面和墙面多用压型钢板做成。压型钢板的原板按表面处理方法不同分为镀锌钢板、彩色镀锌钢板和彩色镀铝锌钢板三种。彩色镀锌钢板是目前工程实践中采

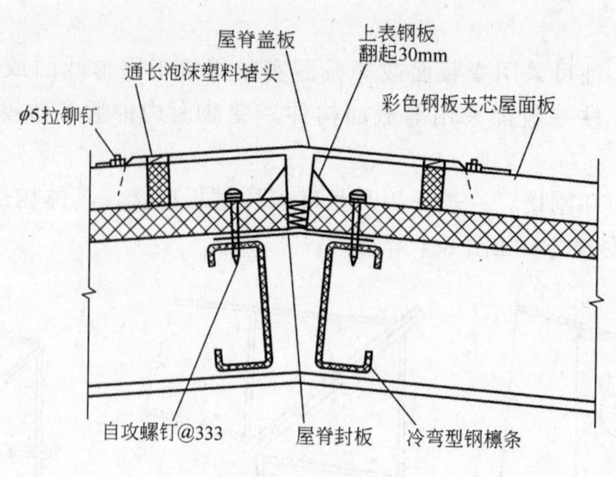

图 8-6 屋脊构造

用最多的一种原板。

4）支撑和刚性系杆

支撑分柱间支撑和屋盖支撑，用以保证房屋的空间稳定性。在刚架的边柱柱顶、屋脊及多跨刚架的中柱柱顶等刚架转折处，沿房屋全长一般都设有刚性系杆。刚性系杆也可由檩条兼任。支撑和刚性系杆的详细内容将在钢结构施工图识读一节加以说明。

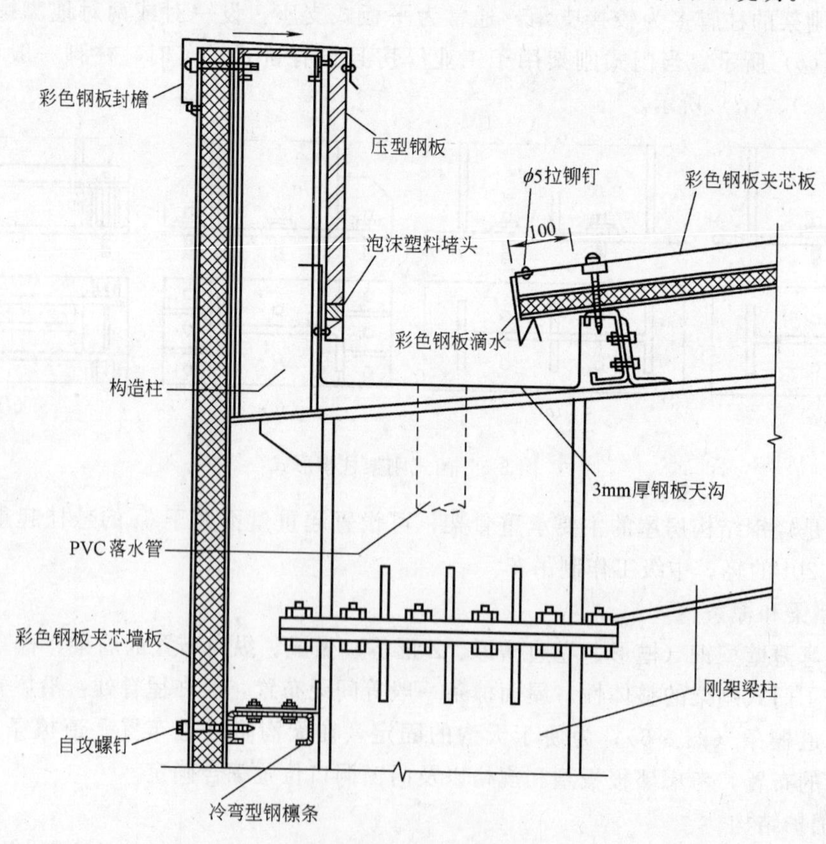

图 8-7 内天沟檐口构造

课题2　钢结构焊接连接

2.1　常用焊接方法

钢结构中一般采用的焊接方法有电弧焊、电渣焊、气体保护焊和电阻焊等。

电弧焊的质量比较可靠，是钢结构最常用的焊接方法。电弧焊可分为手工电弧焊、自动或半自动埋弧焊。

1）手工电弧焊（图8-8）

是通电后在涂有焊药的焊条与焊件间产生电弧，由电弧提供热源，使焊条熔化，滴落在焊件上被电弧所吹成的小凹槽熔池中，并与焊件熔化部分结成焊缝。由焊条药皮形成的熔渣和气体覆盖熔池，防止空气中的氧、氮等有害气体与熔化的液体金属接触而形成脆性易裂的化合物。焊缝质量随焊工的技术水平而变化。手工电弧焊焊条应与焊件金属强度相适应，对Q235钢焊件用E43系列型焊条，Q345钢焊件用E50系列型焊条，Q390钢焊件用E55系列型焊条。对不同钢种的钢材连接时，宜用与低强度钢材相适应的焊条。

2）自动或半自动埋弧焊（图8-9）

是将光焊丝埋在焊剂层下，通电后，由电弧的作用使焊丝和焊剂熔化。熔化后的焊剂浮在熔化金属表面保护熔化金属，使之不与外界空气接触，有时焊剂还可供给焊缝必要的合金元素，以改善焊缝质量。自动焊的电流大。热量集中而熔深大，并且焊缝质量均匀，塑性好，冲击韧性高。半自动焊除由人工操作进行外，其余过程与自动焊相同，焊缝质量介于自动焊与手工焊之间。自动或半自动埋弧焊所采用的焊丝和焊剂要保证其熔敷金属的抗拉强度不低于相应手工焊焊条的数值。对Q235钢焊件，可采用H08、H08A等焊丝；对Q345钢焊件，可采用H08A、H08MnA和H10Mn2焊丝。

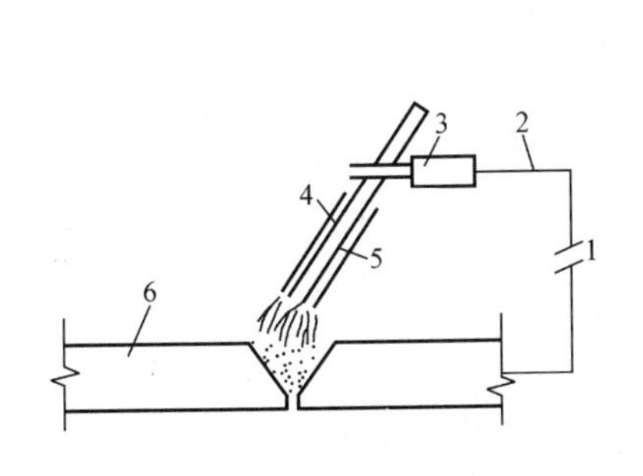

图8-8　手工电弧焊

1—电源；2—导线；3—夹具；
4—焊条；5—药皮；6—焊件

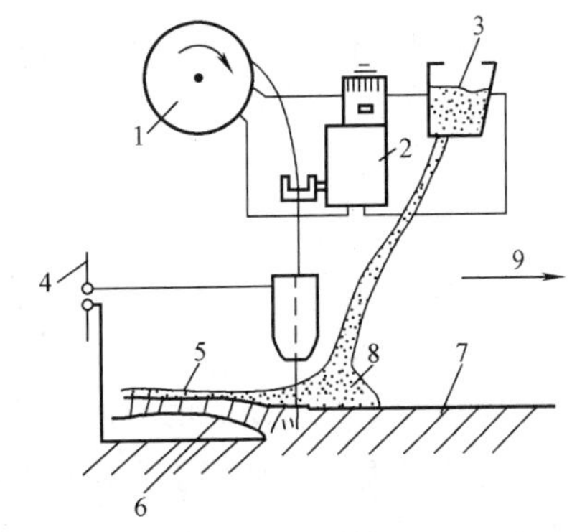

图8-9　自动埋弧焊

1—焊丝转盘；2—转动焊丝的电动机；3—焊剂漏斗；
4—电源；5—熔化的焊剂；6—焊缝金属；
7—焊件；8—焊剂；9—移动方向

3）电渣焊

是利用电流通过熔渣所产生的电阻来熔化金属，焊丝作为电极伸入并穿过渣池，使渣池产生电阻热将焊件金属及焊丝熔化，沉积于熔池中，形成焊缝。电渣焊一般在立焊位置进行，目前多用熔嘴电渣焊，以管状焊条作为熔嘴，焊丝从管内递进。

4）气体保护焊

是用焊枪中喷出的惰性气体代替焊剂，焊丝可自动送入，如 CO_2 气体保护焊是以 CO_2 作为保护气体，使被熔化的金属不与空气接触，电弧加热集中，熔化深度大，焊接速度快，焊缝强度高，塑性好。CO_2 气体保护焊采用高锰、高硅型焊丝，具有较强的抗锈蚀能力，焊缝不易产生气孔，适用于低碳钢、低合金钢的焊接。气体保护焊既可用手工操作，也可进行自动焊接。气体保护焊在操作时应采取避风措施，否则容易出现焊坑、气孔等缺陷。

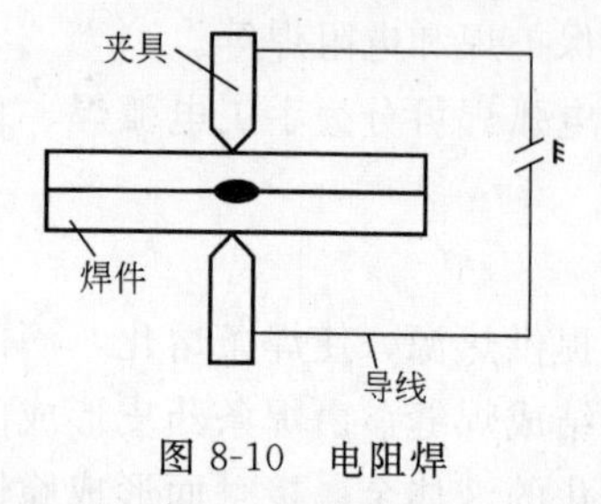

图 8-10　电阻焊

5）电阻焊（图 8-10）

是利用电流通过焊件接触点表面的电阻所产生的热量来熔化金属，再通过压力使其焊合。在一般钢结构中电阻焊只适用于板叠厚度不大于 12mm 的焊接。对冷弯薄壁型钢构件，电阻焊可用来组合壁厚不超过 3.5mm 的构件，如将两个冷弯槽钢或 C 形钢组合为工形截面构件。

2.2　焊缝连接的优缺点

焊缝连接与螺栓连接比较有下列优点：

(1) 不需要在钢材上打孔钻眼，既省工，又不减损钢材截面，使材料可以充分利用；

(2) 任何形状的构件都可以直接相连，不需要辅助零件，构造简单；

(3) 焊缝连接的密封性好，结构刚度大。

但是，焊缝连接也存在下列问题：

(1) 由于施焊时的高温作用，形成焊缝附近的热影响区，使钢材的金属组织和机械性能发生变化，材质变脆；

(2) 焊接的残余应力使焊接结构发生脆性破坏的可能性增大，残余变形使其尺寸和形状发生变化，矫正费工；

(3) 焊接结构对整体性不利的一面是，局部裂缝一经发生便容易扩展到整体。焊接结构低温冷脆问题比较突出。

2.3　焊缝型式

(1) 对接焊缝按所受力的方向可分为对接正焊缝和对接斜焊缝，如图 8-11 (*a*)、(*b*) 所示。角焊缝长度方向垂直于力作用方向的称为正面角焊缝，平行于力作用方向的称为侧**面角焊缝**，如图 8-11 (*c*) 所示。

(2) 角焊缝按沿长度方向的分布情况来分，有连续角焊缝和断续角焊缝两种型式（图 8-12）。连续角焊缝受力性能较好，为主要的角焊缝形式。断续角焊缝容易引起应力集中，重要结构中一般都不采用，它只用于一些次要构件的连接或次要焊缝中。

(3) 焊缝按施焊位置分，有俯焊（平焊）、立焊、横焊、仰焊几种（图 8-13）。俯焊的施焊工作方便，质量最易保证。立焊、横焊的质量及生产效率比俯焊的差一些。仰焊的操作条件最差，焊缝质量不易保证，因此一般不采用仰焊焊缝。

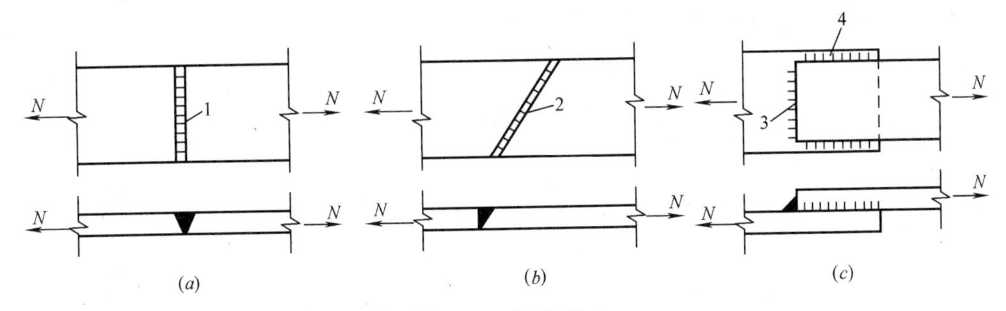

图 8-11 焊缝型式

1—对接焊缝—正焊缝；2—对接焊缝—斜焊缝；3—角焊缝—正面角焊缝；4—角焊缝—侧面角焊缝

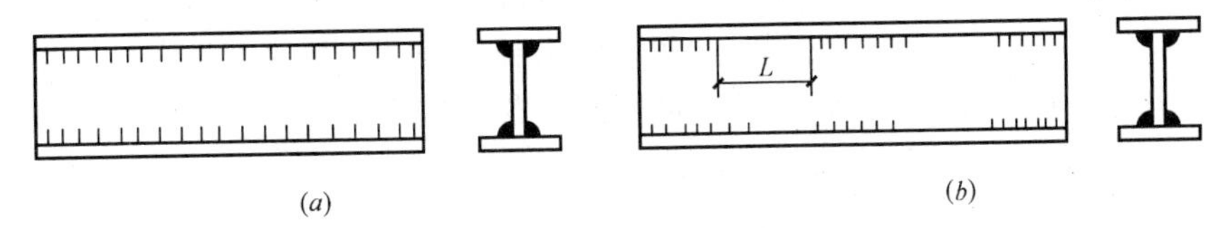

图 8-12 连续角焊缝和断续角焊缝

(a) 连续角焊缝；(b) 断续角焊缝

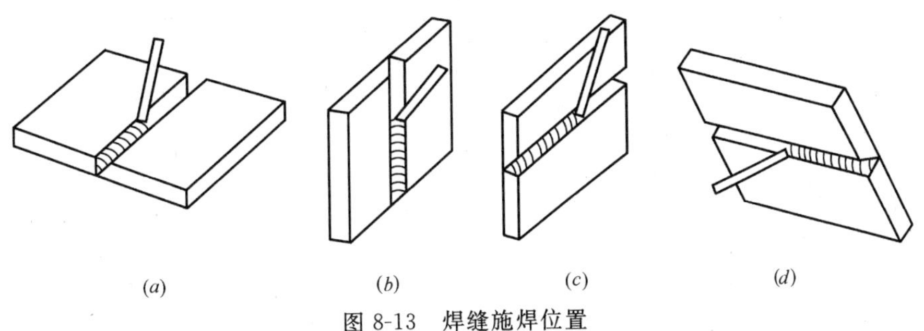

图 8-13 焊缝施焊位置

(a) 俯焊；(b) 立焊；(c) 横焊；(d) 仰焊

2.4 焊缝代号

在钢结构施工图上要用焊缝代号标明焊缝型式、尺寸和辅助要求。《焊缝符号表示方法》规定：焊缝符号由指引线和表示焊缝截面形状的基本符号组成，必要时可加上辅助符号、补充符号和焊缝尺寸符号。

指引线一般由箭头线和基准线（一条为实线，另一条为虚线）所组成。基准线一般应与图纸的底边相平行，特殊情况也可与底边相垂直，当引出线的箭头指向焊缝所在的一面时，应将焊缝符号标注在基准线的实线上；当箭头指向对应焊缝所在的另一面时，应将焊缝符号标注在基准线的虚线上，如图 8-14 所示。

图 8-14 指引线画法

基本符号用以表示焊缝截面形状，符号的线条粗于指引线，常用的某些基本符号见表8-1。

常用焊缝基本符号 表 8-1

名称	封底焊缝	对接焊缝					角焊缝	塞焊缝与槽焊缝	点焊缝
		I形焊缝	V形焊缝	单边V形焊缝	带钝边V形焊缝	带钝边U形焊缝			
符号	◡	‖	V	⅃/	Y	Ų	◺	⊓	○

辅助符号用以表示焊缝表面形状特征，如对接焊缝表面余高部分需加工使之与焊件表面齐平，则需在基本符号上加一短划，此短划即为辅助符号，如表8-2所示。补充符号是为了补充说明焊缝的某些特征而采用的符号，如带有垫板、三面或四面围焊及工地施焊等。

焊缝符号中的辅助符号和补充符号 表 8-2

	名称	焊缝示意图	符号	示例
辅助符号	平面符号		—	
	凹面符号		◡	
补充符号	三面围焊符号		⊏	
	周边围焊符号		○	
	现场焊符号		▶	或
	焊缝底部有垫板的符号		▭	
	尾部符号		<	

2.5　焊缝缺陷及焊缝质量检查

2.5.1　焊缝缺陷

焊缝中可能存在裂纹、气孔、烧穿和未焊透等缺陷。

1）裂纹

如图 8-15（*a*）、（*b*）所示是焊缝连接中最危险的缺陷。按产生的时间不同，可分为热裂纹和冷裂纹，前者是在焊接时产生的，后者是在焊缝冷却过程中产生的。产生裂纹的原因很多，如钢材的化学成分不当，未采用合适的电流、弧长、施焊速度。

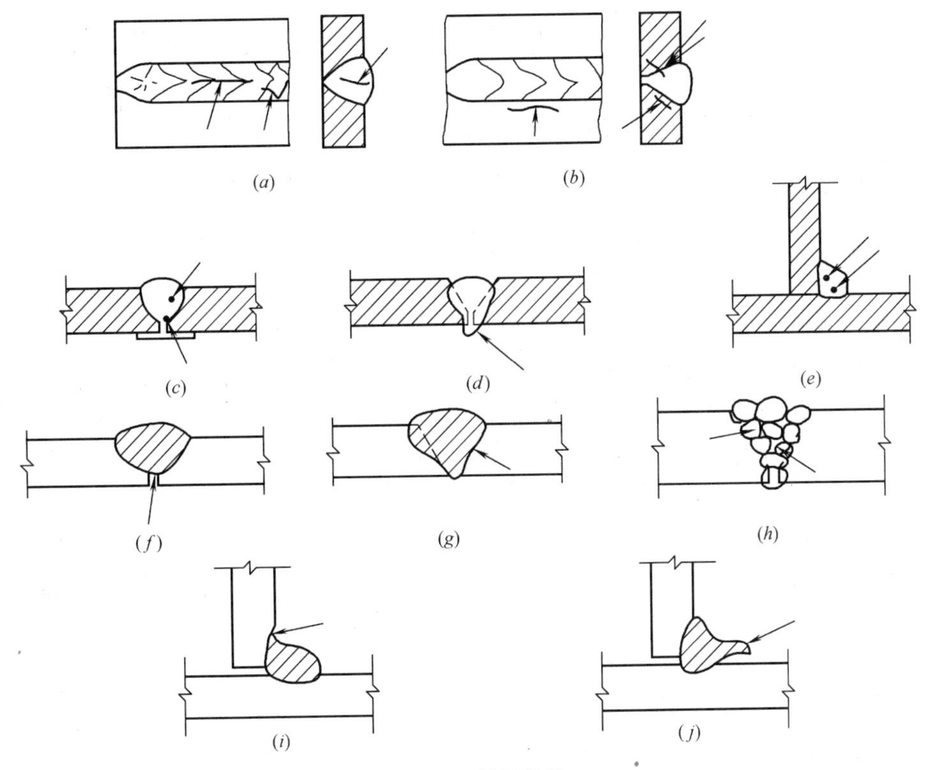

图 8-15　焊缝缺陷

（*a*）热裂纹分布示意；（*b*）冷裂纹分布示意；（*c*）气孔；（*d*）烧穿；（*e*）夹渣；（*f*）跟部未焊透；（*g*）边缘未熔合；（*h*）焊缝层间未熔合；（*i*）咬边；（*j*）焊瘤

焊条和施焊次序等。如果采用合理的施焊次序，可以减少焊接应力，避免出现裂纹；进行预热，缓慢冷却或焊后热处理，可以减少裂纹形成。

2）气孔

如图 8-15（*c*）所示是由空气侵入或受潮的药皮熔化时产生气体而形成的，也可能是焊件金属上的油、锈、垢物等引起的。气孔在焊缝内或均匀分布，或存在于焊缝某一部位，如焊趾或焊跟处。

3）焊缝的其他缺陷有烧穿（图 8-15*d*）、夹渣（图 8-15*e*）、未焊透（图 8-15*f*、*g*、*h*）、咬边（图 8-15*i*）、焊瘤（图 8-15*j*）等。

2.5.2　焊缝质量检查

焊缝的缺陷将削弱焊缝的受力面积，而且在缺陷处形成应力集中，裂缝往往先从那里开始，并扩展开裂，成为连接破坏的根源，对结构很不利。因此，焊缝质量检查极为重要。《钢结构工程施工质量验收规范》（GB 50205—2002）规定，焊缝质量检查标准分为三级，其中第三级只要求通过外观检查，即检查焊缝实际尺寸是否符合设计要求和有无看得见的裂纹、咬边等缺陷。对于重要结构或要求焊缝金属强度等于被焊金属强度的对接焊缝，必须进行一级或二级质量检验，即在外观检查的基础上再做无损检验。其中二级要求用超声波检验每条焊缝的20%长度，一级要求用超声波检验每条焊缝全部长度，以便揭示焊缝内部缺陷。对于焊缝缺陷的控制和处理，见国家标准《钢焊缝手工超声波探伤方法和探伤结果分级》。对承受动载的重要构件焊缝，还可增加射线探伤。

课题3 钢结构普通螺栓连接和高强度螺栓连接

螺栓按照性能等级分3.6、4.6、4.8、5.6、5.8、6.8、8.8、9.8、10.9、12.9级等十个等级，其中8.8级以上螺栓，通称为高强度螺栓，8.8级以下（不含8.8级）通称为普通螺栓。

3.1 普通螺栓

3.1.1 普通螺栓的分类、特点和应用

普通螺栓按照形式可分为六角头螺栓、双头螺栓和沉头螺栓等几种；按受力分为抗拉螺栓、抗剪螺栓等；按制作精度分为A、B、C级三个等级。A、B两级的区别只是尺寸不同，两种螺栓均需要机械加工，尺寸准确，要求Ⅰ类孔，栓径和孔径的公称尺寸相同，容许偏差为0.18～0.25mm间隙。这种螺栓连接传递剪力的性能较好，变形很小，但制造和安装比较复杂，价格昂贵，目前在钢结构中较少采用。C级螺栓加工粗糙，尺寸不够准确，只要求Ⅱ类孔，成本低，栓径和孔径之差，设计规范未作规定，通常多取1.5～2.0mm。C级螺栓广泛用于承受拉力的安装连接，不重要的连接或用作安装时的临时固定。

Ⅰ类孔的精度要求为连接板组装时，孔口精确对准，孔壁平滑，孔轴线与板面垂直。质量达不到Ⅰ类孔要求的都为Ⅱ类孔。

普通螺栓连接的优点是施工简单、拆装方便。缺点是用钢量多。适用于安装连接和需要经常拆装的结构。

3.1.2 普通螺栓连接的破坏

抗剪螺栓连接在受力以后，首先由构件间的摩擦力抵抗外力。不过摩擦力很小，构件间不久就出现滑移，螺栓杆和螺栓孔壁发生接触，使螺栓杆受剪，如图8-16（*a*）所示。同时螺栓杆和孔壁间互相接触挤压，如图8-16（*b*）所示。

图8-16所示普通螺栓有五种可能破坏情况。其中对螺栓杆被剪断、孔壁挤压以及板被拉断，由设计人员通过计算加以避免。而对于钢板剪断和螺栓杆弯曲破坏两种形式，则通过限制端距、限制板叠厚度等相关构造要求加以避免。

3.1.3 普通螺栓的排列和构造要求

螺栓的排列应考虑以下构造要求：

1）受力要求

为避免钢板端部不被剪断，参见图8-16（*d*）所示，螺栓的端距不应小于$2d_0$，d_0为螺栓孔径。对于受拉构件，各排螺栓的栓距和线距不应过小，否则螺栓周围应力集中相互

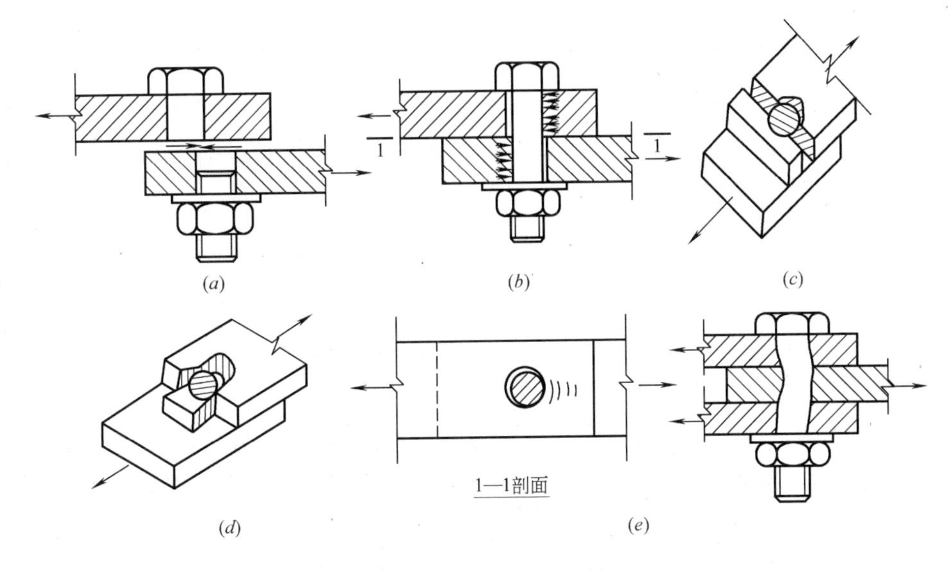

图 8-16　螺栓连接的破坏情况

(a) 螺栓杆剪断；(b) 孔壁挤压；(c) 钢板被拉断；(d) 钢板剪断；(e) 螺栓弯曲

影响较大，且对钢板的截面削弱过多，从而降低其承载能力。对于受压构件，沿作用力方向的栓距不宜过大，否则，在被连接的板件间容易发生凸曲现象。

2) 构造要求

若栓距及线距过大，则构件接触面不够紧密，潮气易于侵入缝隙而发生锈蚀。

3) 施工要求

要保证有一定的空间，便于转动螺栓扳手。

根据以上要求，规范规定钢板上螺栓的最大和最小间距如图 8-17 及表 8-3 规定。

螺栓和铆钉的最大、最小容许距离　　**表 8-3**

名称	位置和方向			最大容许距离 （取两者的较小值）	最小容许距离
中心间距	任意方向	外排		$8d_0$ 或 12t	$3d_0$
		中间排	构件受压力	$12d_0$ 或 18t	
			构件受拉力	$16d_0$ 或 24t	
中心至构件边缘的距离	顺内力方向			$4d_0$ 或 8t	$2d_0$
	垂直内力方向	切割边			$1.5d_0$
		轧制边	高强度螺栓		
			其他螺栓或铆钉		$1.2d_0$

角钢、普通工字钢、槽钢上螺栓的线距可参照规范相关规定。

3.2　高强度螺栓

3.2.1　高强度螺栓的性能等级、分类、特点和应用

高强度螺栓的性能等级有 10.9 级（有 20MnTi B 钢和 35VB 钢）和 8.8 级（有 40B 钢、45 号钢和 35 号钢）。40B 钢和 45 号钢已经使用多年，但二者的淬透性不够理想，只能用于直径不大于 45mm 的高强度螺栓。级别划分的小数点前数字是螺栓热处理后的最

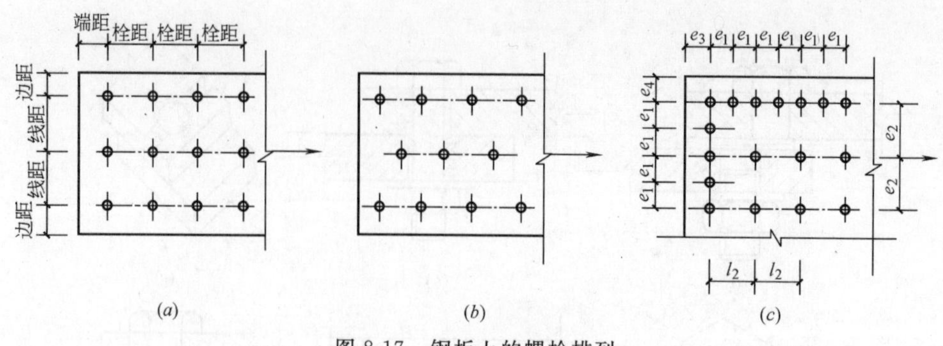

图 8-17　钢板上的螺栓排列

（a）并排；（b）错列；（c）容许距离

低抗拉强度，小数点后数字是屈强比（屈服强度与抗拉强度的比值），如 8.8 级高强螺栓的最低抗拉强度是 $800N/mm^2$，屈服强度是 $0.8\times800=640N/mm^2$。高强度螺栓所用的螺帽和垫圈采用 45 号钢或 35 号钢制成。高强度螺栓孔应采用钻成孔，摩擦型高强度螺栓的孔径比螺栓公称直径大 1.5～2.0mm，承压型的孔径则大 1.0～1.5mm。

高强度螺栓连接从受力特征分为高强度螺栓摩擦型连接、高强度螺栓承压型连接和承受拉力的高强度螺栓连接。

承受拉力的高强度螺栓连接，由于预拉力作用，构件间在承受荷载前已经有较大的挤压力，拉力作用首先要抵消这种挤压力。至构件完全被拉开后，高强度螺栓的受拉力情况就和普通螺栓受拉相同。不过这种连接的变形要小得多。当拉力小于挤压力时，构件未被拉开，可以减小锈蚀危害，改善连接的疲劳性能。

高强度螺栓摩擦型连接只利用摩擦传力这一工作阶段，具有连接紧密、受力良好、耐疲劳、可拆换、安装简单以及动力荷载作用下不易松动等优点，目前在桥梁、工业与民用建筑结构中得到广泛应用。尤其在桁架桥、重级工作制厂房的吊车梁系统和重要建筑物的支撑连接中已被证明具有明显的优越性。高强度螺栓承压型连接，起初由摩擦传力，后期则依靠栓杆抗剪和承压传力，它的承载能力比摩擦型的高，可以节约钢材，也具有连接紧密、可拆换、安装简单等优点。但这种连接在摩擦力被克服后的剪切变形较大，规范规定高强度螺栓承压型连接不得用于直接承受动力荷载的结构。

3.2.2　高强度螺栓连接的破坏

高强度螺栓摩擦型连接施工时还给螺栓杆施加很大的预拉力，使被连接构件的接触面之间产生挤压力，因此板面之间垂直于螺栓杆方向受剪时有很大的摩擦力。依靠接触面间的摩擦力来阻止其相互滑移，以达到传递外力的目的。高强度螺栓承压型连接的传力特征是剪力超过摩擦力时，构件间发生相互滑移，螺栓杆身与孔壁接触，开始受剪并和孔壁承压。但是，另一方面，摩擦力随外力继续增大而逐渐减弱，到连接接近破坏时，剪力全由杆身承担。高强度螺栓承压型连接以螺栓或钢板破坏为承载能力的极限状态，可能的破坏形式和普通螺栓相同。

3.2.3　高强度螺栓连接的摩擦面处理

使用摩擦型高强度螺栓连接的钢结构构件，要求其连接面具有一定抗滑移系数，使高强度螺栓紧固后连接表面产生足够的摩擦力，以达到传递外力的目的。正因为如此，对此连接表面必须进行加工处理，以获得设计要求的抗滑移系数值（0.30～0.55）。

摩擦面的加工方式有：钢丝刷除浮锈，喷砂、喷（抛）丸、砂轮打磨，以及其他的加工方法。施工单位可根据各自的生产条件选择相应处理方法。但无论采用哪种方法，其抗滑移系数必须达到设计规定值。

1）喷砂、喷（抛）丸

采用石英砂、棱角砂、金刚砂、切断钢丝、铁丸等磨料，或二种不同混合物磨料，以一定配比，用喷砂机、轮式抛丸机等将磨料射向物件，使表面达到规定清洁度和粗糙度。

喷砂、抛丸表面粗糙度达 $Ra50\sim70\mu m$，不经生锈期即可施拧高强度螺栓。

2）砂轮打磨

可采用风动、电动砂轮机对摩擦面进行打磨，打磨方向应与构件受力方向垂直。打磨范围不应小于四倍螺栓孔直径，磨后表面呈光亮色泽。此法特点是加工设备简单，费工，费时，打磨后需经一定自然生锈周期，方可施拧。

3）其他加工方法

采用氧乙炔焊枪火焰法对处理表面加热，应全部除去氧化层为止。这种方法仅限于对抗滑移系数值不高的连接面的场合。

经处理好的摩擦面不能有毛刺（钻孔后周边即应磨光）、焊疤、飞溅物、油漆或污损等，并不允许再进行打磨或锤击、碰撞。处理后的摩擦面应妥为保护，自然生锈，一般生锈期不得超过 90d。摩擦面不得重复使用。

3.3 螺栓、孔、电焊铆钉的表示方法

螺栓、孔、电焊铆钉的表示方法见表 8-4。

螺栓、孔、电焊铆钉的表示方法 **表 8-4**

<table>
<tr><th>序号</th><th>名 称</th><th>图 例</th><th>说 明</th></tr>
<tr><td>1</td><td>永久螺栓</td><td> 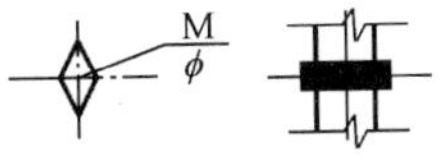</td><td rowspan="7">1. 细"+"线表示定位线
2. M 表示螺栓型号
3. ϕ 表示螺栓孔直径
4. d 表示膨胀螺栓、电焊铆钉直径
5. 采用引出线标注螺栓时，横线上标注螺栓规格，横线下标注螺栓孔直径</td></tr>
<tr><td>2</td><td>高强螺栓</td><td></td></tr>
<tr><td>3</td><td>安装螺栓</td><td></td></tr>
<tr><td>4</td><td>胀锚螺栓</td><td></td></tr>
<tr><td>5</td><td>圆形螺栓孔</td><td></td></tr>
<tr><td>6</td><td>长圆形螺栓孔</td><td></td></tr>
<tr><td>7</td><td>电焊铆钉</td><td></td></tr>
</table>

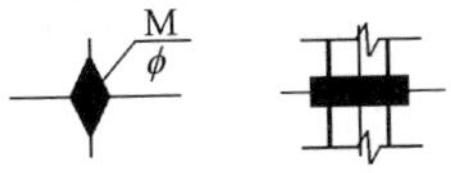

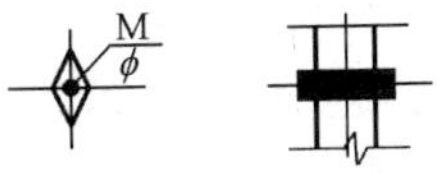

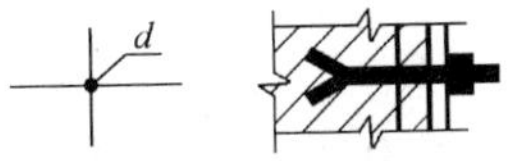

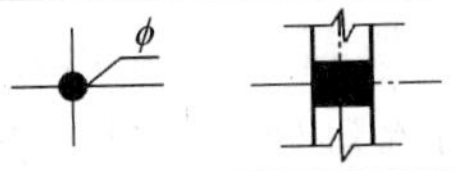

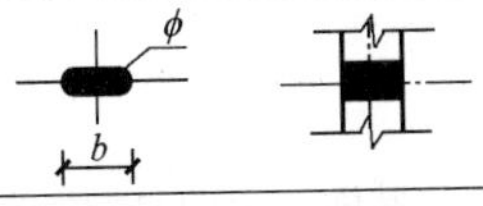

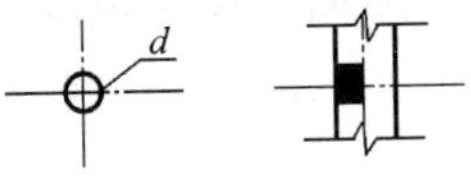

课题4　钢结构施工图识读

钢结构单层工业厂房施工图与其他结构形式的施工图一样，同样由建筑施工图、结构施工图和设备施工图这三大部分组成。本节着重对前两部分进行介绍，侧重于钢结构厂房结构施工图的识读。

附图一～附图十二是一钢结构生厂车间施工图，受篇幅限制，只给出了以下内容：底层平面图（建施-1）、+7.000m平面图（建施-2）、屋顶平面图（建施-3）、南立面图、北立面图（建施-4）、1-1剖面图和东、西立面图（建施-5）以及部分节点详图（建施-6）。结构施工图只给出了下列内容：基础施工图（结施-1）、结构布置图（结施-2）、屋面系统平面图（结施-3）、GJ-1结构图（结施-4）、吊车梁（结施-5）、Ⓐ轴立面结构布置图（结施-6）。

4.1　建筑施工图的识读

4.1.1　施工总说明的识读

施工总说明包括以下内容：工程概况、图纸目录和门窗表等。工程概况中以下内容应加以注意：

（1）工程室内相对标高±0.000。施工时，准确确定±0.000的位置对于各项高程控制起着举足轻重的作用。

（2）砖砌体材料。

（3）地面做法；内、外墙面做法说明。

（4）屋面做法。

（5）刚架柱、梁的防火隔热处理。

4.1.2　底层平面图的识读

从底层平面图上可以读得：该车间的跨度为17m，柱距为5m。房屋总长32m，总宽17m。两端山墙Ⓑ、Ⓒ轴线上各设有一根抗风柱。Ⓐ轴线上开有两个大门M4040，Ⓓ轴线上开有一个大门M4040，Ⓐ、Ⓓ轴线上共开有9扇窗，大小相同，均为C3018（窗宽3m，窗高1.8m）。从底层平面图上还可知道：混凝土散水、坡道的做法以及识读剖面图时要特别注意的1-1剖切线的位置。

4.1.3　+7.0m平面图的识读

从+7.0m平面图可以读得：该车间内设有一台起重量为5t的电动单梁吊车，吊车梁在平面图上的布置以及+7.0m标高处所剖切到的车间上层窗的布置情况，上层窗均为C3012，Ⓐ、Ⓓ轴线上各6扇。另外，大门入口处的雨篷也是+7.0m平面图中可见的垂直投影。

4.1.4　屋顶平面图的识读

从屋顶平面图可以读得：该工程为双坡屋面，屋面坡度为1∶10，屋面材料为蓝色夹芯彩钢板。屋面排水为檐沟有组织外排水，Ⓐ、Ⓓ轴线上各有4个雨水口。檐沟、女儿墙泛水均有索引详图。

4.1.5　南立面图的识读

从南立面图可以读得：该工程南立面底层窗台标高＋1.2m以下为多孔砖砌体，外涂淡灰色油性外墙涂料，＋1.2m以上为蓝色夹芯彩钢板墙面。雨篷为灰色夹芯彩钢板。檐口标高为＋8.0m，室内外高差为150mm。彩钢板与多孔砖墙、窗与多孔砖墙、窗与彩钢板墙的连接节点构造均有索引详图。

4.1.6　1-1剖面图的识读

从1-1剖面图可以读得：吊车牛腿面标高为＋6.0m；屋面结构依次为：H型钢梁→C型钢檩条→蓝色夹芯彩钢板；底层窗台标高＋1.2m，上层窗窗底标高＋6.0m；屋顶坡度1∶10。

从各节点详图可知一些关键部位的具体做法，如檐沟、女儿墙泛水等。

4.2　单层钢结构厂房结构施工图识读

4.2.1　基础施工图识读

从基础施工图可以读得：基础采用钢柱下钢筋混凝土锥形独立基础与围护墙下砖砌条形基础。承重钢柱下基础编号均为J-1，抗风柱下基础均为J-2。以J-1为例，基础底面尺寸为1.5m×2.0m，基底标高－2.4m，垫层100mm厚，采用C10混凝土，基础底板采用ϕ12@150双向钢筋网片，从1-1截面图可知，基础部分柱截面尺寸为300mm×700mm，受力钢筋在截面的两个短边方向均为3Φ20，箍筋为ϕ6@100，柱截面长边方向中间各设有一根直径为12mm的构造钢筋。柱脚锚栓采用4M24普通螺栓，埋入－0.500m以下，竖直段长800mm，弯折后水平段长200mm，外露长度100mm，锚板采用－300×600×10（mm）的钢板。从基础平面图上还可知道，门洞两侧均设有预埋件M—1，埋件M—1顶面标高－0.060m，与地圈梁顶面标高相同，埋件M—1所用钢板规格为－220×240×6（mm），与4ϕ12锚筋采用围焊缝连接，焊脚尺寸为6mm。

4.2.2　结构平面布置图识读

从结构布置图可以读得：轴线①～②间的吊车梁编号为DL-1A，轴线⑥～⑦间的吊车梁为DL-1，其他吊车梁编号均为DL-2，吊车梁中心线到纵向定位轴线的距离为875mm；柱间支撑设于②～③轴线间和⑤～⑥轴线间，为厂房端部第二柱间，支撑编号记为ZC-2。

4.2.3　屋面系统布置图识读

屋面系统布置图主要表明刚架（GJ）的布置、檩条的布置、拉条（T）的布置、隅撑（YC）的布置、刚性系杆（CG）的布置以及屋面梁间水平支撑（SC）的布置等。

本工程中，①、⑦边轴线上的刚架为GJ-2，中间轴线上的刚架为GJ-1。以屋脊线为对称中心线，图中下半部分主要说明檩条的布置、拉条、隅撑等的布置，上半部分主要说明刚性系杆、水平支撑等的布置。从图上可知，檩条规格均为C160×60×20×2.5，每两榀屋架间檩条数均为12根，长度根据柱距的不同而有所不同，有6m和5m两种情形。拉条根据其在平面图上的拉结方向的不同，分斜拉条（T-1、T-4）和直拉条（T-2、T-3）。拉条的作用主要是防止檩条侧向变形和扭转。从详图④～详图⑥可知，本工程拉条均为直径为8mm的圆钢。为保证钢斜梁在下翼缘受压时梁的整体稳定，常在斜梁下翼缘每隔一定距离用隅撑与檩条相连。本例中每榀GJ-1均设有4处隅撑。隅撑采用等截面角钢∟56×

5 用普通螺栓与斜梁下翼缘和檩条下翼缘相连。本例中，纵向边轴线上均布置有通长的刚性系杆，抗风柱位置在厂房端部的第一和第二柱间设有刚性系杆。刚性系杆 CG-1、CG-2 均采用 $\phi89\times3$ 的焊接钢管，只是两者长度有所不同。从支撑安装节点图可见，刚性支撑端部用 2M12 普通螺栓以及焊脚尺寸为 6mm 的角焊缝与斜梁上相应位置的加劲板相连接。

4.2.4　GJ-1 结构图识读

GJ-1 结构图主要表明钢柱、斜梁的截面形式、几何尺寸、连接节点做法、材料用量表等内容。

由于设有 5t 电动单梁吊车，本工程柱采用焊接工字形截面柱，沿柱高方向全等截面。结合材料表可见，工字形截面柱腹板②为－530×8，翼缘钢板①为－200×10。腹板与翼缘采用焊脚尺寸为 6mm 的双面角焊缝进行焊接连接。

柱脚为铰接式平板柱脚，采用直径为 24mm 的 4 个锚栓与基础连接。柱底板规格为－248×590×20，柱脚加劲板规格为－120×250×6，加劲板与柱底板、柱腹板均采用焊脚尺寸为 5mm 的双面角焊缝进行焊接连接。柱牛腿为变截面工字形，用三块钢板焊接而成。牛腿外伸长度为 525mm。牛腿腹板与柱仍采用焊脚尺寸为 6mm 的双面角焊缝与柱翼缘进行焊接连接，而牛腿上、下翼缘则采用焊透的对接焊缝与柱翼缘相连。在吊车梁下对应的位置设有支撑加劲肋，加劲肋钢板规格为－95×271×10。柱腹板在牛腿上、下翼缘对应位置处设有两块水平加劲板，规格为－96×530×10，与柱腹板、翼缘均采用焊缝相连。

柱头刚架斜梁与柱的连接采用端板竖放的形式。用高强度螺栓将梁端端板与柱翼缘连接。由 1-1 截面图及结构设计说明可知，端板在梁上翼缘处与柱翼缘用三排共 6 根 10.9 级的高强度螺栓 M22 相连，在梁的下翼缘处用二排共 4 根 10.9 级的高强度螺栓 M22 相连接。在梁端板与柱翼缘两侧梁上翼缘的下方内外各用 4 块加劲板支撑，加劲板在图中编号为 27，规格为－97×136×10。加劲板与端板采用焊脚尺寸为 7mm 的双面角焊缝进行连接。

屋脊处斜梁与斜梁仍采用端板连接的方式，端板在图中的编号为 17，规格为－200×776×12。在斜梁受拉翼缘与受压翼缘的内外两侧、端板中部各设一排 10.9 级的高强度螺栓 M20 将端板与端板加以连接。

沿斜梁长度方向在檩条搁置处均设有檩托，具体做法可看檩托详图。

4.2.5　钢吊车梁施工图识读

以 DL-2 为例。工字形梁全长采用单轴对称截面，腹板规格为－476×10，上翼缘钢板规格为－370×14，下翼缘钢板规格为－250×10，腹板采用焊脚尺寸为 6mm 的双面角焊缝与上翼缘板相连接，采用焊脚尺寸为 6mm 的双面角焊缝与下翼缘板相连接。梁端支承加劲肋钢板规格为 －250×510×8。梁端第一对构造加劲肋距端部支承加劲肋 358mm，中间构造加劲肋间距为 714mm。构造加劲肋的下边缘与梁下边缘相距 76mm。构造加劲肋的规格为－60×10。

4.2.6　Ⓐ轴立面结构布置图识读

立面结构布置图主要表明柱间支撑、檐墙型钢檩条（墙梁）以及拉条的布置情况。檐墙型钢檩条的布置主要考虑到门窗、挑檐、雨篷等构件和围护材料的要求。本例中，檐墙型钢檩条的规格均为[160×60×20×2.5，较集中地布置在门洞上口、窗洞口上、下及天沟等处。在墙体最上两排墙梁间主要采用斜拉条 T5 进行拉结，其他部位墙梁间则多用直拉条 T6 拉结。

课题 5　钢结构构件的制作

钢结构的建造分为两个主要步骤，即工厂制造和工地安装。工厂制造包括下列工序：

(1) 钢材的验收、整理和保管，包括必要的矫正；

(2) 按施工图放样，做出样板、样杆，并据以划线和下料；

(3) 对划线后的钢材进行剪切（焰割）、冲（钻）孔和刨边等项加工，非平直的零件则需要通过煨弯和辊圆等工序来成型；

(4) 对加工过程中造成变形的零件进行整平（辊平、顶平）；

(5) 把零件按图装配成构件，并加以焊接（铆接）；

(6) 对焊接造成的变形加以矫正；

(7) 除锈和涂漆。

5.1　放样和号料

放样和号料是钢结构制作工艺中极为重要的一道工序。放样是根据施工图中的构配件施工详图，按 1∶1 的比例在样板台上弹出实样，求取实长，根据实长制成样板。号料是以样板为依据，在原材料上画出实样，并打上各种加工记号，为钢材下料作准备。

样板、样杆的材料，通常采用薄钢板和小扁钢。放样所用钢尺必须经计量鉴定。样板、样杆完成后应先自检，再经检验部门检验合格后方可使用。

号料应使用检验合格的样板、样杆，避免直接用钢尺量取。号料应根据工艺要求预留焊接收缩量及切割、铣、刨等加工余量。

计算机的运用已部分取代了手工足尺放样的过程。使用计算机放样，可直接输入切割、制孔等工序，免除了样板的传统制作程序，从而提高了生产效率和制作精度。

5.2　矫　　正

钢材运输、保管时会造成材料变形，在加工过程中，尤其是切割和焊接工序不可避免地也会使构件产生变形，因此常常需要对零件或组件进行矫正。

矫正工作可分为热矫正、冷矫正（机械力）两种。

热矫正是利用钢材受热后冷却过程中产生的收缩而达到矫正目的；冷矫正是利用机械力使材料产生永久变形而进行矫正。

一般加热源是使氧—乙炔（或氧—丙烷）焰，而冷矫正的外力则来自矫直机、矫正顶直机、翼缘矫平机、压力机、千斤顶以及各种专用胎架。

热矫正时，加热温度严禁超过 900℃。低合金结构钢只能进行自然冷却（退火），以保证原有金属材料的力学性能，不准浇水冷却。

5.3　切　　割

钢材常用的切割方法分为气割和机械切割两类。

气割采用的方法主要是氧—乙炔（丙烷、石油气等）焰切割及等离子切割等。

常用的气切工具和设备是手工割炬、半自动气割机、多头切割机、靠模切割机等。随着技术发展和自动化程度的提高，已广泛采用光电追踪切割机、数控切割机等多功能数控高效设备。

常用的机械切割设备有剪板机、剪冲机、滚剪机、弓锯床、砂轮切割机等，而锯切设备则有弓形锯、圆盘锯、带锯、无齿锯等。

5.4 制 孔

钢结构上的孔洞基本多为螺栓孔，孔直径一般在12～30mm范围内。大都呈圆形，为调整的需要也有长圆孔。

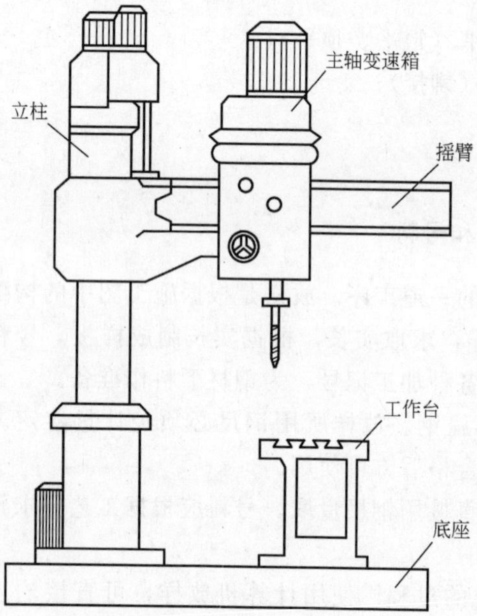

对于直径在80mm以下的圆孔，一般采用钻孔，更大的孔则采用火焰切割方法。

如果孔的长度超过直径2倍以上，可采用先钻两个孔后割通、磨光的方法。如果长度小于2倍直径时，则采用冲孔或钻孔后铣成长孔。

螺栓孔一般不采用冲孔，因冲孔边缘有冷作硬化现象，但如采用精密冲孔则可较大程度减少硬化现象，且可大大提高生产效率。一般情况下，采用冲孔时的板厚不能超过孔直径，2mm以下的薄板和型钢可采用冲孔。

图8-18 摇臂钻床示意图

制孔设备有冲床、钻床。钻床已从立式钻床发展为摇臂钻床（图8-18）、多轴钻床、万向钻床和数控三向多轴钻床。数控三向多轴钻床的生产效率比摇臂钻床提高几十倍，它与锯床形成连动生产线，这是目前钢结构加工机床中的发展趋向。

在使用单轴钻孔加工时，采用钻模制孔可以大大提高钻孔的精度，其每一组孔群内的孔间距离精度可控制在0.3mm以内，甚至还可更小，并可一次进行多块钢板的钻孔，提高工效。图8-19为钢板钻模。

5.5 弯 形

钢结构制造中的弯形主要是指弯曲和滚圆。弯形和矫正相反，是使平直的材料按图纸的要求弯曲成一定形状。弯形的加工手段也是加热和施加机械力或者二者混合使用，其使用的设备也多类似。现对滚圆机和弯板机加以简介。

滚圆的原理是经过辊子的压力使材料弯曲，而辊子的转动使材料逐步滚成圆筒形。新式的滚圆机则是四辊或上辊可以上下移动，因而免除了预弯工序。图8-20、图8-21、图8-22及图8-23分别为滚圆和预弯的工作示意图。

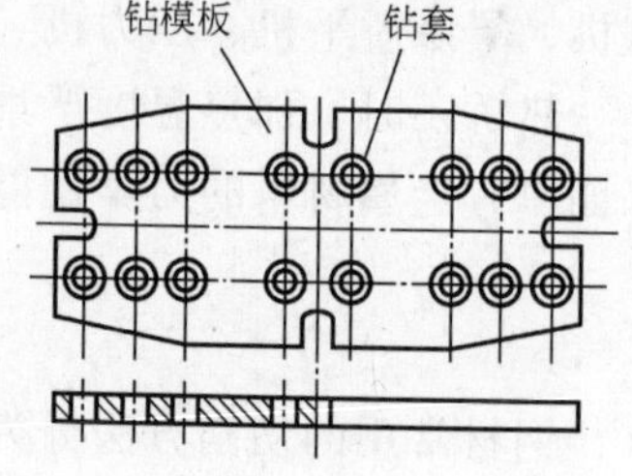

图8-19 钢板钻模

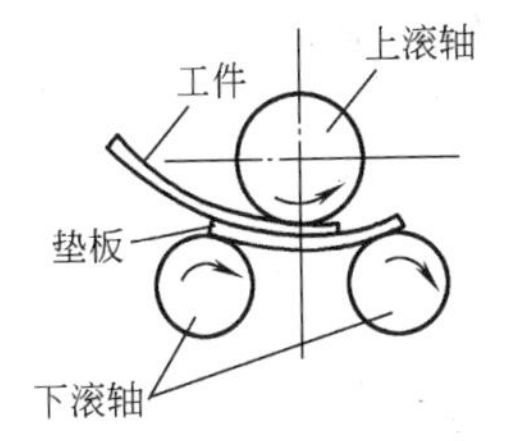

图 8-20　滚圆机预弯示意图

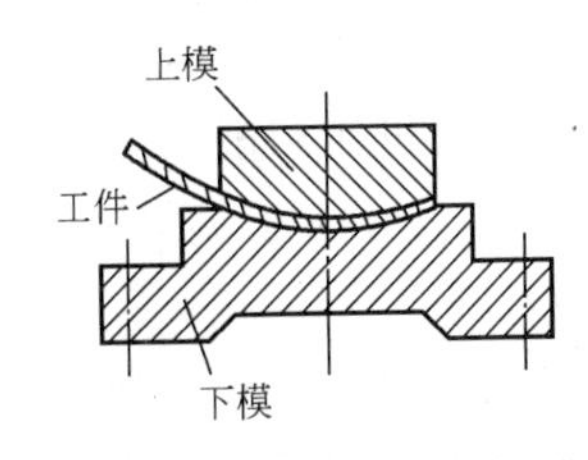

图 8-21　压力机预弯示意图

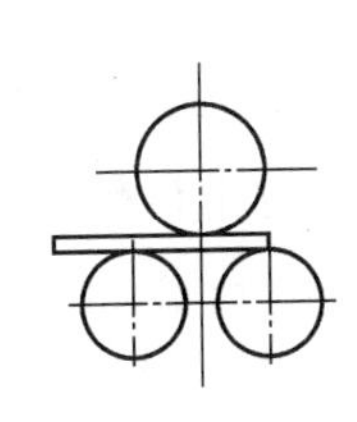
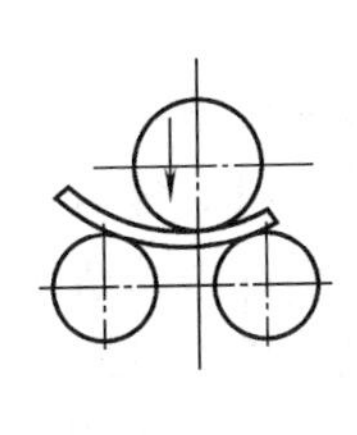
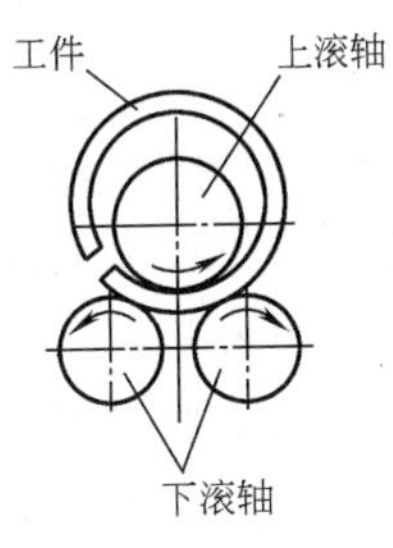

图 8-22　三辊滚圆机工作示意图

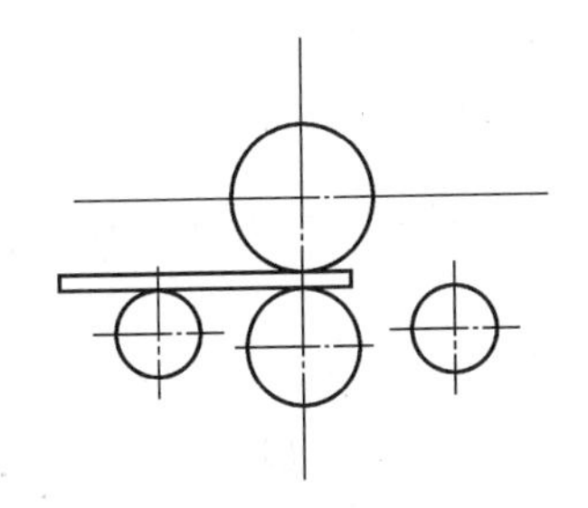
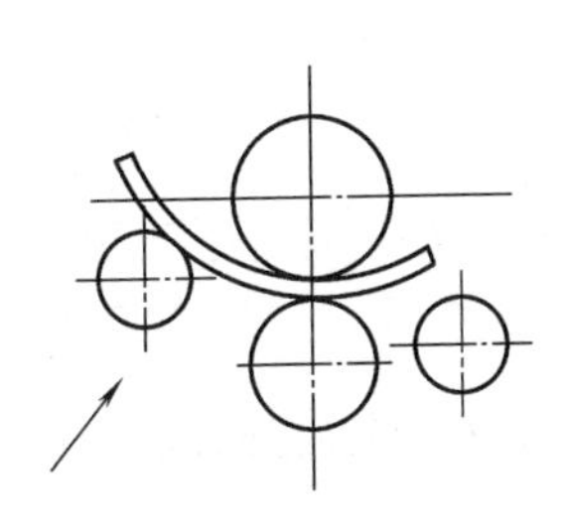
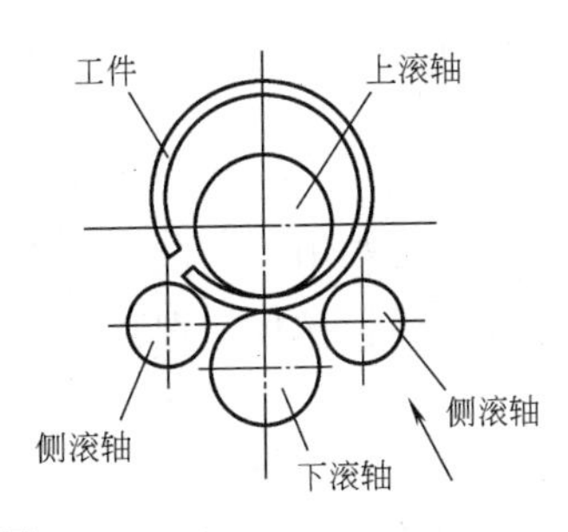

图 8-23　四辊滚圆机工作示意图

折板机有冲压型和弯折型两种，主要用作弯折薄而宽的板料。冲压型是利用冲床原理，采用凹凸模具把板材压弯（图 8-24）；而弯折型设备则是把板材固定在翻折板上，以翻折板的翻转使板材弯折（图 8-25）。

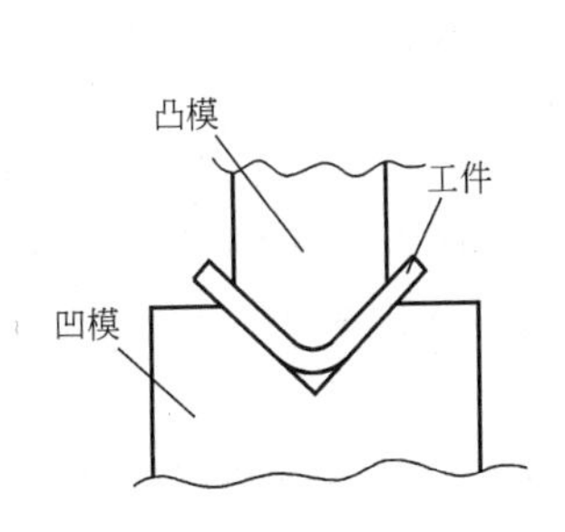

图 8-24　冲压型折板机示意图

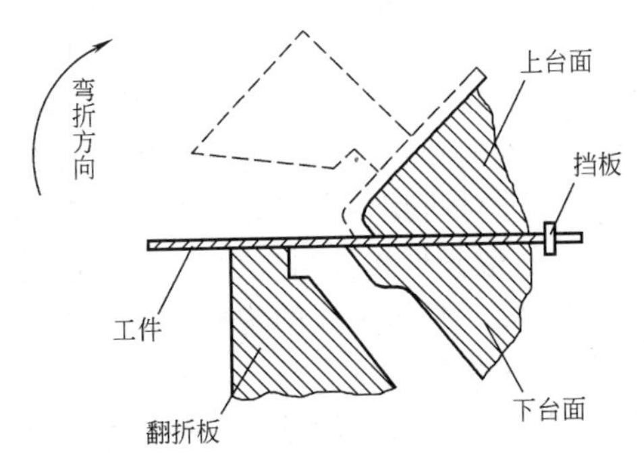

图 8-25　弯折型折板机床示意图

5.6　端面加工

对钢结构的端面加工的需求有两种情况，即尺寸精度的需要（或平整度的需要）和磨光顶紧的需要，因为在设计中常需依靠端部顶紧来传递压力。

端面加工一般使用端铣床，工件找正后，机床的刀盘转动和机头的左右、上下平移，在构件端面进行机械切削。

5.7 坡口加工

钢结构制造中存在大量焊接坡口，可能还有构造角度和板厚变化时的过渡坡口也需进行坡口加工。加工坡口主要采用氧气切割，此外还有坡口机、刨边机、碳弧气刨等方法。

5.8 装　　配

把加工好的零件按照设计图纸组装成部件或构件，称为装配工序。

装配时的临时固定方法可以采用固定夹具、螺栓连接或定位焊（或称点焊）。目前在大量生产的焊接构件中，主要是采用定位焊的方法进行临时固定。

装配应按照图纸及工艺的程序和标准进行。重要的是要防止焊后产生无法矫正的变形，焊接收缩量应预先加出，装配工作应保证焊接操作条件良好和成品尺寸的精度要求。为提高装配的精度和效率，常使用专用的组装胎模和夹具。装配后应进行几何尺寸及角度的校核和调整。

5.9 焊　　接

钢结构工程中采用的主要焊接方法一般有手工电弧焊、二氧化碳气体保护焊、氩弧焊、混合气体保护焊、埋弧焊、电渣焊等，详见本单元课题二。

5.10 表面处理和涂装

钢结构的表面处理有两个目的。一是因为刷防锈涂料前的基底需要处理，另一个是为了高强度螺栓连接的结合面能达到设定的抗滑移系数值，详见本单元课题六。

5.11 包装和运输

为了在运输过程中不丢失、不损坏构件，需要对其进行包装。

每个包装的重量一般不超过 3～5t，尺寸则根据货运能力而定。如通过汽车运输，一般长度不超过 12m，个别件不应超过 18m，宽度不超过 2.5m，高度不超过 3.5m。超长、超宽、超高时要作特殊处理，以符合公路运输条件。

对于小件可用箱式包装，对于单件超过 1.5t 的构件单独运输时，应作外部包裹（用垫木）。一般长形构件则应数件一组进行捆扎，捆扎的材料可以用薄钢板，也可用小型钢以螺栓压紧。经过油漆的构件应该用木材、塑料等垫衬加以隔离保护。包装方式应在结构施工手册中作出规定。

发运时，应把装箱单、包捆单、发运单送到接收单位，并作为交付成品的文件之一。

课题 6　钢结构涂装工程

6.1 防腐涂装工程

钢结构在各种大气环境条件下会产生腐蚀，为防止或减少钢结构的腐蚀，延长其使用寿命，应采取防护措施。采用防腐涂层的方法来防止构件腐蚀是目前应用最多的方法。

6.1.1 涂装前钢材的表面处理—除锈

1）手工和动力工具除锈

（1）手工除锈。该法只有在其他方法不宜使用时才采用。常用的工具有：铲刀或刮刀、砂布或砂纸、钢丝刷等。

（2）动力工具除锈。它是目前常用的除锈方法。其常用工具有：气动端型平面砂磨机、风动钢丝刷、风动气铲等。

2）喷射或抛射除锈

（1）喷射除锈。将磨料高速喷向钢材表面，将氧化皮、铁锈及污物等除掉，表面获得一定的粗糙度。此法人工操作、成本低，是一种常用的除锈方法。但对环境污染大；适用在无固定加工场地除锈。

（2）抛射除锈。使磨料以高速的冲击和摩擦除去钢材表面的铁锈、氧化皮和污物等。抛射除锈可以改善钢材的疲劳强度和抗腐蚀应力，并对钢材表面粗糙度也有不同程度的提高。效率高、质量好；但需要一定的设备和喷射用磨料，费用较高。一般用于钢结构制作加工厂。

（3）磨料。用于钢材表面除锈的磨料主要是石英砂、铜矿砂、钢丸、钢丝头等。由于对环境污染有影响，石英已很少采用。

6.1.2 锈蚀等级和除锈等级标准

1）锈蚀等级

根据《涂装前钢材表面锈蚀等级和除锈等级》（GB 8923—88）标准，定有四个锈蚀等级，以 A、B、C、D 表示：

A—全面地覆盖着氧化皮而几乎没有铁锈的钢材表面。

B—已发生锈蚀，并且部分氧化皮已经剥落的钢材表面。

C—氧化皮因锈蚀而剥落，或者可以刮除，并有少量点蚀的钢材表面。

D—氧化皮已因锈蚀而全面剥离，并且已普遍发生点蚀的钢材表面。

2）除锈等级

国家标准将除锈等级分成喷射或抛射除锈、手工和动力工具除锈、火焰除锈三种类型。这里仅对前两种类型作一介绍。

（1）喷射或抛射除锈，用字母“Sa”表示，分四个除锈等级：

Sa1—轻度的喷射或抛射除锈。钢材表面应无可见的油脂或污垢，没有附着不牢的氧化皮、铁锈和油漆涂层等附着物。

Sa2—彻底的喷射或抛射除锈。钢材表面无可见的油脂和污垢，并且氧化皮、铁锈和油漆涂层等附着物已基本清除，其残留物应是牢固附着的。

Sa21/2—非常彻底的喷射或抛射除锈。

Sa3—使钢材表观洁净的喷射或抛射除锈。

（2）手工和动力工具除锈以字母“St”表示，定有两个等级：

St2—彻底的手工和动力工具除锈。钢材表面应无可见的油脂和污垢，并且没有附着不牢的氧化皮、铁锈和油漆涂层等附着物。

St3—非常彻底的手工和动力工具除锈。

6.1.3 防腐涂料施工

1）防腐涂料施工注意事项

（1）环境温度。根据 GB 50205 规定，宜选在 5～38℃。随着技术的发展，现在有很多种类的涂料，都可在上述规定的范围之外进行施工。

（2）环境湿度。一般宜在相对湿度不应大于 85％的条件下进行。

（3）控制钢材表面温度与露点温度。根据规范的规定，钢材表面的温度必须高于空气露点温度 3℃以上，方能进行施工。

（4）必须采取防护措施的施工环境。雨、雾、雪环境和油漆腐蚀、盐分、不安全、不防爆的环境等。

（5）涂装间隔时间。涂装间隔时间对涂层质量有很大影响，间隔时间控制得当，可增强涂层间的附着力和涂层的综合防护性能，否则，可能造成"咬底"或大面积脱落或返锈等现象。可根据涂料说明书设定间隔时间。

（6）在施工前，遮蔽禁止涂装的部位。

2）防腐涂料施工的常用方法

常用涂料的施工方法见表 8-5。

常用涂料的施工方法 **表 8-5**

施工方法	适用涂料的特性			被涂物	工具或设备	主要优缺点
	干燥速度	粘度	品种			
刷涂法	干性较慢	塑性小	油性漆、酚醛漆、醇酸漆等	一般构件及建筑物，各种设备和管道等	各种毛刷	投资少，施工方法简单，适于各种形状及大小面积的涂装；缺点是装饰性较差，施工效率低
手工滚涂法	干性较慢	塑性小	油性漆、酚醛漆、醇酸漆等	一般大型平面的构件和管道等	滚子	投资少、施工方法简单，适用大面积物的涂装，缺点：同刷涂法
浸涂法	干性适当，流平性好，干燥速度适中	触变性好	各种合成树脂涂料	小型零件、设备和机械部件	浸漆槽、离心及真空设备	设备投资较少，施工方法简单，涂料损失少，适用于构造复杂构件，缺点是流平性不太好，有流挂现象，溶剂易挥发
空气喷涂法	挥发快和干燥适宜	粘度小		各种大型构件及设备和管道	喷枪、空气压缩机、油水分离器等	设备投资较小，施工方法较复杂，施工效率较刷涂法高；缺点是消耗溶剂量大，污染现场，易引起火灾
无气喷涂法	具有高沸点溶剂的涂料	高不挥发性，有触变性	厚浆型涂料和高不挥发性涂料	各种大型钢结构、桥梁、管道、车辆和船舶等	高压无气喷枪、空气压缩机等	设备投资较多，施工方法较复杂，效率比空气喷涂法高，能获得厚涂层，缺点是也要损失部分涂料，装饰性较差

6.2 防火涂装工程

6.2.1 钢结构防火概述

钢材耐热但不耐高温。科学试验和火灾实例都表明，未加防火保护的钢结构在火灾高温烘烤下，只需10多分钟，自身温度就可达540℃以上，钢材的机械力学性能，如屈服点、抗拉强度、弹性模量以及载荷能力等，都迅速下降；达到600℃时，强度则几乎等于零。因此，在火灾作用下，钢结构很快失去支撑能力，最终跨塌毁坏。

防火规范规定，采用钢材作为房屋的结构构件时，钢构件的耐火极限不应低于规范相应耐火极限的规定。根据结构构件的类型及房屋耐火等级的不同，规范规定的钢构件的耐火极限通常为1～3h不等。因此，必须对钢结构构件施加防火保护。

应用钢结构防火涂料涂覆在钢基材的表面进行防火保护，其防火原理有三个：一是涂层对钢基材起屏蔽作用，隔离了火焰，使钢构件不至于直接暴露在火焰和高温中；二是涂层吸热后，部分物质分解出水蒸气或其他不燃气体，起到消耗热量，降低火焰温度和燃烧速度，稀释氧气的作用；三是涂层本身多孔轻质或受热膨胀后形成炭化泡沫层，阻止了热量迅速向钢基材传递，推迟了钢基材受热温升到极限温度的时间。

6.2.2 钢结构防火涂料

钢结构防火涂料按所用粘结剂的不同可分为有机类防火涂料和无机类防火涂料两大类，其分类如下：

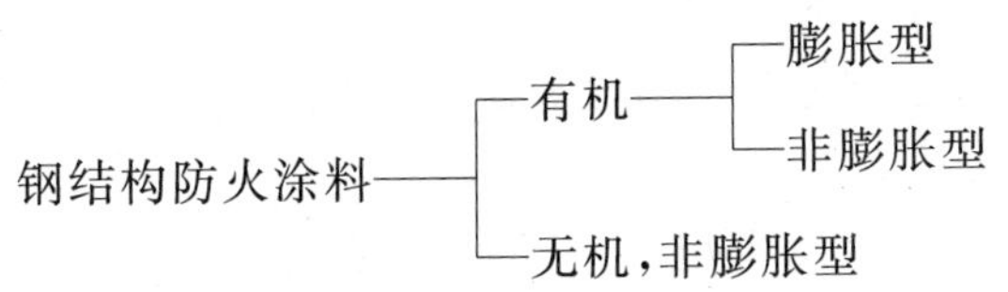

钢结构防火涂料按涂层的厚度，划分为：

B类，薄涂型钢结构防火涂料：涂层厚度一般为2～7mm，有一定装饰效果，高温时涂层膨胀增厚，具有耐火隔热作用，耐火极限可达0.5～2h，故又称钢结构膨胀防火涂料。

H类，厚涂型钢结构防火涂料：涂层厚度一般为8～50mm，粒状表面，密度较小，热导率低，耐火极限可达0.5～3h，又称为钢结构防火隔热涂料。

6.2.3 厚涂型钢结构防火涂料施工

1）施工方法与机具

一般采用喷涂法施工，机具可用压送式喷涂机或挤压泵。局部修补可采用抹灰刀等工具手工抹涂。

2）施工操作

（1）喷涂应分若干次完成。第一次喷涂基本遮盖钢材的表面，以后每次喷涂厚度为5～10mm，一般以7mm左右为宜。下次喷涂之前，必须确定前一次喷涂层基本干燥或固化。通常情况下，每天喷一遍即可。

（2）喷涂保护方式，喷涂次数与涂层厚度应根据防火设计要求确定。当要求耐火极限1～3h，涂层厚度10～40mm时，一般需喷涂2～5次。

（3）喷涂时，手紧握喷枪，注意移动速度均匀，不能在同一位置久留，而造成涂料堆积流淌。

(4) 施工过程中，操作者应用测厚针检查涂层厚度，直到符合设计规定的厚度，方可停止喷涂。

(5) 喷涂后的涂层要适当修整，对明显的乳突，应采用抹灰刀等工具剔除，以确保涂层表面均匀。

6.2.4 薄涂型钢结构防火涂料施工

1) 施工工具和方法

(1) 喷涂底层（包括主涂层，以下相同）涂料，宜采用重力（或喷斗）式喷枪，配有自动调压功能的空压机。

(2) 面层装饰涂料，可采用刷、喷、滚和抹四种形式施工，多采用喷涂。

(3) 对小面积施工和局部修补的部位，可用抹灰刀等工具进行手工抹涂。

2) 底层施工操作与质量

(1) 底涂层一般应喷涂 2～3 遍，施工间隔 4～24h。待前遍涂层基本干燥后，才可继续喷涂。第一遍喷涂以遮盖 70% 基底面积即可，以后每遍喷涂的厚度以不超过 2.5mm 为宜。

(2) 喷涂时，手握喷枪要稳，喷嘴与钢材表面垂直或呈 70°角，喷嘴到喷涂面的距离为 40～60cm。要求旋转喷涂的，需注意交接处的颜色一致、厚薄均匀，防止漏涂和面层流淌。确保涂层完全闭合，轮廓清晰。

(3) 如果喷涂形成的涂层表面是粒状，当设计要求涂层表面平整光滑时，待喷完最后一遍后，用抹灰刀抹平，使外表面均匀平整。

(4) 面层施工应确保各部分颜色均匀一致，接头平整。

课题 7 钢结构安装

7.1 安装前的准备工作

7.1.1 钢构件验收

钢构件制作完后，质检部门应按照施工图的要求和《钢结构工程施工质量验收规范》(GB 50205—2002) 的规定，对成品进行质量验收。

钢构件成品出厂时，制造单位应提交产品、质量证明书和下列技术文件：

(1) 设计变更文件、钢结构施工图，并在图中注明变更部位；

(2) 制作中对问题处理的协议文件；

(3) 所用钢材和其他材料的质量证明书和试验报告；

(4) 高强度螺栓摩擦系数的实测资料；

(5) 发运构件的清单。

钢构件进入施工现场后，除了检查构件的规格、型号、数量外，还需对运输过程中易产生变形的构件和易损部位进行专门检查，发现问题应及时通知有关单位做好签证手续以便备案，对已变形构件应予矫正，并重新检验。

7.1.2 测量器具和丈量器具

钢结构制作和安装过程中使用到的测量和丈量器具主要有：经纬仪、水准仪、钢卷尺等。

7.1.3 基础复测

(1) 基础施工单位至少在吊装前7d提供基础验收的合格资料；

(2) 基础施工单位应提供轴线、标高的轴线基准点和标高水准点；

(3) 基础施工单位在基础上应划出有关轴线和标记；

(4) 支承面和地脚螺栓位置的允许偏差，应按《钢结构工程施工质量验收规范》(GB 50205—2002) 规范要求执行。支座和地脚螺栓的检查应分两次进行，即首次在基础混凝土浇灌前与基础施工单位一起对地脚螺栓位置和固定措施进行检查，第二次在钢结构安装前做最终验收。

7.1.4 构件预检

(1) 检查构件型号、数量。

(2) 检查构件有无变形，发生变形应予矫正和修复。

(3) 检查构件外形和安装孔间的相关尺寸，划出构件轴线的基准线。

(4) 检查连接板、夹板、安装螺栓、高强度螺栓是否齐备，检查摩擦面是否生锈。

(5) 不对称的主要构件（柱、梁、门架等）应标出其重心位置。

(6) 清除构件上污垢、积灰、泥土等，油漆损坏处应及时补漆。

7.2 起重机选择

轻型钢结构厂房中的柱、斜梁、檩条、屋面板、墙板等构件重量一般较轻，构件的安装高度一般在10m左右，施工中，以钢柱或钢梁的重量为参考确定起重机所需起重量，以大跨度斜梁的起重高度（包括索具高度）决定起重机所需的起重高度，结合施工现场条件，可选择桅杆式起重机、履带式起重机和汽车式起重机等。

7.3 轻钢结构厂房安装顺序

7.3.1 钢柱安装

1) 吊点选择

吊点位置及吊点数，根据钢柱形状、端面、长度及起重机性能等具体情况确定。

一般钢柱弹性和刚性都很好，吊点采用一点正吊，吊耳放在柱顶处，通过柱重心位置，柱身垂直，易于对线校正。受起重机臂杆长度限制，吊点也可放在柱长1/3处，吊点斜吊，由于钢柱倾斜，对线校正较难。

对细长钢柱，为防止钢柱变形，可采用2个吊点或3个吊点。

如果不采用焊接吊耳，直接在钢柱本身用钢丝绳绑扎时要注意两点：其一，在钢柱（矩形、工字形）四角要做包角（用半圆钢管内夹角钢），以防钢丝绳磕断；其二，在绑扎点处，为防止工字形钢柱局部受挤压破坏，可加强肋板。吊装结构柱，绑扎点处加支撑杆。

2) 起吊方法

起吊方法根据现场构件平面布置情况及起重机性能确定。常用旋转法和滑行法。

(1) 旋转法。钢柱运到现场，起重机边起钩边回转，使柱子绕柱脚旋转而将钢柱吊起（图8-26)。

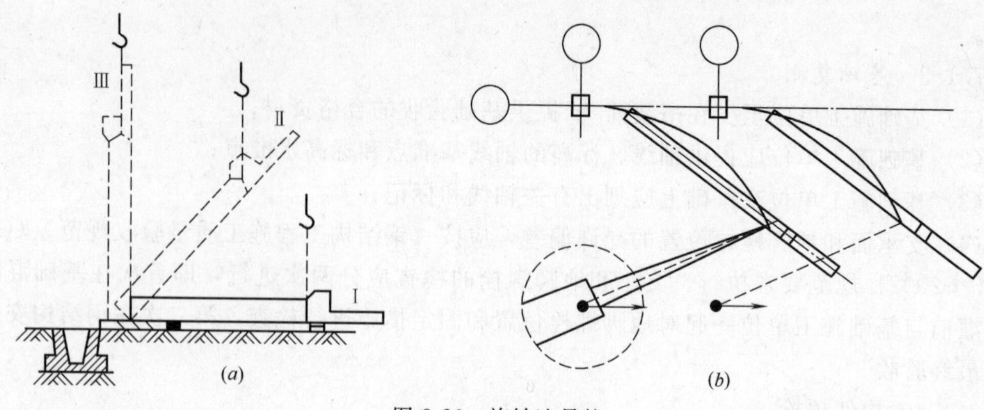

图 8-26 旋转法吊柱
(a) 旋转过程；(b) 平面布置

（2）滑行法。单机或双机抬吊钢柱，起重机只起钩，使钢柱脚滑行而将钢柱吊起的方法叫滑行法，如图 8-27 所示。为减少钢柱脚与地面的摩擦阻力，需在柱脚下铺设滑行道。

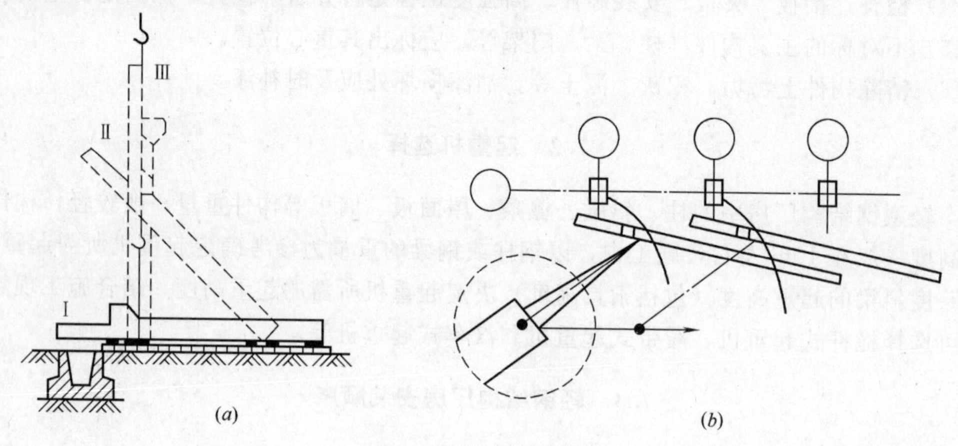

图 8-27 滑行法吊柱
(a) 滑行过程；(b) 平面布置

3）钢柱校正

柱基标高调整、对准纵横十字线、柱身垂偏是钢柱校正要做的三件工作。

（1）柱基标高调整。根据钢柱实际长度，柱底平整度，钢牛腿顶部距柱底部距离，重点要保证钢牛腿顶部标高值，来决定基础标高的调整数值。

具体做法如下：柱安装时，可在柱子底板下的地脚螺栓上加一个调整螺母，螺母上表面的标高调整到与柱底板标高齐平，放上柱子后，利用底板下的螺母控制柱子的标高，精度可达±1mm 以内。柱子底板下预留的空隙，可以用无收缩砂浆以捻浆法填实。如图 8-28 所示。使用这种方法时，对地脚螺栓的强度和刚度应进行计算。

（2）纵横十字线。钢柱底部制作时，在柱底板侧面，用钢冲打出互相垂直的四个面，每个面一个点，用三个点与基础面十字线对准即可，争取达到点线重合，如有偏差可借线对线方法：起重机不脱钩的情况下，将三面线对准缓慢降落至标高位置。

（3）柱身垂偏校正。采用缆风校正法，用两台呈 90°的经纬仪找垂直，在校正过程中不断调整柱底板下螺母，直至校正完毕，将柱底板上面的 2 个螺母拧上，缆风绳松开不受力，柱身呈自由状态，再用经纬仪复核，如有小偏差，调整下螺母，无误，将上螺母拧紧。

地脚螺栓螺母一般可用双螺母，也可在螺母拧紧后，将螺母与螺杆焊实。

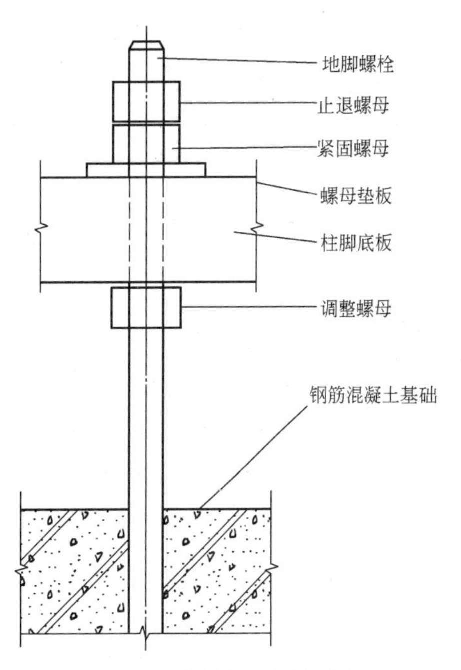

图 8-28　柱基标高调整示意

7.3.2　钢吊车梁安装

1）起吊方法

根据吊车梁重量、起重机能力、现场施工条件和工期要求，可采用单机抬吊、双机抬吊。利用工具式吊耳，可安全、可靠和方便地进行起吊。如图 8-29 所示。

2）校正

包括标高调整，纵横轴线（包括直线度和轨道轨距）和垂直度校正。

（1）标高调整。当一跨内两排吊车梁吊装完毕后，用一台水准仪在梁上或专门搭设的平台上，测量每根梁两端的标高，计算准确值。通过增加垫板的措施进行调整，达到规范要求。

（2）纵横轴线校正。钢柱和柱间支撑安装好，首先要用经纬仪，将每轴列中端部柱基的正确轴线，引到牛腿顶部水平位置，定出正确轴线距吊车梁中心线距离；在吊车梁顶面中心线拉一通长钢丝（用经纬仪亦可），进行逐根调整。当两排吊车梁纵横轴线达到要求后，复查吊车梁跨距。

（3）吊车梁垂直度校正。从吊车梁的上翼缘挂垂球下去，测量线绳到梁腹板上下两处的水平距离。根据梁的倾斜程度（$a \neq a'$），用楔铁块调整，使 $a = a'$ 达到垂直。纵横轴线和垂直度可同时进行。如图 8-30 所示。

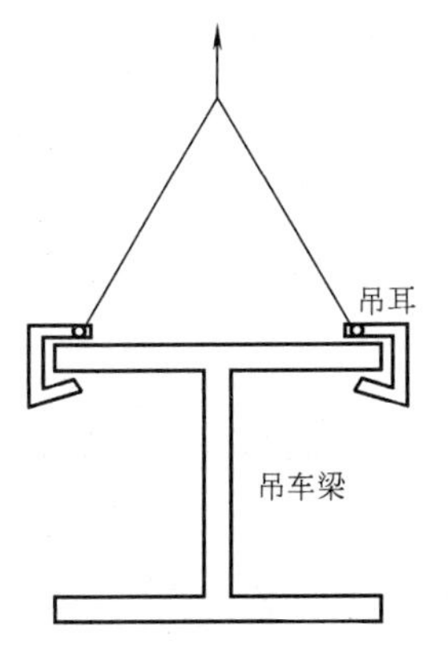

图 8-29　钢吊车梁吊装示意

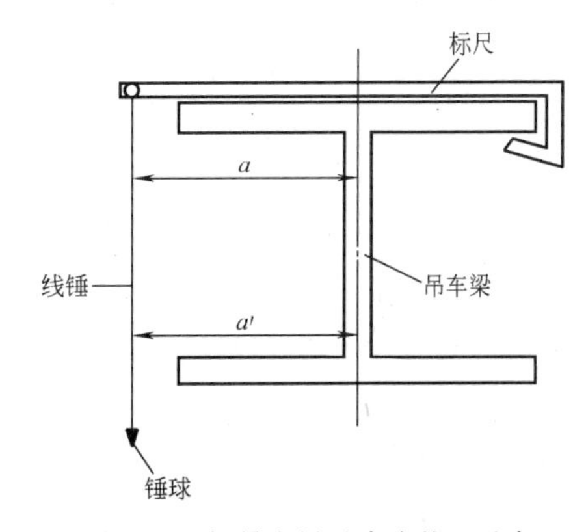

图 8-30　钢吊车梁垂直度校正示意

纵横轴线及跨距校正时间：对中小型吊车梁，可在屋盖吊装前，也可在屋盖吊装后进行。对重型吊车梁宜在屋盖吊装后进行。

7.3.3　轻型钢结构斜梁安装

1）起吊方法

门式刚架斜梁的特点是跨度大，侧向刚度很小，为确保质量和安全，提高生产效率，根据现场条件和起重机设备能力，最大限度地扩大拼装工作，将在地面组装好的斜梁吊起就位，并与柱连接。

可选用单机两点或三四点起吊；或用铁扁担以减少索具所产生的对斜梁的压力，如图8-31所示；或者双机抬吊，防止斜梁侧向失稳。

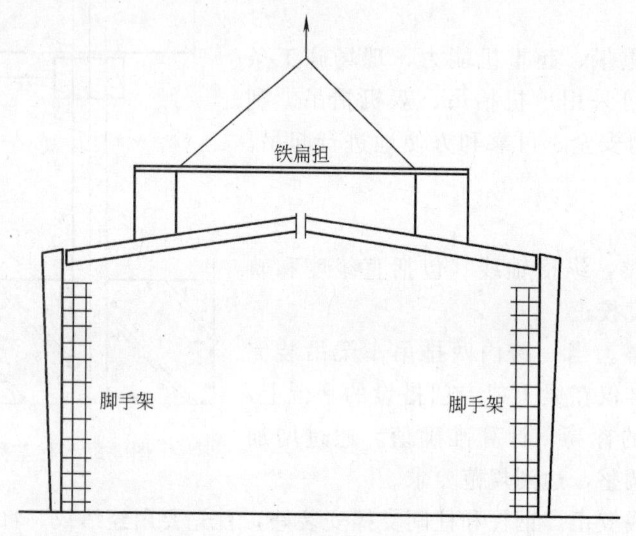

图 8-31　门式刚架斜梁吊装示意

2）吊点选择

大跨度斜梁吊点需经计算确定。对于侧向刚度小、腹板宽厚比大的构件，要防止构件扭曲和损坏，主要从吊点多少及双机抬吊同步、动作协调考虑，必要时两机大钩间拉一根钢丝绳，在起钩时两机距离固定，防止互拽。

对吊点部位，要防止构件局部变形和损坏，放加强肋板或用木方子填充好，进行绑孔。

7.4　安装工艺流程

门式刚架轻型钢结构房屋的安装工艺流程，如图8-32所示。

7.5　高强度螺栓施工

1）节点处理

高强度螺栓的安装应在结合摩擦面贴紧后进行。为使摩擦面贴紧，先用临时普通螺栓和手动扳手紧固。在每个节点上穿入临时螺栓的数量由计算确定，一般不少于高强度螺栓总数的1/3，最少不得少于2个临时螺栓。不允许用高强度螺栓兼临时螺栓，以防止损伤螺纹，引起扭矩系数的变化。

2）螺栓安装

高强度螺栓安装在节点全部处理好后进行，高强度螺栓穿入方向要一致，一般应以施工方便为宜。扭剪型高强度螺栓连接副的螺母带台面的一侧应朝向垫圈有倒角的一侧，并应朝向螺栓尾部。大六角高强度螺栓连接副在安装时，根部的垫圈有倒角的一侧应朝向螺栓头，安装尾部的螺母垫圈则应与扭剪型高强度螺栓的螺母和垫圈安装相同。严禁强行穿

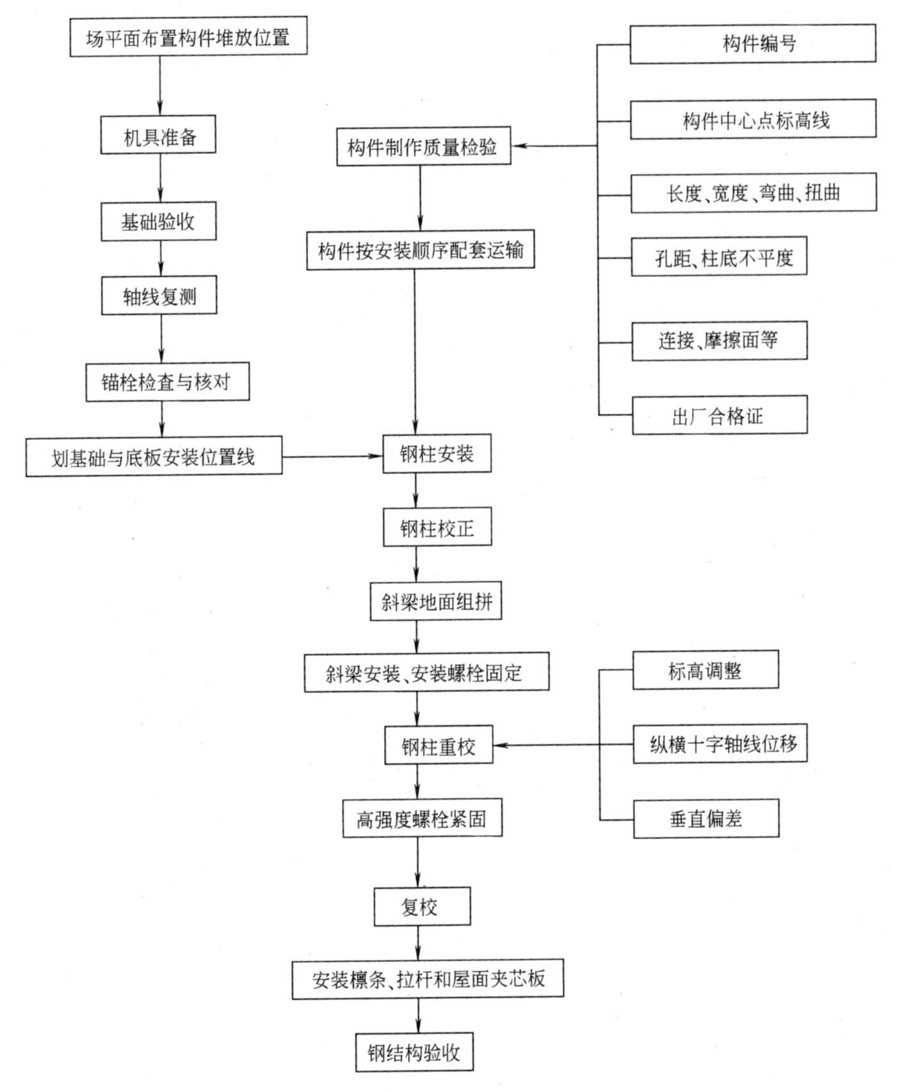

图 8-32　门式刚架钢结构厂房安装工艺流程

入螺栓。如不能穿入时，螺孔应用铰刀进行修整，用铰刀修整前应将其四周的螺栓全部拧紧，使板叠密贴后再进行。修整时，应防止铁屑落入板叠缝中。铰孔完成后用砂轮除去螺栓孔周围的毛刺，同时扫清铁屑。

构件连接点上安装的高强度螺栓，要按设计规定选用同一批的高强度螺栓、螺母和垫圈连接副，一种批量的螺栓、螺母和垫圈不能同其他批量的螺栓混同使用。

3）螺栓紧固

高强度螺栓的紧固，分初拧、终拧，对于大型节点可分为初拧、复拧和终拧。

（1）初拧。由于钢结构的制作、安装等原因发生翘曲、板层间不密贴的现象，当连接点螺栓较多时，先紧固的螺栓就有一部分轴力消耗在克服钢板的变形上，先紧固的螺栓则由于其周围螺栓紧固以后，其轴力分摊而降低。所以，为了尽量缩小螺栓在紧固过程中由于钢板变形等的影响，采取缩小互相影响的措施，规定高强度螺栓紧固时，至少分两次紧固。第一次紧固称之为初拧。初拧轴力一般宜达到标准轴力的 60%～80%。标准轴力可参照相关施工手册。

(2) 复拧。对于大型节点高强度螺栓初拧完成后，在初拧的基础上，再重复紧固一次，称之为复拧，复拧扭矩值等于初拧扭矩值。

(3) 终拧。对安装的高强度螺栓做最后的紧固，称之为终拧。终拧的轴力值以标准轴力为目标，并应符合设计要求。考虑高强度螺栓的蠕变，终拧时预拉力的损失，根据试验，一般为设计预拉力的5%～10%。螺栓直径较小时，如M16，宜取5%；螺栓直径较大时，如M24，宜取10%。终拧扭矩按下式计算：

$$M=(P+\Delta P)\cdot k\cdot d$$

式中 M——终拧扭矩（kN·m）；

P——设计预拉力（kN）；

ΔP——预拉力损失值，一般为设计预拉力的5%～10%；

k——扭矩系数；

d——螺栓公称直径（mm）。

4）拧紧顺序

每组高强度螺栓拧紧顺序应从节点中心向边缘依次施拧。图8-33所示为板式节点结合部的拧紧顺序。

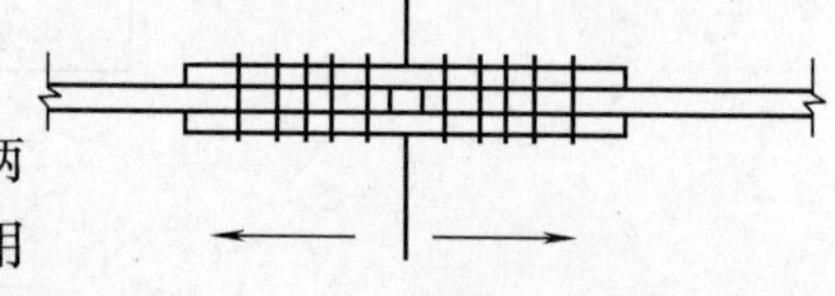

图8-33 板式节点螺栓拧紧顺序

5）紧固方法

高强度螺栓的拧紧，按螺栓构造型式的不同有两种不同的方法。大六角高强度螺栓的拧紧，通常采用扭矩法和转角法。

(1) 扭矩法。用能控制紧固扭矩的带响扳手、指针式扳手或电动扭矩扳手施加扭矩，使螺栓产生设定的预拉力。扭矩值按下列公式计算：

$$T=KdP$$

式中 K——扭矩系数，事先由试验确定；

d——螺栓直径；

P——设计时规定的螺栓预拉力。

(2) 转角法。转角法按初拧和终拧两个步骤进行，第一次用示功扳手或风动扳手拧紧到设定的初拧值；终拧用风动机或其他方法将初拧后的螺栓再转一个角度，以达到螺栓预拉力的要求。其角度大小与螺栓性能等级、螺栓类型、连接板层数及连接板厚度有关。其值大小可通过试验确定。

扭剪型高强度螺栓紧固，也分初拧和终拧。初拧一般使用能控制紧固扭矩的紧固机来紧固；终拧紧固使用专用电动扳手紧固。拧至尾部的梅花卡头剪断，即认为紧固终拧完毕。

课题8 彩色钢板围护结构施工

8.1 国内彩色压型钢板简介

彩色涂层钢板是以冷轧钢板、电镀锌钢板或热镀锌钢板等为基板经过表面脱脂、磷化、铬酸盐处理后，涂上有机涂料经烘烤而制成的产品。

8.1.1 单层彩色钢板压型板

建筑用彩色钢板压型板的代号为 YX，波高为 H，波距为 S，板厚为 t，有效覆盖宽度为 B，如图 8-34 所示。不同型号的压型钢板，板厚从 0.5～1.6mm。

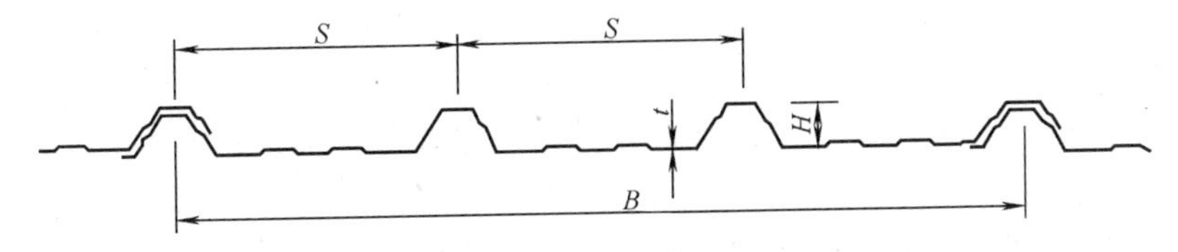

图 8-34 压型钢板代号示意

图 8-35 所示即表示坡高为 35mm，坡距为 190mm，有效覆盖宽度为 950mm 的压型钢板。

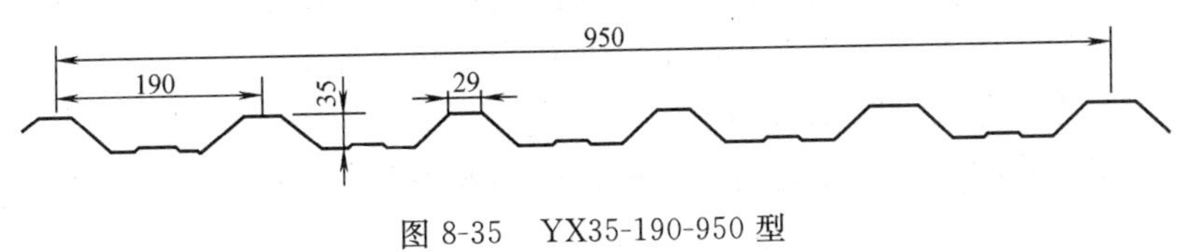

图 8-35 YX35-190-950 型

8.1.2 彩色钢板夹芯板

彩色钢板夹芯板根据形成方式的不同分为工厂成形的夹芯板和现场复合的夹芯板；按功能分屋面夹芯板（图 8-36）和墙面夹芯板（图 8-37）；按保温芯材的不同，分为聚氨酯夹芯板、岩棉夹芯板、聚苯乙烯夹芯板和玻璃丝棉夹芯板等。聚氨酯、聚苯乙烯夹芯板的防火性能差，一般多用在临时建筑、半永久性建筑中。防火要求严格的建筑，一般多选用岩棉夹芯板，其耐火极限可达 2h 以上。

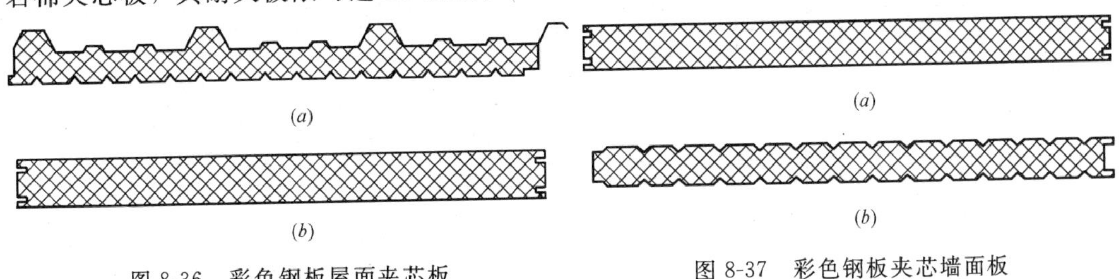

图 8-36 彩色钢板屋面夹芯板

(*a*) 波形屋面板；(*b*) 平面夹芯板

图 8-37 彩色钢板夹芯墙面板

(*a*) 工字形插接连接；(*b*) 承插式连接

8.2 安装准备

8.2.1 材料准备

大型工程材料准备需按施工组织计划分步进行，并向供应商提出分步供应清单，清单中需注明每批板材的规格、型号、数量、连接件、配件的规格数量等，并应规定好到货时间和指定堆放位置。材料到货后应立即清点数量、规格，并核对送货清单与实际数量是否相符合。当发现质量问题时，需及时处理，采取更换、代用或其他方法，并应将问题及时反映到供货厂家。

8.2.2 机具准备

彩板围护结构质量较轻，一般不需大型机具。

机具准备应按施工组织计划的要求准备齐全，基本有以下几种：

1）提升设备

有汽车吊、卷扬机、滑轮、拨杆、吊盘等，按不同工程面积、高度，选用不同的方法和机具。

2）手提工具

电钻、自攻枪、拉铆枪、手提圆盘锯、钳子、螺丝刀、铁剪、手提工具袋等。

3）脚手架准备

按施工组织计划要求准备脚手架、跳板、安全防护网。

8.2.3 技术准备

(1) 认真审读施工详图设计，掌握排板图、节点构造及施工组织设计要求。

(2) 组织施工人员学习上述内容，并由技术人员向工人讲解施工要求和规定。

(3) 编制施工操作条例，下达开竣工日期和安全操作规定。

(4) 准备下达的施工详图资料。

(5) 检查安装前的结构安装是否满足围护结构安装条件。

8.3 安装工序

屋面工程施工的基本工序，如图 8-38 所示。墙面板的工序与屋面工程施工工序基本相似。

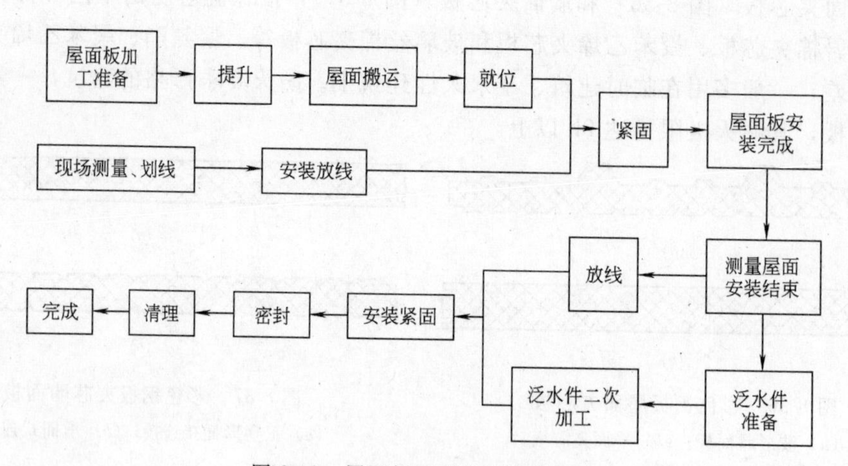

图 8-38 屋面板工程施工基本工序

8.4 彩色钢板安装

8.4.1 安装放线

彩色屋面板和墙面板是预制装配结构，安装前的放线工作对后期安装质量起到保证作用，不可忽视。

(1) 安装放线前，应对安装面上的已有建筑成品进行测量，对达不到安装要求的部分提出修改。对施工偏差作出记录，并针对偏差提出相应的安装措施。

(2) 根据排板设计确定排板起始线的位置。屋面施工中，先在檩条上标定出起点，即沿跨度方向在每根檩条上标出排板起始点，各个点的连线应与建筑物的纵轴线相垂直，而后在板的宽度方向每隔几块板继续标注一次，以限制和检查板的宽度安装偏差积累。正确放线方法，如图 8-39 所示。

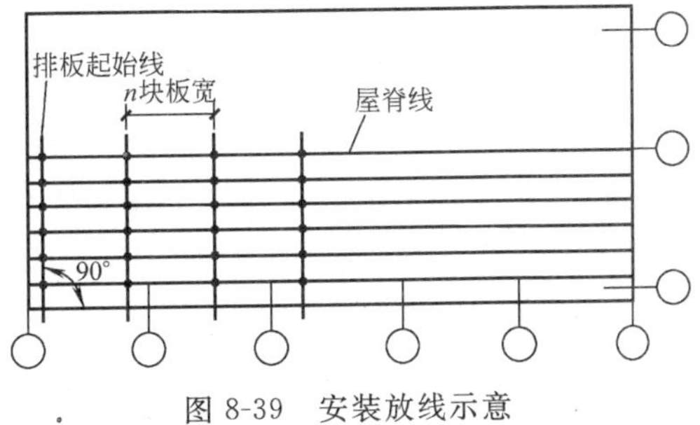

图 8-39 安装放线示意

墙板安装也应用类似方法放线，除此之外还应标定其支承面的垂直度，以保证形成墙面的垂直平面。

(3) 屋面板及墙面板安装完毕后应对配件的安装做二次放线，以保证檐口线、屋脊线、窗口、门口和转角线等的水平度和垂直度。

8.4.2 板材吊装

彩色钢板压型板和夹芯板的吊装方法较多，如汽车吊吊升、塔吊吊升和人工提升等方法。

1) 塔吊、汽车吊的提升方法

多使用吊装钢梁多点提升，如图 8-40 所示。这种吊装方法一次可提升多块板，提升方便，被提升的板材不易损坏。但在大面积工程中，提升的板材不易送到安装地点，增加了屋面板的长距离人工搬运，屋面上行走困难，易破坏已安装好的彩板，不能发挥大型提升设备提升能力大的特长，使用效率低、机械费用高。

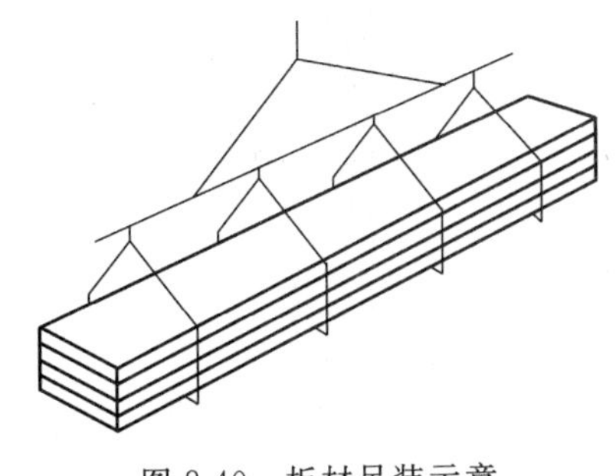
图 8-40 板材吊装示意

2) 卷扬机提升

不需用大型机械，设备可灵活移动到安装地点，施工方便，费用低廉。这种方法每次提升的数量较少，但屋面运距短，是一种被经常采用的方法。

3) 人工提升的方法

常用于板材不长的工程中，这种方法最方便，价格最低廉，但需谨慎从事，否则易损伤板材，同时使用人力多，劳动强度大。

8.4.3 板材安装

(1) 实测安装板材的实际长度，按实测长度核对对应板号的板材长度，需要时对该板材进行剪裁。

(2) 将提升到屋面的板材按排板起始线放置，使板材的宽度覆盖标志线对准起始线，并在板长方向两端排出设计的构造长度。如图 8-41 所示。

(3) 用紧固件紧固两端后，再安装第二块板，其安装顺序为先自左（右）至右（左），

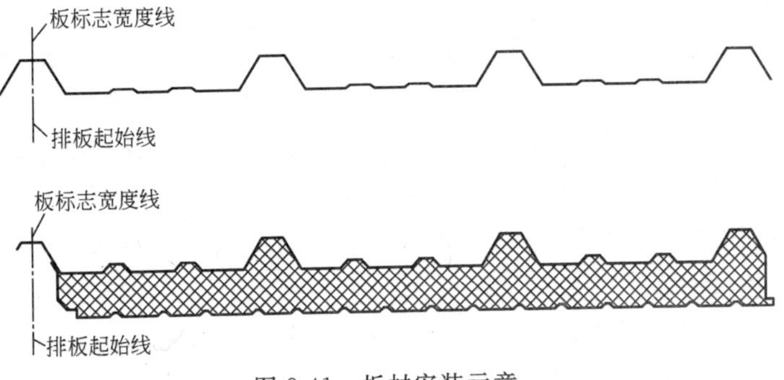

图 8-41 板材安装示意

后自下而上。

（4）安装到下一放线标志点处，复查板材安装的偏差，当满足设计要求后进行板材的全面紧固。不能满足要求时，应在下一标志段内调整，当在本标志段内可调整时，可调整本标志段后再全面紧固。依次全面展开安装。

（5）安装夹芯板时，应挤密板门缝隙，当就位准确，仍有缝隙时，应用保温材料填充。

（6）安装现场复合的板材时，上下两层钢板均按前叙方法。保温棉铺设应保持其连续性。

（7）安装完后的屋面应及时检查有无遗漏紧固点，对保温屋面，应将屋脊的空隙处用保温材料填满。

（8）在紧固自攻螺钉时应掌握紧固的程度，如图 8-42 所示，不可过度。过度会使密封垫圈上翻，甚至将板面压得下凹而积水；紧固不够会使密封不到位而出现漏雨。我国已生产出新一代自攻螺钉，在接近紧固完毕时可发出一响声，从而控制紧固的程度。

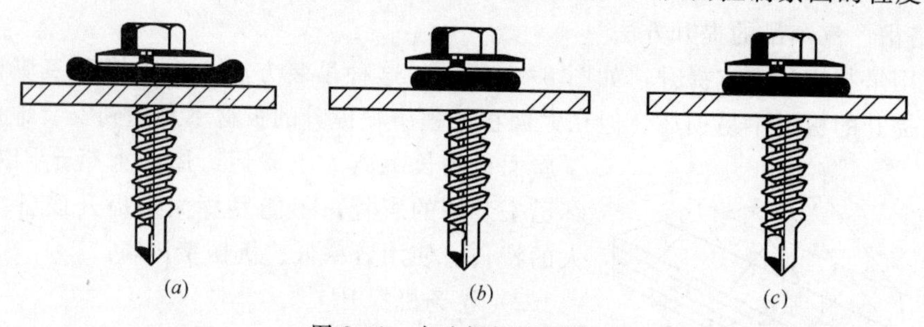

图 8-42　自攻螺钉螺固长度

(*a*) 不正确的紧固；(*b*) 不正确的紧固；(*c*) 正确的紧固

（9）板的纵向搭接，应按设计铺设密封条和设密封胶，并在搭接处用自攻螺钉或带密封垫的拉铆钉连接，紧固件应拉在密封条处。

8.4.4　采光板安装

采光板的厚度一般在 1～2mm，故在板的四块板搭接处将产生较大的板间缝隙，而造成漏雨隐患，因此应该采用切角方法处理。采光板的选择中应尽量选用机制板，以减少安装中的搭接不合口现象。采光板一般采用屋面板安装中留出洞口，而后安装的方法。

固定采光板紧固件下应增设面积较大的彩板钢垫，以避免在长时间的风荷载作用下将玻璃钢的连接孔洞扩大，以至于失去连接和密封作用。

保温屋面需设双层采光板时，应对双层采光板的四个侧面密封，否则，保温效果减弱，以至于出现结露和滴水现象。

8.4.5　门窗安装

（1）在彩色钢板围护结构中，门窗的外廓尺寸与洞口尺寸为紧密配合，一般应控制门窗尺寸比洞口尺寸小 5mm 左右。过大的差值会导致安装中的困难。

（2）门窗的位置一般安装在钢墙梁上，在夹芯板墙面板的建筑中也有门窗安装在墙板上的做法，这时应按门窗外廓的尺寸在墙板上开洞。

（3）门窗安装在墙梁上时，应先安装门窗四周的包边件，并使泛水边压在门窗的外边沿处。

（4）门窗就位并做临时固定后应对门窗的垂直和水平度进行测量，无误后再固定。

（5）安装完的门窗应对门窗周边做密封。

8.4.6 泛水件安装

（1）在彩色钢板泛水件安装前应在泛水件的安装处放出基准线，如屋脊线、檐口线、窗上下口线等。

（2）安装前检查泛水件的端头尺寸，挑选搭接口处的合适搭接头。

（3）安装泛水件的搭接口时应在被搭接处涂上密封胶或设置双面胶条，搭接后立即紧固。

（4）安装泛水件至拐角处时，应按交接处的泛水件断面形状加工拐折处的接头，以保证拐点处有良好的防水效果和外观效果。

（5）应特别注意门窗洞的泛水件转角处搭接防水口的相互构造方法，以保证建筑的立面外观效果。

课题9 钢结构工程施工质量控制与安全管理

9.1 单层钢结构安装工程质量控制

9.1.1 主控项目质量标准与检验方法

见表8-6。

9.1.2 一般项目质量标准与检验方法

见表8-7。

9.2 安全管理

9.2.1 安全管理的措施

1）建立健全工程项目的安全管理体系，详见安全管理体系框架图。

单层钢结构安装主控项目质量标准及检验方法 表8-6

项目	质量标准	检查数量	检验方法
基础和支承面控制	建筑物的定位轴线、基础轴线和标高、地脚螺栓的规格及其紧固应符合设计要求	按柱基数抽查10%，且不应少于3个	用经纬仪、水准仪、全站仪和钢尺现场实测
	基础顶面直接作为柱的支承面和基础顶面预埋钢板或支座作为柱的支承面时，其支承面、地脚螺栓（锚栓）位置的允许偏差应符合规范的规定		
	采用座浆垫板时，座浆垫板的允许偏差应符合规范的规定	资料全数检查，按柱基数抽查10%，且不应少于3个	用水准仪、全站仪、水平尺和钢尺现场实测
	采用杯口基础时，杯口尺寸的允许偏差应符合规范的规定	按基础数抽查10%，且不应少于4个	观察及尺量检查
钢构件质量控制	钢构件应符合设计要求和规范的规定。运输堆放和吊装等造成的钢构件变形及涂层脱落，应进行矫正和修补	按构件数抽查10%，且不应少于3个	用拉线、钢尺现场实测或观察
节点接触面控制	设计要求顶紧的节点接触面不应少于20%紧贴，且边缘最大间隙不应大于0.8mm	按节点数抽查10%，且不应少于3个	用钢尺及0.3mm和0.8mm厚塞尺现场实测
钢屋架等垂直度与弯矩矢高控制	钢屋（托）架、桁架、梁及受压杆件的垂直度和侧向弯曲矢高的允许偏差应符合规范的规定	按同类构件数抽查10%，且不应少于3个	用吊线、拉线、经纬仪和钢尺现场实测
钢结构主体安装允许偏差	单层钢结构主体的整体垂直度和整体平面弯曲的允许偏差应符合规范的规定（此为强制性条文）	对主要立面全部检查。对每个所检查的立面，除两列角柱外，尚应至少选取一列中间柱	采用经纬仪、全站仪等测量

单层钢结构安装一般项目质量标准及检验方法　　表 8-7

项目	质量标准	检查数量	检验方法
地脚螺栓尺寸控制	地脚螺栓(锚栓)尺寸允许偏差应符合规范的规定。地脚螺栓(锚栓)的螺纹应受到保护	按柱基数抽查10%,且不应少于3个	用钢尺现场实测
钢柱安装控制	钢柱等主要构件的中心线及标高基准点等标记应齐全	按同类构件数抽查10%,且不应少于3件	观察检查
钢桁架安装控制	钢桁架(或梁)安装在混凝土柱上时,其支座中心对定位轴线的偏差不应大于10mm;当采用大型混凝土屋面板时,钢桁架(或梁)间距的偏差不应大于10mm	按同类构件数抽查10%,且不应少于3件	用拉线和钢尺现场实测
钢柱安装允许偏差	钢柱安装的允许偏差应符合规范规定	按钢柱数抽查10%,且不应少于3根	按规范规定
钢吊车梁安装允许偏差	钢吊车梁或直接承受动力荷载的类似构件,其安装的允许偏差应符合规范的规定	按钢吊车梁数抽查10%,且不应少于3榀	按规范规定
次要构件安装允许偏差	檩条、墙梁等次要构件安装的允许偏差应符合规范的规定	按同类构件数抽查10%,且不应少于3件	按规范规定
钢平台、钢梯、栏杆安装控制	钢平台、钢梯、栏杆安装应符合现行国家标准《固定式钢直梯》、《固定式防护栏杆》和《固定式钢平台》的规定。钢平台、钢梯和防护栏杆安装的允许偏差应符合规范的规定		按规范规定
焊缝组对间隙允许偏差	现场焊缝组对间隙的允许偏差应符合以下规定 1. 无垫板间隙 $^{+3.0}_{0.0}$ mm 2. 有垫板间隙 $^{+3.0}_{-2.0}$ mm	按同类节点数抽查10%,且不应少于3组	尺量检查
钢结构表面控制	钢结构表面应干净,结构主要表面不应有疤痕、泥沙等污垢	按同类构件数抽查10%,且不应少于3件	观察检查

2）制定项目的安全文明施工目标：争创安全工地、文明工地、确保无伤亡事故、无设备事故、无火灾事故。

3）严格贯彻各项安全管理制度：

（1）建筑机械操作按《建筑机械使用安全技术规程》；

（2）标准化管理按《建筑事故安全检查评定标准》；

（3）各工种作业按《建筑安装工人安全技术操作规程》施工，特殊工种必需持证上岗。

4）努力抓好安全工作重点部位：钢结构安装；屋面杆件安装；脚手架；施工用电。

5）制定并落实各项具体的安全措施：

（1）强化安全意识，坚持每天的班前会；

（2）设专职安全员，开工前进行安全交底并填卡，加强对安全生产的监督和检查；

（3）按现场标准化管理规定和施工平面图布置各项施工设施、机具、材料和设备应合理按照总平面图布局堆放，料堆应挂名称、品种、规格等标牌，建筑垃圾堆放也应做到堆放整齐，易燃易爆物品应分类堆放，施工中应做到工完场地清，保持场容整洁、不准乱堆乱放；

（4）安装、切割工作进行之前应对脚手架、机器电源等进行安全检查，对施工现场的“四边五临口”均应采取安全防护措施，安装操作平台、脚手架搭设牢靠，脚手架搭设应有设计方案，搭设完成脚手架应经验收，验收合格后挂合格牌。严格按照《建筑施工安全检查标准》(JGJ 59—1999)有关规定，做到施工不扰民。

(5)立体作业施工时，要有可靠的隔离措施，上面作业人员不得向下或向上抛物、登高作业人员应使用可靠的安全保护用品，必须要戴安全带，防止坠落发生意外事故。严格按照国家标准做好“三宝”—安全帽、安全带和安全网，“四口”—通道口、预留洞口、楼梯口、电梯口的防护检查工作。

(6)6级以上大风等不利天气禁止高空室外作业。

(7)施工机械及用电设备实施专人管理制度。施工机具的使用必须符合安全标准。特殊工种必须持证上岗。

(8)吊装作业应设立警界线，禁止任何车辆、非施工人员进入区内，施工人员严禁在起重物下通过和逗留。

(9)所有电气设备和线路应绝缘良好，装设漏电保护装置，且有可靠的接地。

(10)随时检查机具、绳索、地锚等，出现问题及时更换和解决。

(11)各类作业人员要严格遵守《安全操作规程》和现场施工纪律。

9.2.2 安全管理体系框架图

安全管理体系如图8-43所示。

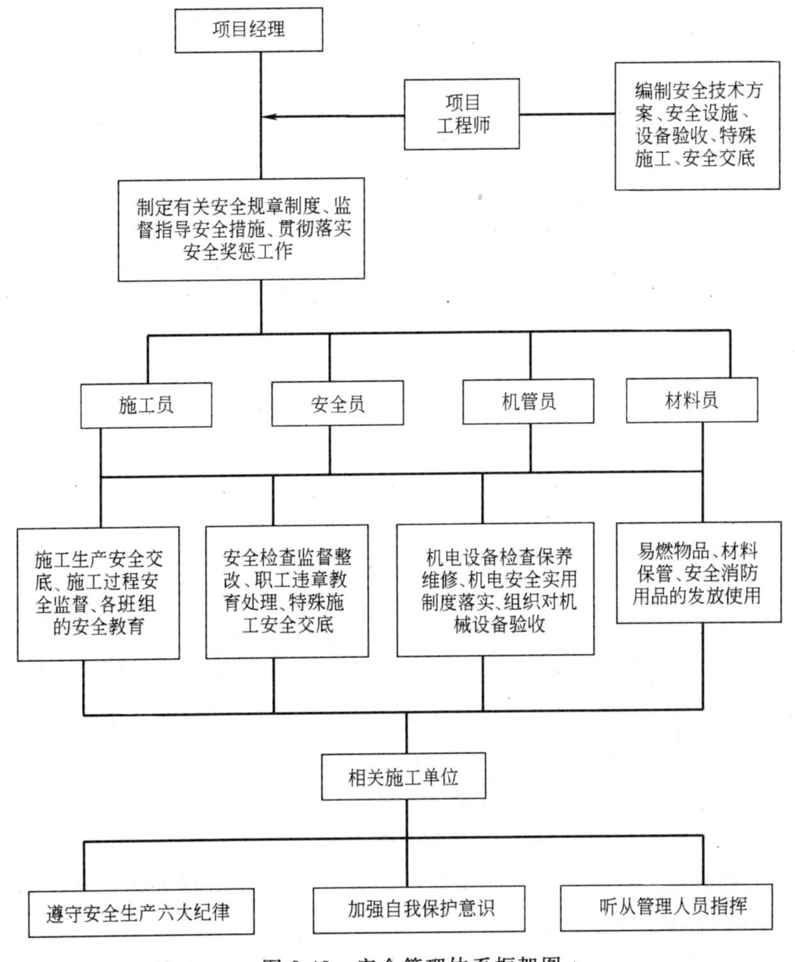

图8-43 安全管理体系框架图

9.2.3　施工现场消防管理体系

施工现场消防管理体系如图 8-44 所示。

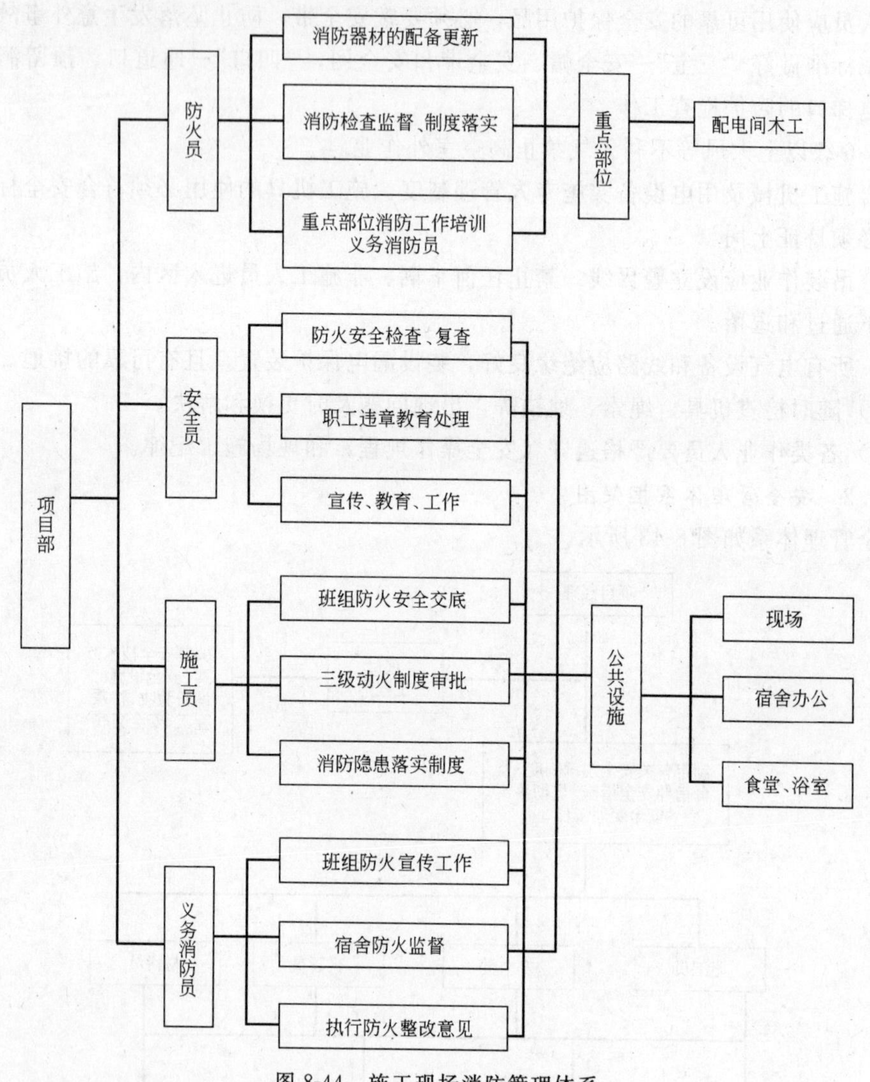

图 8-44　施工现场消防管理体系

9.2.4　施工用电技术要求与管理

(1) 配电设备安装做到横平竖直，牢固平稳，接地可靠。

(2) 线路敷设前，通过现场勘测，选择最经济合理的路径，保证施工和维护方便。

(3) 施工用电设备的配电箱，设置在便于操作的地方，以防一旦发生事故，能迅速拉闸切断电源。

(4) 夜间施工必须使工作面上有足够的照度，以保证工程质量与人身安全。

(5) 露天场所安装的照明灯具采取防水措施。

(6) 架空线路相互交叉时，不同线路导线之间最小垂直距离大于等于 1m。线路导线与地面的距离要符合规定及施工要求。

(7) 照明线路布置整齐，相对固定。室内安装的固定式照明灯具安装高度不低于

2.5m，室外安装的照明灯具安装高度不低于 3m。

(8) 现场办公室、宿舍、工作棚内的照明线路，除橡套软电缆和塑料护套线外，均固定在绝缘子上，并分别敷设，穿过墙壁时套好绝缘管。

(9) 各种电气设施安排专人定期进行巡视检查，并作好相应记录。

(10) 接引电源工作，必须由维护电工进行，并设专人进行监护。

(11) 施工用电完毕后，由施工现场用电负责人通知维护电工进行拆除。

(12) 严禁非电工拆除电气设备，严禁乱拉乱接电源。

实训课题 1　焊缝连接实训

实训目的：理解焊缝连接的优缺点，熟悉手工电弧焊、自动埋弧焊、电渣压力焊、气体保护焊的焊接工艺，学会正确识读钢结构焊缝连接的施工图。

实训方案：班级同学 4～6 人为一实训小组，在指导教师的安排下进行操作实训。

实训内容：

1) 角钢和节点板的焊缝连接

根据附图十二所提供的柱间支撑的施工图，按真实尺寸取与柱连接的节点板，截取 500mm 长的与图中规格相同的角钢 2 根，运用手工电弧焊进行角焊缝的焊接连接。

2) 制作一段钢吊车梁

根据附图十一 DL-2 及其截面图 4-4 提供的吊车梁施工图，制作一段长 1.2m 的吊车梁，并在两端对称设置吊车梁加劲肋，运用自动埋弧焊进行连接。

实训要求及实训成果验收。

实训要求见表 8-8 相关合格质量标准要求。

运用表 8-8 对焊接构件进行质量检查。

钢结构（焊接）分项工程检验批质量验收记录　　**表 8-8**

实训内容				组别	
施工依据标准				指导教师综合评定	
主控项目		合格质量标准	施工单位检验评定记录或结果	监理（建设）单位验收记录或结果	备注
1	焊接材料进场	第 4.3.1 条：焊接材料的品种、规格、性能应符合现行国家产品标准和设计要求			
2	焊接材料复验	第 4.3.2 条：重要钢结构采用的焊接材料应进行抽样复验，复验结果应符合现行国家产品标准和设计要求			
3	材料匹配	第 5.2.1 条：焊条、焊丝、焊剂、电渣焊熔嘴等焊接材料与母材的匹配应符合设计要求及国家现行标准《建筑钢结构焊接技术规程》的规定。焊条、焊剂、药芯焊丝、熔嘴等在使用前，应按其产品说明书及焊接工艺文件的规定进行烘焙和存放			
4	焊接工艺评定	第 5.2.3 条：施工单位对其首次采用的钢材、焊接材料、焊接方法、焊后热处理等，应进行焊接工艺评定，并应根据评定报告确定焊接工艺			

续表

实训内容				组别	
施工依据标准				指导教师综合评定	
主控项目		合格质量标准	施工单位检验评定记录或结果	监理（建设）单位验收记录或结果	备注
5	内部缺陷	第5.2.4条：设计要求全焊透的一、二级平板焊缝应采用超声波探伤进行内部缺陷的检验，母材厚度小于8mm或超声波探伤不能对缺陷作出判断时，应采用射线探伤，其内部缺陷分级及探伤方法应符合现行国家标准《钢焊缝手工超声波探伤方法和探伤结果分级法》GB 11345的规定			
6	焊缝表面缺陷	第5.2.6条：焊缝表面不得有裂纹、焊瘤等缺陷。一、二级焊缝不得有表面气孔、夹渣、弧坑裂纹、电弧擦伤等缺陷。且一级焊缝不得有咬边、未焊满、根部收缩等缺陷			
一般项目		合格质量标准	施工单位检验评定记录或结果	监理（建设）单位验收记录或结果	备注
1	焊接材料进场	第4.3.4条：焊条外观不应有药皮脱落、焊芯生锈等缺陷，焊剂不应受潮结块			
2	预热和后热处理	第5.2.7条：对于需要进行焊前预热或焊后热处理的焊缝，其预热温度或后热温度应符合国家现行有关标准的规定或通过工艺试验确定。预热区在焊道两侧，每侧宽度均应大于焊件厚度的1.5倍以上，且不应小于100mm；后热处理应在焊后立即进行，保温时间应根据板厚按每25mm板厚1h确定			
3	焊缝外观质量	第5.2.8条：二级、三级焊缝外观质量标准应符合规范的规定。三级对接焊缝应按二级焊缝标准进行外观质量检验			
4	焊缝尺寸偏差	第5.2.9条：焊缝尺寸允许偏差应符合规范的规定			
5	凹形角焊缝	第5.2.10条：焊成凹形的角焊缝，焊缝金属与母材间应平缓过渡；加工成凹形的角焊缝，不得在其表面留下切痕			
6	焊缝观感	第5.2.11条：焊缝感观应达到：外形均匀、成型较好，焊道与焊缝、焊道与基本金属间过渡较平滑，焊渣和飞溅物基本清除干净			

实训课题2　高强度螺栓连接实训

实训目的：熟悉高强度螺栓摩擦面的加工方法，掌握高强度螺栓连接的施工要点。

实训方案：班级同学4～6人为一实训小组，在指导教师的安排下进行操作实训。

实训内容：

1）根据附图十GJ-1结构施工图，柱和斜梁均截取1.0m长左右，按图纸要求，制作柱与斜梁连接的高强度螺栓连接的节点。

2）根据附图十GJ-1结构施工图，斜梁均截取1.0m长左右，按图纸要求，制作斜梁与斜梁连接的屋脊节点。

实训要求及实训成果验收：

实训要求见表 8-9 相关合格质量标准要求。

运用表 8-9 对焊接构件进行质量检查。

钢结构（高强度螺栓连接）分项工程检验批质量验收记录 **表 8-9**

实训内容				组别	
				指导教师综合评定	
施工依据标准					
主控项目		合格质量标准	施工单位检验评定记录	监理（建设）单位验收记录或结果	备注
1	成品进场	第 4.4.1 条:钢结构连接用高强度大六角头螺栓连接副、扭剪型高强度螺栓连接副、钢网架用高强度螺栓,其品种、规格、性能等应符合现行国家产品标准和设计要求。高强度大六角头螺栓连接副和扭剪型高强度螺栓连接刚出厂时应分别随箱带有扭矩系数和紧固轴力(预拉力)的检验报告			
2	扭矩系数或预拉力复验	第 4.4.2 条:高强度大六角头螺栓连接副应按规范的规定检验其扭矩系数,其检验结果应符合规范的规定 或第 4.4.3 条:扭剪型高强度螺栓连接副应按规范的规定检验预拉力,其检验结果应符合规范的规定			
3	抗滑移系数试验	第 6.3.1 条:钢结构制作和安装单位应按规范的规定分别进行高强度螺栓连接摩擦面的抗滑移系数试验和复验,现场处理的构件摩擦面应单独进行摩擦面抗滑移系数试验,其结果应符合设计要求			
4	终拧扭矩	第 6.3.2 条:高强度大六角头螺栓连接副终拧完成 1h 后、48h 内应进行终拧扭矩检查,检查结果应符合规范的规定 或第 6.3.3 条:扭剪型高强度螺栓连接到终拧后,除因构造原因无法使用专用扳手终拧掉梅花头者外,未在终拧中拧掉梅花头的螺栓数不应大于该节点螺栓数的 5%。对所有梅花头未拧掉的扭剪型高强度螺栓连接副应采用扭矩法或转角法进行终拧并作标记,且按规范的规定进行终拧扭矩检查			
一般项目		合格质量标准	施工单位检验评定记录	监理（建设）单位验收记录或结果	备注
1	成品包装	第 4.4.4 条:高强度螺栓连接副,应按包装箱配套供货,包装箱上应标明批号、规格、数量及生产日期。螺栓、螺母、垫圈外观表面应涂油保护,不应出现生锈和沾染脏物,螺纹不应损伤			
2	初拧、复拧扭矩	第 6.3.4 条:高强度螺栓连接副的施拧顺序和初拧、复拧扭矩应符合设计要求和国家现行标准《钢结构高强度螺栓连接的设计施工及验收规程》JGJ 82 的规定			
3	连接外观质量	第 6.3.5 条:高强度螺栓连接副终拧后,螺栓丝扣外露应为 2～3 扣,其中允许有 10%的螺栓丝扣外露 1 扣或 4 扣			
4	摩擦面外观	第 6.3.6 条:高强度螺栓连接摩擦面应保持干燥、整洁,不应有飞边、毛刺、焊接飞溅物、焊疤、氧化铁皮、污垢等,除设计要求外摩擦面不应涂漆			
5	扩孔	第 6.3.7 条:高强度螺栓应自由穿入螺栓孔。高强度螺栓孔不应采用气割扩孔,扩孔数量应征得设计同意,扩孔后的孔径不应超过 1.2d(d 为螺栓直径)			

主要参考文献

1 黄展东编. 施工详细图集. 混凝土结构工程. 北京：中国建筑工业出版社，2000
2 张国忠主编. 现代混凝土泵车及施工应用技术. 北京：中国建材工业出版社，2004
3 杨嗣信主编. 模板工程现场施工实用手册. 北京：人民交通出版社，2005
4 潘鼐主编. 建筑施工模板图册. 北京：中国建筑工业出版社，1993
5 张国栋主编. 图解建筑工程工程量清单计算手册. 北京：机械工业出版社，2004
6 吴承霞，陈式浩主编. 建筑结构. 北京：高等教育出版社，2002
7 田奇主编. 建筑机械使用与维护. 北京：中国建材工业出版社，2003
8 北京土木建筑学会主编. 混凝土结构工程施工操作手册. 北京：经济科学出版社，2004
9 吴成材等编. 钢筋连接技术手册. 北京：中国建筑工业出版社，1994
10 申明等主编. 建筑工程资料整理指南. 郑州：河南科学技术出版社，2004
11 刘文众编著. 建筑材料和装饰装修材料检验见证取样手册. 北京：中国建筑工业出版社，2004
12 谷长水，宋吉双编. 试验工. 北京：中国环境科学出版社，2003

附图十二

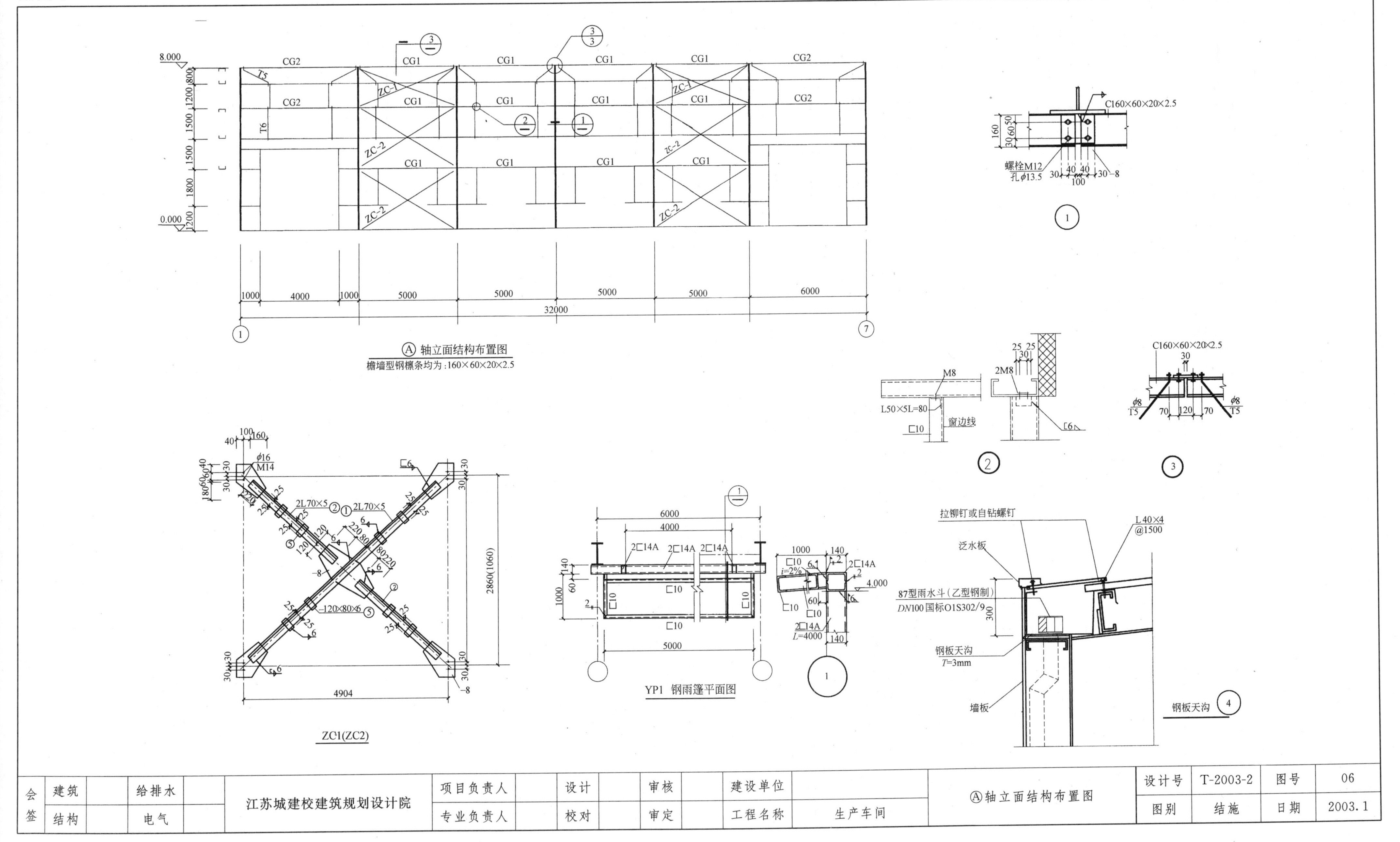

会签	建筑		给排水		江苏城建校建筑规划设计院	项目负责人		设计		审核		建设单位		Ⓐ轴立面结构布置图	设计号	T-2003-2	图号	06
	结构		电气			专业负责人		校对		审定		工程名称	生产车间		图别	结施	日期	2003.1

附图十一

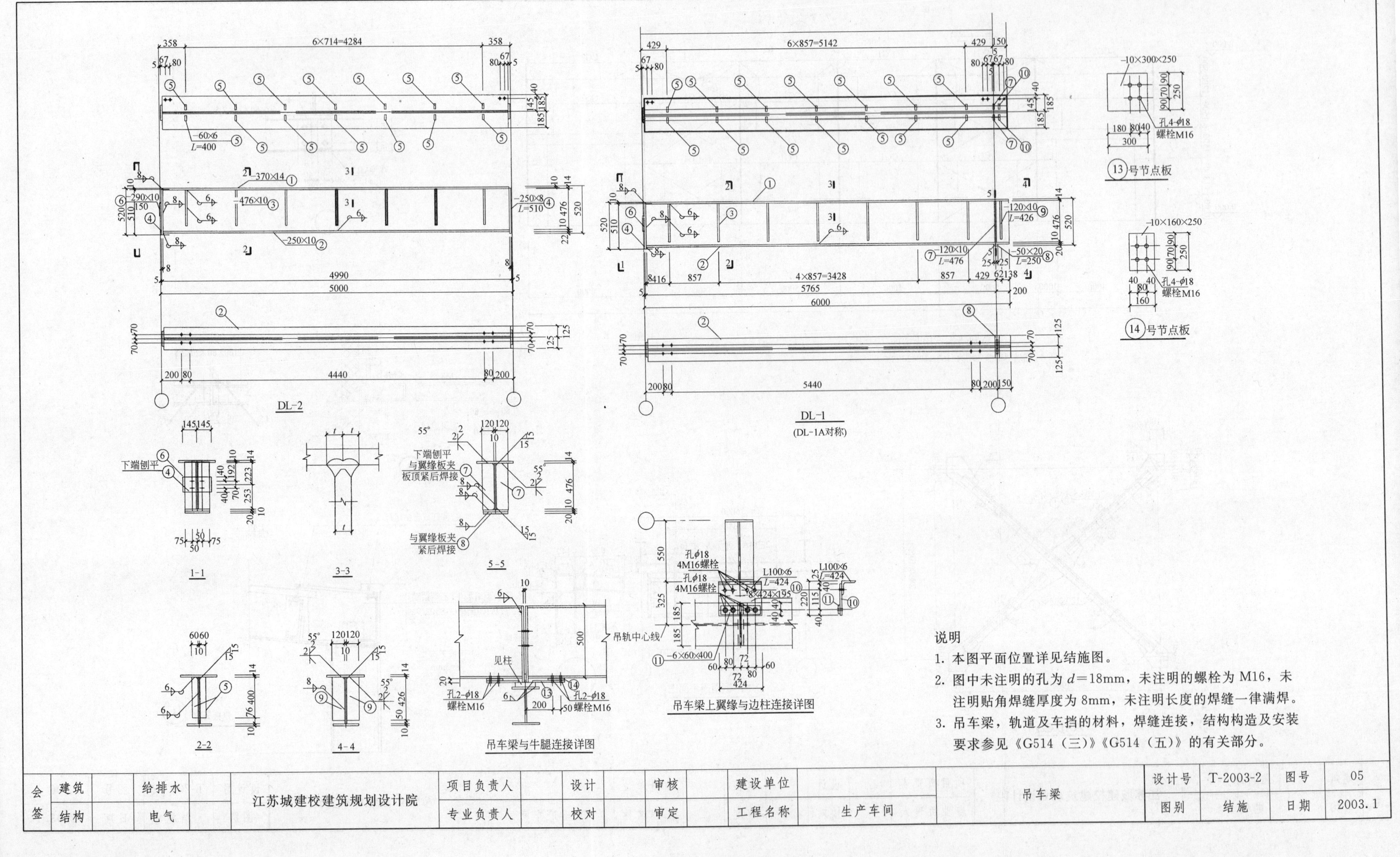

说明

1. 本图平面位置详见结施图。
2. 图中未注明的孔为 $d=18$mm，未注明的螺栓为 M16，未注明贴角焊缝厚度为 8mm，未注明长度的焊缝一律满焊。
3. 吊车梁，轨道及车挡的材料，焊缝连接，结构构造及安装要求参见《G514（三）》《G514（五）》的有关部分。

会签	建筑		给排水		江苏城建校建筑规划设计院	项目负责人		设计		审核		建设单位		吊车梁	设计号	T-2003-2	图号	05
	结构		电气			专业负责人		校对		审定		工程名称	生产车间		图别	结施	日期	2003.1

附图十

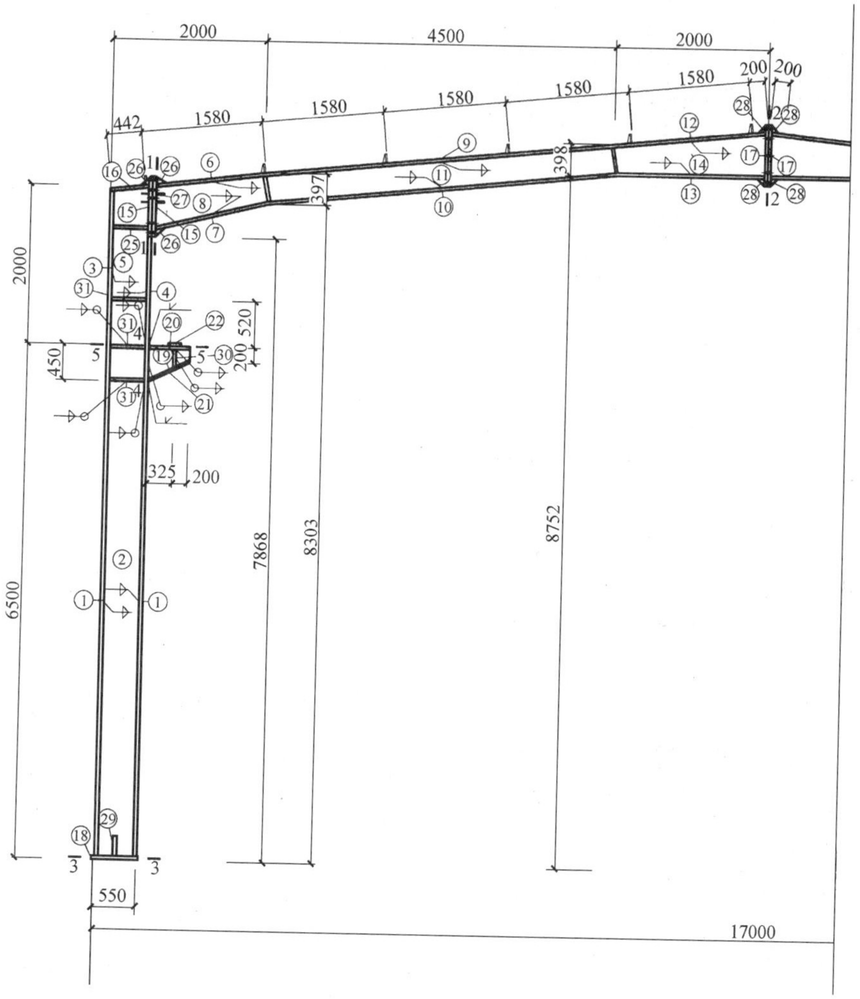

GJ-1 1:40

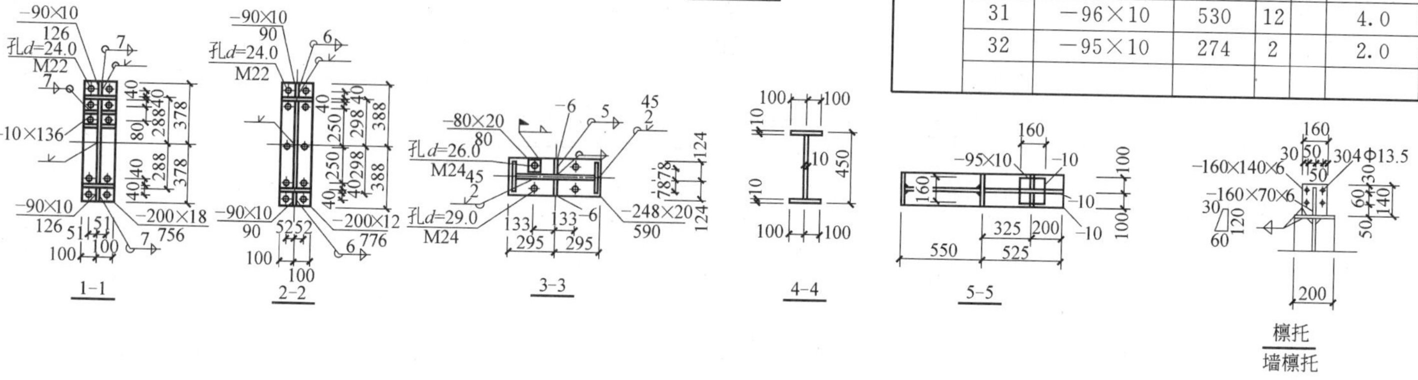

1-1　2-2　3-3　4-4　5-5　檩托　墙檩托

材料表

构件编号	零件编号	规格	长度(mm)	数量 正	数量 反	单重(kg)	共重(kg)	总重(kg)	注
GJ-1	1	—200×10	6480	4		101.7	406.9	2135.2	
	2	—530×8	6480	2		215.7	431.4		
	3	—200×10	1961	2		30.8	61.6		
	4	—200×10	1368	2		21.5	43.0		
	5	—530×8	2023	2		66.3	132.6		
	6	—200×8	1434	2		18.0	36.0		
	7	—200×8	1509	2		19.0	37.9		
	8	—557×6	1499	2		32.3	64.7		
	9	—200×8	4522	2		56.8	113.6		
	10	—200×8	4517	2		56.7	113.5		
	11	—384×6	4522	2		81.7	163.5		
	12	—200×8	1998	2		25.1	50.2		
	13	—200×8	1949	2		24.5	49.0		
	14	—577×6	1997	2		44.7	89.3		
	15	—200×18	756	4		21.4	85.5		
	16	—200×8	544	2		6.8	13.7		
	17	—200×12	776	2		14.6	29.2		
	18	—248×20	590	2		23.0	45.9		
	19	—130×10	525	2		17.7	35.4		
	20	—200×10	525	2		8.2	16.5		
	21	—200×10	581	2		9.1	18.3		
	22	—160×10	160	1		2.0	2.0		
	23	—60×10	160	1		2.0	2.0		
	24	—140×6	160	10		1.1	10.6		
	25	—96×8	530	4		3.2	12.8		
	26	—90×10	126	6		0.9	5.3		
	27	—97×10	136	16		1.0	16.6		
	28	—90×10	90	4		0.6	2.5		
	29	—120×6	250	4		1.4	5.7		
	30	—95×10	271	2		2.0	4.0		
	31	—96×10	530	12		4.0	32.0		
	32	—95×10	274	2		2.0	4.1		

钢结构总说明

1. 本工程刚架采用焊接轻钢结构，屋面坡度 $i=1/10$。

2. 刚架采用工厂制作，现场拼装。

3. 设计依据：

(1)《建筑结构荷载规范》(GB 50009—2001) 和《钢结构设计规范》(GB 50017—2003)；

(2)《冷弯薄壁型钢结构技术规范》(GB 50018—2002)；

(3)《门式钢架轻型房屋钢结构技术规程》(CECS 102：2002)。

4. 设计安装和制作标准《钢结构工程施工质量验收规范》(GB 50205—2002)。

5. 材料标准：

(1) 国家标准《碳素结构钢》(GB 700—88) 的规定为 Q235B 钢，要求保证机械加工性能；

(2) 手工焊条用 E4303，埋弧焊丝用 H08A，焊剂用 HJ431 (或相似)；

(3) 屋脊拼装采用强度为 10.9 级高强度螺栓 M22，其他连接采用普通螺栓 M16，M12，普通螺栓材质均为 Q235；

(4) 高强度螺栓连接孔必须是钻成孔，其接触面摩擦系数不得小于 0.35。

6. 焊接：

(1) 梁及柱的制作：对接焊缝采用全焊透，超声波探伤，二级合格，角焊缝未注明的焊角高度均为 6mm，三级合格；

(2) 翼缘板与腹板接板错开长度应大于 200mm，上下翼缘板沿扎制方向下料和拼接，腹板可横向接；

(3) 翼缘板及腹板与中部端板焊接为全焊透。

7. 钢构件表面除锈后用 J53-81 氯磺化聚乙烯防锈漆打底二道，J52—61 氯磺化聚乙烯面漆二道，涂层厚度不小于 125μm。

8. 钢架柱采用 LG 防火隔热涂料耐火等级按 2h 处理。

钢架梁采用 LG 防火隔热涂料耐火等级按 1.5h 处理。

9. 刚架与支撑体系连接打孔，按支撑大样在相应刚架打孔。

10. 材料表仅供参考，实际尺寸按放样定。

会签	建筑		给排水		江苏城建校建筑规划设计院	项目负责人		设计		审核		建设单位		GJ-1 结构图	设计号	T-2003-2	图号	04
	结构		电气			专业负责人		校对		审定		工程名称	生产车间		图别	结施	日期	2003.1

附图九

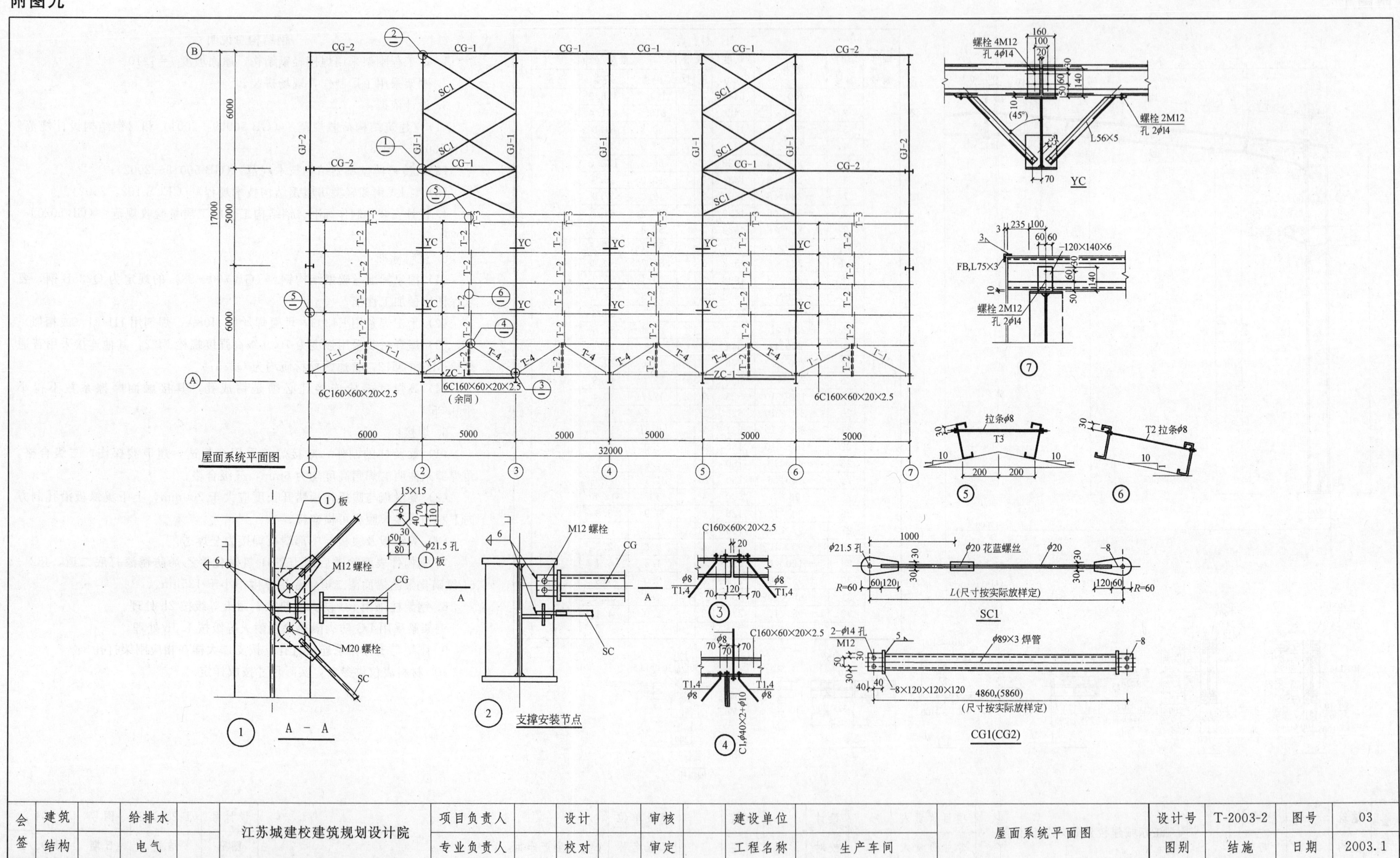

会签	建筑		给排水		江苏城建校建筑规划设计院	项目负责人		设计		审核		建设单位			屋面系统平面图	设计号	T-2003-2	图号	03
	结构		电气			专业负责人		校对		审定		工程名称		生产车间		图别	结施	日期	2003.1

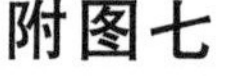

附图七

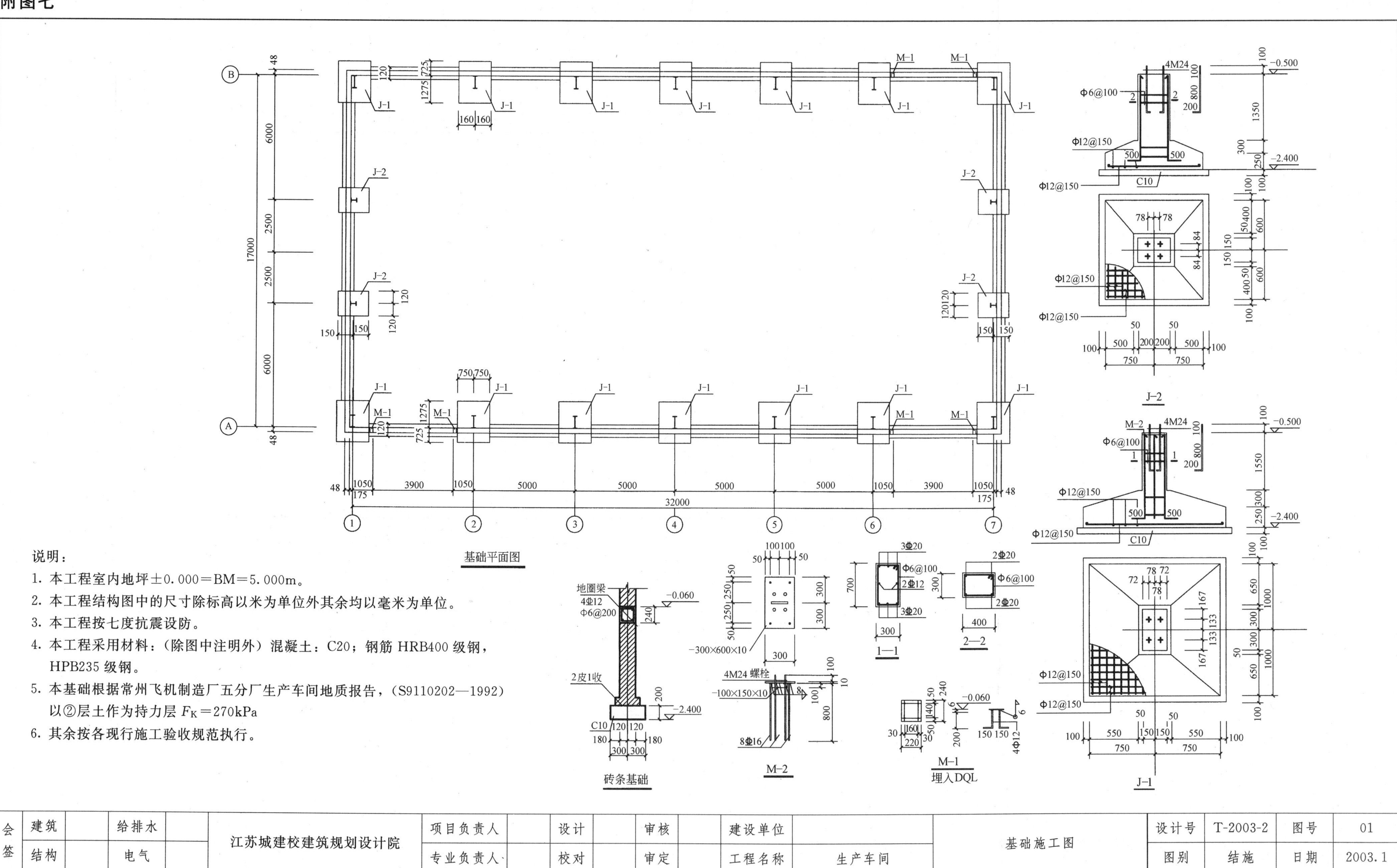

说明：

1. 本工程室内地坪±0.000=BM=5.000m。
2. 本工程结构图中的尺寸除标高以米为单位外其余均以毫米为单位。
3. 本工程按七度抗震设防。
4. 本工程采用材料：（除图中注明外）混凝土：C20；钢筋 HRB400 级钢，HPB235 级钢。
5. 本基础根据常州飞机制造厂五分厂生产车间地质报告，（S9110202—1992）以②层土作为持力层 $F_K=270kPa$
6. 其余按各现行施工验收规范执行。

会签	建筑		给排水		江苏城建校建筑规划设计院	项目负责人		设计		审核		建设单位		基础施工图	设计号	T-2003-2	图号	01
	结构		电气			专业负责人		校对		审定		工程名称	生产车间		图别	结施	日期	2003.1

附图八

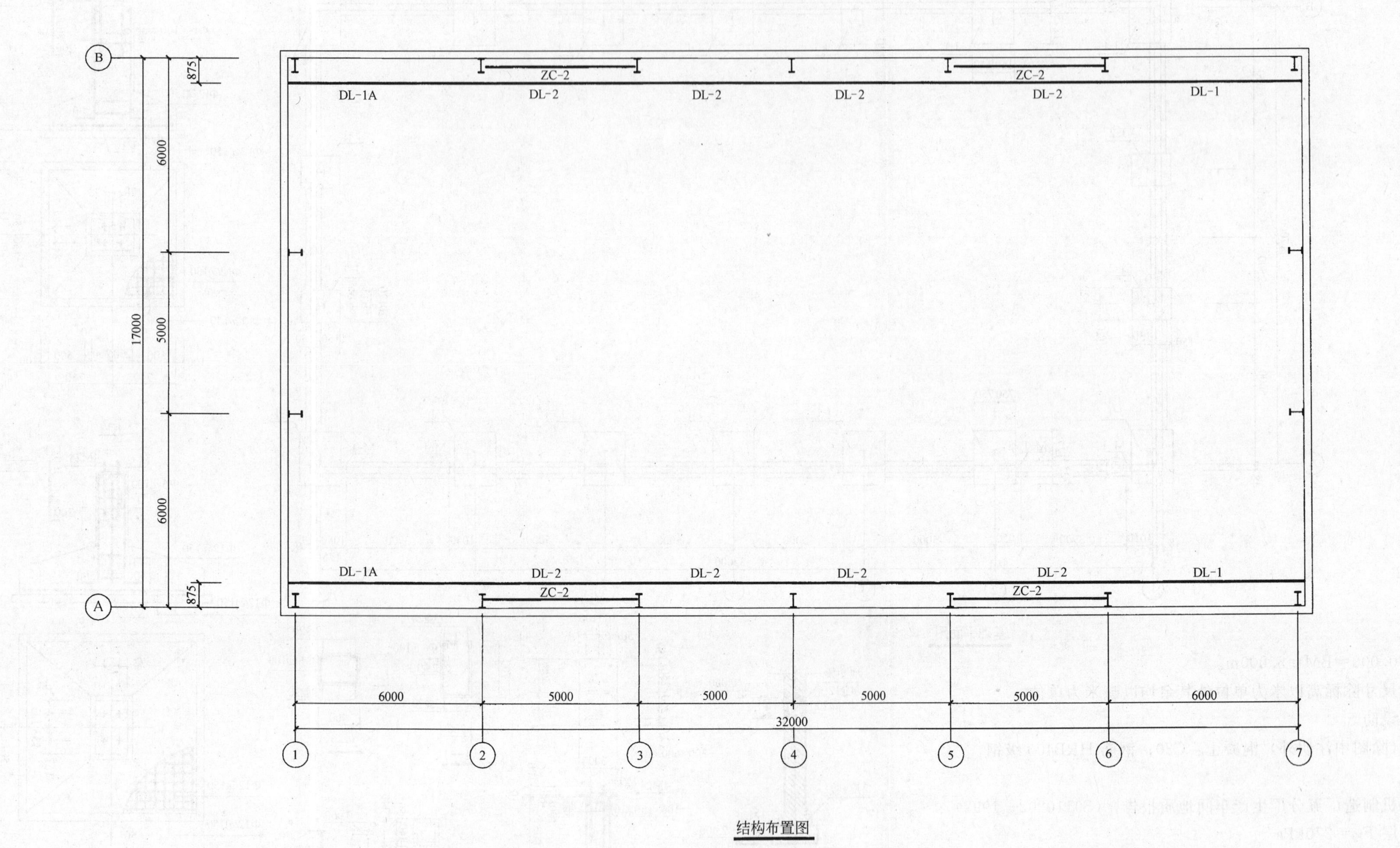

结构布置图

会签	建筑		给排水		江苏城建校建筑规划设计院	项目负责人		设计		审核		建设单位		结构布置图	设计号	T-2003-2	图号	02
	结构		电气			专业负责人		校对		审定		工程名称	生产车间		图别	结施	日期	2003.1

附图五

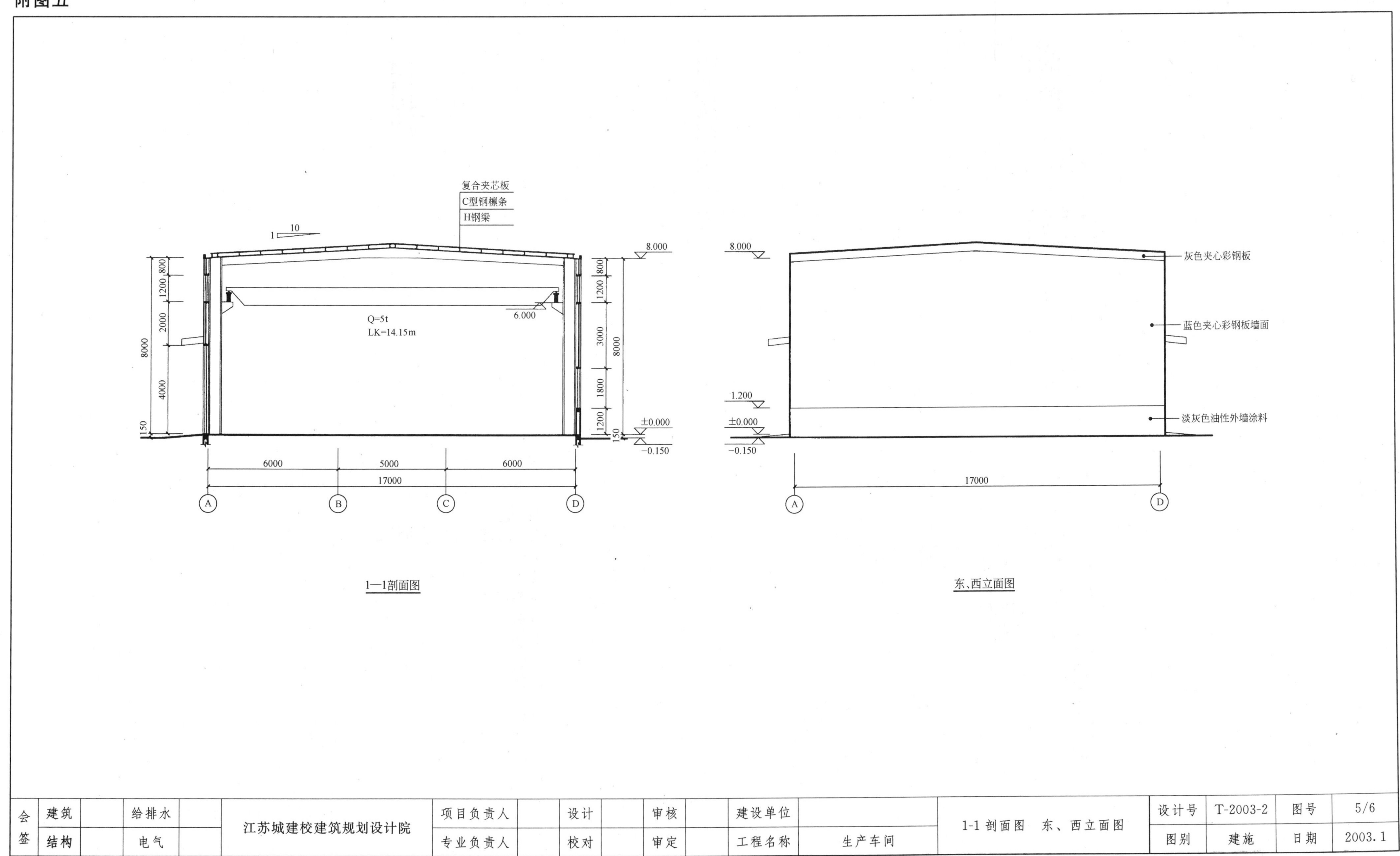

会签	建筑		给排水		江苏城建校建筑规划设计院	项目负责人		设计		审核		建设单位		1-1 剖面图　东、西立面图	设计号	T-2003-2	图号	5/6
	结构		电气			专业负责人		校对		审定		工程名称	生产车间		图别	建施	日期	2003.1

附图六

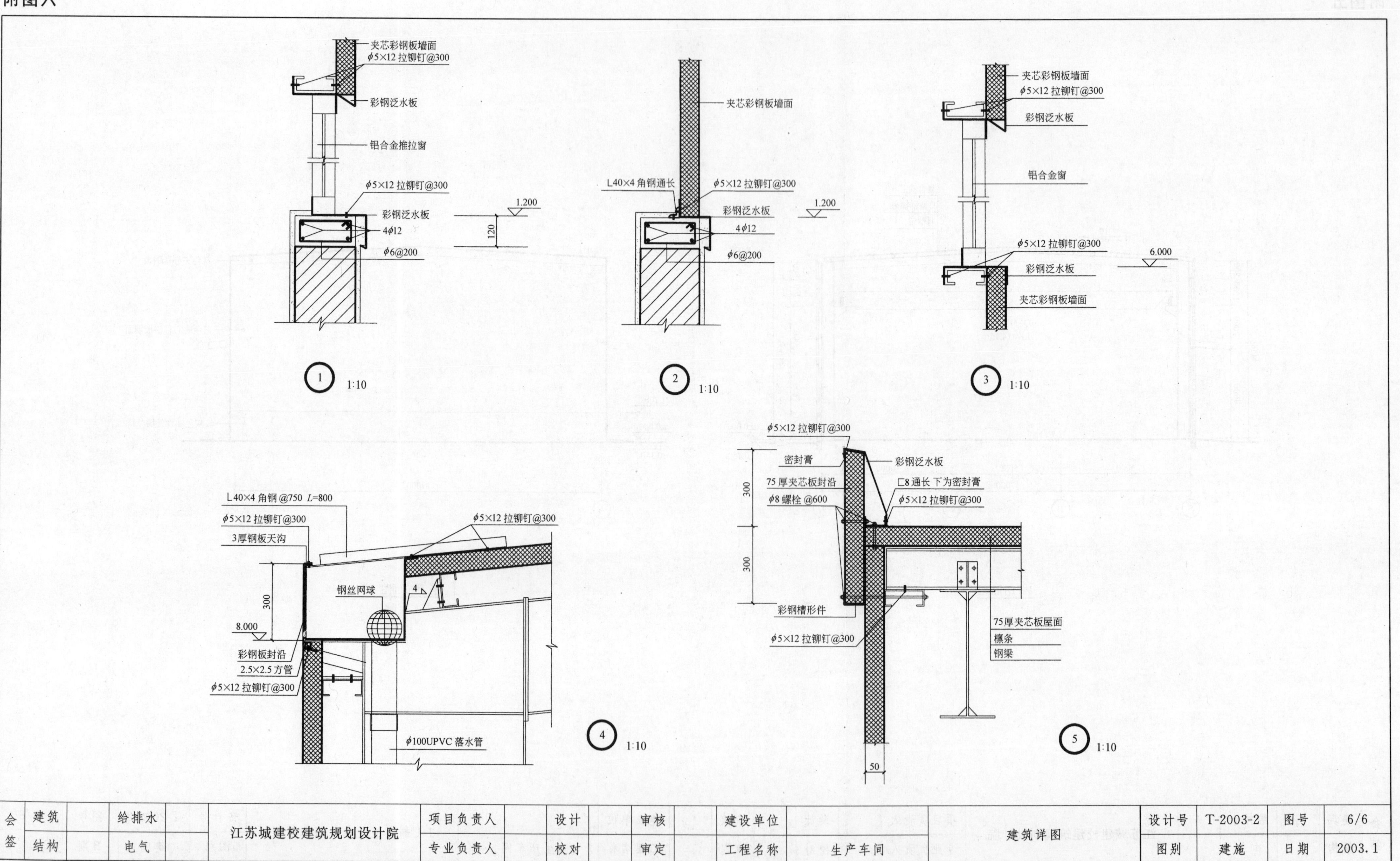

会签	建筑		给排水		江苏城建校建筑规划设计院	项目负责人	设计	审核	建设单位		建筑详图	设计号	T-2003-2	图号	6/6
	结构		电气			专业负责人	校对	审定	工程名称	生产车间		图别	建施	日期	2003.1

附图三

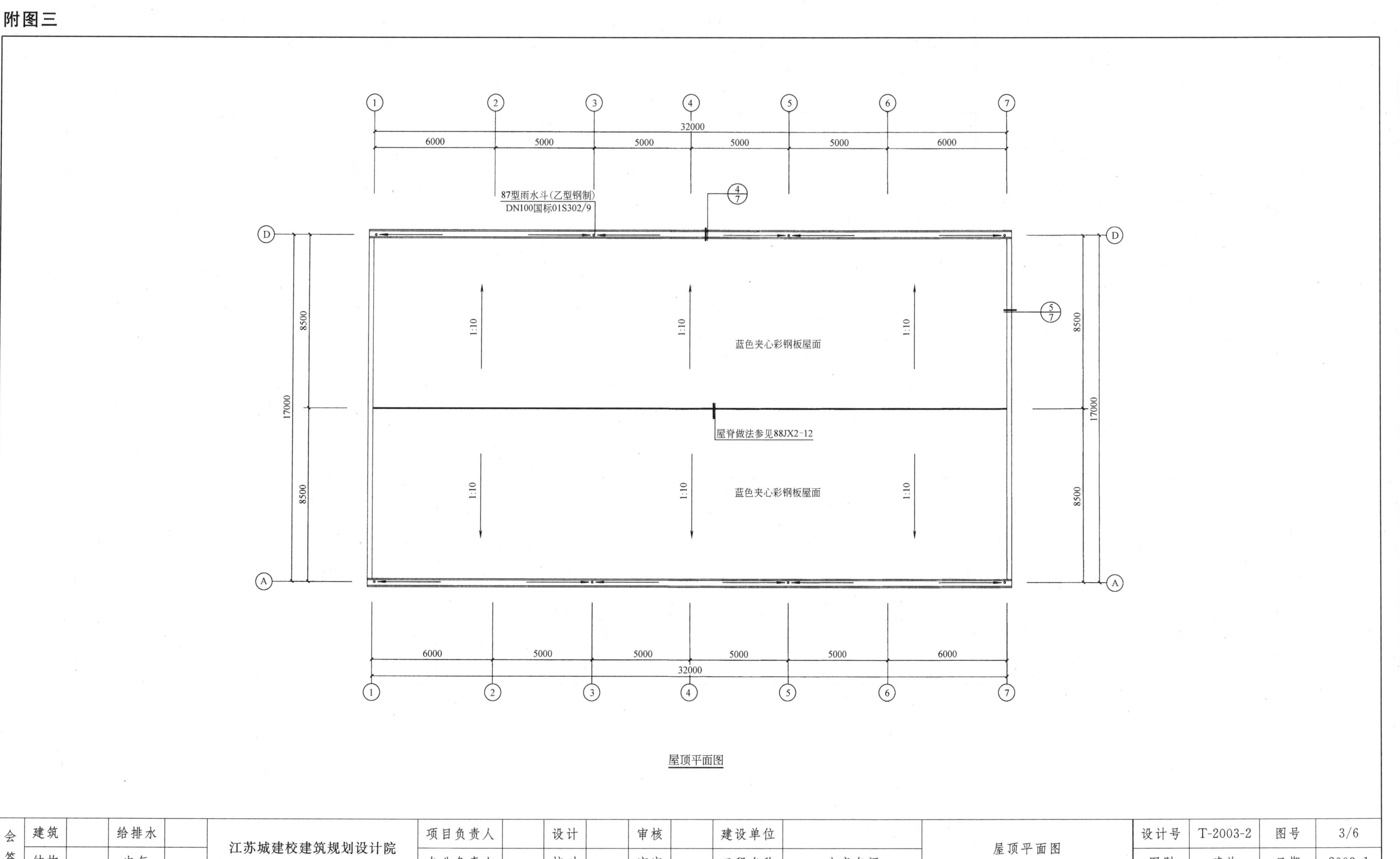

屋顶平面图

会签	建筑		给排水		江苏城建校建筑规划设计院	项目负责人		设计		审核		建设单位		屋顶平面图	设计号	T-2003-2	图号	3/6
	结构		电气			专业负责人		校对		审定		工程名称	生产车间		图别	建施	日期	2003.1

附图四

8.000
1.200
±0.000
−0.150
32000
蓝色夹心彩钢板屋面
蓝色夹心彩钢板墙面
灰色夹心彩钢板
淡灰色外墙油性涂料
南立面图
淡灰色油性外墙涂料
北立面图
会签
建筑
结构
给排水
电气
江苏城建校建筑规划设计院
项目负责人
专业负责人
设计
校对
审核
审定
建设单位
工程名称
生产车间
南立面图、北立面图
设计号
T-2003-2
图号
4/6
图别
建施
日期
2003.1

附图一

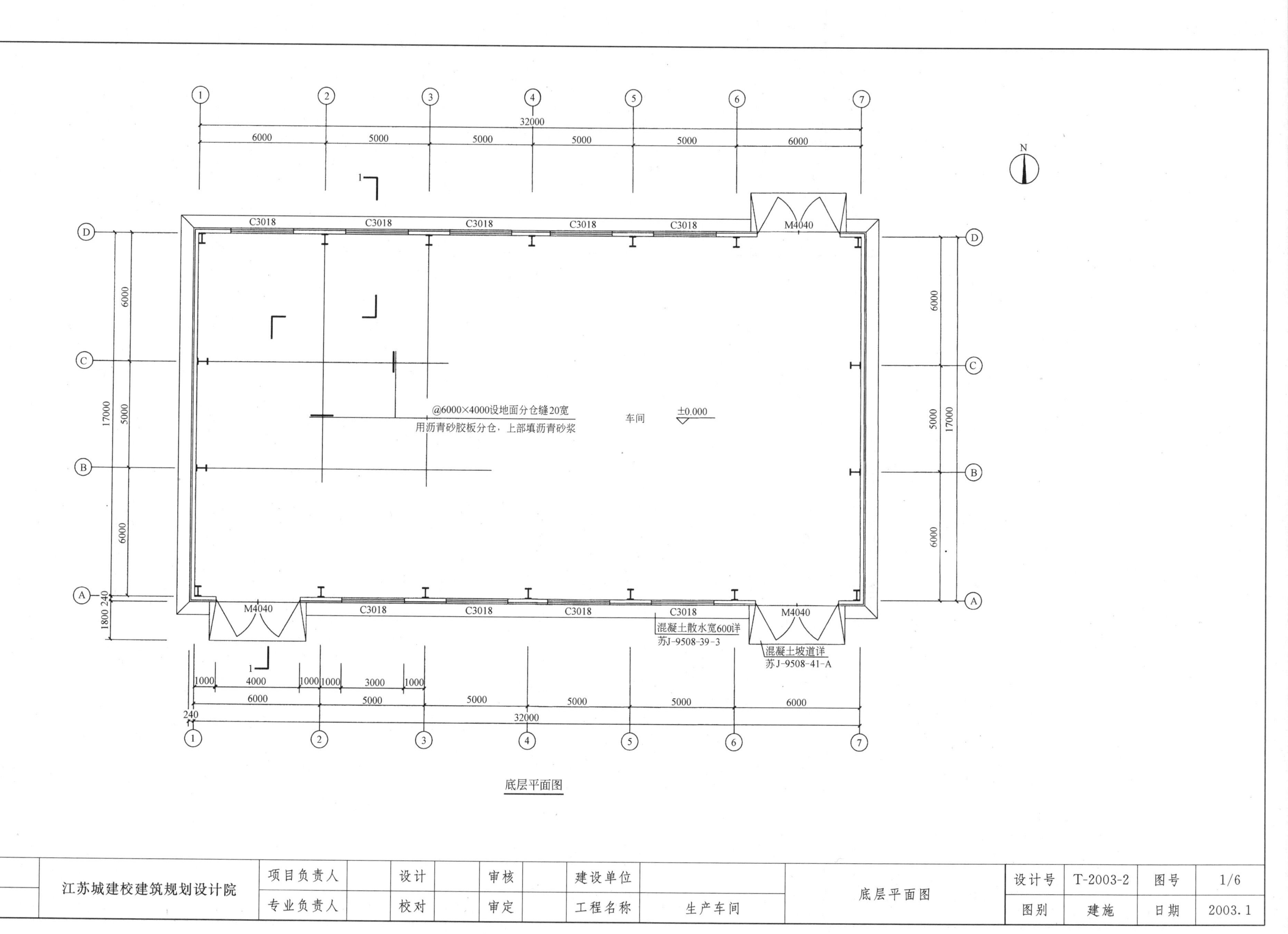

会签	建筑		给排水		江苏城建校建筑规划设计院	项目负责人		设计		审核		建设单位		底层平面图	设计号	T-2003-2	图号	1/6
	结构		电气			专业负责人		校对		审定		工程名称	生产车间		图别	建施	日期	2003.1

附图二

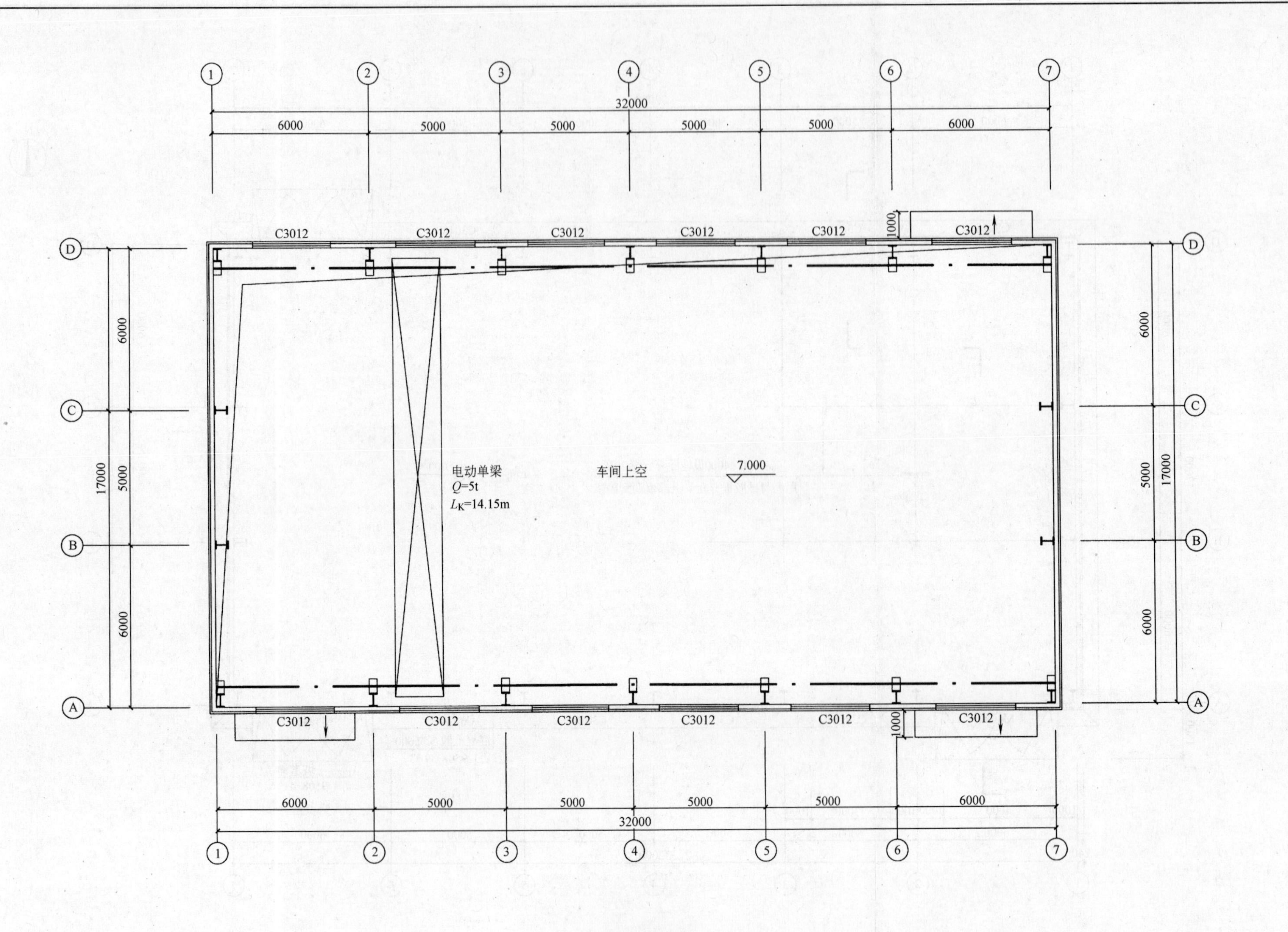

会签	建筑	给排水	江苏城建校建筑规划设计院	项目负责人	设计	审核	建设单位		+7.000m 平面图	设计号	T-2003-2	图号	2/6
	结构	电气		专业负责人	校对	审定	工程名称	生产车间		图别	建施	日期	2003.1